Electronic
Circuits

전자회로

정현기 저

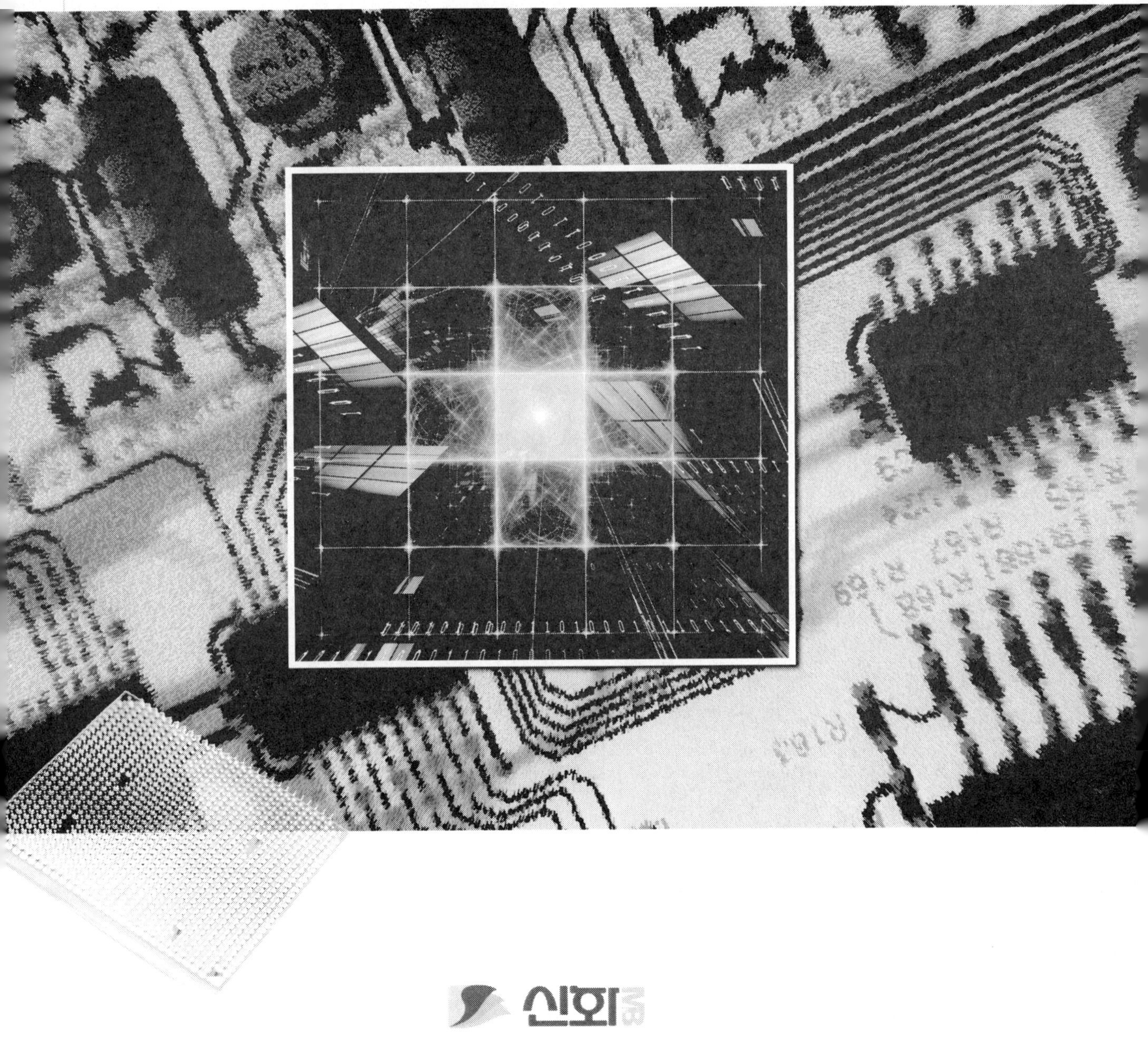

신화

머리말

최근의 전자 및 통신 공학을 공부하는 학생 혹은 관심 있는 분들의 고충이라고 하면 누구든지 전문적으로 사용되는 관련 용어를 개념적으로 정확하게 해석하고 이해하는 것이 어렵다고들 한다. 이렇듯이 공학에서 관련 전공과목을 용이하게 접근한다는 것은 그다지 간단한 문제가 아닐 것이다. 그렇다고 전공에 필요한 내용을 관련 용어 사전을 통해서 해결하는 것 역시 한계를 주기 때문에 기본 지식이 없는 분들은 전공 실력을 좀 더 향상시키려고 해도 역시 기본적인 용어 해석의 어려움과 개념 부족으로 엄두가 나지 않을 것이다. 이와 같은 걱정거리를 가능하면 조금이라고 해결하기 위해서 본 교재에서는 용어 중심으로 관련 내용을 정리하고 접근하는 시도를 하였다.

현재 각 출판사에서는 여러 교수님들이 저마다 전자회로 도서를 출판하고 있는 상황에서 다시 전자회로를 편찬한 것은 다소 제한 요인에서 벗어나고자 한 욕심에서이며, 가능하면 노트 필기를 하지 않고 직접 본 도서가 마치 서브 노트인 것처럼 활용할 수 있도록 구성하였으며, 각 장 마다 참고 내용을 정리하여 이해를 돕고 또한 관련 문제에 대한 충분한 해설을 통하여 관련 내용을 쉽게 이해할 수 있도록 정리하였다.

방대한 관련 내용을 제한된 지면을 통하여 정리하는 과정에서 다소 미흡한 점과 아쉬운 점이 있지만 본 도서에서 취급하는 정도의 내용만이라고 습지할 수 있다면 전자회로에 대한 지식을 어느 정도 갖추게 된다고 할 수 있을 것이다.

끈기를 가지고 처음부터 끝까지 볼 수 있기를 바라며, 아무쪼록 본 도서를 이용하여 전공을 공부하는 분들에게 도움이 되었으면 하는 바람과 함께 본 교재가 완성되도록 도와주신 출판사 관계자 분들에게 감사의 말씀을 드린다.

저자 씀

차 례

chapter 01 반도체 이론 9

1.1 물질과 전자 9
1.2 전자 운동 12
1.3 전자 방출 16
1.4 반도체 22
1.5 다이오드(Diode) 30
1.6 특수 반도체 42
연습문제 58

chapter 02 전원 회로 63

2.1 전원 회로의 개념 63
2.2 정류 회로의 형태와 특징 67
2.3 평활 회로(Smoothing Circuit) 84
2.4 정전압 회로(Voltage regulator) 93
연습문제 100

chapter 03 증폭 회로 107

3.1 트랜지스터의 증폭 회로 107
3.2 트랜지스터의 소 신호 해석(교류 해석) 123
3.3 트랜지스터의 고주파 해석 151
연습문제 160

chapter 04 트랜지스터의 바이어스(Bias) 회로 167

4.1 바이어스 회로의 개요 167
4.2 트랜지스터 바이어스 형태 174
4.3 바이어스 회로의 온도 보상 183
연습문제 188

chapter 05 전계 효과 트랜지스터 193

5.1 전계 효과 트랜지스터의 구조와 특성 193
5.2 FET의 소 신호 해석 207
연습문제 227

chapter 06 다단 증폭 회로(Multistage Amplifier) 233

6.1 다단 증폭 회로의 개요 233
6.2 증폭 회로의 왜곡과 주파수 보상 254
연습문제 261

chapter 07 연산 증폭 회로 265

7.1 차동 증폭 회로 265
7.2 연산 증폭 회로 288
7.3 OP-Amp의 응용 296
연습문제 316

chapter 08 동조형 증폭 회로 325

8.1 동조형 증폭 회로의 형태 325

8.2 동조 회로의 종류 331
8.3 중화 회로(Neutralization Circuit) 337
8.4 직류 증폭 회로 340
연습문제 342

chapter 09 전력 증폭 회로 345

9.1 전력 증폭 회로의 개념 345
9.2 각 전력 증폭회로의 해석 351
9.3 푸시풀(Push-Pull) 전력 증폭 회로 362
연습문제 375

chapter 10 발진 회로(Oscillation Circuit) 381

10.1 발진 회로의 개요와 형태 381
10.2 정현파 발진 회로 385
연습문제 403

chapter 11 변복조 회로 407

11.1 변조의 개념 407
11.2 진폭 변조(AM) 409
11.3 주파수 변조(FM) 433
11.4 위상 변조 449
연습문제 450

chapter 12 펄스 회로(Pulse Circuit) 457

12.1 펄스 회로의 개념 457
12.2 펄스 발생 회로 475

연습문제 483

chapter 13 논리 회로 489

13.1 진법 및 코드의 형태 489
13.2 기본 논리 회로 492
13.3 조합 논리와 순서 논리 501
13.4 기억 장치 513
연습문제 520

제 1 장 반도체 이론

1.1 물질과 전자

1.1.1 전자의 특성

모든 물질은 원자(atom)를 갖는데 여기서 원자는 물질의 특성을 유지하는 원소 중 가장 작은 입자이다. 원자는 원자핵(nucleus)을 구성하는 양자(protons)와 중성자(neutron) 그리고 핵 주위를 도는 몇 개의 전자(electron)로 구성되는 3가지 입자로 구성된다.

여기서 양자는 (+)전기를 갖고 중성자는 전기를 가지지 않으며 전자는 (−)전기를 갖는다. 전자는 -1.602×10^{-19}[C]의 최소 전기량을 갖는다.

음(−) 전하를 띤 하전 입자로서 원자핵을 중심으로 동심원을 그리며, 궤도 내에서 고속으로 회전운동을 한다. 즉, 전자는 원자핵 주위의 궤도(orbit) 위를 회전하며, 원자핵 가까운 쪽에서부터 $K, L, M, N, \cdots$ 각(shell) 순으로 전자가 채워진다.

(1) 궤도 중심에 의한 방법

궤도에 따라 전자가 존재(채워지는)하는 것으로 파울리(Pauli)의 배타율원리에 의하면 n번째 궤도에는 $2n^2$개의 전자가 들어갈 수 있다. 궤도 중심에 따른 전자의 배열을 고려하면, 즉 첫 번째 궤도($n=1$)에는 전자가 2개, $n=2$일 때는 8개, $n=3$일 때는 18개 등으로 배열된다.

그림 1.1은 원자번호 14번인 실리콘 Si와 32번인 게르마늄 Ge에 대한 전자배치를 나타낸 것이다.

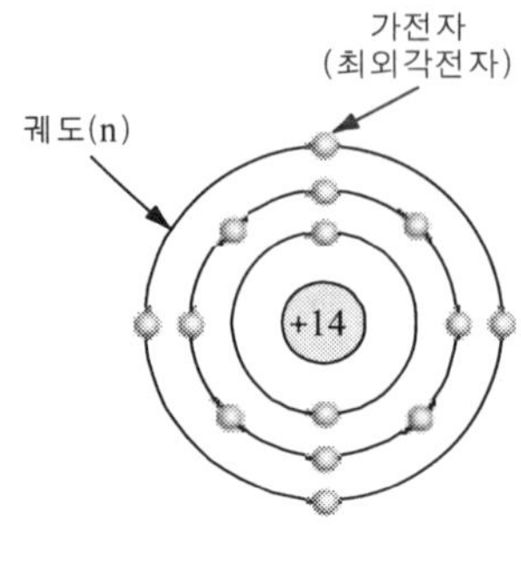

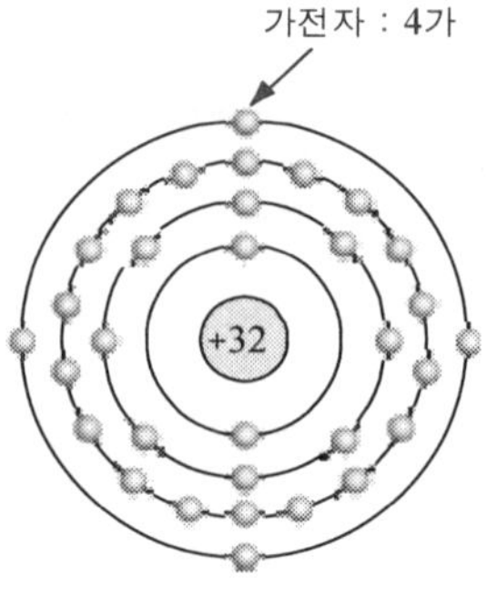

그림 1.1 실리콘과 게르마늄의 전자배치

(2) 각 중심에 의한 방법

전자가 궤도 내에서 정지하지 않고 회전하는 경우 전자각을 이용하여 표현하는 것으로 원자번호 32인 게르마늄의 경우 K각은 정원이 2개인 전자, L각은 정원이 8개인 전자, M각은 정원이 18개인 전자, N각은 정원에 미달한 4개의 가전자를 갖는다. 파울리(Pauli)의 배타율 원리는 원자의 성질로 4가지 양자수$(n,\ l,\ m_h,\ m_s)$로서 결정되는 1개의 양자상태에서는 1개만의 전자밖에 들어갈 수 없다는 원리를 말한다.

예제 1.1

전자 수가 32인 원자의 가전자 수는 몇 개인가?

[풀이] Pauli(파울리)의 배타율 원리를 적용하면

- 2개의 전자가 동일한 4개의 양자수(양자수(n), 부양자수(l), 자기양자수(m_l), 스핀양자수(m_s))를 가질 수 없음을 나타내는 법칙이다.
- 원자내의 전자배열을 지배하는 원리이다.
- 하나의 양자궤도에 Spin이 다른 2개의 전자가 존재하여 일정한 속도로 회전하고 있다.
- 원자 내에서 하나의 양자상태에서는 1개의 전자만 존재할 수 있다.

따라서 파울리(Pauli)의 원리에서 물질이 궤도 내에 존재하는 전자 수는

- K궤도(첫 번째 궤도) = 2개
- L궤도(두 번째 궤도) = 8개
- M궤도(세 번째 궤도) = 18개

이므로 최외각 전자 수(가전자수=자유 전자 수) = 4개이므로 Ge의 경우는 최외각 전자의 수는 4가가 된다.

1.1.2 전자의 전하와 질량, 그리고 전류

(1) 전하량, e

전하는 물질이 띤 전기로 전자가 지니는 (−) 전하의 절대값을 말하는 것이며, 일반적으로 전하량 e의 크기는

$$e = 1.602 \times 10^{-19}[\mathrm{C}]$$

이고, 전하량 e보다 작은 전기량은 없다.

예제 1.2

물질을 구성하는 요소에 대해서 설명하여라.

[풀이] 모든 물질은 원자로 구성되며 여기서 "원자 = 원자핵(양자+중성자)+전자"인 관계에 있으며, 중심에 원자핵과 외각에 전자, 전기적으로 결합된다.
여기서 "양자수 = 중성자수 = 전자 수"이므로 전자 전하 $e = 1.602 \times 10^{-19}[\mathrm{C}]$,
m(전자 질량) $= 9.107 \times 10^{-31}[\mathrm{Kg}]$이다.
따라서 물질을 구성하는 요소로 중성자, 양자 그리고 전자 등으로 구성된다.

(2) 질량

일반적으로 물질의 질량은 전자가 정지하고 있을 때보다 운동 중에 더욱 증가한다.

■ 정지질량 m_0 과 운동질량 m

정지질량을 m_0 라고 하면

$$m_0 = 9.109 \times 10^{-21}[\mathrm{kg}]$$

이며, 전자가 운동하는 경우의 운동질량을 m이라고 하면

$$m = \frac{m_0}{\sqrt{1-\left(\frac{v}{c}\right)^2}}[\mathrm{kg}]$$

이 된다. 여기서 $v[\mathrm{m/s}]$는 전자의 속도, c는 빛의 속도로서 $3 \times 10^8[\mathrm{m/s}]$를 나타낸다. 만일 전자의 속도와 빛의 속도가 같은 경우에는 정지질량의 크기는 무한대 ∞가 된다.

■ 비전하(specific charge)

비전하는 전하량과 정지질량의 비례상수 값으로 다음과 같은 크기로 정의한다.

$$\frac{e}{m_0} = 1.759 \times 10^{11} [\mathrm{C/kg}]$$

(3) **전류**

전류 $i(t)$는 전하(전자, 정공 및 이온)의 이동에 의한 것으로 즉 전하 $Q[\mathrm{C}]$이 미소 시간당 변화하는 정도를 나타내는 것으로 $i(t) = \frac{dQ}{dt} [\mathrm{C/s}]$로 나타낸다. 만일 금속 도체에 전류 $I[\mathrm{A}]$가 흐르는 경우 매초 당 이동하는 전자의 개수를 N이라고 하면

$$NI = Ne = 1.602 \times 10^{-19} N [\mathrm{A}]$$

와 같이 표현된다. 도체의 면적을 $S[\mathrm{m}^2]$, 전류밀도를 $n[\text{개}/\mathrm{m}^2]$, 전자의 평균 이동속도를 $v[\mathrm{m/s}]$라고 하면 단면적을 매초에 통과하는 전자의 개수 N은

$$N = nvS [\text{개}/\mathrm{sec}]$$
$$I = Ne = nvSe [\mathrm{A}]$$

이다. 여기서 N은 단위 시간 내에 도체의 단면적을 통과하는 전자의 개수를 나타내는 것이다.

1.2 전자 운동

1.2.1 전계 내에서의 전자운동

(1) **정전기력(작용력), F**

일반적으로 두 물질을 마찰하는 경우 마찰전기를 띠게 되며, 이 마찰전기를 띤 물체를 대전체라고 하고, 대전된 전기를 전하라고 한다. 전하를 얻는 상태로 대전된 물체는 근접

하고 있는 물체를 끌어당기는 힘을 갖게 된다.

- 물체가 띠고 있는 전기를 전하(electric charge)라고 하며,
- 전하가 미치는 힘을 기전력이라고 하며
- 전하의 전기력이 미치는 공간을 전계 또는 전장(electric field)이라고 한다.

여기서 전하가 정지하고 있는 경우에 대한 전계를 특히 정 전계(electrostatic field) 즉, 시간에 따라 전하의 이동이 없는 경우 또는 정지 상태에 있는 경우를 말한다.

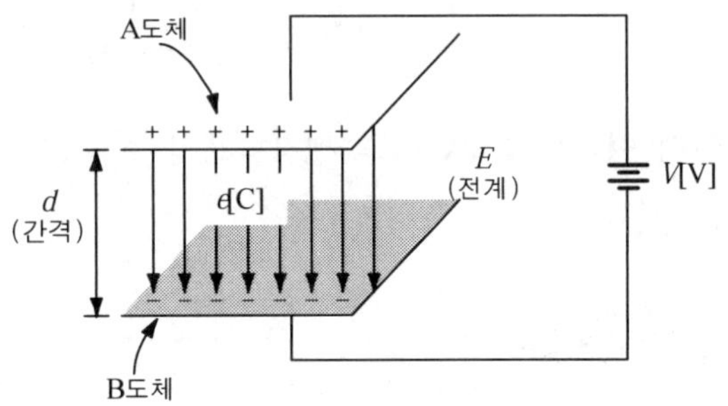

그림 1.2 전계 내에서의 전자 운동방향

전자기학에서는 두 전하 Q[C]가 일정한 거리 r[m]만큼 떨어져 있는 경우 전하 상호 간에는 일정한 힘 F[N]가 존재하는데 이를 쿨롱의 힘(Coulomb's force)이라고 하며, 이 힘이 존재하는 원리를 쿨롱의 법칙(Coulomb's law)이라고 한다.

두 전하 Q_1[C], Q_2[C]가 거리 r[m]을 두고 있는 경우 두 전하 사이에 존재하는 힘의 크기는

$$F = k\frac{Q_1 Q_2}{r^2} = 9 \times 10^9 \frac{Q_1 Q_2}{r^2} \text{ [N]}$$

으로 정의되며, 전계의 세기 E[V/m]를 고려하기 위해 힘 F[N]를 먼저 생각하면 한 점 전하 q[C]을 고정하고 그 주위에 전하 Q[C]을 놓게 되면 두 전하 사이에는

$$F = \frac{Qq}{4\pi\varepsilon_0 r^2} \text{ [N]}$$

$$E = \frac{F}{Q} = \frac{q}{4\pi\varepsilon_0 r^2} \text{ [N/C]}$$

인 관계가 성립한다. 따라서 전계는 전하가 받는 힘의 세기를 나타내는 것이라고 할 수 있다.

예를 들어 자극 사이의 거리를 2배로 하는 경우 작용력은 쿨롱의 법칙을 이용하면 $F = k\frac{Q_1 Q_2}{r^2} = k\frac{Q_1 Q_2}{4} = 0.25k\,Q_1 Q_2$으로 0.25배가 된다.

(2) **전자볼트(electron volt)**

전자볼트는 전자 1개가 1[V]의 전위차를 인가하는 경우 전하가 갖게 되는 운동 에너지(또는 위치에너지)를 1[eV]로 하는 것으로, 전자볼트는 에너지의 단위로 이용된다. 전자볼트[eV]의 크기는

$$1\,[\mathrm{eV}] = 1.602 \times 10^{-19}\,[\mathrm{C}] \times 1\,[\mathrm{V}] = 1.602 \times 10^{-19}\,[\mathrm{J}]$$

$$1\,[\mathrm{J}] = \frac{1}{1.602 \times 10^{-19}} = 6.24 \times 10^{18}\,[\mathrm{eV}]$$

이며 여기서 1[eV]는 전자 1개가 1[V]의 전위차를 통과할 때 얻는 운동에너지를 말하는 것이다.

예제 1.3 전자볼트(electron volt)에 대해서 간단히 설명하여라.

[풀이] 전자볼트[eV]에 대한 기본적인 개요를 정리하면 다음과 같다.

- 전자볼트는 에너지의 단위이다.
- 1개의 전자가 1 Volt의 전위차를 인가하거나 통과하는 경우에 얻게 되는 운동 에너지를 말한다.
- 전위 혹은 전위차는 $\mathrm{V} = V_1 - V_2 = \frac{W}{e}$ [J/c = V]인 관계에서 e[C]의 전자를 w[J]만한 일을 할 때의 전위차를 전압으로 정의할 때 일을 eV(전자볼트)라 한다.

따라서 일 혹은 에너지 W 라고 할 때 $W = eV = \frac{1}{2}mv^2$ [J]로서 1[eV]란 1개의 전자를 1[V]의 전위차 사이로 옮기는데 필요한 운동 에너지를 말한다.
또는 1[eV]란 전자 1개가 1[volt]의 전위차를 통과할 때, 얻는 운동에너지를 말하며 그 크기는 $1[\mathrm{eV}] = 1.602 \times 10^{-19} \times 1[\mathrm{J}]$이다.

예제 1.4 유전율의 단위에 대해 설명하여라.

[풀이] 전계 중에 단위전하를 놓았을 때 그것에 작용하는 힘을 전계의 세기라고 하며, 전기력선 밀도와 같은 $D = \varepsilon E$의 관계에서 전장의 세기와 같게 된다. 따라서 $D = \varepsilon E$인 관계식

$$\varepsilon = \frac{D}{E} = \frac{[\mathrm{C/m^2}]}{[\mathrm{V/m}]} = \left[\frac{\mathrm{C}}{\mathrm{V}}\right]\left[\frac{1}{\mathrm{m}}\right] = [\mathrm{F/m}]$$

을 이용해 나타낼 수 있다.

1.2.2 자계 중의 전자운동

(1) 회전운동

전자의 운동방향이 자장의 방향과 수직인 경우 전자는 회전(원)운동을 하게 된다. 즉, 전자가 v[m/s]의 속도로 자장 B[Wb/m^2]에 수직으로 운동하는 경우 전자가 받는 힘은 $F = evB$[N]이다.

여기서 힘 F[N]는 속도 v[m/s]의 방향과 수직으로 일정하게 작용하게 되는데 작용하는 구심력은 플레밍(Fleming)의 왼손법칙에 따라 원운동을 하게 된다.

따라서 전자가 회전하게 되는 경우 전자의 회전반지름을 r[m],

원심력을 $F\left(= \dfrac{mv^2}{r}\right)$[N]라고 하면

$$\frac{mv^2}{r} = evB$$

이며, 여기서 회전 반지름 r은

$$r = \frac{mv}{eB}\,[\mathrm{m}]$$

가 되므로, 전자의 회전주기 T[s]는 다음과 같이 나타낼 수 있다.

$$T = \frac{2\pi r}{v} = \frac{2\pi m}{eB}\,[\mathrm{s}]$$

예제 1.5

균등자계 내에 수직으로 속도 v[m/s]로 입사한 전자의 속도를 2배로 증가시켰을 때, 전자의 운동에 대해서 설명하여라.

[풀이] 전자력=원심력 이므로 $Bev = \dfrac{mv^2}{r}$인 관계에서 속도는 $v = r\omega = \dfrac{Ber}{m}$[m/sec]이다.

따라서 각속도는 $\omega = 2pf = \dfrac{Be}{m}$[rad/sec]이고 여기서 주파수는 $f = \dfrac{1}{T} = \dfrac{Be}{2\pi m}$[Hz] 이다.

즉, 전자의 원 운동 주기는 $\mathrm{T} = \dfrac{2\pi m}{Be}$[sec]이다. 따라서 전자의 속도 v[m/sec]와는 무관하기 때문에 전자의 원운동 주기는 변하지 않는다.

(2) **나선운동**

전자의 운동방향이 자장의 방향과 임의의 각을 이루면서 입사하게 되면 나선운동을 한다.

(3) **등속운동**

전자의 진행방향과 자장이 서로 평행하게 존재하는 경우에는 위상차 $\theta = 0°$이므로 전자가 받는 힘 $F = evB\sin\theta$ [N] 관계식에서 $F = 0$이 되어 전자는 자장으로부터 힘을 받지 않기 때문에 등속 직선운동을 하게 된다.

1.3 전자 방출

1.3.1 일함수와 에너지준위

(1) **일함수(Work function)**

일함수는 1개의 자유전자를 금속체로부터 다른 공간으로 방출하는 데 필요한 일의 양을 나타내는 것으로 일함수의 크기는 금속의 종류, 표면의 상태 등에 따라 각기 다른 값을 가지게 된다.

플랑크(Planck)는 어느 특정 진동수의 빛에 관련된 양자들은 모두 동일한 크기의 에너지 E를 갖는다고 하였다. 즉, 양자가 갖는 에너지 E는 진동수 f에 비례하기 때문에

$$E = hf \text{ [J]}$$

인 관계로 표현되며, 여기서 h는 플랑크 상수(Planck's constant)로서 $h = 6.33 \times 10^{-34}$ [J·s]이다.

따라서 이와 같은 광전효과에 대한 실험 결과를 통해서 일함수를 정의하면

양자 에너지 = 최대 에너지 전자 + 금속면의 일함수

$$hf = T_{\max} + hf_0$$

인 관계를 보이게 된다. 여기서 hf는 입사하는 빛의 각 양자가 갖는 에너지를, T_{max}는 최대 광전자 에너지를, 그리고 hf_0는 빛이 조사된 금속면에서 전자를 방출하는 데 필요한 최소 에너지를 나타낸다.

따라서 일반적으로 전자가 금속에서 뛰어 넘어야 하는 전위차로 단위는 [eV]로 표시하고, 물질의 종류, 온도, 표면의 상태에 따라 갖는 에너지 hf_0을 그 금속의 일함수라고 한다.

이와 같은 최대 광전자에너지 T_{max}는

$$T_{max} = hf - hf_0$$

으로 표현할 수 있다. 결과 식에서 일함수는 다음에 설명하는 탈출준위와 페르미(Fermi)준위의 차이라고 할 수 있다.

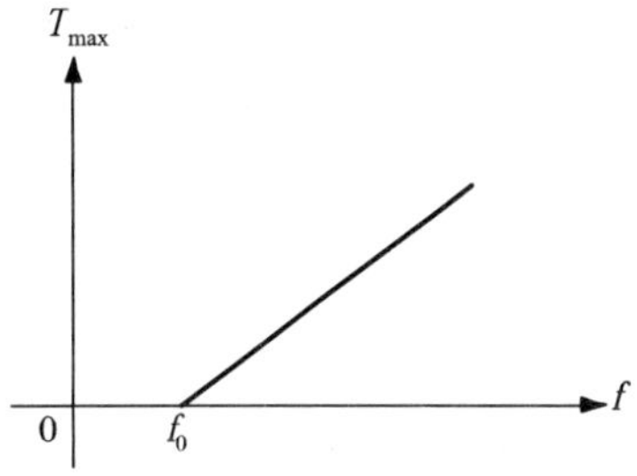

그림 1.3 최대 광전자에너지와 주파수의 관계

따라서 일함수는 금속 도체 내에 있는 전자가 표면장벽을 넘어서 금속 밖으로 방출되기 위하여 필요한 최소의 에너지를 일함수로 정의 할 수 있으며

$$E_w(\text{일함수}) = E_B(\text{표면 전위장벽}) - E_f(\text{페르미준위})$$

인 관계에 있으며 이와 같은 일함수는 일함수 E_ω가 클수록 열전자의 방출이 적어지며, 페르미 준위에 있는 전자가 외부로 이탈하는데 필요한 에너지가 된다. 이와 같은 일함수의 크기는 물질마다 각각 다르다.

예제 1.6 금속의 일함수에 대해서 간단히 설명하여라.

[풀이] 일함수는 금속 도체 내에 있는 전자가 표면장벽을 넘어서 금속 밖으로 방출되기 위하여 필요한 최소의 에너지를 나타내는 것으로 즉 금속 도체 내에 있는 전자가 표면장벽을 넘어서 금속 밖으로 방출되기 위한 최소한의 에너지를 말하는 것으로

$$E_\omega(\text{일함수}) = E_B(\text{표면전위 장벽}) - E_f(\text{페르미 준위})$$

인 관계에서 일 함수의 특징을 정리하면 다음과 같다.

- ▸ 일함수 E_ω가 클수록 열전자방출이 적어진다.
- ▸ 페르미준위에 있는 전자가 외부로 이탈하는데 필요한 에너지
- ▸ 물질마다 각각 다르다.

예제 1.7 드브로이(de Broglie) 전자파에 관련된 관계식에 대해서 설명하여라.

[풀이] 드 브로이의 물질파에서 물질 입자의 파동성을 물질파라 하며 물질파의 파장 $\lambda = \dfrac{h}{P}[\text{m}]$인 관계식에서 전자 운동량 p는 $P = mv = \dfrac{h}{\lambda}$이다. 여기서 $v[\text{m/sec}]$는 전자의 속도를, $h = 6.63 \times 10^{-34}[\text{J} \cdot \text{sec}]$는 플랭크 상수를 나타낸다. 드브로이(de Broglie) 물질파의 개념에서 볼 때 전자파의 파장이 무한대일 경우 전자의 상태는 정지 상태이다. 여기서 드-브로이드(물질파)에 대한 특성을 정리하면 고려하면 다음과 같다.

- 전자는 입자이면서 파동성을 나타내며 이때 물질입자의 파동성을 물질파(드브로이파)라고 한다.
- 물질파의 파장 $\lambda = \dfrac{h}{mv}[\text{m}]$ 이다.
- 여기서 $V[\text{m/sec}]$는 전자속도, $m = 9.107 \times 10^{-31}[\text{Kg}]$은 전자의 질량, $h = 6.63 \times 10^{-34}[\text{J} \cdot \text{sec}]$는 플랭크 상수 그리고 $\lambda = \dfrac{h}{P}[\text{m}]$ 라고 하면 전자 운동질량은 $P = mv = \dfrac{h}{\lambda} = \dfrac{h}{\infty} = 0$으로 전자의 정지상태를 말한다.

(2) 에너지 준위(Energy level)

물질의 에너지 상태를 나타내는 경우 에너지의 불연속적인 관계를 에너지 준위라고 하는데 에너지 준위의 형태는 기저준위, 탈출준위 그리고 페르미 준위 등으로 나타낸다.

■ 기저준위

절대온도 $0[\text{K}]$에서 전자는 가장 낮은 준위부터 순서대로 채워져 있으며, 이러한 상태를 기저상태라 하는데, 이 기저상태에서 원자가 가지게 되는 에너지는 제일 낮은 상태에 있게 된다.

즉, 기저상태에서 전자가 가지게 되는 에너지준위를 기저준위라고 한다. 따라서 기저준위는 원자핵과 가장 가까운 궤도의 전자가 가지게 되는 최소한의 에너지가 된다.

■ 탈출준위(이탈준위)

탈출준위는 0 준위를 말하는 것으로 전이 전자가 금속 안에서 외부로 이탈하기 위해 필요한 최저의 에너지준위를 말한다.

■ 페르미 준위(Fermi level) E_f

금속 내에 존재하는 자유전자는 여러 가지 상태의 에너지준위를 지닌다. 금속 표면으로부터 이탈하기 위해서는 전자의 전체 에너지가 금속의 외부 에너지준위인 E_0보다 커야 하는데, 특히 절대온도 0[K]에서 전자가 가지는 최대 에너지를 페르미(Fermi)준위 E_f라고 한다.

일함수 ϕ는 전자가 금속의 외부로 방출하려는데 필요한 에너지로

$$\phi = E_0 - E_f$$

으로 같이 구해진다. 여기서 E_0는 금속의 에너지 준위를 나타낸다. 에너지 준위에서 0 준위의 의미는 이탈준위로 전자가 이탈하는데 필요한 최저 에너지 준위를 말한다.

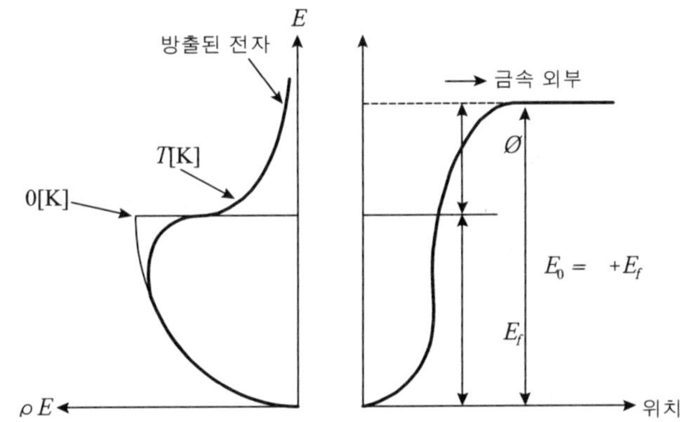

그림 1.4 금속의 페르미(Fermi)준위와 일함수

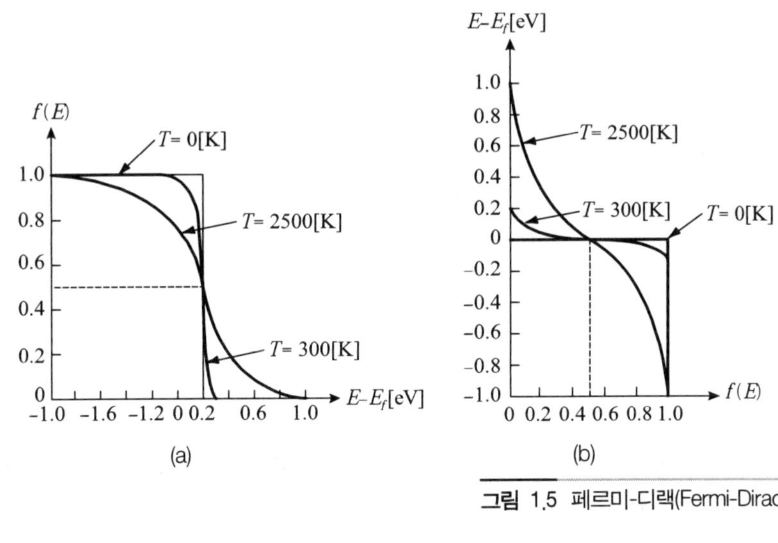

그림 1.5 페르미-디랙(Fermi-Dirac)의 분포함수곡선

Book Cafe

기저상태 $0[\mathrm{K}](=-273[℃])$에서 전자가 가지게 되는 최대 에너지준위를 페르미 준위라고 한다. 페르미(Fermi)준위 E_f와 외부에서 인가하는 에너지 E와의 관계를 온도에 따른 변화 관계식으로 나타내면

$$f(E)=\frac{1}{1+e^{(E-E_f)/kT}}$$

가 된다. 여기서 확률분포함수 $f(E)$는 통계 열역학의 페르미-디랙(Fermi-Dirac)의 통계 값이며, k는 볼츠만(Boltzmann) 상수, T는 절대온도$[\mathrm{K}]$를 각각 나타낸다. 확률 함수 $f(E)$의 특성이 절대온도 $[\mathrm{K}]$에 따라 변화하는 특성은 다음과 같다.

- $T=0[\mathrm{K}]$의 경우
  - $E>E_f$이면 $f(E)=0$
  - $E<E_f$이면 $f(E)=1$
- $T=T[\mathrm{K}]$의 경우
  - $E=E_f$이면 온도에 무관하게 $f(E)=\frac{1}{2}$

이에 대한 내용을 분포함수로 나타낸 것이 페르미-디랙(Fermi-Dirac)의 분포함수 곡선이라고 할 수 있다. 페르미(Fermi)준위의 경우는 금속이나 절연물에서는 불변하며, 반도체 등에서는 변동하게 된다. 예를 들어, 진성 반도체의 경우에는 에너지 갭의 중앙에 위치하며 상온의 경우 N형 반도체는 도너(donor) 준위 위에, P형 반도체는 억셉터준위 아래에 존재하게 된다.

예제 1.8 페르미 디랙(Fermi-Dirac) 분포에 대해서 간단히 설명하여라.

[풀이] Fermi-Dirac 분포
- 고체 내의 전자는 pauli의 배타율 원리의 지배를 받는다.
- 분포 형태는 금속의 온도에 거의 무관하다.
- 이 분포에 의하면 도체가 가열될 때 전자는 분자 비열 용량에 거의 영향을 주지 않는다.

1.3.2 전자방출(electron emission)

(1) 광전자

도체에 빛을 비추면 그 표면에서 전자를 방출하는 현상으로, 빛의 강도가 강할수록 광전자 방출량은 늘며 총량에 비례하고, 시간 지연이 거의 없다.

(2) **2차 전자방출**

외부에서 금속에 전자를 입사시킬 때 금속 내에 있는 자유전자가 입사전자로부터 에너지를 받아 외부로 탈출하는 현상으로 충돌한 전자를 1차 전자, 충돌에 의해 방출된 전자를 2차 전자라 한다.

전자류를 증배시키는 목적에 이용되며 TV의 촬상관 등에 쓰인다.

(3) **고전장 방출**

금속 표면에 10^8[V/m] 정도의 아주 강한 전장을 가하면 상온에서도 금속의 표면에서 전자가 방출하게 되는 현상(=냉음극 방출)으로, 전자의 방출량은 전장의 강도에 따라 변하며 온도와는 무관하다. 터널효과와 쇼트키(Schottky)효과의 현상이 있다.

(4) **열전자 방출**

금속을 가열해서 어느 정도 고온으로 하면 그 열에너지에 의해 고체 안의 전자가 전위장벽을 넘어서 공간으로 탈출하는 현상으로, 방출된 전자는 공간전하를 만들고 외부 전장 등의 작용이 있으면 공간에 전자류를 만들게 된다. 방출에 필요한 에너지는 $W=kT$[J]로 나타나며, 이 에너지가 일함수보다 클 때 열전자방출이 일어난다. 열전자방출은 오실로스코프, 전자관 등에 이용된다.

예제 1.9 전자 방출에 대한 형태와 특징에 대해서 간단히 설명하여라.

[풀이] 전자 방출의 형태는

- 2차 전자방출 : 금속 표면에 전자가 충돌하여 반사되는 전자(1차 전자) 이외 금속 내에서 전자가 튀어 나오는 현상을 말한다.
- 열전자 방출 : 금속을 고온으로 가열하면 자유전자의 일부가 금속 외부로 방출되는 현상을 말한다.
- 광전자 방출 : 금속 표면에 빛을 입사시키면 전자가 방출되는 현상을 말한다.
- Shottky 효과 : 금속의 표면에 전계를 가하면 금속 표면에 열전자 방출량보다 전자 방출이 증가되는 효과를 말한다.

등을 들 수 있다.

1.4 반도체

1.4.1 반도체소자의 개념

(1) 반도체의 특징

- 반도체는 절대온도 0[K]에서는 절연체이며 상온에서는 저항률이 $10^{-5} \sim 10^{8}[\Omega \cdot m]$ 정도이다.
- 전도율이 도체와 절연체의 중간적인 성질을 지닌다.
- 금속의 경우는 온도가 상승하면 저항 값이 증가하나 반도체의 경우에는 전자와 정공의 증가로 저항값이 감소한다. 즉, 저항의 온도계수는 부(−)이다.
- 불순물이 없는 단일원소로 되는 경우에는 저항 값이 크고, 불순물이 많아질수록 저항이 작아진다.
- 전기저항은 도체와 절연체의 중간적인 값을 가지게 된다.
- 에너지 구조와 온도에 따라 그 저항 값이 변화하며, 정류작용을 한다.
- 그리고 광도전성과 광기전력효과, 자기효과 및 열전효과가 있다.
- 불순물 첨가에 의해 저항률이 변한다.

(2) 반도체의 에너지(밴드) 구조

원자핵을 중심으로 원 궤도를 움직이는 전자는 어느 일정한 에너지 준위만을 가질 수 있는데, 이 에너지 값을 에너지 준위라고 한다. 여기서 에너지 준위를 대역(Energy band)으로 표현하면 허용대, 충만대, 그리고 금지대 등으로 구분할 수 있다.

- **허용대(Allowed band), 전도대**

고체 내에서 무수한 전자들이 존재하는 것을 허용하는 에너지 범위를 허용대 혹은 전도대라고 한다.

여기서 전도대는 허용대의 일부분만 전자로 채워져 있어서 전자가 더 들어갈 수 있는 경우의 물질상태에 빛을 비추거나 온도 및 전기장을 인

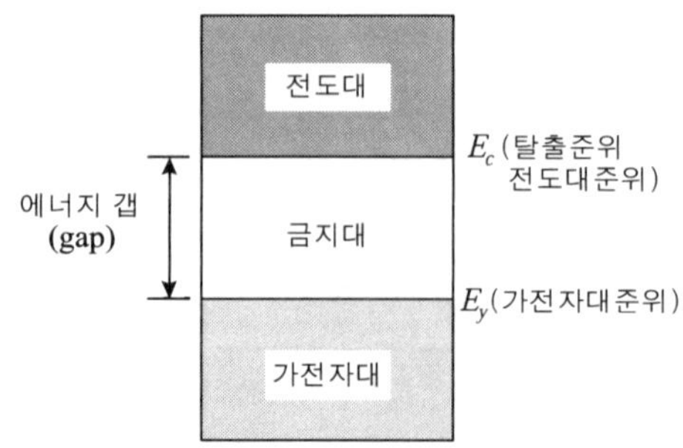

그림 1.6 에너지대(Energy Band)의 구조

가하게 되면 전자는 그 대역 내에서 더 높은 에너지준위로 옮겨 갈 수 있게 된다. 자유전자는 전도대 내에 있다.

- **금지대(Forbidden band)**

  허용대와 허용대 사이에서 전자가 존재하는 것을 금지하는 영역을 금지대라고 한다.

- **충만대(Valence band), 가전자대**

  전자들은 허용대 내에서 낮은 에너지준위로부터 높은 에너지준위 순서로 채워져 나간다. 1개의 에너지준위에는 1개의 전자만이 채워질 수 있다. 허용대 중에서 전자들로 가득 채워진 대역을 충만대(Filled band) 또는 가전자대라고 한다. 여기서 가전자대(valence band)는 원자 구조에서 최외각 궤도 전자들의 에너지대를 의미한다.

예제 1.10 반도체(semiconductors)에서 얻게 되는 효과의 형태와 특징에 대해서 간단히 설명하여라.

[풀이] 반도체에서의 여러 가지 효과

- 열전대 : Seebeck 효과
- 홀[hall] 발진기 : 자기 효과
- 전자 냉각 : Peltier 효과
- 도전 효과 : 광도전체, 광 도전 셀, 광 다이오드, Cds 도전 셀 등이다.
- 광기전력 효과 : 광 트랜지스터, 포토커플러, 태양 전지 등이다.

1.4.2 반도체의 종류

(1) **진성 반도체**

- **진성 반도체와 불순물**

  원소 주기율표에서 4족 원소를 진성이라고 한다. 최외각 전자(가전자)가 4가인 실리콘이나 게르마늄 등의 순수 원자로만 구성된 반도체를 진성 반도체(Intrinsic semiconductor)

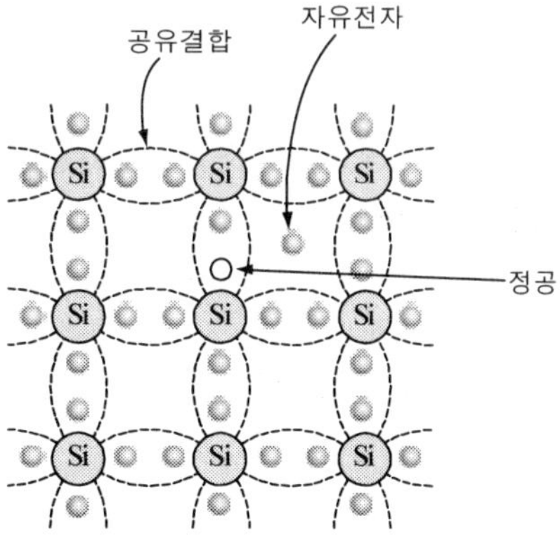

그림 1.7 진성 반도체에서 온도 증가에 의한 전자와 정공의 생성

라고 한다.

진성 반도체의 경우는 절대온도 0[K]에서 절연체로 작용한다.

■ 가전자와 자유전자

가전자는 원자핵에 구속되어 있다. 이와 같이 구속된 상태에 있는 전자는 마치 부도체와 같은 동작을 한다. 그러나 온도가 높아지게 되면 열에너지를 받아 어떤 가전자는 공유결합을 깨고 뛰어나올 수 있는 충분한 에너지를 가지게 되며, 구속 상태에서 벗어나 자유전자가 된다.

즉, 외부 조건에 의해서 가전자대를 이탈한 전자들은 어떤 원자와도 결합되지 않기 때문에 자유전자라고 부르고, 이러한 반도체에 전압이 인가되면 전자는 전류를 흐르게 하는 반송자로 동작하게 된다.

전자가 뛰어나온 자리는 비어 있게 되며 완전한 공유결합을 하지 못하므로 이것을 정공(Hole)이라고 한다.

즉, 정공은 전자가 빠져나와 비어 있는 상태를 가리는 것으로 마치 양 이온으로 작용하게 된다.

■ 전자와 정공의 수

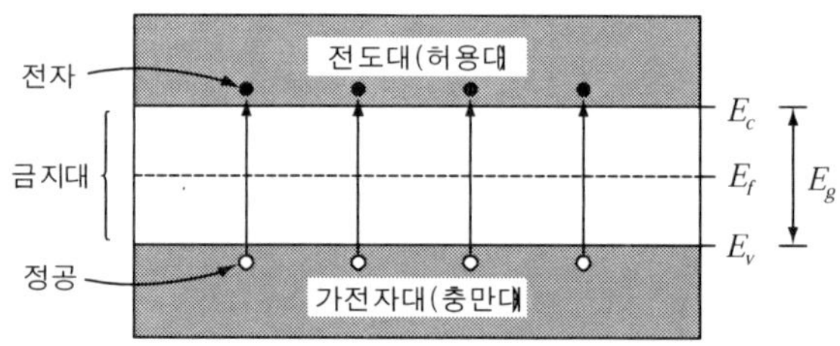

그림 1.8 상온에서 진성 반도체의 에너지대

Book Cafe

■ **전자-정공 쌍(EHP)**

▸ 공유 결합이 무너지면 하나의 자유 전자와 하나의 정공 즉 전자-정공쌍이 발생한다. 또 전도대 전자가 에너지를 잃고 가전자대의 정공 속으로 떨어지는 경우에 재결합(recombination)이 발생한다.

여기서 정공의 도전 메커니즘을 살펴보면 반도체에 전압을 인가한 상태에서는 전자와 정공이 서로 반대 방향으로 운동한다는 것을 알 수 있다. 이 때 전류 방향은 정공과 같은 방향으로 흐른다.

▸ 전도대 전자가 에너지를 잃고 가전자대의 정공 속으로 떨어지는 경우에 재결합이 발생한다.

■ 페르미 디랙(Fermi-Dirac) 분포함수

Fermi-Dirac 분포함수는 임의의 에너지준위 E 내에 전자가 할 수 있는 확률분포를 나타내는 확률 함수이다.

$$f(E)=\frac{1}{1+e^{\frac{E-E_f}{kT}}}$$

여기서 k는 볼츠만(Boltzmann) 상수, E_f는 페르미 준위, $T[\mathrm{K}]$는 절대온도, 그리고 E는 임의의 에너지준위이다. 식 $f(E)$에서 온도에 따른 특성을 비교하면

- $T=0[\mathrm{K}]$에서 $E>E_f$이면 $f(E)=\dfrac{1}{1+e^{+\infty}}=0$ 즉, 페르미 준위 E_f 이상에서는 전자가 존재할 수 없다.
- $T=0[\mathrm{K}]$에서 $E<E_f$이면 $f(E)=\dfrac{1}{1+e^{-\infty}}=1$ 즉, 페르미 준위 E_f 이하에서는 전자가 충만되어 있다.
- $T=0[\mathrm{K}]$에서 $E=E_f$이면 $f(E)=\dfrac{1}{1+e^{0}}=\dfrac{1}{2}$ 즉, 전자 점유확률이 $\dfrac{1}{2}$인 에너지 준위대가 된다.

예제 1.11

300[K]에서 P형 반도체의 억셉터준위가 32[%] 채워져 있을 때 페르미 준위와 억셉터준위의 차이는 몇 [eV]인가?

[풀이] $kT=1.32\times10^{-23}\times300\times\dfrac{1}{1.602\times10^{-19}}\simeq0.026[\mathrm{eV}]$이다. 임의의 에너지 준위에 대하여 Fermi-Dirac의 확률분포 함수 $f(E)=\dfrac{1}{1+e^{\frac{E-E_f}{kT}}}$로부터 $\dfrac{1-0.032}{0.32}=2.125$,

$1+e^{\frac{E-E_f}{KT}}=\dfrac{1}{f(E)}$가 된다.

따라서 $e^{\frac{E-E_f}{kT}}=\dfrac{1}{f(E)}-1=\dfrac{1-f(E)}{f(E)}$에 양변 대수를 취하면 다음과 같다.

$$E-E_f=kT\ln_e2.125=0.026\times2.3026\times0.3010\simeq0.02[\mathrm{eV}]$$

예제 1.12 진성 반도체가 갖는 특징을 간단히 설명하여라.

[풀이]
- 진성반도체(순수반도체)는 절대온도 0[°K] = −273[°C](섭씨온도)에서는 원자나 분자의 열운동이 정지 된 상태로서 절연체와 같다.
- 진성반도체의 페르미준위는 온도에 관계없이 금지대 중앙에 존재한다.
- 진성반도체의 에너지 갭은 온도가상승하면 약간 감소한다.
- 진성반도체 온도가 상승하면 원자의 에너지가 증가한다.
- 절대온도 0[°K]−273[°C](섭씨온도)에서는 모든 원자나 분자의 열운동이 정지됨으로 진성 반도체의 모든 가전자는 가전자대에만 존재한다.

(2) 불순물 반도체(Impurity semiconductor)

진성 반도체는 반송자의 수가 충분하지 못해 전도성이 없는 부도체와 같았다. 진성 반도체가 결합하면 공유결합을 이루기에는 전자가 1개 부족하게 되므로 정공이 1개 있는 것과 같다.

진성 반도체의 전도성을 증가시키거나 정공이나 전자의 수를 조절하기 위해 불순물을 주입하게 된다. 불순물이란 진성 반도체와 다른 종류의 원소를 말한다. 이와 같이 불순물이 주입된 반도체를 불순물 반도체 또는 외인성 반도체(Extrinsic semiconductor)라고 한다.

■ P형 반도체(P-type semiconductor)

게르마늄과 실리콘의 가전자 4개와 인듐의 가전자 3개가 공유결합하면 1개의 전자가 부족한 빈 곳에는 정공이 생기게 된다.

P형 반도체 = 4가인 게르마늄이나 실리콘 + 3가인 붕소(B), 갈륨(Ga), 인듐(In)

그리고 전장을 가해 주면 가까이 있는 다른 원자의 전자 1개가 정공을 메우게 되어 원래의 정공은 없어지고 전자 1개의 자리에 새로운 정공이 생기게 된다. 이와 같은 현상이 계속됨에 따라 정공은 전장의 방향으로 이동하여 전하를 운반하므로 전류가 흐르게 된다.

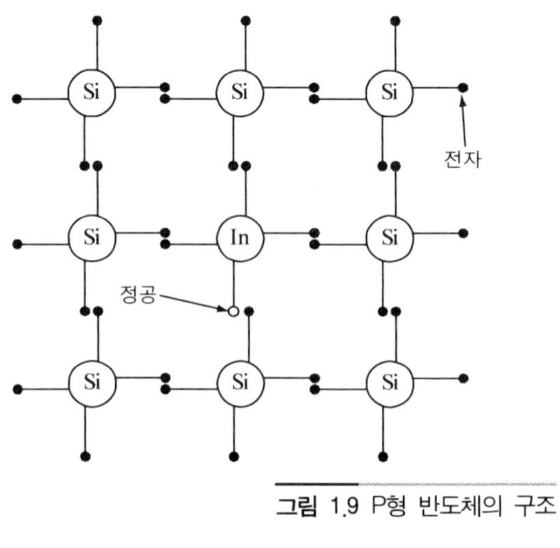

그림 1.9 P형 반도체의 구조

따라서 P형 반도체에서 다수 캐리어는 정공이 되고, 소수 캐리어는 전자가 된다. 그리고 정공을 만들기 위해 넣어준 불순물을 억셉터(Acceptor)라고 한다.

여기서 대표적인 억셉터 원자로 3족 원소인 인듐, 갈륨, 붕소, 알루미늄 등을 들 수 있다. 보통 억셉터 원자는 (+)극성으로 표시된다.

즉, 억셉터는 게르마늄이나 실리콘 등의 4족 원소에 인듐(In), 붕소(B), 알루미늄(Al), 갈륨(Ga) 등의 3족 원소를 첨가하면 공유결합에 참여할 수 있는 전자는 3개로 전자 1개가 부족하게 된다. 이 공백을 정공이라 하며, 3족의 원소는 다른 전자를 받아들일 수 있다는 의미에서 억셉터 또는 억셉터 불순물(Acceptor impurity)이라고 한다. 그리고 이와 같이 불순물을 주입하는 것을 도핑이라고 한다.

여기서 p형 반도체의 특징 몇 가지를 정리하면 다음과 같다.

- 3가 원자인 붕소(B), 인듐(In) 그리고 갈륨(Ga)으로 도핑 되었다.
- 3가 불순물을 억셉터(acceptor)라고 한다.
- 억셉터 원자는 (−)이온을 띤다.
- 다수 캐리어는 정공이고 소수 캐리어는 자유 전자이다.

N형 반도체(N-type semiconductor)

N형 반도체 = 게르마늄이나 실리콘 등의 4족 원소 +
인(P), 안티몬(Sb), 비소(As) 등의 5족 원소

4족 원소에 5족 원소를 첨가하면 결정구조에서 4개의 가전자가 공유결합에 참여하고 1개의 전자가 남게 되는데, 이를 과잉전자라고 한다. 불순물로 첨가하는 5족의 원소는 전자를 1개 내놓는다는 의미에서 도너(Donor) 또는 도너 불순물(Donor impurity)이라고 한다.

여기서 도너 이온은 N형 반도체를 만드는데 이용되는 불순물 이온을 말한다. 즉, 5가 원자인 인, 안티몬, 비소 등과 같은 전자를 공급하는 불순물 원자이다. 도너 불순물의 에너지준위는 전도대에 근처에 존재하기 때문에 약간

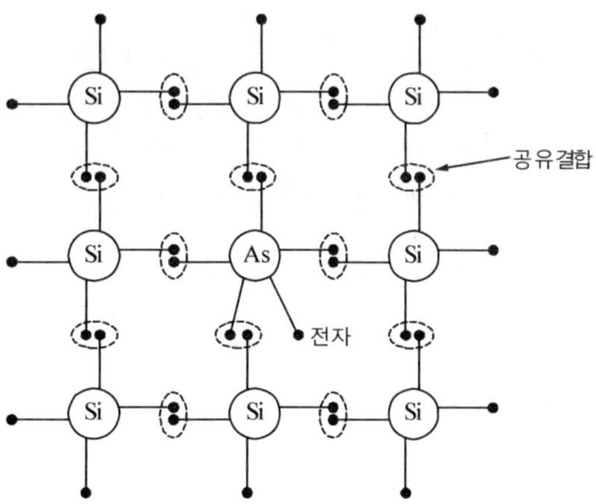

그림 1.10 N형 반도체의 구조

의 에너지를 받아도 전도에 기여하는 자유전자가 된다.

N형 반도체의 경우는 도너와 동일한 농도의 자유전자가 전도전류의 대부분을 차지하기 때문에 전자를 다수 캐리어라고 하고, 열적으로 생성한 홀(정공)을 소수 캐리어라 한다.

따라서 N형 반도체는 4가인 게르마늄이나 실리콘에 가전자 5가인 비소와 공유결합하는 과정에서 결합하지 못한 1개의 전자가 자유전자로 작용하게 되며, 여기에 전장을 인가하게 되면 이 자유전자는 쉽게 전장의 반대방향으로 이동하여 전하를 운반하므로 전류가 흐르게 된다.

여기서 n형 반도체 특징을 몇 가지를 정리하면 다음과 같다.

- 5가 원자인 비소(As), 인(P) 그리고 안티몬(Sb)으로 도핑 되었다.
- 5가 불순물을 도너(donor)라고 한다.
- 도너 원자는 (+)이온을 띤다.
- 다수 캐리어는 자유 전자이고 소수 캐리어는 정공이다.

(3) 불순물 반도체의 에너지대 구조

P형 반도체에서 에너지 갭 E_g는 억셉터준위에 있는 전자가 전도대에 오르는데 필요한 에너지이며, 에너지대 구조에서 ΔE는 충만대에서 억셉터준위로 오르는 데 필요한 에너지이다.

N형 반도체에서의 에너지 E_g는 충만대에 있는 전자가 도너준위에 오르는데 필요한 에너지이며, ΔE는 도너준위에서 전도대로 오르는데 필요한 에너지이다.

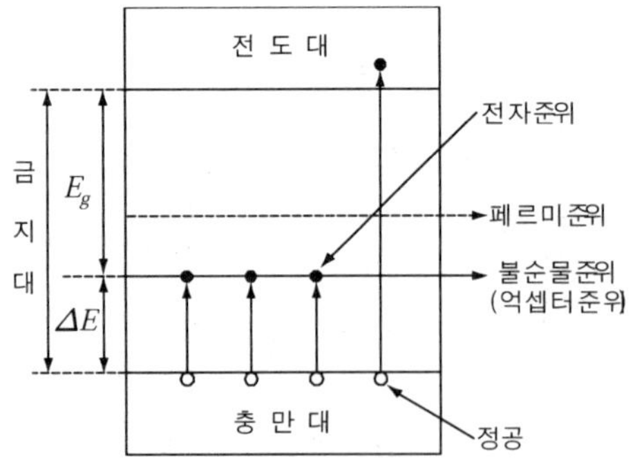

(a) P형 반도체

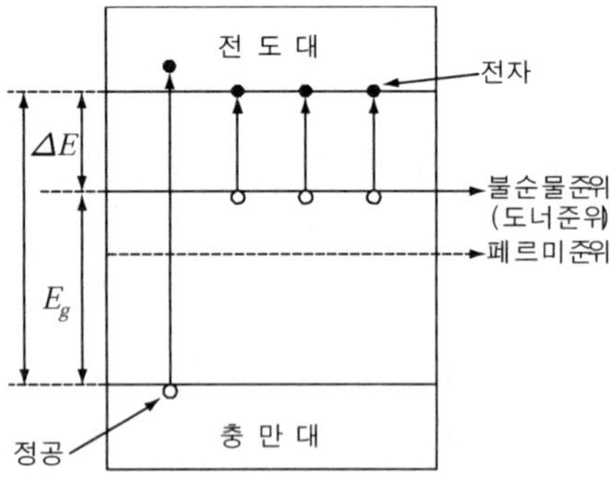

(b) N형 반도체

그림 1.11 에너지대 구조

예제 1.13

n형 불순물 반도체에서 hole의 농도에 대해서 설명하여라.(여기서 n_i는 진성반도체의 캐리어 밀도, N_d는 도너 농도로 이용한다.)

[풀이]
- n형 불순물 반도체에서 hole농도의 경우 정공은 $P = \frac{n_i^2}{N_d}$
- P형 불순물 반도체에서 hole농도의 경우 전자는 $N = \frac{n_i^2}{N_a}$
- N형 반도체에서 다수 캐리어가 전자 n이고, 소수 캐리어는 정공 p이다. 따라서 $n > p$인 관계가 된다.
- P형 반도체에서는 다수 캐리어가 정공 p이고, 소수 캐리어는 전자 n이다. 따라서 $p > n$인 관계가 된다.

Book Cafe

절대온도 $0[°K](-273[°C])$에서는 모든 원자나 분자의 열운동이 정지됨으로 이 때 진성반도체의 모든 가전자는 가전자대에만 존재한다.

예제 1.14

불순물 반도체에 대해서 간단히 설명하여라.

[풀이] 불순물 반도체의 형태는 N형과 P형을 등으로 구분되는데
- N형의 불순물은 5가 원소인 As, P, Sb, Bi 등이 해당하며, 이를 도우너(donor)이온이라고 한다.
- P형의 불순물은 3가 원소인 Al, B, In, Ga 등이 해당하며, 이를 어셉터(acceptor)이온이라고 한다.

1.4.3 반도체의 홀효과(Hall Effect)

(1) 전기적인 현상

미지 시료의 한 쪽 방향에 $I\,[\mathrm{A}]$를 인가하면 전류와 직각방향으로 자장 $B\,[\mathrm{Wb/m^2}]$이 발생하는데, 다시 이의 직각방향으로 플레밍(Fleming)의 왼손법칙에 따라 (+)에서 (−)로 기전력이 발생하는 현상을 홀 효과라고 하며, 이때 도체 사이에서 발생하는 기전력을 홀

전압(Hall voltage)이라고 한다. 여기서 홀 전압 V_H은

$$V_H = \frac{R_H IB}{d}\,[\mathrm{V}]$$

가 되며, 여기서 $R_H\,[\mathrm{m}^3/\mathrm{C}]$는 홀 상수이며, d는 자기력선이 미치는 반도체의 두께(깊이)를 나타낸다.

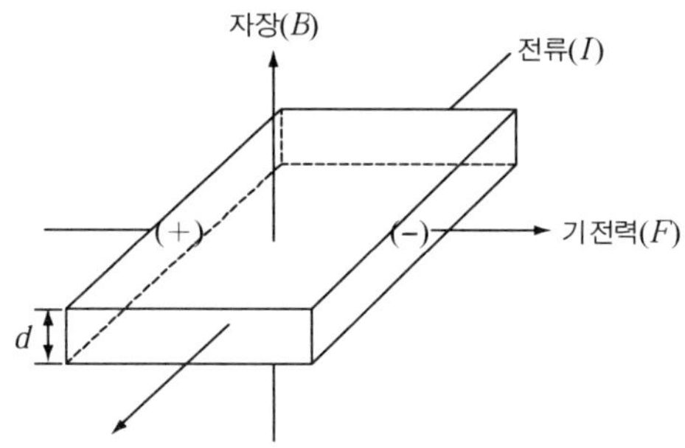

그림 1.12 홀효과

(2) **홀 효과의 응용**

- 반도체 종류의 결정(마자 시료의 형태를 결정)
- 캐리어 밀도의 측정
- 전도율(도전율) 및 이동도의 측정 등에 응용되고 있다.

1.5 다이오드(Diode)

1.5.1 PN 접합 다이오드(PN junction diode)

(1) **공핍층(Space charge region)**

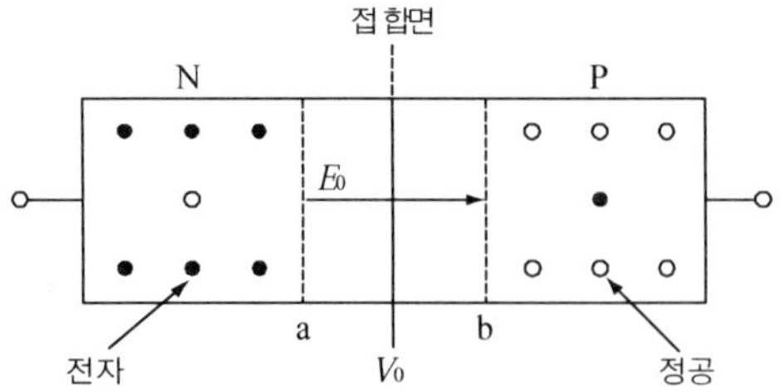

(a) PN 접합의 다이오드

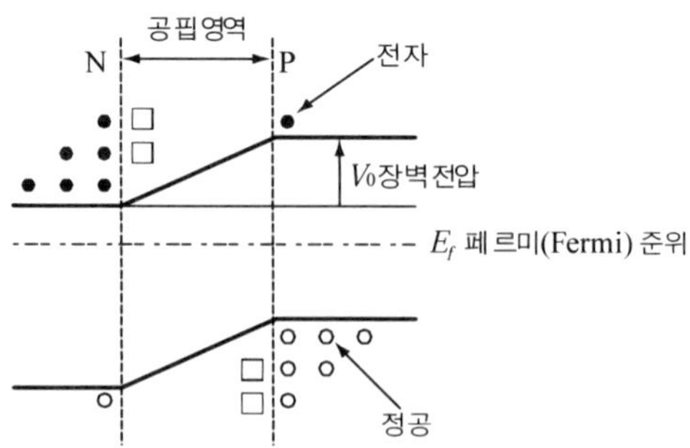

(b) PN 접합의 에너지대 구조

그림 1.13

외부에서 어떤 조건(전압의 인가, 전계 등)을 인가하지 않은 상태 즉 단순히 P형 반도체와 N형 반도체를 접합한 상태를 열적평형상태라고 하는데 이와 같은 상태에서는 전류가 흐르지 않으며, P형과 N형의 페르미준위가 일치한다. 접합부분에 전자와 정공의 재결합으로 반송자(Carrier)가 존재하지 않고 이온만 존재하는 층이 발생하게 되는데 이를 공핍층이라고 한다. 결국 공핍층은 전위장벽 전압 V_0에 의해 N형 영역의 전자와 P형 영역의 정공이 격리되어 있는 영역을 말한다.

(2) 전위장벽(Potential barrier)

- 확산이 계속되면 공핍층 내에서는 도너 이온에서 억셉터 이온 쪽으로 향하는 전계가 생기고 이로인해 전위차가 발생한다. 이 전위차를 장벽 전위(barrier potential)라고 한다.
- PN 접합에서 나타나는 전위장벽은 PN 접합 사이의 전위 값을 말한다. 즉, 더 이상의 확산이 진행되지 않는 캐리어가 확산 정지되는 경우를 열평형 상태라고 한다.

이와 같이 열평형 상태를 이루고 있는 PN 접합의 공핍층이 형성된 전계는 캐리어의 확산을 억제하는 기능을 갖게 되는데 이를 전위장벽이라고 한다. 보통 장벽 전위의 크기는 25[℃]에서 실리콘의 경우 0.7[V]이고 게르마늄의 경우는 0.3[V]이다.

전위장벽은 억셉터나 도너의 밀도 N_a, N_d와 깊은 관계가 있다. 즉, 전위장벽에 대한 결과 식으로 나타내면

$$\phi_0 = \frac{kT}{e}\log_e \frac{N_a N_d}{n_i^2}$$

이다. 여기서 k는 볼츠만(Boltzmann) 상수, T는 절대온도, e는 전자의 전하량, n_i는 진성 반도체의 반송자 밀도이다.

(3) 바이어스 공급방법

PN 접합 양단에 외부 직류 전압을 가하는 것을 바이어스(bias)를 가한다고 한다. 이 전압은 공핍층 폭을 제어하기 위하여 사용한다. 바이어스 방법은 순방향 바이어스와 역방향 바이어스 두 가지 형태가 있다. 순방향 바이어스 된 PN 접합은 공핍층의 폭이 최소가 된다.

- 순 바이어스 전압을 인가하는 경우

n형(Cathode)에 비해 P형(Anode)를 높게 되도록 외부에서 전원을 인가하는 경우를 순바이어스(전압)이라고 한다. PN 접합에 순방향으로 바이어스 되었을 경우 다수 캐리어가 서로 다른 쪽에 주입된다. P형에 (+), N형에 (−) 전압을 가하는 경우로 N형의 페르미 준

위는 P형의 페르미 준위보다 eV만큼 높아지고, 전위장벽은 $e\phi - eV$로 낮아진다.

즉, 순 바이어스는 PN 접합 부근에 형성된 전위장벽의 극성과 상반되도록 인가하는 방식으로 전위장벽을 낮게 하는 기능을 준다. 따라서 전자는 (+) 전위에 끌려서 P형 쪽으로, 정공은 (−) 전위에 이끌려 N형 쪽으로 이동하여 전류가 잘 흐르게 된다.

여기서 순방향 바이어스를 공급하는 경우에 대한 특성을 정리하면 다음과 같다.

- P영역에 (+) 전압, N영역에 (−)전압을 걸어 준다.
- 바이어스 전압은 장벽 전위보다 커야 한다.
- 양이온과 음이온이 감소하여 공핍 영역이 좁아진다.
- 전위 장벽이 낮아져 큰 전류가 흐른다. 실리콘의 전위 장벽은 0.7[V]이다.
- 다수 캐리어가 PN 접합을 향해 순방향 전류를 흘린다.

■ 역 바이어스 전압을 인가하는 경우

P형에 (−), N형에 (+) 전압을 가하는 것으로 N형의 페르미 준위가 P형보다 eV만큼 낮아지고, 전위장벽으로 eV만큼 높아진다. $e\phi + eV$ 즉, 바이어스 전압이 공핍층의 전위장벽을 높이는 방향으로 인가되기 때문에 캐리어의 이동은 열적평형상태보다 더 어렵게 되어 전류가 거의 흐르지 않게 된다. 한편 역방향전압을 매우 크게 하면 채널 폭이 좁아지고 이와 같은 항복현상(Breakdown)으로 인하여 대 전류가 흐르게 된다.

여기서 역방향 바이어스를 공급하는 경우에 대한 내용을 정리하면 다음과 같다.

- N영역에 (+) 전압, P영역에 (−)전압을 걸어 준다.
- 바이어스 전압은 항복 전압보다 작아야 한다.
- 공핍 영역이 넓어진다.
- 전위 장벽이 더 높아져 거의 전류가 흐르지 않는다.
- 소수캐리어에 의한 아주 작은 역 전류가 흐른다.

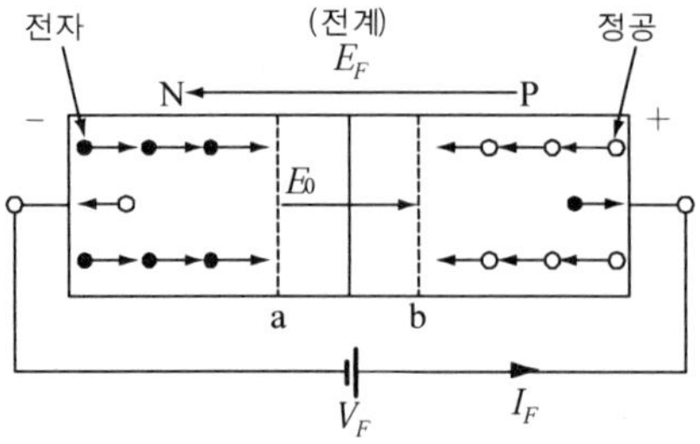

(a) 순방향 PN 접합

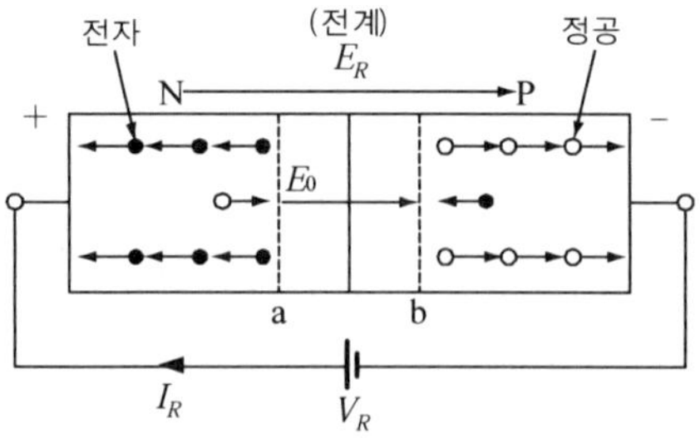

(b) 역방향 PN 접합

그림 1.14 PN 접합의 바이어스 공급방법

Book Cafe

PN 접합에서 전류가 0이라는 것은 접합면을 지나는 소수 반송자와 다수 반송자가 같다. 즉, 전하(다수, 소수 반송자)의 이동이 일어나지 않을 때, 다시 말해 다수와 소수 반송자가 동일할 때 전류는 0으로 볼 수 있다.

예제 1.15 PN접합 다이오드에 역 바이어스 전압을 인가할 때 나타나는 현상에 대해서 설명하여라.

[풀이] PN 접합 Diode에 역 바이어스 전압을 인가하는 경우에 공핍층이 더 넓어져 전자의 이동이 불가능한 상태가 되는 현상이 발생하는데 이를 turn-off(저지)라 한다. 그리고 순 바이어스인 경우에는 공간전하층의 폭이 좁으므로 확산용량 C_d가 매우 크고, 역 바이어스 일 때는, 공간전하층의 폭이 매우 넓으므로 접합용량 C_t가 작다. 즉, 순 바이어스를 인가하는 경우에는 C_d(확산용량) $\gg$ C_t(접합용량) 인 관계에 있게 된다.

1.5.2 PN 접합 다이오드 전류

(1) 다이오드 전류 방정식

■ 순방향 특성

다이오드에 순방향 전압이 가해지면 순방향 전류 I_f가 흐른다. 즉, 실리콘 다이오드의 경우 순방향 바이어스 전압이 0.7[V]가 걸릴 때부터 순방향 전류는 급격히 지수 함수적으로 증가됨을 알 수 있다.

■ 역방향 특성

다이오드에 역방향 전압이 가해지면 전류가 흐르지 않으나 소수 캐리어에 의한 극히 적은 역전류 I_r이 흐른다. 이 역 전류는 보통 Ge 다이오드의 경우는 μA, Si 다이오드의 의 경우는 [nA] 정도로 대단히 적다. 실제 다이오드에서는 역전류가 0이 되는 것이 바람직하므로 Si이

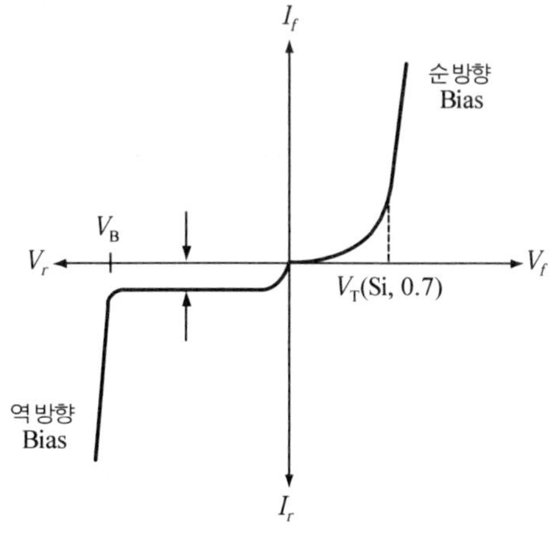

그림 1.15 PN 접합 다이오드의 전압-전류 특성

Ge 보다는 좋다고 할 수 있다. 바이어스가 0[V]일 때는 역 전류는 흐르지 않는다.

PN 접합 다이오드에 순 바이어스 전압을 인가하는 경우 전압이 일정 크기를 갖게 되면 전류가 증가하지만, 역 바이어스 전압을 인가하면 매우 작은 전류가 흐른다. 다이오드에 흐르는 전류 방정식은

$$I = I_0\left(e^{eV/kT} - 1\right)$$

이다. 여기서 T는 절대온도, k는 $k = \dfrac{11600}{\eta}$(Ge의 경우는 $\eta = 1$, Si의 경우는 $\eta = 2$), V는 다이오드에 인가되는 전압, I_0는 역 바이어스에 의한 역 포화 전류로서 주위의 온도 등에 의해서 결정되는 상수이다.

여기서 근사화 된 Q점에서의 접선의 기울기를 g_m이라고 하면

$$g_m = \frac{dI_f}{dV_f} = \frac{I}{KT/q}$$

이며 특히 상온에서는 $\dfrac{KT}{q} \fallingdotseq 26[\mathrm{mV}]$이므로

$$g_m \fallingdotseq \frac{I}{26[\mathrm{mV}]}$$

로 주어진다.

예제 1.16

PN 접합 다이오드에서 전압 V를 걸었을 때 전류 I_D는

$$I_D = I_o\left(\exp\frac{eV}{kT} - 1\right)$$

인 경우 다음의 특성 곡선에서 보이는 전류에 대한 특성을 설명하여라.

[풀이] ▸ 그림에서 ①의 경우는

이상적 PN 접합 다이오드의 전류 방정식 $I_D = I_o\left(\exp\dfrac{eV}{kT} - 1\right)$에서

$V = 0$일 때 $\exp\dfrac{eV}{kT} = 1$ 이므로 $I_D = 0$가 된다. 즉 열평형 상태가 된다.

또 $V > 0$ 일 때 $\exp\dfrac{eV}{kT} \gg 1$ 이므로 I_D는 지수 함수적으로 증가한다.

▸ 그림에서 ②의 경우는 $V < 0$ 일 때 $\exp\dfrac{eV}{kT} \approx 0$ 이므로 $I_D \approx -I_o$이 된다.

즉, 역방향에서는 전압 V에 무관하게 일정한 포화 전류가 흐른다.

▸ 그림에서 ③의 경우는 역방향 전압이 계속 증가하여 항복 전압 부근에 달하면 전류는 급격히 증가한다.

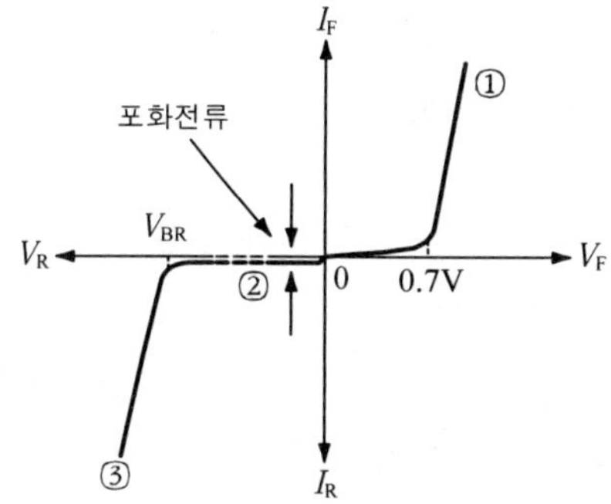

(2) 차단전류, I_0

PN 접합에 역 바이어스 공급한 회로에 흐르는 전류로서 온도가 증가하면 다이오드의 차단 전류 값이 증가하고 역방향 저항은 감소한다. 다이오드 전류관계식에서 충분히 큰 역방향 바이어스 전압의 경우에

$$I = I_0\left(e^{eV/kT} - 1\right) = -I_0$$

로 주어지므로 역방향 전류의 크기는 포화전류와 같음을 알 수 있다. 역방향 누설전류 또는 역 방향 포화 전류는 역 바이어스 인가 동안 소수 캐리어에 의해 생성된 매우 작은 누설전류가 흐른다.

열에너지에 의해 PN 접합에 생성된 소수 캐리어의 경우는 쉽게 전위장벽을 넘게 되는데, 이때 열성 소수 캐리어에 의해 생성되는 전류를 말한다.

(3) 다이오드의 온도 특성

순방향 및 역방향 바이어스 된 다이오드 전압-전류 특성에서 온도가 변화함에 따라 특성 곡선에 어떤 영향을 주는지를 살펴본다.

■ 순방향 바이어스 된 다이오드의 온도 특성

순방향 바이어스 된 실리콘 다이오드의 경우 다이오드 전류를 일정하게

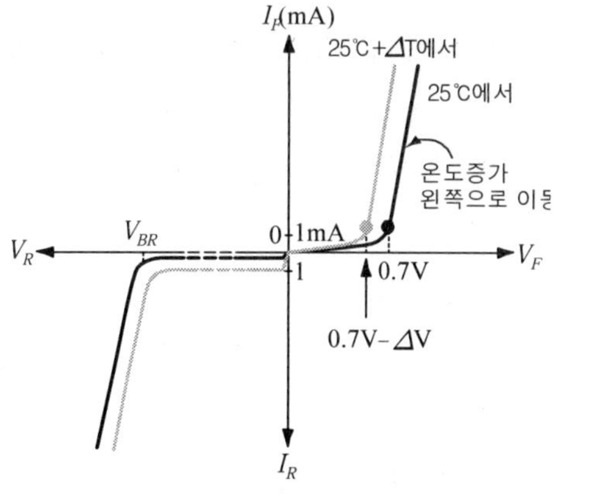

그림 1.16 다이오드 온도 특성

유지할 때 온도가 1[°C] 증가에 대하여 다이오드 순방향 전압은 2.5[mV]씩 감소한다.

즉,

$$\left.\frac{\Delta V}{\Delta T}\right|_{I=\text{일정}} = -2.5[\mathrm{mV}/^{\circ}\mathrm{C}] \text{(상온에서 다이오드의 온도 계수)}$$

순방향의 경우는 그림에서 알 수 있듯이 온도가 높아짐에 따라 순방향 전류 곡선이 왼쪽으로 이동하게 된다.

■ 역방향 바이어스 된 다이오드의 온도 특성

역방향 바이어스 된 다이오드의 경우 온도가 상승하면 역방향 전류 I_o가 증가한다. 실험을 통한 결과로 역전류는 온도 10[℃] 증가에 대하여 약 2배 증가하게 된다.

예를 들면 주위 온도 25[℃]에서 실리콘 다이오드에 역 전압 30[V]를 인가하는 경우 걸어 전류를 측정하였더니 1[nA]이었다. 주위 온도 100[℃]에서 측정하는 경우의 역 포화 전류를 고려하면 역전류는 온도 10[℃] 증가에 대하여 약 2배 증가기 때문에

$$I_{o(100^{\circ}C)} = 2^{(100-25)/10} \times 1\,\mathrm{nA} = 2^{7.5} \approx 180[\mathrm{nA}]$$

으로 계산된다.

(4) 다이오드의 항복

역방향전압이 어느 정도 이상을 넘게 되면 다이오드에는 항복(Breakdown)현상이 발생하게 되는데, 전자사태(Avalanche)항복과 제너(Zener)항복 등이 있다. PN 접합에 역 전압을 점차적으로 증가시켰을 때 어느 전압 이상에서 전류가 급격히 증가하여 흐르는 현상을 항복현상이라고 하며, 이때의 전압을 항복전압(Breakdown voltage) V_B라고 한다.

■ 전자사태 항복(Avalanche breakdown)

PN 접합의 역방향전압이 커지면 공간 전하 층의 폭이 넓어지면서 동시에 전계의 세기가 증가하게 되며, 강한 전기장이 공간전하영역에 생기게 되면 공간전하 영역 안에 존재하는 소수 반송자는 가속운동을 하여 진행하면서 결정원자와 충돌하게 된다. 충돌할 때 에너지가 이온화 전압에 해당하면 새로운 전자와 정공이 생성되는데, 이러한 현상은 순간적으로 일어나며 기하급수적으로 증가한다.

이와 같이 강한 전기장에 의하여 전자와 원자가 충돌하여 전자 및 정공이 생겨 전류가 흐르게 되는 것을 전자사태라고 한다. 일반적으로 이와 같은 전자사태항복은 수십 볼트의 역방향 전압에서 발생한다.

■ 제너항복(Zener breakdown)

P형 및 N형 반도체의 불순물 농도가 높으면 공간전하영역의 폭이 매우 좁아지므로 작은 역방향 전압을 가해도 공간전하 영역 안에서 매우 강한 전기장이 발생한다. 이 전기장의 힘에 의해 원자가 직접 이온화하여 새로운 전자와 정공이 생성되고 이들이 강항 전계의 힘을 받아 다른 결합들을 파괴하는 과정이 반복됨으로써 항복이 일어나는데 이를 제너항복(Zener breakdown) 또는 터널효과(Tunnel effect)라 하고, 제너항복 영역에서는 다이오드의 양단전압이 다이오드와 무관하게 일정하게 유지되는데 이를 제너 항복 전압(Zener breakdown voltage)이라고 한다.

(5) 다이오드 저항

다이오드 저항은 직류 저항(또는 정 저항)과 교류 저항(또는 동 저항)으로 분류되며 여기서 직류 저항은 동작점에 의하여 결정되고 교류 저항은 곡선의 모양에 의하여 정해진다.

■ 직류 저항

다이오드에 걸어 준 직류 전압 V_D와 이 때 흐르는 직류 전류 I_D와의 비를 직류 저항(DC resistance) 혹은 정저항이라고 한다.

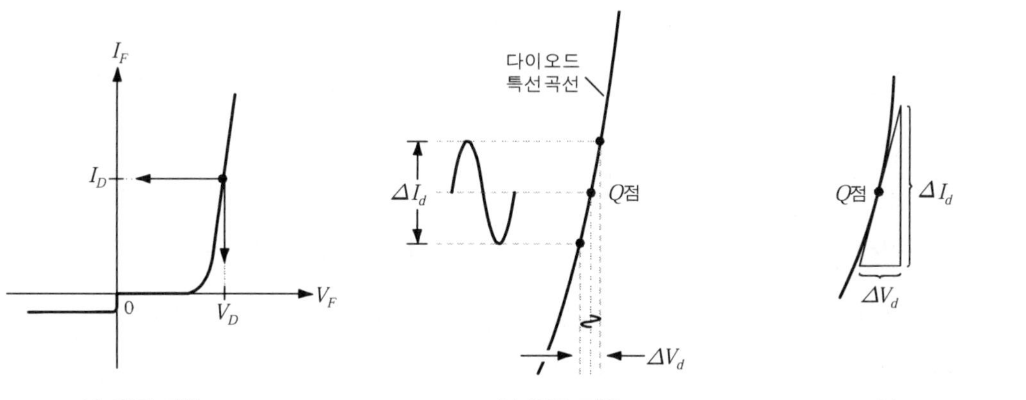

(a) 직류 저항 (b) 교류 저항 (c)

그림 1.17 다이오드 저항

직류 저항 R_{DC}의 크기는 다이오드 특성 곡선 그림 (a)에서 기울기를 나타내는 것으로

$$R_{DC} = \frac{V_D}{I_D}$$

으로 구할 수 있게 된다. 그래프 상에 정해지는 동작점은 시간에 따라 변하지 않으므로 이로부터 구해지는 직류 저항을 정 저항(static resistance)이라고도 부른다. 이상적 다이오드에서는 $V_D = 0$이므로 $R_{DC} = 0[\Omega]$이다. 일반적으로 다이오드의 전류가 높아질수록 직류 저항은 낮아진다.

■ 교류 저항

다이오드 V－I 특성에서 고정된 직류 신호가 아닌 정현파가 인가된 상태 즉, 소 신호 전압에 대한 소 신호 전류와의 비를 교류 저항 또는 동 저항(dynamic resistance)이라고 한다.

이상적 다이오드의 전류 방정식은

$$I_D = I_o\left(\exp\frac{e V_D}{kT} - 1\right)$$

이며, 주어진 특성 곡선(그림 b)에서 저항의 크기를 구하기 위해서 기울기 dI_D/dV_D를 구한 후 결과를

다이오드 동 저항은 r'_d로 표시하면

$$r'_d = r_{ac} = \frac{dV_D}{dI_D} \approx \frac{kT}{e} \times \frac{1}{I_D} = \frac{25[\mathrm{mV}]}{I_D}$$

가 된다. 무릎 점(실리콘의 경우 0.7[V]인 점) 아래에서는 주어진 전압의 변화에 대하여 전류의 변화가 거의 없기 때문에 이 부분에서는 저항 값이 매우 크다. 무릎 점 위에서 주어진 전압의 변화에 대해 전류 값이 크게 증가하기 때문에 저항 값은 가장 작다.

여기서 $r'_d = \dfrac{25[\mathrm{mV}]}{I_D}$는 상온에서 환산된 값으로 중요한 것은 직류 성분이라는 것이다. 그래서 다음에 트랜지스터를 해석하는 경우 그림 1.18(a)에서 이것이 교류 저항에서 유도된 식이다.

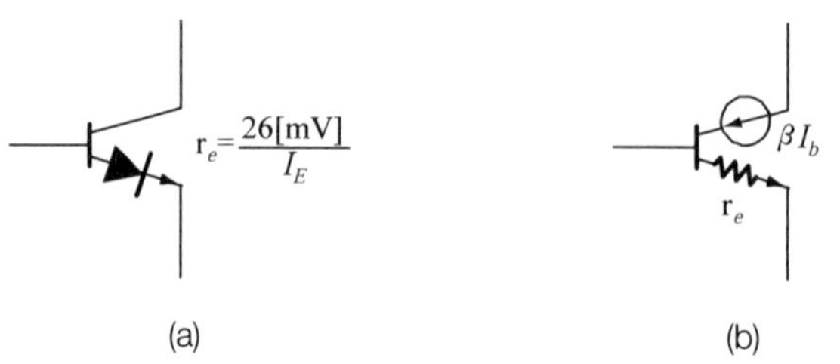

그림 1.18 다이오드 온도 특성

따라서 AC, 소 신호 해석을 하는 경우 이를 기준으로 만든 모델이 γ_e이라고 할 수 있다.

즉, 트랜지스터 모델을 그림 (b)의 경우처럼 바꿀 수 있게 되는 것이다.

1.5.3 다이오드의 근사적 모델

다이오드의 전류 특성은 비선형 특성을 나타내므로 다이오드를 포함한 저항 회로를 해석하는 경우에 주로 근사적 모델을 사용한다. 근사적 모델로는 이상적 모델과 실용 다이오드 모델 등을 이용하게 된다.

(1) 이상적 다이오드 모델(ideal diode model)

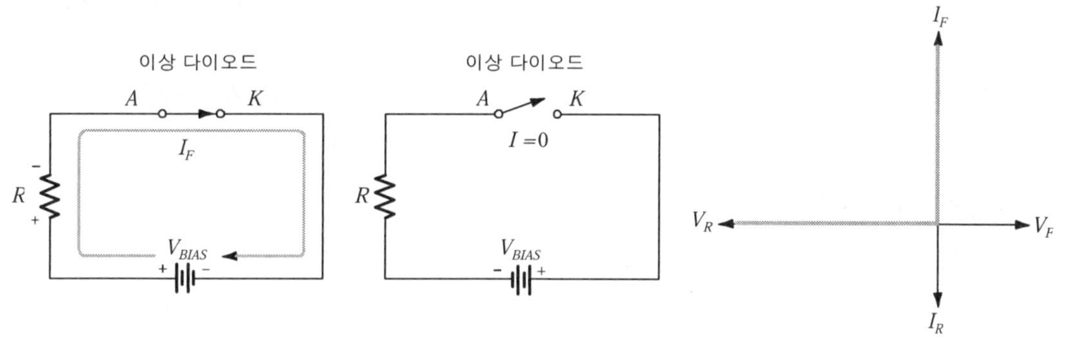

(a) 순방향 바이어스 (b) 역방향 바이어스 (c) 이상적 특성 곡선

그림 1.19 이상적 다이오드 모델

■ 순방향 바이어스

이상적 다이오드 모델에서 알 수 있듯이 간단한 스위치 구조로 동작하게 되는 것으로

- 다이오드에 순방향 바이어스가 인가되는 경우는 인 되었을 때는 스위치가 닫힘(on)으로 동작하고
- 역방향 바이어스 되었을 때는 스위치가 열림(off)으로 동작한다.

즉, 순방향 바이어스가 걸렸을 때는 다이오드 양단에 걸리는 전압 $V_F = 0[\mathrm{V}]$이다.

■ 역방향 바이어스

그림 (b)의 역방향 바이어스가 가해지면 역전류는 0이고 역 전압 V_R은 가해지는 바이어스 전압과 같다.

(2) 실용 다이오드 모델

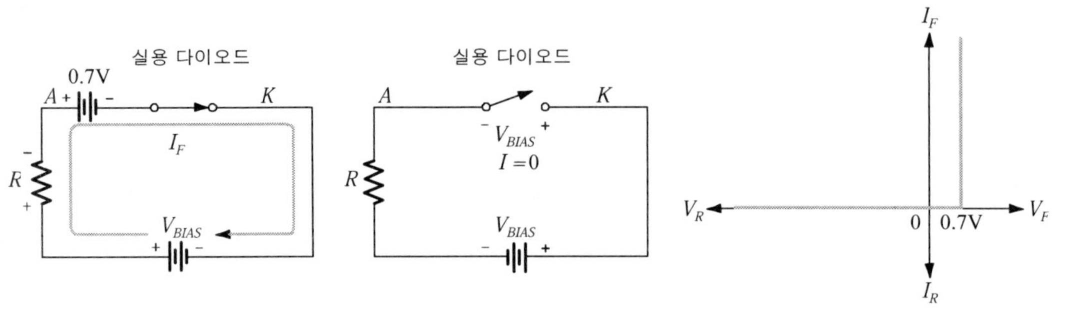

(a) 순방향 바이어스 (b) 역방향 바이어스 (c) 이상적 특성 곡선

그림 1.20 실용 다이오드 모델

실용적 다이오드 모델은 이상적 다이오드 모델에 장벽 전위를 고려한 모델로 이상적 다이오드 모델보다는 실제 다이오드의 특성 곡선에 더 가깝다.

■ 순방향 바이어스

이상적 실리콘 다이오드에 순방향 전압 강하 0.7[V]를 직렬로 연결한 것이다. 순방향 바이어스의 경우 원점 기준 오른 쪽 영역에 $V_F = 0.7[\mathrm{V}]$에서 같은 크기의 직선으로 나타난다. 그리고 전류 I_F는 다음과 같다.

$$I_F = \frac{V_{BIAS} - 0.7[\mathrm{V}]}{R}$$

■ 역방향 바이어스

그림 (b)의 역방향 바이어스가 가해지면 역전류는 0이고 역 전압 V_R은 가해지는 바이어스 전압과 같다.

(3) 일반적인 다이오드 모델

일반적인 다이오드 모델은 순방향의 동 저항 r'_d와 내부 역 저항 r'_R 그리고 장벽 전위 등을 고려한 모델을 말한다.

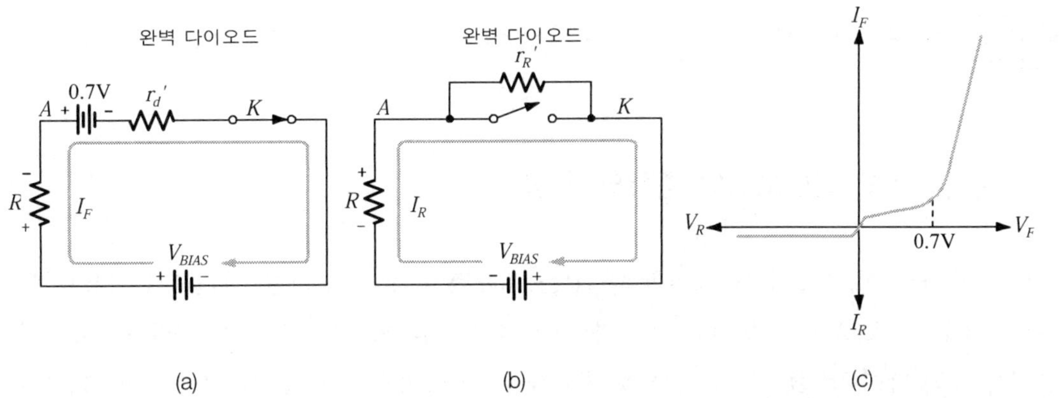

그림 1.21 일반적인 다이오드 모델

■ 순방향 바이어스

그림 (a)에서와 같이 도통(on) 상태의 스위치처럼 동작한다. 여기서 순방향 전압 V_F의 크기는 장벽 전위와 동 저항에 걸리는 작은 전압을 더한 값으로 구할 수 있다. 즉,

$$V_F = 0.7[\mathrm{V}] + I_F\, r'_d$$

그리고 순방향 전류 I_F는

$$I_F = \frac{V_{BIAS} - 0.7[\mathrm{V}]}{R + r'_d}$$

으로 나타낼 수 있다.

■ 역방향 바이어스

그림 (b)에서와 같이 개방(off) 상태의 스위치처럼 동작한다. 이 때 역 전류는 매우 큰 저항 r'_R로 인해 미약한 역방향 전류가 흐른다.

1.6 특수 반도체

1.6.1 특수 다이오드의 종류와 특성

다이오드는 전류의 흐름을 제어할 수 있는 대표적인 소자로, 예를 들면 정류작용을 들 수 있다. 특수 다이오드는 일반 다이오드가 갖는 특성 이외의 능력인 발진, 스위치, 증폭 등의 능력을 지닌 다이오드를 말하는 것으로 제너(Zener) 다이오드, 터널 다이오드, 버랙터 다이오드 등을 들 수 있다.

(1) 제너(Zener) 다이오드

제너 다이오드에 역방향 바이어스를 걸어주면 처음에는 일반 다이오드의 역방향 특성과 같이 비슷하게 전류가 거의 흐르지 않다가 제너 항복 전압 이상의 전압이 가해지면 급격히 큰 역방향 전류가 흐른다. 이와 같이 제너 다이오드가 항복 영역에서 동작하게 되면 제너 다이오드 양단에는 항상 일정한 제너 전압이 유지된다. 이 역방향 항복은 제너 항복과 애벌런시 항복으로 분류할 수 있다.

■ 제너 항복(zener breakdown)

제너 다이오드에 낮은 역방향 전압을 인가시켰을 때 발생된다. 즉, 대략 5[V] 이하에서 발생하는 항복 전압을 제너 항복이라고 한다.

여기서 제어 항복이라고 하는 것은 원인에 따른 특성 변화로 설명하면

- 먼저 불순물 농도를 매우 높게 도핑하면
- 공핍층 두께 d가 얇아지게 되며
- $E = \frac{V}{d}$[v/m]관계에서 두께 d가 얇아지게 되므로 전계 E가 높아져 강전계를 만들게 된다.

여기서 역방향의 경우 중요한 것은 낮은 전압에서도 강전계를 만들 수 있다는 것이다.

- 그래서 직접 이온화가 될 수 있게 되는데 이를 터널 효과라고 한다.
- 다량의 캐리어를 생성하게 된다.
- 이는 역방향에서 큰 전류 흐름이 생성된다는 것이다.

즉, 역 바이어스인 경우에는 소수 캐리어에 의해서 미소한 전류가 흘렀지만 터널 효

과에서는 가전자대의 전자가 전도대로 바로 이동이 되고 전도대는 자유전자가 되므로 큰 전류가 흐르게 되는 것이다.

■ 애벌런시 항복(avalanche breakdown)

제너 다이오드에 높은 역방향 전압을 인가시켰을 때 발생된다. 즉, 5[V] 이상에서 발생하는 항복 전압을 애벌런시 항복이라고 한다.

여기서 항복 현상을 단계별로 정리하면 다음과 같다.

- 불순물 농도 농도를 높이는 대신에 큰 역 바이어스 전압을 인가하면
- 여기서 공핍층의 두께 $d \propto \sqrt{V_R}$ 관계에서 큰 역 바이어스에 의해 공핍층 두께가 증가한다.
- 그러면 공핍층 내에서 소수 캐리어의 가속운동으로 가능하게 된다.
- 가속에 의해서 결정격자와 이온화 충돌을 하여 다량의 캐리어를 생성하게 된다.
- 역 방향에 의해 큰 전류의 흐름이 생성하게 된다.

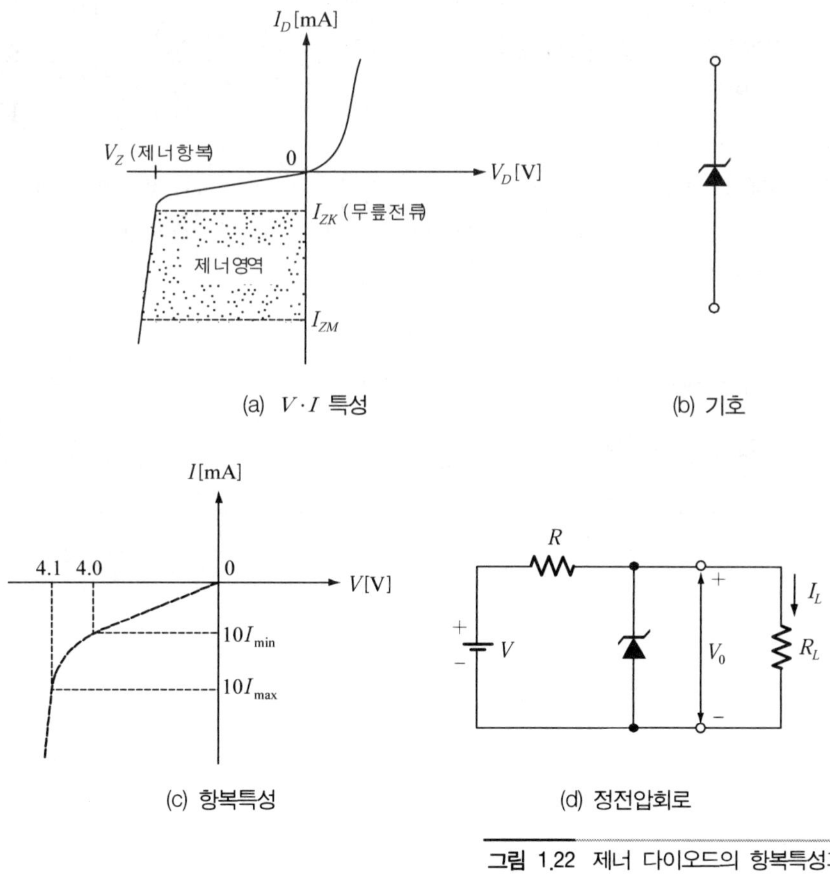

그림 1.22 제너 다이오드의 항복특성과 정전압회로

PN 접합 다이오드의 항복현상을 이용해 정전압을 유지할 수 있도록 만들어진 것을 정전압 다이오드라 하며, 주로 항복현상인 전자사태나 제너항복현상을 이용한다. 이것은 불순물 반도체에 포함되어 있는 불순물의 농도에 따라 각 항복현상이 분류되며, 불순물이 많이 포함될수록 항복현상은 작은 전압에서 일어난다. 이 항복전압을 전압의 기준 값으로 사용하도록 설계된 것이 제너 다이오드 또는 정전압 다이오드이다.

Book Cafe

다이오드의 정류 특성에서 역 전압을 점차적으로 크게 하면 어느 크기에서 갑자기 전류가 증가하는 전압을 말한다.

예제 1.17

다음의 회로에서 제너 다이오드 전압 $V_2 = 10[\mathrm{V}]$일 때 다이오드 근사 방법에 의한 제너 전압 V_Z의 변화 ΔV_Z를 계산하면?

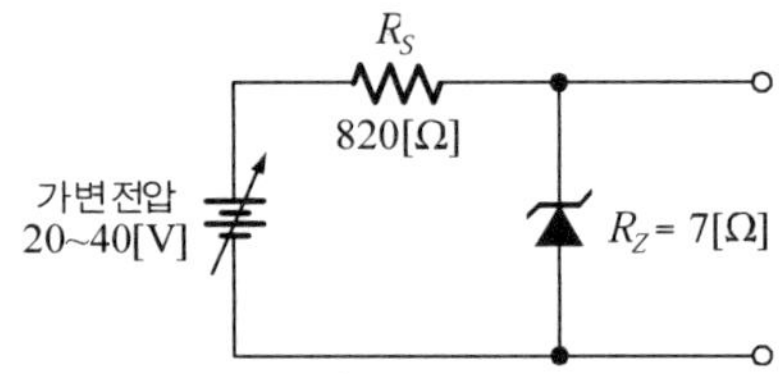

[풀이] 제너 전압 V_Z의 변화 ΔV_Z는 제너 전류의 변화 ΔI_Z와 제너 저항 R_Z의 곱 $\Delta V_Z = \Delta I_Z \cdot R_Z$와 같다. $20 \sim 40[\mathrm{V}]$의 인가전압은 제너 다이오드의 항복전압보다 크므로 출력전압은 $10[\mathrm{V}]$로 일정하다.

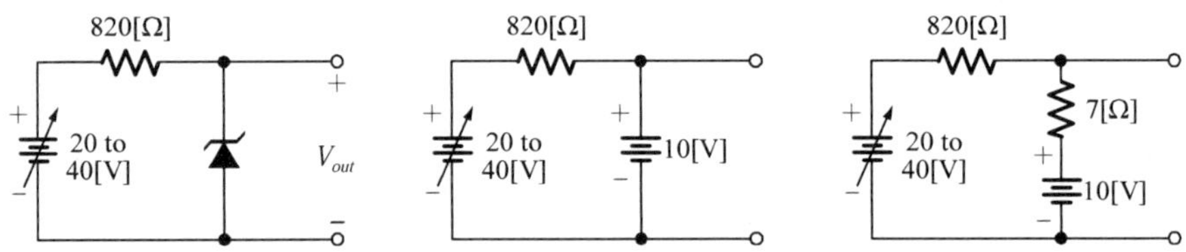

(a) 회로 (b) 이상적 (c) 다이오드 근사 방법

그림 (c)에서 $I_{Z,\min} = \dfrac{20-10}{820} = 12.2[\mathrm{mA}]$, $I_{Z,\max} = \dfrac{40-10}{820} = 36.6[\mathrm{mA}]$이다. 제너 저항이 $7[\Omega]$은 $820[\Omega]$의 직렬 저항에 비해 무시될 수 있다.

(2) **터널 다이오드(Tunnel diode)**

■ 터널 다이오드의 구조

다이오드는 부성 저항 특성을 갖는다. 여기서 부성 저항을 갖게 되는 이유는 불순물 농도를 대단히 크게 하면 공간 전하의 폭이 줄어들어 캐리어의 터널이 일어나 터널링 전류(tunneling current)가 흐르게 된다.

■ 터널 다이오드의 특성 곡선

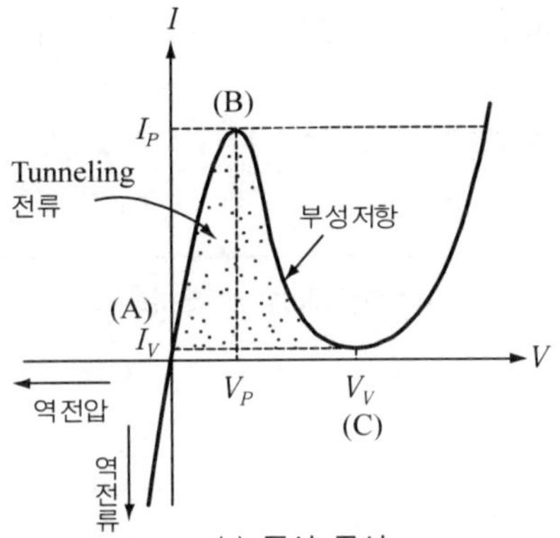

(a) 특성 곡선

(b) 기호

그림 1.23 터널 다이오드의 특성과 기호

점 A와 점 B사이는 터널링 전류이고 점 B에서 순방향 전압을 더욱 증가시키면 장벽이 형성되기 시작하고 순방향 전압을 더 증가시키면 전류가 오히려 감소하여 부성 저항 영역(negative resistance region)을 나타낸다. 또 점 C에서 순방향으로 더욱 큰 전압을 인가하면 순방향 바이어스 된 일반 다이오드처럼 동작한다.

즉, 터널 다이오드는 PN 접합의 높은 불순물 농도 때문에 부성저항 특성이 발생되는 현상을 말하는 것으로 P형 및 N형 반도체의 불순물 농도를 크게 하면 공간전하영역이 좁아져 접합면에서 전자의 터널현상이 발생하며 전압과 전류 특성 곡선에서 부성저항 특성을 갖는 구간이 나타나게 되는데, 이와 같은 현상을 갖는 다이오드를 터널 다이오드라고 한다. 즉, 순방향으로 전압을 증가해도 전류가 감소하는 구간($V_P - V_V$)에서 부성저항 특성을 갖게 된다. 따라서 다이오드 정류 특성에 있어서 순방향 특성에 부성특성(다이나트론)현상이 나타나는 것을 터널효과(Tunnel effect)라고 한다.

■ 터널 다이오드의 특징

• 터널 다이오드는 역방향으로 우수한 도전성을 가진다.

• 부성저항 특성을 가지며, 터널링은 순 바이어스에도 발생한다.
• 그리고 소비전력이 적으며, 온도에 대해서 안정적이다.
• 구조가 비교적 간단하고 동작속도가 빠르고 잡음이 적다.
• 고속 스위치 또는 마이크로파의 발진이나 증폭기 등에 이용한다.

Book Cafe

부성저항을 이용한 발진기로 다이너트론 발진기, 터널 다이오드 발진기, 그리고 단일접합 트랜지스터 발진기 등을 들 수 있다.

예제 1.18

터널 다이오드가 부성저항영역을 갖는 이유에 대해 설명하여라.

[풀이] PN의 높은 불순물 농도 때문에 즉, 터널 다이오드가 부성저항을 갖는 이유는 PN의 도핑(doping)차 때문이라고 할 수 있다.

예제 1.19

터널 다이오드(Tunnel diode)의 성질에 대해 설명하여라.

[풀이] 터널 다이오드의 성질은 다음과 같다.
▸ 순방향에서 부성 저항 특성을 나타낸다.
▸ 터널링 현상은 순방향, 역방향에서 모두 일어난다.
▸ 전압이 역방향으로 되어도 전류가 잘 흐른다.

Book Cafe

■ **터널 다이오드의 부성 저항 특성**

부성저항 영역은 $\frac{dV}{dI} < 0$인 C점이다. 터널 다이오드에서 터널링은 아주 낮은 전압에 있는 정 방향과 역방향에서만 발생된다. 여기서 부성 저항이 발생하는 원인으로는 PN 접합에 순간적으로 불순물을 과도하게 도핑하는 경우에 나타나게 된다.

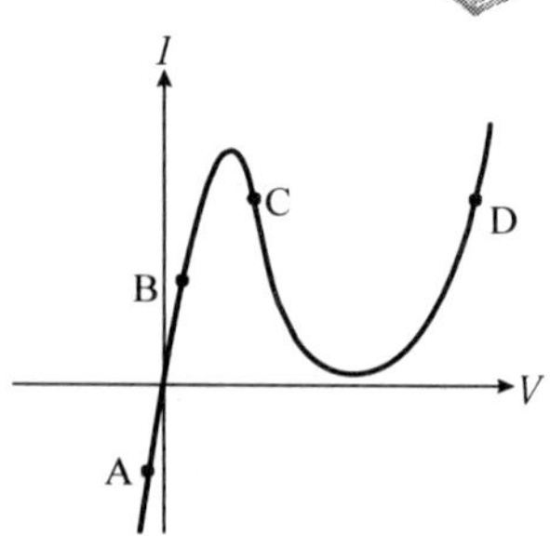

예제 1.20 터널 다이오드에서 부성저항이 발생할 때의 다이오드 전류에 대해서 설명하라.

[풀이] 순방향 바이어스 전압의 증가에 따라 감소한다. 순방향 바이어스로 부성 저항에 의한 특성을 가진 소자를 터널 다이오드라고 한다.

(3) 가변용량 다이오드(VVC, Varicap)

가변용량 다이오드를 버랙터 다이오드 또는 바리캡 또는 바리콘이라고 부르며, 이는 PN 접합에 역 전압을 인가한 후 접합면에서 발생하는 정전용량을 이용한 다이오드로 접합용량 C의 크기는

$$C \propto \frac{k}{\sqrt{V_r}}$$

으로 나타나며, 접합용량은 역 전압 V_r의 제곱근에 반비례함을 알 수 있다.

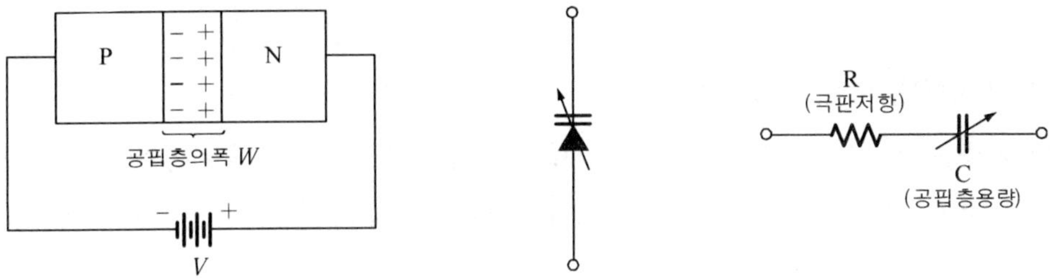

(a) 접합부의 공핍층 (b) 기호 (c) 등가회로

그림 1.24 가변용량 다이오드

이와 같은 버랙터 다이오드는 일반적으로 수 [pF]에서 수 백 [pF] 범위를 가지며, 주로 동조 회로, FM 변조기, 자동 주파수 제어기 등에 응용된다.

(4) 쇼트키 다이오드(Schottky diode)

반도체와 금속을 결합한 다이오드로 N형 반도체의 자유전자의 에너지준위가 금속의 준위보다 높아 접합부에서 전자가 금속 쪽으로 이동하게 되면 반도체측에는 (+), 금속 측에는 (−)로 대전되어 일종의 전위장벽을 형성하게 된다.

순 바이어스 전압을 인가하는 경우에는 전위장벽을 낮게 하므로 반도체에는 음극이, 금

속에는 양극이 된다. 쇼트키 다이오드는 고속 동작을 필요로 하는 고주파 및 고속 스위칭용으로 이용된다.

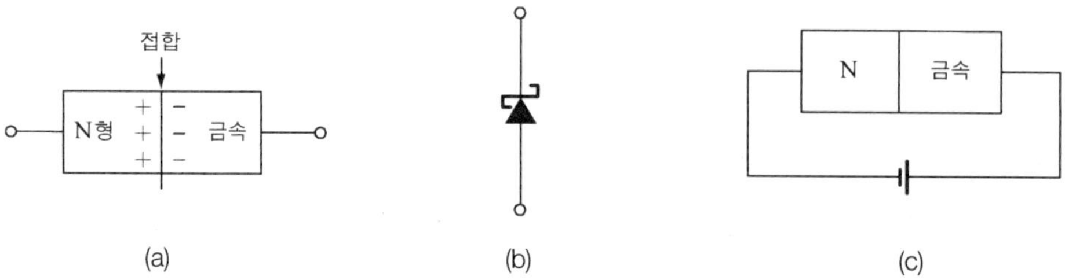

그림 1.25 쇼트키 다이오드

(5) 전자사태 다이오드

N^+P 접합, PIN 접합, 쇼트키 장벽 등의 전자사태 현상에 의해서 초고주파가 발생되는데 이런 특성을 지닌 다이오드를 전자사태 다이오드(Avalanche diode)라고 하며, PIN 다이오드는 전류의 양에 따라서 저항이 제어되기 때문에 감쇠기에 이용된다.

(6) 임패트 다이오드(Impact diode)

부성저항을 발생하게 하기 위한 전자사태현상과 반송자의 주행시간을 얻기 위하여 필요한 시간 지연 등을 이용한 다이오드를 모두 임패트 다이오드라고 하며, 주로 마이크로파를 발진하는 경우에 이용한다.

1.6.2 서미스터와 바리스터

(1) 서미스터(Thermister)

Si, Ge또는 코발트, 니켈, 망간 산화물의 혼합에 소 결합한 것으로 온도의 변화에 따라 저항 값이 변화하는 성질을 이용한 것으로 서미스터는 반도체의 전도율이 온도변화에 따라 변화하는 효과를 이용한 소자로서 부(−)의 온도계수를 갖는데 이와 같이 온도가 증가하면 저항이 감소하는 특성을 보이는 부성성질의 소자를 말한다. 즉, 서미스터는 온도 상승 시 저항이 감소되는 소자를 말하는 것이다.

여기서 서미스터 소자가 지니는 특징을 정리하면 다음과 같은 내용을 들 수 있다.

■ 반도체로 만들어지며, 저항의 온도계수가 부(−) 값이며, 온도에 따라서 저항 값이 크게 변화한다. 그리고 온도 자동제어의 검출부나 회로의 온도특성을 보상한다.
■ 부(−)의 온도계수를 가진 소자로, 트랜지스터의 온도보상회로, 온도검출, 마이크로파 전력 측정, 온도제어계 등에 사용되며, 서미스터의 재료로 철의 산화물, 망간 산화물, 니켈 산화물 등을 들 수 있다.

Book Cafe

서미스터는 저항은 일종의 온도 등을 감지하는 센서로 부(−)의 온도계수를 가지며, 온도 상승 시 저항이 비 직선적으로 감소되는 소자이다.

(2) 바리스터(Varister)

바리스터는 전류 특성이 비 직선적이며 전압에 의해 저항이 크게 변하는 가변 저항소자를 말한다.

즉, 순방향 전압 증가 시 저항이 감소되는 소자이다.

바리스터는 낮은 전압에서는 큰 저항 값이고, 높은 전압에서는 작은 저항 값을 갖는 소자이다. 여기서 바리스터에 흐르는 전류와 전압에 대한 관계를 나타내면

$$I = kV^n$$

이며, 여기서 n은 비 직선 계수로 5~7 사이의 값을 가진다. 바리스터는 고압용으로는 고압 송전 피뢰기에, 저압용으로는 전화기 및 통신기기의 불꽃 잡음 제거, 전화기의 전송 레벨 보상회로, 그리고 자동전압장치 등에 이용하고 있다.

예제 1.21

다음에서 설명하고 있는 소자의 특징에 대해서 간단히 설명하여라.

바랙터(Varractor), 바리스터(Varistor), 서미스터(Thermistor), Varactor 다이오드

[풀이] ▸ 바랙터(Varractor) : 가변용량 Condenser라고 불리면 역방향 전압에 따라 정전용량이 변화되는 소자로서 역 전압 증가 시 정전용량이 감소되는 특성을 갖는다.

▸ 바리스터(Varistor)

- 순방향 전압증가 시 저항이 감소되는 소자이다. 즉 낮은 전압에서는 큰 저항 값이고, 높은 전압에서는 작은 저항 값을 갖는 소자이다.

- 전압이 상승하면 저항이 감소되는 소자로서 용도는 낙뢰와 같이 급격한 서지전압(Surge-Voltage)으로부터 회로를 보호하기 위하여 사용되는 소자이다.

▸ 서미스터(thermistor) : 일종의 온도 등을 감지하는 센서로 부(−)의 온도계수를 가지며, 온도 상승 시 저항이 비 직선적으로 감소되는 소자이다.

▸ Varactor 다이오드 : 바리캡, 가변용량 다이오드라고도 불리며 역방향 전압을 증가시키면 정전용량이 감소되는 다이오드로서 역 전압 의존성을 이용한 소자이다.

1.6.3 사이리스터(Thyrister)

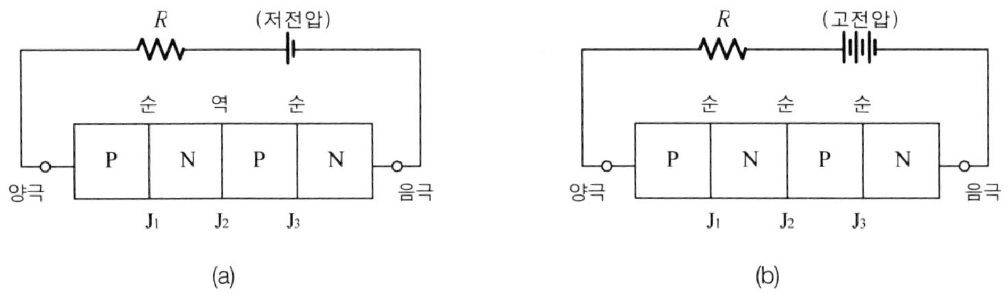

그림 1.26 사이리스터의 구조와 차단상태 및 전도 상태

(1) 사이리스터의 개요

교류를 직류로 변환하는 방법으로는 다이오드를 이용하는 경우와 사이리스터를 이용하는데 사이리스터를 사용하는 경우는 정류와 위상제어를 동시에 할 수 있다는 것이다. 사이리스터는 3개 또는 그 이상의 PN 접합으로 이루어진 SCR, TRIAC 등의 반도체소자로서 게이트(Gate)단자가 있으며, 2가지의 안정 상태를 가진다.

(2) 사이리스터 소자의 응용

■ 위상제어 정류회로

교류를 직류로 바꾸면서 출력으로 직류전압을 제어하는 회로로 주요 직류전동기의 제어장치, 여자장치, 축전지의 충전장치, 그리고 정전압 정 전류 정류장치 등에 이용되고 있다.

■ 교류위상제어

교류에서 다른 형태의 교류로 변환하는 것으로 특히 작은 신호전류를 이용해서 큰 전압 또는 전류를 제어하는 무접점 스위치로 사용할 수 있으며 주로 조광장치, 교류전압 조정장치, 그리고 교류전동기의 제어 등에 이용되고 있다.

■ 인버터 회로

직류를 교류로 변환하는 것으로 전동차의 교류전원 장치, 변전소의 직류 교류변환장치, 그리고 비상용 전원장치 등에 이용되고 있다.

■ DC 초퍼 회로

직류로 변환된 출력을 제어하는 제어장치로 주로 직류발전기의 여자, 직류전동기의 제어 등에 이용되고 있다.

(3) 사이리스터의 형태와 특징

■ 역저지 2단자 사이리스터

PN 전압 반도체 3개 이상 접합의 구성으로 2개의 안정된 상태인 전도 상태와 차단 상태를 보이는 소자를 사이리스터라고 한다. 그림 1.26과 같이 역저지 2단자 사이리스터에 순방향전압 V를 인가하면 작은 전압 범위에서 접합 J_1, J_3은 순방향전압상태이고, 접합 J_2는 역방향전압상태이므로 전체적으로 차단상태에 있게 된다. 그러나 전압을 증가시키면 어느 전압에서 접합 J_2는 항복현상을 일으켜 전도 상태가 된다.

여기서 한번 항복현상으로 전도 상태가 되면 접합 J_2는 전압강하가 이루어져 낮은 전압으로 떨어져 전도 상태가 계속 유지된다.

즉, 이 전도 상태는 전도에 필요한 유지전류를 흐르지 못하게 가해 준 전압의 극성을 바꾸지 않는 한 계속 전도 상태에 있게 된다.

특성 곡선에서 V_{BO}는 항복전압(Breakdown voltage), I_H는 전도전류를 유지하는데 필요한 전류를 나타낸다.

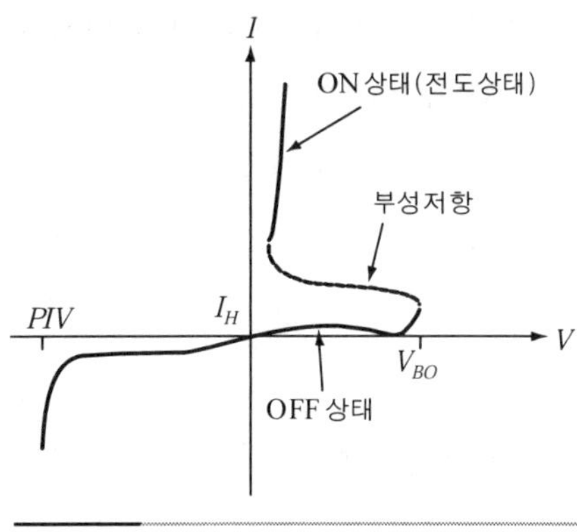

그림 1.27 PNPN 다이오드의 전압 전류 특성 곡선

Book Cafe

■ 스위칭(Switching)

4개의 층 구조를 가진 형태로 PNPN 다이오드 또는 PNPN 스위치라고 불리며, 스위칭 소자의 특성으로는 P_1측에 (+), N_2측에 (−)전압을 인가하면 J_1, J_3은 순방향으로 저항이 작게 된다. J_2는 역방향으로 저항이 크고 인가한 전압의 대부분이 접합 J_2양단에 나타난다. 전압을 증가시키면 상당한 전류가 흘러 I_0에 도달하면 급격히 전압이 떨어져 on 상태가 된다. 그리고 P_1, N_1 및 P_2, N_2 사이의 전도율을 α라고 하면

$\alpha > 0.5$이면 통전상태(on 상태)

$\alpha < 0.5$이면 차단상태(off 상태)

가 된다. 이와 같은 스위칭 소자는 부성저항 특성을 가지며, 전자계산기 등에 이용하고 있다.

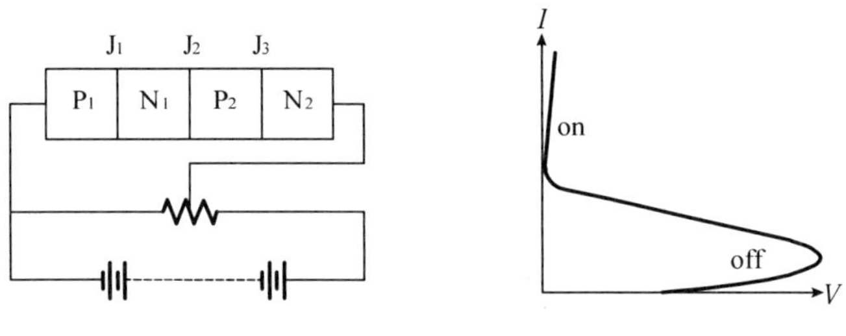

(a) 회로 (b) 특성 곡선

■ 실리콘 제어 정류회로(SCR, Silicon Controller Rectifier)

실리콘 제어 정류회로는 PNPN 접합에서 게이트 단자 하나를 더 만든 형태로 실질적으로는 PNPN이므로 DIAC의 동작과 동일하다고 할 수 있다. 다이오드 P_2영역에 게이트 전극을 공급한 전류 I_G을 이용해서 차단상태에서 전도 상태로 전환할 수 있도록 한 것을 SCR이라고 한다.

게이트 전류 I_G에 의해 차단상태에서 전도 상태로 전압이 조정되는 과정을 살펴보면 PNPN구조에서 P_2와 N_2는 순방향전압이므로 순방향전류 I_G가 흐르게 되고, I_G전류가 P_2의 정공에 공급된다.

이때 공급된 정공은 접합 J_2의 음이온과 결합하여 소멸한다. 이로 인해 접합 J_2의 전위장벽이 없어지게 되어 접합 J_2 역시 전도 상태가 된다. SCR의 전류전압 특성 곡선에서 PN 접합에 역 바이어스를 크게 걸면 전자 항복이 발생하므로 SCR에서도 역시 역 바이어스가 커지면 동일한 현상이 발생하게 된다.

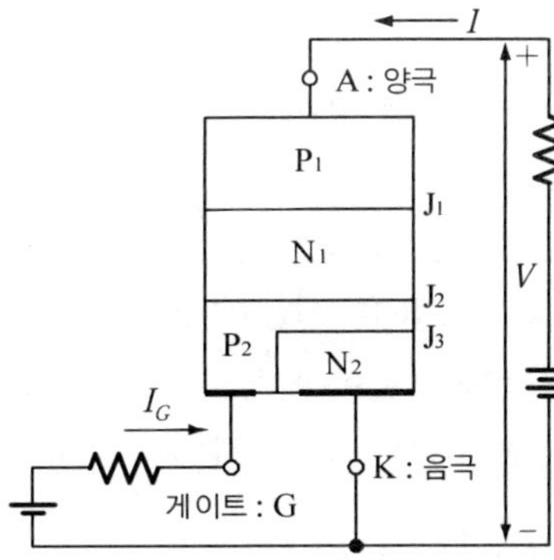

(a) 3단자 SCR의 구조

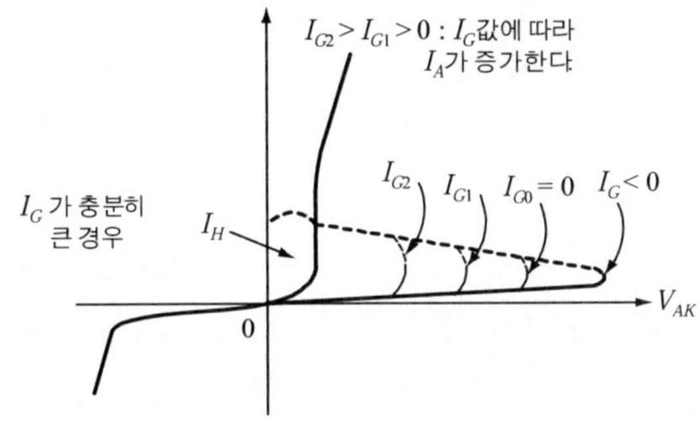

(b) SCR의 전류-전압 특성

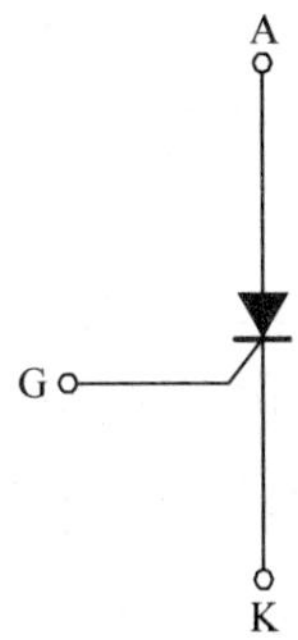

(c) SCR의 기호

그림 1.28 SCR의 기호, 구조 및 전류-전압 특성

여기서 SCR소자의 특징을 정리하면 다음과 같은 내용을 들 수 있다.

- break over 전압 이하의 전압에서도 역 포화 전류와 비슷한 낮은 전류가 흐른다.
- 애노드와 캐소드 사이에만 전압을 인가하면 PN 접합의 역방향 특성과 비슷하다.
- 전도 상태를 유지하는데 필요한 최소의 순방향 유지전류 발생소자이다.
- 게이트 신호에 따라 출력을 제어하는 소자이다.

그리고 SCR의 응용에 대해서 정리하면 다음과 같다.

- 전력제어에 다양한 형태로 응용할 수 있다.
- SCR의 트리거 위상을 제어해 공급전압의 위상을 제어함으로서 전력을 제어하는 위상제어라고 할 수 있다.
- on-off 제어 스위치
- 소형으로 응답속도가 고속이며, 대 전력을 작은 입력으로 제어할 수 있다.

- 릴레이 장치, 조명, 인버터, 펄스회로, 대 전력 제어
- 온도 제어기, 그리고 수은 정류기 대용으로 이용된다.

예제 1.22 실리콘 제어 정류소자(SCR)를 간단히 설명하여라.

[풀이] 동작원리는 PNPN 접합구조로 PNP와 NPN 트랜지스터의 형태를 하고 있으며, 일반적으로 사이리스터라고도 한다. 게이트 전류에 의하여 방전 개시전압을 제어할 수 있다.

즉, 게이트 전류를 인가해서 먼저 양극과 음극이 도통되도록 하면 게이트 전류를 인가하지 않아도 양극과 음극이 도통 상태로 남게 된다. 전력 변환, 모터의 속도제어 등에 응용할 수 있다.

■ 다이악(DIAC)

DIAC은 2개의 쇼트키(Schottky) 다이오드가 역 병렬로 구성된 형태로 다이악을 양방향성 2단자의 실리콘 스위치 소자(STD, Silicon Trigger Diode)라고도 한다.

즉, PNPN 접합과 NPNP 접합이 병렬로 구성되므로 양방향으로 전류를 흘릴 수 있기 때문에 교류신호를 제어하는 스위치로 사용하게 된다. 구조가 비교적 간단하고 저가이므로 SCR, TRIAC 등의 게이트 트리거(gate trigger) 소자에 이용하거나 위상제어 회로에 이용되고 있다. 그리고 DIAC은 어느 방향으로도 전류를 흘릴 수 있기 때문에 캐소드(Cathode)가 없고 모두 애노드(Anode)만 존재하게 된다.

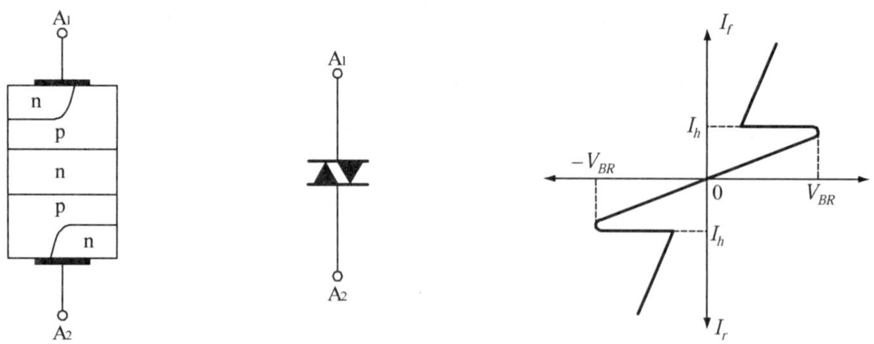

(a) 구조 (b) 기호 (c) 특성

그림 1.29 DIAC의 구조와 특성

■ 트라이악(TRIAC)

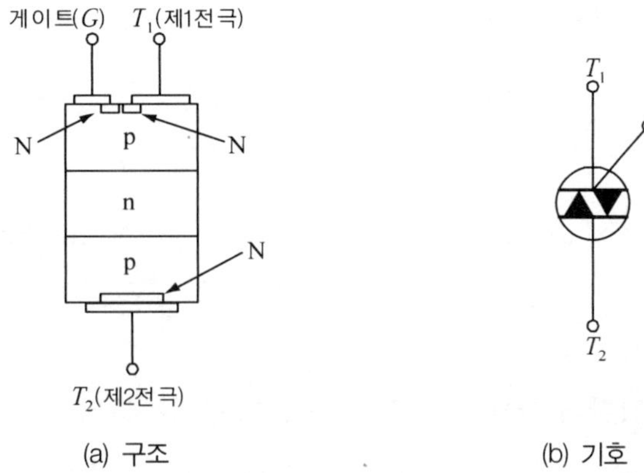

그림 1.30 트라이악의 구조와 기호

쌍방향 3단자 사이리스터 소자를 TRIAC라고 하며, 트라이악의 기본구조는 2개의 SCR을 역 병렬로 구성한 것으로 SCR의 경우와 같이 게이트 신호에 의해 차단상태에서 전도 상태로 트리거 되는 3단자 교류 반도체 스위치(triode AC semiconductor switch)로 (+) 또는 (−)의 게이트 전류를 쌍방향으로 도통시킬 수 있다는 점이 SCR과 다르다.

구조는 PNP형 실리콘 단결정 양쪽에 다시 N형의 불순물을 확산시켜 만든 제어소자로 주 전극 사이를 흐르는 교류를 제어하는 게이트 전극 G를 가진 형태로 단자 T_1과 T_2 사이의 영역은 PNPN 스위치와 병렬로 연결된 것과 같다.

이와 같은 TRIAC는 게이트(+) 또는 (−)의 어느 값 이상의 전류를 게이트에 흘리면 트리거 시킬 수 있으며, 주로 교류전력제어에 응용되며, 쌍방향 소자로 교류에 이용한다. 그리고 주로 교류의 전류제어용 조광기. 전동기의 속도제어에 사용된다.

SCR의 경우는 반파제어만 가능한 반면에 TRIAC은 전파제어를 할 수 있다는 것을 비교할 수 있다.

■ 단 접합 트랜지스터(UJT, Uni-Junction Transistor)

UJT의 기본구조는 비교적 저항(저밀도로 도핑 된 경우)이 N형 Si 막대에 3가 원소인 알루미늄(Al) 막대를 합금시킨 구조를 지닌다.

UJT는 2개의 베이스 단자(B_1, B_2)를 가진 PN 접합구조로 2중 베이스 다이오드(Double base diode)라고 한다.

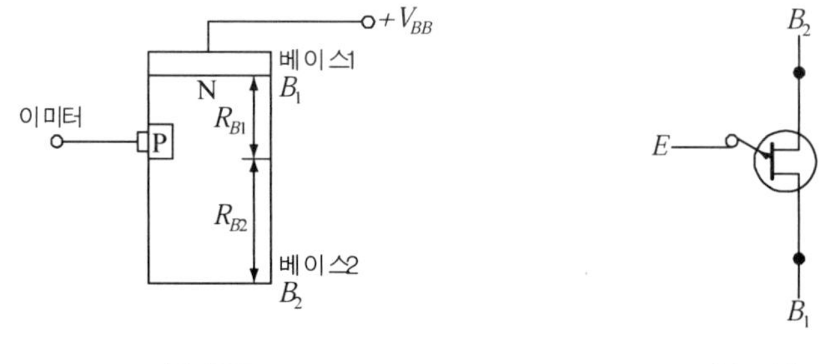

그림 1.31 단 접합 트랜지스터의 구조와 기호

동작원리는 N형 양단에 단자 B_1, B_2를 만들고 중간부분에 P층을 형성하며, P형 부분을 이미터 B_1, B_2 베이스로 하는 PN 접합이 하나인 반도체소자로 B_1, B_2 사이에 전압 V_{BB}을 인가하면 N형 반도체를 통해 전류가 흐르게 되며, 이때 이미터의 준위 V_E는

$$V_E = \frac{B}{A+B} V_{BB}$$

으로 나타난다. UJT는 구조는 비교적 간단하고, B_1 회로에 변압기를 이용하면 펄스파형의 출력을 얻을 수 있으며, 부성저항특성을 이용하여 저주파 및 중간 주파수 범위에서의 스위칭 소자, SCR의 게이트 펄스를 발생시킨다. 그리고 트리거 회로, 톱니파 발생회로, 위상제어회로, 그리고 타이밍회로 등에 응용된다.

■ 실리콘 대칭형 스위치(SSS, Silicon symmetrical Switch))

SCR의 경우는 순방향에서도 전도 상태와 차단상태가 있으며, 역방향에서는 차단상태뿐이다. 그러므로 교류전류를 제어하려면 2개의 SCR를 병렬로 접속해서 사용해야 한다. 그러나 1개의 SCR를 이용하여 이와 같은 기능을 만족하도록 설계된 소자가 SSS이다. SSS는 주로 조명 조정장치 등에 이용하고 있다.

■ IGBT(Insulted Gate Bipolar Transister)

절연 게이트 양극성 트랜지스터로 FET의 특징인 높은 임피던스와 저 전력 그리고 트랜지스터의 고속 및 대 전류의 장점을 혼합한 구조로 대 전력 고속 스위칭 소자로 주로 UPS 분야에 많이 사용하고 있다.

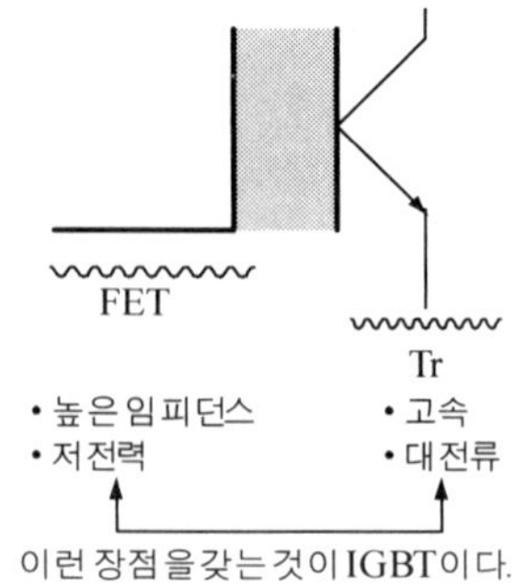

그림 1.32 IGBT 기호

UPS가 고속 동작을 필요로 하는 이유는 정전 시 빠르게 전류를 공급할 수 있어야 하기 때문이다.

여기서 UPS의 구성과 방식에 대해서 정리하면 다음과 같다.

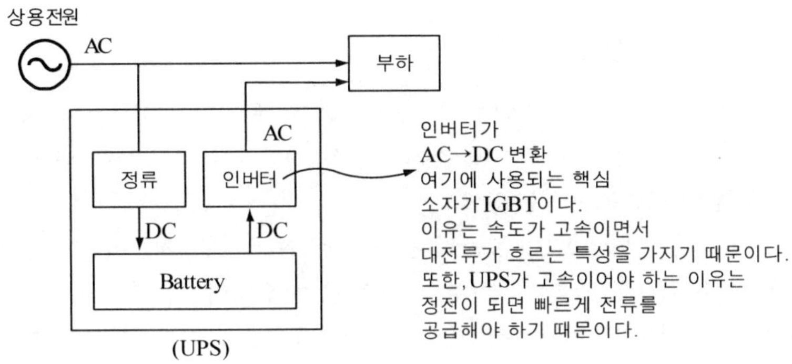

그림 1.33

- On Line 방식 : 정상적인 전원이 공급되는 경우 충전기와 인버터에 DC를 공급하여 항상 인버터가 동작할 수 있도록 하는 방식으로 입력과 무관하게 인버터를 구동하여 부하에 무 정전 전원을 공급하는 방식이다.

  주로 부하 전류를 인버터에 공급해야 하므로 높은 신뢰도를 필요로 하는 경우에 이용한다.
- Off Line 방식 : 정상적인 전원이 공급되는 경우에는 직접 상용 전원을 부하에 공급하고 있다가 정전이 발생하는 경우에 인버터를 가동시켜 부하에 전원을 공급하는 방식이다. 이와 같은 방식의 경우는 입력 측에 변동되는 전원을 그대로 부하 측에 영향을 줄 수 있어 출력에 영향이 나타날 수 있다. 이 방식은 비교적 소 용량인 서버 전용으로 이용된다.
- Line interactive 방식
  - 정상적인 전원이 공급되는 경우 : 인버터 모듈 내의 IGBT feer Wheeling 다이오드를 통한 Full Bridge 정류 방식으로 축전지에 충전하는 기능을 행한다.
  - 정전의 경우 : 인버터로 동작하여 출력 전원을 공급하게 된다.

▶▶▶ 연습문제

01 반도체의 특성에 대해서 설명하여라.

반도체는 부(−)의 온도 계수를 가지며, 불순물이 섞일수록 저항이 감소하며, 광전 효과, 홀 효과가 있으며, 다른 전도형의 반도체 사이에 정류 작용을 한다. 여기서 반도체와 금속과의 차이점을 고려하면 다음과 같은 내용을 들 수 있다.

- 매우 낮은 온도(절대 온도 0[K]에서는 절연체와 같으며(금속은 저항이 증가).
- 온도가 증가하면 저항은 감소한다(금속은 온도의 증가에 따라 저항도 증가).
- 그리고 불순물을 첨가하면 저항이 감소한다(금속은 불순물을 첨가하면 저항이 증가).

반도체의 성질과 관련되는 효과로 홀 효과, 제어백 효과, 펠티에 효과 등을 들 수 있다.

02 반도체의 형태 중 진성 반도체에서 절대 온도 0[K]인 경우 나타나는 작용에 대해서 설명하여라.

절대온도 0[K]에서의 전자는 이동이 없는 상태와 같다. 그래서 절연체 동작을 보인다. 0[K]에서는 전자가 가전자대에 충만되어 있어 움직일 수 없는 상태가 된다.
따라서 PN 접합에서 전류가 0일 경우는 접합면을 지나는 소수 반송자와 다수 반송자가 같게 되는 경우이다. 전하(다수, 소수 반송자)의 이동이 일어나지 않을 때 즉, 다수와 소수 반송자가 동일할 때 전류는 0으로 볼 수 있다.

03 다음과 같은 다이오드에 대한 특징에 대해서 간단히 설명하여라.

• 제너 다이오드	• 터널 다이오드	• 버렉터 다이오드	• 임팩트 다이오드

- Zener diode는 일정한 전압을 유지하는 정전압용 소자이다.
- 터널 다이오드는 부저항 특성 성질을 이용하여 고속 스위치 작용을 한다. 여기서 터널 다이오드의 전압과 전류에 대한 특성 곡선을 고려하면 다음과 같다.

  불순물을 많이 포함하고 있는 PN 접합에서는 공간 전하층의 폭이 좁아서 역방향의 전압이 증가하여 전계가 커지면 가전자대의 가전자가 금지대를 통과하여 N형 반도체의 전도대에 튀어 들어가는데 이러한 현상을 터널 효과라고 한다. 여기서 터널 효과란 부성 저항 현상이다. 즉 순방향 전압을 인가해도 역방향에서 터널 효과와 같은 현상이 일어나므로 부성 저항 특성이 나타난다. 터널 다이오드가 부성 저항 영

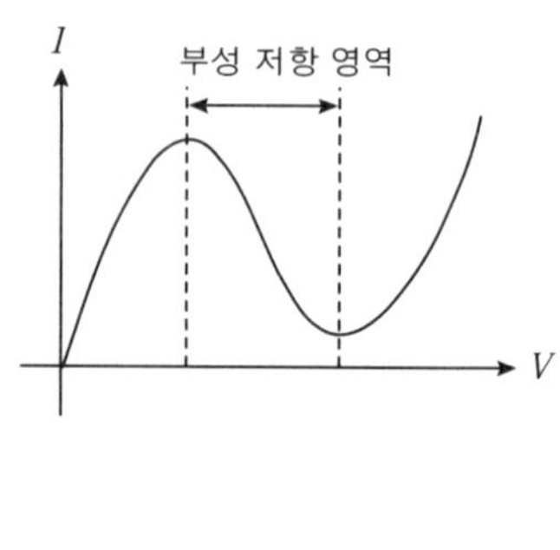

역을 갖는 이유는 PN의 높은 불순물 농도 때문이다. 즉 터널 다이오드가 부성 저항을 갖는 이유는 PN의 도핑(dopping)차 때문이다. 여기서 부성 저항이 되기 위해서는 전압이 증가할 때 전류가 감소하는 것으로 $\frac{dv}{di} < 0$이 성립되어야 한다.

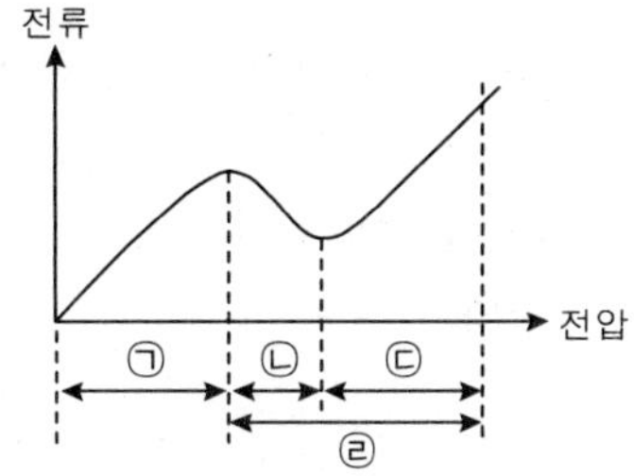

터널 다이오드에서 Tunneling이 일어나는 경우는 인가전압이 0일 때 일어나며 부성저항 특성은 peak 전압과 valley전압 사이에서 일어난다. 터널 다이오드는 부성 저항을 갖는 영역은 ㉡으로 이 영역에서 발진 능력을 보이게 된다.

- 버렉터 다이오드는 PN 접합에 역 바이어스 전압을 인가해서 발생하는 공간 전하 용량 변화를 이용한 다이오드로 초단파 증폭기 등에 이용되는 버랙터의 동작 특성은 전압 변화에 따른 용량의 변화를 이용한 것으로 FM 또는 주파수 체배용 다이오드로 video 신호를 가하면 이 용량은 신호 진폭에 따라서 변화하므로 발진 주파수를 중심으로 하는 FM파가 생기게 된다.
  그리고 AFC 회로나 FM 변조 회로, 대역 여파기(BPF) 등에 이용한다.
- 임팩트 다이오드는 일명 리이드 다이오드라고도 하며 보통 3[GHz]의 지속파를 얻는데 주로 이용하기도 한다.

04 다음의 회로에서 ZD의 전압이 7[V]일 때, 제너 다이오드에 흐르는 전류 I_{ZD}의 크기를 계산하여라.

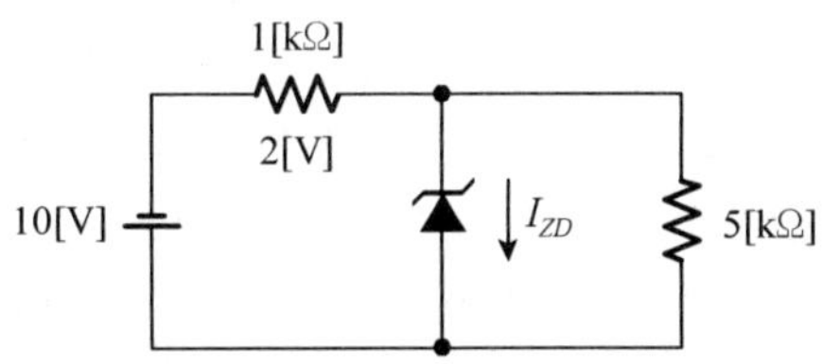

주어진 회로에 대해서 전류 방정식을 적용하면

$$I = I_{ZD} + I_L$$

이며, 여기서 제너 다이오드에 흐르는 전류 I_{ZD}의 크기를 구하면

$$I = \frac{3[\text{V}]}{1[\text{k}\Omega]} = 3[\text{mA}]$$

$$I_L = \frac{7[\text{V}]}{5[\text{k}\Omega]} = 1.4[\text{mA}]$$

$$I_{ZD} = I - I_L = 3 - 1.4 = 1.6[\text{mA}]$$

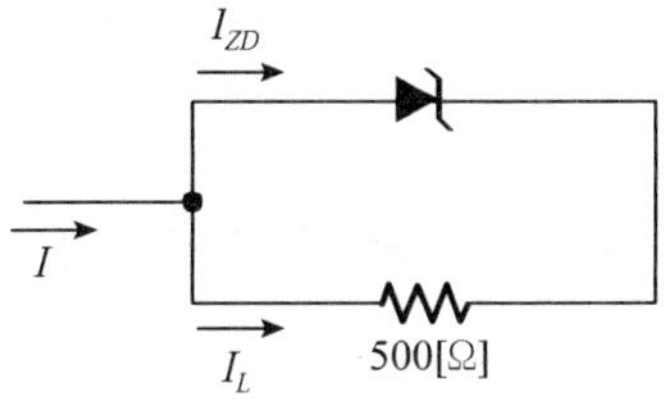

가 된다.

05 PN 접합 다이오드에 바이어스를 인가하는 경우 접합면에서 발생하는 공간 전하 용량에 대해서 설명하여라.

PN 접합에 순방향으로 바이어스 되었을 때 다수 캐리어가 서로 다른 쪽에 주입된다. 즉, PN 접합에 순 바이어스를 인가하면 전위장벽이 낮아져 양 영역의 다수 캐리어가 서로 다른 영역으로 주입된다.

PN 접합에서 확산(축적) 용량은 순 바이어스 공간 전하 영역의 접합부 근처에 축적되는 용량을 말하며,

$$C_D = \frac{dQ}{dV} = \frac{\tau}{r} = \frac{\tau I}{\eta V_r}$$

공간 전하 용량(접합 용량)은 PN 접합에 역 바이어스 전압을 인가했을 때의 용량으로서

$$C_T = \frac{dQ}{dV_i} = e\,NA\frac{\epsilon}{e\,N_d} = \epsilon\frac{A}{d} = A\sqrt{\frac{\epsilon e\,N_d}{Z}} \cdot \frac{1}{\sqrt{V_p}}$$

인 관계식이 성립하게 된다.

06 페르미 디랙(Fermi-Dirac) 분포 함수에 대해서 물리적 내용을 간단히 설명하여라.

에너지 대역에서 페르미 준위(Fermi Level)의 특징을 고려하면 다음과 같다.

- 일함수의 능력을 나타내는 기준으로 사용한다.
- 절대 온도 0[K]에서 전자의 점유 확률이 1이다.
- 절대 온도 100[K]에서 전자의 점유 확률이 1/2이다.

페르미 에너지는 캐리어 농도에 따라 그 크기가 변하며, 온도에 따라 크기가 변화한다. 그리고 0[K]에서 전자가 차지하는 최고의 에너지를 말한다. 따라서 페르미 준위는 물질의 특유한 에너지 즉, 절대 온도 0[K]에서 전자가 취할 수 있는 에너지이다.

그리고 진성 반도체의 페르미 준위는 금지대의 중앙에 위치하며, 온도에 무관하여 일정하다.

진성 반도체의 경우 페르미 준위의 위치는 온도에 무관하게 물질내의 중간에 위치한다. 즉, 진성 반도체의 경우에 페르미 준위는 금지대의 중앙에 존재한다.

- 페르미 디랙 분포 함수 $f(E)$의 모양은 온도 T[K]에 따라 달라진다.
- $T=0$[K]일 때 $E < E_f$이면 $f(E)=1$, $E > E_f$이면 $f(E)=0$이다.
- 페르미 디랙 분포 함수에서 $E=E_f$ 일 때 온도 T[K]에 관계없이 $f(E)=\frac{1}{2}$ 이다.

07 PN 접합 다이오드에서의 공간 전하층 W와 접촉 전위차 V_0의 관계에 대해서 설명하여라.

PN 접합의 공간 전하 영역의 폭과 전위 장벽의 높이에 대한 관계를 고려하면 인가전압의 극성에 따라 변화하며, 계단접합의 경우 전위장벽의 1/2승에 비례하며, 전위장벽의 크기에 따라서 변화한다.

• 계단접합의 경우 폭은 $W = \left[\frac{2\varepsilon V_0}{eNa} \right]^{1/2}$ 이며,

• 경사 접합의 경우의 폭은 $W \propto [V_0]^{1/3}$이다.

예를 들면 PN 접합 다이오드에서 공간전하층이 W_0접촉 전위차가 0.3[V]이다. 이 다이오드에 역 전압 1.5[V]를 인가하는 경우 공간 전하층 폭 W을 구하기 위해서 접촉 전위차를 φ_0, 역 전압 1.5[V]를 이용하면

$$W = \sqrt{\frac{\phi_0 + V}{\phi_0}}\, W_0 = \sqrt{\frac{0.3 + 1.5}{0.3}}\, W_0 = \sqrt{6}\, W_0$$

가 된다. 여기서 전위 장벽(potential barrier)은 PN 접합 사이의 전위 값으로 PN 접합 사이의 접촉 전위차를 말하며, 이것으로 인해 캐리어의 확산 운동을 방지하며, PN 접합 다이오드에서 정공과 전자가 그 이상 서로 반대쪽으로 흘러나가는 것을 방해하는 역할을 한다.

08 광전 현상을 이용한 광 다이오드 및 트랜지스터에 대해서 설명하여라.

광 다이오드 및 트랜지스터는 광 기전 효과를 이용한 것으로 광 다이오드(Photo diode)는 역 바이어스 된 PN 다이오드가 큰 저항 성분을 나타내는 것을 이용하여 광 감도를 높일 때 광 다이오드라고 하며, 광 트랜지스터는 광 다이오드보다 감도가 우수한 광전 소자이다. 베이스 단자가 없는 PNP 또는 PNP Tr로 전류 바이어스 대신 빛에 의한 광전류가 흐른다.

09 홀 효과(Hall effect)에 대해서 설명하여라.

반도체 안에서 음, 양의 공간 전하 분포로 따라서 반도체 내에 전계가 나타나는 현상을 설명하는 것으로 전류 I가 흐르는 도체에 대해서 직각으로 자장 B을 인가하는 경우 다시 I와 B에 대해서 직각 방향으로 전계 E가 나타나는 현상을 홀(Hall) 효과라고 한다.

10 초단파(micro wave)에서 사용되는 다이오드에 대해서 설명하여라.

일반적으로 초단파에서 이용되는 다이오드의 경우는 부성 저항을 보이는 소자를 이용하는데 이에 이용되는 다이오드로는 다음과 같다.

• 터널 다이오드
• Gunn diode는 N형 반도체에 강한 전계를 걸어 마이크로파의 발생을 유도하는 건 효과를 이용한 다이오드로 GaAs가 널리 사용되며,
• UJT(Uni-Junction Transistor)는 SCR의 gate 펄스 발생, 비 정현파 발진기 저주파와 중간 주파수 대역에서 스위칭 소자로 사용된다.
• Impatt diode는 애벌런치 효과와 캐리어 주행에 의한 부성 저항 특성을 갖는 diode이다. 마이크로파 대의 증폭기, 발진 소자, 고출력 회로 소자에 사용된다.

11 소자 가운데 부성 저항(negative resistance)과 부성 성질을 보이는 소자에 대해서 설명하여라.

- 부성 저항은 저항이 (−)인 것을 나타내는 것이며 SCR, UJT, 터널 다이오드 등이 해당한다.
- 부성 성질은 온도에 따라 저항이 변화하는 것을 나타내는 것으로 서미스터를 들 수 있다.
  여기서 서미스터(Thermister)는 온도에 의하여 전기 저항이 급히 변하는 반도체 소자로서, 온도 상승과 더불어 저항이 감소되는 부성 소자(NTC)와 저항이 증가하는 정특성 소자(PTC)가 있다. 일반적으로 서미스터는 온도가 상승하면 저항이 감소하는 (−)의 온도 계수를 가지므로 캐리어가 증가한다.
  따라서 서미스터는 반도체 소자 중에서 온도 보상용으로 사용하는 소자로 적합하다.

12 서미스터(thermister)의 특징에 대해서 설명하여라.

서미스터(thermister)는 온도에 의하여 전기 저항이 급히 변하는 반도체 소자로서, 온도 상승과 더불어 저항이 감소하는 부성 소자(NTC)와 저항이 증가하는 중 특성 소자(HTC)가 있다. 일반적으로 서미스터는 온도가 상승하면 항이 감소되는 (−)의 온도 계수를 가지므로 캐리어가 증가된다. 서미스터의 온도 계수는 $\alpha = \ominus \frac{B}{T^2}$이며, 여기서 B는 서미스터 상수이며 B는 재료에 의해서 결정되는 실수이며, T는 절대 온도로 하는 경우이다. 주로 CRT, 화재 탐지, 온도 보상용 회로 등에 사용된다.

13 PN 접합 다이오드의 전류 I와 전압 V의 특성 곡선에 대해서 설명하여라.

다이오드에 대한 전류 및 전압 특성 곡선을 고려하면 오른쪽 그림과 같으며, 이상적인 다이오드의 경우 전류 방정식은

$$I = I_0(e^{\frac{eV}{KT}} - 1)$$

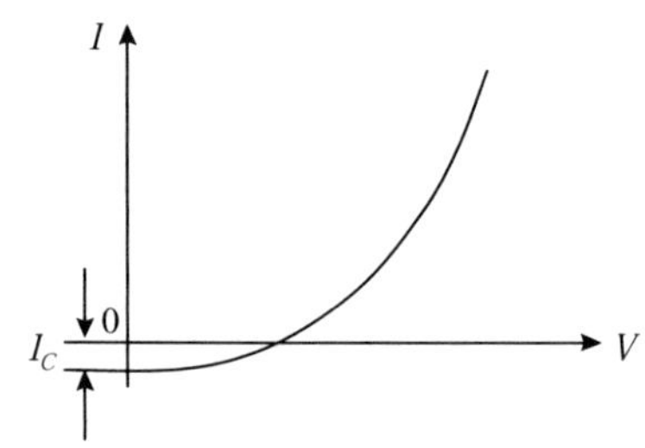

으로 나타낼 수 있다. 이 관계식에서 $V=0$이면 $I=0$이며,(열평형상태), $V>0$이면 전류 I는 지수함수로 증가한다.
I_0는 역방향 포화전류를 의미하는 것으로 여기서 역방향 포화전류는 빛이나 열에너지를 받아 결합을 깬 소수 캐리어에 의한 전류를 말한다. 다이오드(diode)의 전류는 온도가 증가하면 역방향 전류는 증가하며, $I_o(T) = I_{o1} \times 2^{\frac{(T_2 - T_1)}{10}}$에서 역 포화 전류의 변화량은 $(1.07)^{10} \fallingdotseq 2.0$으로 되어 2배씩 증가한다. 반대로 순방향 전류는 온도 1[°C] 증가마다 10[mV] 낮추면 된다.

제2장 전원 회로

2.1 전원 회로의 개념

2.1.1 전원 회로의 구성

(1) 전원 회로의 필요성

다이오드(Diode), 트랜지스터(Transistor) 등과 같은 능동 소자가 능력을 발휘하기 위해서는 먼저 이들 소자가 동작할 수 있도록 전원을 공급해야 하는데 이 때 공급하는 전원을 회로의 바이어스(Bias)라고 한다.

따라서 공급되는 바이어스는 능동소자가 동작하는데 필요한 전원으로 공급되는 전원의 크기는 지나치게 크거나 작은 것 보다는 회로의 특성에 적합하도록 정확하게 계산된 전원을 이용해야 한다. 일반적으로 회로 동작을 위해서 공급되는 바이어스의 전원으로 직류(DC) 전원을 사용하는데 흔히 이용되는 직류 공급 장치로 건전지(Dry cell) 혹은 배터리(Battery) 등을 이용하고 있다.

그런데 이들 공급 전원은 장기적 사용하는 것이 곤란하게 되는 제한 요인을 따르게 된다. 이와 같은 제한 요인을 개선하는 방법으로 고안된 기술로 교류 전원(AC)을 직류 전원(DC)으로 변환하는 방법을 이용하여 적용하고 있다.

따라서 전원 회로를 구성하거나 필요하게 되는 주된 내용은 교류(AC) 전원을 직류(DC) 전원으로 변환하는 과정을 통해 안정된 직류를 얻는데 있다고 할 수 있다. 이를 위해서는 다이오드나 트랜지스터로 구성되는 회로에서는 먼저 이들 소자가 동작할 수 있도록 정확하게 계산된 바이어스(Bias)를 공급해야 한다.

여기서 중요한 내용을 다시 거론한다면 공급하는 바이어스 전원의 크기는 크지도 작지도 않은 정확하게 계산된 전원을 회로에 공급해야 한다는 것이다.

(2) 전원 회로의 구성도

교류 신호 AC를 직류 신호 DC로 변환하는 과정에서 정류 회로, 평활 회로 그리고 정전압 회로 등의 과정을 통하여 직류 신호를 얻게 된다.

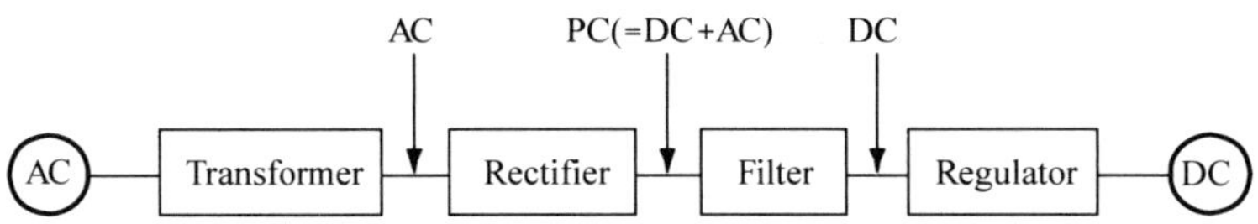

(a)

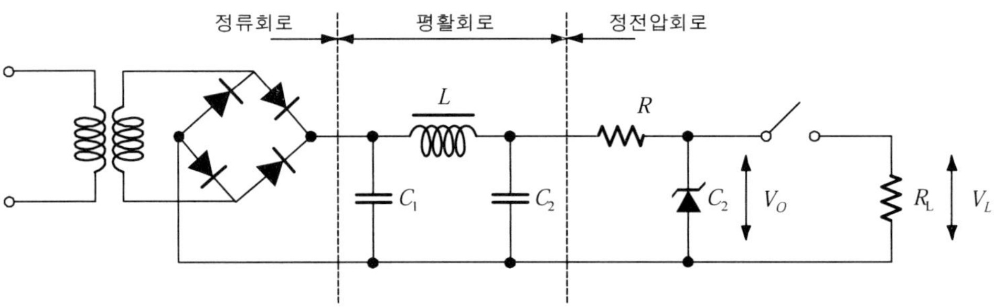

(b)

그림 2.1 전원 회로의 구성도

여기서 전원 회로의 구성하는 각 회로에 대한 출력 파형을 구체적으로 나타내면 다음과 같다.

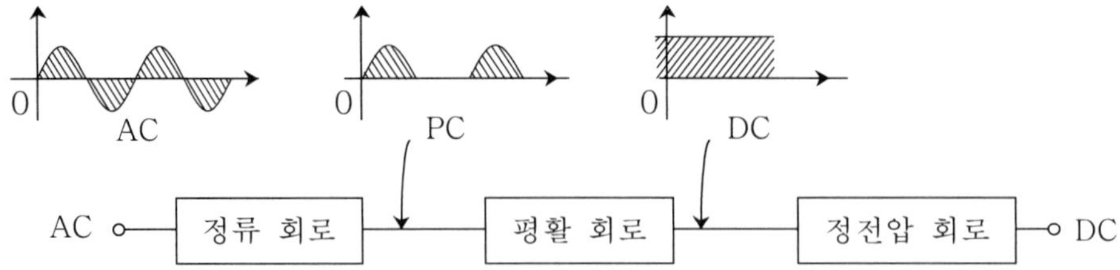

그림 2.2 전원 회로에 대한 출력 파형

Book Cafe

전원 회로는 일종의 변환 회로라고 할 수 있다. 전원을 변형하는 다른 형태의 변환 회로 등을 고려하면 다음과 같은 것을 들 수 있다.

- DC → AC : Inverter
- AC → AC : cyclo invert(주파수를 바꾸는 것을 의미한다.)
- DC → DC : chopper
- AC → DC : converter, rectifier(정류기)

여기서 정류기의 기본적인 원리는 다이오드의 스위칭 기능을 이용하여 양방향성 전류를 단방향성 맥류로 변환하는 것을 말한다.

2.1.2 전원 회로를 구성하는 회로에 대한 평가 파라미터

일반적으로 전원 회로를 설명하거나 설계하는 경우 전원 회로에 대한 특성을 평가하고 분석하기 위한 기준으로 리플률(Ripple), 정류 효율(Rectifier), 전압 변동률(Voltage drop) 그리고 최대 역 전압(PIV) 등의 파라미터를 이용하여 평가하게 된다.

여기서 각각의 파라미터에 대한 역할과 특징을 정리하면 다음과 같다.

(1) **리플률,** r

리플률은 회로 등에서 발생하는 원하지 않은 일종의 잡음이라고 할 수 있다. 리플률의 크기를 정의하는 내용을 관계식으로 나타내면

$$r = \frac{\text{정류된 전압(전류)의 전교류 실효값}}{\text{정류된 전압(전류) 평균값(직류분)}} \times 100[\%]$$

이며 주어진 단상 반파 정류회로를 통해서 얻은 출력 파형 DC에는 약간이기는 하지만 여전히 입력 신호 성분인 교류 신호 AC를 포함하게 되는데 이와 같이 출력인 직류 신호 성분 내에 교류 신호가 어느 정도 존재하는지를 크기로 나타내는 것을 리플률(Ripple factor)이라고 한다.

즉, 리플률의 크기는 정류된 전압(전류)의 교류 분의 크기를 말하는 것으로 그 크기는 작을수록 바람직하다.

(2) **정류 효율, η**

변환 효율이라고 하며 교류신호 AC가 직류 신호 DC로 어느 정도 변환 되었는가에 대한 정도를 나타내는 것으로 그 크기는 클수록 바람직하다.

$$\eta = \frac{\text{직류 출력 전력}}{\text{교류 입력 전력}} \times 100[\%] = \frac{P_{dc}}{P_{ac}} \times 100[\%]$$

(3) **전압 변동률, ΔV**

전압 변동률은 부하가 존재하는 경우(부하 시)의 출력과 부하가 없는 경우(무 부하 시)에 대한 출력의 변화의 정도를 나타낸 계수로 가능하면 전압 변동율의 크기는 작을수록 바람직하다.

$$\Delta V = \frac{\text{무부하시의 전압} - \text{부하시의 전압}}{\text{부하시의 전압}} \times 100[\%]$$

(4) **최대 역 전압**, PIV(Peak Inverse Voltage)

다이오드가 견딜 수 있는 전압을 나타낸 것으로 최대 역 전압(PIV)을 이용하는데 여기서 PIV는 정류 회로에서 다이오드가 동작하지 않을 경우 다이오드에 걸리는 최대 역방향 전압을 말하는 것이다.

즉, 다이오드에 역 전압을 인가하는 경우 다이오드에 걸리는 인가전압의 최대 역 전압(PIV)의 크기를 말하는 것으로 최대 역내 전압(PRV, Peak Reverse Voltage)과는 구별되는 용어이다.

2.2 정류 회로의 형태와 특징

2.2.1 (단상) 반파 정류 회로

전원 회로에서 정류 회로의 역할은 입력으로 인가되는 신호의 평균값이 0인 교류신호 AC를 직류 신호 DC로 변환하기 위한 것으로 출력 파형에 결과에 따라 반파 및 전파 정류 회로 등으로 구분된다.

(1) 반파 정류 회로의 개요

단상 반파 정류기의 경우는 한 사이클 중에서 반주기만 사용하므로 다소 효율이 감소하게 된다.

일반적으로 전자 혹은 통신의 경우에서 전원으로 단상 전원을 주로 사용하게 된다.

(2) 반파 정류 회로의 해석

반파 정류 회로에 대한 동작과 특성을 분석하기 위해 먼저 주어진 반파 정류 회로에 대해 평균 전류 I_{av} 혹은 직류 출력 전류인 I_{dc}를 구하면

$$I_{av} = I_{dc} = \frac{1}{T}\int_0^T i(t)\,dt = \frac{1}{2\pi}\int_0^{2\pi} I_m \sin\omega t\,dt = \frac{I_m}{\pi}$$

이며, 그리고 직류 출력에 대한 실효값 I_{rms}을 구하면

$$I_{rms} = \sqrt{\frac{1}{T}\int_0^T i^2(t)\,dt} = \frac{I_m}{2} = \frac{V_m}{2(R_f + R_L)}$$

가 된다.

Book Cafe

평균값의 크기 = 직류 전압 및 전류 성분의 크기 = 수학에서는 상수

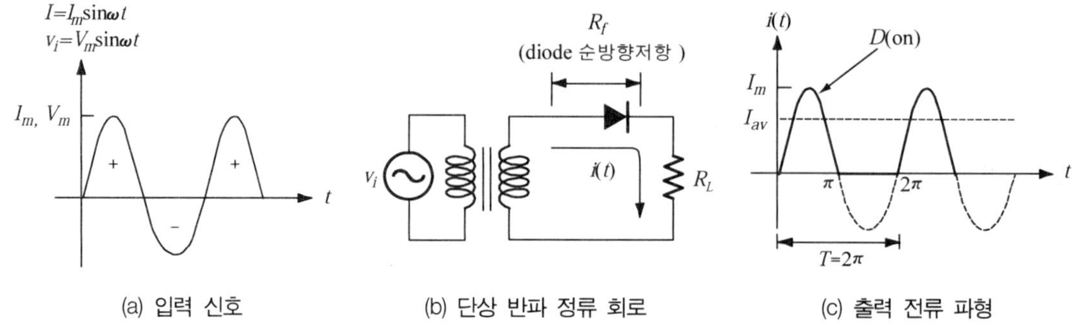

그림 2.3 단상 반파 정류 회로

Book Cafe

■ 실효값(RMS,Root Means Square)

현재 우리가 가정집에서 이용하고 있는 전압 220[V]는 실효값을 나타내는 것이며, 실효값의 결정은 교류 신호를 직류 신호로 변환된 값을 말하는 것으로 여기서 교류 신호를 직류 신호로 변화하는 이유는 간단한 직류 신호를 이용하면 해석이 편리해 지기 때문이라고 할 수 있다.

여기서 변환 과정을 설명하기 위해서 직류와 동일한 열 효과를 나타내는 교류 값을 나타낸 것을 실효값이라고 한다. 여기서 교류 신호를 직류 신호로 변환한 값으로 나타내기 위해서

$$\int_0^T RI^2 dt = \int_0^T Ri^2 dt$$

인 관계식이 되어야 하므로 이를 전류 관계식으로 정리하면

$$I_{rms} = \sqrt{\frac{1}{T}\int_0^T i^2 dt} = \sqrt{\frac{1}{2\pi}\int_0^{2\pi} i^2 dt(\omega t)} \ [\mathrm{A}]$$

가 된다. 여기서 전류 I 는 실효값으로 실효값은 순시값에 대한 제곱 평균의 평방근을 의미한다.

■ 리플률, r

반파 정류된 출력 신호인 맥류(PC, Pulsating current) 성분은 직류도 교류도 아닌 신호이며, 정류 회로를 통해서 얻은 출력인 맥류 성분 내에는 직류, 기본파 및 다수의 고조파(Harmonics) 성분이 포함되어 있다.

이때 정류된 신호 내에 포함되어 있는 교류 성분의 비율로 직류 상태가 어느 정도 우수한가를 나타내는 기준을 리플률 혹은 맥동률이라고 한다. 여기서 정의된 I_{dc}와 I_{rms}을 이용하여 단상 반파 정류 회로에 대한 리플율 r의 크기를 계산하면

$$r = \frac{I_s'}{I_{dc}} = \sqrt{\left(\frac{I_s}{I_{dc}}\right)^2 - 1} \times 100[\%] = 1.21 = 121[\%]$$

으로 반파 정류 회로의 경우 맥동 전압이 크다는 것을 알 수 있는데 이는 반파 정류 회로에서는 교류를 직류로 변환하는데 비효과적이라는 것을 의미하는 것이다. 따라서 리플은 원하지 않은 성분이므로 일종의 잡음으로 볼 수 있으므로 가능하면 그 값이 작을수록 바람직하다.

Book Cafe

■ **파고율과 파형률**

파고율(crest factor)과 파형률(form factor)은 구형파를 기준으로 파형의 찌그러진 정도 혹은 비율을 나타내는 것이다.

▸ 파고율 : 파형의 뾰족한 정도를 나타내는 것이다.

▸ 파형률 : 파형의 둥글둥글한 정도를 나타내는 것이다.

따라서 파형률의 크기를 알게 되며 대칭파의 모양을 어느 정도 예측하는 것이 가능하게 할 수 있다.

여기서 파형률, 파고율의 크기가 1에 가까울수록 평탄해짐을 알 수 있다. 예로 구형파 신호의 경우가 가장 평탄한 특성을 보인다.

구형파와 비교하는 경우에 설명되는 파고율 및 파형률의 크기는 다음과 같은 관계식으로 정의 된다.

▸ $\text{파고율} = \frac{\text{최대값}}{\text{실효값}} = \frac{V_m}{V_{rms}}$

▸ $\text{파형률} = \frac{\text{실효값}}{\text{평균값}} = \frac{V_{rms}}{V_{dc}}$

예제 2.1

정현파 교류 전압의 파고율, 파형률의 크기를 구하여라.

[풀이] 파고율의 크기가 1.414인 파형은 정현파이며, 파고율의 크기가 1인 파형은 구형파이며, 파고율의 크기가 2인 파형은 반파 정류파이다.

▸ $\text{파고률} = \frac{\text{최대값}}{\text{실효값}} = \frac{V_m}{\frac{V_m}{\sqrt{2}}} = \sqrt{2} = 1.414$

▸ $\text{파형률} = \frac{\text{실효값}}{\text{평균값}} = \frac{\frac{V_m}{\sqrt{2}}}{\frac{2}{\pi}V_m} = \frac{\pi}{2\sqrt{2}} = 1.11$

■ 정류 효율, η

정류 회로를 하나의 4 단자 망으로 보는 경우 입력 전력 P_{ac}과 출력 전력 P_{dc}에 대한 비를 고려한 계수를 정류 효율 η 라고 하면 그 관계식을 나타내면

$$\eta = \frac{P_{dc}}{P_{ac}} = \frac{I_{dc}{}^2 \cdot R_L}{I_{ac}{}^2(R_f + R_L)} = \frac{\left(\frac{I_m}{\pi}\right)^2 \cdot R_L}{\left(\frac{I_m}{2}\right)^2 (R_f + R_L)} = \frac{0.406}{1 + \frac{R_f}{R_L}} \times 100[\%]$$

가 된다. 여기서 R_f는 다이오드 순방향 저항을, R_L은 부하저항을 나타낸다.

한편 회로에서 이용되는 저항의 내용 혹은 특성에 따라 효율의 크기는

- $R_L \gg R_f$인 경우 $\eta = 40.6[\%]$으로 최대 효율을 갖게 되며
- $R_L \fallingdotseq R_f$인 경우에는 효율은 $\eta = 20.3[\%]$가 된다.

■ 전압 변동률, ΔV

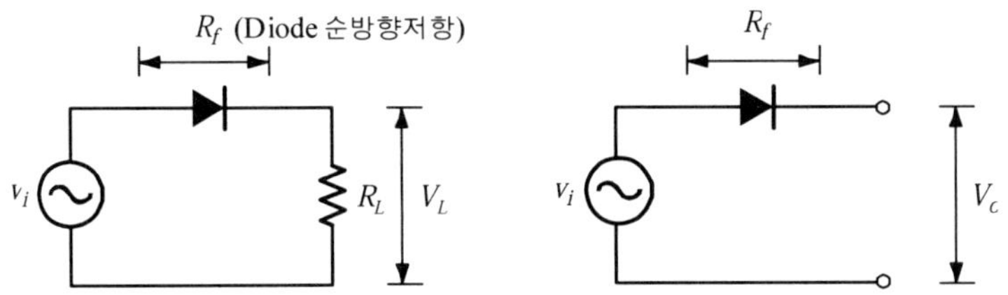

그림 2.4 부하 및 무부하의 관계

$$\Delta V = \frac{V_0 - V_L}{V_L} \times 100[\%] = \frac{R_f}{R_L} \times 100[\%]$$

여기서 V_0는 무 부하 시의 출력 전압을, V_L 은 부하 시의 출력 전압을 나타낸다. 일반적으로 직류출력 전압 V_{dc}의 크기는 부하에 관계없이 일정한 것이 이상적이다. 따라서 전압 변동률은 가능하면 적게 되도록 하는 것이 바람직하게 된다.

■ 최대 역 전압(PIV, Peak Inverse Voltage)

다이오드에 인가되는 역 전압은 다이오드에 저장된 항복 전압(Breakdown Voltage)보다 낮게 동작되어야 한다.

즉, 정류 소자에 교류전압을 인가하여 동작시키는 경우 역방향으로 걸리는 전압의 파고치라고 할 수 있다. PIV의 크기를 구하거나 설명하기 위해서 우선 반파 정류 회로에

대해서 전압 방정식(KVL)을 적용하면

$$-V_m = V_i = V_D + iR_L$$

이며, 위의 관계식에서 역 바이어스의 경우에는 회로 내에 전류 i가 흐르지 않기 때문에 iR_L항을 무시하면

$$-V_m = V_D$$

인 관계가 된다.

따라서 다이오드 양단에는 인가전압의 최대값 V_m이 나타나 반파 정류 회로에 대한 PIV는 V_m가 된다.

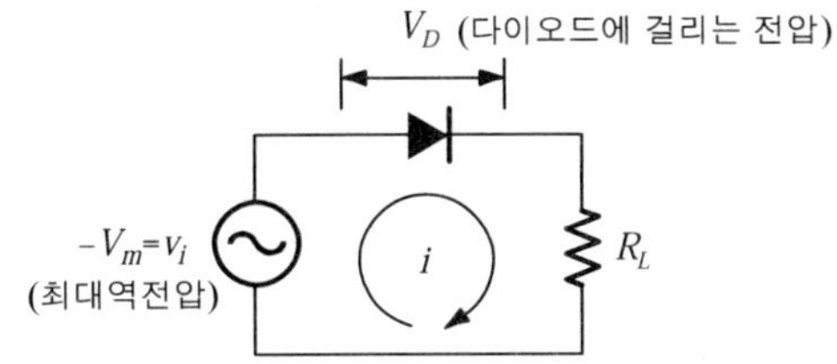

그림 2.5 다이오드에 역 바이어스 걸린 상태

Book Cafe

다음은 오실로스코프를 통해서 정류 회로에 대한 정류된 출력 파형에서 리플 함유율을 구하는 관계식 을 고려한 것으로 리플 계수는 평활 회로에 의해서 정류 효과를 나타내는 것으로 다음과 같이 정의 한다.

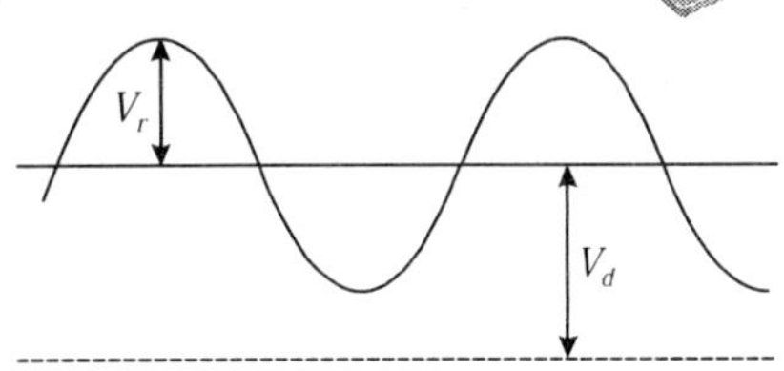

$$\text{맥동률 } r = \frac{\text{리플 첨두값의 실효값}}{\text{직류분}} \times 100[\%] = \frac{V_{r(rms)}}{V_{dc}} \times 100[\%]$$

여기서 V_{dc}는 직류 출력전압을, $V_{r(rms)}$는 리플의 첨두값의 실효값(RMS)을 나타낸다. 따라서 리플 계수가 작을수록 정류가 제대로 된 경우라고 할 수 있다.

2.2.2 (단상) 전파 정류 회로

(1) 반파 정류 회로의 개요

반파 정류 회로의 경우는 맥동율의 값이 크므로 특성이 바람직하지 않으며 이를 개선하

기 위한 회로가 전파 정류 회로라고 할 수 있다. 이와 같은 전파 정류 회로의 형태는 중간 탭(Center tap)을 가진 정류 회로, Bridge 정류 회로 등으로 구분된다.

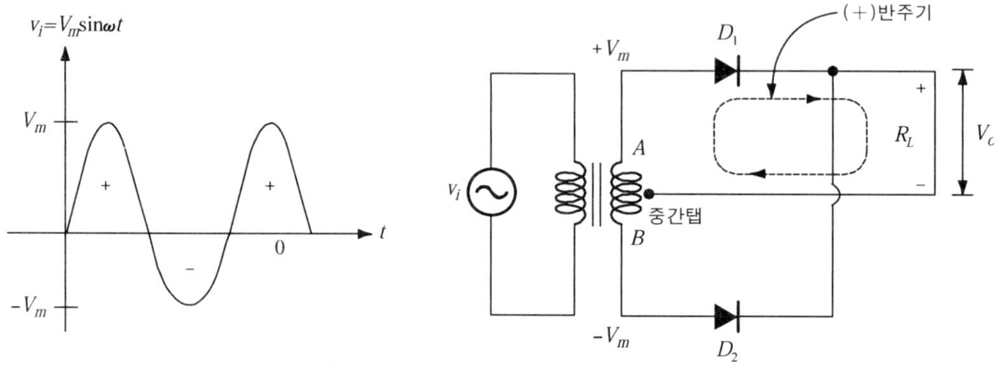

(a) 중간 Tap을 갖는 전파 정류 회로

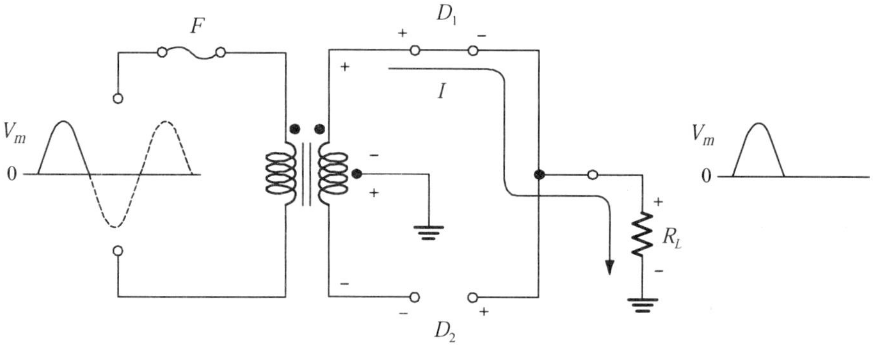

(b) 정(+)의 반주기 : D_1은 순방향 바이어스, D_2는 역방향 바이어스

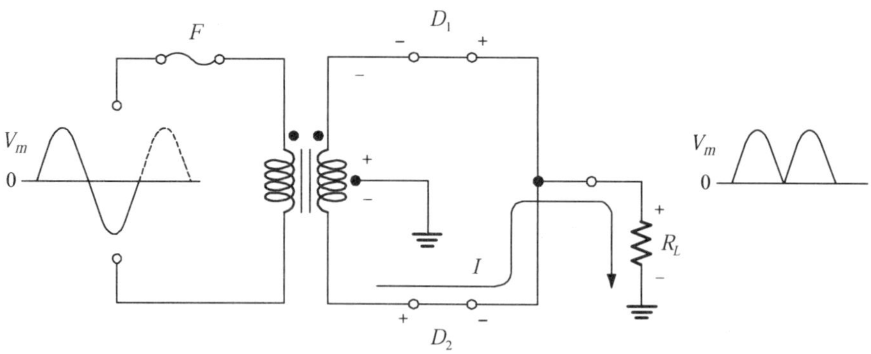

(c) 부(−)의 반주기 : D_2는 순방향 바이어스, D_1은 역방향 바이어스

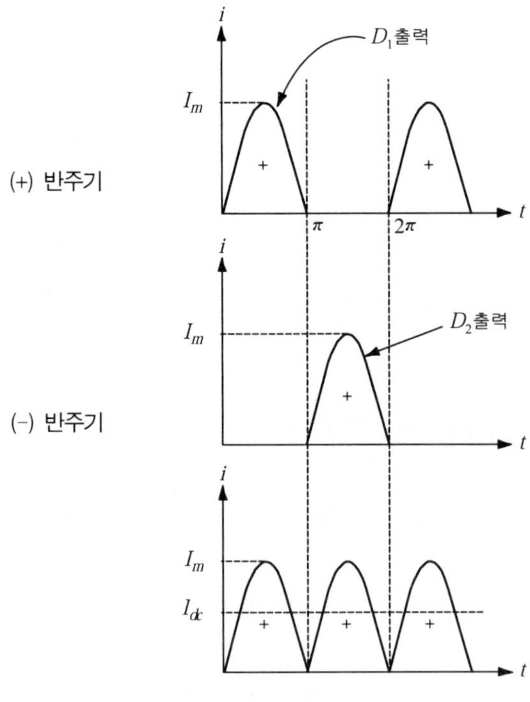

(d) 출력 파형

그림 2.6 전파 정류 회로와 입출력 특성

전파 정류 회로에 대한 그림(d)와 같은 출력 파형을 통해서 알 수 있는 것은 전파 정류 회로는 입력으로 교류 신호가 인가되는 경우 각각의 다이오드에 걸리는 신호의 합이 출력으로 나타나게 된다는 것이다.

변압기를 이용한 단상 전파 정류 회로의 경우에서 2차 권선 n_2에 중간 탭(CT, Center Tap)을 이용하는 경우 중간 탭을 중심으로 A점의 전압과 B점의 전압이 위상차가 180°나도록 구성된 회로를 이용하는데 이때 이용되는 중간 탭은 변압기의 특성에 의해서 마치 입력 신호의 위상을 분할하는 기능을 담당하게 된다.

(2) 전파 정류 회로의 해석

■ **리플률,** r

전파 정류 회로에 대한 평균 전류(직류 출력 전류) I_{av}의 크기를 구하면

$$I_{av} = I_{dc} = \frac{1}{T}\int_0^T i(t)\,dt = \frac{1}{\pi}\int_0^{\pi} I_m \sin\omega t\,dt = \frac{2I_m}{\pi}$$

이며, 실효값 I_{rms}의 크기는

$$I_{rms} = \sqrt{\frac{1}{T}\int_0^T i^2(t)dt} = \frac{I_m}{\sqrt{2}} = \frac{V_m}{\sqrt{2}(R_f + R_L)}$$

가 된다. 이를 이용하여 단상 전파 정류 회로에 대한 리플률 r의 관계식의 정의식

$$r = \frac{I_s'}{I_{dc}} = \sqrt{\left(\frac{I_{rms}}{I_{dc}}\right)^2 - 1} \times 100[\%]$$

을 이용하기 위해서 파형률 F을 구하면

$$F = \frac{I_{rms}}{I_{dc}} = \frac{I_m/\sqrt{2}}{2I_m/\pi} = \frac{\pi}{2\sqrt{2}} = 1.11$$

이며, 이를 이용하여 리플률 r의 크기를 계산하면

$$r = \sqrt{F^2 - 1} = \sqrt{1.11^2 - 1} \fallingdotseq 0.482 = 48.2[\%]$$

가 된다. 전파 정류 회로에 대한 리플률의 크기가 반파 정류 회로 보다는 감소하였음 알 수 있는데 이는 전파 정류 회로가 반파 정류회로 보다 우수한 특성을 보이게 된다는 것이다.

■ **정류 효율, η**

전파 정류 회로에 대한 정류 효율의 크기는

$$\eta = \frac{P_{dc}}{P_{ac}} \times 100[\%] = \frac{0.812}{1 + \frac{R_f}{R_L}} \times 100[\%]$$

으로 정의 되며 여기서 저항의 성질에 따라서 정류 효율의 크기가 다르게 된다.

- $R_L \gg R_f$이 경우 최대 효율은 $\eta = 81.2[\%]$가 된다.
- $R_L \fallingdotseq R_f$인 경우는 $\eta = 40.6[\%]$가 된다.

여기서 정류 효율의 크기를 비교하면 전파 정류 회로의 경우가 반파 정류 회로 보다는 크게 나타나고 있음을 알 수 있다.

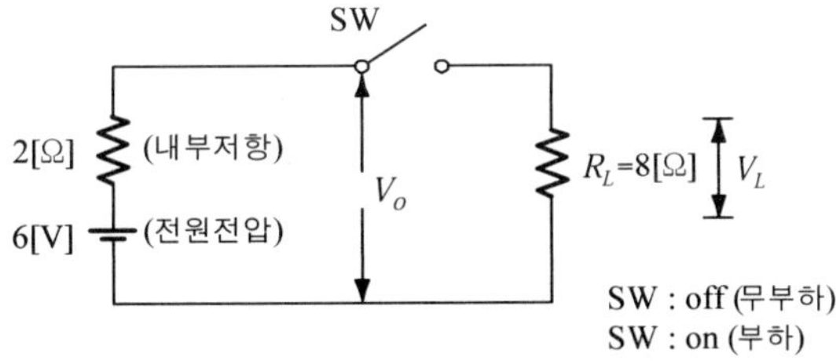

그림 2.7 전압 변동율의 크기를 구하기 위한 회로

■ 전압 변동률, ΔV

전압 변동률의 크기는 반파 정류 회로의 경우와 동일한 특성을 보이게 된다.

$$\Delta V = \frac{V_0 - V_L}{V_L} \times 100[\%] = \frac{R_f}{R_L} \times 100[\%]$$

여기서 전압 변동률을 구하기 위해서 스위치를 사용하는 회로를 고려하면

- 주어진 회로에서 스위치를 off 하는 경우 출력을 보다면 이는 마치 무 부하 시의 출력 전압 V_0가 되는 것이며
- 스위치를 On하는 경우는 부하 저항 양단에서 출력을 보는 것으로 이는 부하 시 출력 전압 V_L이 되는 것이다.

따라서 전압 변동률 ΔV의 크기를 구하기 위해서 먼저 부하 시 출력 전압 V_L을 구하기 위해서 전압 분배 법칙을 적용하면

$$V_L = \frac{8}{2+8} \times 6[V] = 4.8[V]$$

가 되며 이를 전압 변동률의 관계식에 적용하여 구하면

$$\Delta V = \frac{V_0 - V_L}{V_L} \times 100[\%] = \frac{6-4.8}{4.8} \times 100[\%] = 25[\%]$$

가 된다.

■ 최대 역 전압, PIV

다이오드 양단에 $+V_m$, $-V_m$이 걸려 결리므로 PIV는 $2V_m$으로 반파 정류 회로의 2배가 된다.

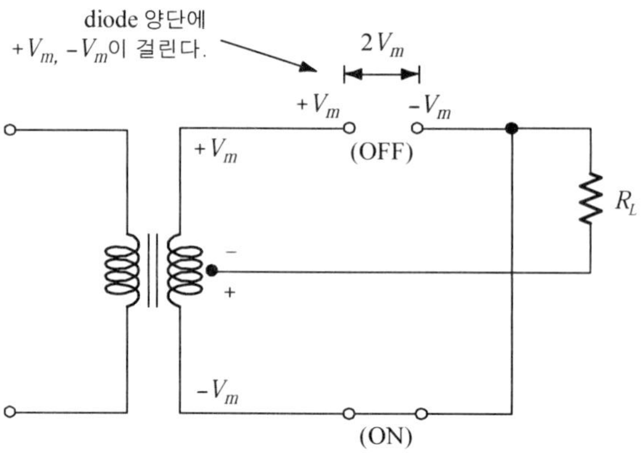

그림 2.8 PIV를 설명하기 위한 회로

여기서 중간 탭을 갖는 전파 정류 회로에 대한 특징을 정리하면 다음과 같다.

- 반파 정류회로에 비해 맥동분이 적다.
- 트랜스에 직류분이 교대로 흐르기 때문에 직류 자화 현상이 일어나지 않는다.

예제 2.2

전원 회로에서 인가되는 전력을 부하까지 최대로 전력을 공급하기 위한 조건에 대해서 설명하여라.

[풀이] 전력을 부하에 최대로 전달하기 위한 조건으로 전원 회로에서 인가되는 전력을 부하까지 최대로 전력을 공급하기 위한 조건을 말한다. 이를 위해서는"전원의 내부 저항인 r_p = 부하저항 R_L"가 되어야 한다.

Book Cafe

■ **정류 회로에 대한 리플(맥동) 주파수의 크기를 고려하면**

- ▸단상 반파의 리플 주파수 : 60[Hz] = f, 정류효율 : 40.6[%]
- ▸단상 전파의 리플 주파수 : 120[Hz] = $2f$, 정류효율 : 81.2[%]
- ▸3상 반파의 리플 주파수 : 180[Hz] = $3f$, 정류효율 : 96.8[%]
- ▸3상 전파의 리플 주파수 : 360[Hz] = $6f$, 정류효율 : 99.8[%]

이며, 3상 전파 정류 회로의 경우가 리플 주파수가 제일 높으며, 리플의 크기는 제일 작다. 예를 들어 단상 60[Hz] 전파 정류 회로의 출력 측에 나타나는 리플 주파수는 120[Hz]가 된다.

맥동 주파수가 높게 되면 평활 회로를 통과한 출력 파형은 맥동률이 적게 된다. 또한 리플율을 적게 하기 위해서는 출력측의 평활용 콘덴서 용량을 크게 해야 한다

2.2.3 브리지(Bri dge) 정류 회로

(1) 브리지 정류 회로의 구성 및 출력

브리지 정류 회로는 전파 정류기의 경우처럼 2차 권선 n_2에 중간 탭을 사용하지 않고 대신에 4개의 다이오드를 이용해서 구성된 회로이다. 중간 탭을 사용하지 않기 때문에 정류된 부하 전압은 전파 정류기 부하 전압의 2배가 된다.

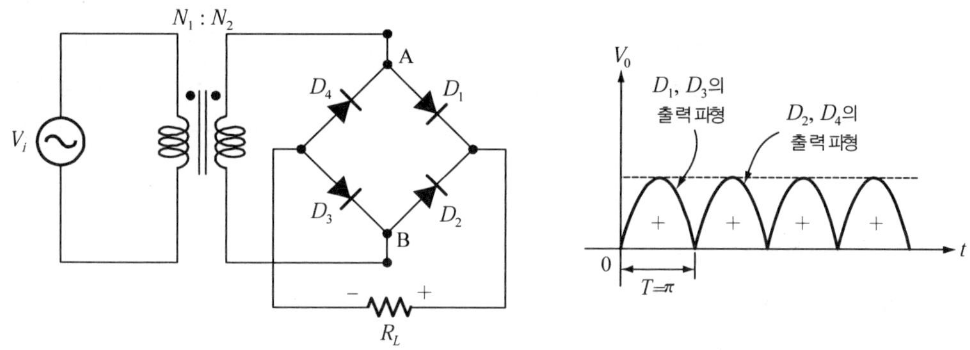

(a) 브리지 정류 회로　　(b) 전파 정류 파형

〈그림 2.9〉 브리지 정류 회로

이와 같은 브리지 정류 회로의 동작원리를 설명하기 위해서 입력 신호의 크기에 따라 전류의 흐르는 관계를 고려해서 정리하면 다음과 같다.

■ (+) 반주기 동안 전류의 흐름에 따라

전원에서 출발한 전류를 기준으로 $A \rightarrow D_1 \rightarrow R_L \rightarrow D_3 \rightarrow B$인 경로를 통하여 전류가 흐르게 되므로 입력 전압의 양(+)의 반주기 동안은 다이오드 D_1과 D_3가 도전(on)하여 부하 저항 양단에 양의 반주기 신호를 보이게 된다.

■ (−) 반주기 동안 전류의 흐름에 따라

$B \rightarrow D_2 \rightarrow R_L \rightarrow D_4 \rightarrow A$ 순서로 전류가 존재하여 입력 전압의 음(−)의 반주기 동안은 다이오드 D_2와 D_4가 도전(on)하여 부하 저항 양단에 또 다른 양의 반주기 신호를 생성한다.

여기서 이들 과정을 통하여 부하저항 양단에는 전파신호를 발생하게 된다.

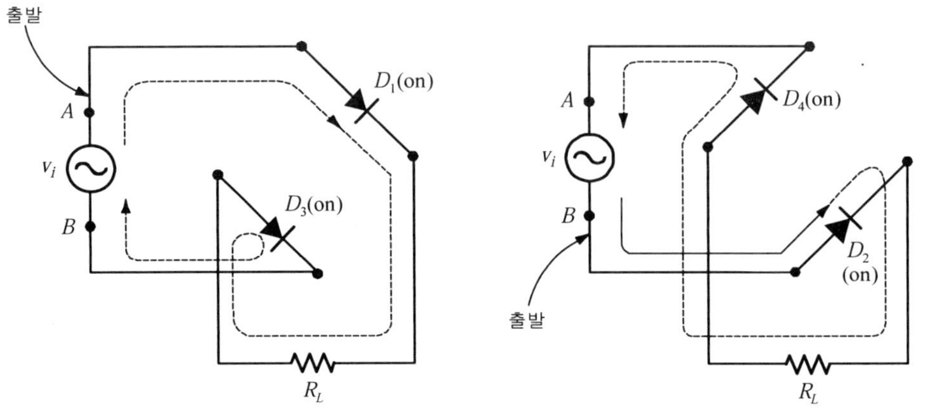

(a) (+)반주기에 대한 등가회로

(b) (−)반주기에 대한 등가회로

그림 2.10 브리지 정류 회로 등가 회로

(2) **브리지 정류 회로의 특징**

- 브리지 정류 회로의 출력으로 전파 정류 능력을 보인다.
- 리플율의 크기는 17[%] 정도로 매우 적다.
- $PIV = V_m$으로 2차 전압의 V_m 밖에 안 되므로 고압 정류에 적합하다.

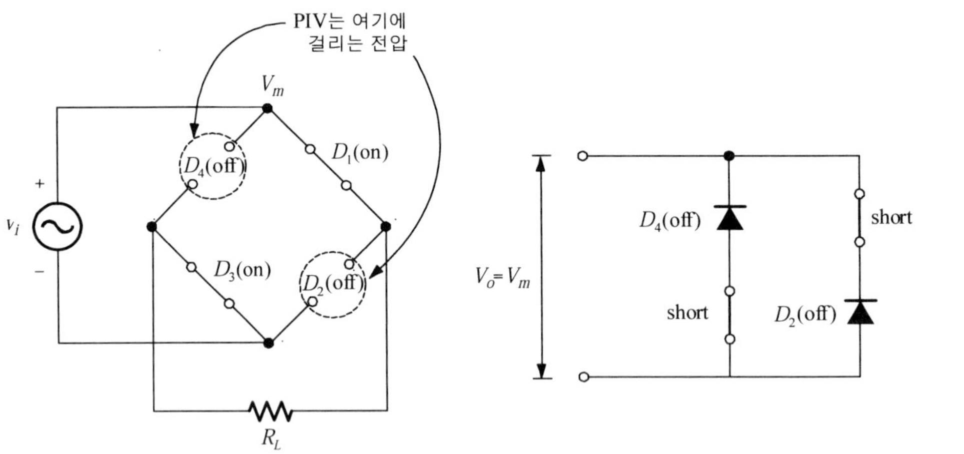

(a)

(b) 등가회로

그림 2.11 PIV를 설명하기 위한 회로

- 고전압, 고 전류를 정류하는 경우에 적합하다.

2.2.4 배전압 정류 회로

(1) **배전압 정류 회로의 특성**

일반적으로 정류된 출력에 대해서 높은 출력을 얻기 위해서는 변압기(Transformer)를 사용해야 하는데 배전압 정류 회로의 경우는 정류된 출력을 크게 승압해서 얻는 회로이므로 별도로 승압기를 사용하지 않고 정류를 행하는 회로라고 할 수 있다.

이와 같은 배전압 정류 회로는 고전압의 교류전원이 없는 경우에 높은 직류 전압을 필요로 하는 경우에 사용하는 것으로 고전압, 소 전류의 정류회로라고 할 수 있다.

따라서 배전압 정류 회로는 클립핑 작용을 통하여 변압기의 정격 전압은 증대하지 않고도 정류 파형 된 출력의 첨두값에 대해서 2배, 3배, 4배 등을 얻을 수 있게 된다.

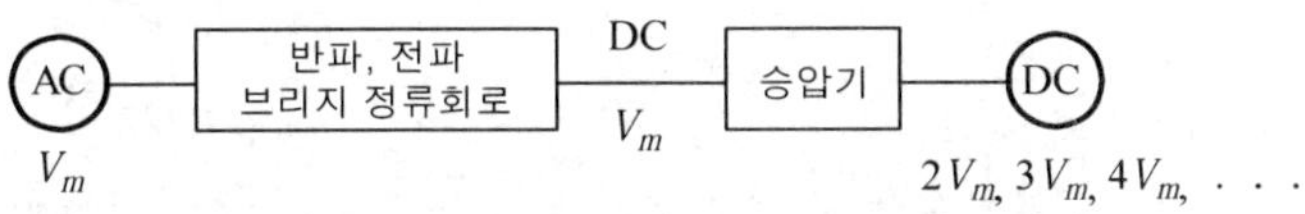

(a) 승압기를 이용한 배전압 출력

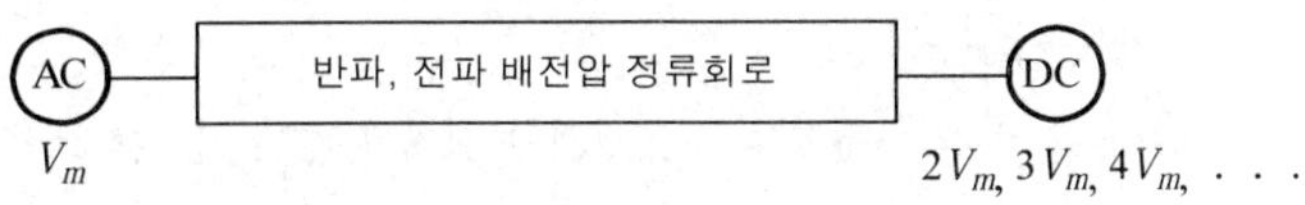

(b) 승압기 이용하지 않고 배전압 회로를 이용한 구성

그림 2.12

따라서 배 전압 정류 회로의 경우는 직접 100[V] 전원에서 고전압의 직류가 얻어지게 되어 별도로 승압기를 사용할 필요가 없다. 이와 같은 회로의 동작을 정상적으로 이해하려면 무 부하에 가까운 상태를 살펴보는 것이 바람직하다.

보통 배 전압 정류 회로의 용도로 CRT, 전자 현미경 등과 같이 부하 전류는 적으나(부하 저항은 크다.) 고전압 직류가 필요한 경우에 이용하고 있다.

(2) **배전압 정류 회로의 형태와 특징**

- 반파 배전압 정류 회로

반파 배전압 정류 회로의 동작을 입력 신호에 따라서 동작 원리를 적용하기 위해서 먼저 그림 2.13에서

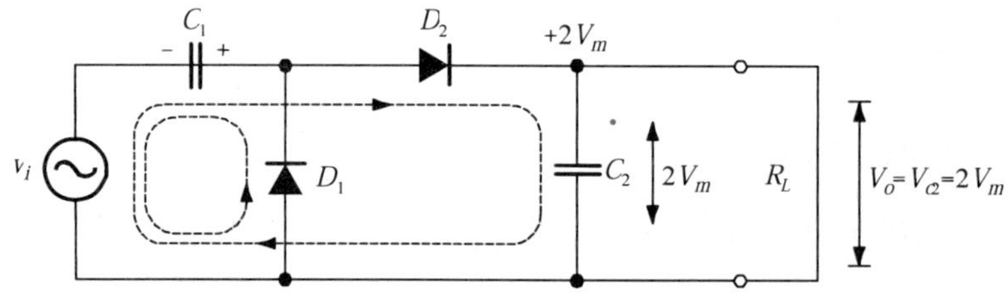

(a) 회로

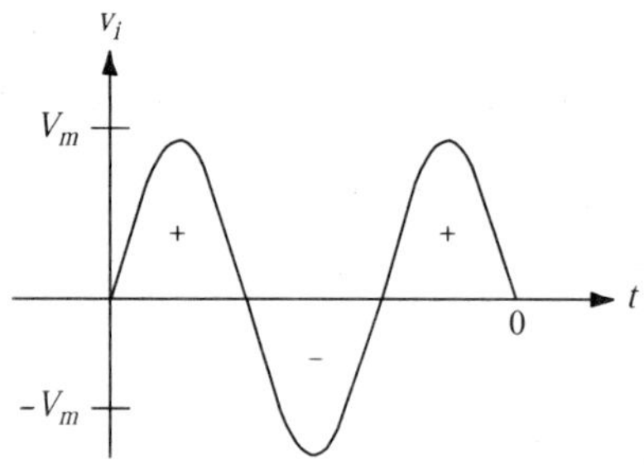

(b) 입력신호

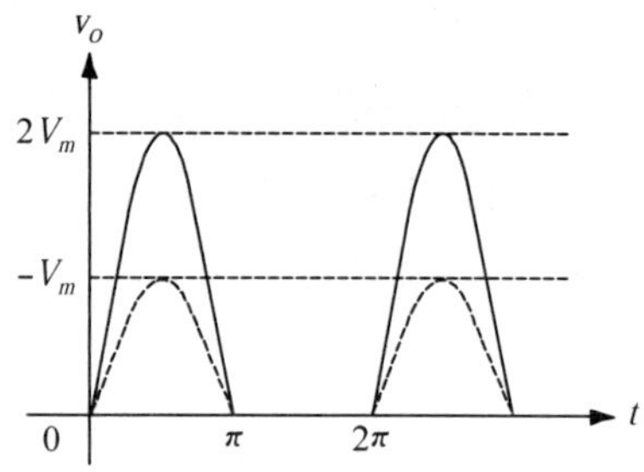

(c) 출력신호

그림 2.13 반파 배전압 정류 회로

- 입력 신호의 (+)반주기 동안

  (+)반주기에 대해서 등가 회로를 고려하면 다이오드 D_1은 단락(short), 다이오드 D_2는 개방(open)되어 콘덴서 C_1에 입력 전압의 최대값 V_m이 충전된다.

- 입력 신호의 (−)반주기 동안

  등가 회로에서 다이오드 D_1은 개방, D_2는 단락되어 콘덴서 C_1과 C_2로 구성되는 회로에 전류가 흐른다.

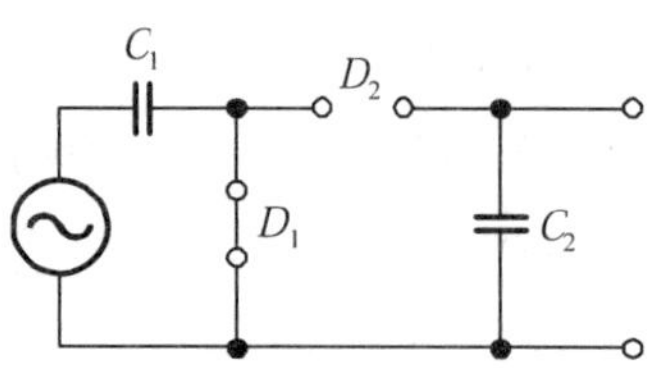

(a) (+) 반주기에 대한 등가 회로

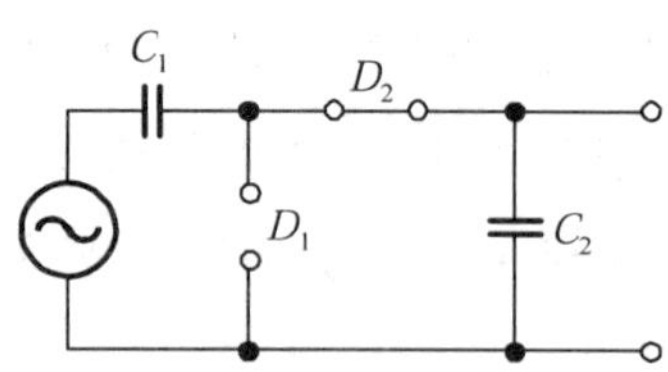

(b) (−) 반주기에 대한 등가 회로

그림 2.14 반파 배전압 정류 회로의 등가 회로

(+) 반주기 동안에 C_1에 충전된 전압 V_m과 (−) 반주기 동안 인가되는 전압 V_m

이 콘덴서 C_2 양단에 나타난다. 즉, 콘덴서 C_2 양단 전압 $V_{c2} = 2V_m$ 으로 되어 반파 배전압 신호를 얻게 된다.

따라서 콘덴서 C_1 과 C_2 에 충전되는 전압의 크기를 고려하면

$$V_{c2} = 2V_m = 2V_{c1},\ V_{c1} = \frac{1}{2}V_{c2}$$

인 관계를 보이게 된다.

■ 전파 2배 전압 정류 회로

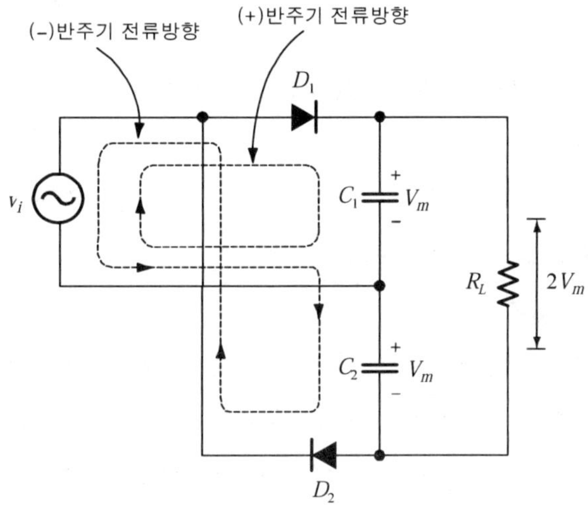

(a) 회로

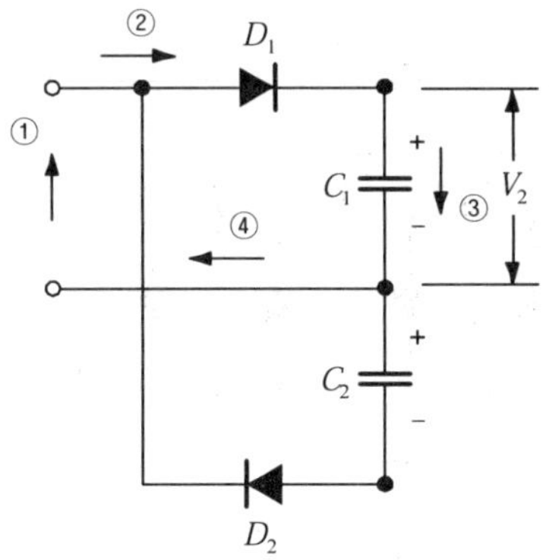

(b) (+) 반주기의 흐름

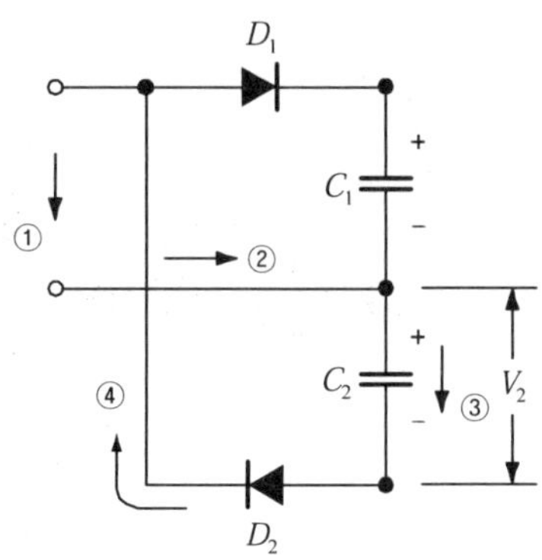

(c) (−) 반주기의 흐름

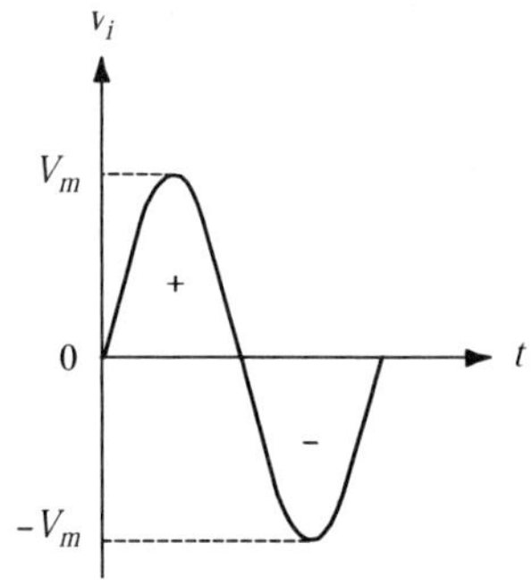

(d) 입력신호

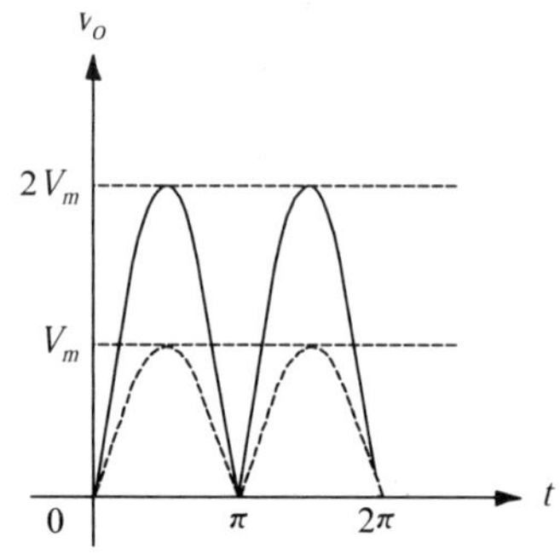

(e) 출력신호

그림 2.15 전파 2배 전압 정류 회로

전파 배 전압 정류 회로의 동작 원리를 고려하면

- 전원의 양(+)의 반주기

  다이오드 D_1이 순 바이어스로 커패시터 C_1에 첨두값까지 충전된다. 이 때 다이오드 D_2는 역 바이어스로 차단 상태가 된다.

- 전원의 음(−)의 반주기

  다이오드 D_2이 순 바이어스로 커패시터 C_2에 첨두값까지 충전된다. 이 때 다이오드 D_1는 역 바이어스로 차단 상태가 된다.

  따라서 부하 양단에서 2개의 콘덴서에 걸리는 전압은 $2V_m$가 된다.

■ n체배 정류 회로

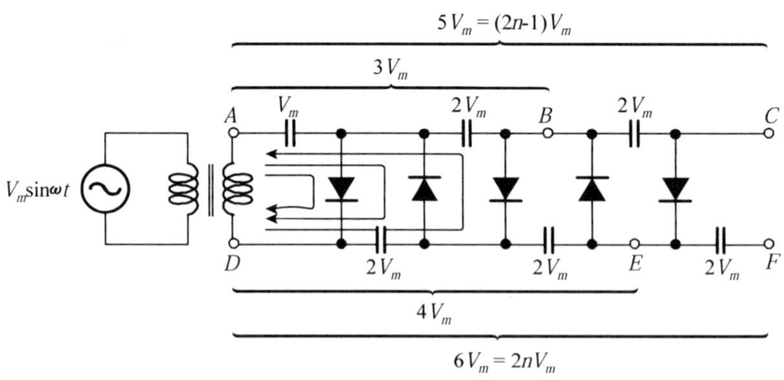

그림 2.16 n 체배 정류 회로

인가전압이 최대값 V_m 일 때 2배 이상인 배압을 얻기 위한 정류 회로로 단자 A ~ B 사이에서는 3배의 V_m 을 A ~ C사이에서는 5배의 V_m 을 그리고 D ~ F 간은 $2n V_m = 6 V_m$ 인 직류 고압을 얻게 되며, 여기서 n은 단자 간에 사용되는 콘덴서의 개수를 나타낸다.

Book Cafe

배압 정류회로를 구성하여 출력으로 3배의 출력을 얻기 위한 다이오드 접속 방향을 고려하면

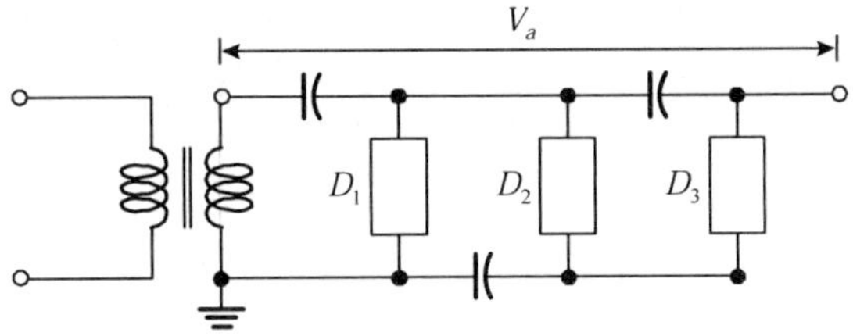

주어진 회로를 통하여 3배의 출력을 얻는 방법으로 다이오드 D_1, D_2, D_3의 방향을

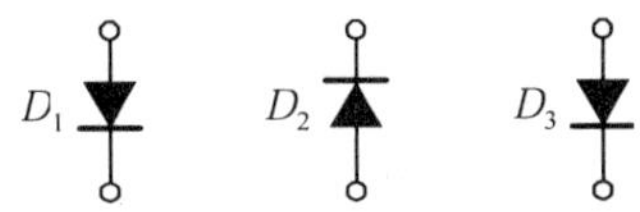

처럼 구성한다. 배전압 특성을 얻기 위해 접속되는 다이오드의 Anode와 Cathode의 방향을 반대로 접속해 주어야 입력 전류가 출력까지 흘러 원하는 출력을 얻게 된다.

2.2.5 정류 회로에서의 활용

(1) 다이오드를 연속적으로 직렬로 접속하는 경우

다이오드를 사용한 정류 회로에서 특성이 동일한 여러 개의 다이오드를 직렬로 연결하여 사용하는 경우 다이오드의 PIV가 n 배 증가로 발생하게 되어 순간적인 과전압(Surge Voltage)으로부터 회로를 보호할 수 있는 능력을 지니게 된다.

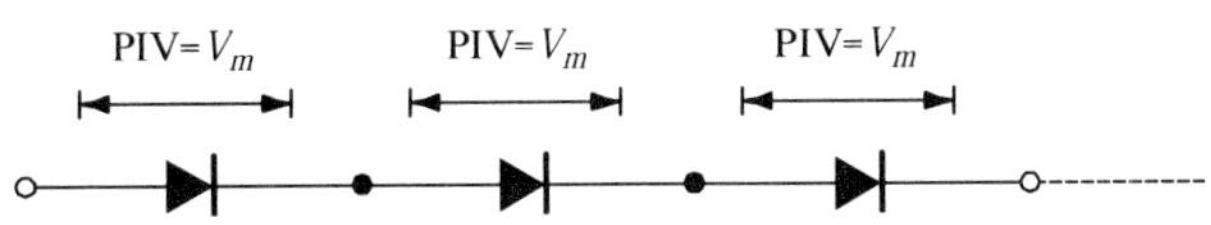

그림 2.17 다이오드의 직렬접속의 경우

(2) **다이오드 연속적으로 병렬로 접속하는 경우**

다이오드를 사용한 정류 회로에서 부하 전류를 증가시키기 위한 방법으로 병렬로 다이오드를 추가해서 접속하는 경우 회로에서 발생하는 순간적인 과전류로 부터 회로를 보호하는 능력을 가지게 된다.

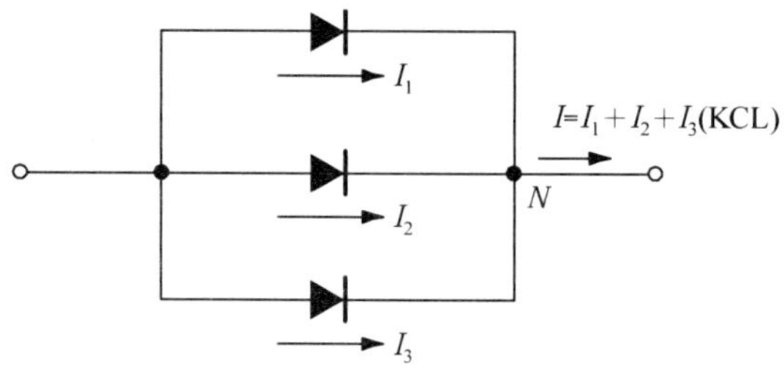

그림 2.18 다이오드의 병렬접속의 경우

2.3 평활 회로(Smoothing Circuit)

2.3.1 평활 회로의 개요

(1) **평활 회로의 역할**

반파 및 전파 정류기를 통해서 얻은 출력 신호를 맥류라고 하는데 맥류에는 직류 성분 외에 교류 성분이 약간 포함되어 있게 된다. 즉 정류 회로를 통해서 얻은 직류 출력 성분 중에서는 아직도 적은 양이지만 입력 성분인 교류 성분이 존재하게 되는데 이의 크기를 리플율이라고 하며, 일종의 잡음으로 볼 수 있다. 여기서 이 잡음을 제거하기 위해 필터를 사용하게 되는데 이 때 사용되는 필터로 저역 여파기(LPF)를 이용하며 이 필터를 평활 회로라고도 한다.

따라서 평활 회로는 일종의 필터(Filter)라고 할 수 있는 것이다. 즉 출력 측에서 평탄한 직류 출력전압을 얻는 것을 목적으로 하는 경우에 저역 여파기능력을 보이는 평활 회로를 필요로 하게 되는 것이다.

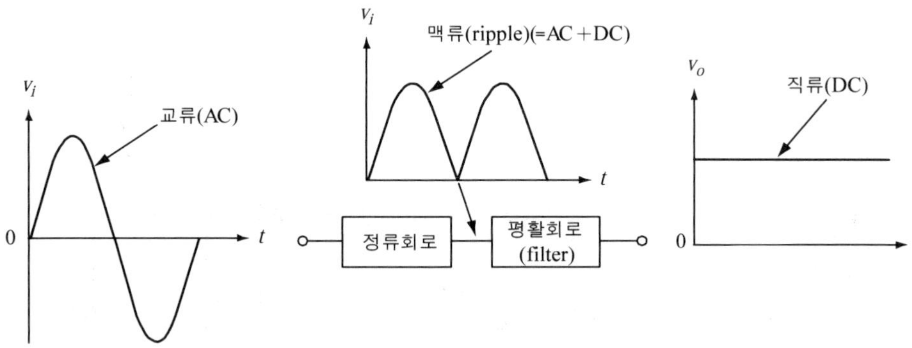

그림 2.19 평활 회로의 구성도

(2) **평활 회로의 형태**

평활 회로는 정류 회로 출력 성분 중 교류인 리플을 제거하기 위해 정류 회로 다음 단에 접속되는 회로로 이용되는 평활 회로의 형태는 저항 R, 코일 L, 콘덴서 C 등의 소자를 이용하여 구성하는데 구성된 평활 회로의 형태는 크게 콘덴서 입력형 평활 회로, 초크 코일 입력형 평활 회로 그리고 혼합형(Hybrid) 평활 회로 등으로 구분된다.

2.3.2 콘덴서(Condensor) 입력형 평활 회로

(1) **콘덴서 입력형 평활 회로의 개념**

정류 회로의 출력은 큰 맥동분을 포함하고 있으므로 콘덴서 C를 접속하면 교류 (+) 반주기 동안에 입력의 최대값이 콘덴서 C는 충전되고 (−) 반주기는 부하저항 R_L을 통해 방전된다. 따라서 콘덴서가 없는 경우에 비해 직류 출력을 크게 할 수 있어 그 만큼 리플 맥동률을 작게 할 수 있다.

- 콘덴서 평활회로에서 콘덴서 C의 용량을 크게 하면(시정수가 커진다.) 출력 전압은 더욱 직류에 가깝다.
- 만일에 사용하는 콘덴서의 용량을 무한대로 하는 경우에 완전한 직류 파형을 얻게 된다.

직류 출력 전압은 거의 입력 교류 전압의 최대값 V_m과 같기 때문에 (−) 반주기에서 전원 전압이 추가되면 다이오드는 PIV의 2배의 역 전압이 가해진다. 따라서 다이오드는 이것을 견딜 수 있는 것을 사용해야 한다. 따라서 PIV를 PRV(Peak Reverse Voltage)라고 한다. 그러나 PIV와 PRV는 회로에서 사용되는 의미에서 다소 차이가 있다.

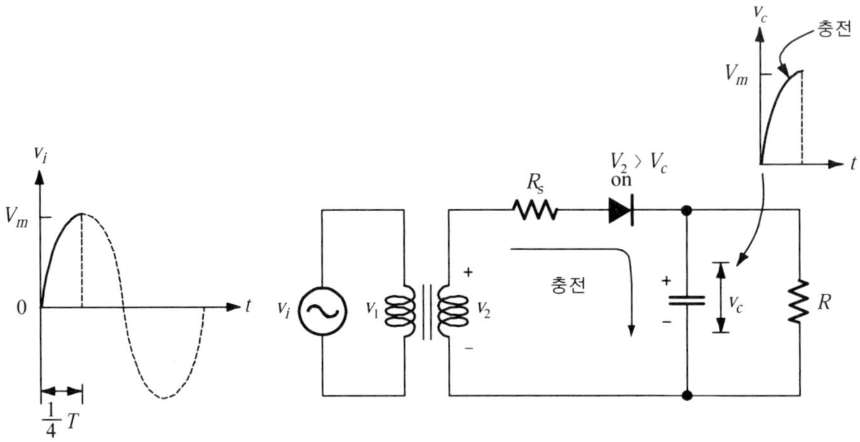

(a) 1/4주기 구간 C는 충전

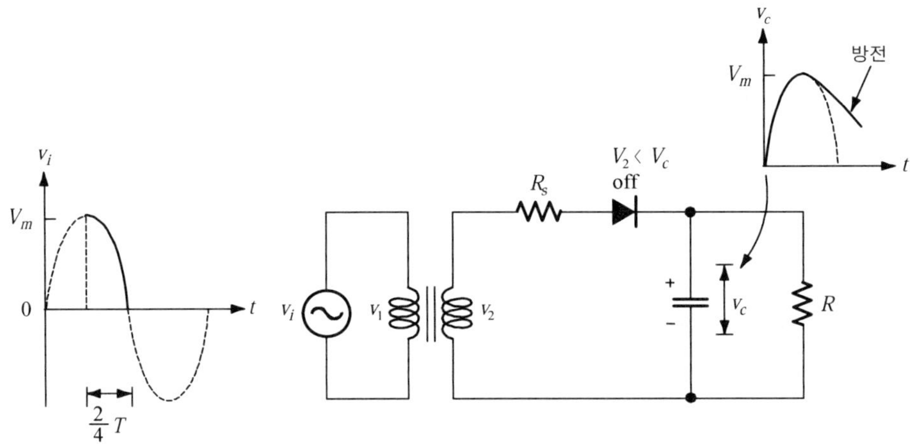

(b) 2/4주기 구간 C는 방전

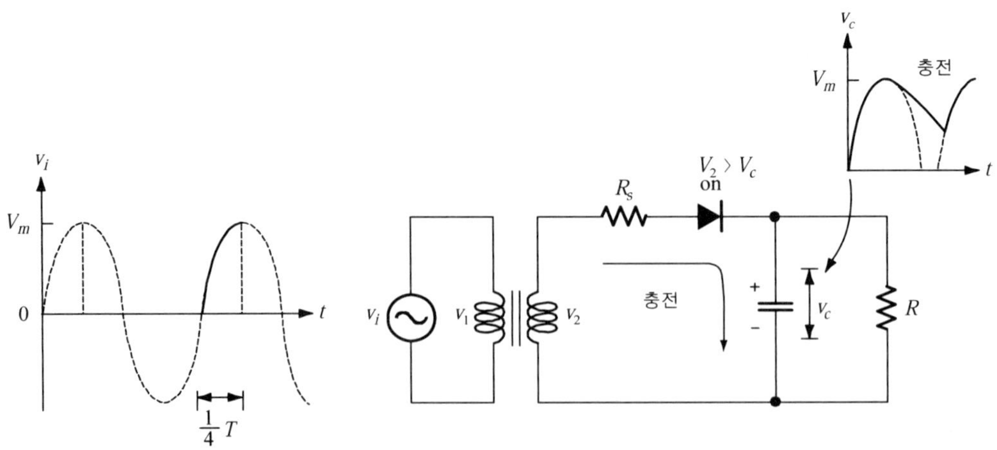

(c) 다음 주기에서 충전

그림 2.20 콘덴서 입력형 평활 회로

콘덴서 입력형 평활 회로에서 사용되는 콘덴서이 용량이 크고, 또한 다이오드의 순방향 저항이 작기 때문에 순간적으로 큰 전류가 흐른다.

그래서 회로를 전류로부터 보호할 목적으로 저항 R_s을 접속하게 되는데 여기서 접속되는 저항 R_s를 보호용 저항이라고 한다.

(2) 콘덴서 입력형 평활 회로의 동작 원리

주어진 콘덴서 입력형 평활 회로에서 인가되는 입력 신호 중 $0 \sim T/4$주기 동안은 입력의 최대값이 콘덴서에 충전되며, 충전된 전압은 부하 저항 R_L양단에 그대로 나타나며, 나머지 구간에서는 시정수 R_LC을 통하여 방전이 일어난다.

이와 같은 동작이 다음 주기 동안에 진행되어 충전과 방전이 반복적으로 발생하게 되다.

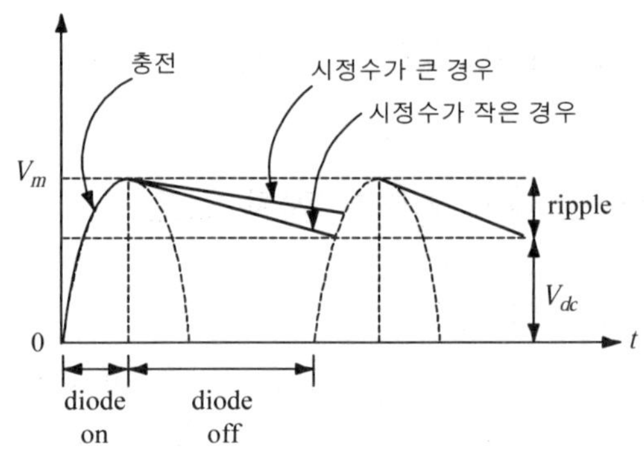

그림 2.21 시정수에 크기에 따른 리플율의 크기 변화

여기서 리플율 r의 크기는

$$r \propto \frac{1}{\omega R_L C} \text{ (부하에 반비례한다.)}$$

인 관계식을 보이며, 콘덴서 용량 C를 크게 하거나 부하 저항 R_L을 크게 할수록 리플율은 감소하게 된다.

- 콘덴서 입력형 평활회로의 경우는 높은 출력 전압이 요구되는 경우 및 작은 맥동률이 요구될 때 사용되며, 다이오드에 흐르는 전류의 형태는 펄스 전류 모양으로 흐르게 된다.
- 다음에 설명하는 초크 코일 입력형의 경우 보다는 큰 전류 전압을 얻을 수 있지만, 부하 전류 변화에 대한 출력 전압의 변동이 비교적 크게 나타나게 된다.

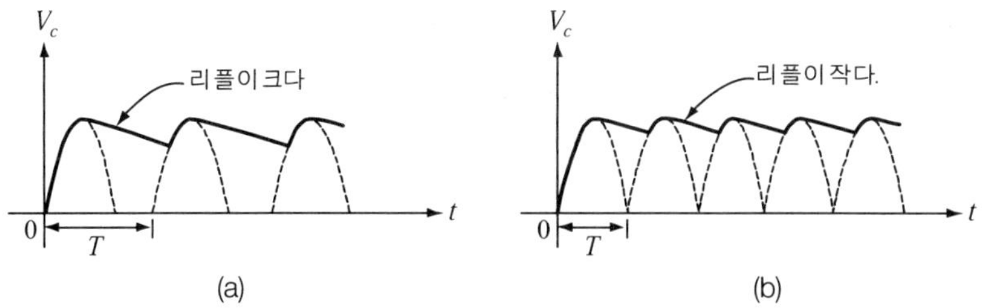

그림 2.22 반파 및 전파의 리플 특성 비교

(3) 콘덴서 입력형 평활 회로의 특징

이론적으로는 콘덴서의 용량을 무한대 ∞로 하면 출력 파형에는 리플의 크기가 없는 거의 직류 형태를 얻게 된다.

- 사용되는 콘덴서의 용량이 클수록 정류형 다이오드에 흐르는 전류 기간은 짧아진다.
- 펄스 파형이 흐르는데 그 펄스 크기가 증대된다.
- 콘덴서 용량 C를 증가시키거나 부하 저항 R_L을 증가할수록 리플율이 감소하게 된다.

2.3.3 초크 코일(choke coil) 입력형 평활 회로

(1) 초크 코일 입력형 평활 회로의 개요

초크(choke)는 인덕터의 일종으로 낮은 주파수에서는 비교적 전류가 잘 흐르게 하고 일정 주파수 이상에서는 회로에 전류가 흐르는 것을 억제하기 위해 특정 응용을 위해 사용되는 코일을 말한다.

초크 코일 입력형 평활 회로 역시 콘덴서 입력형 평활 회로의 경우와 같이 회로를 구성하는 시정수 L/R_L에 의해서 특성이 결정되는데 회로의 시정수가 크면 클수록 리플율은 감소하게 된다.

즉, 코일 L의 용량을 크게 할수록, 부하 저항 R_L을 작게 할수록 리플율의 크기는 감소하게 된다.

이와 같은 내용을 이용하여 리플율에 대한 관계식으로 표현하면

$$r \propto \frac{R_L}{\omega L}$$

이며, 초크 코일 입력형 평활 회로의 리플율의 크기는 회로 소자인 코일 L에 반비례하고 부하저항 R_L에 비례하고 있음을 알 수 있다.

(2) 초크 코일 입력형 평활 회로의 특징

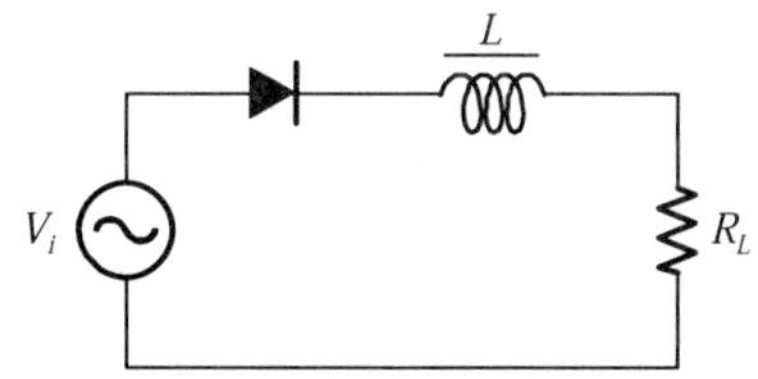

그림 2.23 초크 코일형 평활 회로

- 초크 코일형 평활 회로는 정류기에 충격 전류의 모양으로 전류가 흐르지 않으므로 큰 직류 출력이 얻어지며, 전압 변동률이 작다.
- 초크 입력형 평활 회로의 경우는 콘덴서 입력형과는 달리 전류의 급격한 변화를 억제할 수 있는데 이것은 코일 L이 특성상 전류가 급변하지 못한다는 것을 이용한 것이다.
- 초크 입력형 평활 회로의 직류 출력 전압은

$$V_{dc} = \frac{2}{\pi} V_m - RI_{dc}$$

이며, 저항 R은 부하 저항을 제외한 모든 저항을 나타내는 것이며, 부하 저항 R_L에 흐르는 전류의 직류 성분은

$$I_{dc} = \frac{2\,V_m}{\pi R_L}$$

가 된다.
- 따라서 초크 코일형 평활 회로는 비교적 맥동이 적어 내부 저항이 작은 열음극 수은 정류기, 방전관 정류기 등에 이용에 적합하다.

(3) 콘덴서 입력형 평활 회로와 초크 입력형 평활 회로의 특성 비교

- 직류 출력 전압의 크기는 언제나 콘덴서 입력형이 초크 입력형 보다 크다.
- 직류 출력 전압의 변동은 초크 입력형의 전압 변동이 적다.
- 콘덴서 입력형은 초크 입력형에 비하면 높게 취할 수 있는 이점과는 반대로 전압 변동율이 다소 커지는 결점이 있다. 그래서 소 전력 회로에 이용한다.
- 초크 코일형은 직류 출력 전압이 콘덴서 입력형에 비해 낮아지는 결점이 있으며 전압 변동율이 적다는 것이 특징이다. 그해서 대 전력 회로에 이용한다.

여기서 L형과 비교해서 C형 평활 회로의 특징을 정리하면 다음과 같다.

- 직류 출력 전압이 높다.
- 시정수가 클수록 리플이 감소한다.
- 고전압, 고 전류 용도로 사용된다.
- 전압 변동률이 크다는 것이 단점이다.

2.3.4 혼합형(Hybrid) 평활 회로

(1) L형(LC) 필터

L형(LC) 필터 혹은 LC 필터 불리는 형태로 이는 콘덴서 입력형 평활 회로와 초크 입력형 평활 회로를 함께 이용하여 구성한 회로이다.

이와 같은 L형 필터의 경우는 리플 억제하기 위한 방법으로 인덕턴스 소자가 지니는 주파수 특성을 이용하는 것이다.

즉, 인덕턴스가 갖는 교류 저항 $X_L = 2\pi f L$을 고려하는 경우 리액턴스가 주파수에 비례해서 커지게 되는 성질을 갖는 인덕턴스를 회로와 직렬로 접속하여 교류 성분을 억제하고 대신에 주파수가 0이라고 할 수 있는 직류 신호를 그대로 통과시키게 된다. 이때 이용되는 인덕턴스 소자를 초크 코일(Choke Coil)이라고 한다. 일반적으로 초크 코일은 단독으로 사용하지 않고 콘덴서 등과 혼합된 형태로 사용하게 된다.

여기서 L형(LC) 필터에 대한 특성을 고려하면 다음과 같다.

- L형 필터 회로에서 이용되는 초크는 정류기 출력에 포함된 교류 성분에 대하여 높은 임피던스를 나타난다.
- 부하와 병렬로 접속된 콘덴서 C는 교류 성분이 통과하므로 정류파형의 모든 고조파(Harmonics) 성분이 제거되어 그 만큼 출력 전압의 맥동은 더욱 작아지게 된다.
- 즉, 부하에 직렬로 존재하는 인덕턴스 L은 교류성분에 대해서 큰 임피던스를 나타내며, 부하와 병렬인 콘덴서 C는 교류성분을 바이패스(Bypass)한다.
- L형 평활회로의 경우는 실제 부하에서 전류의 지속적인 흐름을 필요로 하기 때문에 반파 정류 회로에서는 사용되지 않고 주로 전파 정류 회로에 이용된다.
- L형 필터에 대한 리플율의 크기는

$$r = \frac{R_L}{fLC}$$

이다. 여기서 부하 저항 R_L을 작게 할수록 리플율 r은 감소하게 되어 대 전류용으로 사용된다.

- L형 필터에서 블리더(Bleeder) 저항 R_b는 출력 전류가 항상 R_b에 의한 전류값 이상으로 유지하도록 하는 역할을 하게 된다. 따라서 L형 필터의 경우에는 큰 용량의 코일 L을 사용하거나, 항상 일정한 전류가 흐르도록 블리더 저항 R_b를 접속한다.

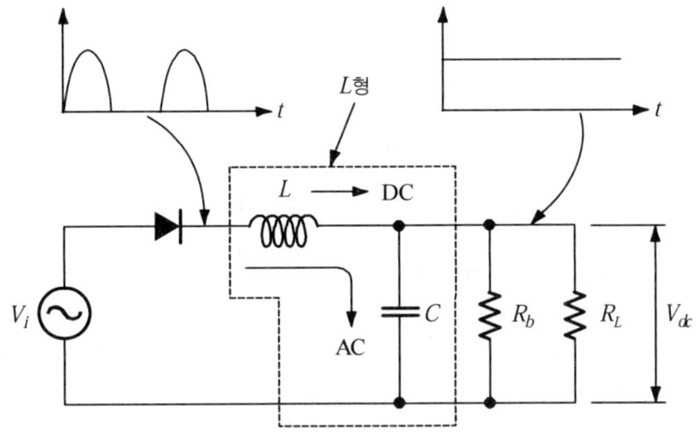

(a) L형 필터

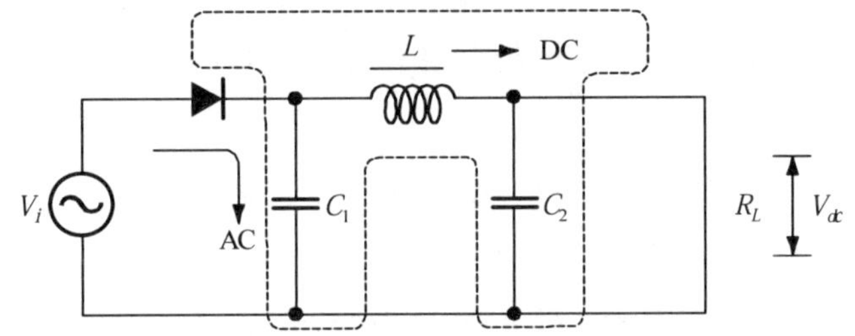

(b) π 형 필터

그림 2.24 혼합형(Hybrid) 평활 회로

Book Cafe

■ **블리더 저항(bleeder resistance)**

부하 전류가 변화하는 경우에 전압 변동이 발생하는 억제할 목적으로 부하에 무관하게 언제나 일정한 전류가 흐르도록 하는데 이용되는 저항을 말한다. 이와 같은 블리더 저항의 연결은 부하와 병렬로 접속하기 때문에 부하 전류는 증가하더라도 부하 전류 변화에 의한 전압 변동을 방지하게 된다. 그리고 출력 전압은 전압 분배된 전압을 얻는 경우에 사용된다.

이와 같은 블리더 저항의 역할은 부하와 병렬로 연결되어 항상 미소한 정도의 전류를 흐르도록 하며, 전원이 차단되는 경우 필터로 이용되는 콘덴서의 잔류 전하를 방전할 수 있도록 하는 통로로 사용되는 높은 저항을 말한다.

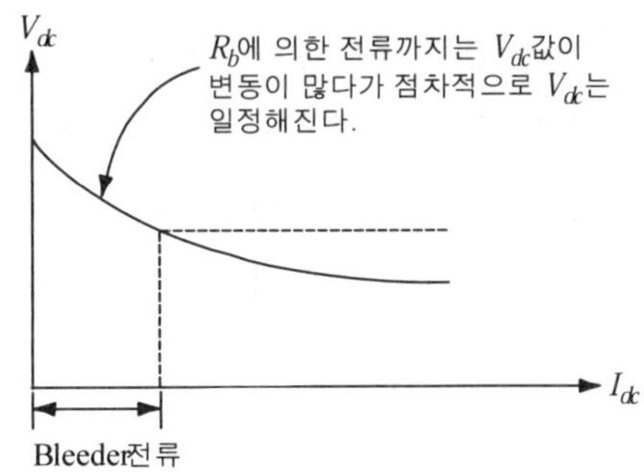

(2) π 형 필터

■ 리플률의 크기

L형 평활회로의 구성에 대해서 콘덴서 C를 하나 더 추가하여 구성한 회로로 소자의 구성이 π 형태를 보이므로 π 형 필터로 불린다. π 형 필터에 대한 직류 출력 전압은 $V_{dc} = V_m - \frac{I_{dc}}{4fC} - RI_{dc}$이며, 리플률의 크기는

$$r = \frac{\sqrt{2}}{w^3 C_1 C_2 R_L}$$

가 된다. 역시 리플 함유율을 작게 하기 위한 방법으로는 평활용으로 사용되는 코일 L과 콘덴서 C의 용량을 크게 하거나, 교류 입력 전원의 주파수를 높게 하거나 부하 임피던스가 크게 한다.

이와 같은 π 형 필터는 주로 높은 출력 전압이 요구되는 경우나 작은 맥동률을 필요로 하는 회로에 이용된다.

따라서 주어진 π 형 평활 회로에서 알 수 있듯이 콘덴서의 용량이 크면 리플 함유율은 작아지며, 콘덴서 C_1, C_2의 용량이 감소하게 되면 전압 변동률이 커지게 된다.

여기서 리플율의 크기를 개선하는 방법에 대해서 정리하면 다음과 같은 것을 들 수 있다.

- 이용하는 코일 L, 콘덴서 C의 값을 크게 하거나
- 저항 R이 커지면 리플율이 감소하게 되어 대 전압용으로 사용된다.

■ 콘덴서 입력형 평활 회로의 고장 진단

콘덴서 입력형 평활 회로를 사용하는 과정에서 갑자기 과전류가 흘러 맥동률이 증가하는 경우 회로에 서 나타나는 고정 진단을 행하면 콘덴서 입력형 평활 회로는 정류 역할을 하는 다이오드 뒤 단에 병렬로 콘덴서 C_1를 연결하고 다시 부하에 대해서 콘덴서 C_2를 병렬로 접속한 구조를 보이는데 여기서 C_2는 정류된 출력을 콘덴서에 저장하였다가 부하에 전달하는 일종의 필터 역할을 하게 된다.

여기서 맥동률의 크기는 $r = \frac{\sqrt{2}}{w^3 C_1 C_2 R_L}$이다. 따라서 주파수가 증가하거나 코일 L이 증가하면 맥동률은 감소하게 된다. 그리고 콘덴서 C_2가 단락되면 $C_2 = 0$이 되어 맥동률은 증가하게 된다.

콘덴서 입력형 평활 회로를 사용하는 과정에서 갑자기 과전류가 흘러 맥동률이 증가하는 것은 부하 쪽의 존재하는 콘덴서가 단락된 경우에 나타나는 현상이다.

Book Cafe

다음의 회로는 평활회로로 이용되는 저역 필터(LPF)의 종류를 나타낸 것이다.

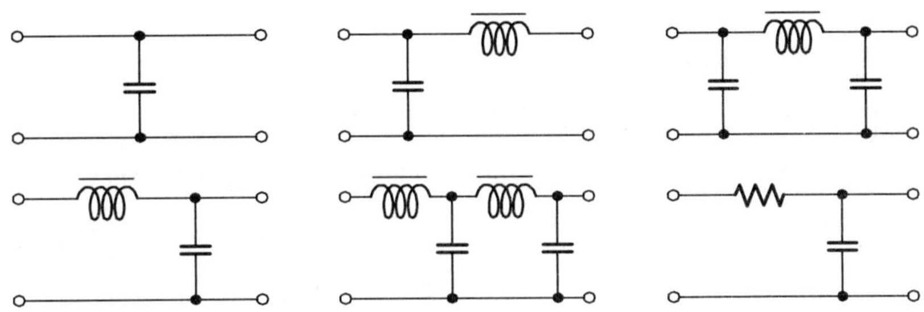

Book Cafe

π형 필터에 비해 L형 필터에 대한 특징을 고려하면 다음과 같다.

- ▸ 전압 변동률이 적다.
- ▸ 정류 소자의 전류가 연속적이다.
- ▸ 정류 소자를 이용하는 것이 용이하다.

2.4 정전압 회로(Voltage regulator)

2.4.1 정전압 회로의 개요

(1) 정전압 회로의 역할

정류 회로 및 평활 회로를 통해 얻은 직류 출력 전압은 전원 전압의 변동, 주위 온도의 변화 그리고 부하 전류의 변동 등에 의해서 직류 출력 전압이 변동하게 되는데 직류 출력 전압을 일정하게 하기 위한 방법으로 이용되는 회로가 곧 정전압 회로라고 할 수 있다.

(2) 정전압 회로의 형태

정전압 능력을 보이는 형태로 단속 제어형(교류 입력 제어형, 직류 입력 제어형)과 연속제어 방식(직렬 제어형 정전압 회로, 병렬 제어형 정전압 회로) 등으로 구분된다.

■ 직렬 제어형 정전압 회로

효율은 우수하지만 과부하가 인가되는 경우에는 사용된 트랜지스터를 파괴하는 일이 발생 할 수 있다.

■ 병렬 제어형 정전압 회로

과부하에 대해서 보호 능력은 있지만 효율이 떨어지게 된다.

여기서 평활 회로를 통하여 얻은 직류 출력 전압 V_{dc}을 변화시키는 요인으로 소스 전원 V_s. 부하에 흐르는 부하 전류 I_L 그리고 주위의 온도 변화 T 등을 들 수 있는데 이들에 의한 변화를 수식화하기 위해서 함수로 나타내면

$$V_o = V_{dc} = f(V_s,\ I_L,\ T)$$

으로 표현할 수 있으며 이 관계식에서 각 변수에 대한 변화를 고려하면

$$\text{안정계수} = \frac{\partial V_o}{\partial V_s}$$

$$\text{출력저항} = \frac{\partial V_o}{\partial I_L}$$

$$\text{온도계수} = \frac{\partial V_o}{\partial T}$$

인 관계식으로 나타낼 수 있다. 여기서 이들 비례 상수 값을 이용하여 정전압 회로의 능력을 평가하게 된다.

2.4.2 정전압 회로의 형태와 특징

(1) 제너 다이오드를 이용한 정전압 회로

■ $I = \frac{V_i - V_Z}{R}$ 관계에서 제너 전압 V_Z가 일정하므로 입력 V_i가 커지면 전류 I 도 커지게 된다.

■ $I_Z = I - I_L$ 관계에서 부하 전류 I_L가 일정하므로 I 가 커지면 제너 전류 I_Z도 커진다.

■ $I_L = \frac{V_Z}{R_L}$ 일정 하다는 관계를 이용하여 문제를 해결할 수 있게 된다. 여기서 I_L은 소 전류용으로 사용하게 된다.

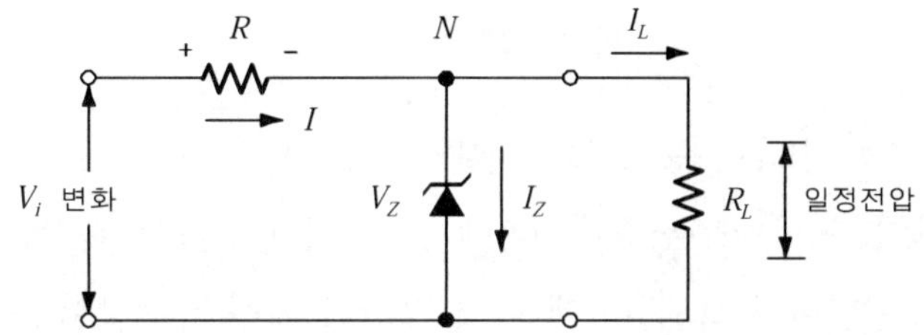

그림 2.25 제너 다이오드를 이용한 정전압 회로

그림 2.26에서 역방향 전압으로 전압이 제너 전압 V_Z 이상이면 저항이 거의 없다. 따라서 전류는 저항이 적거나 없는 쪽으로 흐르기 때문에 증가된 전류는 대부분 제너 다이오드 쪽으로 간다.

그래서 부하 전류 I_L로 흐르는 전류는 증가되지 않으며 이로 인하여 일정 전압이 출력되는 것이다.

여기서 문제는 무조건 Zener를 사용할 수 있는 것은 아니다. 왜냐하면 Zener에 흐를 수 있는 최대 전류 I_{Zmax}가 있기 때문이다. 그래서 큰 전류를 사용하는 것이 곤란하다. 즉 부하 전류 I_L에는 적은 전류 밖에 되지 않는다는 것이다.

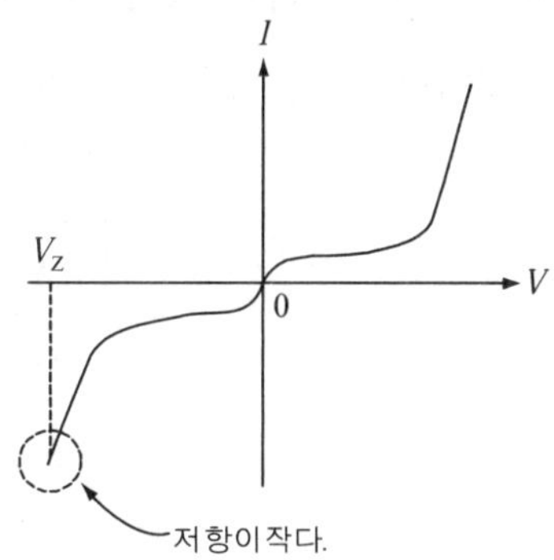

그림 2.26

(2) 직렬 제어형 정전압 회로

트랜지스터를 이용한 전압 안정 회로에서 귀환 전압 V_f의 크기를 구하면

$$V_f = \beta V_o = V_Z + V_{BE}$$

이며, 이를 출력 전압 V_0의 관계식으로 나타내면

$$V_o = \frac{V_Z + V_{BE}}{\beta} = A_{CL}(V_Z + V_{BE})$$

가 된다. 또는

$$V_f = V_Z + V_{BE},\ I = V_f / R_2$$
$$V_o = (R_1 + R_2) \cdot I$$

가 된다. 여기서 출력 전압이 증가하기 위해서는 보다 큰 V_f가 트랜지스터 Q_1의 베이스에 귀환되어야 하며, 저항 R_3를 통해 Q_1에 큰 콜렉터 전류와 Q_2에 낮은 베이스 전압을 유도시키게 된다. 이미터 폴로워 Q_2에 대해 감소된 베이스 전압이 출력 전압을 감소시키는 효과를 준다.

한편 출력 전압을 감소하려는 경우에는 트랜지스터 Q_1에서 베이스 전압이 낮아지고, Q_2에 보다 큰 베이스 전압이 걸리므로 출력 전압이 커지게 된다. 어느 경우에서나 출력 전압 V_o에서의 변화는 반대 방향으로 증폭된 출력 변화를 일으키며, 이 모든 효과가 출력 전압에서의 변화를 거의 정확히 상쇄시킨다. 따라서 직렬 제어형 정전압 회로에서 이용되는 트랜지스터 Q_1은 제어용 역할을, 트랜지스터 Q_2는 증폭 역할을 하게 된다.

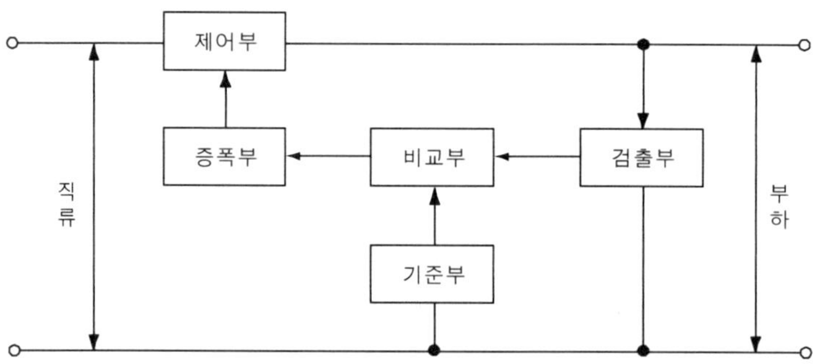

그림 2.27 전압 안정화를 위한 구성도

그림 2.27 회로에서 각 부에 대한 역할을 고려하면

- 검출부는 단자 전압을 일정하게 하기 위해서 먼저 전압이 내려갔는지 혹은 올라갔는지를 알아내는 역할을 한다.
- 기준부의 경우는 몇 [V]를 일정하게 할 것인가를 결정하는 역할을 하게 된다.
- 비교부는 비교한 내용을 어느 정도 올라가도록 할 것이니 혹은 내려 갈 것인가를 결정하는 역할을 한다.

여기서 예를 들어 그림 2.28와 같은 정전압 회로에 대한 각 부의 역할을 보여 주기 위해서 정전압 회로에서 단자 전압 V_o가 내려가는 경우를 고려하여 정리하기로 한다.

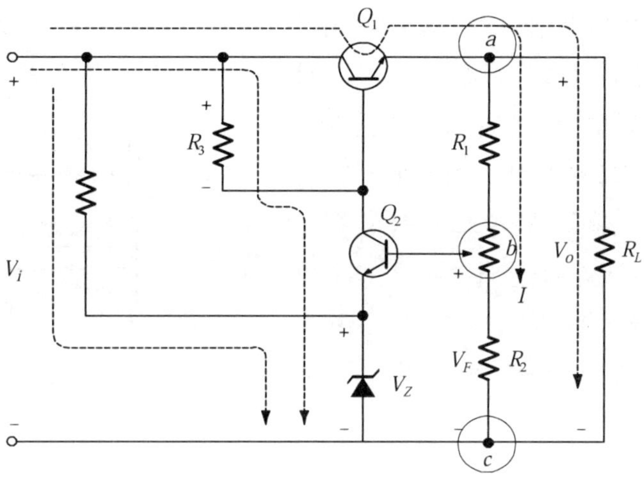

그림 2.28 트랜지스터를 이용한 전압 안정 회로

■ 검출부의 역할

단자 전압이 내려가게 되면 단자 $a \sim c$ 사이의 전압도 함께 내려가게 된다. 회로에서 사용되는 저항 R_1, R_2는 고정 저항이기 때문에 이 두 저항에 흐르는 전류는 전압이 내려간 만큼 감소하게 된다.

따라서 저항 R_2에 걸리는 단자 전압을 기준 전압 V_R라고 하는 경우 크기는

$$V_R = \frac{V_o}{R_1 + R_2} \times R_2$$

인 관계를 보이어 이를 통해 V_R이 약간의 낮아지게 되며, 이 V_R의 크기를 입력 측에 통보하게 된다. 여기서 검출부는 단자 전압을 내리지 않기 때문에 회로에서 이용되는 저항 R_1, R_2의 값은 가능하면 큰 것이 되도록 해야 한다.

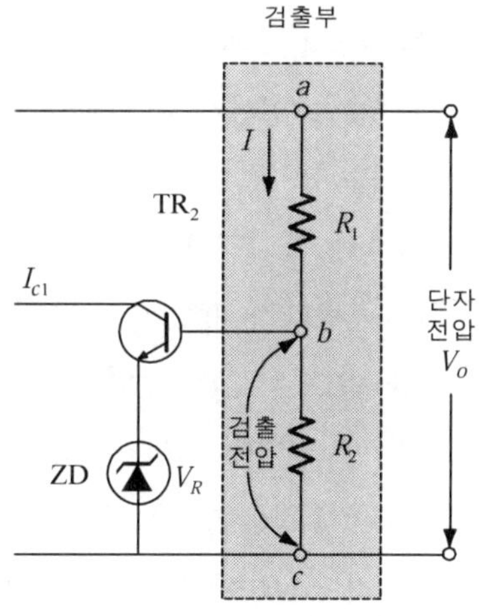

그림 2.29 전압 변동의 검출

그리고 검출 전압 V_R은 트랜지스터 Q_2의 베이스에 가해져 있는 것으로 Q_2의 컬렉터 전류를 제어하게 된다.

■ 기분부의 역할

출력 전압을 일정하게 유지하도록 하기 위해서는 기준을 필요로 하게 된다. 여기서 기준이 되는 전압으로 정전압 능력을 보이는 제너 다이오드의 특성을 이용하게 된다.

그림 2.30은 제너 다이오드의 특성 곡선으로 제어 다이오드에서 역 전압은 전류의 가변에도 불구하고 일정한 크기를 보이고 있음을 알 수 있다. 이를 제어 전압이라고 한다.

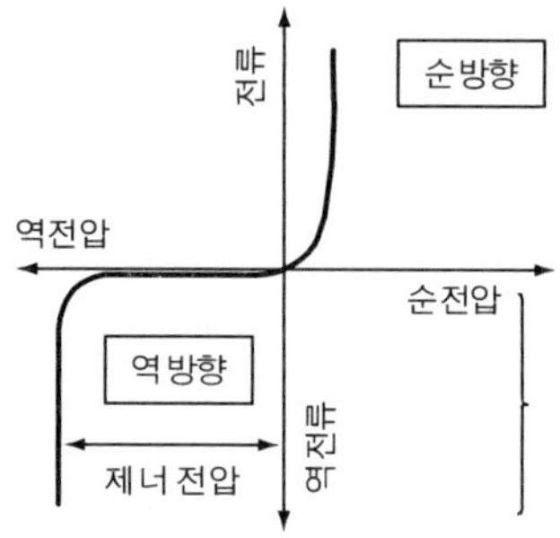

그림 2.30

■ 비교부의 역할

트랜지스터 Q_2의 이미터측이 역 방향으로 접속 되어 있다. 즉, 이미터 전위는 제너 다이오드가 들어 있으므로 베이스에 가해져 있는 V_R과 연관되어 흐르는 이미터 전류에 의해 제너 전압이 유지하게 된다. 이를 기준 전압이라고 한다.

따라서 제너 다이오드 양단의 전압의 크기는 일정하기 때문에 트랜지스터 Q_2의 베이스~이미터간의 전압 V_{BE}는 출력 전압 V_o가 내려가게 되면 감소하게 된다. 여기서 트랜지스터 Q_2의 컬렉터 전류 I_{C1}은 검출부 저항 R_2에 비례하게 된다.

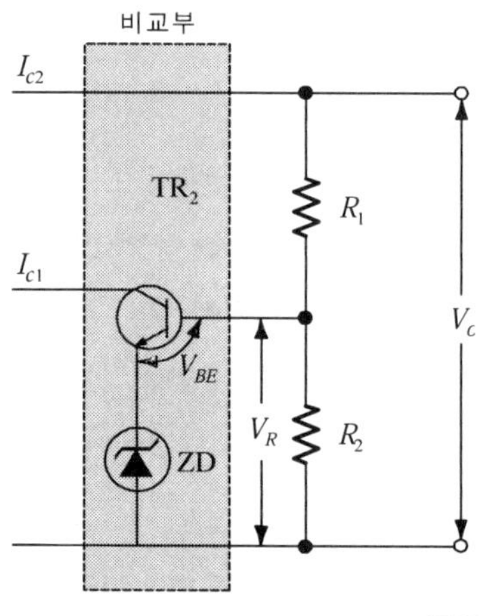

그림 2.31

■ 제어부의 역할

트랜지스터 Q_2의 컬렉터 전류 I_{C1}가 감소하게 되면 저항 R_3에 의해서 전압 강하도 감소하고 트랜지스터 Q_1의 베이스 전위는 올라가게 된다.

이 결과로 트랜지스터 Q_1의 베이스 전류가 증가하게 되면 아울러 컬렉터 전류 I_{C2}도 증가하게 되어 출력 전압 V_o가 상승하는 효과를 보여 결국에는 변동을 없애주는 역할을 하게 된다.

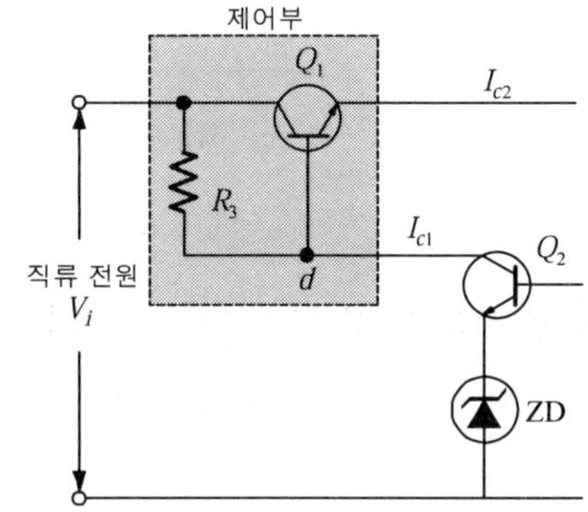

그림 2.32

(3) 병렬 제어형 정전압 회로

병렬 정전압 회로의 경우는 전원 전압 V_i또는 부하 저항 R_L의 변동에 의해서 출력 전압 V_o가 감소하면 베이스-컬렉터 사이의 전압 V_{BC}는 제너 다이오드에 의해서 일정하게 되도록 유지하게 된다.

이 때 공급되는 순 바이어스 전압 V_{BE}이 감소되면 베이스 전류 I_B도 감소하게 되어 이미터 전류 I_E를 감소하게 하며, 저항 R_2의 단자 전압도 감소되어 결국 출력 전압 V_o의 감소로 보상되어 출력 전압 V_o는 일정한 상태를 유지하게 된다.

주어진 회로에서 저항 R_2과 부하 저항 R_L이 직렬로 연결되어 있으므로 소비전력이 커지게 되어 효율이 나쁘며, 부하 전류 변동이 작은 경우 R_2의 값을 작게 하여 보상하는 것이 가능하게 된다.

따라서 병렬 제어형 정전압 회로에서 사용되는 저항의 역할을 고려하면

- 저항 R_2는 직렬 안정 저항으로서 출력 전압의 변동분을 분담하여 보상하며,
- 저항 R_1은 제너 다이오드를 적당한 동작점에 바이어스가 되도록 하기 위한 저항이라고 할 수 있다.

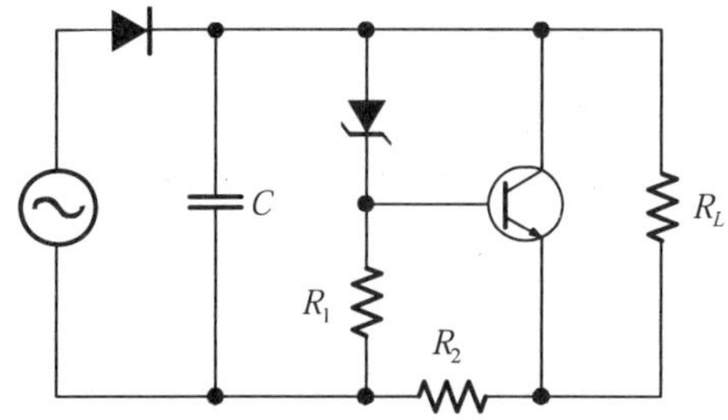

그림 2.33 병렬 제어형 정전압 회로

▶▶▶ 연습문제

01 단상 전파 정류에서 정류 효율의 크기를 계산하여라.

(단상) 전파 정류 회로의 정류 효율은

$$\eta = \frac{0.812}{1+\frac{R_f}{R_L}} \times 100\,[\%]$$

이며, 여기서 부하 저항 R_L이 다이오드 순방향 저항 R_f보다 큰 경우 이론상 최대 효율은 81.2[%]이다.

02 전원회로에서 이용되는 배전압 회로에 대한 특성에 대해서 설명하여라.

배전압 정류 회로가 지니는 특징을 고려하면 다음과 같다.

- 큰 전류를 흘릴 수 없으며, 전압 변동이 다소 나쁘다.
- 회로에 별도로 승압을 위한 변압기가 필요로 하지 않는다.
- 출력에서 비교적 고전압이 얻을 수 있다.
- 전압 주파수에 대한 맥동 주파수는 반파 정류회로와 같고 전파 정류회로의 1/2배 정도이다.

03 다음과 같은 회로에서 다이오드에 $V_i = 150\sin\omega t\,[\mathrm{V}]$의 입력을 인가하는 경우 최대 역 전압(PIV)의 크기를 계산하여라.

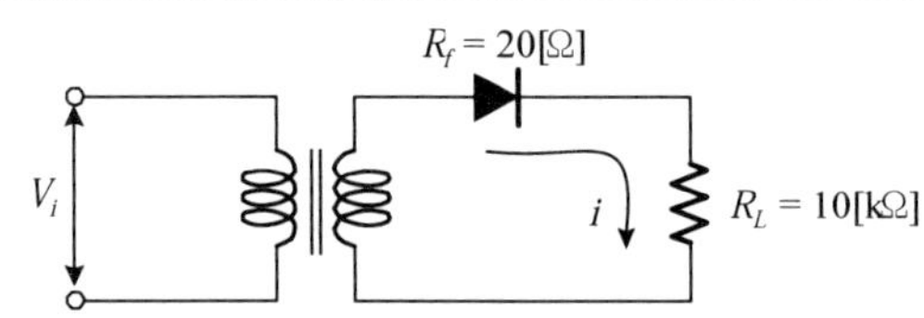

반파 정류기의 최대 역 전압은 $PIV = V_m$이다. 따라서 입력은 $V_i = 150\sin\omega t\,[\mathrm{V}]$가 인가되는 경우 최대 역 전압은 100[V]가 된다.

예를 들어 다이오드 순방향 저항 $R_f = 30\,[\Omega]$, 부하 저항 $R_L = 4K\Omega$인 경우 단상 반파 정류 회로에서 전압 변동률은

$$\text{전압 변동률} = \frac{R_f}{R_L} \times 100\,[\%] = \frac{30\ \Omega}{4\ \mathrm{k}\Omega} \times 100\,[\%] = 0.75\,[\%]$$

가 된다.

04 동일한 특성과 능력을 보이는 다이오드 여러 개를 병렬로 접속하는 경우 발생하는 현상에 대해서 설명하여라.

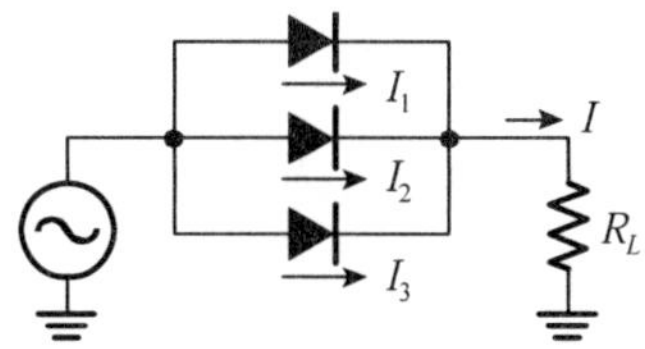

동일한 다이오드를 여러 개 병렬로 접속하는 경우에 순간적인 과전류로부터 회로를 보호하거나 병렬 형태의 전체 전류는 $I = I_1 + I_2 + I_3$의 경우처럼 각 다이오드에 흐르는 전류의 합으로 되어 전류가 증가하는 일이 발생하게 된다.

05 다음과 같은 정류기에 교류 100[V]의 입력을 인가했을 때 출력 전압의 평균값을 계산하여라. (단, 변압기(입력 변압기)의 권선 비는 2 : 1 이며, 다이오드에서의 전압 강하는 고려하지 않는다.

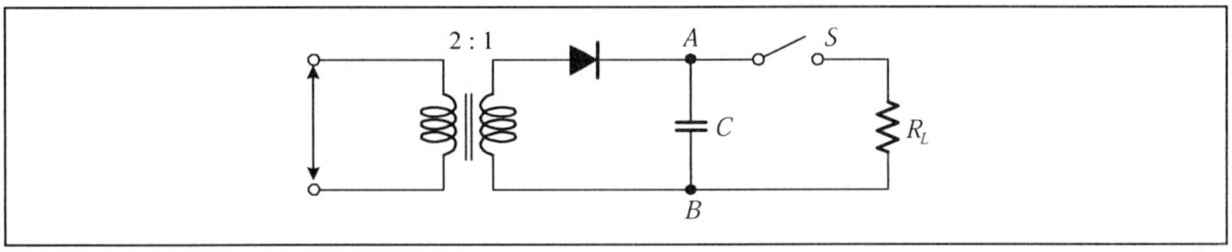

반파 정류 회로에 대한 평균 전압은

$$V_{dc} = \frac{V_m}{\pi}$$

이며, 사용된 권선비가 2 : 1 인 경우라면 직류 출력 전압은

$$V_{dc} = \frac{V_m}{\pi} \times \frac{1}{2} = \frac{100\sqrt{2}}{2\pi} = \frac{50\sqrt{2}}{\pi}$$

가 된다.

06 첨두값이 120[V]인 정현파가 1차 권선에 인가하는 경우 2차 권선의 1/2 양단 전압 $V_{p(2)}$과 부하 R_L양단에 나타나는 전압 $V_{p(out)}$의 파형을 나타내어라.

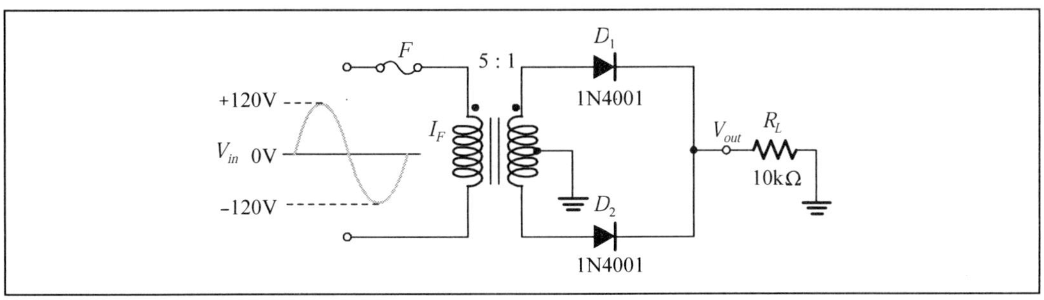

권선비가 $n = \frac{1}{5} = 0.2$이므로 전체 2차 전압의 첨두값은

$$V_{p(2)} = n\,V_{p(1)} = 0.2 \times 120 = 24\ V$$

이며, 2차 권선의 1/2양단에 나타나는 첨두 전압은 12[V]가 된다.

그리고 부하 R_L양단에 나타나는 전압은 12[V]에서 0.7[V]를 뺀 값이다.

$$V_{p(out)} = \frac{V_{p(2)}}{2} - 0.7\,\mathrm{V} = \frac{24}{2} - 0.7 = 11.3\,\mathrm{V}$$

즉, 출력 부하 전압의 첨두값의 크기는 11.3[V]가 된다. 이에 대한 출력 파형을 나타내면 다음과 같다.

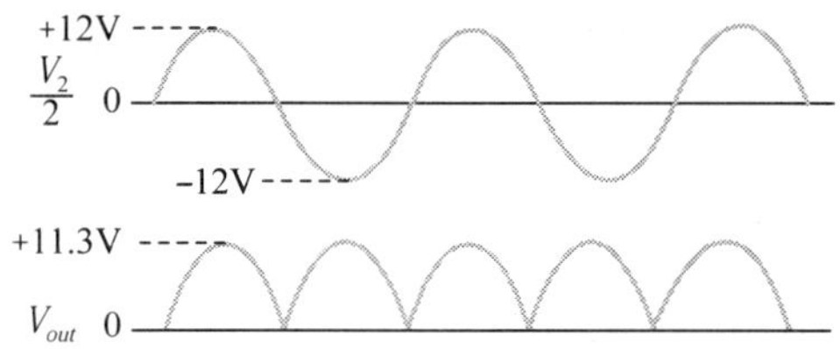

07 다음과 같은 정류 회로의 평균 직류 출력 전압이 부하단자에서 12[V]이다. 정류용 변압기 2차측에 필요한 교류 전압의 최대치는 몇 [V]인가?

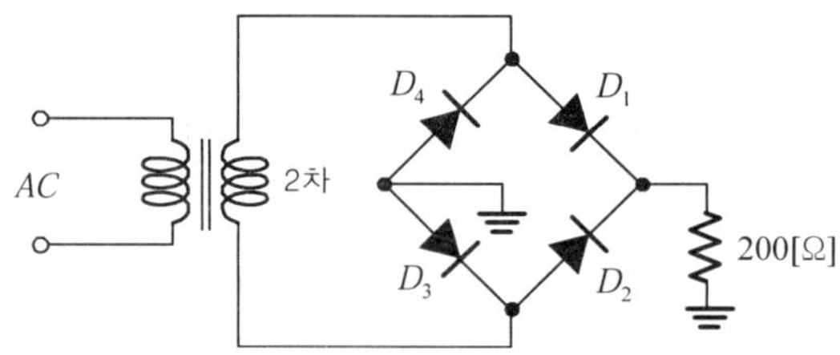

다이오드 4개로 구성된 브리지 정류 회로를 출력으로 전파를 얻는 전파 정류 회로이다. 브리지 정류 회로이므로 직류 출력 전압은

$$V_{dc} = \frac{2\,V_m}{\pi} = 12[\mathrm{V}]$$

이며, 여기서 최대 역 전압의 크기는 $V_m = 6\pi$가 된다.

08 전파 정류능력을 보이는 브리지(Bridge) 정류 회로의 특징에 대해서 기술하여라.

단상 브리지 정류 회로는 전원 변압기의 측에 중간 탭이 불필요하며, 권선은 1/2이면 되며, 변압기의 직류 자화가 없어 변압기의 이용률이 단상 정류 회로 중 제일 높으며, 최대 역 전압(PIV)는 반파 정류 회로의 PIV와 같다.

이와 같은 회로는 주로 반도체에 이용되는 정류 소자 등에 사용된다.

• 맥동 주파수는 인가된 교류 전원 주파수의 2배이다.

• 변압기의 직류 자기 포화가 일어나지 않는다.
• 변압기의 2차측의 전압이 전부 이용되므로 높은 출력 전압이 얻어진다.

브리지 전파 정류 회로의 PIV는 반파의 경우처럼 V_m이다. 따라서 변압기 2차측에 유도되는 전압은 실효값이므로 이를 최대치로 변환하면 $100 \times \sqrt{2} \fallingdotseq 141$[V]가 된다. 문제의 회로는 다이오드 4개를 이용한 전파 정류 회로로 최대 역 전압의 크기는 반파 정류 회로처럼 V_m이 된다.

09 다음과 같은 브리지 정류기에서 변압기의 1차 전압이 220[V]이고 2차 전압의 실효값이 24[Vrms]인 경우 첨두 출력 전압의 크기와 각 다이오드의 최대 역전압의 크기를 구하여라.

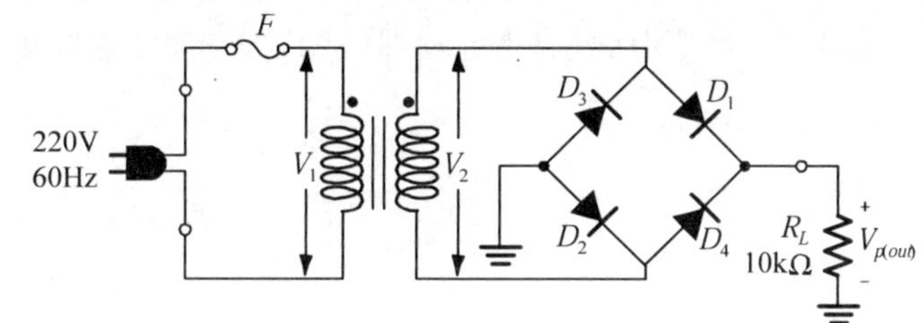

2차 전압의 실효값을 V_2라고 할 때 2차 전압의 첨두값 V_{P-P}는

$$V_{P-P} = \sqrt{2}\ V_2 = 1.414 \times 24 \fallingdotseq 34[\mathrm{V}]$$

이며 두 다이오드 양단의 전압 강하를 고려한 경우 첨두 출력 전압은

$$V_{p(out)} = V_{P-P} - 1.4[\mathrm{V}] = 34 - 1.4 \fallingdotseq 32.6[\mathrm{V}]$$

가 된다. 그리고 각 다이오드의 최대 역전압의 크기는

$$PIV = V_{p(out)} + 0.7[\mathrm{V}] = 32.6 + 0.7 = 33.3[\mathrm{V}]$$

가 걸리게 된다.

10 다음과 같은 배전압 정류 회로에 대한 동작 원리에 대해서 간단히 설명하여라.

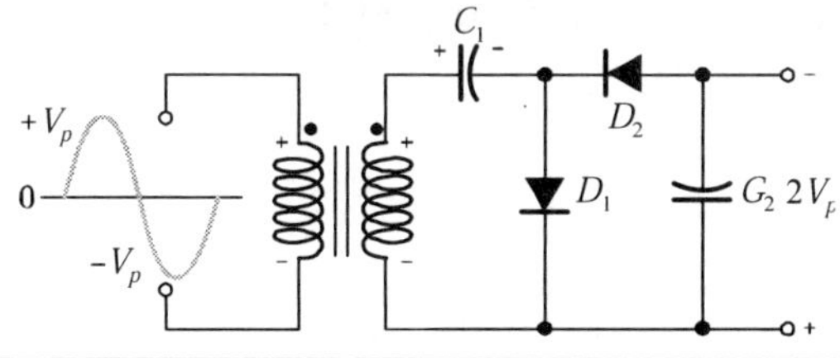

입력으로 정현파가 인가되는 경우 동작 원리를 고려하면 다음과 같다.

• 2차 전압의 정(+)의 반주기 동안 D_1은 순방향 바이어스로 도통 상태로 전류가 흘러 콘덴서 C_1

에 첨두값 $-V_p$까지 충전한다. 이 때 D_2는 역방향으로 차단 상태이다.

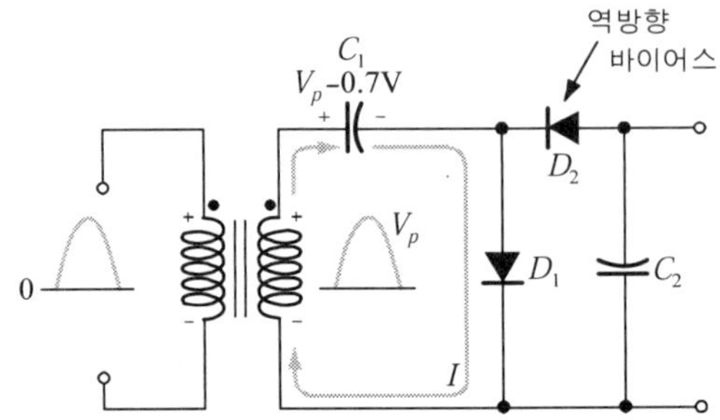

• 부(−)의 반주기 동안은 D_2가 순방향 바이어스 되므로 콘덴서 C_1의 첨두 전압이 전원 전압에 더해져서 같은 방향으로 가해지므로 콘덴서 C_2에 $-2V_p$의 전압이 충전된다. 이 때 D_1는 역방향으로 차단 상태이다.

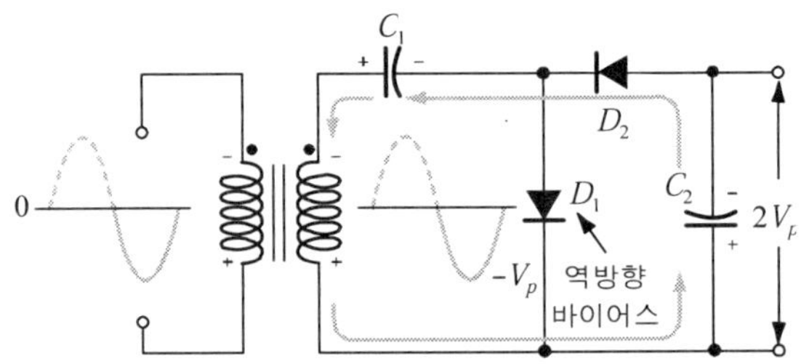

11 평활 회로로 이용되는 필터 중에서 맥동률과의 관계를 설명하여라.

• 인덕터형 필터의 리플률의 경우

$r=\dfrac{R_L}{3\sqrt{2}\,\omega L}$으로 부하 저항에 비례하며,

• L형 필터의 경우

$r \propto \dfrac{1}{\omega^2 LC-1}$로 부하저항과는 무관하다. 따라서 반파 정류 회로에서 리플 함유율을 적게 하는 방법으로 평활용 초크 코일의 인덕턴스를 크게 하거나, 교류 입력 전원의 주파수를 높게 하거나, 입력측 평활용 콘덴서의 정전 용량을 크게 한다.

• 코일 입력형 평활 회로의 맥동률의 크기는

$$r=\frac{V_s}{V_{dc}}=\frac{\sqrt{2}}{3}\frac{1}{(2\omega L)(2\omega C)}$$

이며, 여기서 교류 전원 주파수가 60[Hz]인 경우에 코일 L[H]과 콘덴서 C[μF]의 관계식으로 나타내면

$$r=\frac{0.83}{LC}$$

가 된다. 이를 통해서 알 수 있는 것은 리플의 크기 r 은 부하 R_L 에 무관하다는 것이다. 따라서 출력으로 나타나는 맥동률의 크기를 적게 되도록 하는 방안으로 L과 C를 모두 크게 한다.

12 다음과 회로에서 평활정수로 사용되는 콘덴서 C 의 용량을 무한대로 증가시키는 경우 저항 양단에 나타나는 전류의 형태에 대해서 설명하여라.

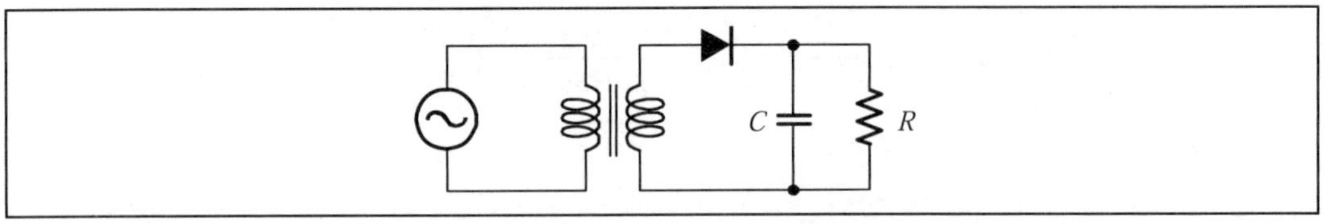

반파 정류 회로에 대해서 리플을 줄이기 위해 콘덴서를 이용한 콘덴서 입력형 평활회로로 리플의 크기는

$$r = \frac{1}{2\sqrt{3}\, f\, CR} = \frac{T}{2\sqrt{3}\, CR}$$

이며, 이 관계식에서 콘덴서의 용량 C를 무한대 ∞ 로 하는 경우 리플은 $r = 0$이 된다. 따라서 리플이 0이 되어 출력 파형은 거의 직류에 가깝게 되는 특성을 보이게 된다.

13 다음과 같은 콘덴서 입력형 평활회로에서 직류 부하 전압과 첨두 간 리플 전압(peak to peak ripple voltage)의 크기를 구하여라.

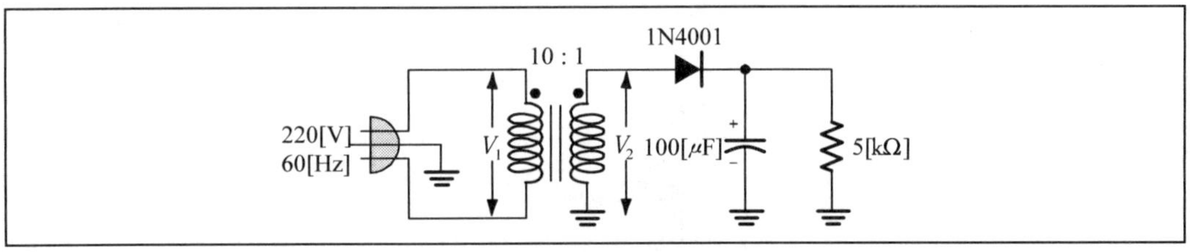

입력 신호가 트랜스를 통하여 10 : 1의 크기로 감소하는 경우에 대한 2차 전압의 실효값의 크기 V_2는

$$V_2 = \frac{220}{10} = 22\,[\mathrm{V}]$$

그리고 2차 전압의 첨두값의 크기 $V_{P-P(2)}$는

$$V_{P-P(2)} = 22\sqrt{2} = 31\,[\mathrm{V}]$$

가 된다. 여기서 다이오드가 이상적이고 리플이 작다고 가정하는 경우의 직류 부하 전압 $V_{p(out)}$의 크기를 구하면

$$V_{p(out)} = 31\,[\mathrm{V}]$$

가 된다. 그리고 첨두 간 리플 전압을 계산하기 위하여 직류 부하 전류 I_L 를 구하면

$$I_L = \frac{V_{p(out)}}{R_L} = \frac{31[\mathrm{V}]}{5[\mathrm{k}\Omega]} = 6.2[\mathrm{mA}]$$

이며, 반파 정류의 출력 주파수는 $f = 60[\mathrm{Hz}]$이므로 첨두 간 리플 전압 $V_{R(P-P)}$의 관계식을 이용하여 계산하면

$$V_{R(P-P)} \fallingdotseq \frac{I_L T}{C} \fallingdotseq \frac{I_L}{fC} = \frac{6.2[\mathrm{mA}] \times 10^{-3}}{60[\mathrm{Hz}] \times 100[\mu\mathrm{F}] \times 10^{-6}} \fallingdotseq 1.03[\mathrm{V}]$$

가 된다.

14 다음과 같은 전파 배전압 정류 회로에 대한 동작 원리를 간단히 설명하여라.

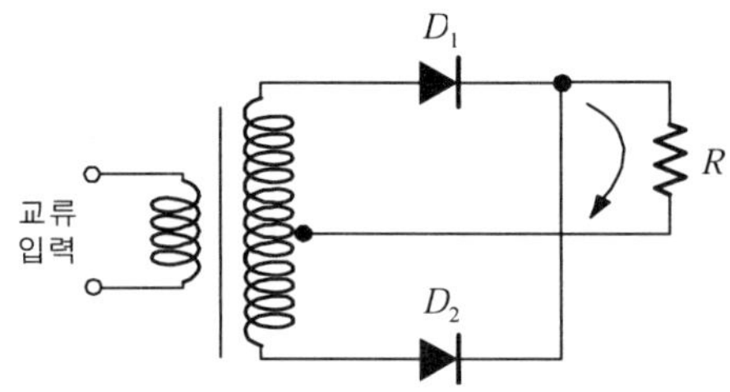

전파 정류 회로에 대한 동작 원리를 고려하면

- (+) 반주기의 경우 전류의 흐름 방향

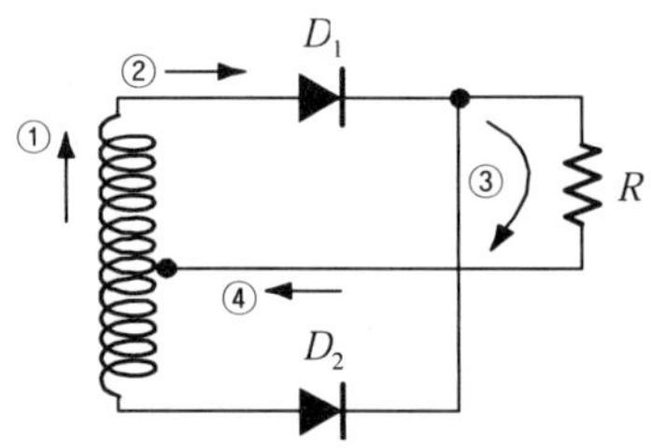

- (−) 반주기의 경우 전류의 흐름 방향

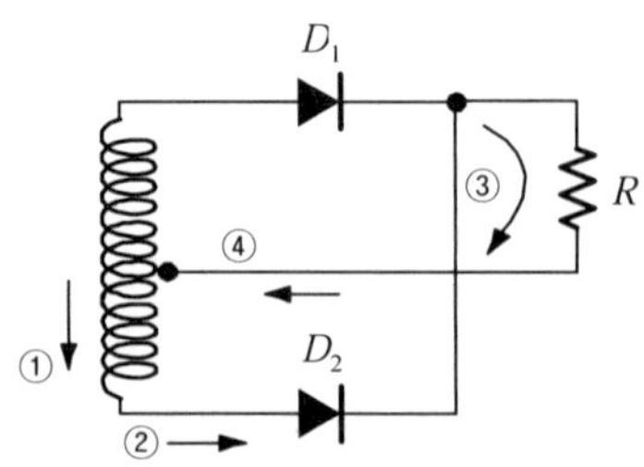

이와 같은 전파 정류 회로는 맥동분이 적으며, 트랜스에도 직류분이 그대로 흐르기 때문에 직류자화 현상이 일어나지 않고 특성이 우수하다.

제3장 증폭 회로

3.1 트랜지스터의 증폭 회로

3.1.1 트랜지스터 구조

(1) 트랜지스터의 기본적인 개요

일반적으로 다이오드의 역할은 전류를 제어하는 능력을 보이지만 증폭 능력은 없다. 물론 특수한 다이오드의 경우는 발진, 증폭 그리고 검파 능력을 보일 수 있다. 여기서는 증폭 능력을 갖는 반도체 소자로 트랜지스터에 대한 해석을 통하여 증폭을 설명하고자 한다.

트랜지스터를 이용해서 신호를 증폭한다고 하는 것은 트랜지스터에 인가되는 미약한 입력 신호(신호파)에 대해서 주파수는 변화시키지 않고 신호파의 진폭만을 확대하는 것을 의미하는 것이다.

일반적으로 증폭 원리를 설명하기 위한 방법으로 트랜지스터의 소 신호 해석을 들 수 있는데 여기서 소 신호 해석라고 하는 것은 트랜지스터를 이용한 증폭 원리를 설명하는 내용이라고 할 수 있다.

이와 같이 증폭 능력을 보이는 트랜지스터의 형태는 크게 BJT(Bipolar Transistor)와 UJT(Unipolar Transistor) 등으로 구분할 수 있다.

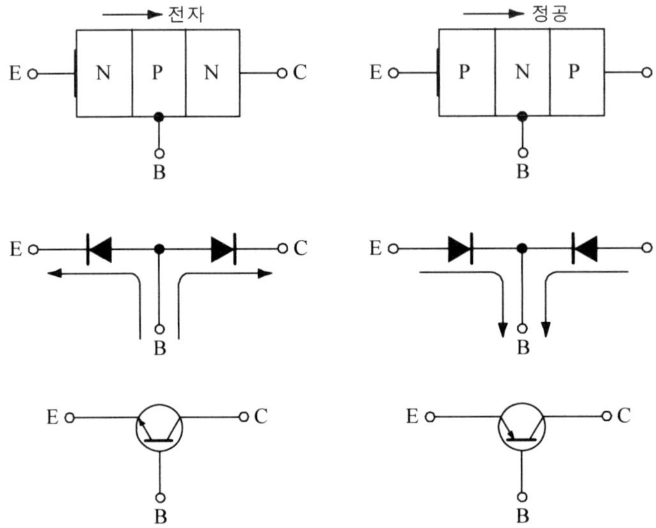

(a) NPN형 트랜지스터　　(b) PNP형 트랜지스터

그림 3.1 BJT의 구조와 기호

(2) **트랜지스터의 바이어스 공급**

트랜지스터가 교류 신호를 증폭하는 경우에 증폭 능력을 보이기 위해서는 먼저 트랜지스터 회로에 직류 공급 전원인 바이어스의 공급을 필요로 하게 된다. 그 이유는 트랜지스터가 임의의 전류를 전도시키기 위해서는 전극 사이에서 직류 전압을 필요로 하기 때문이다.

보통 트랜지스터를 바이폴라라고 불리는 이유는 트랜지스터의 구조에서 알 수 있듯이 두 개의 캐리어인 전자와 정공을 사용하기 때문에 붙여진 명칭이라고 할 수 있다.

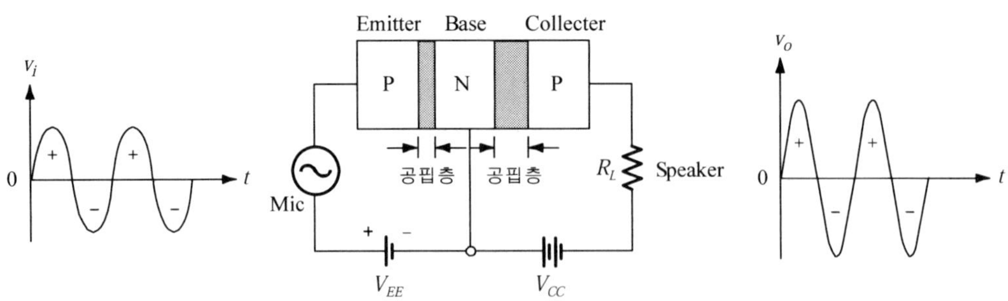

그림 3.2 트랜지스터의 구조

Transister는 Transform과 Resister의 합성어로 가변이 가능한 저항기로 트랜지스터가 증

폭 능력을 갖기 위해서는 증폭을 원하는 입력인 교류 전원과 트랜지스터가 증폭 작용을 할 수 있도록 동작하는데 필요한 바이어스 전원인 직류를 동시에 인가해야만 한다. 만일에 트랜지스터에 바이어스를 인가하지 않게 되는 경우에는 출력에서 증폭된 파형을 얻을 수가 없게 된다.

Book Cafe

■ 트랜지스터의 역할(쓰임새)
- ▸ 증폭기(회로) (Amplifier)
- ▸ 발진기(회로) (Oscillator)
- ▸ 스위치(Switch)
- ▸ 제어(Control)
- ▸ 필터(Filter)

(3) 트랜지스터의 구조 및 상태

트랜지스터의 구조는 두 개의 PN 접합 구조로 분리되는 세 개의 도핑 된 영역으로 구성되는데 여기서 각각의 영역을 이미터(Emitter), 베이스(Base), 그리고 컬렉터(Collector)로 부르며, 접지방식에 공급되는 바이어스의 공급 방법에 따라서

- 포화 상태(Saturation State)
- 활성 상태(Active State)
- 차단 상태(Cut off State)

등의 상태로 구분하게 된다. 일반적으로 트랜지스터에서 바이어스 공급 방법은 컬렉터 회로의 바이어스는 항상 역방향 바이어스를 공급하며, PNP 트랜지스터의 경우 컬렉터 전위는 베이스에 대해 항상 부 전위를 공급하게 된다.

여기서 트랜지스터에 공급되는 바이어스에 따른 상태에 대한 특성을 정리하면 다음과 같다.

■ 포화 상태(Saturation State)

- 트랜지스터의 구조에서 포화 상태는 베이스와 이미터 단자 사이에 순 바이어스, 베이스와 컬렉터 단자 사이에 순 바이어스를 공급하는 방식을 말하며,
- 포화 상태에서는 스위치로 역할을 하는데 스위치 중에서 도통(On) 상태로 본다.
- 트랜지스터에서 포화 상태의 의미는 활성 상태와 역 활성 상태가 중첩된 동작 상태로

보거나, 혹은 $h_{fe}I_B > I_C$ 인 관계식에서 베이스 전류 I_B을 크게 증가 시켜도 컬렉터 전류 I_C 가 증가되지 않는 경우를 말하며, 이와 같은 포화 영역은 펄스회로에 응용된다.

- 활성 상태(Active State)
  - 활성 상태는 베이스와 이미터 간에 순 바이어스, 베이스와 컬렉터 사이에 역 바이어스를 인가하는 경우로
  - 입력 신호를 출력으로 증폭하는 증폭기(Amplifier)의 역할하게 되는 영역을 말한다.
- 차단 상태(Cut off State)
  - 차단 상태는 베이스와 이미터 간에 역 바이어스, 베이스와 컬렉터 간에 역 바이어스를 공급하는 경우로
  - 스위치(Switch) 역할을 하게 된다.

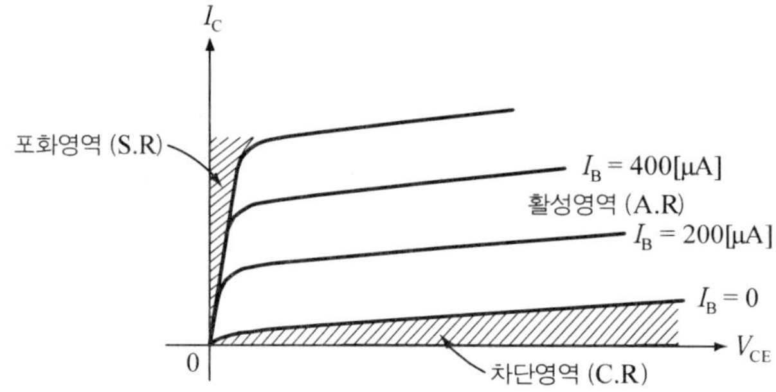

그림 3.3 트랜지스터의 스위칭 동작 영역

Book Cafe

다음의 그림 (a), (b)는 다목적용 소 신호 트랜지스터, (C)는 RF용 트랜지스터를 하부에서 바라본 경우의 각 단자를 나타낸 것이다.

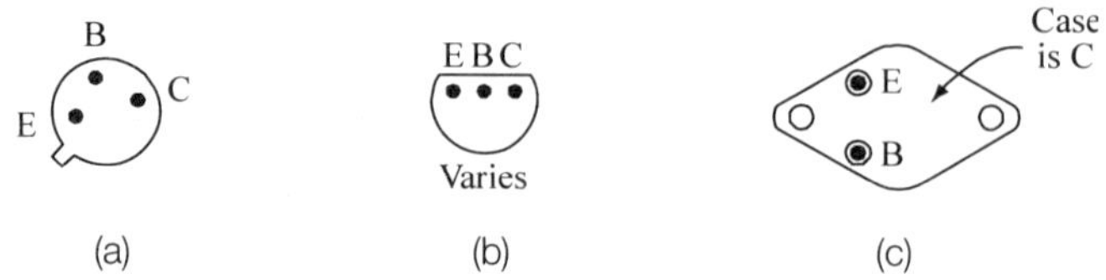

Book Cafe

■ Transister 형식 명칭(트랜지스터를 구분하는 방법으로 이용되는 형식으로 항목)

2	S	C	1 8 1 5	Y
①	②	③	④	⑤

▸ 항목 ① : 반도체의 종류를 나타내는 것

1은 diode, 2는 Transister/thyrister FET, 3은 4단자 thyrister FET, 4는 5단자 FET에 대한 소자를 나타내는 것이다.

▸ 항목 ② : 반도체 소자를 나타낸다.

▸ 항목 ③ : 트랜지스터의 종별을 나타내는 것

A는 PNP(고주파용), B는 PNP(저주파용), C는 NPN(고주파용), D는 NPN(저주파용),F는 Thyrister, H는 단접합 Transister, J는 P채널 FET, K는 N채널 FET, P는 발광소자, V는 가변용량 다이오드 등을 표시한다.

여기서 실제로 표기되는 트랜지스터의 형태를 고려하면 다음과 같다.

▹ 2SA : PNP (고주파용)

▹ 2SB : PNP (저주파용)

▹ 2SC : NPN (고주파용) : 가장 많이 사용되는 형태이다.

▹ 2SD : NPN (저주파용)

▸ 항목 ④ : 등록번호를 나타낸다.

▸ 항목 ⑤ : 전류 증폭률 h_{fe}를 의미하게 된다.

(4) 트랜지스터의 기본 동작

PNP형 트랜지스터와 NPN트랜지스터가 동작을 하기 위해서는 PN 접합 구조인 이미터와 베이스 사이에 순방향의 직류 전압을 인가하고, 베이스와 컬렉터 사이에는 역 방향의 직류 전압을 인가하여 활성 상태(Active State)가 되도록 해야 한다.

이와 같이 활성 상태가 되도록 직류 전압을 인가하는 것을 바이어스(전압)이라고 한다.

여기서 PN 접합면에 순 방향 및 역 방향 전압을 인가하는 경우에 나타나는 현상에 대해서 정리하면 다음과 같다.

■ PNP 트랜지스터의 경우

그림(a)의 경우는 이미터와 베이스 사이에 순방향 전압 V_{BE}가 인가 되므로 전위 장벽이 낮게 되어 이미터의 P형 쪽에서는 불순물 농도를 높게 되도록 하였기 때문에 정공이 다수 개 발생하게 된다.

그리고 N형 쪽은 매우 얇기 때문에 불순물 농도는 더 낮게 되므로 전자는 매우 적게 된다. 따라서 이미터 내의 정공이 전위 장벽을 넘어 확산되어 베이스 쪽으로 들어가서 그 일부분이 베이스 내의 전자와 결합하여 소멸하게 된다.

여기서 소수의 전자는 부(−) 전원의 공급으로 약간의 베이스 전류 I_B가 흐르게 된다.

그림 (b)의 경우는 베이스와 컬렉터 사이에 역방향 전원 V_{CB}를 인가하고 있으므로 PN 접합에는 전위 장벽이 높게 되어 베이스와 컬렉터 사이에는 전류가 흐르지 않게 된다.

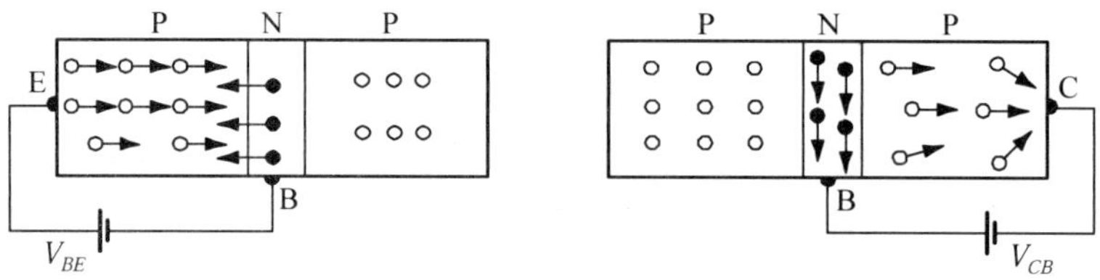

(a) 순방향 전압 (b) 역 방향 전압

그림 3.4 PNP 트랜지스터의 기본 동작

■ NPN 트랜지스터의 경우

그림(a)에서 이미터와 베이스에 순방향 전압 V_{BE}을 인가하면 전위 장벽이 낮아지고 이미터의 N형에서는 불순물 농도가 높기 때문에 전자가 많이 발생하게 된다.

그리고 P형은 매우 얇기 때문에 불순물 농도가 낮아 정공이 적다. 그림(b)는 컬렉터와 베이스 사이에 역 전압 V_{CB}를 인가하고 있으므로 전위 장벽이 높게 되어 전류가 거의 흐르지 않게 된다.

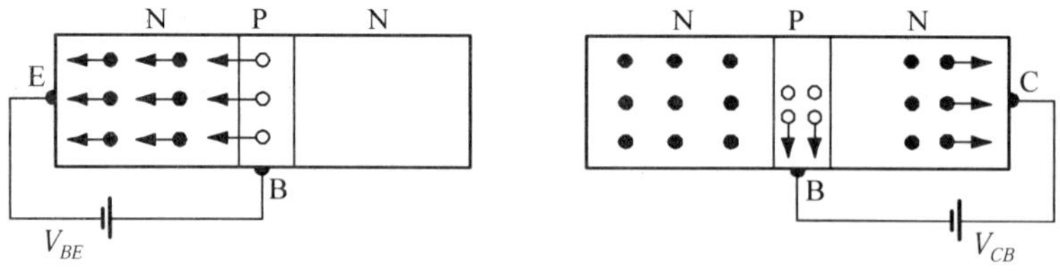

(a) 순방향 전압 (b) 역 방향 전압

그림 3.5 NPN 트랜지스터의 기본 동작

3.1.2 트랜지스터 전류

트랜지스터의 구조에서 이미터 영역이 베이스 영역보다 더 높게 도핑(Doping)하는 이유는 베이스 영역을 흐르는 주된 캐리어를 정공으로 하기 위해서이다. 그리고 트랜지스터를 구동하기 위해서 공급되는 바이어스(Bias)를 보면 순 바이어스 보다는 역 바이어스로 공급하는 전원이 더 크다는 것에 관심을 가질 필요가 있다.

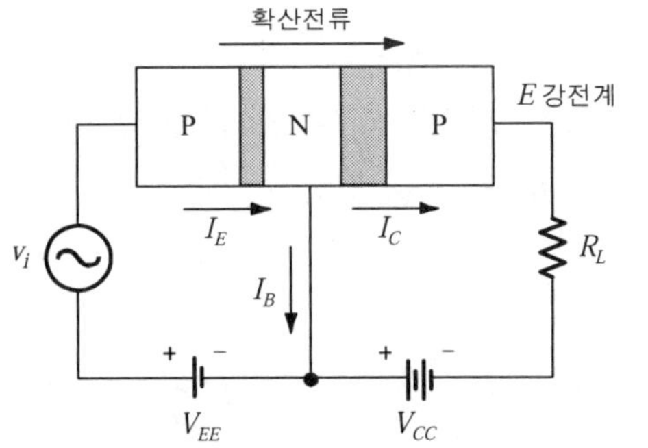

그림 3.6 트랜지스터의 전류의 흐름 방향

(1) 바이어스의 영향

트랜지스터의 구조에서 P형에 다수 캐리어인 정공이 100개, 소수 캐리어인 전자가 10개라고 하고, N형에서는 다수 캐리어인 전자가 10개, 소수 캐리어닌 정공이 1개가 존재하는 경우에 접합을 통하여 P의 다수가 N형으로 넘어갈 수 있는데 즉 P형의 다수인 정공 100개가 N형으로 넘어가서 재결합할 수 있는 것은 10개 밖에 없다.

이때 재결합(Recombination)된 것이 베이스 전류 I_B가 되어 빠진다고 하면 나머지 90개가 N형으로 넘어가 소수캐리어가 된다. 이것은 N형에서 과인 소수 캐리어가 되는 것이다.

한편 순 바이어스를 공급하는 이유는 접합면에서 전위 장벽을 깨기 위한 것으로 여기서 전위 장벽은 확산을 막기 때문에 붙여진 이름이다.

그리고 역 바이어스를 순 바이어스 보다 크게 공급하는 이유는 N형에 존재하는 90개의 과잉 소수 캐리어를 컬렉터 쪽으로 당겨 줄 강한 전계를 필요로 하기 때문이며 이와 같은 정공을 끌어야 하기 때문에 (−)가 필요하게 되는 것이다. 그래서 거기서 온 전류기 곧 컬렉터 전류 I_C 가 되는 것이다.

Book Cafe

- **PNP TR과 NPN Tr의 차이**
  - PNP Tr : 다수 캐리어의 이동을 보면 PNP는 정공이다.
  - NPN Tr : 다수 캐리어의 이동을 보면 NPN은 전자이다. 전자의 이동 속도가 빠르다. 그래서 2SC형을 많이 사용하게 된다.

(2) 트랜지스터의 증폭 작용 원리

트랜지스터는 컬렉터 전류가 전류 이득 β를 베이스 전류에 곱한 만큼 전류를 증폭 시킨다. 즉, $I_C = \beta_{DC}\, I_B$이다. 주어진 회로에 입력 교류 전압 V_{in}이 가해지면 베이스 전류가 흐르고 이 베이스 전류는 큰 교류 컬렉터 전류를 만든다. 이 교류 컬렉터 전류는 컬렉터 저항 R_C에 전압 강하를 일으켜 반전 증폭된 전압 파형이 나타난다.

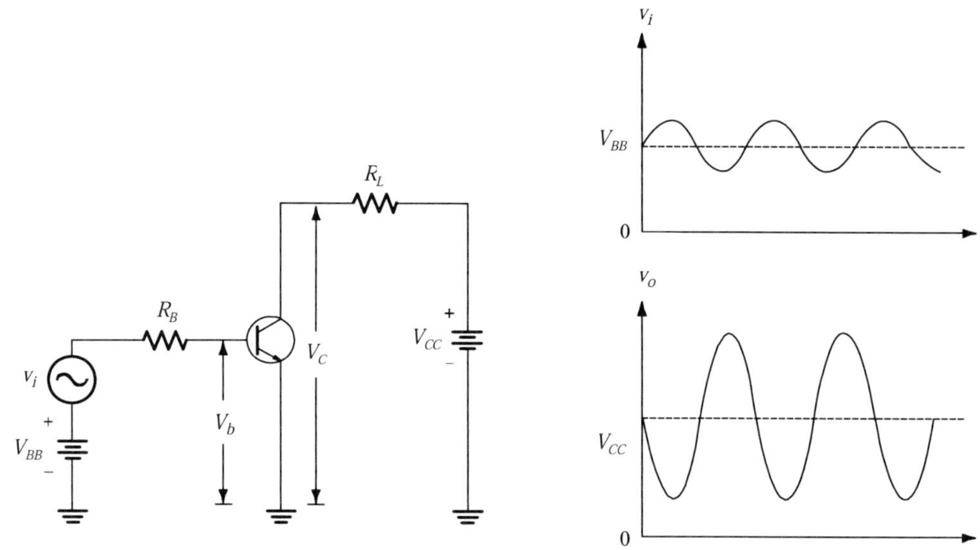

(a) 교류 입력이 가해지는 경우

(b) 입력과 출력파형

그림 3.7 직류 및 교류에 의한 동작 특성

교류 신호가 가해지는 경우에는 순방향 바이어스 된 베이스－이미터 접합은 매우 낮은 저항 r_e'(내부 교류 이미터 저항)라는 저항 값을 나타낸다. 이 저항 r_e'에 대한 관계식은 다음과 같이 나타낼 수 있다.

$$r_e' = \frac{25mV}{I_E}$$

트랜지스터 베이스 전류는 컬렉터나 이미터 전류에 비해 매우 작으므로 컬렉터 전류는 거의 이미터 전류와 같게 된다. 즉, 그림 3.7(a)에서 이미터 전류 I_e를 구하면 다음과 같다.

$$I_e \cong I_c = \frac{V_b}{r_e'}$$

■ 베이스 전류 I_B를 개방(I_B = 0)하는 경우

베이스 전류가 $I_B = 0$이면 $I_C = h_{FE} \cdot I_B$ 관계식에서 $I_C = h_{FE} \times 0 = 0$이므로 부하 저항 R_L에는 전류가 흐르지 않는다.

따라서 부하 저항 R_L에서 전압 강하가 일어나지 않으며, 트랜지스터의 컬렉터와 이미터 사이의 전압 V_{CE}는 V_{CC}와 같아지게 된다.($V_{CE} = V_{CC}$)

■ 베이스 전류 I_B가 약간 존재하는 경우

베이스 전류를 어느 정도 흐르게 하는 경우 전압과 전류의 관계를 고려하기 위해서 $V_{CC} = 10[\mathrm{V}]$, 부하 저항 $R_L = 50[\Omega]$, 베이스 전류 $I_B = 1[\mathrm{mA}]$ 전류 이득 $h_{FE} = 100$라고 가정하는 경우에 컬렉터 전류 I_C는 어느 정도 변화를 보이며, 그리고 컬렉터와 이미터 사이의 전압 V_{CE}는 어느 정도가 되는지에 알아보기로 한다.

먼저 컬렉터 전류 I_C를 구하면 $I_C = h_{FE} \cdot I_B$인 관계식에서 $I_C = 100 \times 1[\mathrm{mA}] = 100[\mathrm{mA}]$가 된다.

다음에 부하 저항 R_L의 양끝 전압을 구하면 역시 컬렉터 전류가 100[mA]는 경우 부하 저항 R_L에서도 100[mA]의 전류가 흐르게 되어 결국에는 부하 저항 R_L의 양단에서 전압 강하가 발생하게 된다. 이 때 전압 강하 V_R이라고 하면 $V_R = R_L \times I_C = 50[\Omega] \times 100[\mathrm{mA}] = 50[\mathrm{V}]$가 된다.

여기서 컬렉터와 이미터 사이의 전압 V_{CE}는 전압 방정식을 통해서 V_{CC}에서 V_R의 차가 된다.

즉, $V_{CE} = V_{CC} - V_R = 10[\mathrm{V}] - 5[\mathrm{V}] = 5[\mathrm{V}]$ =이다.

■ 베이스 전류 I_B가 많이 흐르는 경우

베이스 전류를 더욱 더 흐르게 하면 컬렉터 전류 I_C는 아울러 증가하게 된다. 이로 인해서 부하 저항 R_L에서의 전압 강하도 커지게 되며 컬렉터와 이미터 사이의 전압은 낮게 하게 된다.

즉, 계속 증가하는 베이스 전류에 의해서 $V_{CE} = 0[\mathrm{V}]$가 되면 베이스 전류 I_B를 아무리 증가시켜도 더 이상의 컬렉터 전류는 증가하게 된다.

이와 같은 상태를 포화 상태라 하며 이때 컬렉터에 흐르는 전류를 포화 전류라고 한다.

따라서 포화 상태에서는 $I_C = h_{FE} \cdot I_B$ 인 관계식이 성립하지 않는다.

Book Cafe

■ 증폭기에 대한 중첩의 원리

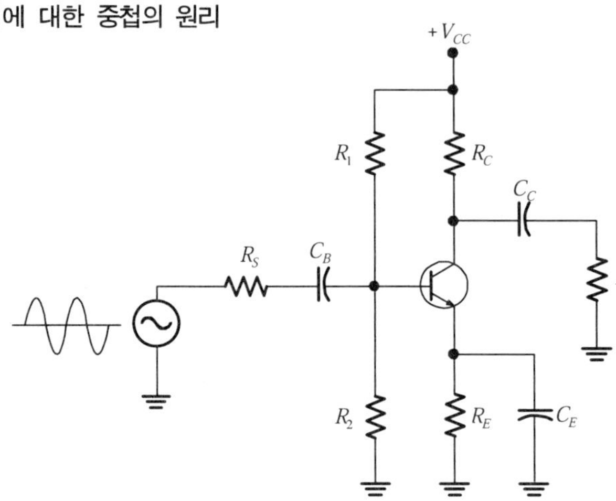

(a)

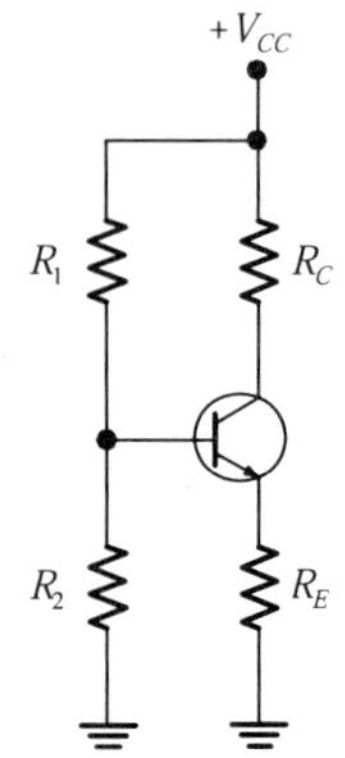

(b) 직류등가회로

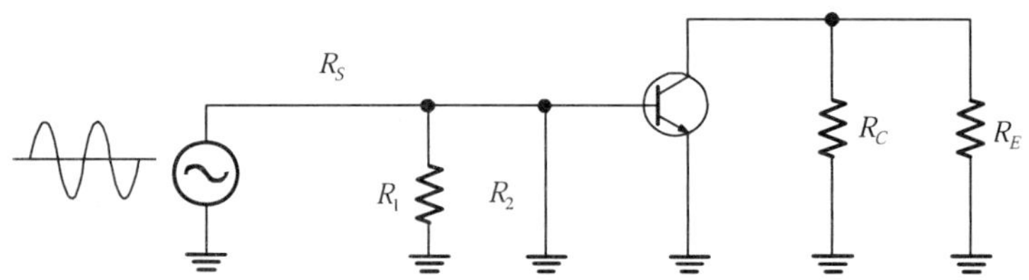

(c) 교류등가회로

트랜지스터에서 직류전원은 동작 전류와 전압을 고정시켜주지만 교류 전원은 동작 전류와 전압을 변화하게 한다. 따라서 회로를 해석하는 경우에 중요한 것은 2개의 전원을 이용하는 해석 방법으로 중첩의 원리를 적용해서 접근해야 한다.

여기서 중첩의 원리를 적용하는 과정을 고려하여 정리하면 다음과 같다.

▸ 교류 전원을 0으로 한다.

이는 교류 전압원의 경우는 단락하고 교류 전류원인 경우에는 개방시키는 것을 의미한다. 즉 그림(b)의 경우 처럼 교류 전압원을 단락시키고 모든 콘덴서를 개방시킨다는 것을 의미하는 것으로 직류 등가 회로라고 하며, 직류 전압과 직류 전류만을 이용하여 회로를 해석하게 된다.

▸ 직류 전원을 0으로 한다.

이는 직류 전압원은 단락하고 직류 전류원은 개방시킨다는 것을 의미하는 것이다. 즉, 그림 (c)의 경우 처럼 직류 전압원을 단락시키고 모든 결합 콘덴서와 측로형 콘덴서를 개방시키고 남아있는 회로를 교류 등가 회로라고 한다. 여기서 중요한 것은

▹ 저항 R_E 양단의 측로형 콘덴서 때문에 이미터가 접지된다는 것이다.

▹ 직류원이 단락 되면서 저항 R_1와 R_C 역시 접지 된다는 것이다. 이는 내부 임피던스가 거의 0 이 되기 때문에 직류 전원의 위치는 교류 접지가 된다.

(3) 전압을 인가하는 방법에 따른 접지방식의 분류

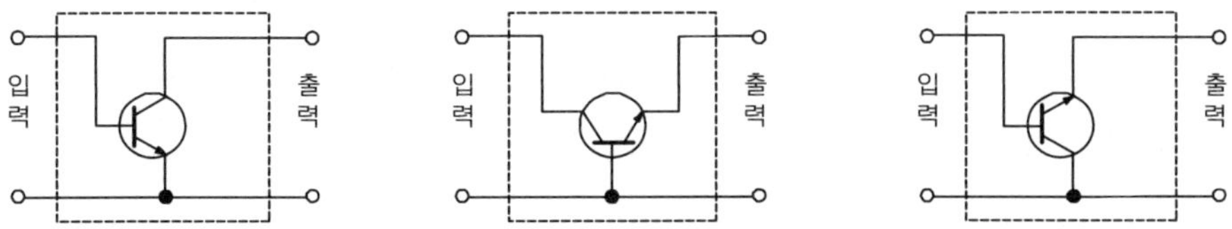

그림 3.8

트랜지스터는 3단자이므로 입력 단자의 하나를 공통으로 하여 그 공통 단자 이름을 이용하여 접지방식의 명칭을 결정하게 된다.

(4) 트랜지스터 각 단자에 흐르는 전류의 관계

컬렉터 측에 인가된 역 바이어스가 미소한 증가로 인하여 컬렉터 역포화 전류 I_{co}의 매우 작은 변화를 일으키는 현상이 발생하게 된다.

일반적으로 컬렉터 접합이 역 바이어스를 인가하는 경우에 높은 저항이 나타나는데 그 이유는 컬렉터 바이어스 전압의 큰 변화는 컬렉터 전류에 매우 작은 변화를 주기 때문이다. 트랜지스터의 전류 방향에 대해서 전류 방정식(노드 방정식)을 적용하면

$$I_E = I_B + I_C$$

가 된다. 여기서 트랜지스터에 입력으로 인가되는 단자와 출력을 보는 단자에 따라 트랜지스터를 구분할 수 있는데 이는 접지를 어떤 단자를 이용하느냐에 따라 접지방식이 구분된다.

먼저 입력을 이미터 단자로 하고 출력을 컬렉터에서 보는 접지방식을 베이스 접지(CB, Common Base) 방식이라고 하며, 여기서 베이스 접지 회로에서 베이스 전류 I_B와 컬렉터 전류 I_C의 비를 전류 증폭률을 α라고 하면

$$\alpha = \frac{I_C}{I_E} \leq 1$$

이며, 이상적인 경우에는 단자 단락 전류 증폭률은 약 $\alpha \fallingdotseq 1$이다. 그리고 출력 전류 I_C 는

$$I_C = \alpha I_E + I_{CO}$$

처럼 나타낼 수 있다. 여기서 역방향 포화 전류 I_{C0}는 소수 캐리어에 의한 누설 전류(Leakage Current)로 그 값이 적을수록 바람직하며, 역방향 포화 전류 I_{C0}를 보다 세부적으로 분류하면 다음과 같다.

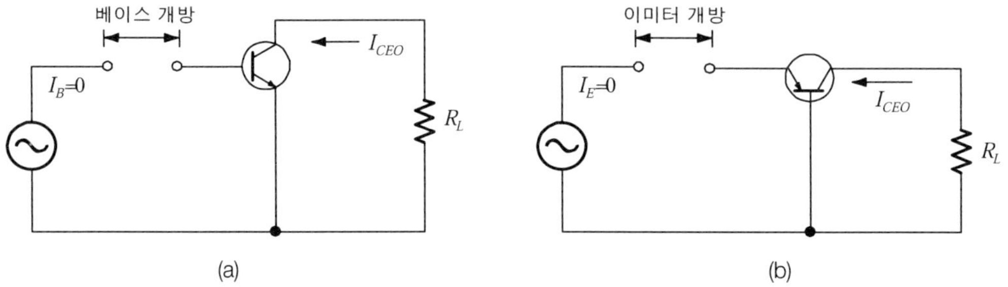

그림 3.9 역방향 포화 전류 I_{C0}의 형태

■ I_{CEO}

베이스 단자를 개방했을 때 이미터 접지 회로의 컬렉터 전류를 의미하는 것으로 이미터 접지 회로에서 입력 단자, 즉 베이스 I_B을 개방시키면 출력 측에는 미소한 컬렉터 전류 I_O가 흐른다.

여기서 개방이라는 의미는 저항을 크게 한 경우, 즉 베이스와 이미터에 역 전압을 인가할 경우로 생각할 수 있다. 이때 I_O을 차단 전류라고 하며 컬렉터 쪽에서 볼 수 있으므로 컬렉터의 머리글자 C를 이용해서 I_{CO}라고 나타낸다.

그런데 다음에 설명하는 베이스 접지 증폭 회로에서도 입력 단자를 개방시키면 같은 표기로 I_{CO}가 되기 때문에 이들을 구별하기 위해 이미터 접지 회로에서 얻은 I_{CO}을 I_{CEO}라고 표기하는 것이다.

따라서 I_{CEO}을 컬렉터 누설 전류라고 하며, 이는 $I_B = 0$인 상태에서 주로 열적으로 생성된 캐리어에 의해 존재하는 매우 적은 양의 전류를 나타낸다.

■ I_{CEO}

이미터 단자를 개방했을 때 베이스 접지 회로의 컬렉터 전류를 의미하는 것으로 베이스 접지 회로에서 입력 단자인 이미터를 개방하면 출력 측에는 컬렉터에 있는 소수 캐리어의 이동에 의한 미소한 I_{CO}전류만 흐른다. 여기서는 I_{CO}을 I_{CEO}로 표기한다.

따라서 I_{CEO}는 컬렉터와 베이스 간에 역 전압을 인가했을 경우에 베이스에서 컬렉터로 흐르는 전류를 말하며 온도가 높아질수록 증가하는데, 그 값이 작을수록 바람직하다.

여기서 차단 전류 사이의 관계를 고려하면

$$I_{CEO} > I_{CBO}$$

이며, 이들이 등식 관계가 되도록 하기 위해서는

$$I_{CEO} = (1+\beta) I_{CBO} = \left(\frac{1}{1-\alpha}\right) I_{CBO}$$

인 관계식으로 나타낼 수 있다.

그리고 입력을 베이스 단자로 보고 출력을 컬렉터에서 보는 접지방식을 이미터 접지방식(CE, Common Emitter)이라고 한다.

이미터 접지 회로에 대한 전류 증폭률을 β라고 하는 경우 베이스 전류의 작은 변화가 컬렉터 전류에 큰 변화를 주는 이유로 증폭의 개념이 나타나게 되는 것이다.

그리고 전류 증폭률 α보다는 β의 크기가 매우 크다는 것을 알 수 있다.

$$\beta = \frac{I_C}{I_B} = (50 \sim 300)$$

한편 트랜지스터에 공급되는 컬렉터 출력전압의 정도에 따라 전류 증폭률 β가 변화하는 현상을 어얼리(Early)효과라고 하며, 컬렉터 측의 역 바이어스를 매우 크게 하여 베이스 폭이 변화하는 현상을 베이스 폭 변조(Base Width Modulation)라고 한다.

Book Cafe

컬렉터에 역 바이어스를 크게 걸면 컬렉터 접합의 공핍층이 베이스 영역으로 침투하여 이미터 접합의 공핍층과 맞닿게 되어서 베이스 영역(중심영역)이 없어지는 현상을 Punch through 현상이라고 한다.

한편 이미터 접지 회로에 대한 출력 전류 I_C를 고려하면

$$I_C = \beta I_B + (1+\beta) I_{CO}$$

이며, 여기에 $I_{CEO} = (1+\beta) I_{CBO}$ 관계식을 적용하여 정리하면

$$I_C = \beta I_B + I_{CEO} = \beta I_B + (I + \beta) I_{CBO}$$

가 된다. 이 관계식 다음에도 자주 이용되는 식이므로 관심 있게 알아둘 필요가 있다.

Book Cafe

■ **펀치 슬루우(Punch-through) 현상**

트랜지스터에 콜렉터 역 바이어스 전압을 계속 증가시키면 콜렉터-베이스 결합의 공간 전하층이 확장되어 베이스 영역이 없어지는 현상으로 펀치-스루 전압은 베이스 내에 불순물 농도에 비례한다.

따라서 Punch-through 현상이 발생한다는 것은 이미터, 베이스, 콜렉터 단자가 단락상태가 된다.

예제 3.1 트랜지스터의 베이스 폭 변조에 대해서 간단히 설명하여라.

[풀이] Early 효과는 컬렉터의 역 바이어스 증가로 베이스 폭이 좁아(감소)되는 효과를 말한다. 여기서 베이스 폭이 감소하는 경우 나타나는 현상을 고려하면 다음과 같은 내용을 들 수 있다.

- 컬렉터 역 바이어스 증가된다.
- 베이스의 수송계수가 증가된다.
- 이미터 효율이 증가된다. 또 α[베이스 접지시 전류 증폭율이 증가된다.
- 베이스 내에 소수캐리어의 기울기가 증가된다.

(5) 트랜지스터의 동작 원리

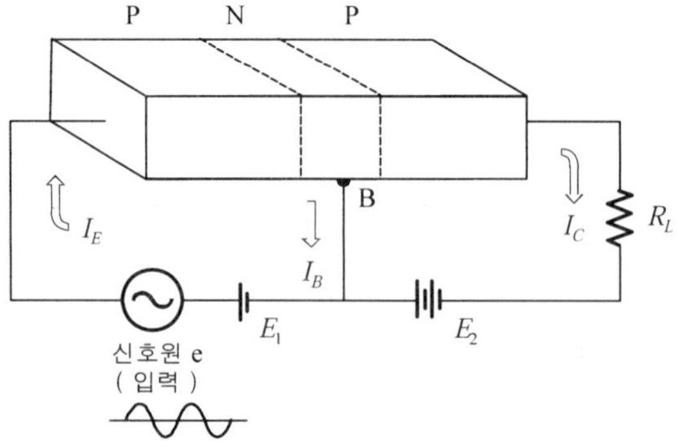

그림 3.10

회로에 공급되는 소 신호원 $e(t)$와 직류 신호 E_1가 합쳐진 신호가 인가되면

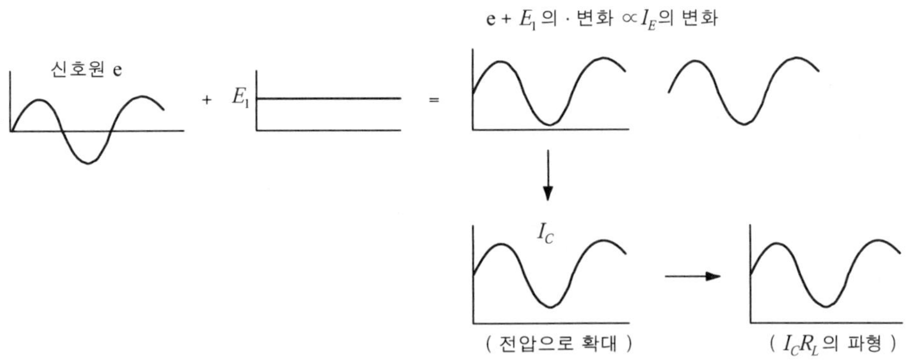

그림 3.11

처럼 합쳐진 신호 $e(t)+E_1$를 볼 수 있으며 이 합 신호가 PNP 구조에서 이미터 전류 I_E라고 하면

$I_E = e(t)+E_1$가 되어 $e(t)+E_1$의 변화가 곧 이미터 전류 I_E가 된다.

그리고 이미터 전류 I_E가 거의 컬렉터 전류 I_C와 같은 변화를 보이게 되며 즉, I_E의 변화는 그대로 I_C의 변화에 연결되어 있으므로 컬렉터 단자의 저항 R_L을 연결하면 R_L에 컬렉터 전류 I_C가 흐르게 된다. 이 때 부하 저항 R_L 양단에는 $I_C \times R_L$의 전압 강하가 발생하게 된다. 여기서 부하 저항 R_L의 크기를 크게 할수록 커다란 전압의 변화인 출력을 얻게 될 것이다.

(6) 부하선의 기울기

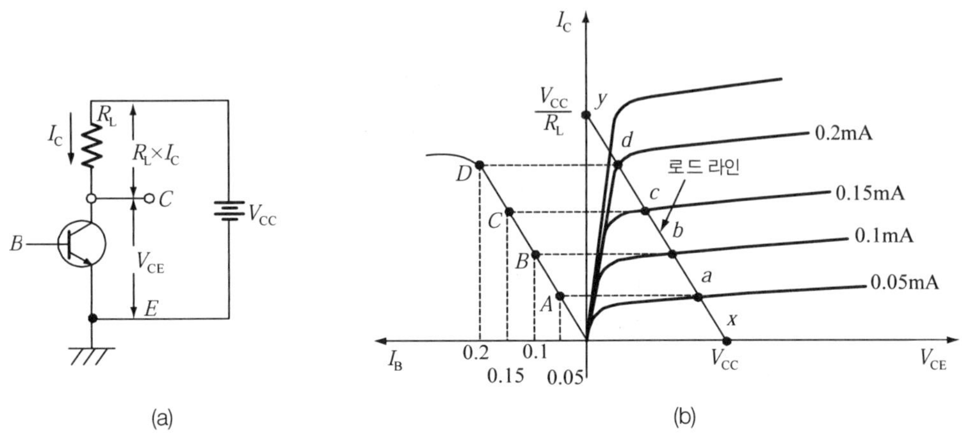

그림 3.12 컬렉터와 Vcc 사이에 부하 저항을 삽입한 경우

실제로 트랜지스터 회로를 구성하는 경우 트랜지스터 주변에 저항을 접속하게 되는데 그림에서처럼 컬렉터와 전원 V_{CC} 사이에 부하처럼 동작하는 부하 저항 R_L을 접속하는 경우를 예로 들면 저항 R_L 양단의 전압의 크기를 구하면

$$V_{R_L} = I_C \times R_L$$

이며 여기에 전압 방정식을 적용하면

$$V_{CC} = I_C \times R_L + V_{CE}$$

가 된다. 이 관계식에서

- 먼저 베이스 전류 $I_B = 0$으로 하면 컬렉터 전류 $I_C = 0$이 되며, $V_{CC} = V_{CE}$ 가 된다. 이는 다음에 베이스 전류가 흐르게 되면 V_{CE}는 0[V]부근으로 내려가게 된다.
- $V_{CE} = 0$인 경우에는 $V_{CC} = I_C \times R_L$가 된다.

여기서 ①, ②에 대한 이용하여 $V_{CE} - I_C$ 특성 곡선을 그린 것을 부하선의 기울기라고 한다.

트랜지스터의 동작점 Q는 이 부하선상에서 움직이게 되는 것이다.

Book Cafe

증폭에는 직선적인 동작을 필요로 한다. 즉, 직선의 기울기 정도에 따라 입력 신호에 대해서 증폭된 출력 신호를 얻을 수 있게 된다.

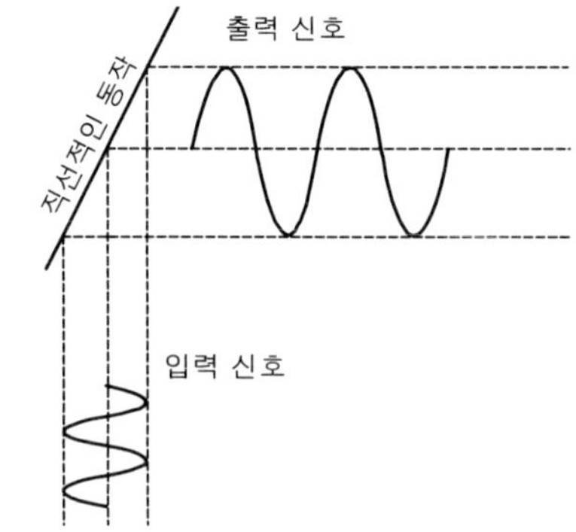

3.2 트랜지스터의 소 신호 해석(교류 해석)

3.2.1 해석에 이용되는 등가 회로

트랜지스터를 해석하는 선형 해석의 형태는 취급되는 신호를 소 신호와 대 신호로 구분한다.

- 소 신호(Small signal)는 교류 신호의 진폭이 직류 크기의 1/10 이하의 교류 신호를 말하며 소 신호는 안테나 등에 유기되는 신호, 테이프의 출력 신호 그리고 마이크 출력 신호와 같이 비교적 전압의 크기가 작은 신호를 말한다.
- 대 신호(Large signal)는 스피커와 같은 부하를 구동할 수 있도록 큰 전력을 갖는 신호를 말한다.

여기서 트랜지스터에 대한 소 신호 동작의 해석이라고 하는 것은 직류 바이어스 상태에 있는 증폭기에 마이크 등에서 입력된 신호가 출력되는 전압과 같은 교류 신호를 트랜지스터의 입력으로 하는 경우 트랜지스터의 동작점 Q(Quiescent Point)에 따라서 컬렉터 전류 I_C, 컬렉터 전압과 이미터 전압 사이 전압인 V_{CE}가 변화하게 되는데 이와 같이 증폭기를 교류 신호에 대한 동작을 말하는 것이다.

따라서 트랜지스터 회로에 대한 증폭에 대한 해석을 하기 위한 방법으로 먼저 기본적 회로로 이미터 접지(CE)회로를 예로 들어 설명하는데 이 때 주어진 회로는 선형(Linear)이면서 시불변(Time Invarient)이어야 한다는 것이다.

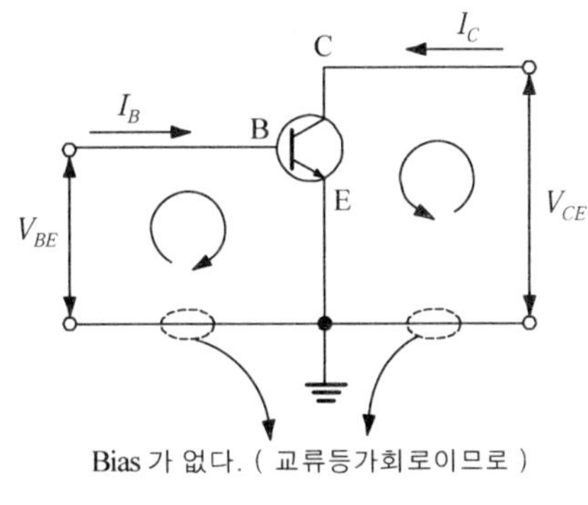

그림 3.13 CE 회로

Book Cafe

- **트랜지스터를 나타내는 기호에서 표시되는 화살표의 의미**
  - Emitter 단자를 나타낸다.
  - 이미터 영역에서 정공 흐름의 방향을 나타내는 것으로 일반적으로 정공의 방향은 전류의 방향과 동일하다. 따라서 화살표의 표시는 이미터 영역에서의 정공의 방향을 말하는 것으로 이는 이미터 접합의 순방향 상태를 가리키는 것이다.

Book Cafe

다음은 직류 전류 증폭에 대한 원리를 설명하는 그림으로서 실제 사용되는 증폭기로 이미터 접지(CE 회로)를 주로 이용하게 된다. 따라서 증폭이라는 작용을 트랜지스터가 지니는 고유한 특성이므로 저항, 코일 그리고 콘덴서 소장에는 증폭 능력이 없다. 그래서 트랜지스터를 능동 소자라고 하며 그리고 저항, 코일, 콘덴서 소자를 수동 소자라고 불리는 것이다.

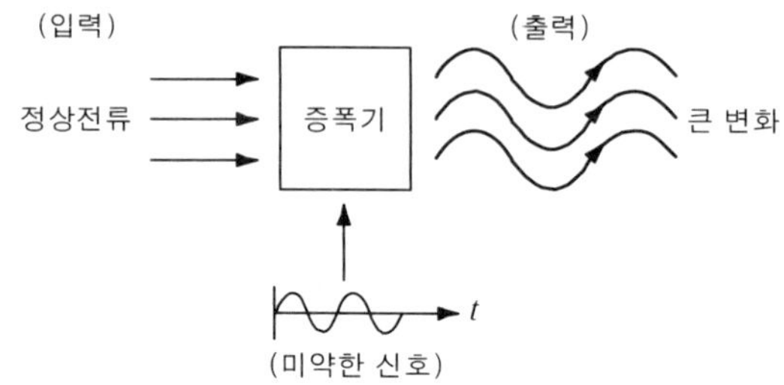

증폭원리

한편 트랜지스터를 해석하는 경우에 해석상의 편의를 위해서 등가 회로를 고려해야 하는데 여기서 등가 회로로 이용되는 형태로 크게 H-Parameter 등가 회로와 r_e등가 회로 등을 이용한다.

(1) H-Parameter 등가 회로를 이용하는 경우

주어진 이미터 접지(CE) 회로에 대해 해석하기 위해 이용되는 파라미터로 4개의 변수 V_{BE} , I_B, I_C , V_{CE}를 이용하게 되는데 여기서 4개의 변수 중에서 2개는 종속, 2개는 독립 변수의 관계가 되도록 하는 경우 수를 고려하면 ${}_4C_2 = 6$ 가지가 된다. 즉, 6가지 파라미터로 Z, Y , T, π , F, H 등을 들 수 있다.

이 가운데 하나인 H-파라미터는 소 신호 모델에서 입력측에 전압원인 테브난(Thevenin)의 정리를, 출력측에는 전류원인 노튼(Notron)의 정리를 적용한 경우를 말한다.

여기서 이미터 접지(CE) 회로에 대한 입력과 출력의 변수를 이용하는 경우에 대해서 함수로 나타내면

$$V_{BE}= f(I_B, V_{CE})$$
$$I_C= f(I_B, V_{CE})$$

이며, 이에 대한 관계식을 다항식으로 나타내면

$$V_{BE}= h_{ie}I_B+ h_{re}V_{CE} \cdots\cdots (\mathrm{I})$$
$$I_C= h_{fe}I_B+ h_{oe}V_{CE} \cdots\cdots \ (\mathrm{II})$$

가 된다. 여기서 H-파라미터 각 계수의 크기와 의미를 정리하면 다음과 같다.

■ 입력 저항, h_{ie}

입력 저항 h_{ie}를 구하기 위해서 주어진 다항식 (I) 에서 출력 전압 $V_{CE}=0$(short)한 상태에서 측정한다. 즉, 입력 저항을 측정하기 위한 조건으로 출력단자를 단락(short)한 상태에서 측정하게 된다.

$$h_{ie}=\left.\frac{V_{BE}}{I_B}\right|_{V_{CE}=0}\quad[\Omega]$$

■ 역방향 전압 증폭률, h_{re}

식(I) 에서 입력 전류를 $I_B=0$(open)으로 하는 경우 즉, 역방향 전압 증폭률을 측정하는 조건으로는 입력단자를 개방(open)한 상태에서 측정한다.

여기서 h_{re}의 크기를 나타내는 단위가 존재하지 않는다는 것이 특징이다.

$$h_{re}=\left.\frac{V_{BE}}{V_{CE}}\right|_{I_B=0}\quad[\text{단위없음}]$$

■ 순방향 전류 증폭률, h_{fe}

식 (II) 에서 출력 단자를 $V_{CE}=0$(short)한 상태에서 측정을 행한다. h_{fe}의 크기를 나타내는 경우 역시 단위가 없다는 것이 특징이다.

$$\beta=h_{fe}=\left.\frac{I_C}{I_B}\right|_{V_{CE}=0}\quad[\text{단위없음}]$$

■ 출력 컨덕턴스, h_{oe}

식 (II) 에서 $I_B=0$(open)한 상태에서 h_{oe}의 크기를 측정한다.

$$h_{oe}=\left.\frac{I_C}{V_{CE}}\right|_{I_B=0}\quad[\mho]$$

이와 같이 정의 된 4개의 계수 값 중에서 입력 전압 V_{BE}에 관련된 관계식으로 나타내면

$$V_{BE}=h_{ie}I_B$$

$$V_{BE}=h_{re}V_{CE}$$

이며 그리고 출력 전류 I_C에 관련된 관계식으로 나타내면

$$I_C = h_{fe} I_B$$
$$I_C = h_{oe} V_{CE}$$

가 된다. 이들 입력 전압 V_{BE}와 출력 전류 I_C 신호를 이용해서 다음에서 설명하는 등가 회로를 그리게 된다.

(2) 등가 회로

앞에서 정의된 입력전압 및 출력전류 관계식을 이용하여 등가 회로를 그린다. 일반적으로 등가 회로라고 하는 것은 어떤 크기나 값이 같다는 개념 보다는 주어진 회로나 소자에 대해서 R, L, C 등으로 나타낼 수 있는 경우를 등가 회로라고 하는 것으로 보아야 한다.

따라서 트랜지스터 소자에 대해 R, L, C 소자를 이용하여 등가 회로를 나타낼 수 있으며 나타낼 수 있는 등가 회로로 완전 등가 회로와 간이 등가 회로로 구분하여 나타낼 수 있다.

■ 완전 등가 회로

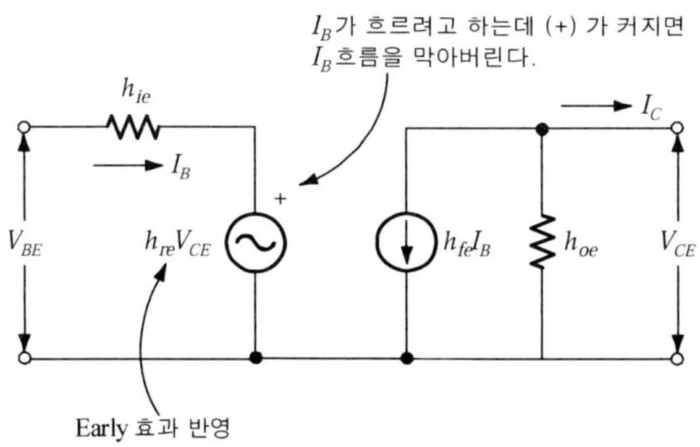

그림 3.14 완전 등가 회로

완전 등가 회로에서 $h_{re} V_{CE}$는 Early 효과를 반영한 것으로 이는 역 바이어스가 증가하는 경우 베이스 폭이 변하는 현상을 말하는 것으로 베이스 폭 변조(Base Bandwidth Modulation)이라고 한다.

그리고 출력 전압 V_{CE}이 증가하면 공핍층을 감소하여 재결합 때문에 베이스 전류 I_B가 감소하게 된다. 이 때 재결합이 안 된 것은 컬렉터 측으로 넘어가서 컬렉터 전류 I_C

를 증가하게 된다.

여기서 완전 등가 회로에 대한 소 신호 해석을 행하면

- **입력 저항, R_i**

입력 저항의 관계식은

$$R_i = \frac{V_{BE}}{I_B}$$

이며 여기서 $V_{BE} = h_{ie}I_B + h_{re}V_{CE}$관계에서 $V_{CE} = -I_C R_L$을 적용하면

$$V_{BE} = h_{ie}I_B + h_{re}(-I_C R_L)$$

가 되며 그리고 $A_I = -\frac{I_C}{I_B}$ 관계에서 $I_C = -A_I I_B$을 이용하면

$$V_{BE} = h_{ie}I_B + h_{re}(A_I I_B R_L) = (h_{ie} + h_{re}A_I I_B R_L)I_B$$

이며 이를 이용하여

$$R_i = \frac{V_{BE}}{I_B} = h_{ie} + h_{re}A_I R_L$$

으로 구해진다.

- **전류 이득, A_I**

전류 이득의 크기는 $A_I = -\frac{I_C}{I_B}$인 관계식에서 $I_C = h_{fe}I_B + h_{oe}V_{CE}$에서 $V_{CE} = -I_C R_L$이므로

$$I_C = h_{fe}I_B + h_{oe}(-I_C R_L)$$

가 되며 이를 정리하면

$$I_C(1 + h_{oe}R_L) = h_{fe}I_B$$

이며 따라서 전류 이득의 크기는

$$A_I = -\frac{I_C}{I_B} = -\frac{h_{fe}}{1 + h_{oe}R_L}$$

가 된다.

- **전압 증폭, A_V**

$$A_V = \frac{V_{CE}}{V_{BE}} = \frac{I_C R_L}{I_B R_i} = A_I \frac{R_L}{R_i}$$

- **전력 증폭, A_P**

$$A_P = A_V \times A_I = A_I \times \frac{R_L}{R_i} \times A_I = A_I^2 \frac{R_L}{R_i}$$

■ 간이 등가 회로

간이 등가 회로는 H 파라미터 중에서 입력 저항 h_{ie}와 전류 증폭률 h_{fe}만을 이용하여 나타내는 등가 회로를 말하는 것으로 간단하게 소 신호를 해석하는 경우에 이용하게 된다.

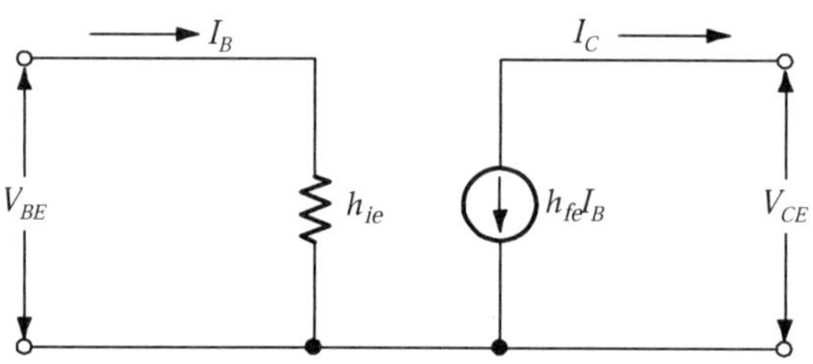

그림 3.15 간이 등가 회로

(3) r_e 등가 회로

각 접지방식에 대해서 α, β, γ 등의 기호를 이용하여 회로에 대해 등가로 나타낸 것을 r_e등가 회로라고 한다.

■ 베이스 접지의 경우

주어진 회로 (a)에서 저항 R_c는 매우 크기 때문에 그림 (b)에서 처럼 개방 상태로 본다. 그리고 교류 베이스 저항 r_b는 매우 작으므로 단락된 것으로 볼 수 있다.

한편 교류 이미터 저항 r_e는 온도의 의존성이 있기 때문에 특정한 온도(20[℃])에서 계산된 값 $r_e = \dfrac{25[\mathrm{mV}]}{I_E}$을 이용한다. 여기서 I_E는 직류 이미터 전류를 말한다.

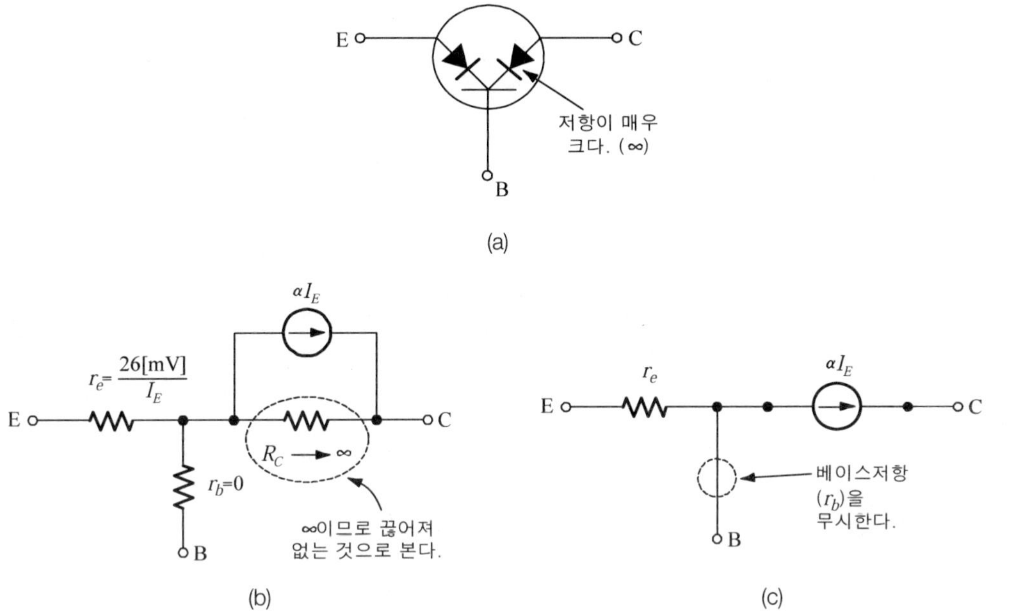

그림 3.16 CB 회로에 대한 r_e 등가 회로

■ 이미터 접지의 경우

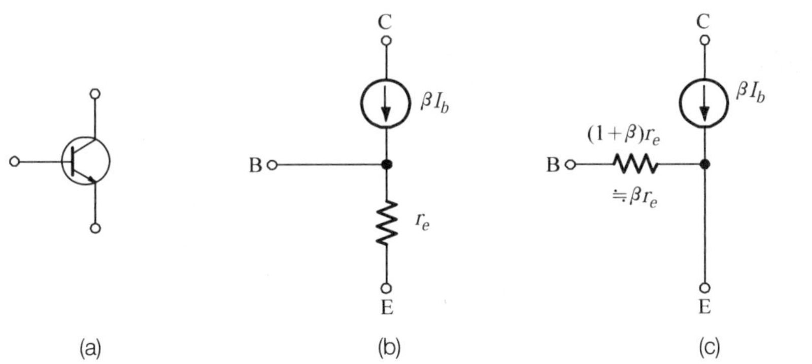

그림 3.17 CE 회로에 대한 r_e 등가 회로

그림 3.17는 트랜지스터 r 파라미터 등가 모델과 트랜지스터 기호를 함께 나타낸 것이다.

(4) r_e 등가 회로와 H 파라미터 등가 회로의 비교

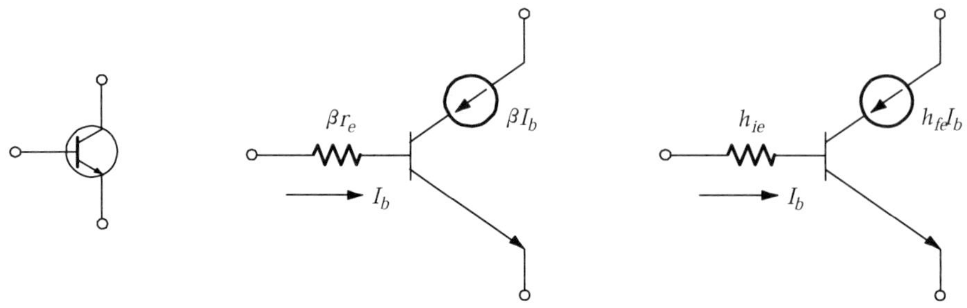

(a) (b) r_e 등가 회로 (c) h-등가 회로

그림 3.18

비교되는 등가 회로에서 $\beta r_e = h_{ie}$ 와 $\beta = h_{fe}$의 관계식을 이용하면 $r_e = \dfrac{h_{ie}}{\beta} = \dfrac{h_{ie}}{h_{fe}}$가 된다. 즉, h값을 이용하여 r_e값을 구할 수 있게 된다.

$$r_e = \frac{26[\mathrm{mV}]}{I_E}$$

여기서 r_e 값의 계산 결과는 직류 전류 I_E와 $26[\mathrm{mV}]$을 이용하여 계산이 가능하게 된다는 것이다.

예제 3.2 다음과 같은 전압 증폭기의 경우 저항 r_e의 크기를 결정하여라.

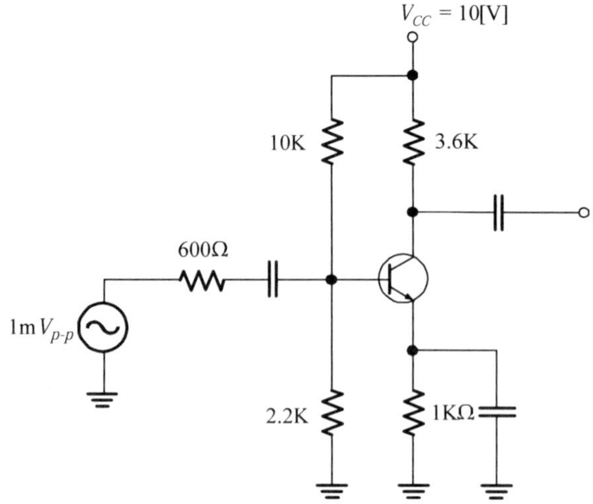

[풀이] 여기서 전압 분배 법칙을 적용하면

$$V_B = \frac{2.2[\mathrm{K}\Omega]}{10K + 2.2K} \times 10[\mathrm{V}] = 1.8[\mathrm{V}]$$

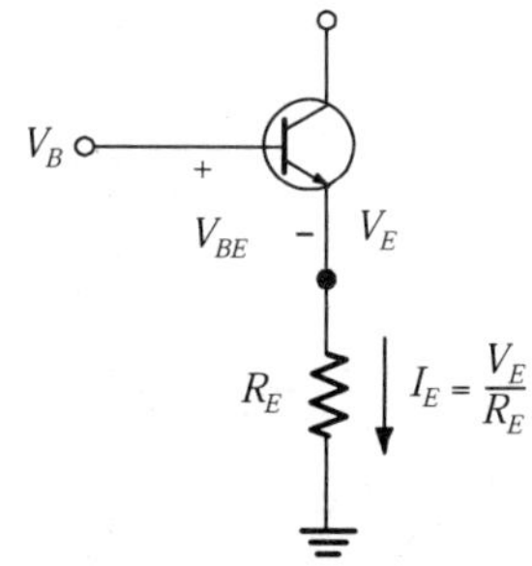

이며, $V_{BE} = V_B - V_E$ 관계에서

$V_E = V_B - V_{BE} = 1.8 - 0.7 = 1.1[\mathrm{V}]$가 된다.

따라서 이미터 전류 $I_E = \frac{V_E}{R_E} = \frac{1.1[\mathrm{V}]}{1[\mathrm{K}\Omega]}$이며 저항

r_e의 크기는

$$r_e = \frac{26[\mathrm{mV}]}{I_E} = 23.6[\Omega]$$

가 된다.

3.2.2 접지방식에 따른 증폭원리 해석

트랜지스터는 3개의 단자 중에서 하나는 입력 단자로, 하나는 출력 단자로 그리고 나머지는 공통 접지로 이용하는데 컬렉터 측은 근본적으로 전류 종속원이므로 입력 단자로는 사용하지 않는다.

트랜지스터에 바이어스를 공급하고 입력과 출력의 위치에 따라서 접지방식의 형태는 CE, CB, CC 등으로 구분 할 수 있는데 어떠한 접지방식이든 간에 접합에 인가되는 전압은 이미터 접합은 순방향 바이어스(1~2[V])를 인가하고, 컬렉터 접합은 역방향 바이어스를 인가하는 것을 표준적인 동작으로 하고 있다.

(1) 이미터 접지(CE, Common Emitter) 회로

이미터 접지는 입력을 베이스 단자로, 출력은 컬렉터 단자로 하는 회로를 말하는 것으로 여기서 H-파라미터를 이용하여 그려진 등가회로에 대해서 평가를 행하면 다음과 같다.

- 2개의 저항(h_{ie}, h_{oe})과 2개의 source($h_{re} V_{CE}$, $h_{fe} I_B$)로 구성되며
- 교류 등가 회로 이므로 직류 Bias 전원은 생략되며
- 그리고 물리 전자적인 조건 등에 의해서 2가지($h_{re} V_{CE}$, h_{oe})를 무시하게 된다.

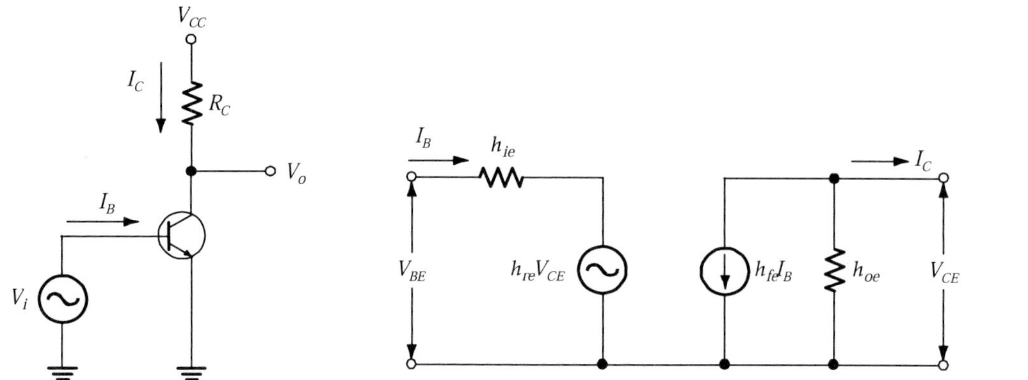

(a) CE 회로　　　　(b) 등가 회로

그림 3.19 CE 회로와 등가 회로

> **Book Cafe**
>
> 입력 임피던스의 크기가 클수록 바람직하게 되는 이유를 고려하면 소스 전원 V_S의 크기는 매우 작기 때문에 V_S가 점선 내로 들어가는 것이 곤란하다. 여기서 점선 내로 들어가기 위한 조건을 고려하기 위해 먼저 전압 분배 법칙을 적용하면
>
> $$V_i = \frac{R_S}{R_i + R_S} \times V_S$$
>
> 가 되며 여기에 $R_i \to \infty$라고 하면 R_S는 작기 때문에 무시하면 V_i로 들어가게 된다.
>
> 따라서 입력 임피던스의 크기는 클수록 바람직하게 되는 것이다.
>
> 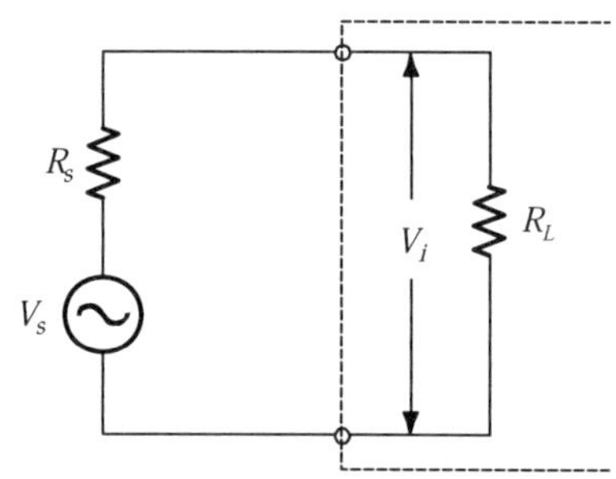
>

■ 입력 저항, R_i

등가 회로를 이용하여 입력측에서 바라본 입력 저항 R_i의 크기를 구하면

$$R_i = \frac{V_{BE}}{I_B} = \frac{I_B h_{ie}}{I_B} = h_{ie}$$

으로 입력 저항의 크기는 상온에서 2.1[KΩ] 정도로 비교적 입력 저항이 작은 편이다.

앞에서 완전 h등가 회로에서 입력 저항의 크기가 $R_i = \dfrac{V_{BE}}{I_B} = h_{ie} + h_{re} A_I R_L$ 이였

지만 h_{re}, h_{oe}를 무시하면 h_{ie}의 크기만 남게 된다.

일반적인 경우와 달리 입력 저항의 크기는 가능하면 클수록 바람직하다. 그런데 이미터 접지 회로에 대한 입력 저항이 적다는 것이 하나의 문제로 나중에 CE 회로를 개선해야 하는 내용을 들어 설명하게 될 것이다.

■ 전류 증폭, A_I

$$A_I = \frac{I_C}{I_B} = \frac{-h_{fe} I_B}{I_B} = -h_{fe}$$

이며, 전류 증폭의 결과에서 (−)의 의미는 반전을 의미하는 것으로 이는 입력과 출력에서 위상차가 180°(역상)임을 나타내는 것이다. 마찬 가지로 완전 등가 회로에서는 $A_I = -\frac{I_C}{I_B} = -\frac{h_{fe}}{1+h_{oe}R_L}$이였지만 간이 등가 회로에서는 $A_I = -h_{fe}$가 된다.

■ 전압 증폭률, A_V

$$A_V = \frac{V_{CE}}{V_{BE}} = \frac{-h_{fe} I_B \cdot R_L}{I_B \cdot h_{ie}} = -\frac{h_{fe} \cdot R_L}{h_{ie}} = \frac{A_I R_L}{R_i}$$

여기서 (−)는 반전 혹은 입력과 출력의 위상차가 180°임을 의미하는 것이다.

■ 출력 저항, R_o

$$R_o = \frac{V_o}{I_o} = R_L$$

Book Cafe

CE 회로 방식은 접지방식 형태 중에서 전류 이득과 전압 이득을 동시에 얻을 수 있어 중간 단 증폭기로 많이 사용하게 된다.

예제 3.3

다음의 회로에 대해서 입력 저항, 전류이득, 전압 이득 그리고 출력 저항을 각각 계산하여라.

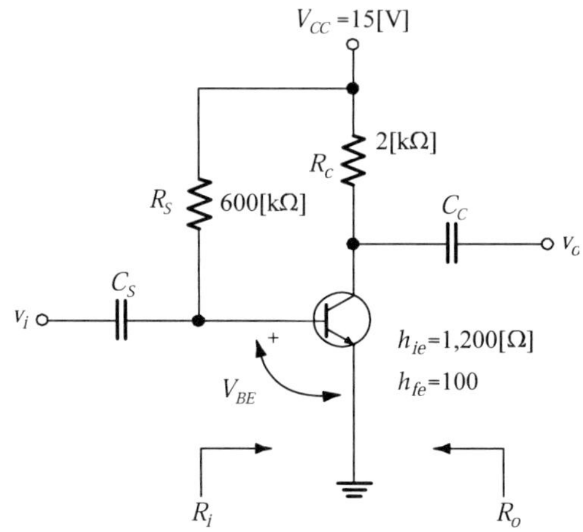

[풀이] 주어지 회로에 대해서 직류 해석과 교류 해석을 하기 위해서 전압 방정식 및 전류 방정식을 각각 적용하기로 한다.

▸ 직류해석

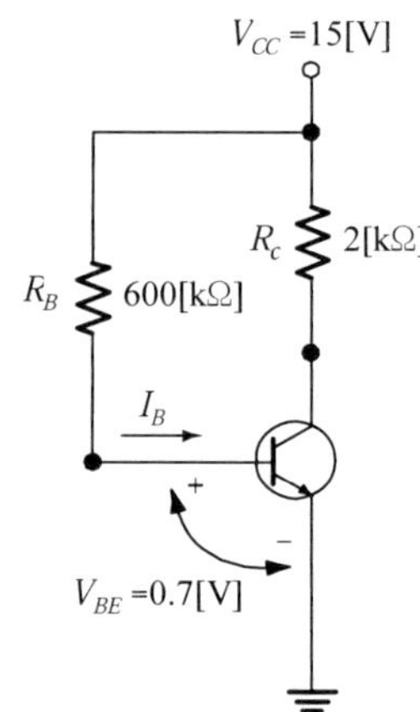

직류인 경우에만 고려하면 콘덴서 C_S, C_C는 개방된 것으로 고려하여 등가 회로로 나타내면 오른쪽 그림과 같으며, 여기서 베이스 저항 R_B에 흐르는 전류 I_B는

$$I_B = \frac{V_{CC} - V_{BE}}{R_B} = \frac{15 - 0.5}{600} = 23.8[\mu\text{A}]$$

가 되며, 트랜지스터의 컬렉터 전류 I_C는

$$I_C = h_{fe} I_B = 100 \times 23.8[\mu\text{A}] = 2.38[\text{mA}]$$

이며, 여기서 출력 전압 즉 컬렉터 전압 $V_C = V_{CE}$는

$$V_C = V_{CE} = V_{CC} - I_C R_C = 15 - 2.38 \times 10^{-3} \times 2 \times 10^3 \fallingdotseq 10.2[\text{V}]$$

으로 구해진다.

한편 출력 특성 곡선을 고려하여 부하선의 기울기를 구하면

$$V_{CC} = V_{CE} + I_C R_C$$

$$I_C = \frac{V_{CC} - V_{CE}}{R_C} = \frac{15 - V_{CE}}{2} = 7.5 - \frac{V_{CE}}{2}\ [\text{mA}]$$

$$2.38 = 7.5 - \frac{V_{CE}}{2}\ [\text{mA}]$$

에서 $V_{CE} = 2.56[\text{V}]$가 된다.

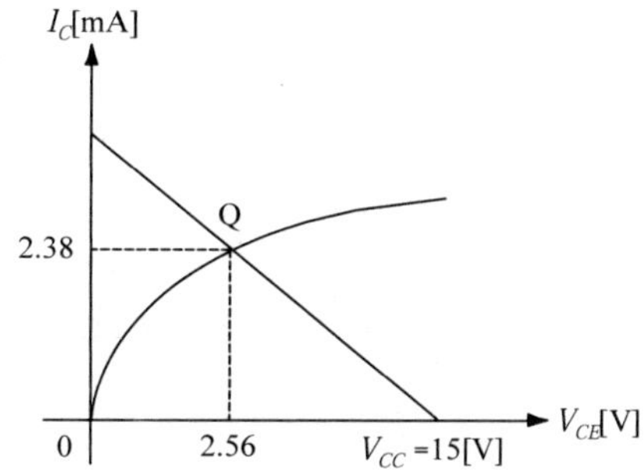

▸ 교류 해석

교류적인 해석을 하는 경우 콘덴서 C_S, C_C는 단락이고 중첩의 원리를 적용하면 $V_{CC}=0$(short)이므로 주어진 회로에 대한 등가 회로를 고려하면

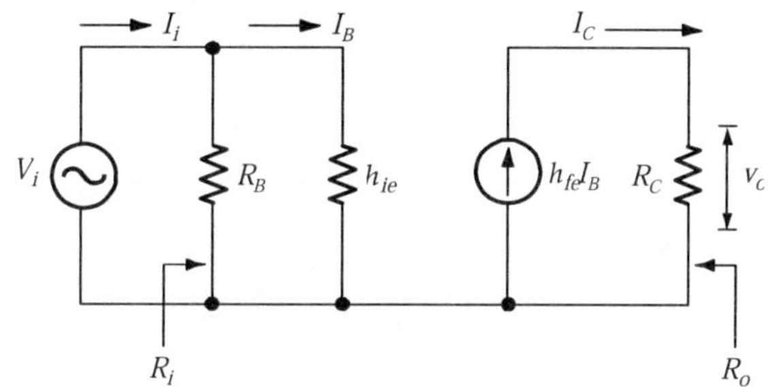

가 된다, 여기서 트랜지스터의 입력 저항, 전류이득, 전압 이득 그리고 출력 저항을 각각 계산하면

▹ 입력 저항, R_i : 입력 저항 R_i는 R_B와 h_{ie}가 병렬이므로

$$R_i = R_B // h_{ie} = \frac{R_B\, h_{ie}}{R_B + h_{ie}} = \frac{600K \times 1200}{600K + 1200} = 1197[\Omega]$$

으로 구해진다. 여기서 저항 R_B로 인해서 입력 저항 h_{ie}가 근소하게 감소하고 있음을 알 수 있다.

▹ 전류 증폭률, A_i : 컬렉터 전류 i_C는 $i_C = h_{fe} i_b$ 관계식에서 $i_b = \dfrac{i_C}{h_{fe}}$ 이며, 여기서 전류 분배 법칙을 적용하여 베이스 전류를 구하면

$$I_b = \frac{R_B i_i}{R_B + h_{ie}}$$

이다. 이를 이용해서

$$i_C = h_{fe}\left(\frac{R_B\, i_i}{R_B + h_{ie}}\right)$$

이며, 전류 증폭률 A_i는

$$A_i = \frac{i_C}{i_i} = h_{fe}(\frac{R_B}{R_B + h_{ie}}) = 100(\frac{600K}{600K + 1200}) = 99.8$$

으로 계산된다.

▹ 전압 증폭률, A_v : 출력 전압 v_0는 $v_0 = -i_c R_c = -h_{fe} i_b R_c$이며 , 여기에 베이스 전류 $i_b = \frac{v_i}{h_{ie}}$를 적용하여 정리하면

$$v_0 = -h_{fe}(\frac{v_i}{h_{ie}})R_c$$

가 된다. 여기서 전압 증폭률은

$$A_v = \frac{v_0}{v_i} = -h_{fe}(\frac{1}{h_{ie}})R_c = -100 \times \frac{2K}{1200} = -166.7$$

으로 계산된다.

▹ 출력 저항, R_0 : 출력저항을 구하기 위해서는 입력 전압 $v_i = 0(short)$라고 놓으면 $i_b = 0$, $h_{fe} i_b = 0$가 되어 출력 저항 R_0는 컬렉터 저항 R_c와 같게 된다. 따라서

$$R_0 = R_c = 2[\text{K}\Omega]$$

가 된다.

(2) 이미터 저항 R_E을 갖는 CE 회로

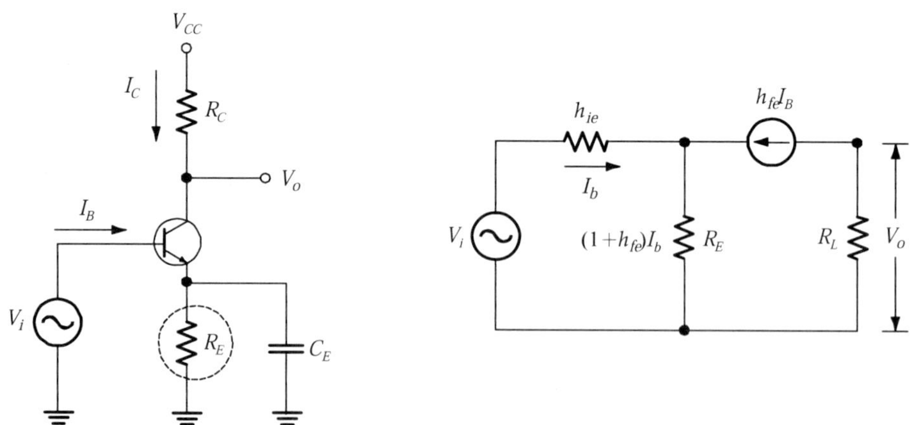

(a) 회 로

(b) 등가 회로

그림 3.20 이미터 저항 R_E을 갖는 CE 회로

■ 입력 저항, R_i

이미터 측에 이미터 저항 R_E를 추가한 회로에 대한 등가 회로가 그림(b)이다. 여기서 입력측에서 바라본 입력 저항 R_i의 크기를 구하면

$$R_i = h_{ie} + (1 + h_{fe})R_E$$

으로 이미터 접지의 입력 저항 $R_i = h_{ie}$와 이미터 측에 추가된 저항 R_E의해서 입력 저항의 크기를 비교하면 이미터 저항 R_E을 갖는 CE 회로의 입력 저항이 증가하고 있음을 알 수 있다.

즉, 부하가 증가할수록 아울러 입력 저항이 증가하게 됨을 알 수 있다. 따라서 입력 저항의 크기가 커야 하는 방향에서 볼 때는 바람직한 결과를 보이게 된다.

■ 전압 증폭률 A_V

$$A_V = -\frac{h_{fe} \cdot R_L}{h_{ie} + (1 + h_{fe})R_E}$$

전압 증폭률의 크기에서 이미터 측의 저항 R_E에 의해 이득이 감소하는 일이 발생하게 된다. 일반적으로 증폭과 이득의 크기는 그 크기가 클 수록 바람직한데 이 회로의 경우는 이득이 감소하고 있어 이것이 회로의 문제점이 될 수 있다. 따라서 감소하는 이득을 보상하기 위한 방법으로 임피던스의 변화를 주는 방법을 이용하게 되는데 임피던스의 변화 방법으로 이미터 저항 R_E와 병렬로 콘덴서 C_E를 연결하는 방법을 적용할 수 있는데 저항 R_E와 병렬로 전속된 콘덴서에 의해서 어느 정도의 이득을 보상하게 되는 효과를 얻게 된다.

여기서 병렬로 접속된 콘덴서 C_E의 역할을 고려하면 다음과 같다.

- 이미터 측의 콘덴서 C_E는 이득을 보상하는 역할하기 위한 것이며
- 여기서 C_E가 매우 크다면 즉, C_E의 리액턴스가 0이므로 이미터 전류 I_E 중에서 AC 성분은 이 미터 저항 R_E에 흐르지 않고 C_E를 통하여 접지 방향으로 흐르게 된다. 그래서 이 콘덴서를 바이패스 콘덴서(Bypass condensor)라고 부르는 것이다.

만일 이미터 저항과 병렬로 접속되어 있는 바이패스 콘덴서를 제거하게 되면 이미터 양단에 교류 신호 성분이 없어져 이득이 감소하게 되는 일이 발생하게 된다.

한편 전압 이득 A_V관계식에서

$$h_{ie} \ll (1 + h_{fe})R_E$$

이므로 이를 이용하여 정리하면

$$A_V \fallingdotseq -\frac{R_L}{R_E}$$

처럼 이득의 결정을 부하 임피던스 R_L와 이미터 저항 R_E의 비율로서 구할 수 있게 된다.

전압이득을 결정하는 경우에 이용되는 저항 R_L와 R_E는 온도 등의 변화에 대해서도 이득의 변화를 보이지 않기 때문에 이득 면에서 안정성을 보이게 된다. 안정성에 영향을 미치는 것으로 이미터 측의 저항 R_E의 영향이라고 할 수 있다. 그래서 이미터 측의 저항 R_E에 의해 안정성이 우수해지기 때문에 저항 R_E를 안정용 저항이라고 부르는 것이다.

Book Cafe

- **일반적으로 회로 등에서 이용되고 있는 콘덴서의 역할에 대해서 정리하면 다음과 같다**
  - 직류를 차단하고 교류신호를 통과시키는 결합(coupling) 콘덴서
  - 맥류를 완전한 직류를 만들어주는 평활(Smoothing)콘덴서
  - 원하지 않는 성분을 제거하는 리플(ripple) 콘덴서
  - 고주파 성분 또는 잡음을 접지로 통과시키는 고주파 바이패스(bypass)용 콘덴서

(3) 컬렉터 접지(CC, Common Collector) 회로

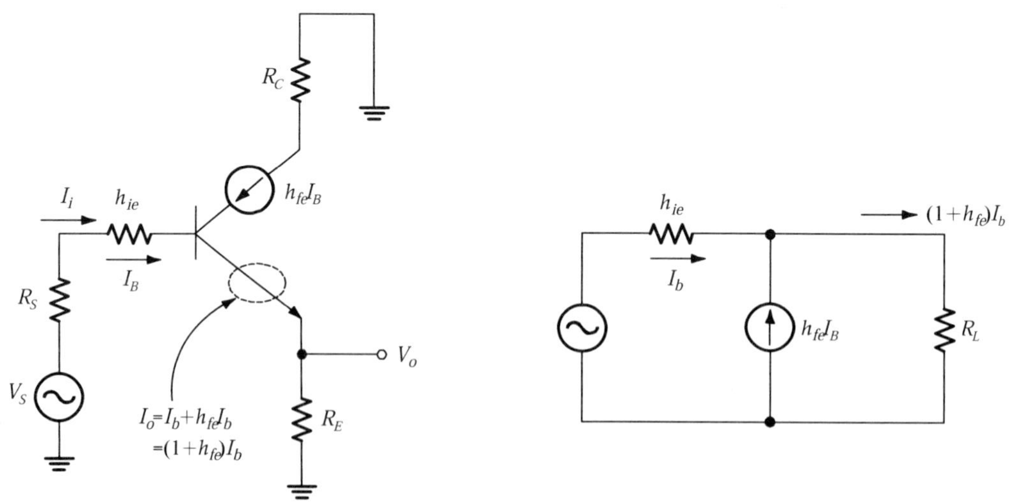

(a) 회 로　　(b) 등가 회로

그림 3.21 CC 회로와 등가 회로

■ 입력 저항, R_i

베이스를 입력으로 하고 이미터를 출력으로 하는 CC회로에 대한 등가 회로 그림(b)에서 입력 측에서 바라본 입력 저항 R_i의 크기는

$$R_i = h_{ie} + (1 + h_{fe}) R_E$$

이며 여기서 전류 증폭율 h_{fe}값이 커서 전체적으로 입력 저항은 증가하게 된다. 반면에 출력 저항 R_o는 적은 편이다. 따라서 CC 회로는 증폭기로 이용하는 경우보다는 큰 입력 저항과 작은 출력 저항을 갖는 특징을 이용하는 임피던스 정합용(Impedance matching)으로 사용되고 있다.

■ 전류이득, A_I

$$A_I = \frac{I_0}{I_i} = \frac{(1 + h_{fe}) I_b}{I_b} = 1 + h_{fe}$$

전류 이득은 $A_I = 1 + h_{fe}$으로서 트랜지스터 접지방식 중에서 가장 높다.

■ 전압 증폭률, A_V

$$A_V = \frac{h_{fe} \cdot R_L}{h_{ie} + (1 + h_{fe}) R_E} \fallingdotseq 1$$

이며, 여기에 $h_{ie} \ll (1 + h_{fe}) R_E$인 관계식을 이용하면 전압 이득이 거의 1에 가깝게 된다.

즉, 입력의 크기나 출력의 크기가 거의 같다는 것이다. 이와 같은 이유 때문에 CC 회로의 경우는 이미터에 나타나는 출력을 입력을 따라간다고 하여 이미터 폴로워(Emitter follower) 라고도 불린다.

■ 출력 저항, R_0

베이스 루프에 전압 방정식을 적용하면

$$0 - I_b R_s - I_b h_{ie} = V_0$$

이며, 여기서 출력 저항 R_0에 관련된 식으로 나타내면

$$R_0 = \frac{V_0}{I_0} = \frac{I_b (R_s + h_{ie})}{(1 + h_{fe}) I_b} = \frac{R_s + h_{ie}}{1 + h_{fe}}$$

가 된다. 여기서 출력 저항 R_0은 소스 저항인 R_s에 의해서 영향을 받게 되는 파라미터이다.

■ CC 증폭 회로의 특징

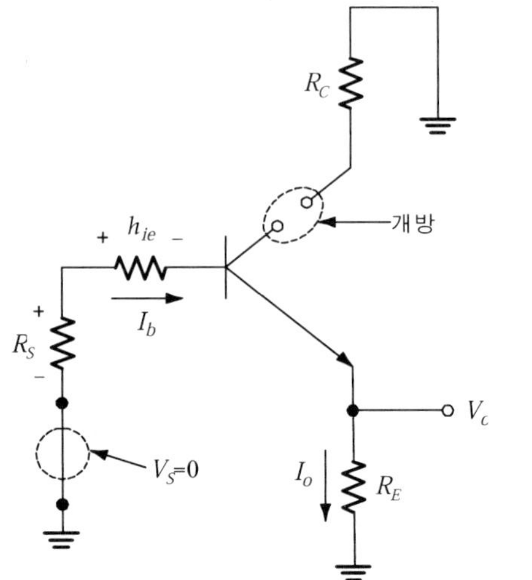

그림 3.22

- 입력 임피던스는 매우 높고, 출력 임피던스는 낮다. 그래서 임피던스 정합용으로 이용된다.
- 전압 이득 $A_V \fallingdotseq 1$이므로 시스템 중간에서 시스템 상호간을 완충시키는 완충기(Buffer)로 이용하게 된다.
- 전류 이득이 크며, 전압 증폭기로는 사용되지 않으나 전력 증폭기로의 사용은 가능하다.
- 전원의 출력 단에 가장 적합한 증폭 회로로 전압 이득이 부하 저항의 값에 가장 관계가 적은 증폭 방식이다.
- 부하 저항이 변화하여도 전류, 전압, 전력 이득은 일정하게 유지되며, 부하에 병렬로 존재하는 정전 용량의 영향이 적어 광대역에 걸쳐 주파수 특성이 우수하다.
- 저 임피던스 부하에서 고 전류 이득을 얻는 경우에 사용하며 100[%] 부귀환 된다.
- 직렬 전압 부귀환 회로의 일종이다.
- 부하 저항이 변하여도 출력은 일정하게 유지된다.
- 보통 CE 회로의 경우는 주로 다단 증폭기를 구성하는 중간 단에 이용된다.
- 출력 파형의 찌그러짐이 적다.
- 출력 임피던스가 낮은 곳에서 신호를 얻는 경우에 사용되는 트랜지스터이다.
- 전원이 출력 단에 가장 적합한 증폭기이다. 즉, 부하 변동 시 전원 변동을 방지할 수 있는 CC 회로가 적합하다.

예제 3.4

다음의 회로에 대해서 입력 저항, 전류이득, 전압 이득 그리고 출력 저항을 각각 계산하여라.

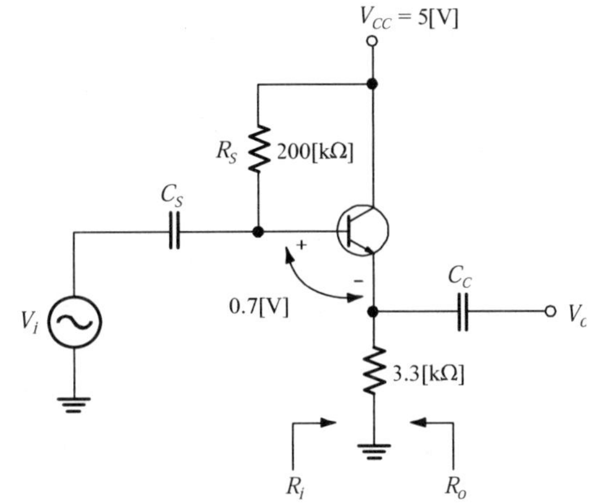

[풀이] 주어진 회로에 대한 해석을 하기 위한 방법으로 직류 해석과 교류 해석에 대해서 고려하면 다음과 같다.(단 입력 저항 $h_{ie}=1300$, 전류 증폭률 $h_{fe}=95$이다.)

▸ 직류 해석

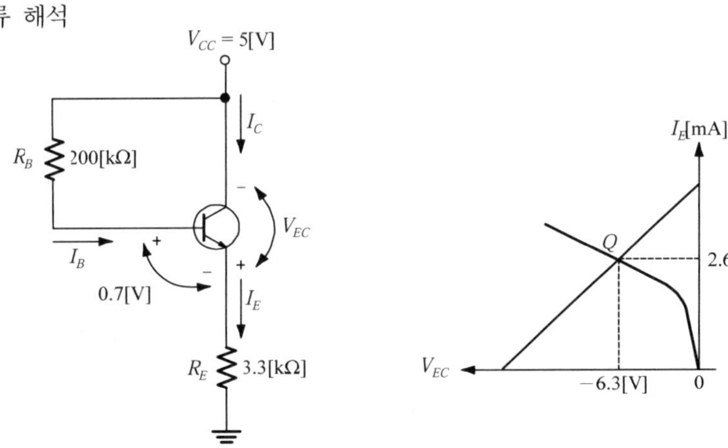

(a) (b)

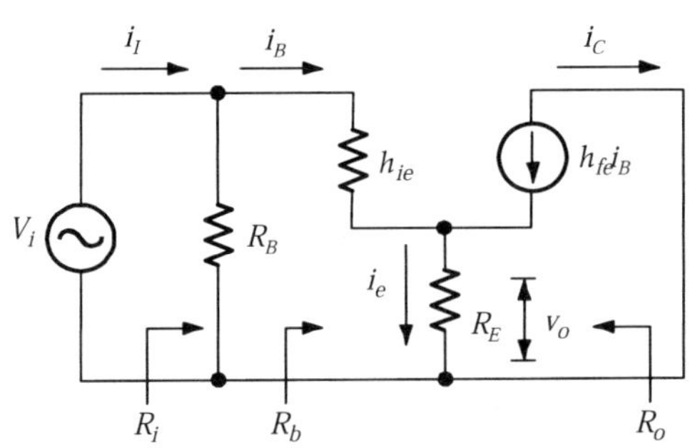

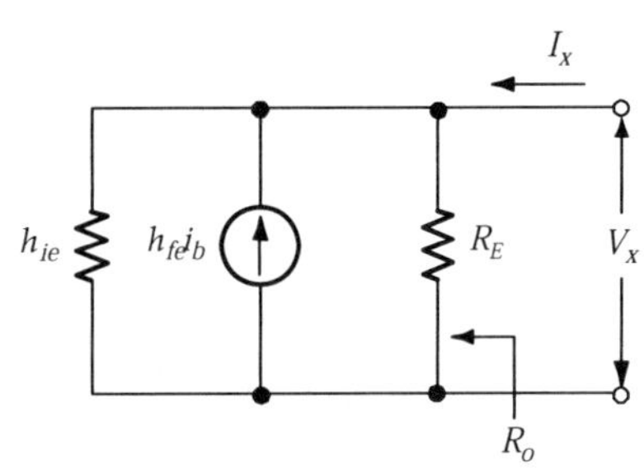

(c) (d)

주어진 회로에 대한 직류 등가 회로에 대해서 베이스 전류를 I_B를 고려하면

$$I_B = \frac{V_{CC} - V_{BE} - V_E}{R_B} = \frac{V_{CC} - V_{BE} - R_E I_C}{R_B} = \frac{V_{CC} - V_{BE} - R_E(h_{fe} I_B)}{R_B}$$

에 대해서 베이스 전류로 정리하면

$$I_B = \frac{V_{CC} - V_{BE}}{R_B + R_E h_{fe}} = \frac{15 - 0.7}{200K + 95 \times 3.3K} = \frac{14.3}{513.5K} = 27.8[\mu\text{A}]$$

여기서

$$I_E \fallingdotseq I_C = h_{fe} I_B = 95 \times 27.8[\mu\text{A}] = 2.64[\text{mA}]$$

이므로 이미터 전압 V_E는

$$V_E = I_E R_E = 2.64 \times 10^{-3} \times 3.3 \times 10^3 = 8.7[\text{V}]$$

가 되며, 여기서 이미터와 컬렉터간의 전압 V_{EC}는

$$V_{EC} = V_E - V_C = 8.7 - 15 = -6.3[\text{V}]$$

가 된다. 따라서 이들 결과를 이용해서 CC이용해서 출력 특성 곡선을 고려하면 그림 (b)와 같으며, 여기서 부하선의 기울기는

$$V_E = V_{CC} + V_{EC} = I_E R_E$$

이므로 이미터 전류 I_E에 관련된 식으로 나타내면

$$I_E = \frac{V_{EC}}{R_E} + \frac{V_{CC}}{R_E} = \frac{V_{EC}}{3.3K} + \frac{15}{3.3K} = \frac{V_{EC}}{3.3K} + \frac{15}{3.3K} = \frac{V_{EC}}{3.3K} + 4.55[\text{mA}]$$

으로 나타난다.

▸ 교류 해석

교류 해석을 하기 위해서 h-파라미터에 대한 등가 회로를 그리면 그림(C)와 같다. 여기서 각각의 파라미터 값을 구하면 다음과 같다.

- 입력 저항, R_i : 입력 저항, R_i는 트랜지스터의 베이스와 이미터에서 바라본 저항 R_b와 병렬인 저항이므로 여기서 저항 R_b를 구하기 위해서

$$v_i = h_{ie} i_b + (i_b + h_{ie} i_b) R_E$$

인 관계에서

$$R_b = \frac{v_i}{i_b} = h_{ie} + (1 + h_{fe}) R_E$$

가 된다. 여기서

$$R_B // R_b = \frac{R_B [h_{ie} + (1 + h_{fe}) R_E]}{R_B + [h_{ie} + (1 + h_{fe}) R_E]}$$

$$= \frac{200K \times [1300+(1+95)\times 3.3K]}{200K+[1300+(1+95)\times 3.3K]} = 110.9[\text{K}\Omega]$$

으로 되어 입력 저항이 매우 큰 것을 알 수 있다.

- 전류 증폭률, A_i : 이미터 전류 $i_e = (1+h_{fe})i_b$이며, 전류 분배 법칙을 적용하면 베이스 전류 i_b는

$$i_b = \frac{R_B}{R_B + R_b} i_i$$

이다. 따라서 전류 증폭률 A_i는

$$A_i = \frac{i_e}{i_i} = (1+h_{fe})\frac{R_B}{R_B + R_b} = \frac{(1+h_{fe})R_B}{R_B + [h_{ie} + (1+h_{fe})R_B]}$$

$$= \frac{96 \times 200K}{200K + (1300 + 96 \times 200K)} \fallingdotseq 93$$

가 된다. 전류 증폭률은 주어진 $h_{fe} = 95$보다 다수 감소하게 되는데 이는 입력 전류 i_i가 저항 R_B, R_b로 분배되기 때문이다.

- 전압 증폭률, A_v : H 파라미터 등가 회로에서 출력 전압 v_0은

$$v_0 = i_b R_E + R_E h_{fe} i_b = (1+h_{fe}) i_b R_E$$

이며, 여기서 베이스 전류 i_b는

$$i_b = \frac{v_i - v_0}{h_{ie}}$$

이며, 이를 대입하여

$$A_v = \frac{v_0}{v_i} = \frac{(1+h_{fe})R_E}{h_{ie} + (1+h_{fe})R_E} = \frac{(1+95)\times 3.3K}{1300 + (1+95)3.3K} = 0.996$$

가 된다. 여기서 CC증폭 회로에서의 전압이득이 1보다 작게 됨을 알 수 있다. 이는 이미터 전압 V_E가 베이스와 이미터 사이의 전압의 강하로 인하여 감소하고 있음을 알 수 있다. 그리고 전압증폭의 결정은 거의 이미터 저항 R_B에 의해서 정해지고 있음을 알 수 있다.

- 출력 저항, R_0 : 출력 저항 R_0는 입력 전압 $v_i = 0(short)$인 경우 출력 측에서 바라본 저항으로 이에 대한 등가회로를 나타내면 그림 (d)와 같다. 이 등가 회로에 임의의 전압 v_x를 인가하는 경우에 회로에 흐르는 전류를 i_x라고 하면 출력 저항 R_0의 크기는

$$R_0 = \frac{v_x}{i_x}$$

이며, 여기서 전류 방정식을 적용하면

$$i_x + h_{fe}i_b + i_b = \frac{v_x}{R_E}$$

인 관계식을 얻게 되며, 여기에 베이스 전류 $i_b = -\frac{v_x}{h_{ie}}$ 인 관계를 적용하면

$$i_x + (1+h_{fe})(-\frac{v_x}{h_{ie}}) = \frac{v_x}{R_E}$$

가 된다. 여기서 이 관계식을 이용하여 출력 저항을 구하면

$$R_0 = \frac{v_x}{i_{x_x}} = \frac{R_E h_{ie}}{h_{ie} + (1+h_{fe})R_E} = \frac{3.3K \times 1300}{1300 + (1+95) \times 3.3} = 10.4[\Omega]$$

으로 계산된다.

(4) 베이스 접지(CB, Common Base) 회로

CB회로는 간단히 특징만 고려한다면 고주파 증폭 능력을 보이는 것으로 높은 주파수까지 증폭하려는 경우에 CB 접지방식을 이용한다. 여기서 높은 주파수까지 증폭이 가능하게 되는 이유는 트랜지스터에서 베이스 접지를 사용할 때 차단 주파수가 가장 높기 때문이다,

여기서 베이스 접지에 대한 특징을 정리하면 다음과 같다.

- 입력 저항이 가장 적고, 출력 저항은 가장 크다.
- 전류 이득이 약 1이고, 전압 이득은 매우 크다.

Book Cafe

■ 증폭기 입력 저항 및 전압 증폭의 비교

- ▸ 이미터 접지 증폭 회로 $R_i = h_{ie}$, $A_V = -\frac{h_{fe}R_L}{h_{ie}}$
- ▸ 컬렉터 접지 증폭 회로 $R_i = h_{ie}(1+h_{fe})R_L$, $A_V = 1 - \frac{h_{ie}}{R_i}$
- ▸ 베이스 접지 증폭 회로 $R_i = h_{ib} = \frac{h_{ie}}{1+h_{fe}}$, $A_V = \frac{h_{fe}R_L}{h_{ie}}$

(5) 달링톤(Darlington pair, Darlington connection) 회로

이미터 저항 R_E을 갖는 CE 회로, CC회로 등에 대한 특징은 입력 저항이 크다는 것이었

다. 특히 이미터 저항 R_E을 갖는 CE 회로에서 보다 큰 입력 저항 R_i을 얻기 위해서는 이미터에 접속되는 저항 R_E을 크게 하면 된다.

그러나 트랜지스터 주변에 접속할 수 있는 저항의 크기가 제한되므로 큰 입력 저항을 얻기 위한 방법으로 이미터에 큰 저항을 걸 수가 없다. 이와 같은 제한 요인을 극복하면서 보다 큰 입력 저항을 얻고자 고안된 회로가 곧 달링톤 회로이다.

즉, 2개의 트랜지스터를 직접 연결하여 등가적으로 하나의 트랜지스터처럼 동작하도록 연결된 증폭 회로이다. 따라서 달링톤 회로는 적은 저항을 접속하고도 큰 입력 저항을 얻을 수 있다는 것이 특징이다.

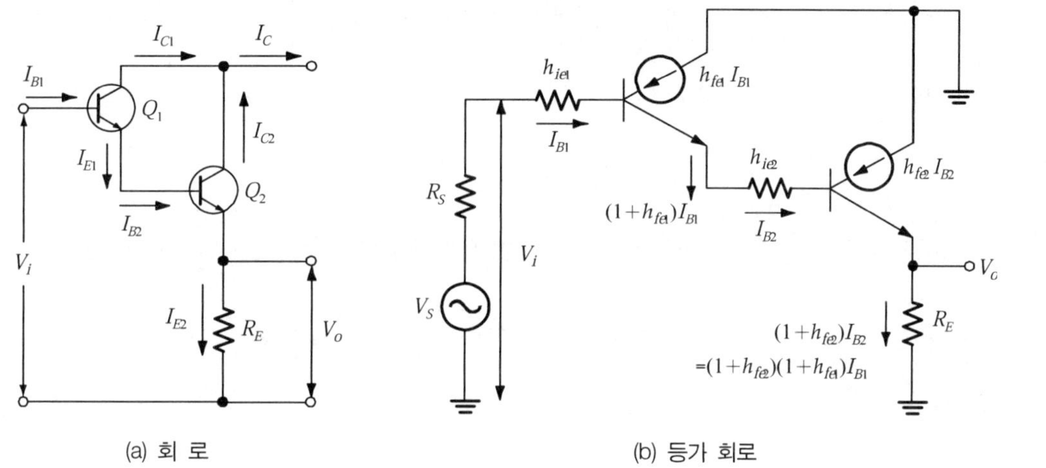

그림 3.23 달링톤 회로와 등가 회로

그림 (b)와 같은 등가 회로에서 입력 측에서 바라본 입력 저항 R_i의 크기를 구하면

$$R_i = \frac{V_{BE}}{I_{B1}} = \frac{1}{I_{B1}}\left[I_{B1}h_{ie1} + (1+h_{fe1})I_{B1}\cdot h_{ie2} + (1+h_{fe2})I_{B2}\cdot R_E\right]$$

이며, 이 관계식에서 알 수 있듯이 적은 정도의 이미터 저항 R_E을 접속하여도 큰 입력저항을 얻는 것이 가능하게 된다는 것이다.

한편 달링톤 회로에 대한 전류 증폭률 A_I의 크기를 유도하면

$$A_I = \frac{I_{E2}}{I_{B1}} = \frac{1}{I_{B1}}\left[(1+h_{fe1})(1+h_{fe2})I_{B1}\right] = (1+h_{fe1})(1+h_{fe2})$$
$$= 1 + h_{fe1} + h_{fe2} + h_{fe1} \times h_{fe2}$$

가 된다. 여기서 전류 증폭률의 크기는 각 트랜지스터의 전류 증폭률 h_{fe}의 곱으로 나타나므로 그 크기가 매우 크게 됨을 알 수 있다.

그리고 달링톤 회로에 대한 전압이득의 크기는 1에 가깝다. 그러나 하나의 이미터 플로워 회로 보다는 조금 작다.

달링톤 회로에서 전체 컬렉터 전류를 구하기 위하여 트랜지스터 Q_1에 대해서 전류 방정식을 적용하면

$$I_{B1} = 1$$

$$I_{C1} = h_{fe1} \cdot I_{B1}$$

$$I_{E1} = I_{B1} + I_{C1} = (1 + h_{fe1}) I_{B1}$$

이며, 트랜지스터 Q_2의 경우는

$$I_{B2} = I_{E1}, \;\; I_{C2} = h_{fe2} \cdot I_{B2} = (1 + h_{fe1}) I_B \cdot h_{fe2}$$

가 된다. 따라서 전체 컬렉터 전류 I_c의 크기를 구하면

$$I_C = I_{C1} + I_{C2} = h_{fe1} \cdot I_{B1} + (1 + h_{fe1}) I_{B1} \cdot h_{fe2}$$

가 된다.

Book Cafe

■ **달링톤 등가 회로 및 특징**

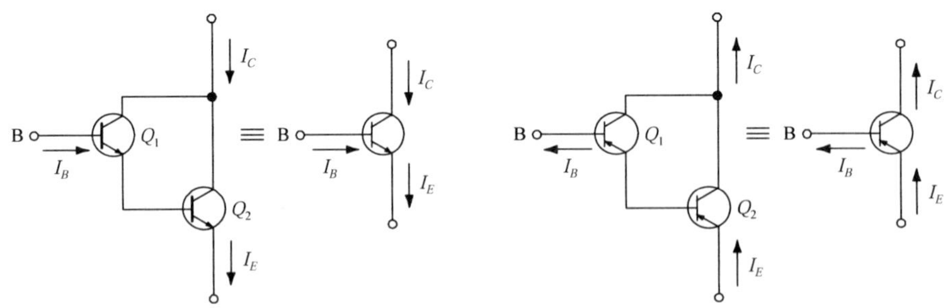

- 입력 저항이 매우 크다.
- 전류 이득이 매우 크다.(전류 용량이 증가한다.)
- 전압 이득은 1에 가깝다.
- 출력 저항이 작다.

(6) 부트스트랩(Bootstrap) 회로

밀러(Miller) 적분 회로라고 하며, CC(Common Collector) 접지 회로 혹은 CD(Common Drain) 접지회로를 이용한다.

Bootstrap 회로 역시 입력 저항을 크게 할 목적으로 이용된 회로로 저항 R_1, R_2의 중간 점을 직접 입력 회로에 접속하지 않고 고 저항 R_3을 통하여 입력회로에 용량 C를 통하여 출력 회로에 접속하도록 하여 입력 임피던스를 바이어스 회로에 관계없이 크게 하는 회로라고 할 수 있다.

즉, 입력 전압이 올라가면 출력 전압도 따라서 올라가는 것을 암시한다.

부트스트랩 회로는 입력 저항을 보다 높게 하기 위한 구성 회로로 바이어스는 저항 R_1과 R_2와의 접속점으로부터 R_3를 통해서 인가된다. 여기서 저항 R_3가 입력과 출력에 교류적으로 겹치도록 설계를 한다고 하여 이를 Miller적분 회로하고 하는 것이다.

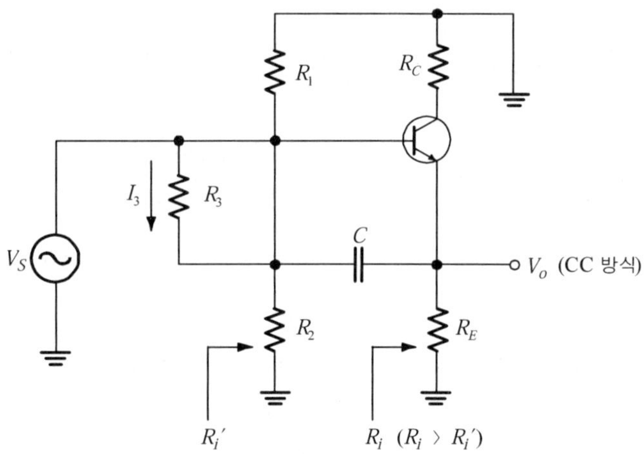

그림 3.24 부트스트랩 회로

큰 용량 C는 교류 성분에 대해 단락 회로를 형성하므로 입력과 출력 단자는 R_3로 접속된 것으로 볼 수 있다. 여기서 실효 교류 입력 저항 R_i'혹은 Bias 회로의 실효 교류저항 R_{eff}라고 하는데 이를 구하기 위하여 먼저 입력 전류 I_3의 크기를 구하면

$$I_3 = \frac{V_i - V_o}{R_3}$$

이며, 입력 측에서 바라본 입력 저항 R_i'의 크기는

$$R_i' = \frac{V_i}{I_3} = \frac{V_i}{\frac{V_i - V_o}{R_3}} = \frac{V_i \cdot R_3}{V_i - V_o} = \frac{R_3}{1 - \frac{V_o}{V_i}} = \frac{R_3}{1 - A_V}$$

가 된다. 이 관계식에서 분모의 값으로 이용되는 전압이득 A_V에 따라서 이득의 크기가 결정됨을 알 수 있으며 그리고 저항 R_3의 실효저항에 따라서 역시 입력 저항의 크기가 결정되는 회로를 부트스트랩 회로라고 한다.

예를 들어 전압이득에 따른 입력 저항의 크기를 비교하면 다음과 같다.

■ $A_V = 0.998$이고 $R_3 = 2[\text{K}\Omega]$인 경우의 입력 저항의 크기

$$R_i' = \frac{R_3}{1 - A_V} = \frac{2[\text{K}\Omega]}{1 - 0.998} = 1[\text{M}\Omega]$$

■ $A_V = 0.9998$이고 $R_3 = 2[\text{K}\Omega]$인 경우의 입력 저항의 크기

$$R_i' = \frac{R_3}{1 - A_V} = \frac{2[\text{K}\Omega]}{1 - 0.9998} = 10[\text{M}\Omega]$$

여기서 알 수 있는 것으로 전압 증폭 $A_V = 0.998$와 $A_V = 0.9998$를 이용하는 경우 $A_V = 0.9998$의 경우가 더 1에 가까운 값이 된다.

즉, 부트스트랩 회로의 구성은 이미터 폴로워 회로를 이용한다. 따라서 부트스트랩 회로의 특징은 전압 이득 A_V가 1에 가깝게 할수록 입력 저항은 아울러 커지게 됨을 알 수 있다.

여기서 입력 저항의 크기는 $R_i > R_i'$인 관계를 보이게 된다.

한편 밀러의 적분회로를 적용하는 경우 입력 측에 걸쳐있는 것을 입력 측으로 환산하기 위하여 $A_V = 1$가 되도록 하면 $\frac{R_3}{1 - A_V} = \infty$ 가 된다. 이렇게 되면 R_3는 교류적으로 ∞이다.

여기서 R_3는 교류적으로 ∞라고 하는 것은 저항 R_3가 끊어진 결과와 같게 되어 입력 저항의 크기는 $R_i = R_i'$가 된다. 따라서 Bootstrap 회로는 Bias 저항 R_1, R_2를 완벽하게 무시할 수 있다.

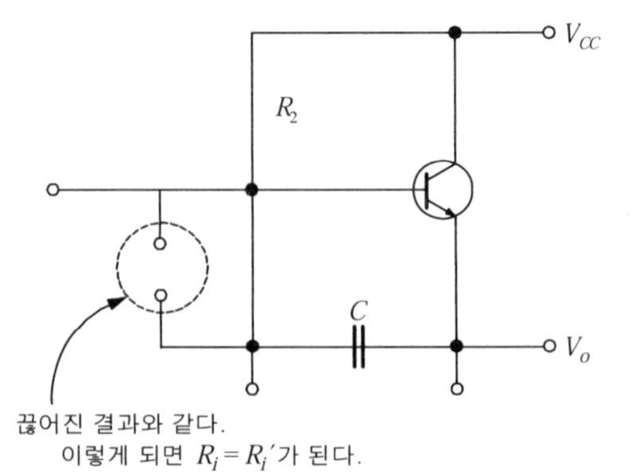

그림 3.25

(7) 스왐핑(Swamping) CE 증폭기

입력 저항 h_{ie}의 경우는 트랜지스터의 접합면 형태 혹은 온도의 변화 등에 따라 저항 값이 변할 수 있다. 이와 같은 원인으로 전압 이득의 변동의 원인이 될 수 있다.

여기서 변동 원인을 방지하는 방법으로 CE 증폭기의 이미터 저항 R_E전체를 바이패스 콘덴서에 의해서 교류적으로 단락시키는 대신에 이미터 저항의 대부분을 차지하는 R_E'만 단락시키고 일부분인 r_E를 존재하도록 하여 입력 저항 h_{ie}의 영향으로부터 전압 이득의 변동을 억제할 수 있도록 구성한 증폭기를 말한다.

따라서 스왐핑(Swamping)회로는 CE 증폭회로에 대한 제한 요인이었던 입력 저항 R_i의 크기도 조정하면서 동시에 전압 이득도 살리는 절충된 회로라고 할 수 있다.

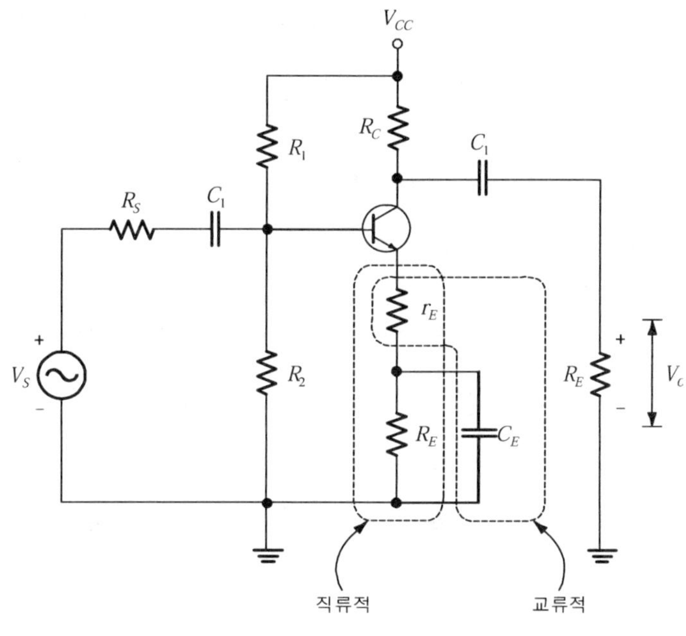

그림 3.26 스왐핑 증폭기의 구성도

따라서 스왐핑 증폭기의 전압 이득 A_V을 고려하면

$$A_V = -h_{fe}\left[\frac{r_c}{(1+h_{fe})r_E + h_{ie}}\right] = -\frac{h_{fe}r_c}{(1+h_{fe})r_E} \fallingdotseq -\frac{r_c}{r_E}$$

으로 나타낼 수 있다. 여기서 $r_c = R_c \,//\, R_L$의 크기를 나타낸다. 그리고 이에 대한 r_e 등가 회로로 나타내면

이며, 여기서 입력 저항 R_i, 전류 증폭 A_I, 전압 증폭 A_V의 크기를 각각 구하면

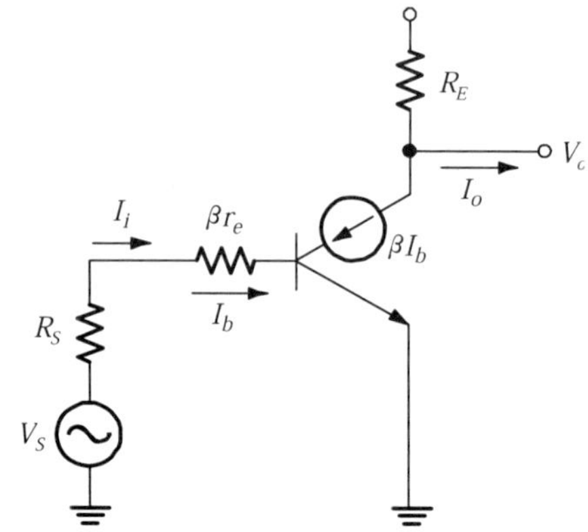

그림 3.27

■ $R_i = \dfrac{V_i}{I_I} = \dfrac{\beta r_e}{I_b} = \beta r_e$

여기서 βr_e는 거의 입력 저항 h_{ie}와 같다.

■ $A_I = \dfrac{I_0}{I_i} = \dfrac{-\beta I_b}{I_b} = -\beta$

■ $A_V = \dfrac{V_0}{V_i} = \dfrac{-\beta I_b R_L}{I_b \beta r_e} = -\dfrac{R_L}{r_e}$ 이며

여기서 진압 증폭 A_V의 경우는 앞에서 CE 증폭회로가 $A_V = -\dfrac{h_{fe}R_L}{h_{ie}}$ 임을 알았다. 이 관계식에 대해서 $-h_{fe} \rightarrow \beta$, $h_{ie} \rightarrow \beta r_e$을 각각 대치해서 정리한 $A_V = -\dfrac{\beta R_L}{\beta r_e} = -\dfrac{R_L}{r_e}$ 으로 나타낼 수 있다.

(8) 밀러(Miller)의 정리

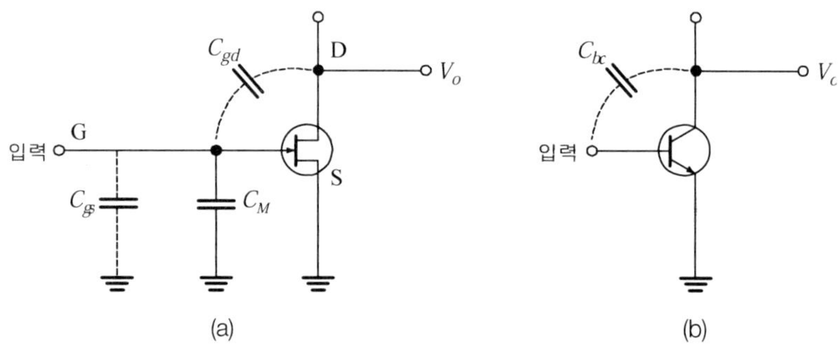

그림 3.28

콘덴서 C_{bc}는 PN 접합면에서 발생하는 극간 용량으로 이는 입력과 출력 사이에 존재하는 임피던스이다. 이 극간 용량 때문에 해석이 다소 복잡하게 되는데 그래서 이 극간 용량을 입력으로 보내서 해석하거나 혹은 출력으로 보내서 해석하는 방법을 밀러의 정리라고 하는 것이다.

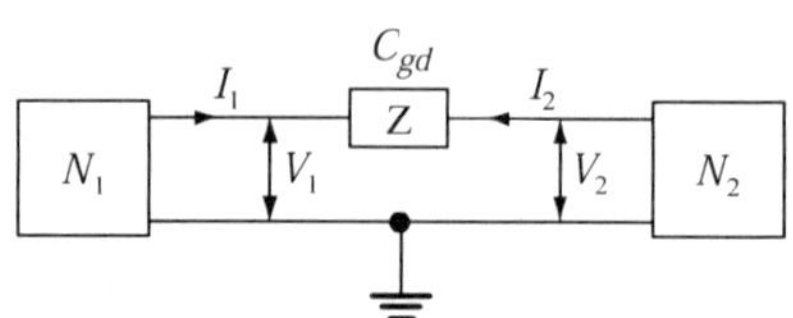

그림 3.29

여기서 밀러의 정리를 해석하기 위해서

다음과 같이 등가를 고려하는 경우 N_1은 입력 회로를, Z는 극간 용량을 그리고 N_2는 출력 회로를 나타내는 것이다.

■ 극간 용량 Z를 입력으로 모으는 경우를 고려하는 경우

입력 저항 Z_i를 밀러의 정리를 적용하면 오른쪽 그림으로 나타낼 수 있으며 여기서 입력으로 보는 경우의 전류 I_1의 크기를 구하면

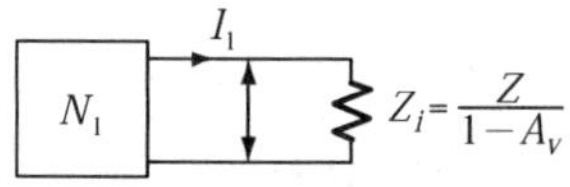

그림 3.30

$$I_1 = \frac{V_1 - V_2}{Z} = \frac{V_1(1 - \frac{V_2}{V_1})}{Z} = \frac{V_1(1 - A_V)}{Z} = \frac{V_1}{(\frac{Z}{1-A})} = \frac{V_1}{Z_i}$$

으로 구해진다.

■ 극간 용량 Z를 출력으로 모으는 경우를 고려하는 경우

$$I_2 = \frac{V_2 - V_1}{Z} = \frac{V_2(1 - \frac{V_1}{V_2})}{Z} = \frac{V_2}{(\frac{Z}{1-A_V})} = \frac{V_2}{Z_0}$$

가 된다. 여기서 $Z_0 = \frac{Z}{1 - \frac{1}{A_V}}$ 인 관계를 보인다.

3.3 트랜지스터의 고주파 해석

3.3.1 CE 단락 회로의 전류 이득

(1) 고주파 등가 회로

트랜지스터에 대한 고주파 해석을 해야 하는 이유는 사용되는 주파수의 영향이 회로에 어느 정도 영향을 주는가를 고려한 것으로 트랜지스터에 대한 고주파 해석을 하기 위해서

는 해석에 적합한 고주파 등가 회로를 필요로 하게 된다.

저주파 해석에 이용되었던 H 파라미터 등가 회로를 이용하는데 일반적으로 H 파라미터를 이용해서 소 신호를 해석한다는 것은 저주파 해석을 말하며, 고주파 해석에서는 H 파라미터가 나타나지 않도록 H 파라미터를 변환을 할 필요가 있다.

여기서 변환하는 과정에서 먼저 입력 저항 h_{ie}를 보다 세부적으로 분류하는 경우에 대한 회로를 나타내면

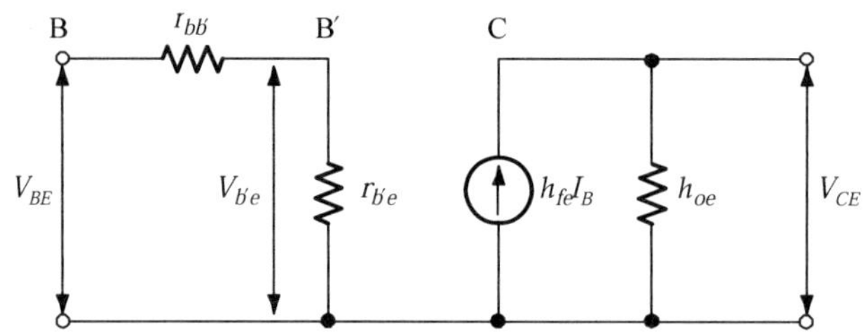

그림 3.31

이며, 여기서 입력 저항 h_{ie}는

$$h_{ie} = r_{bb'} + r_{b'e}$$

경우처럼 2개의 저항 성분으로 분류 할 수 있는데 여기서 $r_{bb'}(= 100[\Omega])$은 베이스 분포 저항을 나타내며, $r_{b'e}(= 2[\mathrm{K}\Omega])$은 입력 저항을 나타내는 것이다. 그리고 반도체 이론에서 설명된 PN 접합면에 발생하는 극간 용량 혹은 분포 용량 등을 고려해서 등가 회로를 나타내면 다음과 같다.

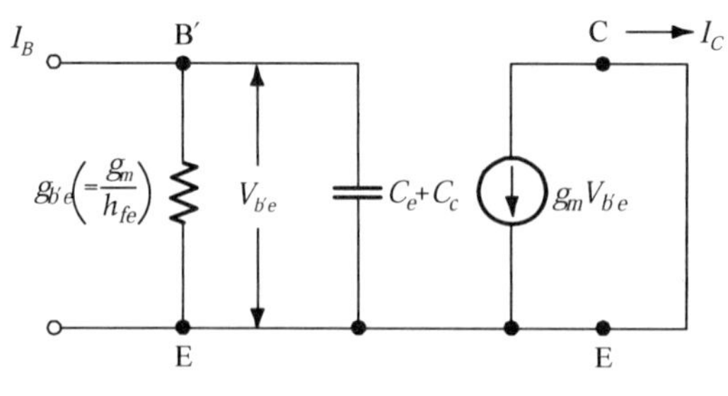

그림 3.32 CE 단락 회로에서 전류 이득을 구하기 위한 등가 회로

(2) 전류 이득

그림 3.32의 CE 단락 회로에서 전류 이득 산출을 위한 근사 등가 회로에서 부하 전류는 $I_C = -g_m V_{b'e}$이므로 입력 전압은

$$V_{b'e} = \frac{I_B}{g_{b'e} + jw(C_e + C_c)}$$

인 관계에 있으며, 단락 회로 조건에서 전류 증폭도 A_I을 고려하면

$$A_I = \frac{I_C}{I_B} = \frac{-g_m}{g_{b'e} + jw(C_c + C_e)}$$

이며, 여기서 차단 주파수 f_β를

$$f_\beta = \frac{g_{b'e}}{2\pi(C_c + C_e)} = \frac{1}{h_{fe}} \cdot \frac{g_m}{2\pi(C_c + C_e)}$$

라고 하는 관계식을 이용해서 전류 증폭률 A_I를 정리하면

$$A_I = \frac{-h_{fe}}{1 + j(f/f_\beta)}$$

$$|A_I| = \frac{h_{fe}}{\sqrt{1 + (f/f_\beta)^2}}$$

으로 나타낼 수 있다. 위의 관계식에서 $f = f_\beta$인 경우 전류 이득 $|A_I|$는 저주파 때의 h_{fe} 값의 $1/\sqrt{2} = 0.707$과 같다. 따라서 차단 주파수 f_β까지의 주파수 범위를 회로의 대역폭 (Bandwidth)이라고 할 수 있다.

이것은 각 주파수가 $w = 0$인 경우의 전류 이득 A_I 값을 구하면 $-h_{fe}$로서 이는 마치 저주파 단락 회로 CE 전류 이득에서 전류이득 $A_I = -h_{fe}$으로 정의된 결과와 일치하게 된다.

(3) 주파수에 대한 단락 CE 회로의 전류 이득

단락 회로 CE 회로의 전류 이득 $A_I = -\frac{h_{fe}}{1 + j(f/f_\beta)}$에서 영역에 따른 특성을 고려하기 위하여 사용 주파수와 차단 주파수의 관계를 이용하여 정리하면

■ $f \ll f_\beta$인 경우

전류 이득은 $A_I = -h_{fe}$이며 이를 [dB]로 변환하면 $A_I[\text{dB}] = 20 \log h_{fe}$로서 수평선을 점근선으로 하는 직선에 가까운 값이 된다.

■ $f \gg f_\beta$인 경우

$|A_I| \fallingdotseq \dfrac{h_{fe} f_\beta}{f} = \dfrac{f_T}{f}$이므로 이를 [dB]로 변환하면

$$|A_I|[\text{dB}] = 20 \log f_T - 20 \log f$$

가 된다.

■ $f = f_T$인 경우

$$A_I\,[dB] = 0$$

등으로 나타낼 수 있다.

한편 $f \gg f_\beta$인 경우 점 $(f_T, 0)$을 지나고 기울기는$A_I[\text{dB}]$의 감소에 따라서 6[dB/octave]로 감소되는 직선에 점근한다. 여기서 주파수 f가 2의 인수배가 라면 20log 2 = 6[dB], 즉 20[dB/decade]으로 나타낼 수 있다.

따라서 두 점근선의 교차는 주파수 $f = f_\beta$인 곳에서 일어난다. 여기서 전류 증폭률 A_I는 3[dB] 떨어진 곳에 위치하므로 차단 주파수 f_β을 3[dB] 차단 주파수라고 부른다.

여기서 전류 이득 $A_I = -\dfrac{h_{fe}}{1 + j(f/f_\beta)}$관계식을 이용하여 전류 이득과 주파수에 대한 특성 곡선을 나타내면 다음과 같다.

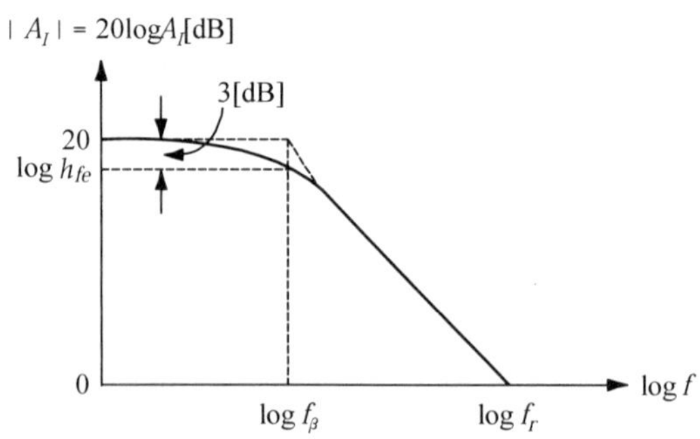

그림 3.33 $A_I(=20\log|A_I|[\text{dB}])$로 나타낸 CE 회로의 전류 이득

(4) 트랜지스터의 고주파 등가 회로 해석

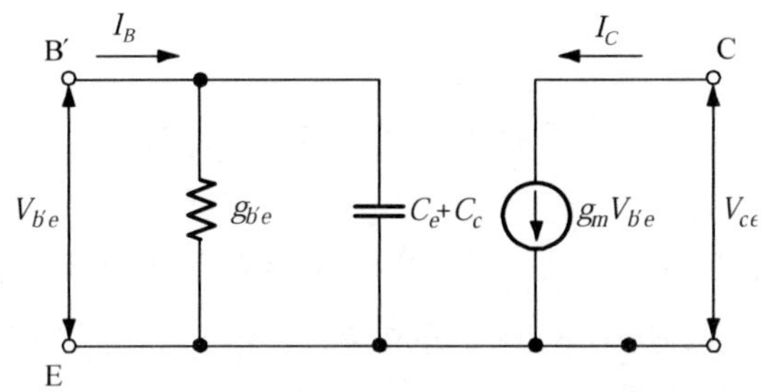

그림 3.34 고주파 혼합 π 모델 등가 회로

트랜지스터의 고주파 해석을 하기 위해서는 사용되는 간략화 된 혼합 π 모델 등가 회로에서 고려해야 할 내용으로

- 컬렉터-베이스 사이의 커패시턴스 성분
- 이미터-베이스 사이의 커패시턴스 성분
- 이미터-베이스 사이의 저항 성분

등을 들 수 있다. 트랜지스터에 대한 고주파적인 해석이라고 하는 것은 공급하는 주파수에 의해서 이득이 0이 되는 주파수의 크기를 구하는 것으로 여기서 트랜지스터의 고주파 특성 분석을 위해 저주파 등가 회로를 변형한 고주파 혼성 π 모델을 이용하여 해석을 행한다. 먼저 주어진 고주파 등가 회로에서의 전류 이득 A_I을 구하면

$$A_I = \frac{I_C}{I_B} = \frac{g_m V_{b'e}}{[g_{b'e} + jw(C_e + C_c)]\, V_{b'e}}$$

이며, 여기서 g_m은 상호 컨덕턴스를 나타내며, 고주파에 대한 전류이득은 앞에서 저주파에 대한 전류 이득 $A_I = -h_{fe}$과는 다소 차이가 나고 있음을 알 수 있다.

한편 전류 이득 A_I에서 β차단 주파수 $f_\beta = \dfrac{1}{2\pi(C_e + C_c) r_{b'c}} = \dfrac{g_{b'e}}{2\pi(C_e + C_c)}$에 대해서

입력 컨덕턴스 $g_{b'e} = \dfrac{g_m}{h_{fe}}$인 관계를 이용해서 정리하면

$$f_\beta = \frac{1}{h_{fe}} \cdot \frac{g_m}{2\pi(C_e + C_c)}$$

으로 나타낼 수 있다.

이 관계식에서 양변에 h_{fe}를 곱해서 정리하면 $h_{fe} \cdot f_{\beta} = \beta \cdot f_{\beta}$ 이며 여기서 정수 f_T로 나타내는 관계식

$$f_T = \beta \cdot f_{\beta} = \frac{g_m}{2\pi(C_e + C_c)}$$

으로 나타낼 수 있다. 따라서 최대 전류 이득 $\beta\,(=h_{fe})$와 대역폭 f_{β}에 대한 $\beta \cdot f_{\beta}$을 이득대역폭 적(Gain Bandwidth product)라고 하고 이를 f_T로 표현하고 있다. 이 결과식에서 f_T는 증폭기의 특성을 나타내는 중요한 의미를 지닌다. 즉, f_T는 트랜지스터의 동작 속도를 결정짓는 차단 주파수라고 할 수 있다.

동일한 방법으로 해석하는 경우처럼 베이스 접지 회로에 대해서 적용해서 정리하면

$$f_T = \alpha \cdot f_{\alpha}$$

인 관계식을 얻게 된다. 여기서 이득 α, β와 차단 주파수 f_{α}, f_{β}을 이용해서 상호간의 관계식으로 표현하면

$$f_T = \alpha \cdot f_{\alpha} = \beta \cdot f_{\beta} = G \cdot B = \text{일정}$$

으로 나타낼 수 있다. 즉 이득과 대역폭의 곱이 일정하다는 것은 이득과 대역폭 상호간에는 반비례 관계가 있음을 보여주는 결과라고 할 수 있다.

즉, 근사적인 고주파 등가 회로에 대한 특성 곡선을 고려하면 CE 회로의 경우는 이득은 크지만 대역폭이 좁고, CB 회로는 이득은 적지만 대역폭이 넓다. 따라서 이득과 대역폭은 반비례관계에 있음 알 수 있다.

따라서 f_T의 정의인 $f_T = \alpha \cdot f_{\alpha} = \beta \cdot f_{\beta} = [G \cdot B] = const$을 통해서 이득 G와 대역폭 B는 반비례 관계에 있음을 알 수 있으며, f_T가 의미하는 것은 "CE 회로에서 전류 이득이 1이 되는데 필요한 주파수"를 나타내는 것이다.

예를 들면 대역폭 B를 K배로 하려면 이득 G는 1/K 배로 하여야 하는데 이득 G의 단위는 [dB]이므로 [dB]로 표현하기 위해서 이득의 크기는 20 log $\frac{1}{K}$ [dB] 으로 나타내어야 한다.

전류이득 A_I를 [dB]로 나타낸 CB, CE 회로의 전류 이득 특성 곡선에서 차단 주파수의 크기를 알 수 있으며 일반적으로 사용되는 트랜지스터로 NPN 트랜지스터를 PNP 트랜지스터보다 더 많이 사용되는데 그 이유는 Emitter에서 Base로 주입되는 캐리어가 전자이기 때문이다.

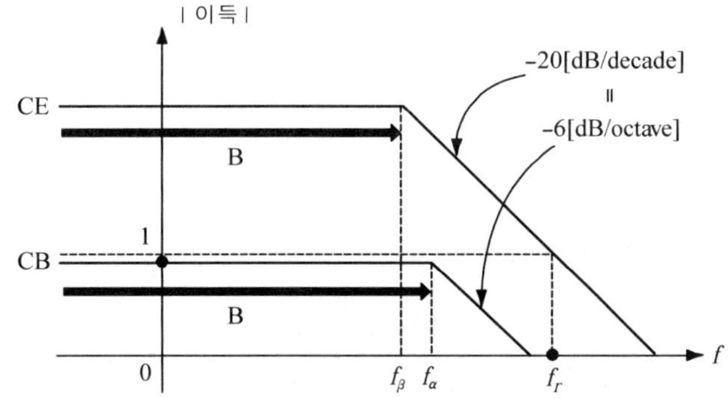

그림 3.35 A_I를 [dB]로 나타낸 CB, CE 회로의 전류 이득 특성 곡선

3.3.2 트랜지스터의 고주파 특성 분석

(1) 차단주파수 f_α와 f_β의 관계

베이스 접지 증폭기가 이미터 접지 증폭기보다 고주파 특성이 좋은 이유는 차단 주파수가 높기 때문이며, 이 관계를 보이기 위해서 전류이득 특성 곡선에서 차단 주파수의 크기를 비교하면

$$f_\beta < f_\alpha$$

가 되며, 등식의 관계를 유지하기 위해서 필요한 비례상수를 이용하면 이미터 차단 주파수 f_β는

$$f_\beta = (1-\alpha_0)f_\alpha = \frac{\alpha_0}{\beta_0}f_\alpha$$

인 관계에 있게 된다. 여기서 첨가가 붙은 α_0와 β_0는 저주파 전류 증폭률을 의미하는 것이다.

(2) f_T의 관계식

$f_T = \alpha \cdot f_\alpha = \beta \cdot f_\beta = [G \cdot B] = const$ 관계에서 이득 G와 대역폭 B는 반비례 관계에 있으며, 두 트랜지스터의 f_T가 같으면 h_{fe}가 적은 쪽이 대역폭이 넓으며,

$$f_\beta < f_\alpha < f_T$$

인 관계에 보이게 된다.

3.3.3 트랜지스터 주파수 특성

(1) 고주파 트랜지스터의 평가

일반적으로 트랜지스터에 인가된 교류 신호의 주파수가 증가하면 처음에는 출력이 일정하게 유지되지만 어느 정도 이상 주파수가 증가하면 트랜지스터의 출력이 감소하고 이는 증폭도의 감소를 일으키게 된다.

여기서 트랜지스터가 높은 주파수에서 이득의 변화를 보이게 되는 경우 고주파에서의 특성을 개선하는 방법의 관계식을 고려하면

$$f_\alpha = \frac{1}{t_B} = \frac{D}{\pi(W_B)^2}$$

이며, 여기서 t_B는 베이스 폭 횡단 시간(주행 시간), W_B는 베이스 폭 그리고 D는 확산계수를 나타낸다. 고주파 차단 주파수 f_α의 크기는 확산 계수에 비례하고 베이스 폭 제곱에 반비례하게 된다.

따라서 고주파 특성을 개선하는 방법으로

- 트랜지스터에서 베이스 폭 횡단 시간을 짧게 하거나
- 베이스 폭을 좁게 하는 방법을 이용하게 된다.

등을 들 수 있다.

(2) NPN 트랜지스터가 PNP 트랜지스터보다 고주파 특성이 우수한 이유

이미터에서 베이스로 주입되는 캐리어가 전자이기 때문이다. 즉, 전자의 이동속도가 정공보다 빠르므로 베이스 주행 시간이 짧기 위해서는 NPN이 더 유리하다.

트랜지스터 소자 자신이 지니는 정전 용량 혹은 도선 사이의 표유 용량은 그 값이 매우 적기 때문에 무시할 수 있다. 왜냐하면 리액턴스가 무한대이기 때문이다. 여기서 이와 같은 용량을 무시할 수 있었던 이유는 일반적으로 사용하는 중역 주파수대에서 커다란 영향을 주지 않고 실제와 잘 부합하기 때문이다. 그러나 실제 사용하는 주파수는 언제나 중역

의 주파수만 이용되는 것이 아니고 저주파에서 높은 주파수에 걸친 다양한 주파수를 사용하고 있기 때문에 주파수가 고주파인 경우를 고려할 필요가 있다.

즉, 실제로 증폭기의 이득을 결정하는 주된 요인 중의 하나로 높은 주파수에서는 트랜지스터 내부의 자체 용량으로 인한 영향을 고려해야 한다. 내부 용량들은 수십 $[pF]$정도로 매우 적어서 중역 주파수대역에서는 무시할 수 있었다.

이는 주파수가 낮기 때문에 용량성 리액턴스를 무한대로 볼 수 있기 때문이었다. 그러나 주파수가 높은 우에는 용량성 리액턴스가 무한대가 아니므로 이들의 영향을 고려해야 한다.

(3) 주파수에 따른 증폭기의 이득 변화를 고려하면 다음과 같다.

- 저역에서는 바이패스 콘덴서 혹은 블록킹 콘덴서 등의 사용으로 이득이 감소하며,
- 고역에서는 증폭기 자체의 용량에 의해서 이득이 감소한다.

이와 같은 특성을 고려한 것을 곡선으로 나타내면 다음의 그림과 같다.

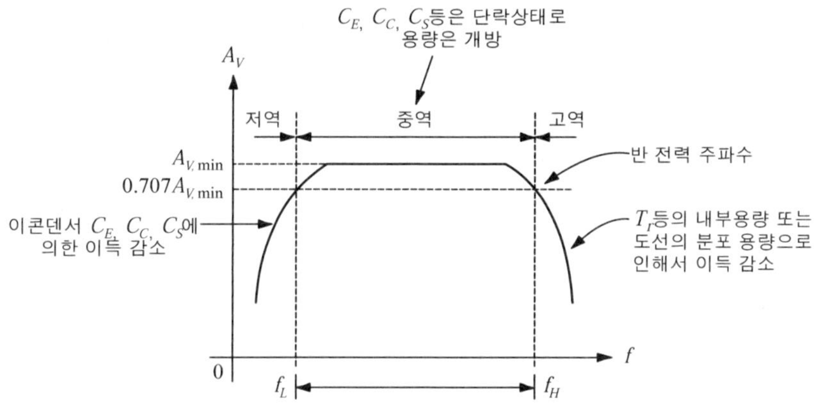

그림 3.36 주파수 영역에 따른 특성 곡선

(4) 고주파 증폭 회로를 설계하는 과정에서 고려해야 할 내용

- 베이스 접지 회로를 사용한다.
- 부하 저항 R_L은 정합을 고려하여 적당한 크기로 선정한다.
- 차단 주파수가 큰 트랜지스터를 사용한다.
- 전극 간의 용량을 가능하면 줄이도록 한다.

▶▶▶ 연습문제

01 이미터 접지회로(NPN)의 동작에 대해서 설명하여라.

트랜지스터의 활성 영역은 선형 증폭기로 동작을 할 때 중요한 영역으로 최대 전류 이득을 얻기 위해서는 베이스-이미터 접합은 순방향 바이어스, 베이스-컬렉터 접합은 역방향 바이어스를 걸어 주는 영역을 말하며, 차단 상태는 입력측과 출력측이 모두 역 바이어스 된 상태로 PN 접합을 지나는 것은 소수 캐리어의 드리프트 전류이다. 그리고 포화 상태의 개념을 가진다고 해석되는 것은 활성 상태와 역 활성 상태가 중첩된 동작 상태로 볼 수 있다.

포화, 차단 영역에서는 스위치 및 펄스로 활성 영역에서는 증폭기로 사용하게 된다.

- 포화 영역은 베이스-이미터 접합과 베이스-컬렉터 접합이 모두 순방향 바이어스 상태이며, 스위치로 동작하는 영역으로 베이스 전류를 크게 하여도 그 이상 컬렉터 전류가 증가하지 않는 영역을 말한다.
  그리고 베이스-이미터 간 전압 V_{BE}와 베이스 전류 I_B의 특성은 PN 다이오드의 전압-전류 특성과 동일하다.
- 활성 영역은 선형 증폭기로 동작을 할 때 중요한 영역으로 최대 전류 이득을 얻기 위해서는 베이스-이미터 접합은 순방향 바이어스, 베이스-컬렉터 접합은 역방향 바이어스를 걸어 주는 영역을 말한다. 즉, 베이스 전류의 변화에 따라 컬렉터 전류가 변화하는 영역이다.
- 차단 영역은 베이스-이미터 접합과 베이스-컬렉터 접합이 모두 역방향 바이어스 상태이며, 베이스 전류 및 컬렉터 전류가 거의 흐르지 않는 영역을 말한다. 즉, 베이스 전류가 없기 때문에 전류가 흐르지 않는 영역을 말한다.

02 접지방식 중 이미터 폴로워 회로가 지니는 특징에 대해서 설명하여라.

이미터 폴로워 회로는 입력 임피던스는 대단히 높고, 출력 임피던스는 대단히 낮으며, 전류 이득의 근사치는 $A_i = \dfrac{1+h_{fe}}{1+h_{oe}R_L} \fallingdotseq 1+h_{fe}$ 이다. (단, $h_{oe} \cdot R_e \ll 1$ 이다)

- 부하 저항이 변화해도 전류·전압·전력 이득은 일정하다.
- 전압 이득은 거의 1에 가깝다.
- 전류 이득이 매우 크다.

03 이미터 저항 R_e가 회로에 대한 영향에 대해서 설명하여라.

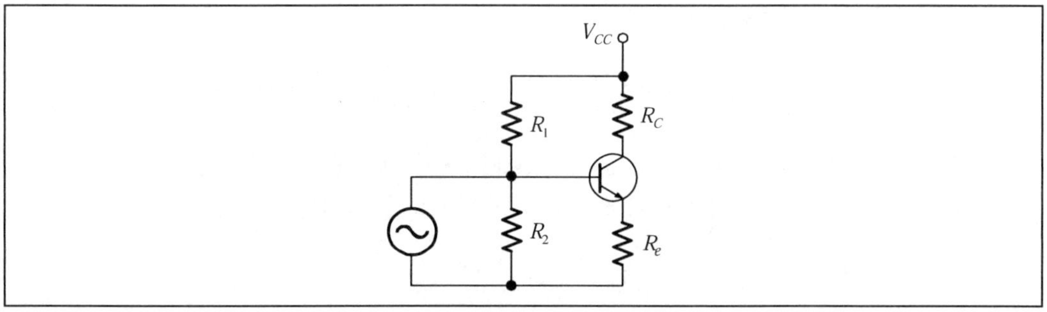

이미터 측에 존재하는 저항 R_e에 의해서 입력 저항은 증가하고, 전압 이득은 감소하는 반면 안정성이 우수해진다. 그래서 R_e를 안정용 저항이라고 한다. 이미터 접지 증폭기에서 이미터 저항을 삽입하는 경우 CE 회로에 대한 전압 증폭률 A_V는

$$A_V = -\frac{h_{fe}R_L}{h_{ie}+(1+h_{fe})R_e}$$

에서 이미터 저항 R_e을 삽입하면 전압 증폭(이득)은 감소한다. 따라서 특징을 정리하면 다음과 같다.

- 저항 R_e를 크게 할수록 입력 임피던스가 증가하게 된다.
- 저항 R_e가 크면 클수록 안정 계수는 적어진다.
- 저항 R_e가 크면 클수록 증폭된 컬렉터 전류는 적어지게 된다.
- 저항 R_e가 크게 될수록 전압 증폭도는 감소하게 된다.

04 전류 증폭율 $\beta = 200$인 이 트랜지스터가 포화되기 위해 필요한 베이스 전류 I_B의 최소값은 어느 정도로 하여야 하는가?

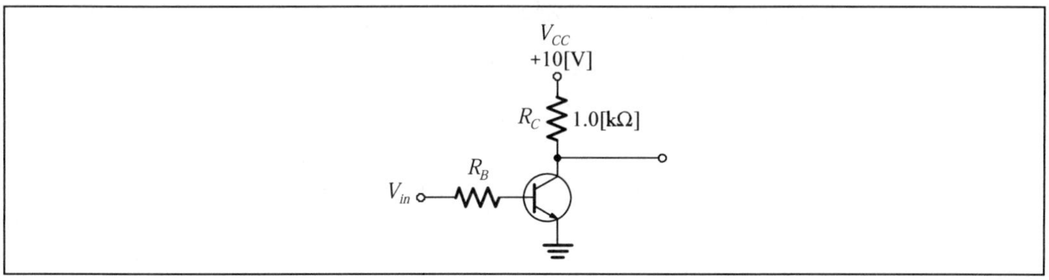

입력 전압 $V_i = 0$인 경우 트랜지스터는 차단 상태가 되어 개방 스위치처럼 작용한다. 따라서 컬렉터와 이미터 사이의 전압 V_{CE}는

$$V_{CC} = V_{CE} = 10\,[\mathrm{V}]$$

가 되며 전압 방정식을 이용하면

$$V_{CC} - V_{CE} = I_C R_C$$

이며 여기서 컬렉터 전류를 구하면

$$I_C = \frac{V_{CC} - V_{CE-sat}}{R_C} \fallingdotseq \frac{V_{CC}}{R_C} = \frac{10\,[\mathrm{V}]}{1.0\,[\mathrm{K}\Omega]} = 10\,[\mathrm{mA}]$$

가 된다. 여기서 포화 상태의 V_{CE-sat} 값이 매우 작기 때문에 이를 무시할 수 있다.
이를 이용하여 포화되기 위한 베이스 전류가 최소가 되는 크기를 구하면

$$I_B = \frac{I_C}{\beta} = \frac{10\,[\mathrm{mA}]}{200} = 50\,[\mu\mathrm{A}]$$

가 된다. 여기서 포화 전류는 베이스 전류 I_B를 증가시켜도 트랜지스터는 포화 상태를 유지할 뿐 컬렉터 전류 I_C는 더 이상 증가하지 않는 상태를 말한다.

05 트랜지스터를 베이스 접지에서 이미터 접지로 변화를 하는 경우 컬렉터 차단 전류가 20배로 증가하였다면 이 트랜지스터가 갖는 전류 증폭률 α의 크기를 계산하여라.

역방향 포화 전류 I_{CO}는 빛이나 에너지를 받아 결합을 깬 소수 캐리어에 의한 전류이다. 소수 반송자에 의해 흐르는 전류로 거의 일정한 [μA] 정도의 전류이며 온도 상승으로 인해 I_{CBO}가 증가하면 I_C가 증가하게 되며, I_{CBO}전류는 베이스 전류가 0일 때 이미터 접지 회로의 컬렉터 전류이다. $|I_{CBO}|$가 $|I_{CO}|$보다 큰 이유는 반도체 접합면을 통하지 않고 반도체 표면을 통하여 흐르는 누설 전류 때문이다.
여기서 트랜지스터의 역방향 포화 전류 I_{CBO}는

- 컬렉터에 있는 소수 캐리어의 이동에 의한 전류를 말한다.
- I_{CBO}의 크기는 그 값이 작을수록 바람직하다.
- 온도가 증가하게 되면 아울러 I_{CBO}도 증가하게 된다.
- 이미터 개방일 때 컬렉터와 베이스 사이에 흐르는 전류를 나타낸다.

한편 역방향 포화 전류에 대해서 관계식으로 나타내면

$$I_{CEO} = (1+\beta)\,I_{CBO}$$

이며 여기서 $\beta = 19$이므로 $\alpha = \dfrac{\beta}{1+\beta}$ 관계식을 이용하면 $\alpha = \dfrac{19}{1+19} = 0.95$

가 된다. 이상적인 TR의 경우 α값은 $\alpha = \dfrac{I_C}{I_E} \leq 1(\alpha = 1,$ 이상적인 경우)이다. 예를 들면 이미터 접지 트랜지스터 회로에서 베이스를 개방한 경우 컬렉터의 포화 전류를 I_{co}라고 할 때 전류 증폭율이 $\alpha = 0.9$라고 하면 컬렉터 전류 I_{CBO}는

$$I_{CEO} = (1+\beta)\,I_{CBO} = \frac{I_{CBO}}{1-\alpha} = 10\,I_{CBO}$$

가 된다.

06 컬렉터 접지 회로(CC)를 이미터 폴로워(Emitter follower)라고 부르는 이유에 대해서 설명하여라.

CC(Common Collector)를 이미터 폴로워(Emitter follower)라고 부르는 이유는 이미터 전압이 베이스 신호 전압을 따라가기 때문이다.
이미터 폴로워 회로는 전압 이득을 결정하는데 부하 저항의 값에 거의 관계가 되지 않아 1에 가깝다. 이미터 폴로워 회로는 입력 임피던스가 높고 출력 임피던스가 낮은 동시에, 100[%]의 부귀환(NFB)이 걸려서 주파수 특성이 좋아지며 증폭기의 안정도가 향상된다. 이미터 폴로워 회로는 전압 이득을 결정하는데 부하 저항의 값에 거의 관계가 되지 않아 1에 가깝고, 전류 이득이 크기 때문에 신호의 전력을 증대시킨다. 전압 이득을 고려하지 않은 상태에서 임피던스 변환이 용이하므로 증폭기의 입력단에 사용, 즉, 입력측과 다단 회로를 분리할 수 있으며, 출력 임피던스가 무척 작기 때문에 회로의 최종 단에 이용해 대 출력용으로 사용할 수 있다.

07 이미터 접지일 때 전류 증폭률이 각각 h_{FE1}, h_{FE2}인 두 개의 트랜지스터 Q_1과 Q_2를 접속하는 경우에 나타나는 컬렉터 전류 I_c의 크기를 결정하여라.

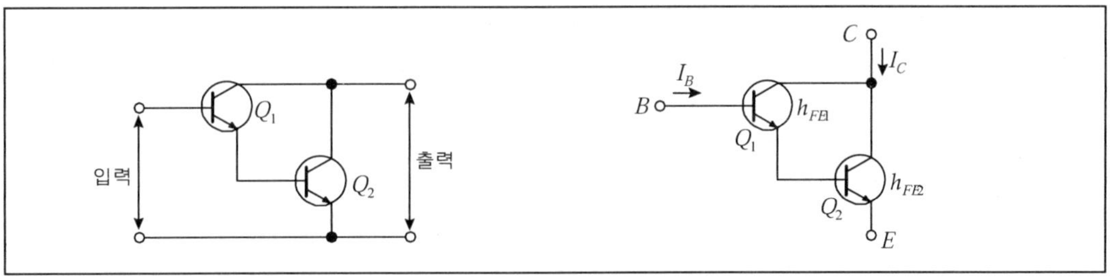

주어진 회로는 달링톤 회로로서 트랜지스터 각각에 대한 전류 증폭률을 각각 h_{FE1}, h_{FE2}인 경우 컬렉터 전류 I_c의 크기는

$$h_{FE1} \cdot I_B + h_{FE2}(h_{FE1}+1) \cdot I_B$$

가 된다. 여기서 달링톤 접속 회로의 경우는 입력 저항이 무척 크며, 전류 증폭률이 증가한다. $(h_{fe} \fallingdotseq h_{fe1} \times h_{fe2})$그리고 단점으로는 첫 번째 단의 누설 전류(일종의 잡음으로)를 두 번째 단의 트랜지스터가 누설 전류 까지를 증폭하게 되는 문제를 지니게 된다.

08 트랜지스터의 베이스 접지형 증폭 회로에 대한 특징을 간단히 설명하여라.

CB 회로의 특징은 $A_i = \dfrac{-h_{fb}}{1+h_{ob}R_L}$에서 전류 이득은 부하의 크기에 관계없이 약 $1(|h_{fb}| < 1)$이며, A_i가 1보다 작기 때문에 전력 이득A_p도 작은 편이다. 입력 저항 R_i도 가장 낮고 출력 임피던스가 대단히 높은 증폭기이다.

- 입력 저항이 적은 편이다.

- 입력 및 출력 위상은 동위상이다.
- 주파수 특성이 매우 양호하다.

09 결합 방식 중 전력 이득을 가장 크게 얻을 수 있는 결합의 형태에 대해서 설명하여라.

전력 이득이 높은 순서로

변성기 결합 〉 임피던스 결합 〉 RC 결합

등이며, 주파수 특성은 그 반대이다. 따라서 가장 높은 전력 이득을 주는 결합(coupling) 방법은 변성기 결합(transformer coupling)이다. Trans(변성기) 결합 증폭기는 정합이 용이하고 높은 이득과 큰 출력을 얻을 수 있다. 이미터 접지(CE) 회로는 전류 이득과 전압 이득이 1보다 크다. 따라서 전류 이득과 전압 이득을 동시에 얻는 접지 회로는 CE 회로이다.

10 트랜지스터에서 베이스 폭 변조(Base Bandwidth Modulation)에 대해서 설명하여라.

트랜지스터 구조에서 컬렉터 측의 출력 전압에 의해서 베이스 폭(영역) 변화로 인하여 전류 증폭율 값이 변화를 일으키는 현상을 베이스 폭 변조(Base Bandwidth Modulation) 또는 어얼리 효과(Eearly effect)라고 한다.
이와 같은 현상으로 (해설) 트랜지스터 구조에서 컬렉터 측의 출력 전압에 의해서 전류 증폭률 β가 변하게 되는 현상을 설명하는 것을 말한다.

11 트랜지스터의 정상 동작 상태(Quiescent state)에 대한 의미를 설명하여라.

트랜지스터에서 정상 동작 상태(Quiescent state)란 입력 신호가 인가되지 않았을 경우의 동작점을 말하는 것으로 입력 신호가 가해진 경우는 평균값을 말하며, Q로 표시한다. 트랜지스터의 동작점은 온도의 증가 또는 감소에 따라 영향을 받는데 그 영향으로 β는 온도 상승에 따라 증가하며, I_{CO}는 온도가 10[°C]증가함에 따라 2배 증가하며, 입력 전압 V_{BE}는 Si, Ge, Tr의 경우 2.5[mV/°C] 비율로 감소하게 된다.

12 베이스 접지 증폭 방식과 이미터 접지 증폭 방식을 비교하는 경우 베이스 접지 방식이 고주파 특성이 우수한 이유에 대해서 설명하여라.

CE 회로보다는 CB 회로의 차단 주파수가 높아 CB 회로가 CE 회로에 비해 고주파 특성이 우수하다. 즉 주파수 특성은 CB가 더 우수 하지만 이득은 CE가 크다. 이미터 접지 증폭기를 베이스 접지 증폭기에 비교하는 경우 이미터 접지 회로는 베이스 접지 회로 보다 전류 증폭이 크지만 고주파 특성은 나쁘다.

따라서 트랜지스터의 고주파 특성을 결정하는 파라미터로 α 차단 주파수 f_{α}의 크기를 결정하는데 f_{α}의 크기는

$$f_{\alpha} = \frac{D_p}{\pi W_B^2}$$

인 관계식을 보이는데 여기서 베이스 폭 W_B가 얇을수록 효과가 우수한 고주파 특성을 보이게 된다.

13 다음은 트랜지스터에 대해서 $h-$정수를 이용한 완전 등가 회로에서 입력과 출력에 대한 관계식을 나타내어라.

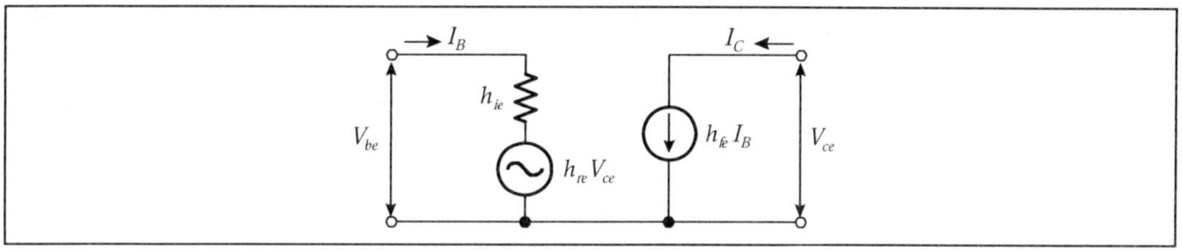

트랜지스터의 $h-$정수 등가 회로로 나타내는 경우에 등가 회로 상에는 직류 바이어스 전압은 생략해서 구성한다.

여기서 입력 전류와 출력 전압을 독립 변수로 정하고 이에 대한 $h-$정수를 이용하여 행렬식으로 나타내면

$$\begin{pmatrix} V_{be} \\ I_c \end{pmatrix} = \begin{pmatrix} h_{ie} & h_{re} \\ h_{fe} & h_{oe} \end{pmatrix} \begin{pmatrix} I_b \\ V_{ce} \end{pmatrix}$$

이며 이를 하나의 다항식으로 표현하면

$$V_{be} = h_{ie}\, I_b + h_{re}\, V_{ce}$$
$$I_c = h_{fe}\, I_b + h_{oe}\, V_{ce}$$

가 된다. 여기서 i_b는 베이스 전류, V_{ce}는 컬렉터-이미터 간 전압으로 하는 경우 CE(이미터 접지형) 증폭기의 등가 회로에서 컬렉터 전류 i_c는 $h_{fe}\, i_b + h_{oe}\, V_{ce}$이다.

14 CE 접지 증폭기에서 출력 단락 전류 이득이 1이 되는 주파수 f_T가 40[kHz]인 트랜지스터를 사용하는 경우 저주파의 전류 이득 h_{fe}가 20이라면 β차단 주파수 f_{β}의 크기는?

$\alpha \cdot f_{\alpha} = \beta \cdot f_{\beta} = f_T = const$관계식이 존재하며, 여기서 고주파 트랜지스터의 특성을 나타내는 파라미터인 f_T가 의미하는 것 이미터 접지 회로에서 출력을 단락했을 경우 전류 이득이 1이 되는 주파수를 말한다. 이들 관계식을 이용하면 $40 = 20 \times f_{\beta}$이며 여기서 $f_{\beta} = 2$[kHz]가 된다.

15 고주파 트랜지스터에서 α차단 주파수 f_α와 β차단 주파수 f_β의 관계식을 나타내어라. (단, CB의 저주파 단락 전류 증폭은 α_0이다.)

차단 주파수의 f_β와 f_T의 관계를 고려하면 $f_T > f_\beta$이다. 여기서 h_{fb}는 CB의 전류 이득, h_{fe}는 CE의 전류 이득이고, 각각의 접지에 대한 차단 주파수를 f_α, f_β라고 할 때 $f_\beta < f_\alpha$인 관계식이 존재하며 이를 등식으로 표현하면

$$f_\beta = (1-\alpha) f_\alpha = (1-h_{fb}) f_\alpha$$

가 된다. 따라서 차단 주파수의 크기는

$$f_\beta < f_\alpha < f_T$$

인 관계식을 보이게 된다. 고주파 트랜지스터에서 α차단 주파수 f_α와 β차단 주파수 f_β의 관계식에서 f_β가 f_α보다 훨씬 적다.($f_\beta < f_\alpha$) 여기서 α차단 주파수는 저주파 전류 증폭률이 0.7배로 되는 주파수를 말하며, 예를 들면 PN 접합 트랜지스터의 베이스 접지 회로에 대한 저주파 단락 전류 증폭률이 $\alpha_0 = 0.98$이며, α차단 주파수가 8[MHz]라면 이미터 접지 회로에 대한 단락 전류 증폭률의 차단 주파수의 크기는 $f_\beta = f_\alpha(1-\alpha_0) = 8(1-0.98) = 0.16[\text{MHz}] = 160[\text{kHz}]$으로 구해진다.

제4장 트랜지스터의 바이어스(Bias) 회로

4.1 바이어스 회로의 개요

4.1.1 바이어스 회로의 역할

(1) **바이어스를 공급해야 하는 이유**

트랜지스터가 원하는 증폭 작용을 하기 위해서는 트랜지스터가 동작하기 위한 적당한 직류 전압이 공급되고 직류 전류가 흐르는 상태가 되어야 한다. 이와 같이 직류 전원을 공급하는 것을 "바이어스 조건을 설정한다." 라고 한다.

즉, 트랜지스터가 증폭 작용을 하기 위해서 공급되는 바이어스란 증폭을 하고 싶은 신호를 넣는 곳에 미리 일정한 직류 전류가 흐르도록 하는 동작을 말한다.

증폭기의 출력 신호가 입력에 대해 항상 비례해야 하는데 이를 위해서는 증폭기가 트랜지스터의 차단 영역이나 포화 영역에서 동작하지 않도록 해야 한다. 다시 말하면 특별한 경우 외에는 증폭기의 동작점이 특성 곡선 위에 그어지는 부하선의 중앙점에 위치하도록 외부 전압을 가해야 하는데 이와 같이 동작점을 정해주는 전압을 바이어스 전압이라고 한다.

여기서 바이어스를 거는 이유를 고려하면 우선 바이어스 없이 직접 교류 입력 신호를 트랜지스터의 베이스와 이미터 사이에 입력하면 입력 신호의 신호 주파수에 따라서 극성이 순방향 혹은 역방향을 순서대로 번갈아 가면서 걸리게 된다. 이 때 입력으로

- 순방향 전압일 때는 트랜지스터가 동작은 하지만 출력으로 입력 신호의 한쪽만 볼 수 있는 정류 파형을 보게 된다.
- 역방향의 경우는 트랜지스터가 동작하지 않게 된다.

따라서 바이어스 없이 직접 신호를 트랜지스터에 인가하는 경우에는 입력 파형과 별 차이가 없는 파형을 얻게 된다.

그래서 트랜지스터에 일정한 직류 전류가 흐르도록 하면 입력 신호 파형이 이 비록 역방향 전압 즉, (−)가 되더라도 베이스와 이미터 사이의 전압은 언제나 순방향 전압이 걸리게 되어 입력으로 미소한 파형이 인가되는 경우에 출력으로 큰 신호 파형을 얻는 증폭을 얻게 된다. 이와 같이 증폭을 위해 일정한 직류 전류가 흐르도록 하는 직류 전원을 바이어스라고 한다.

기본적인 트랜지스터를 이용해서 증폭기를 구성하는 경우 입력 측인 베이스와 이미터 간에 순 바이어스를 인가해서 이용한다. 그러나 실제 회로에서는 순 바이어스인 V_{BB}를 생략해서 구성하는데, 이때 V_{BB}를 생략하는 대신에 회로에 저항을 적절히 접속하는데 이때 접속되는 저항의 위치에 따라 회로의 명칭이나 특성이 변하게 된다.

(2) 바이어스를 고려해야하는 목적

- 활성 영역이 동작점 Q을 선정해주는 것이다. 여기서 동작점은 I_B, I_C, V_{CE}가 만나는 교점이라고 할 수 있다.
- 선정된 동작점에 대한 온도 안정성 확보를 위해서이다.

Book Cafe

▸ 바이어스가 공급되지 않는 경우에는 증폭 특성을 볼 수 없다.

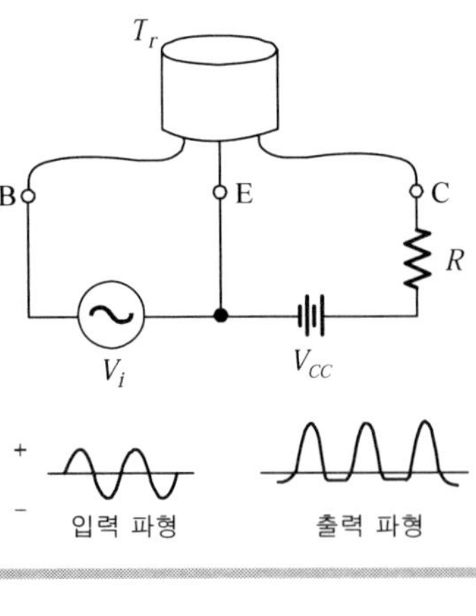

▸ 바이어스가 적절하게 공급되면 증폭 특성을 볼 수 있다.

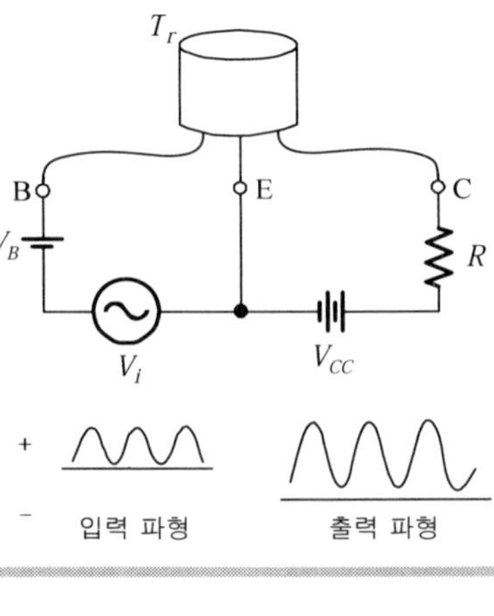

4.1.2 바이어스 회로의 안정 계수

(1) BJT의 동작점(Operating point), Q

디지털 시스템의 트랜지스터는 차단 상태 혹은 포화 상태 중 하나에서만 동작하며, 트랜지스터가 활성영역에 있는 경우에 증폭기 역할을 갖게 된다. 이와 같이 트랜지스터가 증폭 능력을 갖도록 하기 위해서는 트랜지스터가 활성 영역에서 동작할 수 있도록 하는 바이어스를 공급해야 한다.

적절한 바이어스를 걸기 위해서는 트랜지스터의 특성 곡선을 정확하게 파악하고 바이어스 전류를 결정해애 한다.

■ 정적 동작점(Quiescent point)

베이스에 입력 신호가 가해지지 않은 상태에서 컬렉터의 전류와 전압이 출력 특성 곡선의 중앙점에 위치하도록 한다. 이와 같이 입력 신호가 가해지지 않은 상태에서의 동작점을 정적 동작점이라 하며, 기호로 Q로 나타낸다.

트랜지스터의 출력 전류를 가변하는 파라미터인 I_{CO}, β, V_{BE}등은 온도 T에 따라 변하는 함수이므로 정적 동작점의 컬렉터 전류 역시 온도에 따라 변하게 된다. 따라서 출력 파형을 입력 신호 파형과 같게 하기 위해서는 동작점의 위치를 적당한 위치에 설정되도록 해야 한다.

■ BJT의 동작점

BJT가 활성 영역에서 동작하고 있으면 거의 선형 특성을 갖는다. 따라서 활성 영역에서 동작하도록 하기 위해서는 외부 전원으로부터 알맞은 전류 전압과 직류 전류를 공급해 주어야 한다.

일단 동작점 Q가 설정되면 입력신호인 베이스 전류가 시간적으로 변화함에 따라 출력 신호인 컬렉터 전류, 컬렉터 전압은 입력 신호와 같은 파형으로 변화한다. 만일에 출력 신호가 입력 신호의 파형과 일치하지 않을 경우 예를 들어 어느 한 쪽이 잘려지는 경우는 동작점 Q가 만족스럽지 못한 것이므로 동작점을 다시 조정해 주어야한다. 고정 바이어스 회로에서 입력 신호는 콘덴서 C_{b1}을 통해서 트랜지스터의 베이스에 결합되며, 직류에서는 커패시턴스의 리액턴스가 무한대 ∞이므로 입력 신호가 없는 정적 동작 조건 아래에서 콘덴서 C_{b1}(Blocking capacitance)는 개방 회로로 작용하게 된다.

그리고 신호 주파수가 낮은 범위에서는 리액턴스가 대단히 작아서 무시할 정도가 되도록 콘덴서 C_{b1}과 C_{b2}는 충분히 큰 값이어야 한다. 결국 결합 커패시턴스들은 직류만 제거하고 교류는 손실 없이 통과시키데 된다.

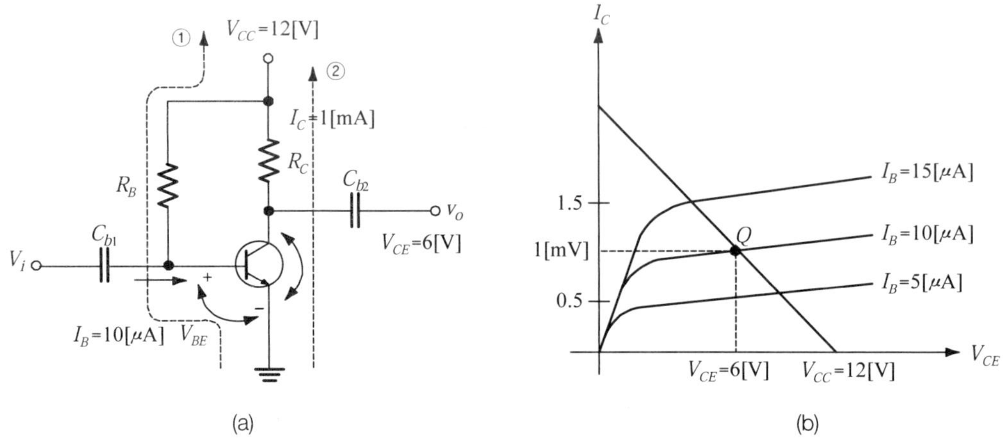

그림 4.1 바이어스 회로

여기서 각 커패시터 C_{b1}과 C_{b2}의 역할을 정리하면 다음과 같다.

- C_{b1}은 직류 해석에서는 개방되어 직류 전압이 신호원 쪽으로 넘어가는 것을 저지한다. 즉, 직류를 차단하는 역할을 한다. 반면 교류 신호는 신호원에서 트랜지스터 쪽으로 넘어가게 하는 역할을 하므로 이를 결합 커패시터(coupling capacitor)라고 한다.
- C_{b2}는 직류 전압이 부하 쪽으로 넘어가는 것을 차단함과 동시에 교류 신호는 컬렉터에서 부하 쪽으로 넘어가게 하는 역할을 하므로 이를 결합 커패시터라고 한다.

교류(AC) 신호의 해석에서 모든 커패시터 C가 매우 크다고 가정하면 커패시터는 단락(short)된 것으로 보며, 반면에 직류(DC) 해석에서 커패시터 C는 직류 전류를 흘리지 못하므로 커패시터가 개방(open)된 것으로 회로를 해석한다.

(2) 동작점 Q의 변화에 대한 신호 왜곡

다음의 회로는 직류 바이어스 된 회로에 교류 입력 전원을 인가하는 경우 동작점 Q의 변화에 따라 신호가 왜곡경우에 대해서 알아보기로 한다.

그림 4.2에서 교류 신호의 변화는 동작점 Q를 중심으로 변화하고 있음을 알 수 있다. 여기서 동작점 Q가 직류 부하선의 기울기의 중앙에 존재한 경우에 입력되는 교류 신호를 왜곡이 없이 출력으로 나타나고 있음을 알 수 있다. 즉, 입력 신호에 비례하여 출력이 나타나게 된다. 이를 선형 동작이라고 한다. 따라서 트랜지스터의 입력 신호에 대한 출력에서 왜곡이 없는 것을 원하는 경우에는 트랜지스터의 특성이 선형영역에서 동작하면서

동작점 Q가 직류 부하선의 중앙에서 동작하도록 해야 한다.

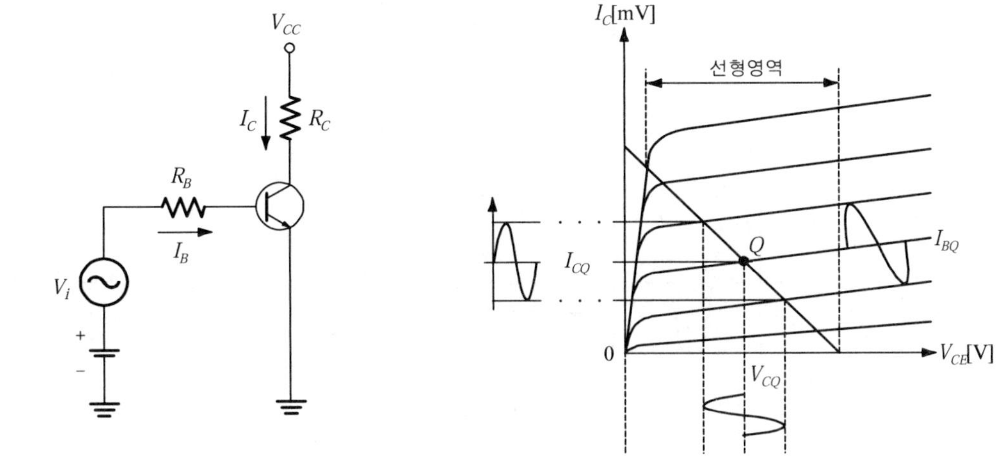

(a) 직류 바이어스에 교류가 인가된 회로

(b) 동작점 Q에서의 신호 변화

그림 4.2 교류전원이 인가되는 경우

그림 4.3의 경우는 동작점 Q가 중앙에서 위로 올라간 경우로 컬렉터의 포화점에서 왜곡이 발생하고 있음을 보이고 있다.

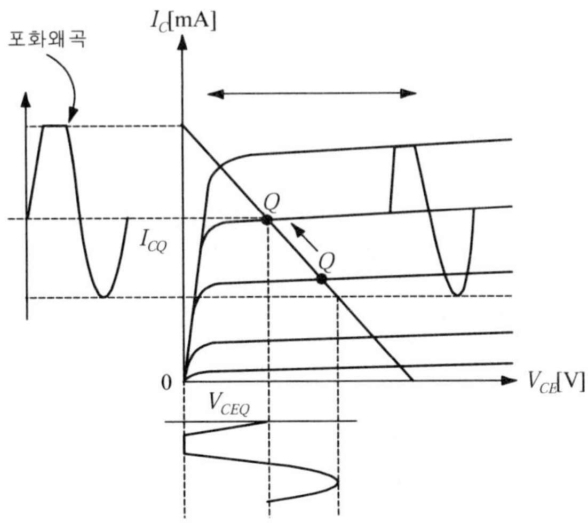

그림 4.3 동작점 Q가 중앙에서 위로 올라간 경우

그림 4.4는 동작점 Q가 중앙에서 아래로 내려간 경우로 컬렉터의 차단점에서 왜곡이

발생하고 있음을 보이고 있다.

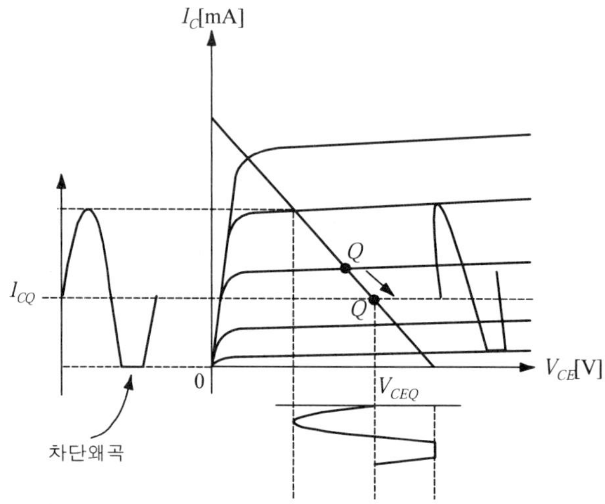

그림 4.4 동작점 Q가 중앙에서 아래로 내려간 경우

그림 4.5의 경우는 동작점 Q를 중앙에서 취한 경우에 입력 신호의 진폭이 큰 경우에도 동작 영역을 벗어나기 때문에 포화점 및 차단점에서 왜곡이 발생하고 있음을 알 수 있다.

따라서 트랜지스터의 출력에서 왜곡이 없이 선형영역에서 동작하기 위해서는 동작점 Q가 직류 부하선의 중앙에서 동작하도록 해야 한다.

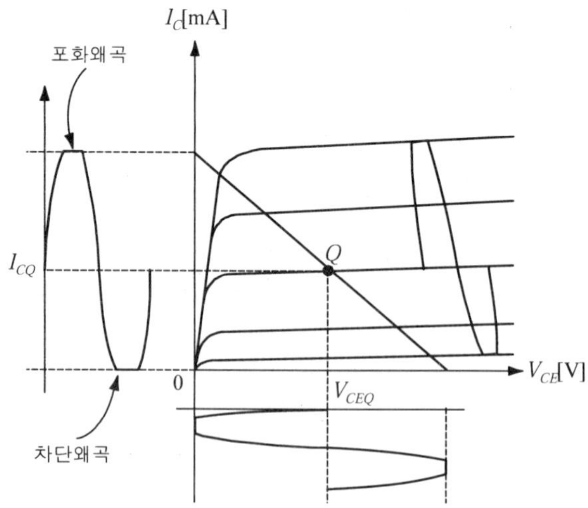

그림 4.5 입력 신호의 진폭이 큰 경우

(3) 안정 계수 S의 정의

트랜지스터의 바이어스 회로 해석은 트랜지스터의 안정성을 평가하기 위한 방법으로 먼저 안정성을 평가하기 위한 기준으로 안정 계수에 대한 정의를 하면

$$I_C = \beta I_B + (1+\beta) I_{CO}$$

인 관계식에 대해서 함수식으로 나타내면

$$I_C = f(\beta, I_{CO}, V_{BE})$$

이며, 여기서 각각의 변화율을 표현한 것을 안정 계수로 정의한다.

따라서 안정 계수를 결정하는데 관계하는 함수는 β, I_{CO}, V_{BE} 등을 들 수 있다. 각 변수에 대한 비례상수로 정의하면

- $S = \dfrac{\partial I_C}{\partial \beta}$(안정 계수의 크기가 너무 작아서 무시한다.)
- $S = \dfrac{\partial I_C}{\partial I_{CO}}$
- $S = \dfrac{\partial I_C}{\partial V_{BE}}$

가 된다. 따라서 안정 계수를 구하는 경우에 계수에 대한 정의는

$$S = \frac{\partial I_C}{\partial I_{CO}} = \frac{1+\beta}{1-\beta \dfrac{dI_B}{dI_C}}$$

인 관계식만을 이용하여 안정 계수를 정의하게 된다. 이는 역방향 포화 전류 I_{C0}는 컬렉터 전류 I_C에 영향을 주지 않는 것을 이용하여 안정 계수를 정의하게 된다. 따라서 바이어스 회로에서 결정되는 안정 계수 S값은 그 값이 작을수록 바람직하다.

즉, 안정 계수 값이 작을수록 안정성이 우수해지는 것이다. 안정 계수가 적을수록 I_{CQ}의 변화가 적어 안정된 Q값을 유지하게 된다.

따라서 주어진 바이어스 회로의 안정성을 평가한다는 것은 곧 안정계수의 값이 적게 되도록 한 회로나 적은 회로가 안정이 우수하다고 평가할 수 있다. 따라서 안정 계수 값이 적을수록 시스템 혹은 회로의 안정성이 우수하게 된다는 것이다.

이미터 접지 트랜지스터에서 동작점의 안정화를 위해서는 동작점의 출력 전류 I_C와 출

력 전압 V_{CE}값을 일정하게 유지한다.

BJT의 동작점이 활성 영역에서 동작하고 있으며 거의 선형 특성을 갖는다. 따라서 활성 영역에서 동작하기 위해서는 외부전원으로부터 적당한 전압과 전류를 공급 받아야 한다.

그림 4.1의 그림 (b)에서 보이고 있는 것처럼 $I_B = 10[\mu A]$, $I_C = 1[mA]$, $V_{CE} = 6[V]$가 만나는 점이 동작점 Q이다.

점선 ①에 대한 전압 방정식을 적용하면

$$0 + V_{BE} + I_B R_B = V_{CC}$$

$$R_B = \frac{V_{CC} - V_{BE}}{I_B} = \frac{12 - 0.7}{10[\mu A]} = 1.13[M\Omega]$$

가 된다. 여기서 베이스 저항 $R_B = 1.13[M\Omega]$가 되도록 설계하면 베이스 I_B가 10[μA] 정도가 흐르게 할 수 있다는 것이다.

같은 방법으로 점선 ②에 대해서 전압 방정식을 적용하면

$$0 + V_{CE} + I_C R_C = V_{CC}$$

$$R_C = \frac{V_{CC} - V_{CE}}{I_C} = \frac{12 - 6}{1[\mu A]} = 6[M\Omega]$$

가 된다.

4.2 트랜지스터 바이어스 형태

4.2.1 고정 바이어스(Fixed Bias) 회로

이미터 안정 바이어스 회로는 직류 전류 증폭률 h_{FE}의 변화에 의한 동작점 Q점의 변동을 어느 정도 줄일 수 있지만 V_{BB}와 V_{CC}의 두 종류의 전원이 필요하게 된다. 고정 바이어스 회로의 경우에는 하나의 전원으로 바이어스를 구성한 회로이다.

고정 바이어스 회로는 베이스 바이어스 전류를 얻는 회로로, 베이스에 공급되는 전원 V_{BB}

를 제거하면 단일전원 V_{CC}만 사용하기 때문에 보다 실용적인 회로가 된다. 즉, 이미터 저항 R_B를 통하여 전원 V_{CC}로부터 베이스 전류 I_B를 공급하여 트랜지스터를 바이어스 되도록 하는 회로를 고정 바이어스 회로라고 한다. 즉 고정 바이어스 회로는 V_{CC}와 R_B가 고정되어 있으므로 바이어스 전류 역시 고정되어 진다.

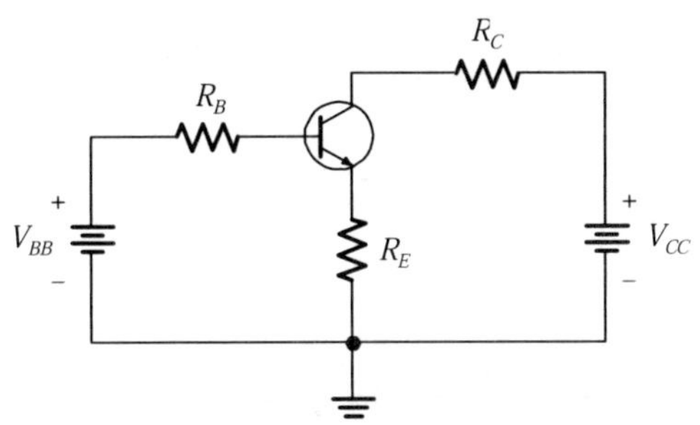

(a) 완전한 회로

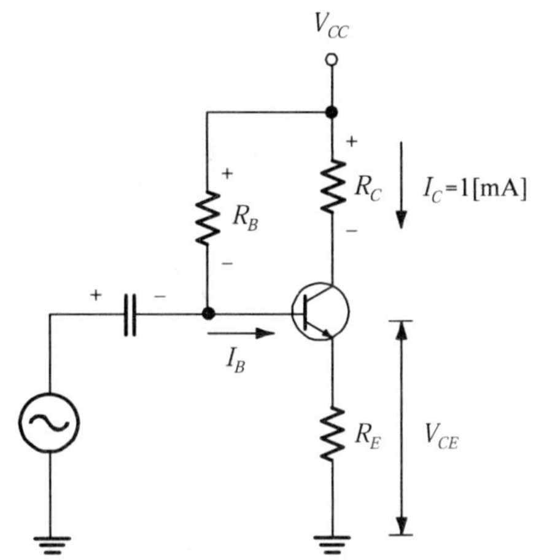

(b) 간략화된 회로

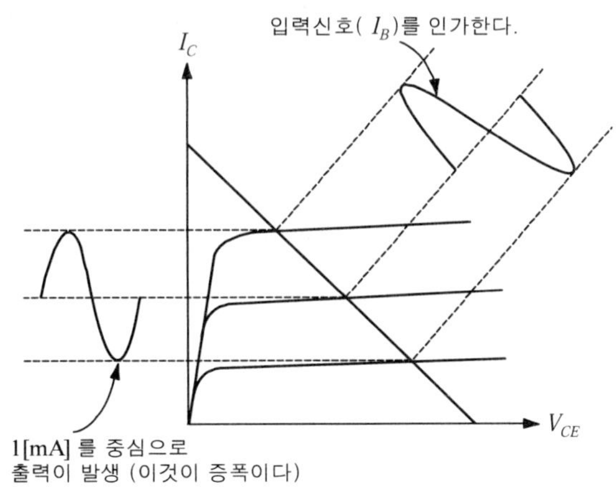

(c) 입출력파형

그림 4.6 고정 바이어스 회로

(1) 고정 바이어스 회로의 안정계수

컬렉터 루프에 전압 방정식(KVL)을 적용하면

$$V_{CC} = I_C R_C + V_{CE}$$

이며, 여기서 출력 전압 $V_{CE} > 0$이므로, $V_{CE} = V_{CC} - I_C R_C$에 $I_{C(\max)} = \frac{V_{CC}}{R_C}$가 되며,

$$I_C = 0 \text{ 인 경우 } V_{CC} = V_{CE},$$

$$V_{CE} = 0 \text{인 경우 } I_C = \frac{V_{CC}}{R_C}$$

인 결과를 이용해서 특성 그래프를 그리면

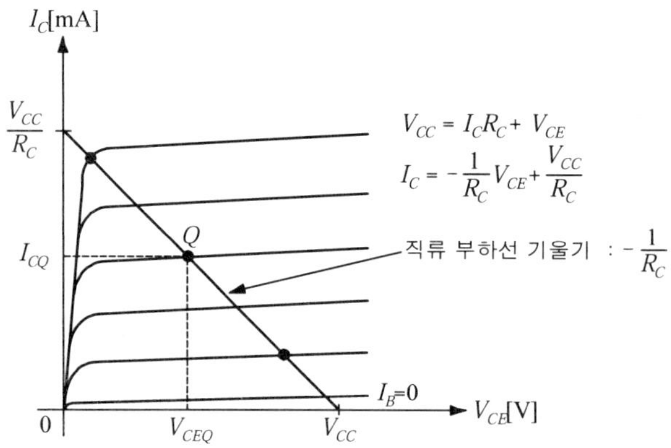

그림 4.7 직류 부하선의 기울기

가 된다. 여기서 컬렉터 최대전류 $I_{C(\max)}$는 컬렉터 저항 R_C에 의해서 제한되며, 안정계수 S를 구하기 위해서 입력 측인 바이어스 회로에 대해서 전압 방정식을 적용하면

$$V_i = I_B R_B + V_{BE}$$

이며, 이를 베이스 전류 I_B에 관한 식으로 나타내면

$$I_B = \frac{V_i - V_{BE}}{R_B}$$

이며, 이 관계식에서 베이스와 컬렉터에 대한 변환율 $\frac{d\,I_B}{d\,I_C} = 0$이므로 안정 계수 $S = 1 + \beta$가 된다. 여기서 $\frac{d\,I_B}{d\,I_C} = 0$라고 하는 것은 컬렉터 전류 I_C와 베이스 전류 I_B와

는 아무런 관계가 없다는 것을 의미하는 것이다. 즉, 컬렉터 전류 I_C의 변동과 베이스 전류 I_B의 변동에는 아무런 상관이 없다는 것을 말한다.

따라서 안정면에서 가장 불안정한 회로가 고정 바이어스 회로이다. 고정 바이어스 회로의 경우는 안정계수가 $S=1+\beta$로 나타나므로 열 폭주가 일어날 가능성이 크기 때문에 컬렉터 차단 전류 I_{C0}가 적은 트랜지스터를 사용해야 한다.

(2) 고정 바이어스 회로에서 V_{CC}의 변화와 저항 R_C의 변화에 대한 특성

■ V_{CC}를 12[V]에서 24[V]로 증가하는 경우

V_{CC}가 커지면 증폭할 수 있는 범위가 커지게 된다. 이는 대 신호를 증폭할 수 있는 상황이 만들어지는 것이다. 그래서 건전지 전압이 큰 것을 이용하게 되면 큰 신호를 증폭할 수 있는 것이다.

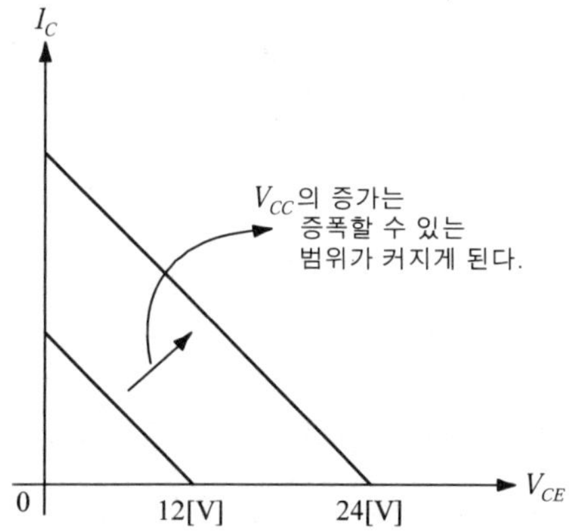

그림 4.8 V_{CC}의 변화의 경우 증폭 영역의 확대

■ 컬렉터 저항 R_C을 가변하는 경우

$$I_C=-\frac{1}{R_C}V_{CE}+\frac{V_{CC}}{R_C}$$

인 관계식에서 저항 R_C를 크게 하면 기울기는 변화하지만 R_C의 변화로 V_{CC}는 변하지 않는다. 따라서 이용되고 있는 저항 R_C는 부하선의 기울기를 결정하는 것이므로 가능하면 정밀저항을 사용하도록 해야 한다.

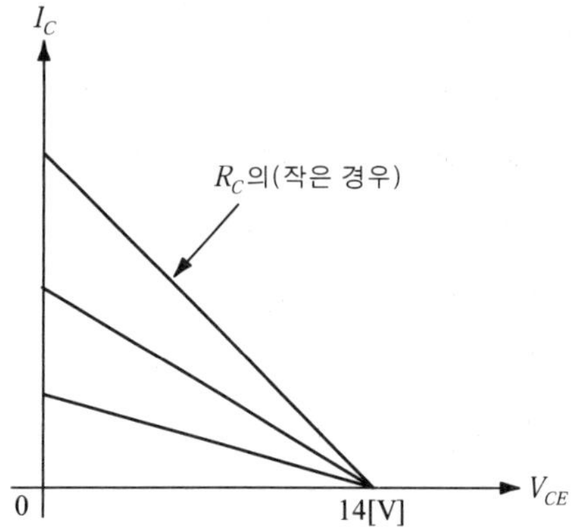

그림 4.9 저항 R_C 변화에 대한 기울기 변화

4.2.2 자기 바이어스 회로(= 전압 귀환 바이어스 회로)

(1) 자기 바이어스 회로의 역할

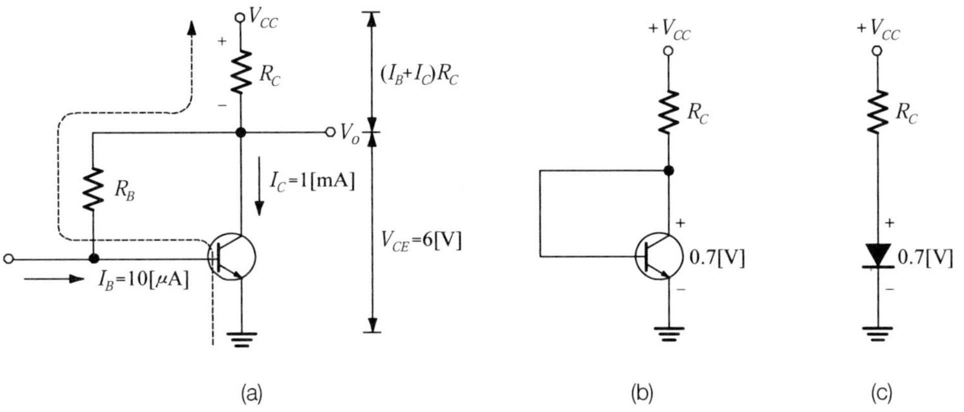

그림 4.10 자기 바이어스 회로

자기바이어스 회로를 컬렉터 귀환 바이어스라고도 하며 컬렉터 전압은 베이스- 이미터 결합에 바이어스를 제공한다.

고정 바이어스 회로의 문제점이라고 할 수 있는 것은

"온도의 상승 → 컬렉터 차단 전류 I_{CO}가 증가 → 다시 컬렉터 전류 I_C의 증가"

를 초래하게 된다는 것이다.

이는 온도 상승으로 이어져 결국 열 폭주 현상을 일으키게 된다. 여기서 열의 상승으로 컬렉터 전류의 증가(변화)는 부하선의 기울기 상에 존재한 동작점 Q가 위쪽으로 이동하게 된다. 동작점의 이동으로 쓸데없는 출력이 발생하게 된다.

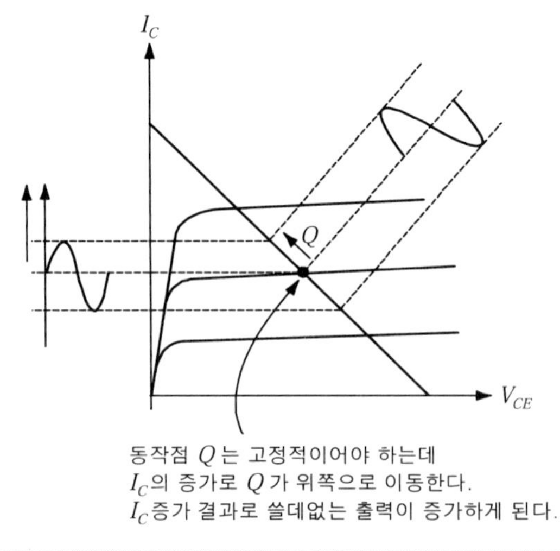

그림 4.11 온도에 따른 컬렉터 전류의 변화로 인한 동작점의 이동

여기서 $I_C \times V_{CE}$ 가 열로 변하는 성분이다. 즉, 컬렉터 전류 I_C가 증가하면 열도 많게 된다는 것이다. 이를 개선하기 위한 회로가 자기 바이어스 회로이다.

자기 바이어스 회로의 경우도 고정 바이어스 회로의 경우처럼

"온도가 상승하면 온도의 상승 → 컬렉터 차단 전류 I_{CO}가 증가 → 다시 컬렉터 전류 I_C의 증가"가 된다.

여기서 자기 바이어스 회로의 Q점 안정도를 고려하면

- 계속해서 컬렉터 전류 I_C의 증가로 인하여
- $(I_B + I_C)R_C$ 로 전압 강하가 증가하며
- V_{CE} 감소(V_{CC}가 일정하므로 $(I_B + I_C)R_C$가 증가하면 V_{CE}는 당연히 감소)
- 입력 루프를 해석하여 베이스 전류는 $I_B = \dfrac{V_{CC} - V_{BE}}{R_B}$ 관계에서 V_{CE}의 감소로 인하여 I_B는 감소하게 되며
- 베이스 전류 I_B는 감소는 컬렉터 전류 I_C의 감소
- 컬렉터 전류 I_C의 감소하게 되어 열 폭주가 되지 않는다.

따라서 $I_C = \beta I_B + (1+\beta) I_{CO}$ 관계에서 I_{CO}가 증가하고 베이스 전류 I_B가 감소하여 컬렉터 전류 I_C를 일정하게 만들어 준다. 이는 결국 동작점 Q가 움직이지 않도록 하는 것이다.

예제 4.1

자기 바이어스에서 온도의 증가로 β_{DC} 가 커지는 경우 베이스 전류가 감소되는지를 설명하라.

[풀이] 온도 상승 →β_{DC} 증가 →I_C 증가 →V_{CE} 감소 → I_B 감소되므로 I_C가 감소된다. 따라서 자기 바이어스는 상대적으로 안정한 Q점을 유지하게 된다.

(2) 자기 바이어스 회로의 안정 계수

안정 계수를 구하기 위해서 전압 방정식을 적용하면

$$0 + V_{BE} + I_B R_B + (I_B + I_C) = V_{CC}$$

$$I_B = \frac{V_{CC} - V_{BE} - R_C I_C}{R_B + R_C}$$

이며, 여기서

$$\frac{d\,I_B}{d\,I_C} = -\frac{R_C}{R_B + R_C}$$

이므로 안정 계수 S는

$$S = \frac{\partial I_C}{\partial I_{CO}} = \frac{1+\beta}{1+\beta\dfrac{R_C}{R_B + R_C}}$$

가 된다. 이 결과는 고정 바이어스 회로 보다 안정계수가 감소하게 되어 안정성이 우수하다고 할 수 있다.

Book Cafe

■ **전압 귀환 직류 바이어스 회로**

AC 귀환 통로의 콘덴서 C_3는 단지 교류 신호의 귀환을 방지하는 것으로 직류 바이어스 계산에는 아무 영향을 주지 않는다.

주어진 회로에서 베이스 전류 I_B는

$$I_B = \frac{V_{CC} - V_{BE}}{R_B + (\beta+1)(R_C + R_E)}$$

이며, 직류 바이어스 전류 I_E는

$$I_E = (\beta+1)\,I_B$$

가 된다. 여기서 출력 전압 V_{CE}는

$$V_{CE} = V_{CC} - I_E(R_C + R_E)$$

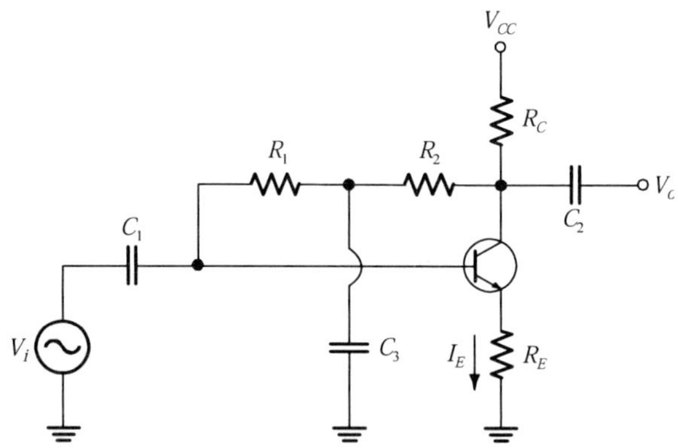

가 된다. 따라서 콘덴서 C_3는 바이패스 콘덴서(Bypass condensor)로서 AC 전압의 귀환을 막아준다. 그러므로 콘덴서 C_3를 제거하면 귀환량 β가 증가하며 이득이 감소하는 결과가 발생하게 된다.

4.2.3 전압분배 바이어스 회로

고정 바이어스에서는 베이스에 전원 V_{CC}를 직접 공급하지만 전압분배 바이어스회로는 전압을 원하는 정도로 분배해서 공급할 수 있기 때문에 간편하고 실제회로에서 Q점에서의 안정면이 가장 우수하여 대부분 전압 분배 바이어스 회로를 이용한다.

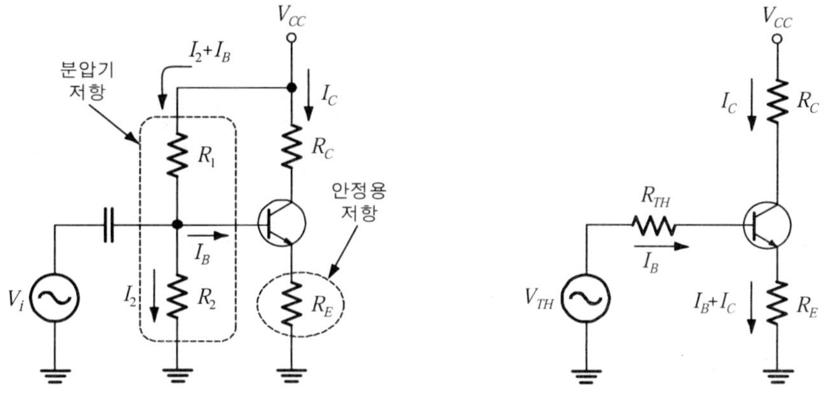

(a) (b) 테브난 등가 회로

그림 4.12 전압분배 귀환 바이어스 회로

전류 귀환 바이어스 회로라고도 불리며, 단일 전원 V_{CC}로서 컬렉터와 베이스 바이어스 전류를 모두 공급하는 바이어스 회로이다. 고정 바이어스 회로의 경우는 전압 V_{CC} 모두를 베이스 전압으로 공급하고 있지만, 전압 분배 바이어스 회로의 경우는 V_{CC}을 전압 분배기 저항인 R_1과 R_2로서 분배하여 낮게 된 전압을 베이스 전압으로 공급하고 있다.

따라서 전압 분배 바이어스 회로의 경우는 고정 바이어스 회로처럼 큰 저항을 사용하지 않아도 된다. 이와 전압 분압기 저항 R_1과 R_2을 사용한 회로에서 전압 분배 바이어스 회로라는 명칭을 갖게 된다. 주어진 회로에 대해서 테브난(Thevenin) 정리를 이용해서 테브난 등가 회로로 나타내기 위해 먼저 테브난 전압 V_{TH}와 테브난 저항 R_{TH}을 각각 구하면

$$V_{TH} = \frac{R_2}{R_1 + R_2} \times V_{CC} \quad (\text{저항 } R_2\text{에 걸리는 전압의 크기})$$

$$R_{TH} = R_1 /\!/ R_2 = \frac{R_1 R_2}{R_1 + R_2}$$

이며, 입력 회로에 대해 전압 방정식을 적용하면

$$V_{TH} = I_B R_{TH} + V_{BE} + (I_B + I_C) R_E$$

$$I_B = \frac{V_{TH} - V_{BE} - I_C R_E}{R_{TH} + R_E}$$

$$\frac{dI_B}{dI_C} = -\frac{R_E}{R_{TH} + R_E}$$

이며, 이를 안정 계수를 구하는 관계식에 적용하면

$$S = \frac{1+\beta}{1-\beta\dfrac{dI_B}{dI_C}} = \frac{1+\beta}{1+\beta\dfrac{R_E}{R_{TH}+R_E}} \fallingdotseq 1 + \frac{R_{TH}}{R_E}$$

가 된다. 안정 계수 S는 전류 증폭률 β와는 무관하게 된다. 여기서 안정 계수의 정도를 알기 위하여

- $\dfrac{R_{TH}}{R_E} \to 0$인 경우 $S = 1$으로 안정은 우수 하지만 이득이 없게 되며,
- $\dfrac{R_{TH}}{R_E} \to \infty$으로 하는 경우에는 $S = 1 + \beta$으로 안정은 다소 불안정하지만 이득이 크게 된다.

전압 분배 바이어스 회로는 DC 전압, 전류들이 트랜지스터의 β 와는 무관하므로 안정된 Q 점을 만든다. 따라서 바이어스 회로 중 가장 안정면에서 우수하므로 가장 많이 쓰이고 있다.

예제 4.2

다음의 회로에 대해서 평가하여라.

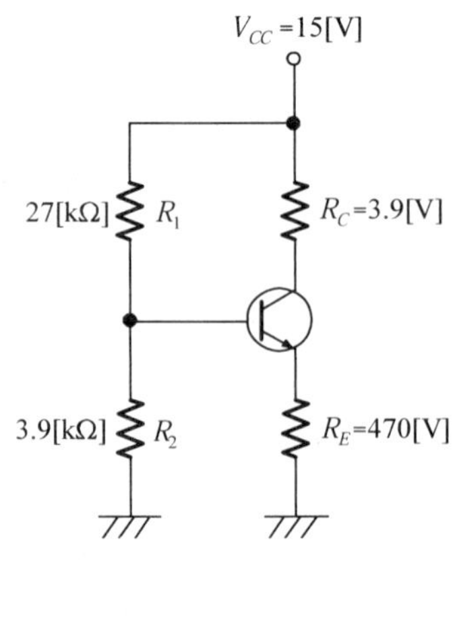

[풀이] 주어진 회로에서 베이스 전압 V_B의 크기는

$$V_B = V_{TH} = \frac{R_2}{R_1 + R_2} \times V_{CC} = \frac{3.9[\text{K}\Omega]}{27[\text{K}\Omega] + 3.9[\text{K}\Omega]} \times 15 \fallingdotseq 1.9[\text{V}]$$

이며, 이미터 전압 V_E는 $V_E = V_B - V_{BE} = 1.9[\text{V}] - 0.7[\text{V}] = 1.2[\text{V}]$ 이며 여기서 이미터 전류 I_E는

$$I_E = \frac{V_E}{R_E} = \frac{1.2[\text{V}]}{470[\Omega]} \fallingdotseq 2.6[\text{mA}]$$

가 된다.

$I_C \fallingdotseq I_E = 2.6[\text{mA}]$ 이므로 컬렉터 전압 V_C는

$$V_C = V_{CC} - I_C R_C = 15[\text{V}] - 2.6[\text{mA}] \times 3.9[\text{K}\Omega] = 4.9[\text{V}]$$가 된다.

여기서 컬렉터와 이미터 전압의 차인 $V_{CE} = V_C - V_E = 4.9[\text{V}] - 1.2[\text{V}] = 3.7[\text{V}]$가 된다.

따라서 $V_{CE} = 3.7[\text{V}] > 0.2[\text{V}]$ 인 관계를 보이므로 주어진 회로의 동작점 Q는 활성 영역에서 동작하게 있음을 알 수 있다.그러므로 전압 분배 회로는 잘 설계된 회로라고 평가 할 수 있다.

4.3 바이어스 회로의 온도 보상

4.3.1 온도에 따른 특성 변화

트랜지스터의 안정성을 평가하는 경우 바이어스 회로의 안정을 변화시키는 요인으로는 온도의 변화를 들 수 있는데 여기서 온도에 따른 특성 변화를 고려하면

- $\beta(= h_{fe}) = +1[\%℃]$
- I_{CO}는 온도가 10℃ 상승할 때 2배 상승한다.
- $V_{BE} = -2.5[\text{mV}/℃]$

등 처럼 온도가 변화에 의해서 컬렉터 차단 전류 I_{CO}가 변화하여 안정 계수 S를 변화시키게 된다. 이와 같은 온도 변화에 따른 보상을 위해 이용되는 보상 소자로 다이오드, 트랜지스터

그리고 서미스터 등을 이용하게 된다.

4.3.2 바이어스 회로 보상에 이용되는 방법

(1) 트랜지스터를 사용한 I_C의 온도 보상 방법

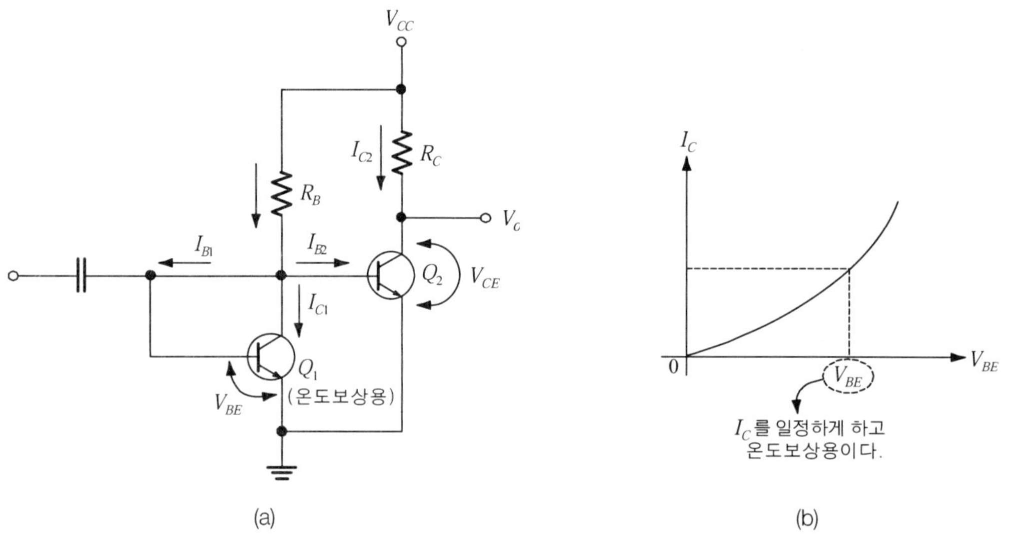

그림 4.13 트랜지스터를 이용한 온도 보상 회로

트랜지스터를 이용하여 온도 변화에 대한 보상 방법으로 주어진 회로에서 트랜지스터 Q_1의 컬렉터 전류 I_{C1}를 구하면

$$I_{C1} = \frac{V_{CC} - V_{BE}}{R_B} - I_{B1} - I_{B2}$$

이며, 이의 관계식에서 $V_{BE} \ll V_{CC}$, $I_{B1} + I_{B2} \ll I_{C1}$ (혹은 I_{B1}와 I_{B2}가 같기 때문에 무시)이므로 컬렉터 전류는

$$I_{C1} \simeq \frac{V_{CC}}{R_B} = \text{일정}$$

가 된다. 구성되는 트랜지스터 Q_1과 Q_2가 동일한 특성을 보이는 경우에는 $V_{BE1} = V_{BE2}$ 이므로

$$I_{C1} = I_{C2} \fallingdotseq \frac{V_{CC}}{R_B}$$

가 된다. 따라서 컬렉터 전류 I_{C1}, I_{C2}는 온도 변화와 관계없이 일정하게 유지하여 보상받게 된다.

이와 같은 제어 방법으로 이용되는 회로의 경우는 저항 R_E, 콘덴서 C_E등이 필요 없고, V_{CC}가 낮아도 되기 때문에 직접화(IC) 회로에 I_{CO}등에 유용하고 있다.

따라서 회로에서 사용되는 트랜지스터 Q_1은 Q_2의 컬렉터 전류 I_C에 대한 온도 보상 역할을 한다.

(2) 다이오드를 이용한 I_{C0}에 대한 온도 보상

다이오드를 이용하여 컬렉터 차단 전류 I_{CO}가 온도에 따른 변동을 보상하기 위해서 주어진 회로에 대해서 루프 방정식을 적용하면

$$V_{CC} - IR - V_{BE} = 0$$

이며, 이를 전류에 대한 관계식으로 나타내면

$$I = \frac{V_{CC} - V_{BE}}{R} \fallingdotseq \frac{V_{CC}}{R} = const$$

가 되며, 동일한 방법으로 회로에 대해서 노드(Node) 방정식을 적용하면

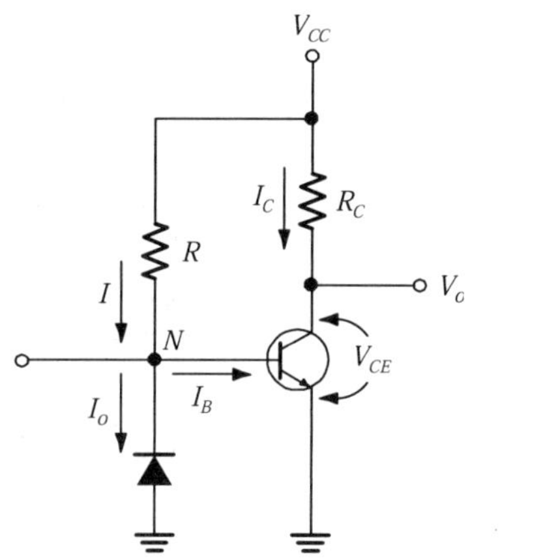

그림 4.14 I_{CO}에 대한 다이오드의 온도 보상 회로

$$I = I_o + I_B, \quad I_B = I - I_o$$

이다. 이를 이용하여 컬렉터 전류 I_C로 정리하면

$$\begin{aligned} I_C &= \beta(I - I_o) + (1+\beta)I_{CO} = \beta I - \beta I_o + I_{CO} + \beta I_{CO} \\ &= \beta I - \beta I_o + \beta I_{CO} = \beta I + \beta(I_{CO} - I_o) \end{aligned}$$

으로 나타낼 수 있다. 다이오드와 트랜지스터가 동일한 특성을 갖는 재료라면 $I_o = I_{CO}$이고 $\beta \gg 1$이므로 컬렉터 전류 I_c는 실질적으로 일정하게 된다.

따라서

$$I_c = \beta I = const$$

인 관계를 보이게 된다. 즉, 회로의 주위온도가 변화를 보여도 다이오드에 의해 컬렉터 전류 I_C는 거의 일정하게 된다.

(3) 다이오드를 이용한 V_{BE} 온도 보상

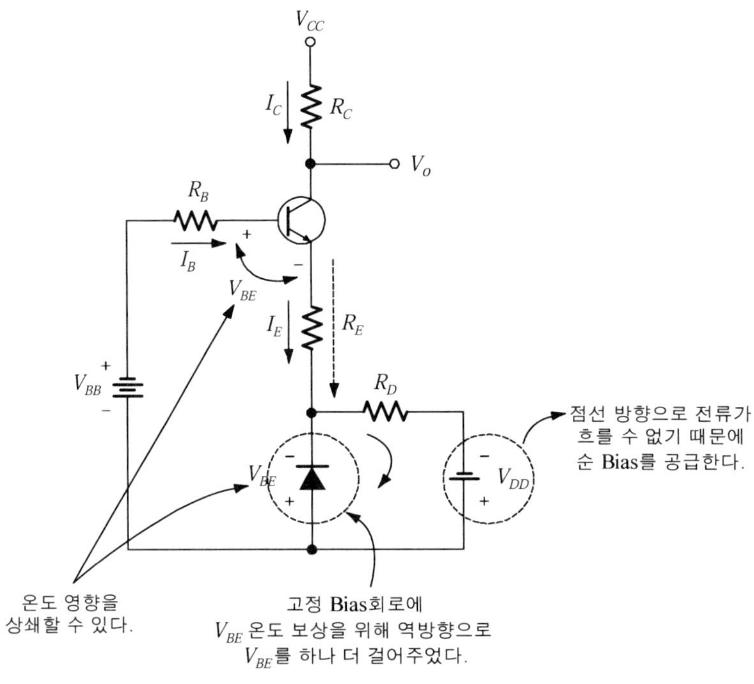

그림 4.15 다이오드를 이용한 V_{BE} 온도 보상 회로

다이오드를 이용하여 입력 전압 V_{BE}에 대해서 온도에 대한 보상 방법으로 주어진 회로에서 베이스 루프에 전압 방정식을 적용하면

$$V_{BB} - I_B R_B - V_{BE} - I_E R_E + V_o = 0$$

이며, 여기서 $I_E = I_B + I_C$ 인 관계를 이용하고 베이스 전류 I_B에 관계되는 식으로 나타내면

$$I_B = \frac{V_{BB} - B_{BE} - I_C R_E + V_o}{R_B + R_E}$$

이다. 다시 $I_C = \beta I_B + (1+\beta)I_{CO}$인 관계식에 적용하면

$$I_C = \beta(\frac{V_{BB} - B_{BE} - I_C R_E + V_o}{R_B + R_E}) + (1+\beta)I_{CO}$$
$$= \beta(\frac{V_{BB} - I_C R_E}{R_B + R_E} + \frac{V_o - V_{BE}}{R_B + R_E}) + (1+\beta)I_{CO}$$

으로 나타낼 수 있다. 실리콘의 경우 입력 전압 V_{BE}의 온도 변화에 대한 보상은 전원 V_{DD}와 저항 R_D, 그리고 순 바이어스 걸린 다이오드를 이미터에 접속하면 온도에 대한 보상을 받는다.

따라서 온도 증가에 따라 다이오드가 $-2.5[\text{mV}/℃]$의 변화를 일으켜 입력 전압 V_{BE}의 온도 변화에 생기는 영향을 다이오드가 감소시켜 준다.

(4) 서미스터를 이용한 온도 보상 회로

일반적으로 서미스터는 온도 변화를 감지하거나 제어하는 센서로 이용하는데 여기서 서미스터 소자는 온도가 증가함에 따라 저항이 감소하는 성질을 이용하게 된다.

따라서 주어진 회로에서 전압 방정식을 적용하면

$$V_{CC} - I_{Th}R_{Th} - I_E R_E = 0$$

이므로 온도가 증가하면 서미스터 저항 R_{Th}은 감소하게 된다.

실온에서의 R_E의 전위 V_E는 (−)로 일정하다가 온도가 상승하면 서미스터의 저항이 급격히 감소한다. 이로 인해 이미터 전류 I_E가 증가하게 된다. 이미터 전류I_E의 증가로 인하여 다음과 같은 이미터 전압과 바이어스 전압은 다음과 같다.

- 이미터 전압 $V_E = I_E R_E$에 의해서 증가하게 된다.
- 바이어스 전압 $V_{BE} = V_B - V_E$ 관계에 의해서 감소하게 된다.

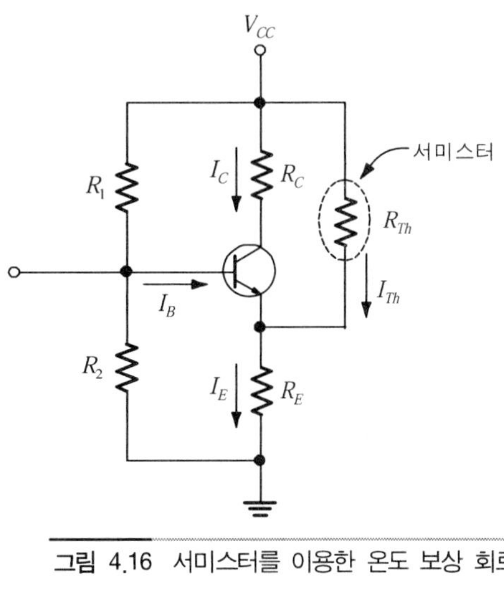

그림 4.16 서미스터를 이용한 온도 보상 회로

▶▶▶ 연습문제

01 다음과 같은 바이어스 회로에 대한 특징을 설명하여라.

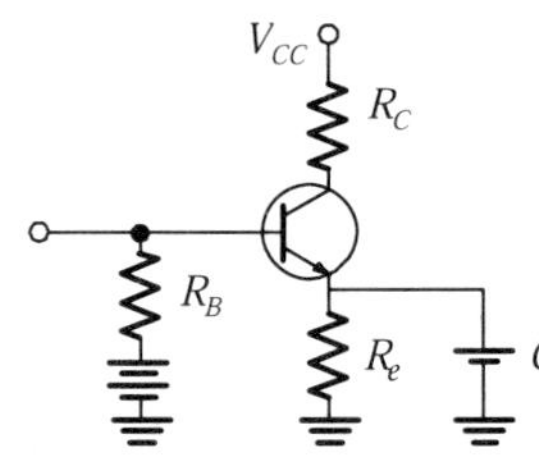

- 이미터 저항 R_e는 회로에서 동작을 안정화시키기 위한 것이다.
- 안정 계수 $S \approx 1 + \dfrac{R_B}{R_e}$ 인 관계식에서 이미터 저항 R_e가 증가하면 안정계수 S는 감소한다. 또한 R_e에 의하여 부 귀환이 일어나기 때문에 회로가 안정된다.

02 다음 회로에서 사용되는 트랜지스터 Q_1의 역할에 대해서 설명하여라. (단, Q_1과 Q_2는 동일한 특성을 갖는다.)

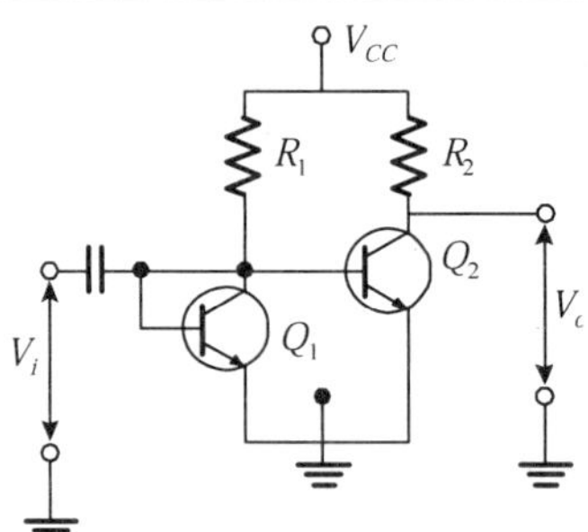

문제의 회로는 고정 바이어스에 대해서 안정을 변화시키는 경우에 트랜지스터의 바이어스를 안정화를 위해 이용되는 소자는 Thermister, Diode, Transistor 등을 이용한다.
여기서 트랜지스터 Q_1의 역할은 Q_2의 동작점의 변동 요인을 감소시켜 주는 보상 회로로 Q_1과 Q_2의 전기적 특성이 같다고 하면 바이어스 전압이 같으므로 Q_1의 I_{C1}과 Q_2의 I_{C2}는 같아야 하고, I_{C1}이 $I_{C1} \fallingdotseq V_{CC}/R_1$에만 의존하여 결정되기 때문에 I_{B1}, I_{B2}, V_{BE}는 I_{C1}와 V_{CC}에 비해서 매우 작은 값을 갖게 되어 무시할 수 있다.

03 트랜지스터의 바이어스 안정계수 S의 관계식에 대해서 설명하여라.

트랜지스터에서 출력 전류를 변화시키는 요인으로 I_{co}, V_{BE}, β 등을 들 수 있다. 이에 대한 관계를 함수로 나타내면

$$I_c = f(I_{co},\ V_{BE},\ \beta)$$

이며, 각 변수에 대한 변화를 고려하는 다항식으로 표현하면

$$\Delta I_c = \frac{\Delta I_c}{\Delta I_{co}}\Delta I_{co} + \frac{\Delta I_c}{\Delta V_{BE}}\Delta V_{BE} + \frac{\Delta I_c}{\Delta \beta}\Delta\beta = S\Delta I_{co} - S'\Delta V_{BE} + S''\Delta\beta$$

가 된다. 따라서 트랜지스터 바이어스 안정 계수를 좌우하는 함수로 I_{co}, V_{BE}, β 등에 의해서 결정된다.

예를 들어 트랜지스터의 컬렉터 누설 전류가 주위 온도 변화로 1.6[μA]에서 160[μA]로 증가되었을 때 컬렉터 전류의 변화가 1[mA]라 하면 트랜지스터에서 안정은 컬렉터 전류와 컬렉터 누설 전류의 비례 상수로 나타내는 것으로

$$S = \frac{\Delta I_c}{\Delta I_c} = \frac{1 \times 10^{-3}}{(160 - 1.6) \times 10^{-6}} = 6.3$$

처럼 계산된다.

04 다음과 같은 회로에서 트랜지스터의 전류 증폭율이 $\beta = 200$이고 $V_{BE} = 0.7[\mathrm{V}]$로 하는 경우 동작점 Q점을 구하여라.

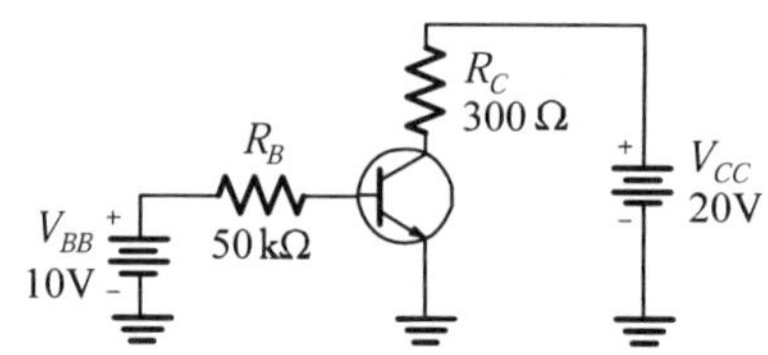

동작점 Q는 I_{CQ}와 V_{CEQ}의 크기에 의해서 결정되므로 이들의 값을 구하기 위해서 먼저 베이스 전류를 구하면

$$I_B = \frac{V_{BB} - 0.7}{R_B} = \frac{10 - 0.7}{50 \times 10^3} = 186[\mu\mathrm{A}]$$

이며 이를 이용하여 컬렉터 전류를 계산하면

$$I_{CQ} = \beta\, I_B = 100 \times 186[\mu\mathrm{A}] = 37.2[\mathrm{mA}]$$

이며 그리고 컬렉터 전압을 구하면

$$V_{CEQ} = V_{CC} - I_C R_C = 20 - (37.2[\mathrm{mA}] \times 300[\Omega]) = 8.84[\mathrm{V}]$$

가 된다. 따라서 동작점 Q의 위치는 $I_{CQ}=37.2[\mathrm{mA}]$와 $V_{CEQ}=8.84[\mathrm{V}]$가 만나는 곳에서 결정된다.

이 들 관계를 이용하여 DC 부하선은

$$I_{C(sat)}=\frac{V_{CC}}{R_C}=\frac{20[\mathrm{V}]}{300[\Omega]}=66.7[\mathrm{mA}]$$인 점과

$V_{CE}=V_{CC}=20[\mathrm{V}]$인 두 점을 직선으로 연결하여 얻는다.

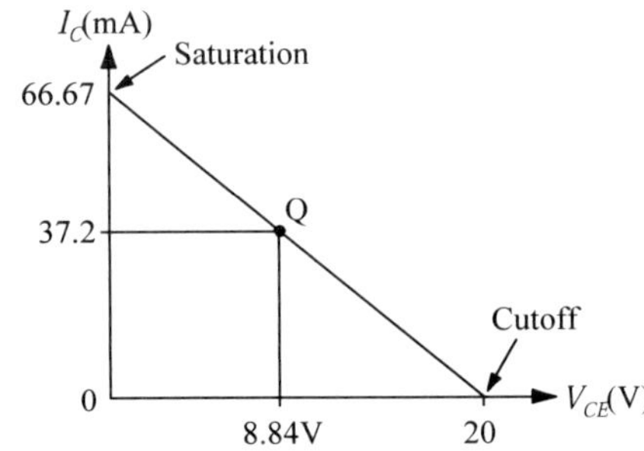

05 다음의 회로에서 컬렉터 전류 I_C와 전압 V_{CE}를 구하라. (단, $\beta=100$이고 $V_{BE}=0.7[\mathrm{V}]$이다.)

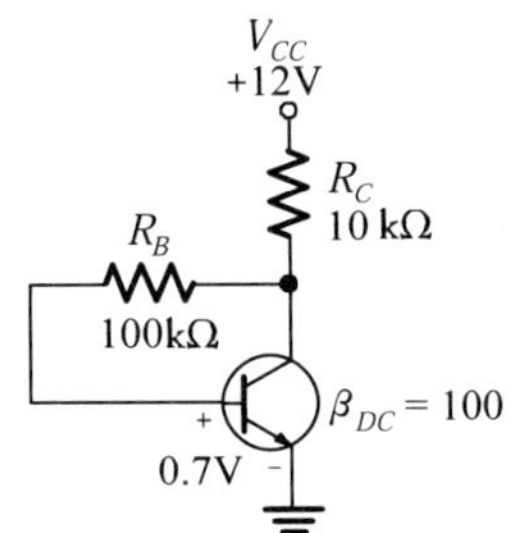

주어진 회로에 대해서 전압 방정식을 적용하여 컬렉터 전류를 구하면

$$I_C=\frac{V_{CC}-V_{BE}}{R_C+R_B/\beta}=\frac{12-0.7[\mathrm{V}]}{10[\mathrm{k}\Omega]+100[\mathrm{k}\Omega/100]}=1.03[\mathrm{mA}]$$

이며, 회로에서 이미터 단자가 접지되어 있으므로 전압 V_{CE}를 구하면

$$V_{CE}=V_{CC}-I_CR_C=12[\mathrm{V}]-(1.03[\mathrm{mA}]\times 10[\mathrm{k}\Omega])=1.7[\mathrm{V}]$$

가 된다.

06 다음은 고정 바이어스(fixed bias) 회로이다. 컬렉터 전류 I_c에 대한 관계식을 나타내어라.

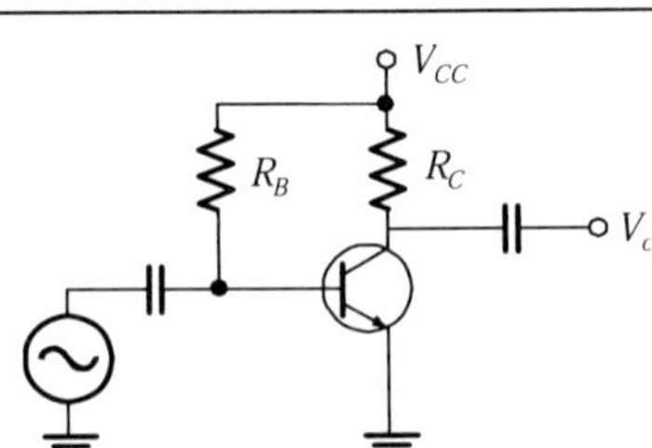

이미터 접지(출력 단자 단락) 전류 증폭률은 β이고, 이미터 개방 시의 컬렉터 차단 전류는 I_{co}

(또는 I_{CBO})로 하는 경우 출력 전류를 고려하면

$$I_C = \alpha I_E + I_{CO} = \alpha(I_B + I_C) + I_{CO}$$

이며, 여기서 이를 고쳐 정리하면

$$I_C = \frac{\alpha}{1-\alpha} I_B + \frac{1}{1-\alpha} I_{CO} = \beta I_\beta + (1+\beta) I_{CO}$$

가 된다. 한편 고정 바이어스 회로는 저항 R_B와 V_{CC}가 고정, 즉 전류가 고정되어 있다. 열 폭주가 일어나기 쉬우며, 가장 불안정하다. 그리고 베이스 단자의 콘덴서 C는 교류 전원에 포함된 직류를 막아 트랜지스터를 교류적으로 동작시킨다. 즉, 입력측에서 베이스 단자로 입력되는 직류 신호와 교류 신호 중 직류를 흐르지 못하도록 하는 블록킹 콘덴서(Blocking Condensor) 역할을 한다.

제5장 전계 효과 트랜지스터

5.1 전계 효과 트랜지스터의 구조와 특성

5.1.1 FET(Field Effect Transister)의 구조

(1) FET 구조와 동작원리

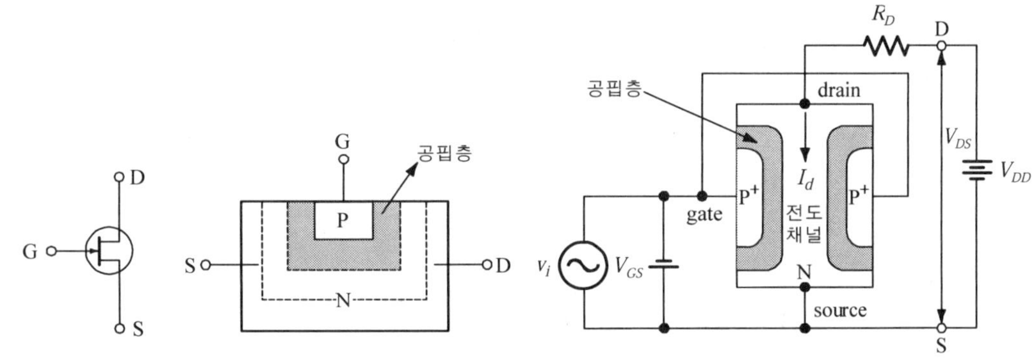

(a) 기호 (b) (c)

그림 5.1 접합형 FET(JFET) 구조

FET는 전압에 의해서 형성되는 전계로서 전류의 흐름을 제어하므로 전계 효과 트랜지스터라고 불린다.

FET의 기본적인 구조는 N형 반도체(혹은 P형 반도체)위에 PN 접합을 만들어낸 형태로 사용되는 substrate에 따라서 N채널 FET와 P채널 FET등으로 구분된다.

N채널 접합형 FET 구조는 약하게 도핑(첨가)한 반도체에 불순물 농도가 강한 P^+형 반도체를 도핑하면 P^+N 접합을 형성하게 된다.

- P^+형 반도체를 게이트(Gate)라고 한다.
- N형 반도체의 양쪽에서 전압 V_{DD}을 인가하면 전류가 흐르게 되는데 이때 흐르는 전류는 다수 캐리어(전자)에 의해서만 형성되어, 다수 캐리어가 N형으로 흘러 들어가는 쪽을 소스(Source), N형으로부터 흘러나오는 쪽을 드레인(Drain)이라고 한다.
- 여기서 드레인 전류(다수 캐리어 이동에 의한 전류)가 이동하는 공간(통로)을 채널(Channel)이라고 한다.

FET 기호에서 게이트의 화살표는 게이트 접합에 순 바이어스가 걸렸을 때 게이트 전류의 방향을 나타내면 N채널에서는 substrate가 N이므로 정공을 끌어들이기 위해서는 게이트에 (−) 전압을 걸어 주어야 한다.

N채널 FET에 흐르는 전류는 전자의 드리프트 현상을 이용한 것으로 JFET는 공핍층으로만 동작하는데, 게이트 전압을 순 바이어스로 걸어주면 전류가 흘러 소자를 파괴하는 일이 일어나므로 반드시 역 바이어스로 해야 한다.

따라서 드레인 전류 I_d는 게이트 전압에 의해 제어된다.

한편 FET에서는 채널이 완전히 소스 쪽에서 막혀버린 상태를 차단 상태라고 하는데, 이때는 드레인 전류가 수[mA] 정도로 지극히 작게 되는데 이와 같은 누설 전류를 차단 전류라고 한다.

즉, 게이트 차단 전류는 드레인과 소스가 단락 $|V_{GS}| > V_P$에서 게이트 단자에 흐르는 전류이다.

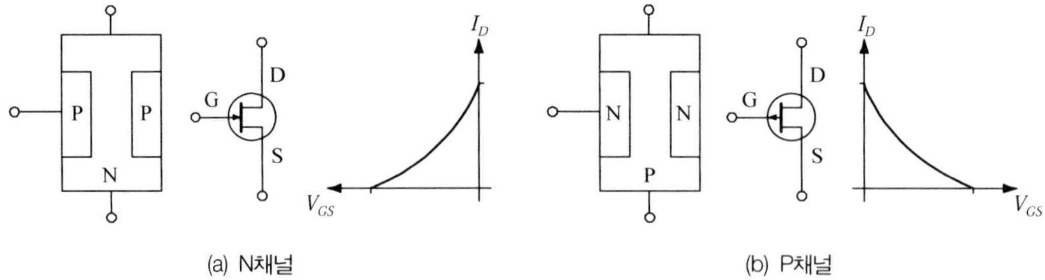

그림 5.2 FET 종류

따라서 JFET의 실제적인 동작은 드레인과 소스 사이를 흐르는 드레인 전류 I_D가 게이트 전압 V_{GS}에 의해서 제어되는 성질에 의존하며, 게이트 전극에 역 바이어스를 인가하는 것은 게이트 전류 I_G ($I_G \fallingdotseq 0$)를 무시할 정도로 작게 하기 위해서이다. 따라서 JFET의 동작 원리는 게이트 전압 V_{GS}에 의해서 드레인 전류 I_D가 제어된다.

따라서

- n채널 JFET에서는 캐리어가 전자이고, p채널 JFET에서는 캐리어가 정공이다.
- 전자는 정공보다 이동도가 크므로 n채널 JFET가 p채널보다 더 고속 동작이 가능하고 같은 조건하에서 더 큰 전류를 흘릴 수 있어 주로 n채널 JFET를 사용한다.
- 일반적으로 n채널 JFET에서 소스에 대하여 게이트에는 (−)전압, 드레인에는 (+)전압을 걸어서 동작시킨다.

예제 5.1

FET에 흐르는 전류는 전자의 어떤 현상을 이용한 것인가에 대해서 간단히 설명하여라.

[풀이] P채널의 경우는 정공의 드리프트 현상인한 것으로 P채널에서의 다수 캐리어는 정공이다. 그리고 N채널 FET에 흐르는 전류는 전자의 드리프트(drift) 현상 즉, FET는 전계에 의한 드리프트 현상을 이용한 소자라고 할 수 있다.

(2) 전달 특성

Gate와 Source 사이의 전압 $V_{GS} = 0$일 때 Drain 전류를 드레인 소스간의 포화 전류 I_{DSS}라고 하는데 포화 영역에서의 드레인 전류 I_D와 게이트 전압 V_{GS}사이의 관계를 이용하여 전달 특성을 고려하기 위하여 포화 영역에서의 드레인 전류 I_D의 관계식을 정리하면

$$I_D = I_{DSS}\left(1 - \frac{V_{GS}}{V_P}\right)^2$$

가 된다. 이와 같은 관계식을 Shockley 방정식이라 한다. 여기서 I_D, V_{GS}는 변수이며, 여기서 I_{DSS}는 $V_{GS} = 0$일 때의 포화 드레인 전류이다. 그리고 V_P 혹은 $V_{GS(off)}$는 핀치오프 전압을 나타내는 것이다. 이 관계식에서 FET는 전압 V_{GS}에 의해서 드레인 전류 I_D가 제어되는 전압 제어용 소자라는 것을 알 수 있다.

따라서 드레인 전류 I_D는 V_{GS}의 제곱에 영향을 받기 때문에 3차 혼 변조적, 상호 변조적 등이 발생하지 않게 되며 이와 같은 문제가 발생하지 않기 때문에 FET는 매우 우수하다. 여기서 이와 같은 특성은 고주파 회로에서는 매우 중요하다.

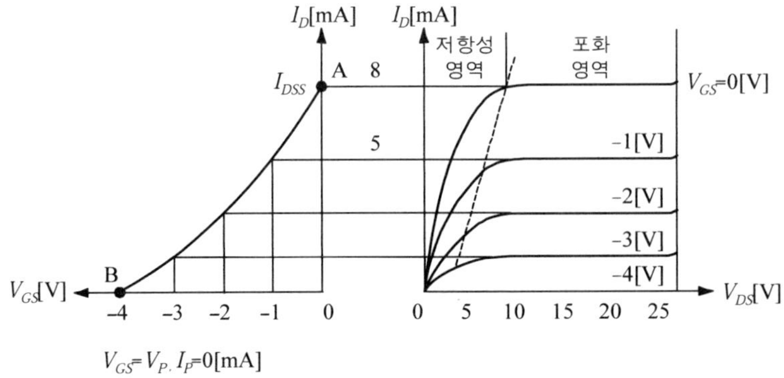

그림 5.3 JFET 전달특성 곡선

예제 5.2

n채널 JFET에서 드레인과 소스 사이의 포화 전류 $I_{DSS}=10[\text{mA}]$이고 $V_{GS(off)}=-8[\text{V}]$이다. $V_{GS}=0[\text{V}]$, $-4[\text{V}]$에 대한 드레인 전류 I_D를 계산하여라.

[풀이] ▸ $V_{GS}=0[\text{V}]$인 경우의 드레인 전류

$$I_D=I_{DSS}\left(1-\frac{0}{-8}\right)^2=I_{DSS}=10[\text{mA}]$$

▸ $V_{GS}=-4[\text{V}]$ 인 경우의 드레인 전류

$$I_D=10[\text{mA}]\left(1-\frac{-4}{-8}\right)^2=2.5[\text{mA}]$$

드레인 전류 I_D의 관계식에서 표시되는 전압 V_P는 게이트에 역 바이어스 전압 전압을 매우 크게 걸면 이것으로 인해서 공간 전하 영역 폭이 넓어져 결국 채널이 막혀 버리는 상태에 이르게 되는데 이를 핀치오프(Pinch-off)라고 하고 핀치오프가 생기는 경우에 인가되는 전압을 Pinch-off Voltage이라고 하며 V_P로 나타낸 것이다.

■ 그림에서 A점에 대한 동작 전압과 전류는 $V_{GS}=0$, $I_D=I_{DSS}$인 경우로 이 때 게이트와 소스간의 역방향 전압이 0으로 채널 폭이 가장 넓기 때문에 드레인 전류는 I_{DSS}로 가장 크게 나타난다.

즉, n채널 JFET 드레인 특성 곡선에서 최대 허용 드레인 전류는 I_{DSS}가 된다.

■ 그림에서 B점은 게이트와 소스간의 높은 역방향 바이어스 전압의 영향으로 채널이 완전히 닫힌 상태를 보여 주는 것이다.

여기서 Pinch-off에 대한 의미를 정리하면 다음과 같다.

■ 채널이 단면적이 최소화 된다.

■ 드레인 전류 $I_D = 0$일 때 게이트와 소스간의 전압을 말한다.

■ 드레인 전류가 차단된다.

■ 채널의 저항이 최대가 된다.

결국 핀치 오프 전압은 드레인 전압을 걸지 않은 상태에서 게이트 역 바이어스 전압 $|V_{GS}|$을 증대시키는 경우 공간 전하 층의 폭이 넓어져서 채널이 완전히 막히게 되는 것으로 만일에 게이트와 소스 사이에 인가된 전압으로 핀치오프가 된다면 $V_{GS} = V_P$관계가 되므로 핀치오프 전압 V_P를 결정하는 관계식을 고려하면

$$V_P = -\frac{eN_d\, a^2}{2\ \varepsilon}$$

으로 나타낼 수 있다. 여기서 a는 n형 반도체 막대 폭의 1/2를, ε는 채널의 유전율을, N_d는 n형 불순물 농도를 그리고 e는 전자의 전하량을 각각 나타낸다.

■ p채널의 경우 핀치오프 전압 의 크기는 $V_p > 0$이다.

■ n채널의 경우는 $V_p < 0$가 된다.

(3) JFET의 특성 곡선

JFET에 대한 주요 특성 곡선으로 드레인 특성 곡선과 전달 특성 곡선을 들 수 있는데 여기서 드레인 특성 곡선을 고려하기 위해 단계적으로 분석을 행하면 다음과 같다.

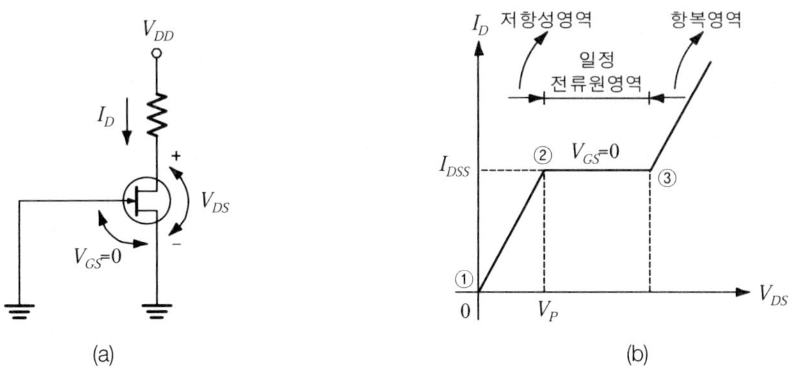

그림 5.4 JFET 특성 곡선

■ 게이트와 소스 사이의 전압 $V_{GS} = 0$인 상태에서

드레인과 소스 사이의 전압 $V_{DS} = 0$이면 드레인 전류가 흐르지 않아 $I_D = 0$이 된다.

①의 위치가 $I_D = 0$가 되는 점이다.

■ 게이트와 소스 사이의 전압 $V_{GS} = 0$인 상태에서

V_{DD}를 0에서 점차적으로 증가시키면 핀치오프가 되는 위치인 ②의 위치까지는 공핍층이 충분히 크지 않기 때문에 채널의 저항이 거의 일정한 값을 보이게 된다. 즉, ①~② 구간에서는 오옴의 법칙이 성립하게 되어 이을 저항성 영역이라고 한다.

■ 게이트와 소스 사이의 전압 $V_{GS} = 0$인 상태에서

점 ②의 V_{DS}에 대한 값을 핀치 오프 전압(pinch off, V_P)라고 하면 여기서 V_{DS}을 V_P이상으로 증가하여도 게이트와 드레인 사이의 역 방향 전압은 V_{DS}를 보상하기에 충분한 공핍 영역을 만들 수 있어 드레인 전류 I_D를 일정하게 유지하게 되는데 이를 활성 영역 혹은 전류원 영역이라고 한다.

■ 게이트와 소스 사이의 전압 $V_{GS} = 0$인 상태에서

V_{DD}를 증가하게 되면 드레인과 게이트 사이의 역방향 전압이 커져 점 ③에서 드레인 전류 I_D가 급격히 커지게 되는 항복 현상을 보이게 된다.

(4) 트랜지스터와 FET의 대표적인 특성 비교

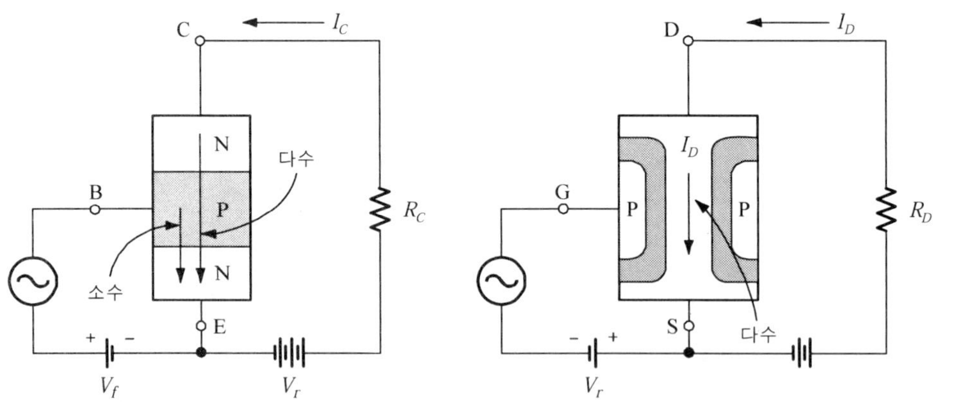

(a) 트랜지스터 (b) FET

그림 5.5

■ 트랜지스터의 경우

- 다수 캐리어 βI_B와 소수 캐리어 $(1+\beta)I_{CO}$를 고려하기 때문에 Bipolar 소자라고 한다.

- 출력 전류의 관계식 $I_C = \beta I_B + (1+\beta)I_{CO}$으로 이는 I_B를 이용하여 컬렉터 전류 I_C를 제어한다고 하여 전류 제어용 소자라고 한다.
- 입력 저항 R_i가 작다.
- 소수 캐리어의 존재로 열적 안정성이 나쁘며, 잡음이 많으며, 안정계수를 이용하여 평가한다.
- 전류를 증폭하는 전류 증폭기이다.

■ FET의 경우

- 다수 캐리어만 고려하기 때문에 Unipolar 라고 한다.
- 출력의 관계식은 $I_D = I_{DSS}(1-\dfrac{V_{GS}}{V_P})^2$ 이며 여기서 전압 V_{GS}에 따라서 출력 전류 I_D가 제어된다고 하여 전압 제어용 소자라고 한다.
- 입력 저항 R_i가 매우 크다.
- 소수 캐리어가 없으므로 열적 안정성이 우수하며, 잡음이 적고, 안정 계수를 고려하지 않는다.
- 전압을 증폭하는 전압 증폭기이다.

표 5.1 TR과 FET 특성 비교

	TR	FET
동작 원리	다수 및 소수를 고려	다수 캐리어만 고려
소자 특성	Bipolar 소자	Unipolar 소자
제어 방식	전류 제어방식	전압 제어방식
입력 저항	보통	108~1010[Ω] 매우 높다
잡음	많다	적다
이득 대역폭 곱 [G·B]	크다	작다
동작 속도	저속	고속
집적도(IC)	낮다	높다

5.1.2 FET의 특징

(1) FET의 특징

■ FET는 구조상 입력측에 역 바이어스를 공급하므로 입력 저항이 매우 크다. 즉, FET가

높은 임피던스를 갖는 이유는 게이트가 절연되었기 때문이다.

- FET의 동작은 다수 캐리어만의 이동에 의존하므로 단극성 소자(Unipolar Device)이다.
- FET는 오프 셋(Offset) 전압, 전류가 적어서 우수한 초퍼(Chopper) 회로로 사용할 수 있다.

  FET는 off 상태에서는 거의 전류가 흐르지 않고 on 상태에서는 drain과 source 사이의 저항 값이 적기 때문에 단락상태에 있다고 볼 수 있다. 따라서 offset 전압이 작다.

  즉, FET는 스위칭 소자로 사용할 때 오프셋 전압이 없다.
- 저항 소자로 사용 가능하고 단위면적을 적게 차지하기 때문에 MOSFET는 고밀도 집적회로(IC)화에 적합하다.
- FET 자체가 저항 작용을 하므로 MOS 소자만으로 디지털 시스템 구성이 가능하다.
- 잡음이 적고, 열적으로 안정하며, 이득대역폭 곱이 적어 고주파특성이 나쁘다.
- 3차 혼 변조 특성이 우수하다.
- 잡음 특성이 우수하여 저 잡음 증폭기(LNA)로 사용한다. 즉, BJT보다 잡음이 적어 특히 신호 레벨이 낮은 초단 증폭기로 사용된다.
- 소수 캐리어가 없으므로 온도 특성이 우수하다.
- FET는 BJT보다 훨씬 높은 주파수(수 [GHz])에서 동작이 가능하다.

(2) FET의 단점

- BJT에 비해 동작 속도가 느리며,
- 이득 대역폭의 적[GB]이 적다. 즉, FET는 BJT보다 이득-대역폭 곱이 작다. 이는 BJT 증폭기의 교류 전압 이득이 FET보다 훨씬 크다는 것이다.

(3) FET의 응용

- MOSFET는 전압제어용 소자이며, 스위칭 속도는 MOS 중에서 CMOS가 가장 빠르다.
- DRAM(=MOSFET+condensor)이라는 기억 소자를 구성하는데 이용한다.
- 저 잡음 증폭기(LNA, Low Noise Amplifier)로 사용한다.
- 핀치오프가 되기 전 영역인 저항성영역에서 게이트 전압에 따라 드레인과 소스 사이의 저항이 변화하는 성질을 이용해서 전압을 가변하는 전압 가변 저항기(VVR, Voltage Variable Resister) 소자로 이용할 수 있다.

5.1.3 MOSFET(Metal Oxide Semiconductor FET)

(1) MOS형 FET의 구조

MOSFET는 금속 산화물 반도체이다. 구조는 절연 게이트의 구조 위에 차례로 금속(Metal), 산화 실리콘(Silicon Oxide), 실리콘(Silicon)으로 되어 있으며 P형 실리콘 substrate 위에 N형 영역을 2개 만들고 그 사이에 실리콘 산화막 위에 전극을 놓은 구조이다.

MOS FET 역시 JFET와 마찬가지로 게이트(Gate), 드레인(Drain), 소스(Source)의 3개 단자를 가진다. 그러나 MOSFET는 게이트와 채널이 서로 절연되어 있어 JFET 보다 입력 저항이 수천 MΩ이상으로 매우 높다.

MOSFET의 형태는 공핍층 MOSFET(D-MOSFET)로 P 채널, N 채널으로 구분되며, 증가형 MOSFET(E-MOSFET)로 역시 P 채널, N 채널 등으로 구분할 수 있다. 보통 JFET와의 차이는 게이트가 산화막(SiO_2)으로 채널과 격리되어 있다는 것이 다른 점이다. 따라서 MOSFET의 경우 역시 절연층이 산화막(SiO_2)으로 완전히 절연되어 있으므로 입력 저항이 거의 무한대이다.

(2) 증가형 MOSFET(E-MOSFET)

E-MOSFET는 구조상 드레인과 소스 단자 사이에 물리적 채널이 없다. 즉, 채널이 미리 형성되어 있지 않다는 의미이다.

■ N 채널 E-MOSFET

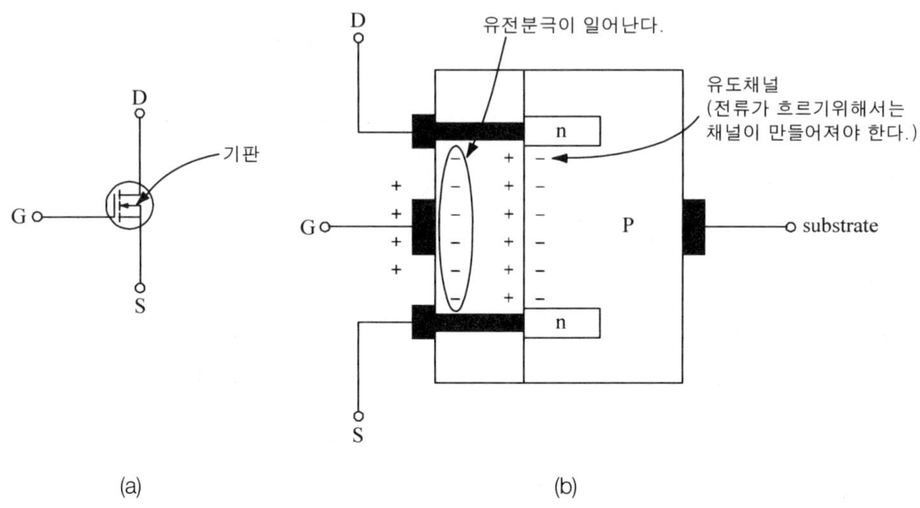

그림 5.6 N 채널 E-MOSFET의 구조

N 채널 E-MOSFET의 구조에서 게이트에 전압을 인가하지 않는 경우에도 전도 채널이 형성 되지 않지만 N채널이므로 (+)전압을 인가하게 되면 P형 기판에 (−)의 전하층이 형성으로 채널이 형성되게 된다. 이 때 게이트에 (+)전압을 보다 크게 인가하게 되면 될수록 P형 기판에 강한 (−)전하층을 형성하여 이 채널을 통하여 보다 많은 전자들을 끌어 당겨서 전도도가 증가하게 된다.

즉, N 채널의 경우 채널을 형성시켜 드레인-소스 간에 전류를 흘리려면 게이트-소스 간에 (+)전압을 걸어 주어야 한다. 이 (+)전압은 게이트 밑 SiO_2층에 접해 있는 기판 영역에 (−)의 전하층을 유기시킨다. 더욱 게이트 전압을 증가시킴으로서 (−)의 전하가 더 증가되어 드레인-소스 간에는 N 채널이 형성되어 채널 전류 즉, 드레인 전류가 흐르게 된다.

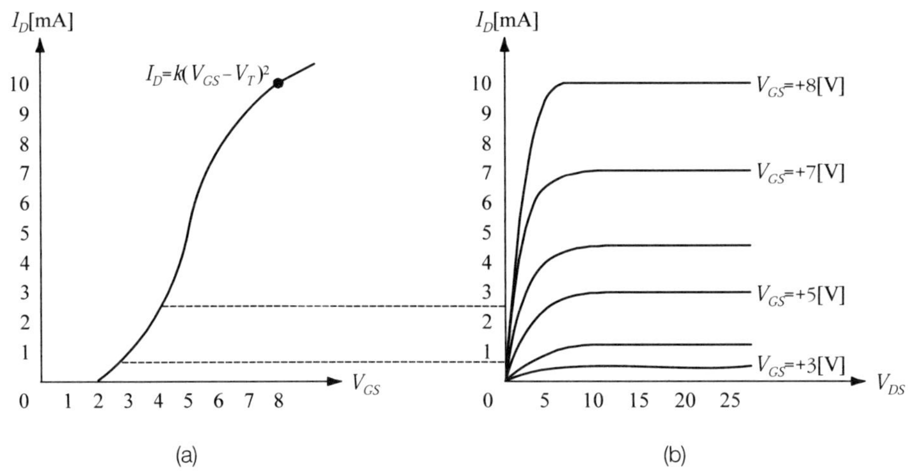

그림 5.7 N 채널 E-MOSFET의 전달 특성

E-MOSFET에서는 I_{DSS}가 존재하지 않는다. 즉, 채널이 형성되기 전 까지는 드레인 전류가 0이기 때문이다.

N 채널 E-MOSFET의 전달 특성에서 알 수 있듯이 문턱 전압 이하의 V_{GS}에서는 E-MOSFET의 드레인 전류는 0[mA]이며, $V_{GS} > V_T$ 인 경우에 드레인 전류는 비선형 특성을 보인다. 여기서 게이트와 소스 사이의 전달 특성을 고려하기 위해서 드레인 전류 I_D가 포화 상태에 있도록 V_{DS}를 조정한 상태에서 V_{DS}를 가변하면서 I_D의 변화를 고려하기 위해서 우선 V_{GS}가 게이트와 소스 사이의 문턱 전압 V_T보다 작은 경우에는 채널이 형성되지 않으므로 드레인 전류 I_D가 흐르지 않게 된다.

그러나 V_{GS}가 V_T보다 크게 되면 채널이 형성된다. 이 때 V_{GS}가 커질수록 보다 많은 전자가 유입되어 채널의 폭이 넓어져 더 많은 드레인 전류가 흐르게 된다.

여기서 V_{GS}와 I_D의 관계를 식으로 나타내면

$$I_D = k(V_{GS} - V_T)^2 \, [\mathrm{A}]$$

가 된다. 이를 E-MOSFET의 전달 특성 전달식이라고 한다. 즉, 드레인 전류 I_D는 게이트 전압이 V_T 이상일 때 흐르기 시작한다.

여기서 상수 $k(=0.3[\mathrm{mA/V^2}])$는 디바이스 구조에 따른 값을 나타내며, V_T는 문턱전압(threshold voltage)으로 V_{GS}가 포화(saturation) 전압 $V_{GS-(sat)}$을 말한다.

$V_{GS}=0$일 때 JFET의 경우는 I_{DSS}로 최대의 전류가 흐르지만 $I_D = k(V_{GS} - V_T)^2$관계식에서 $V_{GS} \geq V_T$인 경우에만 전류가 흐르므로 $I_D = 0$가 된다. 즉, I_{DSS}라는 것은 없다는 것이다.

Book Cafe

N채널 E-MOSFET 에서 문턱 전압 V_T는 채널에 전류를 흘리기 위한 임계 전압으로 $V_{GS} > V_T$의 조건이 만족할 때만 전류가 흐른다.

예제 5.3

N채널 E-MOSFET에서 $V_{GS}=10[\mathrm{V}]$일 때 $V_T=1[\mathrm{V}]$이고 $I_D=90[\mathrm{mA}]$이었다. 만일에 $V_{GS}=8[\mathrm{V}]$으로 변하는 경우에 대한 드레인 전류 I_D를 계산하여라.

[풀이] N 채널 E-MOSFET에서 드레인 전류 I_D를 계산하는 관계식

$$I_D = k(V_{GS} - V_T)^2 \, [\mathrm{A}]$$

을 이용하기 위해서 먼저 상수 K의 크기를 구하면

$$K = \frac{I_D}{(V_{GS} - V_T)^2} = \frac{90\,[\mathrm{mA}]}{(10-1)^2} = 1.11\,[\mathrm{mA/V^2}]$$

가 된다. 이를 이용하여 $V_{GS}=8[\mathrm{V}]$에 대한 I_D값을 계산하면

$$I_D = K(V_{GS} - V_T)^2 = 1.11\,[\mathrm{mA/V^2}](8-1)^2 = 54.39\,[\mathrm{mA}]$$

으로 구해진다.

■ P 채널 E-MOSFET

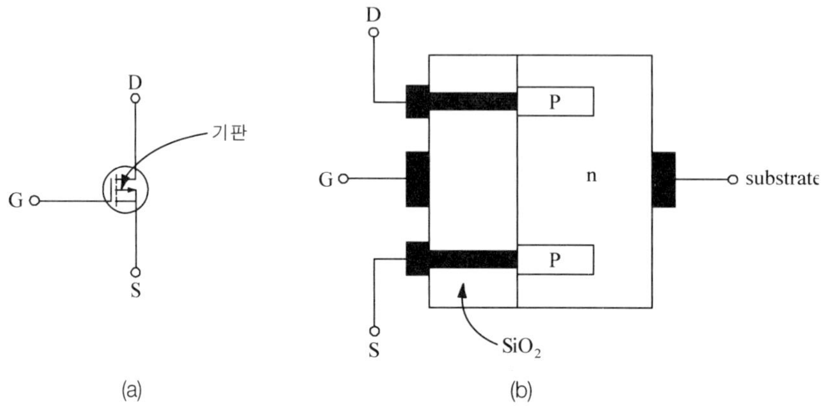

그림 5.8 P 채널 E-MOSFET의 구조

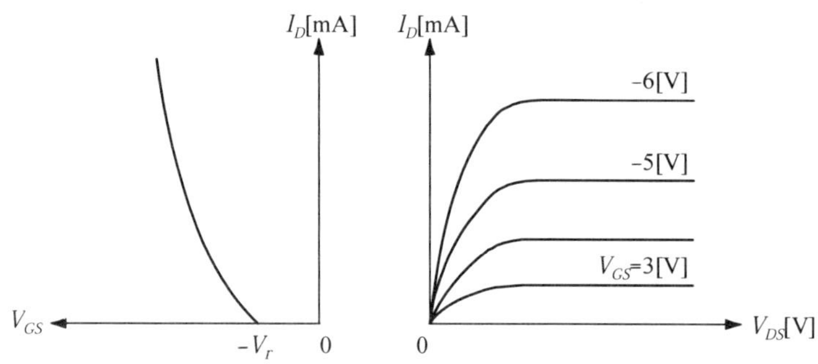

그림 5.9 P 채널 E-MOSFET의 전달 특성

P 채널 E-MOSFET의 구조에서 P 채널이므로 게이트에 (−)전압을 인가하여 채널을 형성하게 된다. 여기서 게이트와 소스 사이에 인가되는 (−)전압을 보다 크게 할수록 N형 기판 부분에 (+)전하 층을 형성하여 채널의 전도도를 증가하게 되며, 이 때 이 채널을 통하여 정공들이 V_{GS}의 전압에 의해서 이동하는 것으로 전류가 흐르게 된다.

Book Cafe

E-MOSFET 소자에서 N 채널과 P 채널 소자는 게이트-소스 간에 각각 채널을 형성시켜 드레인 전류를 흘리려면 N 채널 E-MOSFET 소자는 게이트-소스 간 전압이 (+)이어야하고 P 채널 E-MOSFET 소자는 (−)이어야 한다.

(3) 공핍층 MOSFET(D-MOSFET)

D-MOSFET는 드레인과 소스사이에 채널이 미리 형성되어 있다. 즉, 채널이 물리적으로 구성되고 드레인-소스 간에 걸리는 전압에 의해 드레인-소스 사이에 전류가 흐른다.

■ N 채널 D-MOSFET

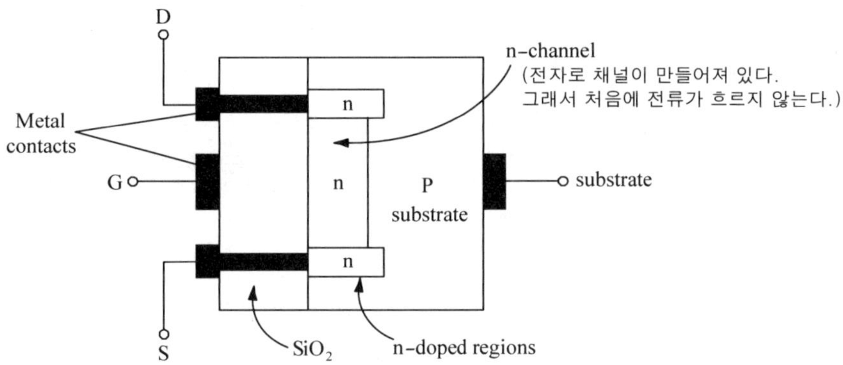

그림 5.10 N 채널 D-MOSFET의 구조

N 채널 D-MOSFET는 그림 5.10와 같이 p형 실리콘(Si) 기판 위에 형성된다. N 채널 D-MOSFET의 동작 및 특성은 N 채널 D-MOSFET의 구조에서 매우 은 산화막(SiO_2)에 의해서 N 채널과 분리되어 있으며, 소스, 드레인 그리고 게이트 단자는 N 채널로 도핑된 영역에 금속 접촉을 통하여 접속되어 있으며, 여기서 SiO_2는 절연막 형태인 유전체로서 외부적 전계가 인가되는 경우 유전체 내에서 반대 전계를 형성하게 된다.

SiO_2층이 절연층이므로 게이트 단자와 MOSFET의 채널 사이는 직접적인 전기적 연결은 없다.

그리고 MOSFET는 높은 입력 임피던스를 가지게 되어 직류 바이어스 회로에서 게이트 전류 I_G는 거의 0이 된다.

동작으로는 게이트 단자에 $-V_{GS}$ 전압을 크게 인가하는 경우에 채널은 핀치 오프 상태가 되어 드레인 전류는 공핍 모드인 $I_D=0$가 되며, $+V_{GS}$인 전압을 인가하는 경우에는 전도도를 크게 증가시켜서 V_{DS} 전압에 의해서 전류가 흐르게 된다.

D-MOSFET 전달 특성을 고려하면 E-MOSFET는 오직 증가 모드만 존재하였으나 D-MOSFET에는 공핍 모드(depletion mode)와 증가 모드(enhancement mode)가 존재한다.

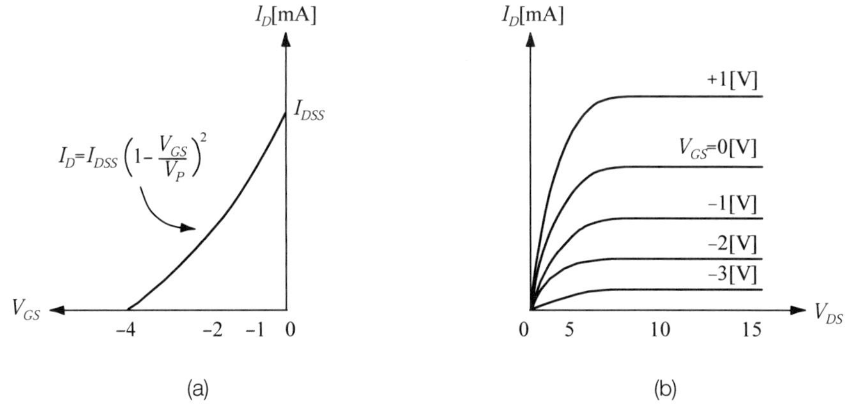

그림 5.11 N 채널 D-MOSFET의 전달 특성

예제 5.4 N 채널 MOSFET의 특징에 대해서 간단히 설명하여라.

[풀이]
- 채널을 N형 반전 층으로 이루어진다.
- N형 채널인 경우 MOSFET의 기판은 P형이다.
- 게이트는 SiO_2층에 의해 채널과 절연된다.

■ P 채널 D-MOSFET

P 채널 D-MOSFET의 구조에서 게이트에 $+V_{GS}$의 큰 전압을 인가하는 경우 P 채널 내의 다수 캐리어인 정공의 반발력으로 인해서 채널을 핀치 오피 상태가 되어 드레인 전류는 $I_D=0$가 되며, $-V_{GS}$을 인가하는 경우에는 P 채널 내의 정공들이 증가로 전도도를 증가시키게 되며, 이 채널을 통해서 전도 전자들이 V_{DS}의 전압 방향으로 전류가 흐르게 된다.

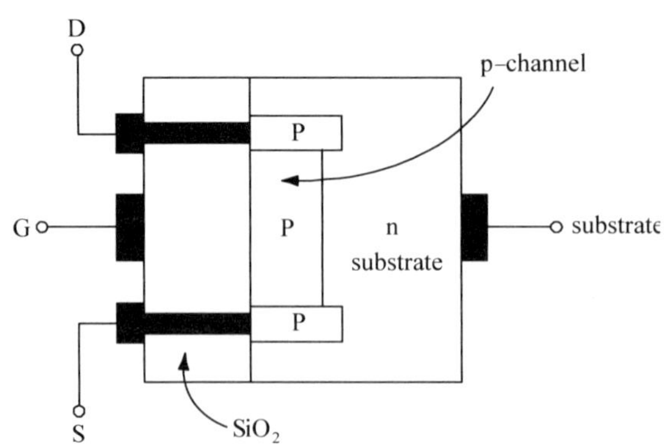

그림 5.12 P 채널 D-MOSFET의 구조

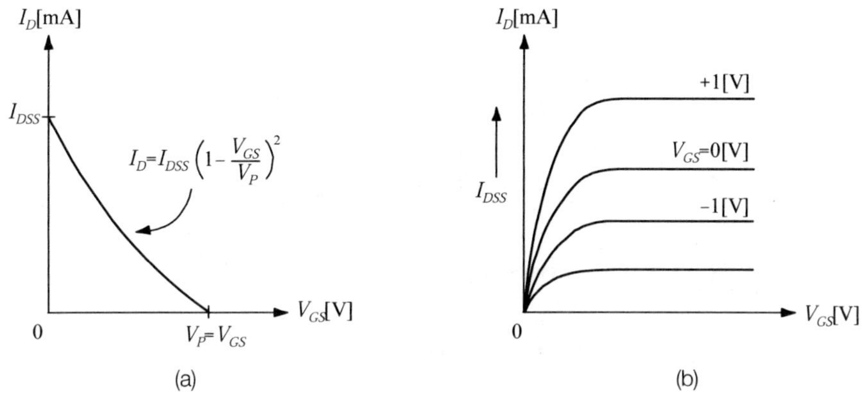

그림 5.13 P 채널 D-MOSFET의 전달 특성

(4) MOSFET의 특징

- JFET의 경우 보다 높은 입력 임피던스를 보인다.
- 드레인 전류가 (−)의 온도 계수를 보이므로 열 폭주가 일어날 우려가 없다.
- 절연층 사이에 게이트가 존재하므로 입력 임피던스가 매우 높다
- JFET에 비해서 혼 변조 특성 혹은 불요파(Spurious)특성이 우수하다.
- 비교적 P채널 E-MOSFET가 가장 중요한 소자이다.
- 집적화(IC)등에 이용하게 된다.
- MOSFET는 반도체 기억 소자, Shift register, Microprocessor와 같은 LSI Array에 주로 응용된다.

5.2 FET의 소 신호 해석

5.2.1 FET의 증폭

(1) FET 등가 회로

FET에서 나타나는 파라미터에 대한 특성을 FET의 구조를 통해서 고려하기 위해서 다음과 같은 회로를 고려하면

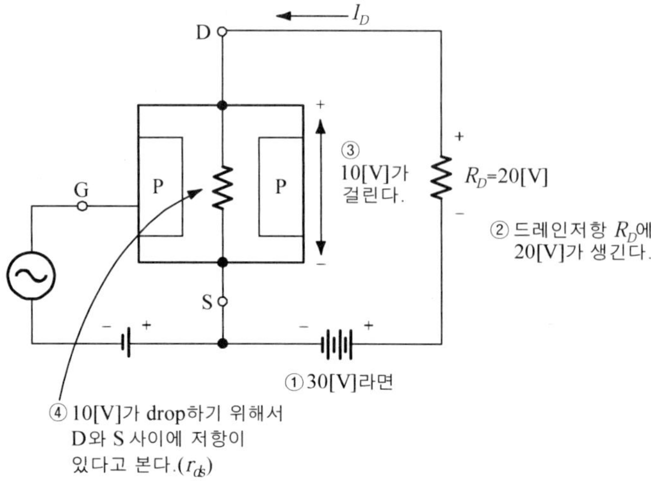

그림 5.14

트랜지스터에 대한 소 신호 해석을 위해 등가 회로를 이용하여 해석 하였듯이 FET의 경우에서도 해석을 위해서 등가회로를 이용하게 된다. 여기서 FET에 대한 등가회로에 나타나기 위해서 필요한 요소로 다음과 같은 것을 이용하게 된다.

- 입력저항 $Z_i \rightarrow \infty$
- 전압제어용 소자, $g_m V_{GS}$
- drain과 source 사이의 저항, r_{ds}

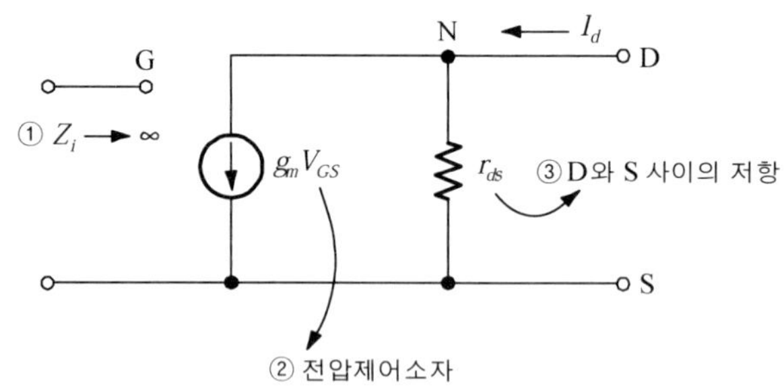

그림 5.15 FET의 회로에 대한 등가 회로

FET 등가회로에서 트랜지스터와는 달리 입력 전류가 존재하지 않아 입력측의 루프가 존재하지 않는다. 즉, 출력 전류인 Drain 전류 I_d는 입력 전압 V_{GS}와 출력 전압 V_{DS}에 대한 변화를 보이므로 이를 이용하여 함수로 나타내면

$$I_d = f(V_{GS},\ V_{DS})$$

가 된다. 이 함수에 대한 관계를 드레인 전류 I_d에 관련된 다항식으로 나타내면

$$I_d = g_m V_{GS} + \frac{V_{DS}}{r_d} \quad \text{(Node 방정식)}$$

가 되며 이는 회로에 대한 전류(Node) 방정식을 적용한 결과와 같다. 트랜지스터의 경우는 입력과 출력에 관련된 2개의 다항식으로 표현되지만 FET의 경우는 하나의 다항식으로만 표현하게 된다.

한편 트랜지스터에서 해석상의 편의를 위하여 트랜지스터 자체에 직접 등가 회로를 그려서 해석 하듯이 FET 역시 등가 회로를 그리는 것이 복잡하므로 회로에 직접 등가 회로를 나타내는 방법을 이용하기로 한다.

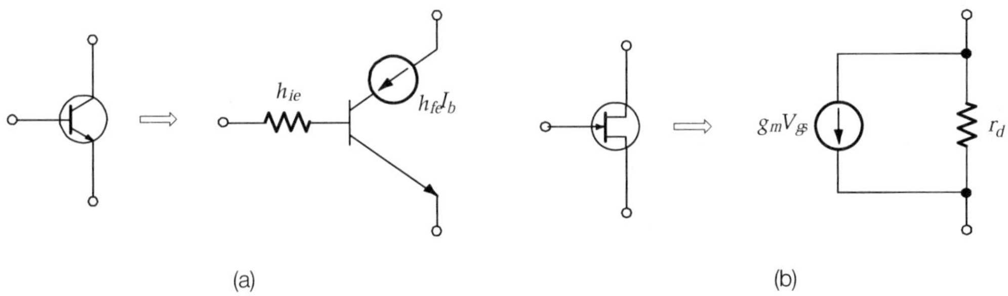

그림 5.16 직접 등가 회로

Book Cafe

트랜지스터에 대한 선형 해석에서는 각 접지방식에 대한 입력 저항 R_i, 전류 증폭 A_I, 전압 증폭 A_V 그리고 출력 저항 R_0 등을 구했다. FET에 대한 선형 해석 즉, 증폭 원리를 설명하는 경우에는

- 입력 저항이 ∞이므로 입력 저항을 구할 필요가 없다.
- 입력 전류 I_i가 존재하지 않으므로 전류 증폭 A_I은 의미가 없다.
- FET에서는 오직 전압 증폭 A_V만을 구하기 때문에 전압 증폭기라고 할 수 있다.
- 출력 저항 R_0은 어느 정도 해석을 한다.

(2) FET 3정수

FET 3정수는 FET의 능력을 평가하는 경우에 이용되는 파라미터로 상호 컨덕턴스 g_m, 드레인 저항 r_d 그리고 증폭 정수 μ등을 이용하여 평가하게 된다.

■ **상호 컨덕턴스, g_m**

g_m은 FET의 전압 이득을 결정하는 중요한 인자이다. FET의 전달 특성 곡선은 비선형이므로 g_m값은 V_{GS}에 의해 결정되는 곡선상의 위치에 따라 달라진다.

FET는 트랜지스터와 달리 전압 제어소자이므로 h_{fe}대신 g_m을 사용하여 정의하면

$$g_m = \left. \frac{\partial I_d}{\partial V_{GS}} \right|_{V_{DS}=\text{일정}} [\mho]$$

이며 이는 드레인 전류와 인가전압의 비례 상수로 이 크기는 온도가 증가하면 g_m의 크기는 감소하게 된다.

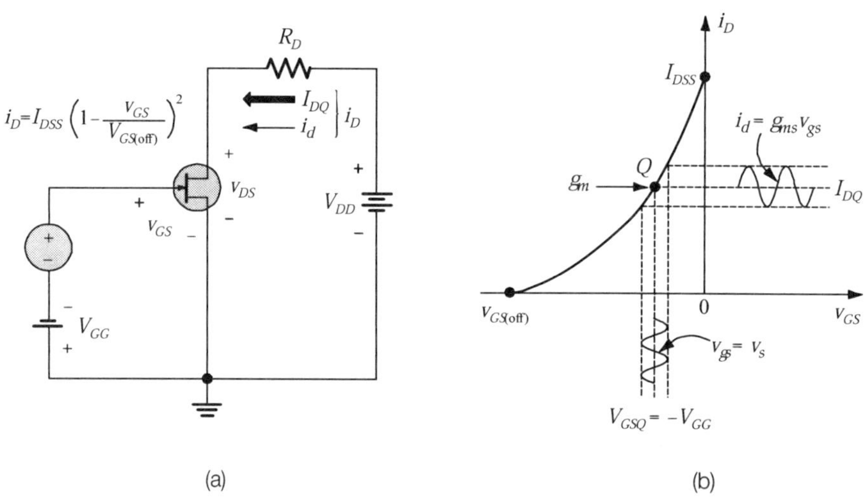

그림 5.17

즉, 전달 컨덕턴스는 전달 특성 곡선 위의 한 점에서 결정되는 접선의 기울기이므로 전달 특성 곡선의 위쪽으로 갈수록 전달 컨덕턴스의 값이 커진다는 것을 알 수 있다. 보통 규격표에는 $V_{GS}=0$에서의 g_m값인 즉, g_{mo}가 명시되어 있다.

Shockley 방정식 드레인 전류 I_D를 V_{GS}에 관하여 미분하여 g_m값을 구하면 다음과 같다.

$$g_m = \frac{\Delta I_D}{\Delta V_{GS}} = \frac{dI_D}{dV_{GS}} = \frac{dI_{DSS}\left(1 - \frac{V_{GS}}{V_P}\right)^2}{dV_{GS}}$$

$$= 2I_{DSS}\left(1 - \frac{V_{GS}}{V_P}\right)\left(-\frac{1}{V_P}\right) = -\frac{2I_{DSS}}{V_P}\left(1 - \frac{V_{GS}}{V_P}\right)$$

$$= g_{mo}\left(1 - \frac{V_{GS}}{V_P}\right)$$

이며 여기서 g_{mo}는 $V_{GS}=0$일 때 전달컨덕턴스 값으로 $g_{mo} = \frac{2I_{DSS}}{|V_P|}$라고 하면 g_m은

$$g_m = g_{mo}\left(1 - \frac{V_{GS}}{V_P}\right) = \frac{2I_{DSS}}{|V_P|}\left(1 - \frac{V_{GS}}{V_P}\right)$$

으로 구해진다.

예제 5.5

어떤 n채널 JFET에서 $I_{DSS} = 12\,[\mathrm{mA}]$이고 $g_{mo} = 4000\,[\mu\mathrm{S}]$이다. V_P 및 $V_{GS} = -3\,[\mathrm{V}]$에서의 g_m의 크기를 계산하여라.

[풀이] g_m의 크기에 관련된 관계식을 $g_{mo} = \frac{2I_{DSS}}{|V_P|}$을 이용하여 $V_P = -6\,[\mathrm{V}]$를 구할 수 있으며 이를 이용하여 g_m의 크기를 계산하면

$$g_m = 4000\,[\mu\mathrm{S}]\left(1 - \frac{-3}{-6}\right) = 2000\,[\mu\mathrm{S}]$$

가 된다.

■ 드레인 저항, r_d

JFET는 게이트- 소스 사이를 역방향 바이어스로 동작하므로 게이트에서의 입력 저항은 대단히 크다.

드레인 저항을 출력 전압과 드레인 전류의 비례 상수로 정의되며,

$$r_d = \left.\frac{\partial V_{DS}}{\partial I_d}\right|_{V_{GS}=\text{일정}} \quad [\Omega]$$

온도가 증가하게 되면 드레인 저항 r_d도 증가하게 된다.

■ 증폭 정수, μ

$$\mu = g_m r_d = \frac{V_{DS}}{V_{GS}} \text{ [단위가 없음]}$$

증폭 정수 μ는 입력과 출력의 전압에 대한 상수로 이는 온도에 관계없이 일정하다는 것이다.

여기서 FET에 대한 3정수의 특성 곡선을 고려하면 다음과 같이 나타낼 수 있다.

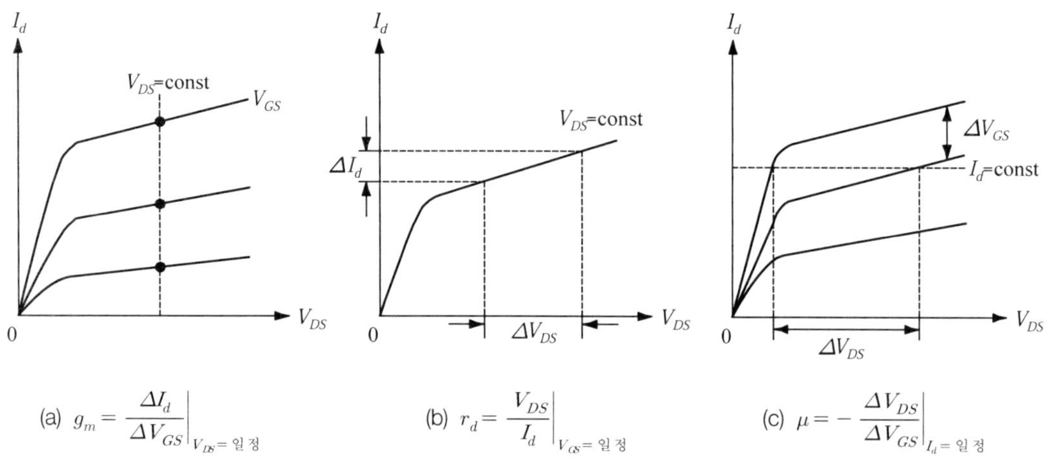

그림 5.18 FET 3정수 특성 곡선

5.2.2 FET의 접지방식에 대한 소 신호 해석

(1) 소스 저항 R_S를 갖는 CS 회로

그림 5.19(b)의 등가 회로에 대해서 전압 방정식(KVL)을 적용하면

$$0 + I_D R_S + (I_d - g_m V_{GS}) r_d + I_d R_d = 0$$

이며, 여기에 입력측에 대한 관계식

$$V_i = V_{gs} + I_d R_s$$
$$V_{gs} = V_i - I_d R_s$$

이므로 이를 이용하여 정리하면

$$I_d R_s + I_d r_d - g_m r_d (V_i - I_d R_s) + I_d R_d = 0$$
$$I_d R_s + I_d r_d - \mu V_i + \mu I_d R_s + I_d R_d = 0$$

가 된다.

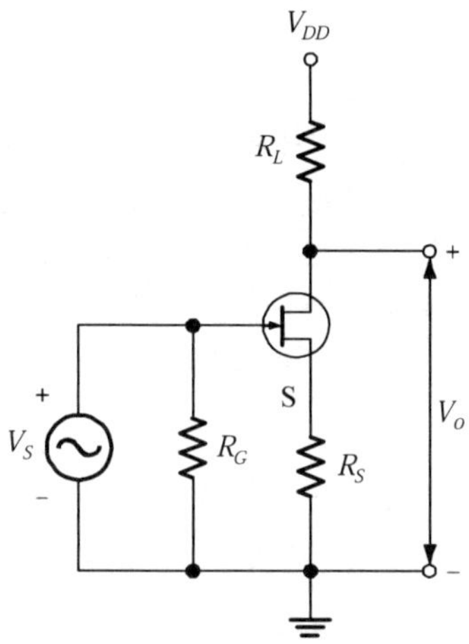

(a) 소스 저항을 갖는 CS 회로

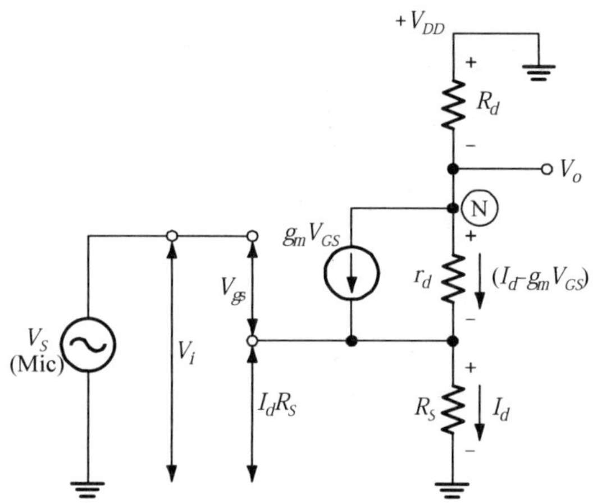

(b) 등가 회로

그림 5.19 R_S를 갖는 CS 회로와 등가 회로

이를 드레인 전류 I_d에 대해서 정리를 하게 되면

$$I_d = \frac{\mu V_i}{r_d + R_d + (1+\mu)R_s}$$

으로 나타낼 수 있다. 따라서 출력전압 V_o는

$$V_o = -I_d R_d = -\frac{\mu V_i}{r_d + R_d + (1+\mu)R_s} \cdot R_d$$

이며, 전압 증폭율 A_V의 크기는

$$A_V = \frac{V_o}{V_i} = -\frac{\mu R_d}{r_d + R_d + (1+\mu)R_s}$$

처럼 구해진다. 여기서 (−)의 의미는 입력과 출력의 위상차가 180도가 됨을 나타내는 것이다. 트랜지스터의 경우는 저항 R_i, 전류 증폭 A_I, 전압 증폭 A_V 그리고 출력 저항 R_0 등 모두에 대해서 그 크기를 결정하였지만 FET에서는 전압 증폭 A_V에 대한 크기만을 주로 고려하는 이유는 FET는 전압 증폭기이므로 전압 증폭에 대해서 관심을 갖는 것이다.

(2) 소스 접지(CS, Common Source) 회로

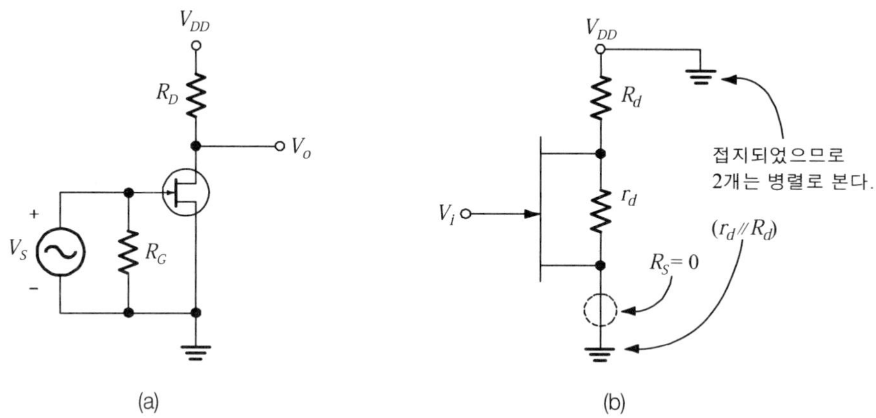

그림 5.20 CS 회로와 등가 회로

입력을 게이트 단자로 하고 출력을 드레인 단자에서 본 회로를 CS 회로라고 하는데 앞에서 정리한 내용을 이용해서 전압 증폭을 구하면 즉

$$A_V = \frac{V_o}{V_i} = -\frac{\mu R_d}{r_d + R_d + (1+\mu)R_s}$$

인 관계식에서 소스 저항 R_S 에 관련된 항 즉 분모에서 $(1+\mu)R_s$ 항을 제거하면 된다.

즉,

$$A_V = \frac{V_o}{V_i} = -\frac{\mu R_d}{r_d + R_d}$$

가 된다. 여기서 앞에서 정의된 증폭 정수 $\mu = g_m r_d$ 인 관계식을 이용하면

$$A_V = \frac{V_o}{V_i} = -g_m \frac{r_d R_d}{r_d + R_d}$$

가 된다. 여기서

$$R_d' = r_d \mathbin{/\!/} R_d = \frac{r_d \cdot R_d}{r_d + R_d}$$

라고 하고 이를 이용하면

$$A_v = -g_m \cdot R_d'$$

으로 나타낼 수 있다. 그리고 다른 형태로 나타내는 경우를 고려하여 그림 5.21에서 전압 증폭을 구하면

$$A_v = -g_m \cdot R_d'$$

이며 여기서

$$R_d' = R_d \mathbin{/\!/} r_d \mathbin{/\!/} R_d$$

으로 3개의 저항이 접지되어 있으므로 병렬 구조를 보인다.

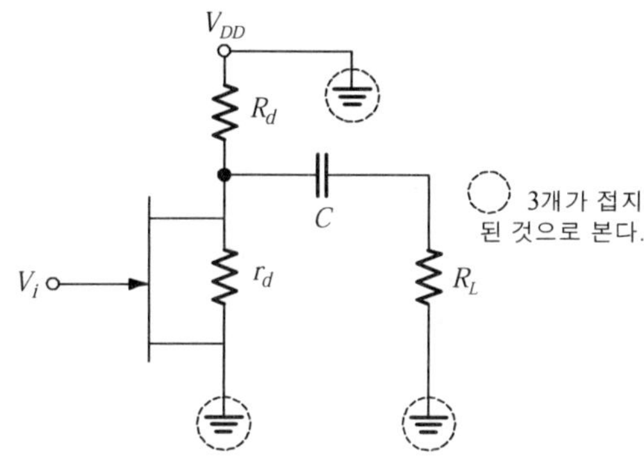

그림 5.21

예제 5.6

다음과 같이 $V_i = 100[mV_s]$ 인 CS 증폭기에서 $g_m = 5[mS]$일 때 출력 전압의 실효값을 구하여라.

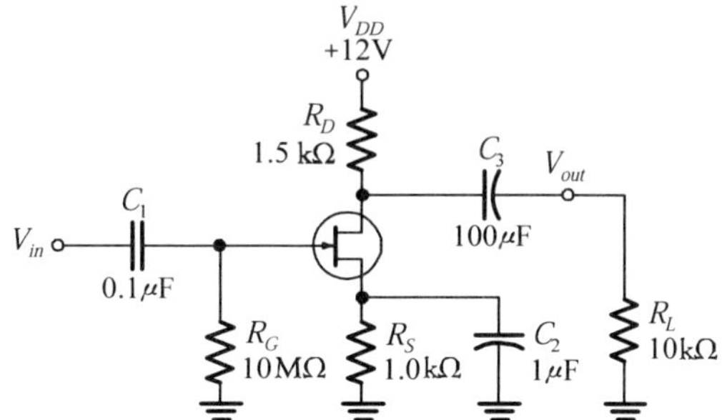

[풀이] CS 증폭기에서의 출력 전압에 대한 관계식은

$$V_{out} = -I_d R_d = -g_m V_{in} R_d$$

이므로 먼저 전체 교류 드레인 저항을 구하면

$$R_d = R_D \parallel R_L = \frac{R_D R_L}{R_D + R_L} = \frac{1.5[\text{k}\Omega] \times 10[\text{k}\Omega]}{1.5[\text{k}\Omega] + 10[\text{k}\Omega]} = 0.7[\text{k}\Omega]$$

가 된다. 이를 이용하여 출력 전압의 크기를 계산하면

$$|V_{out}| = g_m R_d V_i = 5[\text{mS}] \times 0.7[\text{k}\Omega] \times 100[\text{mV}] = 714[\text{mV}](\text{rms})$$

가 된다.

(3) **드레인 접지(CD, Common Drain) 회로**

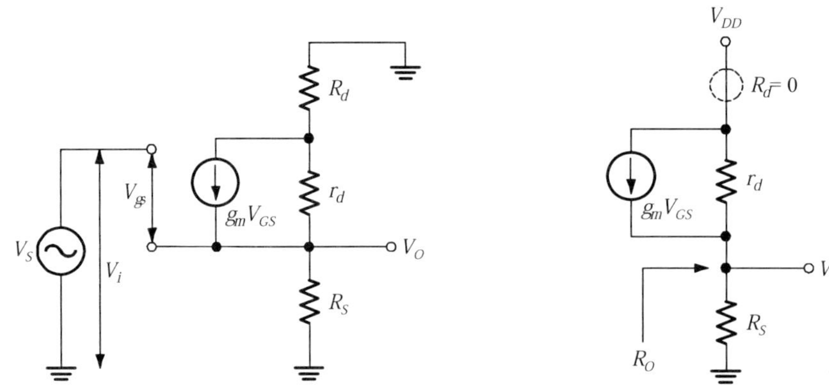

(a) CD 회로 (b) 등가 회로

그림 5.22 CD 회로와 등가 회로

입력을 게이트 단자로 하고 출력을 소스 단자로 하는 경우에 대한 등가 회로를 통하여 출력 전압은

$$V_0 = I_d \cdot R_s$$

이며, 여기에 $I_d = \dfrac{\mu V_i}{r_d + R_d + (1+\mu)R_s}$ 관계식을 이용하면

$$V_0 = I_d \cdot R_s = \frac{\mu V_i}{r_d + R_d + (1+\mu)R_s} \cdot R_s \fallingdotseq 1$$

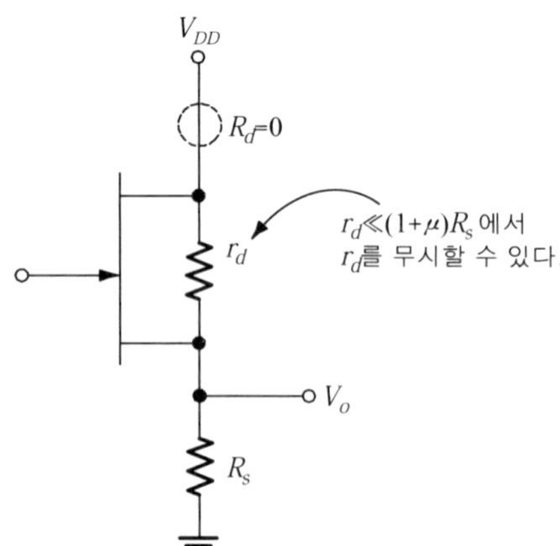

그림 5.23

가 된다. 여기서 $(1+\mu)R_S \gg r_d + R_d$ 인 경우에 대한 전압 증폭 A_V을 구하면

$$A_V = 1$$

가 된다. 여기서 CD 증폭 회로는 전압 이득은 약 1이 된다. 그리고 출력 저항을 구하면

$$R_0 = \frac{V_0}{I_0} = \left(\frac{1}{g_m} /\!/ r_d\right) = \frac{\frac{1}{g_m} \cdot r_d}{\frac{1}{g_m} + r_d}$$

$$= \frac{r_d}{1 + g_m r_d} = \frac{r_d}{1+\mu}$$

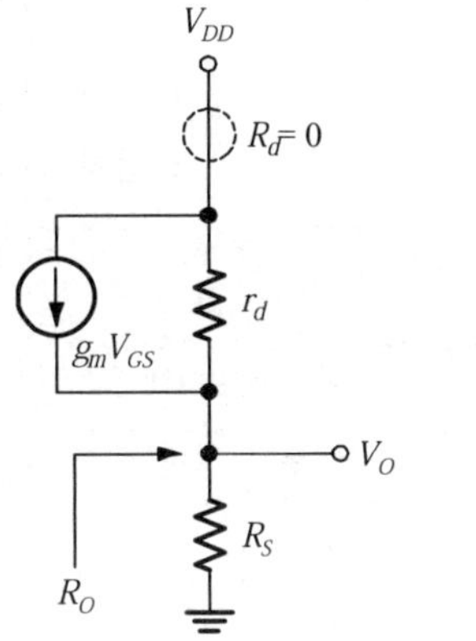

그림 5.24

가 된다. FET의 경우는 입력 저항이 매우 크며, 이는 입력 전류를 거의 볼 수 없다는 것으로 전류 이득을 구하는 것이 곤란하다. 따라서 FET는 전압 증폭에 대해서만 크기를 고려하거나 표현하게 되는 것이다.

예제 5.7

다음과 같은 증폭기에서 $g_m = 5000\,[\mu S]$일 때 전압 이득의 크기를 구하여라.

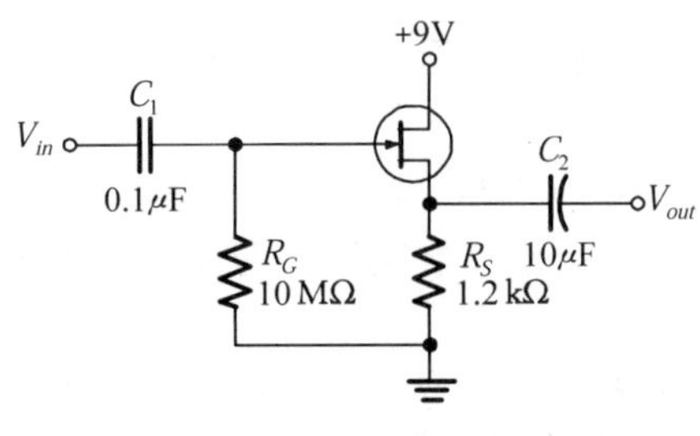

[풀이] CD 증폭 회로에 대한 전압 증폭 A_V에 관련된 식을 이용하여 계산하면

$$A_v = \frac{V_o}{V_i} = \frac{I_d R_S}{V_{gs} + I_d R_S} = \frac{g_m V_{gs} R_S}{V_{gs} + g_m V_{gs} R_S} = \frac{V_{gs}\, g_m R_S}{V_{gs}(1 + g_m R_S)}$$

$$= \frac{g_m R_S}{1 + g_m R_S} = \frac{5000[\mu S] \times 1.2[k\Omega]}{1 + 5000[\mu S] \times 1.2[k\Omega]} ≒ 0.86$$

으로 거의 1에 가까운 값이 된다.

예제 5.8

드레인 접지방식(CD)에 대한 특징을 간단히 설명하여라.

[풀이] 드레인 접지방식 (소스 폴로워 회로)의 특징

- 전압 이득은 $A_V = \dfrac{\mu}{\mu+1} \fallingdotseq 1$으로 완충 증폭기로 사용한다.
- 출력 저항은 $R_0 = \dfrac{1}{g_m}$이다. 여기서 g_m은 상호 전도도를 나타낸다.
- 입력 저항은 매우 크고 출력 저항은 매우 적어 임피던스 변성기로 사용한다.
- 입력 신호 전압과 출력 신호 전압은 동상이다.

표 5.2 각 접지방식에 대한 특성 비교

구 분	게이트 접지	소스 접지	드레인 접지
Zi	낮다.	크다(∞).	크다(∞).
Zo	≒ rd	≒ rd	1/gm
Av	≒ gm·rd(동상)	−gm·RL(역상)	μ/(1+μ)≒1(동상)
응용 분야	고주파용	증폭용	임피던스 변환기

Book Cafe

■ **각 접지방식에 대한 증폭 방식의 특징을 정리하면 다음과 같다.**

- CS 증폭기의 경우
  - 전압 이득은 g_m과 드레인 저항 R_d로부터 구한다.
  - 증폭기의 전압 이득에 (−)는 입력 전압과 출력 전압 사이에 180° 위상차가 있음을 나타낸다.
- CD 증폭기의 경우
  - 전압 이득은 항상 1보다 약간 적다. 거의 1이다. 즉 출력 전압이 입력 전압과 거의 같다.
  - 게이트와 소스 사이에는 위상 반전은 없다.
- CG 증폭기의 경우
  - 소스 단자에서 본 입력 저항은 g_m의 역수로 매우 작다.
  - 입력 전압(소스 전압)과 출력 전압(드레인 전압)의 위상차는 없다.

5.2.3 JFET 바이어스 회로

JFET의 직류 바이어스의 목적은 직류 게이트-소스 전압 V_{GS}를 선택하여 바람직한 드레인 전류 값과 적절한 동작점 Q을 찾는 것이다.

바이어스 회로에는 고정 바이어스(fixed bias), 소스 자기 바이어스(self bias) 그리고 전압 분배 바이어스 회로 등으로 구분되며 이 가운데에서 가장 많이 이용되는 것으로 동작점 Q가 안정된 전압 분배 바이어스 회로이다.

(1) 고정 바이어스 회로

FET에서는 소수 캐리어를 고려하지 않으므로 온도에 변화에 따른 안정성이 문제가 존재하지 않기 때문에 간단히 동작점 Q만 선정하면 된다.

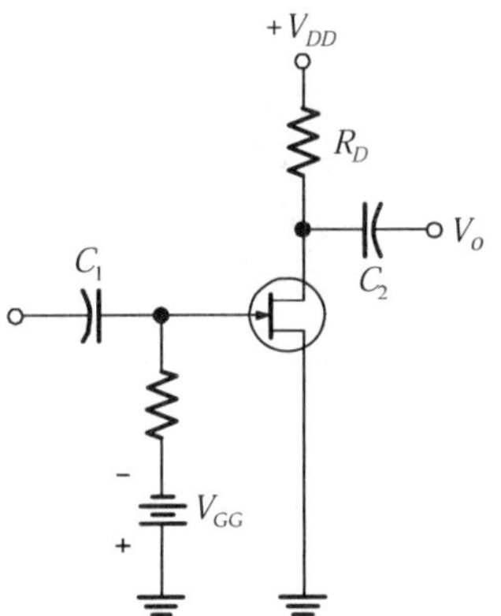

(a) 고정 바이어스 회로

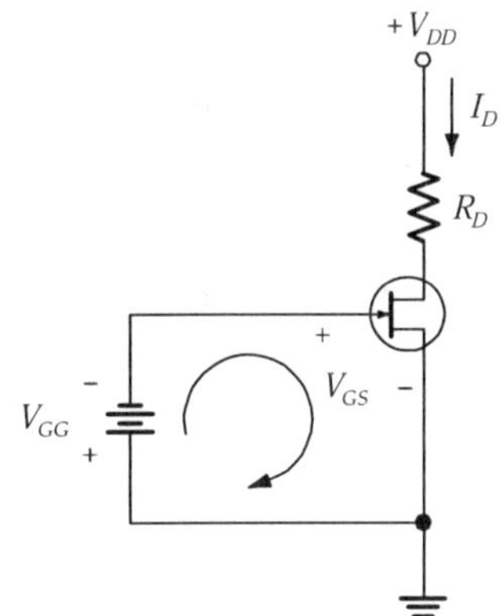

(b) 직류 해석

그림 5.25 N 채널 JFET 고정 바이어스 회로

JFET는 반드시 게이트-소스 전압이 항상 역방향으로 바이어스 되어야만 동작을 한다. 그림 (a)의 고정 바이어스 회로에는 직류 바이어스를 입력 신호와 부하로부터 격리하기위하여 결합 커패시터 C_1과 C_2가 있다.

직류 해석을 위해서 두 커패시터는 개방 회로로 대치되므로 그림(b)와 같은 직류 회로를 얻는다.

이 회로에서 전원 V_{GG}의 (−)단자가 V_{GS}의 (+) 기준 전위에 직접 연결되어 있으므로 V_{GS}의 극성은 V_{GG}와는 반대이다. 따라서 V_{GS}를 구하면

$$V_{GS} = -V_{GG}$$

가 된다.

결국 V_{GS}는 고정된 직류 전원 V_{GG}와 같으므로 이 회로를 고정 바이어스라고 한다. 이때 드레인 전류는 Shockley 방정식 $I_D = I_{DSS}\left(1 - \frac{V_{GS}}{V_P}\right)^2$을 이용하여 계산할 수 있다.

따라서 동작점을 설정해 주는 회로가 곧 바이어스 회로이며, 여기서 고정 바이어스 회로를 이용하여 동작점을 설정하는 방법에 대해서 알아보기로 한다.

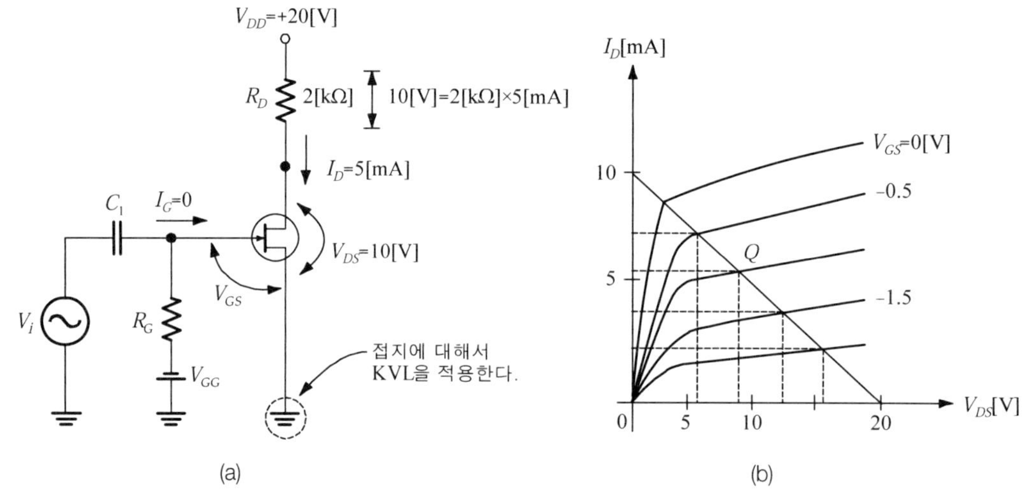

그림 5.26 고정 바이어스를 사용한 JFET 회로

고정 바이어스 회로로 불리게 되는 이유는 다음에 주어지는 바이어스 회로에서 V_{GG}는 고정된 직류 전원이다. V_{GS}가 V_{GG}와 같기 때문에 고정된 크기를 갖는다. 그래서 이 회로를 고정 바이어스라고 한다. 고정 바이어스 회로에서

$$V_{GS} = V_{GG} - 0 = -1[\mathrm{V}]$$

가 되는데 그 이유는 JFET의 게이트 전류 $I_G \fallingdotseq 0$이므로 게이트 바이어스 저항 R_G에는 전류가 거의 흐르지 않기 때문이다.

따라서 저항 R_G에는 전류가 거의 흐르지 않는 다는 것은 저항이 수 $[\mathrm{M}\Omega]$ 정도로 매우 높다는 것이다.

여기서 접지에 대해서 전압 방정식을 적용하면

$$0 + V_{DS} + I_D R_D = V_{DD}$$

이며, 여기서 드레인 전류 I_D가 결정되면 드레인에서의 출력전압 V_{DS}는 전원 V_{DD}에서 부하 저항 R_D에서의 전압 뺀 결과로 구해진다.

$$V_{DS} = V_{DD} - I_D R_D$$

이며, 따라서 $I_D = 5[mA]$가 되는

$$I_{DS} = I_{DSS} (1 - \frac{V_{GS}}{V_P})^2$$

가 되도록 설계한다.

(2) 자기 바이어스 회로

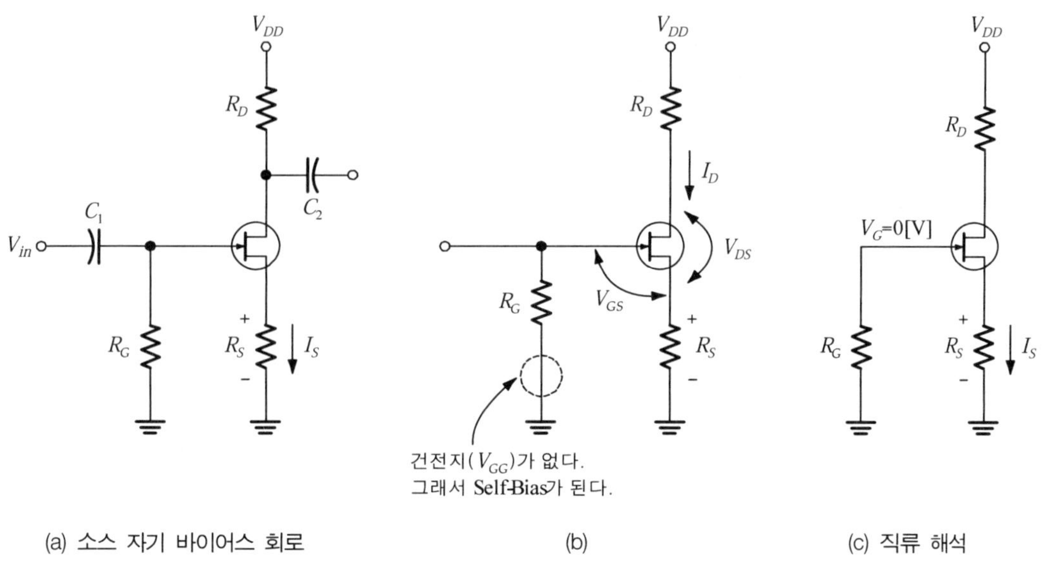

그림 5.27 자기 바이어스 회로

자기 바이어스(self-bias) 회로는 FET 바이어스 중 가장 일반적인 유형으로 JFET는 반드시 게이트-소스 전압이 항상 역방향으로 바이어스 되어야만 동작을 한다.

즉, n채널 JFET의 경우 게이트-소스 간 전압 V_{GS}는 $(-)$이어야 한다. 따라서 게이트-소스 간 전압은 그림(a)의 소스 단자에 연결되어 있는 저항 R_S 에 걸리는 전압에 의해서 얻는다.

직류 해석에서 커패시터는 개방 회로로 대치되므로 그림(C)와 같은 직류 회로를 얻는다. 자기 바이어스 회로에서 소스 저항 R_S의 전압 강하를 이용하여 게이트와 소스간의 전압 V_{GS}를 인가하는 방법이라고 할 수 있다. 한편 실용 회로에서는 V_{GS}를 공급하기 위한 전원 V_{GG}가 필요 없기 때문에 간단하다.(고정 바이어스 회로의 경우는 스스로 바이어스를 해결할 수 없어서 건전지 V_{GG}가 필요하였다.)

여기서 게이트와 소스간의 전압 V_{GS}를 구하면 회로에서 게이트에는 게이트 저항 R_G를 통해서 접지 되어 있으므로 $V_{GS}=0$가 된다.

그리고 소스 전압 V_S는 소스 저항 R_S의 전압 강하로

$$V_S = V_{R_S} = I_D R_S$$

가 된다. 따라서 V_{GS}는

$$V_{GS} = V_G - V_S = 0[\mathrm{V}] - \mathrm{I_D R_S} = -\mathrm{I_D R_S}$$

가 된다. 전압방정식(KVL)을 적용하면

$$I_D R_D + V_{DS} + I_D R_S + 0 = V_{DD}$$

이며, 따라서

$$V_{DS} = V_{DD} - I_D(R_D + R_S)$$

의 관계에서 결정된 I_D 값을 이용해서

$$I_D = I_{DSS}\left(1 - \frac{V_{GS}}{V_P}\right)^2$$

가 되도록 한다.

예제 5.9

다음의 회로에서 직류 전압 V_{GS}를 계산하여라.(단, $I_{DSS}=10[\mathrm{mA}]$, $V_P=-4[\mathrm{V}]$)

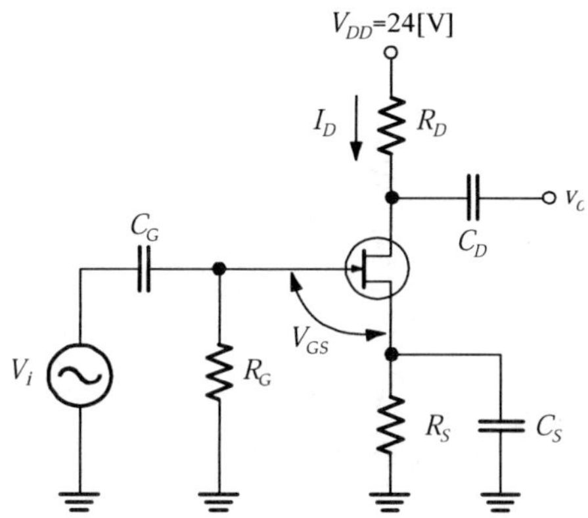

[풀이] 전달 특성 곡선을 통해서 드레인 전류 I_D를 구하기 위해서 먼저 직류 해석의 경우 C_s가 개방 되므로

$$V_{GS}=V_G-V_S=0[\mathrm{V}]-I_DR_S=-I_DR_S$$

이며, 드레인 전류로 정리하면

$$I_D=-\frac{V_{GS}}{R_S}=-\frac{V_{GS}}{1.5\times10^3}=-\frac{V_{GS}}{1.5}[\mathrm{mA}] \quad ......①$$

$$I_D=I_{DSS}(1-\frac{V_{GS}}{V_P})^2$$

$$=10(1-\frac{V_{GS}}{-4})^2=10(1+\frac{V_{GS}}{4})^2[\mathrm{mA}] \quad ....②$$

식 ①과 ②를 이용하여 직류 전압 V_{GS}를 구하면

$$-\frac{V_{GS}}{4}=10(1+\frac{V_{GS}}{4})^2$$

$$\frac{5}{8}V_{GS}^2+\frac{17}{3}V_{GS}+10=0$$

인 2차 방정식에 대한 해를 구하면

$$V_{GS}=-6.7, \quad V_{GS}=-2.4$$

가 된다. 여기서 $V_{GS}\geq V_P$ 이므로 직류 전압 V_{GS}는 $V_{GS}=-2.4$ 가 된다.

(3) 전압 분배 바이어스 회로

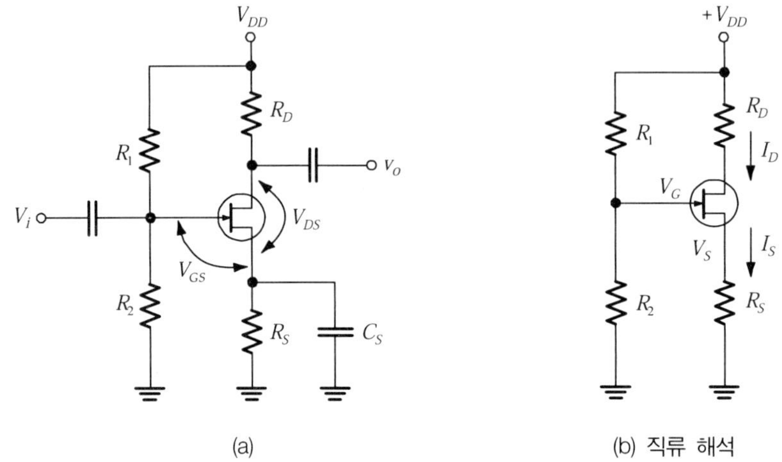

그림 5.28 n채널 JFET의 전압 분배 바이어스 회로

BJT에서와 같이 JFET 증폭기의 바이어스 중 Q점이 가장 안정된 바이어스 방식도 전압 분배 바이어스이다. 게이트-소스 접합이 역방향으로 바이어스 시키기 위해서는 JFET에 가하는 전압보다 (+)로 더 커야 한다. 그림(b)는 직류 해석을 위한 회로이다. 바이패스 커패시터를 포함한 모든 커패시터는 등가 개방 회로로 대치하였다.

전압 분배 바이어스 회로에서 소스 저항 R_S의 전압 강하와 V_{DD}가 R_2에 분압 되는 전압의 차로 게이트와 소스간의 전압 V_{GS}를 공급한다.

특히 게이트는 역 바이어스 되어야 하므로 V_{DD}가 R_2에 분압되는 전압 보다 R_S의 전압 강하 전압이 커야하는 조건을 만족해야 한다.($V_S > V_G$)

따라서 게이트 V_G는

$$V_G = \frac{R_2}{R_1 + R_2} V_{DD} \text{ (전압 분배 법칙)}$$

이며, $V_S = I_D R_S$이므로

$$V_{GS} = V_G - V_S = V_G - I_D R_S$$

가 된다. 따라서 $V_{DD} = V_{DD} - I_D(R_D + R_S)$이며, 이를 통해서 결정된 I_D를 이용해서

$$I_D = I_{DSS}\left(1 - \frac{V_{GS}}{V_P}\right)^2$$

가 되도록 한다.

한편 전압 분배 바이어스 회로에서 동작점 Q점을 결정하는 경우 Q점을 그래프로 구할 수 있다.

여기서 전압 분배 바이어스 회로에 대해 전압 분배 직류 부하선을 그리기 위해 먼저 두 점의 크기를 결정해야 하기 때문에

- $I_D = 0$ 인 경우라면

$$V_S = I_D R_S = 0 \times R_S = 0\,[\mathrm{V}]$$
$$V_{GS} = V_G - V_S = V_G - 0\,V = V_G$$

인 관계를 이용하여 부하선의 첫 번째 점의 크기는 $I_D = 0$, $V_{GS} = V_G$으로 구할 수 있으며

- $V_{GS} = 0$ 인 경우라면

$$I_D = \frac{V_S}{R_S} = \frac{V_G - V_{GS}}{R_S} = \frac{V_G}{R_S}$$

이므로 부하선의 두 번째 점의 크기는 $I_D = \dfrac{V_G}{R_S}$, $V_{GS} = 0$가 된다.

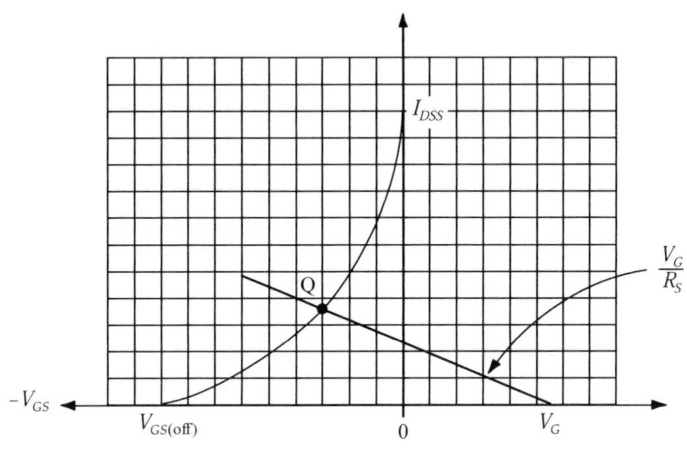

그림 5.29

이들 관계를 이용하여 구해진 두 점을 이은 선이 그래프의 직류 부하선이다. 또 이 부하선과 전달 특성 곡선이 교차하는 점이 Q점이다.

(4) **귀환 바이어스**

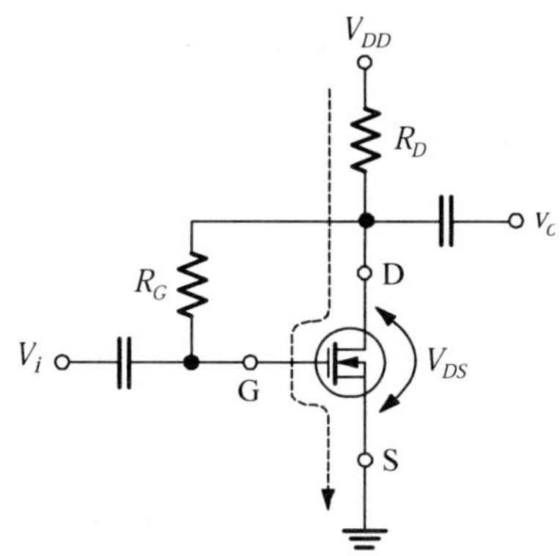

그림 5.30 MOSFET을 이용한 귀환 바이어스 회로

귀환 바이어스 회로에서 드레인 전류 $I_D = 0[\mathrm{mA}]$이므로

$$V_{GS} = V_{DS} = V_{DD} - I_D R_D$$

가 된다.

▶▶▶ 연습문제

01 다음은 FET(Field Effect Transistor)에 대한 특징에 대해서 설명하여라.

일반적으로 FET 소자를 단극 소자(Unipolar device)라고 불리게 되는 이유는 다수 캐리어만으로 전류가 운반되기 때문이다. FET에서 Source는 전류 공급, Drain은 전류 배출 단자이다.
FET의 특징으로는 다수 캐리어만으로 동작하는 단극 소자이며, 전압 제어형 소자이며, 입력 임피던스가 매우 크고, 바이폴라 트랜지스터보다 잡음은 적으나 대역폭이 작다(고주파 특성이 나쁘다). 열적으로 안정하며, 드레인 전류가 0일 때 off set 전압, 전류가 없으므로 매우 좋은 신호 초퍼(Chopper)로 사용할 수 있으며, 제작이 쉽고 IC화 할 때 작은 공간을 차지한다.

- 입력 임피던스가 매우 높다.
- 다수 캐리어에 의해서 전류가 흐른다.
- 접합 트랜지스터의 경우 보다 잡음이 적다.
- 게이트와 소스 사이의 전압을 이용하여 드레인 전류를 제어하는 전압 제어용 소자이다.
- 일반 트랜지스터를 바이폴라라고 하면 FET는 유니폴라 트랜지스터라고도 한다.
- 다수 캐리어만 이용하여 전류가 흘러 전압(전계)에 의해서 제어된다.
- 드레인-소스 간에 전압을 인가하면 전류의 통로인 채널(Channel) 폭이 좁아져 흐르는 전류가 컨트롤 된다.
- FET는 전압 제어를 위한 회로, 기억 장치 중 DRAM을 구성하는데 그리고 저 잡음 특성을 갖는 증폭 회로 등에 이용하게 된다.

02 FET의 구조에서 드레인과 소스 사이의 포화 드레인 전류 I_{DS}의 관계식에 대해서 설명하여라.

I_{DS}와 V_{GS}의 관계를 나타내는 것을 입력전달 특성이라고 한다. 여기서 예를 들면 JFET에서 핀치오프 전압 $V_p = -4[V]$, 드레인-소스 포화 전류 $I_{DSS} = 12[mA]$이고, 게이트-소스 전압 $V_{GS} = 0[V]$일 때 드레인 전류는 $I_D = I_{DSS}\left(1 - \frac{V_{GS}}{V_p}\right)^2$ 관계식에서 $V_{GS} = 0$일 때 드레인 전류 $I_D = I_{DSS}$이며, V_p는 Pinch-off 전압을 나타낸다. 따라서 드레인 전류는 12 [mA]가 된다.
즉, V_P는 pinch−off 전압으로 드레인 포화전류 I_{DSS}에 해당하는 드레인 전압이다.
여기서 핀치 오프 전압은 게이트 역 바이어스 전압을 계속 증가시키면 공간 전하층의 폭이 넓어져 채널 폭이 완전히 막혀버리는 상태의 전압을 말한다. 핀치 오프를 측정하려고 할 때 드레인 전압이 일정한 조건 밑에서 드레인 전류를 충분히 작은 값까지 차단하는데 필요한 게이트 바이어스 값을 말한다.

03 N 채널 E-MOSFET에서 전달 컨덕턴스 g_m을 구하라.

N 채널 E-MOSFET에서 드레인 전류의 관계식

$$I_D = K(V_{GS} - V_T)^2$$

을 이용하여 전달 컨덕턴스 $g_m = \Delta I_D / \Delta V_{GS}$ 을 구하면

$$g_m = \frac{dI_D}{dV_{GS}} = \frac{d}{dV_{GS}} K(V_{GS} - V_T)^2 = 2K(V_{GS} - V_T)\frac{d}{dV_{GS}}(V_{GS} - V_T)$$
$$= 2K(V_{GS} - V_T)(1-0) = 2K(V_{GS} - V_T)$$

가 된다.

04 다음과 같은 FET 증폭 회로에 대한 전압 이득 A_V의 관계식에 대해서 설명하여라.

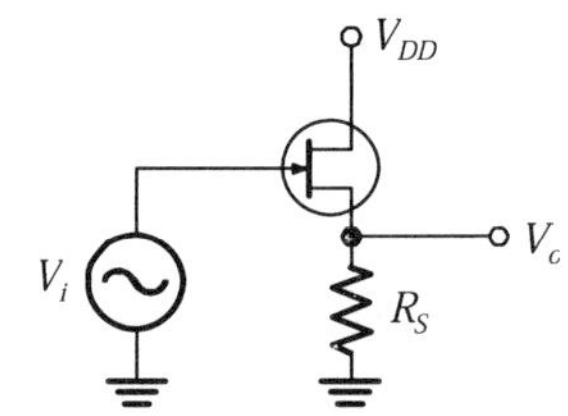

증폭 회로를 설명하는 경우에 이용되는 파라미터로 R_i (입력 저항), A_V (전압 증폭), A_I (전류 이득), R_0(출력 저항) 등을 이용하는데 FET 증폭 회로에서는 입력측에 역 바이어스의 인가로 인하여 입력 저항 $Z_i \to \infty$ 이므로 입력 전류는 $I_i \to 0$ 이다. 따라서 FET에서는 전류 이득은 고려하지 않고 전압 증폭만 고려한다. 예를 들어 CS 증폭기에서 전압 이득 A_V의 관계식은 $A_V = -\frac{\mu R_d}{r_d + R_d}$가 된다. 따라서 문제의 회로는 출력을 소스에서 본 CD 회로로 전압 이득은

$$A_V = \frac{\mu}{1+\mu}$$

으로 거의 1에 가깝게 나타난다. 소스 폴로워(Source follower)라고도 하며, 소스 폴로워 회로는 입력 임피던스가 높고, 출력 임피던스는 낮으며, 전압 증폭도는 1에 가깝다. 따라서 CD(Source follower) 회로는 전압 이득이 1이기 때문에 버퍼 회로나 임피던스 정합용(높은 임피던스의 신호원과 낮은 임피던스의 부하를 갖는 정합 회로)으로 이용한다.

따라서 JFET 증폭기 접지방식 형태 중에서 출력 임피던스가 적은 접지방식으로 소스 폴로워 방식을 들 수 있다. 즉, 드레인 접지(Source follower)의 출력 임피던스는 $\frac{r_d}{1+\mu}$로 적고 이득의 크기는 동상이며, 임피던스 변환 회로로 이용한다. 게이트 접지방식은 트랜지스터 접지방식 중 입력 임피던스가 가장 적은 접지방식이다.

05 다음과 같은 CS 증폭기에서 전압 증폭의 크기를 구하여라. (단, $g_m = 4[\mathrm{mS}]$이다.)

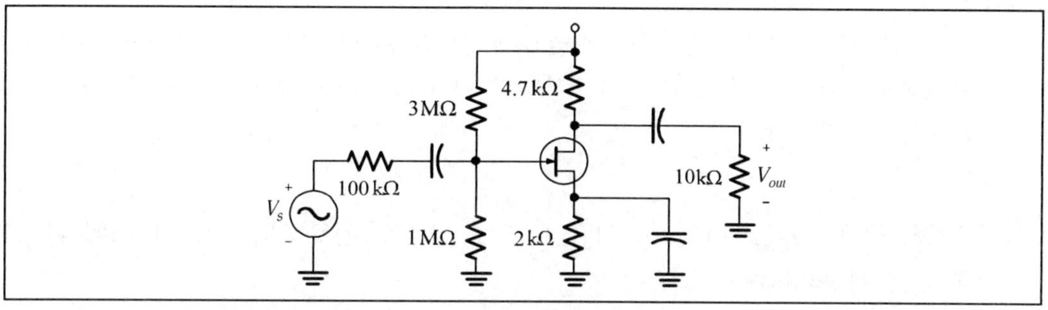

주어진 회로에 대한 소 신호 등가 회로를 고려하면

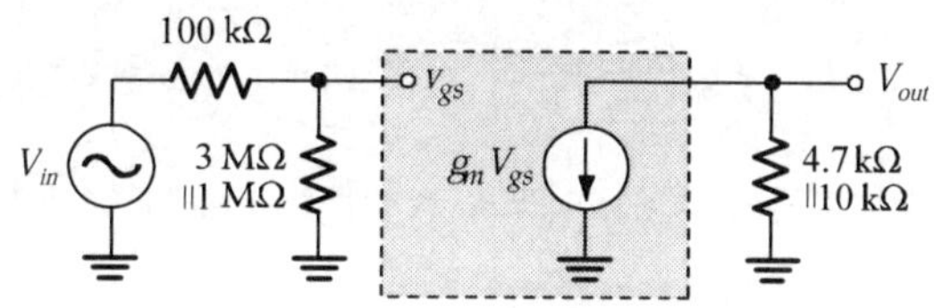

소신호모델

여기서 전압 증폭 $A_V = \dfrac{V_o}{V_i}$를 구하기 위해서 출력 전압의 크기를 구하면

$$V_{out} = -g_m V_{gs} R_d = -4 \times 10^{-3} \times V_{gs} \times (4.7[\mathrm{k\Omega}] \parallel 10[\mathrm{k\Omega}]) = -12.8\mathrm{V_{gs}}$$

이며 여기서

$$\frac{V_{out}}{V_{gs}} = -12.8$$

인 관계를 보이며 여기서 $A_V = \dfrac{V_o}{V_i}$의 크기를 구하기 위해서 다음과 같이 관계식을 변형하면

$$A_V = \frac{V_o}{V_s} = \frac{V_o}{V_{gs}} \times \frac{V_{gs}}{V_s}$$

이며, 여기서 저항 R_s의 크기는 $3[\mathrm{M\Omega}] \parallel 1[\mathrm{M\Omega}] = 750[\mathrm{k\Omega}]$이므로
이들을 이용하여 증폭의 크기를 구하기 위하여 전압 분배 법칙을 적용하면

$$A_V = \frac{V_{out}}{V_s} = \frac{V_{out}}{V_{gs}} \times \frac{V_{gs}}{V_s} = -12.8 \times \frac{750[\mathrm{K\Omega}]}{100[\mathrm{K\Omega}] + 750[\mathrm{K\Omega}]} = -11.3$$

으로 구해진다.

07 다음은 MOSFET 구조에 대해서 간단히 설명하여라.

FET의 한 형태인 P 채널 FET에 흐르는 전류는 주로 정공의 드리프트 현상에 의한 것이다.

즉 P채널에서의 다수 캐리어는 정공이며, N 채널 FET에 흐르는 전류는 주로 전자의 드리프트(Drift) 현상을 이용한 소자이다.

한편 MOS-FET는 게이트와 채널 사이에 SiO_2(실리콘 산화막)가 존재하며 유전체인 평형판 콘덴서를 형성하게 된다. 따라서 게이트와 소스 사이에 정전압을 인가하게 되면 N채널에는 항상 드레인 전류 I_D가 흐르게 된다.

08 D-MOSFET에서 $I_{DSS}=10[\text{mA}]$이고 $V_P=6-[\text{V}]$인 경우 $V_{GS}=-3[\text{V}]$일 때 드레인 전류 I_D를 계산하여라.

$V_{GS}=-3[\text{V}]$ 인 경우에 대한 드레인 전류 관계식을 이용하여 계산하면

$$I_D=I_{DSS}\left(1-\frac{V_{GS}}{V_P}\right)^2=10\left(1-\frac{-3}{-6}\right)^2=2.5[\text{mA}]$$

가 되며 이 D-MOSFET는 V_P가 음(−)이므로 N 채널 D-MOSFET 이다.

09 다음의 전압 분배 바이어스 된 JFET의 근사점 Q를 구하여라.

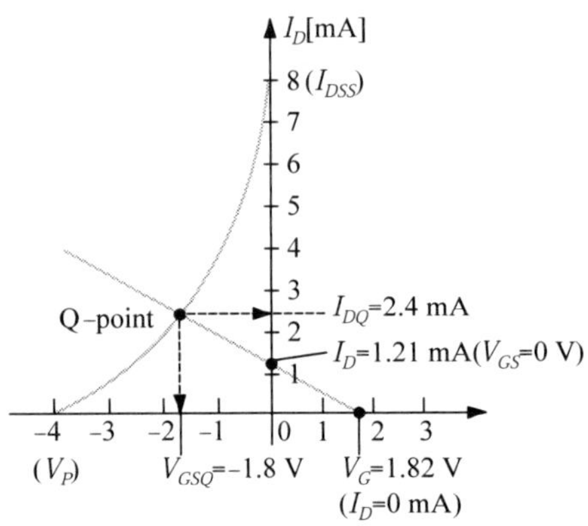

먼저 바이어스 선의 두 점을 구한다.

- $I_D=0$이면

$$V_{GS}=V_G=\frac{R_2}{R_1+R_2}V_{DD}=\frac{270[\text{k}\Omega]}{2.1[\text{M}\Omega]+0.27[\text{M}\Omega]}\times16[\text{V}]=1.82[\text{V}]$$

이므로 첫 번째 점은 $I_D=0$, $V_{GS}=4[\text{V}]$ 이다.

- $V_{GS}=0$이면

$$I_D=\frac{V_S}{R_S}=\frac{V_G-V_{GS}}{R_S}=\frac{V_G}{R_S}=\frac{1.82[\text{V}]}{1.5[\text{k}\Omega]}=1.21[\text{mA}]$$

이므로 부하선의 두 번째 점은 $I_D = \dfrac{V_G}{R_S} = 1.21[\text{mA}]$, $V_{GS} = 0$이다.

이들 관계를 이용하여 바이어스 선을 그리면

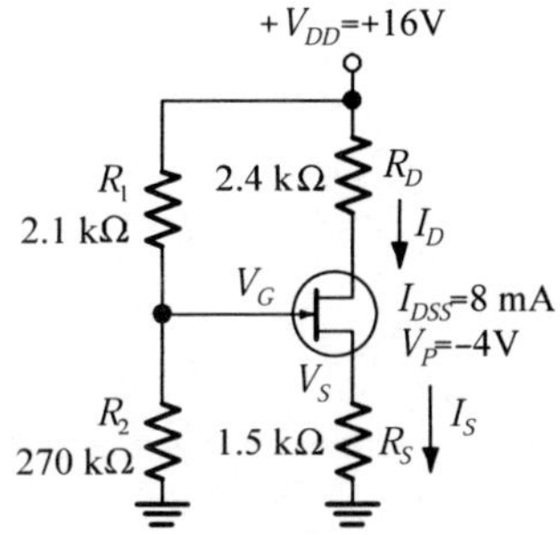

이며 여기서 동작점을 고려하면

$$I_{DQ} = 2.4[\text{mA}]$$
$$V_{GSQ} = -1.8[\text{V}]$$

즉, $V_{GSQ} = -1.8[\text{V}]$ 와 $I_{DQ} = 2.4[\text{mA}]$로 만들어 지는 두 점으로 Q점을 선정한다. 여기서 드레인 전압 V_D를 구하면

$$V_D = V_{DD} - I_D R_D = 16[\text{V}] - (2.4[\text{mA}] \times 2.4[\text{k}\Omega]) = 10.24[\text{V}]$$

이고 소스 전압 V_S를 구하면

$$V_S = I_D R_S = 2.4[\text{mA}] \times 1.5[\text{k}\Omega] = 3.6[\text{V}]$$

가 된다. 그리고 드레인-소스 간 전압 V_{DS}를 구하면

$$V_{DS} = V_D - V_S = 10.24[\text{V}] - 3.6[\text{V}] = 6.64[\text{V}]$$

가 된다.

제6장 다단 증폭 회로 (Multistage Amplifier)

6.1 다단 증폭 회로의 개요

6.1.1 다단 증폭 회로의 구성과 분석

(1) **증폭기의 부하**

다단 증폭기는 증폭된 출력이 다음의 증폭기의 입력과 결합되는 것으로 다음 단의 증폭기는 앞의 증폭기에 대한 부하 효과를 가지게 된다. 여기서 증폭기의 부하에 대한 효과를 고려하기 위해서

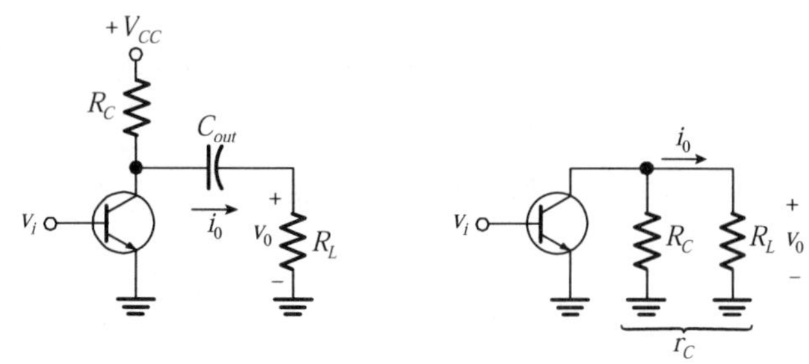

(a) CE 회로 (b) 교류 등가 회로

그림 6.1

CE회로에 대한 전압이득 A_V을 고려하면

$$A_V = \frac{V_0}{V_i} = -\frac{h_{fe}R_0}{h_{ie}}(R_0 = R_C // R_L)$$

으로 부하 저항 R_L에 따라 전압 이득이 변하게 된다.

- 여기서 부하를 결합하지 않은 경우를 즉 출력단자를 개방하는 경우가 전압 이득이 최대가 되며 이때의 전압을 개방 전압이라고 하며 이것으로 결정되는 이득을 개 루프 이득(Open loop Gain)이라고 한다.
- 그리고 부하를 결합한 상태에서의 이득의 크기를 폐 루프 이득(Close lop Gain)이라고 한다.

한편 그림 6.1에서 부하 대신에 다른 증폭회로를 접속하는 경우를 고려하면 다음 6.2의 경우 처럼 다단 증폭 회로가 되는 것이다.

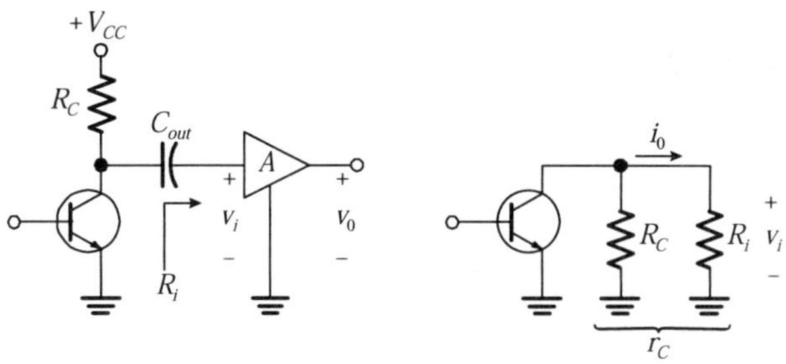

(a) 2단 증폭기 (b) 교류 회로

그림 6.2

그림 6.2에서 입력 저항 R_i은 교류 회로에서 알 수 있듯이 전 단의 증폭기의 부하의 영향을 받게 된다.

- 전단의 증폭기의 출력 전압이 제대로 다음단의 입력에 전달하기 위해서는 입력 저항 R_i은 커야 할 것이다.
- 전단의 출력 전류가 다음단의 입력 전류에 제대로 전달되기 위해서는 입력저항 R_i의 크기는 작아야 한다.

따라서 다음 단에 접속되는 증폭기가 전압 증폭기인 경우에는 입력 저항이 클수록 바람직하며, 전류를 증폭하는 전류 증폭기의 경우라면 입력 저항은 작을수록 바람직하다.

(2) 부하 결합

BJT 혹은 FET 증폭기를 직렬로 결합하여 첫 번째 단 증폭기의 출력을 다음 단 증폭기의 입력으로 하는 종속 결합된 증폭 방식을 다단 증폭 회로라고 한다.

여기서 증폭기의 출력에 부하를 결합하거나 다른 증폭기를 결합하는 경우에 고려해야 할 내용으로 임피던스의 정합에 대한 특성을 들 수 있다. RC 결합이라고 하는 것은 결합 콘덴서를 통해 부하 저항을 결합하는 방법을 말한다.

(3) 다단 증폭 회로

다단 증폭회로(2단 이상)는 앞에서 정리한 BJT 1개를 이용하는 경우와 비교하여 장점 및 단점의 특성을 비교하기 위한 것으로 예를 들면 종속된 이미터 접지 트랜지스터의 증폭단인 2단 RC 결합 증폭기에서 증폭기의 출력이 다음 증폭단의 입력을 구동시키는 것을 캐스코드 증폭기 혹은 다단 증폭기라고 한다.

따라서 다단 증폭 회로는 트랜지스터를 2개 이상 이용해서 구성된 회로를 의미하는 것으로 다단 구성 시에 나타나는 전압 이득, 대역폭, 잡음 지수 등을 평가하는데 목적을 두고 있다.

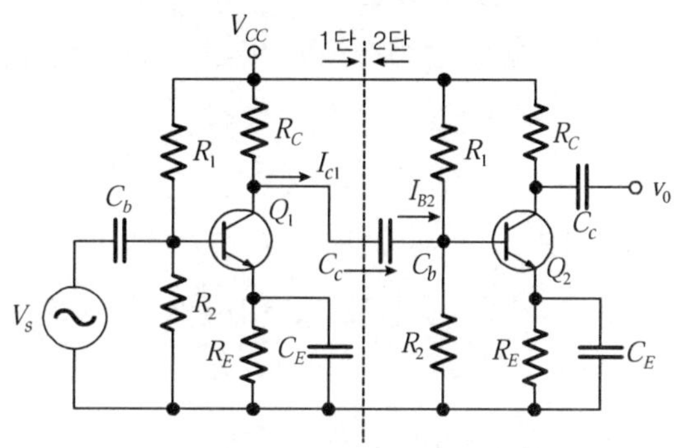

그림 6.3 CE 회로로 종속된 다단 증폭 회로

(4) 캐스코드(Cascode) 회로

캐스코드 회로의 형태는 CE-CB 종속 결합, CS-CS 종속 결합, CS-CE 종속 결합 그리고 CE-CC 종속 결합 등을 들 수 있다. 일반적으로 CE와 CB를 직렬로 접속한 회로로 입력측에서 귀환이 적기 때문에 발진 가능성이 적어 주로 VHF 대역 이상에서 비교적 안정된 증폭을 보인다. 캐스코드 회로는 CE 회로에 직렬로 CB 회로를 접속한 회로로 트랜지스터 Q_1의 I_{C1}과 Q_2의 I_{E2}는 같으며, Q_1과 Q_2는 h_{re}를 무시하는 경우 1단 CE 증폭기의 역할과 동일한 동작을 한다. 즉, 입력 저항 및 전류 이득은 같다.

따라서 캐스코드 증폭기는 CE 증폭기의 동작 주파수 범위를 매우 높게 되도록 하는 효과를 주는 증폭기라고 할 수 있다.

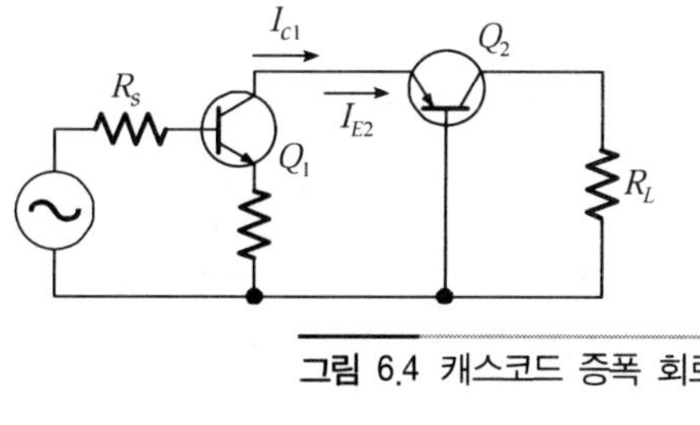

그림 6.4 캐스코드 증폭 회로

Book Cafe

■ **캐스코드(Cascode) 회로의 특징**

- CE와 CB를 조합한 회로인 Cascode 접속은 VHF 대역에서 전치 저 잡음 증폭기(LNA)로 사용된다.
- 증폭기의 동작 주파수를 보다 높게 할 목적으로 사용되는 회로이다.
- 신호 대 잡음비(S/N)가 우수하다.
- FM 수신기 등의 고주파 증폭기로 사용된다.
- 높은 주파수에서도 안정된 증폭이 가능하다.

■ CE-CE 종속 결합

접지방식 중에서 CE 회로는 높은 이득을 얻을 수 있는 회로 즉 CE 증폭기의 경우는 이득을 중심으로 하는 방식이다. 그러나 한 개의 CE 증폭기를 이용하여 높은 이득을 얻기가 곤란하므로 여러 단의 CE 증폭을 다단으로 종속 접속하여 전체 이득을 높게 할 수 있는 결합 방식이라고 할 수 있다.

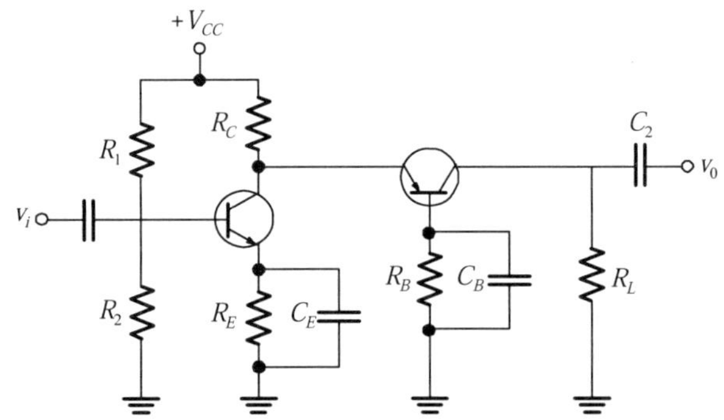

그림 6.5 CE-CB 종속 결합된 캐스코드 회로

■ CS-CS 종속 결합

두 개의 CS(Common source) 증폭기를 종속 결합한 다단 증폭기를 말한다.

■ CS-CE 종속 결합

FET는 BJT와 비교 했을 때 전달 컨덕턴스가 낮기 때문에 FET 증폭기의 이득은 BJT 증폭기보다는 낮은 편이며, 입력 저항의 경우는 FET에서 높다.

따라서 CS-CE 종속 결합의 경우는 입력단에서 CS의 높은 임피던스와 출력단의 높은 이득을 얻는 CE의 종속 결합으로 동시에 높은 저항과 높은 이득을 얻는 결합 방식이라고 할 수 있다.

■ CE-CC 종속 결합

CE 회로의 경우 높은 이득을 얻기 위해서는 전원 저항은 작게, 부하저항은 커야 한다. 그러나 반대로 전원 저항이 크고 부하 저항이 적게 되면 이득이 감소하게 된다. 여기서 이득이 감소하는 것을 개선하기 위해서 CC 회로를 출력단에 결합하여 전체적으로 이득을 향상시킬 수 있는 결합 방식이 CE-CC 종속 결합이라고 할 수 있다.

6.1.2 *RC* 결합 증폭기

(1) *RC* 결합 증폭기의 대역 제한 요소

- 저역 대역 제한 요인으로 결합 콘덴서 C_C의 영향을 받는다.

그림 6.6 에서 처럼 *RC* 결합 증폭기에 구형파 전압을 입력시켜 그림과 같은 출력 파형이 얻었다면 이 증폭기의 주파수 특성은 저역 특성이 좋지 않은 경우이다. 즉, 저역 특성에서 위상이 앞서는 경우라고 할 수 있다.

따라서 RC 결합 증폭회로에서 낮은 주파수에서 이득이 감소하는 이유는 출력 측에 존재하나는 결합 콘덴서의 영향 때문이다.

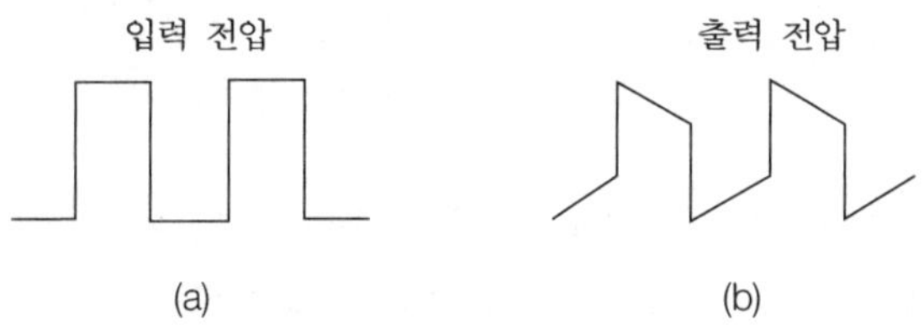

그림 6.6 입출력 파형

- 중역 대역 제한 요인으로 콘덴서의 영향을 받지 않아 주파수에 따른 이득의 변화가 일정하다.
- 고역 대역 제한 요인으로 출력 회로 내의 병렬 용량으로 인해 주파수가 높아지면 이득이 감소하게 된다. 즉, RC 결합 증폭기의 이득이 높은 주파수에서 이득이 감소하는 이유는 출력 회로에 존재하는 병렬 커패시턴스의 영향 때문이다.

이는 주파수가 높게 되면 증폭 회로 내의 병렬 커패시턴스나 도선 등의 표유 용량

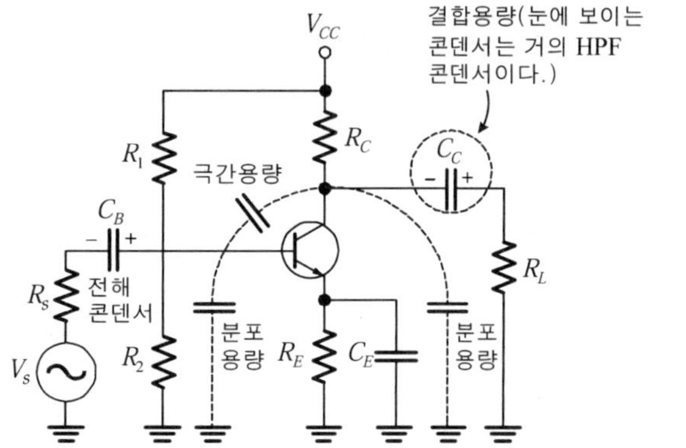

그림 6.7 RC 결합 증폭기

(커패시턴스)의 영향으로 이득이 감소하게 된다.

RC결합 CE 증폭기의 저주파 응답에서 결합 콘덴서의 용량은 소 신호에 대해 거의 단락 상태가 되도록 커야 한다. 즉, 결합 콘덴서의 용량을 크게 하여야 저역 차단 주파수 f_L을 낮게 할 수 있으며 따라서 저역에서 이득이 낮아지게 되는 것을 방지하게 된다.

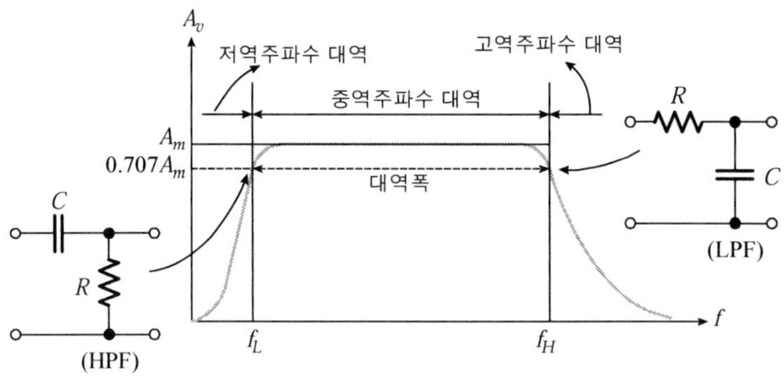

그림 6.8 RC 결합 증폭기의 주파수 특성

Book Cafe

■ **그림 6.8에서 관련된 저역 및 고역 필터에 대한 역할을 정리하면**

▸ 고역 차단 주파수, f_H

그림 6.8에서 등가적으로 고려되는 저역 차단 주파수(LPF)에 대한 설명을 위한 회로이다. 주어진 회로에 대해서 전달 함수를 구하면

$$\text{전달함수} = \frac{V_0}{V_i} = \frac{\frac{1}{jwc}}{R + \frac{1}{jwc}} = \frac{1}{1 + jwcR}$$

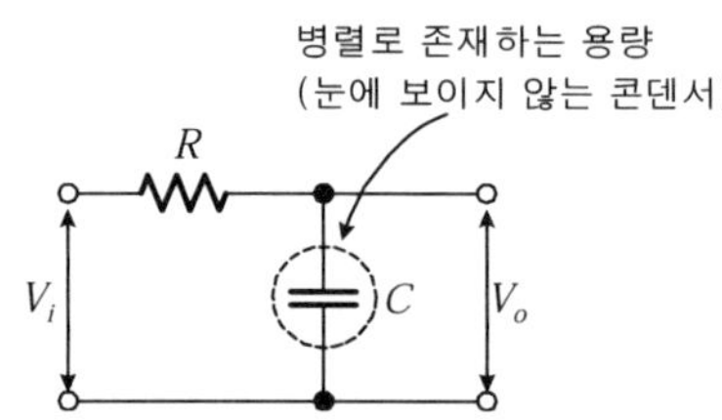

이며, 전달 함수의 크기는 구하면

$$\left|\frac{V_0}{V_i}\right| = \frac{1}{\sqrt{1 + (wcR)^2}}$$

이며, 크기를 다시 [dB]로 나타내면

$$\left|\frac{V_0}{V_i}\right|[\text{dB}] = 20\log\frac{1}{\sqrt{1 + (\text{wcR})^2}} = -20\log\sqrt{1 + (\text{wcR})^2}$$

가 된다. 여기서

$$\left|\frac{V_0}{V_i}\right|[\text{dB}] = -3[\text{dB}] = 20\log\sqrt{2} = -20\log\sqrt{1+(\text{wcR})^2}$$

인 관계에서 $wcR=1$를 만족하는 주파수가 곧 고역 차단 주파수 f_H이다.

$$2\pi fcR = 1$$

$$f_H = \frac{1}{2\pi Rc}$$

f_H를 높게 하려면 콘덴서 C는 없는 것이 바람직하다. 그래서 위상을 느리게 하는 지상 회로가 되는 것이다.

여기서 위상이 어느 정도 느리게 되는가를 고려하기 위해서 $\frac{V_0}{V_i} = \frac{1}{1+jwcR} = \frac{1}{1+j2\pi fcR}$ 에 $f_H = \frac{1}{2\pi Rc}$를 적용하면 $\frac{V_0}{V_i} = \frac{1}{1+jwcR} = \frac{1}{1+j\frac{f}{f_H}}$가 된다.

이를 통해서 위상을 구하면

$$\theta = -\tan^{-1}\frac{f}{f_H}\Big|_{f=f_H} = -\tan^{-1}1 = -45^\circ$$

가 된다. 즉, 위상이 45° 가 느려짐을 알 수 있다. 따라서 LPF = 적분 회로 = 지상 회로로 동작을 하게 된다.

▸ 저역 차단 주파수, f_L

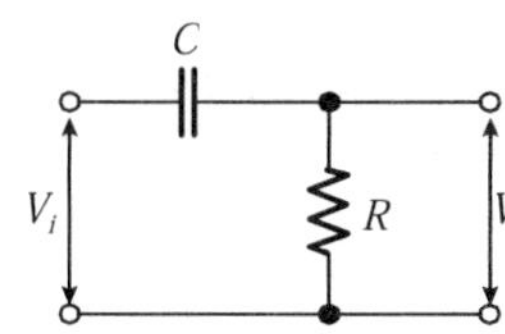

$$\text{전달함수} = \frac{V_0}{V_i} = \frac{R}{R+\frac{1}{jwc}} = \frac{1}{1+\frac{1}{jwcR}}$$

이며, 전달 함수의 크기는 구하면

$$\left|\frac{V_0}{V_i}\right| = \frac{1}{\sqrt{1+(\frac{1}{wcR})^2}}$$

이며, 크기를 다시 [dB]로 나타내면

$$\left|\frac{V_0}{V_i}\right|[\text{dB}] = 20\log\frac{1}{\sqrt{1+(\frac{1}{\text{wcR}})^2}} = \frac{1}{\sqrt{2}} = -3[\text{dB}]$$

인 관계에서 $\frac{1}{wcR} = 1$를 만족하는 주파수가 곧 고역 차단 주파수 f_L이다.

$$f_L = \frac{1}{2\pi Rc}$$

여기서 f_L는 낮을수록 바람직하다. 즉, 직류 성분부터 증폭하려면 낮은 것이 좋다. 따라서 콘덴서 C를 크게 한다. 일반적으로 콘덴서 중에서 용량을 크게 할 수 있는 콘덴서가 전해 콘덴서이다. 따라서 전해 콘덴서를 사용하면 낮은 주파수에서도 증폭이 된다.

여기서 간단하게 위상 관계를 고려하면 $f_L = \frac{1}{2\pi Rc}$를 적용하면 $\frac{V_0}{V_i} = \frac{1}{1+\frac{1}{jwcR}} = \frac{1}{1-j\frac{f_L}{f}}$가 된다.

이를 통해서 위상을 구하면

$$\theta = \tan^{-1}\frac{f_L}{f}|_{f=f_L} = \tan^{-1}1 = 45°$$

가 된다. 즉 위상이 $45°$가 빠름을 알 수 있다. 따라서 HPF = 미분 회로 = 진상 회로로 동작을 하게 된다.

- 결합용 콘덴서(Coupling capacitor)

결합용 콘덴서는 교류 신호를 한 점에서 다른 한 점으로 통과시키는 것으로

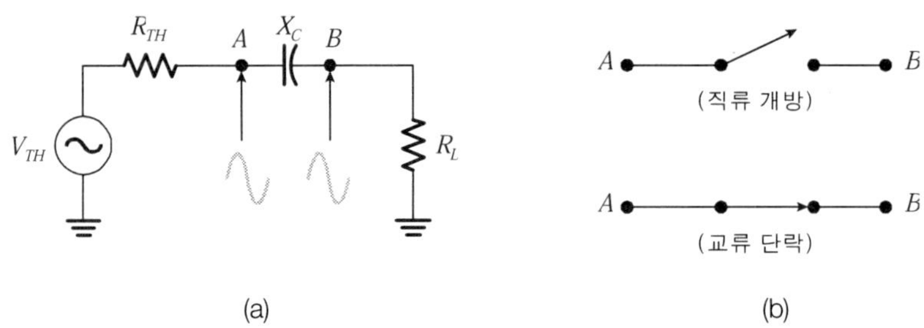

그림 6.9

에서 교류 전압은 A점에서 콘덴서를 통과하여 B점으로 전달되는데 이와 같은 경우 용량성 리액턴스의크기 X_C는 신호원 저항(혹은 복잡한 경우의 테브난 등가 저항)보다 크기가 작아야 한다.

그림 (b)의 등가 회로는 직류에 대해서는 개방된 스위치이며, 교류에 대해서는 단락된 스위치 역할을 하게 된다. 즉, 결합 콘덴서의 경우 직류 전류는 차단하고 교류 전류만 통과시키는 것을 의미하게 되는 것이다.

- 측로형 콘덴서(Bypass capacitor)

측로형 콘덴서는 비접지점과 접지점을 연결하는 것으로 역할은 결합용 콘덴서와 거

의 유사하다.

그림 (b)에서 콘덴서는 교류 신호에 대해서 단락된 스위치로 동작하기 때문에 A점은 교류 신호가 연결되면 콘덴서는 개방 회로가 되므로 측로형 콘덴서는 A점에서는 아무런 영향을 주지 않게 된다.

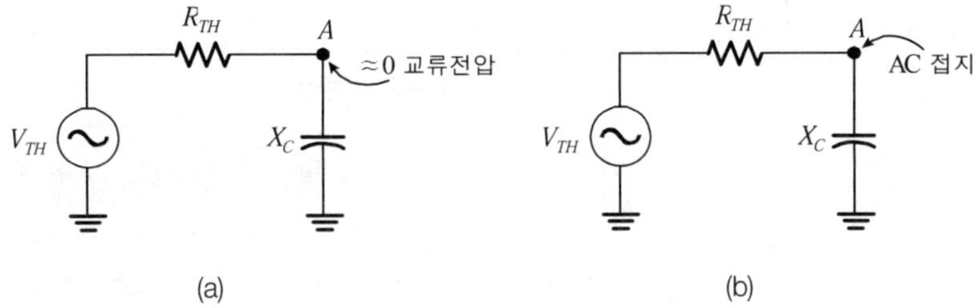

그림 6.10

(2) 주파수 대역을 결정하는 요소

주파수 응답 곡선에서 저주파 대역, 중역 주파수 대역 그리고 고역 주파수 대역을 결정하는 요소를 고려하면 다음과 같은 내용을 들 수 있다.

- 저주파 영역

결합 커패시터 C_B과 C_C 그리고 이미터 바이패스 커패시터 C_E의 영향을 받아 주파수가 차단주파수 이하의 영역에서 이득이 감소하는 영역이다.

- 중간 주파 영역

회로에서 커패시터의 영향을 전혀 받지 않는 대역으로 주파수에 대해 이득이 일정한 영역이다.

- 고주파 영역

트랜지스터 또는 FET의 내부 커패시턴스의 영향으로 차단주파수 이하의 주파수 영역에서 이득이 감소하는 영역이다.

증폭기의 특성 곡선에서 눈에 보이는 결합 콘덴서 C_c는 거의 HPF를 구성하는 콘덴서 역할을 하게 된다. 그리고 눈에 보이지 않는 극간 용량 등은 LPF을 구성하는 콘덴서로 동작하게 된다. 그림 6.7에서 여기서 눈에 보이지 않는 (극간)용량 때문에 높은 주파수가 LPF의 콘덴서로 빠져 증폭기 되지를 않게 된다. 따라서 눈에 보이지 않는 콘덴서 성분은 없는 것이 바람직하다고 할 수 있다.

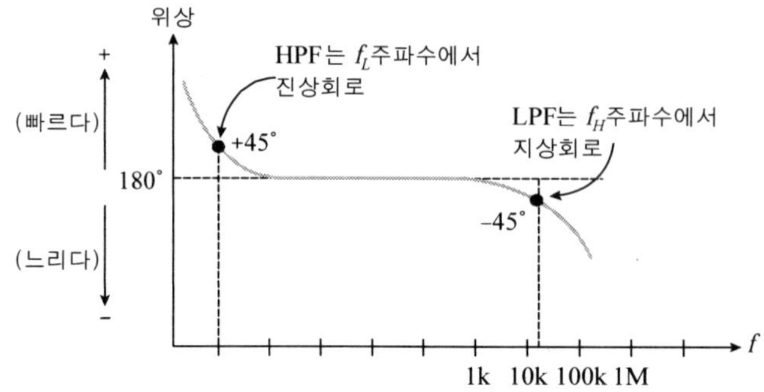

그림 6.11 RC 결합 증폭기의 위성 특성 곡선

한편 병렬로 존재하는 용량을 제거하면 다음의 그림 6.8처럼 높은 주파수로 증폭하는 것이 가능하게 된다.

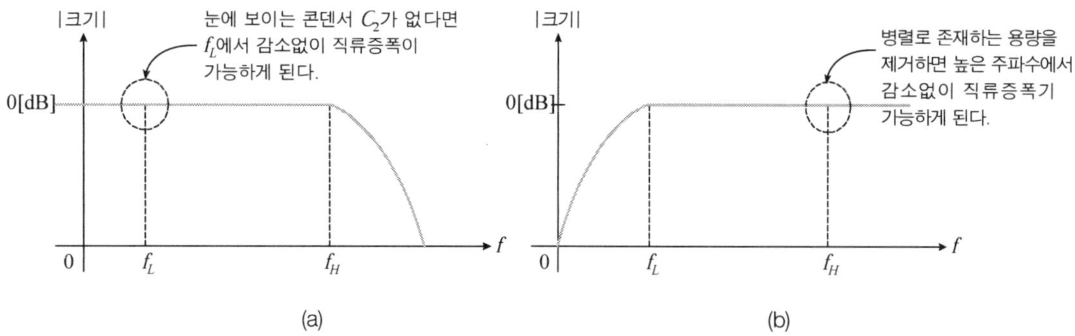

그림 6.12

(3) RC 결합 증폭기의 저주파 응답

그림 6.7 RC결합 증폭기회로에서

- 저주파 응답을 결정하는 입력 RC회로, 출력 RC회로 그리고 바이패스 RC 회로에서 하한 차단주파수들을 구하고
- 고주파 응답을 결정하는 입력 RC회로, 출력 RC회로를 해석하여 상한 차단 주파수를 구한 후 하한과 상한 차단 주파수를 이용하여 전체 주파수 응답을 해석한다. 그림 6.8은 전압 이득에 대한 RC결합 증폭기의 전체 주파수 응답을 나타낸 것이다.

■ **입력 RC회로**

BJT 증폭기의 입력 RC회로는 입력 결합 커패시터 C_b과 증폭기 입력 저항 R_i으로 구성된다.

여기서 증폭기 입력 저항 R_i은

$$R_{in} = R_1 \parallel R_2 \parallel R_{in(base)} = R_1 \parallel R_2 \parallel \beta r'_e$$

이고 이득이 3[dB] 낮아진 지점에서의 하한 차단 주파수는

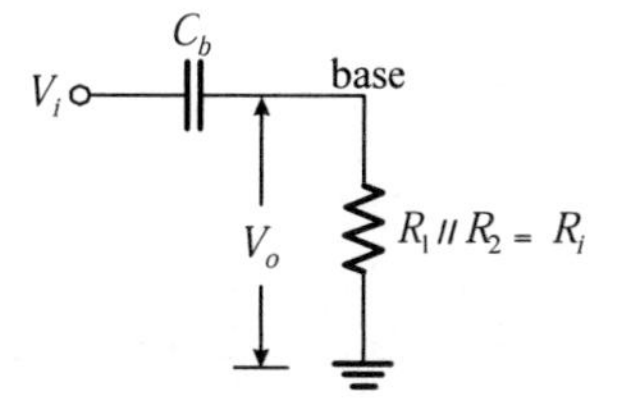

그림 6.13 입력 RC 회로

$$X_{C1} = \frac{1}{2\pi f_c C_1} = R_{in}$$

가 되며 여기서 차단 주파수 f_c는

$$f_c = \frac{1}{2\pi R_{in} C_1}$$

가 된다. 만약 신호원 저항 R_s를 고려한 경우 하한 차단 주파수 $f_{c(input)}$는

$$f_{c(input)} = \frac{1}{2\pi (R_s + R_{in}) C_1}$$

이다. 위 식에서 신호원 저항을 무시한 경우 하한 차단 주파수에서 전압 이득 $A_{v(low)}$은 중역 이득의 70.7[%]이다.

$$A_{v(low)} = 0.707 A_{v(mid)}$$

■ 출력 RC 회로

출력 RC 회로는 결합 커패시터 C_c와 컬렉터에서 바라본 저항과 부하 저항 R_L로 구성된다. 이 회로의 하한 차단 주파수 $f_{c(output)}$는

$$f_{c(output)} = \frac{1}{2\pi (R_C + R_L) C_2}$$

으로 나타낼 수 있다.

■ 바이패스 RC 회로

바이패스 RC 회로는 바이패스 콘덴서 C_E와 이미터에서 바라본 저항 $R_{in(emitter)}$으로 구성된다.

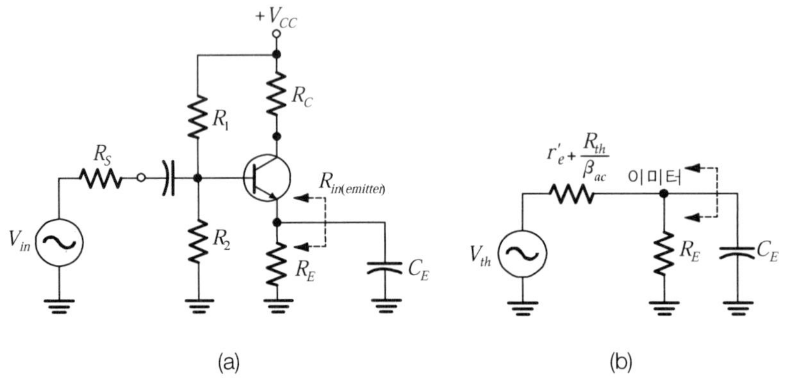

그림 6.14 C_E의 영향

그림 (b)는 베이스 회로에 테브난 정리를 적용한 것이다. 베이스에서부터 입력 신호원을 바라본 테브난 저항 값 R_{th}값은

$$R_{th} = R_1 \parallel R_2 \parallel R_s$$

이고 이미터에서 바라본 저항 $R_{in(emitter)}$은

$$R_{in(emitter)} = r'_e + \frac{R_{th}}{\beta_{ac}}$$

이므로 커패시터 C_2에서 보면 등가 바이패스 RC 회로의 저항은 $R_{in(emitter)} \parallel R_E$이다. 그러므로 바이패스 RC 회로의 차단 주파수 $f_{c(bypass)}$는

$$f_{c(bypass)} = \frac{1}{2\pi(R_{in(emitter)} \parallel R_E)C_2}$$

이다.

이들 세 가지 차단 주파수 중 가장 높은 하한 차단 주파수를 우성(dominant) 하한 임계 주파수라고 한다.

(4) RC 결합 증폭기의 고주파 응답

고주파 응답에 영향을 주는 커패시터를 포함한 BJT RC 결합 증폭기이다. 고주파에서는 결합 커패시터나 이미터 바이패스 커패시터는 단락 상태로 그 영향이 무시되지만 트랜지스터의 내부 커패시턴스 C_{be}와 C_{bc}는 고주파 응답에 큰 영향을 미친다.

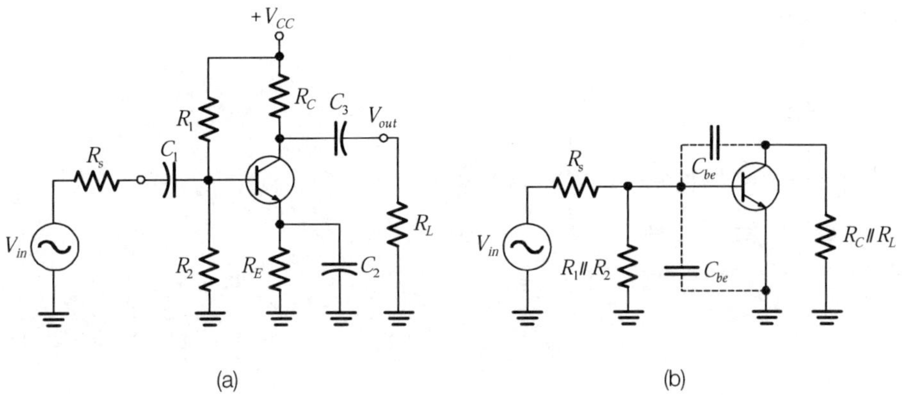

그림 6.15 고주파 응답에 영향을 주는 RC 결합 증폭기

■ 밀러 정리를 이용한 고주파 해석

그림 (b) 회로의 C_{bc}에 밀러 정리(Miller's theorem)를 적용하면 다음과 같다. 밀러 효과 입력 커패시턴스 $C_{in(Miller)}$는 반전 증폭기인 CE 증폭기이므로 위상 반전을 고려하면

$$C_{in(Miller)} = (1 - A_v)C_{bc} = (1 + |A_v|)C_{bc}$$

가 된다.

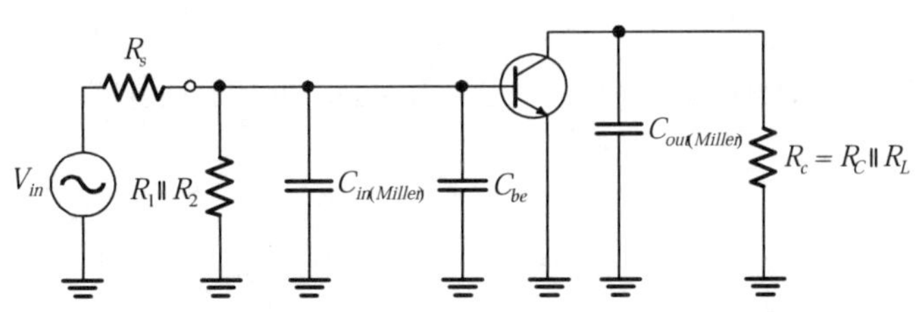

그림 6.16 밀러 정리를 적용한 고주파 등가 회로

위에서 구한 $C_{in(Miller)}$는 베이스와 접지 사이에 나타나며 고주파 입력 RC회로를 구성한다. 또 밀러 효과 출력 커패시턴스 $C_{out(Miller)}$을 구하면

$$C_{out(Miller)} = \left(1 - \frac{1}{A_v}\right)C_{bc} = \left(\frac{|A_v| + 1}{|A_v|}\right)C_{bc}$$

여기서 $C_{out(Miller)}$는 컬렉터와 접지 사이에 나타나며 고주파 출력 RC회로를 구성한다. 이러한 두 밀러 커패시턴스를 이용하여 밀러 정리를 적용한 고주파 등가 회로가 된다.

■ 입력 RC 회로

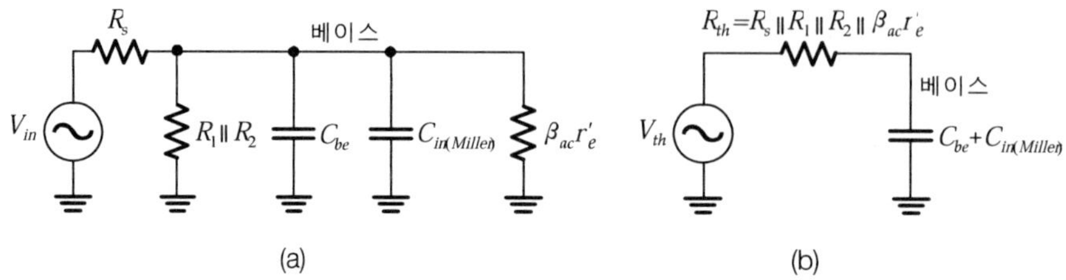

그림 6.17 고주파 입력 RC 회로

그림 (a)는 고주파 입력 RC 회로이고 그림 (b)는 테브난 등가 회로로 간략화한 것이다. 여기서 임계 주파수 f_c를 구하면

$$X_{Ctot} = R_s \| R_1 \| R_2 \| \beta_{ac} r'_e$$

이고 위 식에서 $X_{Ctot} = 1/(2\pi f_c C_{tot})$이므로 f_c를 구하면

$$f_c = \frac{1}{2\pi(R_s \| R_1 \| R_2 \| \beta_{ac} r'_e) C_{tot}}$$

가 된다.

여기서 R_s는 신호원 저항이고 $C_{tot} = C_{be} + C_{in(Miller)}$이다. 입력 RC 회로는 주파수가 차단 주파수 f_c를 넘으면 그 이득은 $-20[\mathrm{dB/decade}]$의 비율로 롤-오프(roll-off)된다.

■ 출력 RC회로

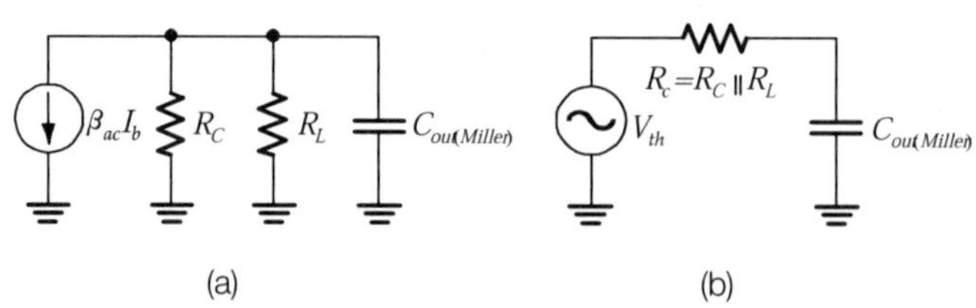

그림 6.18

그림 (a)는 고주파 출력 RC회로이다. 이 회로는 밀러 출력 커패시턴스 $C_{out(Miller)}$와

컬렉터에서 바라본 저항으로 구성된다. 그림 (b)의 간략화 된 등가 회로에서 $C_{out(Miller)}$는 다음 식과 같이 대략 C_{bc}로 주어진다.

$$C_{out(Miller)} = \left(\frac{|A_v|+1}{|A_v|}\right)C_{bc} \cong C_{bc}$$

따라서 임계 주파수 f_c를 구하면

$$f_c = \frac{1}{2\pi R_c C_{out(Miller)}}$$

이며, 여기서 $R_c = R_C \parallel R_L$이다.

이 출력 RC 회로는 주파수가 차단 주파수 f_c를 넘으면 그 이득은 $-20\,[\mathrm{dB/decade}]$의 비율로 롤-오프(roll-off)된다.

6.1.3 다단증폭기의 결합 형태와 특징

(1) RC 결합 형태

RC결합 다단 증폭 방식의 경우는 각 증폭기의 동작점이 서로 독립적으로 결정되기 때문에 어떤 증폭기에서 동작점의 표동(drift)이 누적되지 않는 다는 장점을 들 수 있다.

그러나 RC결합으로 사용되는 콘덴서의 용량이 충분히 커야 한다. 만일에 콘덴서의 용량이 크기 못할 경우에는 주파수 제안을 받게 되는 단점을 지닌다.

바이패스 콘덴서의 영향을 무시한 RC 결합 저주파 증폭회로에서의 이득은 높은 주파수에서 출력 회로의 병렬 커패시턴스 때문에 감소하게 된다. 종속 접속된 다단증폭 회로의 구성도에서 콘덴서 C_b을 Blocking 또는 Coupling 콘덴서라고 하는데 이는 각 단의 출력 회로를 교류적으로 연결시키는 역할 즉 직류는 통하지 못하도록 하는 작용을 하며, 이미터 측의 콘덴서 C_e는 R_s에 대해 병렬로 접속된 바이패스 콘덴서로서 교류 성분을 통과시키며, 이미터 측의 저항 R_e는 트랜지스터의 바이어스를 안정시키는 안정용 저항이다. 콘덴서 C_e을 병렬로 연결하지 않으면 교류 신호에 대한 변화를 작게 하기 때문에 이득 혹은 증폭도가 감소하게 된다.

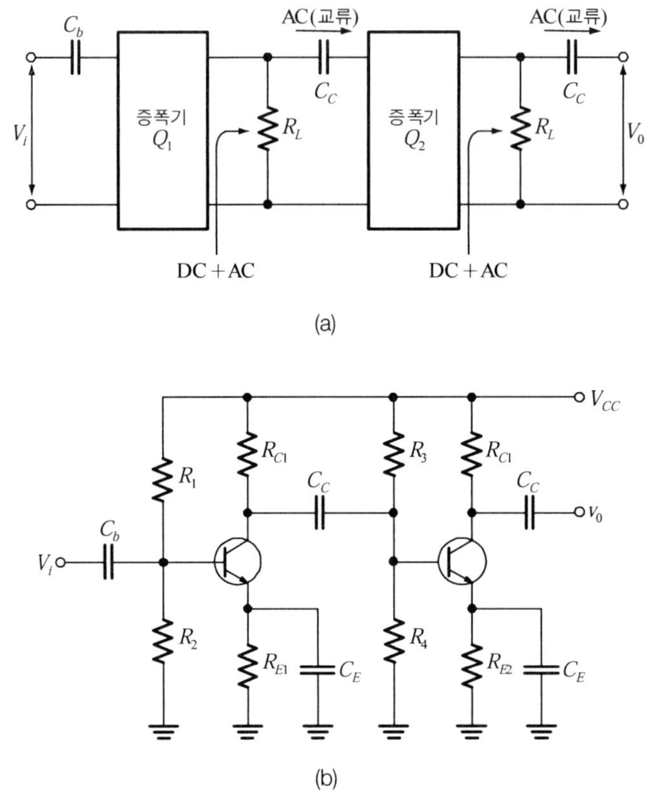

그림 6.19 다단 증폭기의 RC 결합

(2) **인덕터 결합 형태**

RC결합의 경우 컬렉터 저항이 다음단의 베이스 전류를 분류하는 작용을 하기 때문에 증폭기의 이득이 감소하게 된다. 이와 같이 이득의 감소를 개선하기 위한 방법이 인덕터 결합방식이다. 일반적으로 인덕터의 경우는 직류에 대해서는 저항이 0으로 영향을 미치지 않으면서 교류에 대해서는 개방한 것과 같다. 따라서 높은 리액턴스가 되도록 하기 위해서는 사용하는 코일의 용량을 크게 해야 한다.

여기서 인턱터 결합에 대한 특징을 살펴보면 다음과 같다.

- 장점으로 저항에 의한 전력 소비가 없다는 것이다.
- RFC의 리액턴스의 크기가 커야 하므로 코일 권선 수를 많게 하여야 하므로 부피가 커지게 된다.
- RFC는 20[KHz]이상의 주파수에서 사용해야 한다. 왜냐하면 저주파에 대해서는 리액턴스가 크지 않기 때문에 사용하는 것이 곤란하기 때문이다.

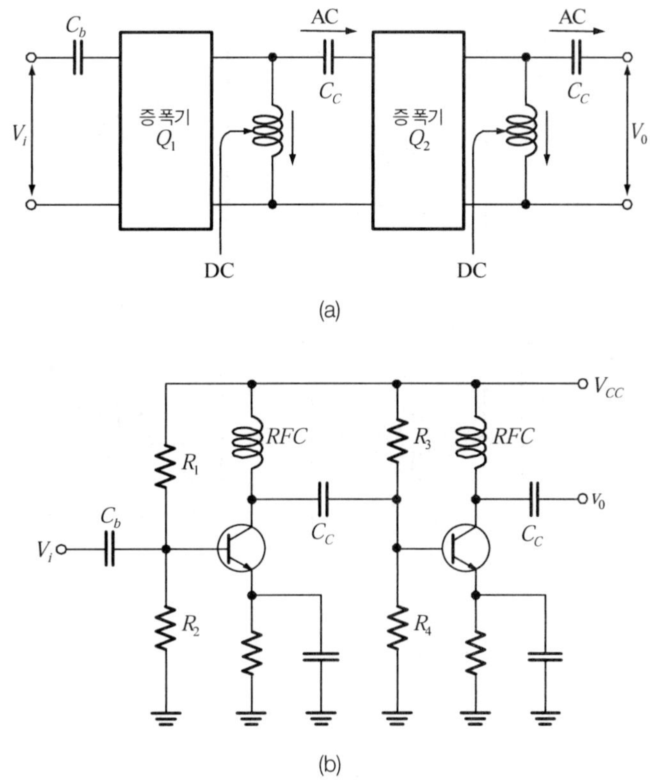

그림 6.20 인덕터 다단 결합 구성도

(3) 변성기 결합 형태

증폭기 상호간을 변성기로 결합하는 방식으로 변성기는 직류 신호는 전달하지 못하고 교류 신호만 전달하는 능력을 가진다. 변성기를 이용하는 경우에는 1차 및 2차 측의 코일의 권수 변화로 임피던스의 정합이 용이하며, 사용되는 코일의 권선 저항이 적기 때문에 신호의 소비전력이 작다는 것이 장점이 된다.

- 그림 (a)와 같은 변성기 결합의 경우 교류를 다음 단으로 결합하는 경우 주파수 선택 과정이 없이 모두가 전달된다.
- 그림 (b)에서 처럼 특별한 대역 내의 성분만을 전달하고자 하는 경우에는 인덕터와 콘덴서를 하나의 동조 회로로 구성하여 결합을 행한다.

이와 같은 변성기 결합의 경우는 1차측과 2차측에 공진 회로의 사용으로 교류 신호 성분 중에서 원하는 대역의 신호만 증폭할 수 있는 동조형 증폭기 등에 응용할 수 있게 된다.

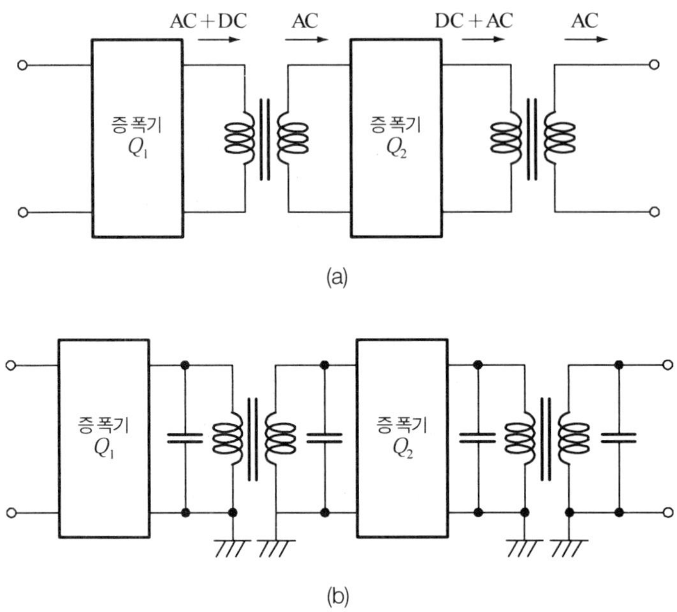

그림 6.21 변성기 결합

(4) 직접 결합 형태

직결 결합(Direct coupling)라고하며, 증폭기 상호간에 콘덴서 혹은 코일을 사용하지 않고 직접 결합하는 방식으로 신호의 직류 성분 까지 증폭하기 때문에 직류 증폭기(DC Amplifier)라고 한다. 직접 결합의 경우는 현재 집적 회로(IC)에 적합하다.

- 장점은 콘덴서 혹은 코일을 사용하지 않기 때문에 콘덴서나 코일이 주파수의 영향을 받지 않는다는 점이다.
- 신호의 직류 성분까지 증폭할 수 있어 직류 증폭기라고 한다.
- 각 증폭 단이 직접 결합하기 때문에 동작점의 유동이 다음 단으로 계속적으로 누적되는 문제가 발생하게 된다.

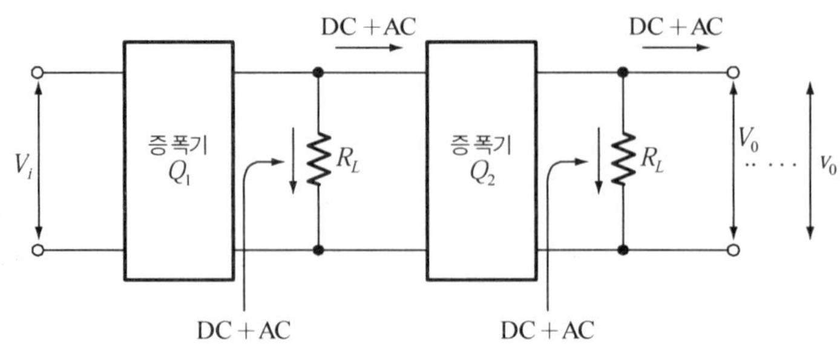

그림 6.22 직접 결합 구성도

6.1.4 다단 증폭 회로의 종합 특성 해석

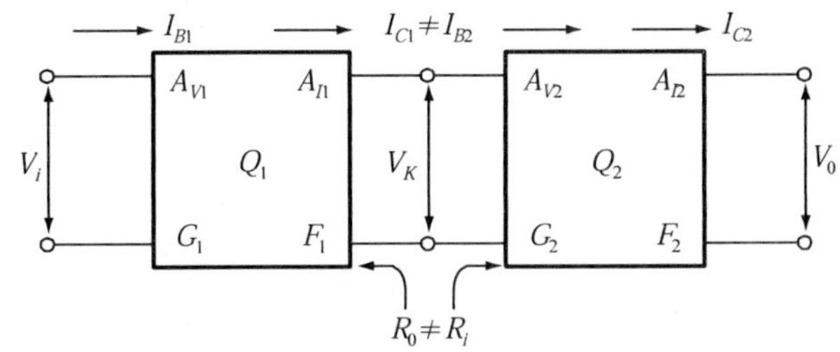

그림 6.23 직결 다단 증폭 회로에 대한 블록도

(1) **다단 시의 전체 전압 증폭률** A_V

다단 증폭 회로의 블록도에서 다단으로 구성되는 회로에서 다단의 경우에 대한 입력과 출력에 대한 증폭을 구하면

$$A_V = \frac{V_o}{V_i} = \frac{V_k}{V_i} \cdot \frac{V_o}{V_k} = A_{V1} \times A_{V2} \cdots\cdots \times A_{Vn}$$

가 된다. 여기서 증폭 회로를 다단으로 접속하는 경우 전체적인 전압 증폭률은 각 증폭기의 곱으로 매우 커지게 됨을 알 수 있다.

(2) **다단 시의 전체 이득** G

다단시의 전체 이득은 전압 증폭률 A_V에 $20log$를 취해서 [dB]로 나타낸 것으로

$$\begin{aligned} G &= 20\log A_V = 20\log(A_{V1} \times A_{V2} \times \cdots\cdots \times A_{Vn}) \\ &= 20\log A_{V1} + 20\log A_{V2} + \cdots\cdots + 20\log A_{Vn} \\ &= G_1 + G_2 + \cdots\cdots + G_n \end{aligned}$$

가 되며, 증폭 회로를 다단으로 접속하는 경우 전체 이득은 각 증폭 회로의 이득의 합으로 증가하게 됨을 알 수 있다.

(3) **다단 증폭 회로의 대역폭** B

다단 증폭 회로의 3[dB] 주파수는 각각의 증폭단 3[dB] 주파수와는 다르다.

다단 증폭 회로의 상측 3[dB]주파수 $f_H{}^*$와 고역 차단 주파수 f_H에 대한 등비수열을 이용하여 비례 값을 구하면

$$\frac{f_H{}^*}{f_H} = \sqrt{2^{1/n} - 1}$$

가 되며, 이를 상측 고역 3[dB] 차단주파수 $f_H{}^*$ 관계식으로 정리하면

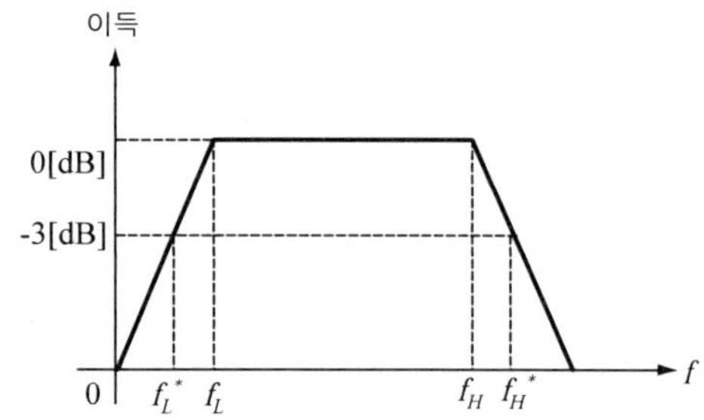

그림 6.24 다단 증폭 회로의 대역폭 변화

$$f_H{}^* = \sqrt{2^{1/n} - 1} \cdot f_H$$

가 된다. 여기서 각단의 고역 차단 주파수 $f_H = 10[\mathrm{MHz}]$로 하는 경우 상측 3[dB] 고역 주파수 $f_H{}^*$를 계산하기 위해서 단수 n이라고 할 때

- $n = 2$인 경우라면 $f_H{}^* = \sqrt{2^{1/2} - 1} \cdot 10 = 6.4[\mathrm{MHz}]$
- $n = 3$인 경우라면 $f_H{}^* = \sqrt{2^{1/3} - 1} \cdot 10 = 5.3[\mathrm{MHz}]$

로 계산된다. 이를 통해서 알 수 있는 것은 다단을 행할수록 고역 차단 주파수 $f_H{}^*$는 감소하게 된다. 동일한 방법으로 다단 증폭기의 하측 저역 3[dB] 차단주파수 $f_L{}^*$에 대해서 정리하면

$$\frac{f_L{}^*}{f_L} = \frac{1}{\sqrt{2^{1/n} - 1}}$$

$$f_L{}^* = \frac{1}{\sqrt{2^{1/n} - 1}} \cdot f_L$$

으로 저역 차단 주파수 $f_L{}^*$의 경우는 다단을 행할수록 증가하게 됨을 알 수 있다.

결국 다단 증폭 회로에서는 다단을 행할 수 록 $f_H{}^*$는 감소하고 $f_L{}^*$는 증가하여 이로 인하여 다단 시의 대역폭이 감소하게 됨을 알 수 있다.

(4) 잡음 지수(Noise Factor), F

시스템에 인가되는 신호와 출력에 대한 특성을 평가하기 위해서 신호 대 잡음비를 이용하여 잡음 지수 F를 정의하면

$$F = \frac{\dfrac{S_i}{N_i}}{\dfrac{S_o}{N_o}} = \frac{S_i N_o}{S_o N_i} \geq 1$$

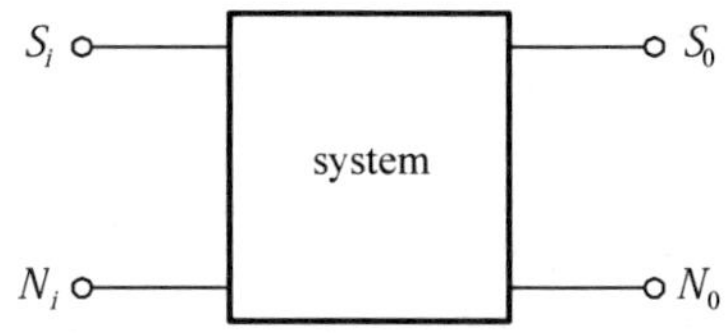

그림 6.25

이며, 잡음 지수의 크기는 언제나 1 보다 크다.

만일 F(잡음 지수) = 1이면 입력 혹은 시스템에서의 내부 잡음이 존재하지 않는 무 잡음 상태를 말하는 것으로 여기서 무 잡음 상태의 크기를 [dB]로 환산하면 60[dB]가 된다. 이와 같은 다단 시의 전체 잡음 지수에 대한 관계식은 프리스(Friis) 공식에 의해서

$$F = F_1 + \frac{F_2 - 1}{G_1} + \frac{F_3 - 1}{G_1 G_2} + \cdots\cdots$$

으로 구해진다. 따라서 다단을 행하는 경우에 전체 잡음은 증가한다. 일반적으로 잡음 지수의 크기는 되도록 작을수록 바람직한데 다단 시에는 잡음 지수가 증가하게 된다. 따라서 다단 시 증가하는 잡음을 감소하기 위한 방법으로 가능하면 초단의 잡음 지수 F_1가 제일 크기 때문에 가능하면 초단의 F_1은 적게 되도록 설계한다.

Book Cafe

증폭기에 대한 특성을 나타내는 방법으로 이득(gain), 왜곡(distortion), 잡음(noise) 그리고 주파수 특성 등을 이용한다.

여기서 이득(gain)에 대해서 정리하면

$$\pm\, dB = 10\log\frac{P_o}{P_i}$$

으로 정의할 수 있으며 ±는 상태(+는 이득, −는 손실)를 나타내며, dB는 크기를 나타내는 것이다.

▸ 상대이득 : 증폭기 이득, 감쇠기의 손실을 나타내는 경우를 말한다.

▸ 절대이득 : 특정값을 기준으로 하며, 송신출력, 수신입력을 나타내는 경우

$$dB_m = 10\log\frac{P}{1\mathrm{mW}},\ dB_w = 10\log\frac{P}{1\mathrm{W}},\ dB_v = 20\log\frac{V}{1\mu\mathrm{V}},\ dB_E = 20\log\frac{E}{1\mu\mathrm{V/m}}$$

예를 들면

$$10[\mathrm{W}]\text{는 } dB_m = 10\log\frac{10\mathrm{W}}{1\mathrm{mW}} = 10\log\frac{10}{1\times10^{-3}} = 40dB_m = 10dB_w$$

가 된다.

6.2 증폭 회로의 왜곡과 주파수 보상

6.2.1 증폭 회로의 왜곡

(1) 증폭 회로의 왜곡(distortion)

비직선 왜 또는 고조파 왜라고 하며 능동 소자(진공관, 트랜지스터, FET 등) 특성의 비직선성에 의해 생기는 것으로, 입력 파형(기본파) 이외에 기본파의 제2, 제3 고조파가 포함되어 있으므로 고조파 찌그러짐(Harmonics distortion)이라고도 한다.

일반적으로 증폭 회로에서서 왜곡이 발생하게 되는데 여기서 발생하는 왜곡의 형태를 고려하면 진폭 왜곡, 파형 왜곡 등의 비 직선 왜곡과 주파수 왜곡, 감쇠 왜곡, 위상 왜곡 그리고 지연 왜곡 등의 직선 왜곡으로 분류할 수 있다.

■ 진폭 왜곡(Amplitude distortion)

고조파 왜이라고 불리는 비 직선 왜곡은 진공관, 트랜지스터, FET 등과 같은 능동소자의 특성이 비 직선성이라는 성질에서 생기는 것이다. 그리고 진폭 왜곡은 입력 파형(기본파)이외에 기본파의 제2, 제3고조파가 포함되어 있으므로 고조파 찌그러짐이라고도 한다. 여기서 왜곡의 정도를 나타내는 왜률의 비례 상수를 K 라고 하면

$$K = \frac{\sqrt{I_2{}^2 + I_3{}^2 + \cdots}}{I_1} \times 100[\%]$$

$$K = 20\log\frac{\sqrt{I_2^2 + I_3^2 + \cdots}}{I_1}\ [\mathrm{dB}]$$

으로 표현되며, 여기서 I_1는 기본파(제 1 고조파)전류의 실효치, I_2, I_3은 제 2, 제 3 고조파 전류의 실효치를 나타내는 것이다.

■ 주파수 왜곡(Frequency distortion)

능동 소자의 부하의 경우는 순수한 저항이 아니고 리액턴스 성분을 포함하고 있으므로 입력 주파수 성분이 달라지면 증폭도 역시 일정하지 않게 된다. 즉 고역과 저역에서 증폭도가 감소하게 되어 주파수 특성이 곡선화 하는 경우에 나타나는 왜를 주파수 왜곡이라고 한다.

■ 위상 왜곡(Phase distortion)

증폭기에 인가되는 입력 신호가 단일 주파수가 아니고 여러 신호 주파수가 입력되는 경우 각각의 주파수에 따른 지연 시간의 차이가 발생하게 되어 출력 측에서 역시 그에 따라 위상 왜곡이 생기게 되는데 이를 위상 왜곡이라고 한다.

Book Cafe

■ **혼 변조왜곡(상호 변조 왜곡)**

입력으로 신호가 2개 이상 인가되는 경우에 발생하는 왜곡을 말한다.

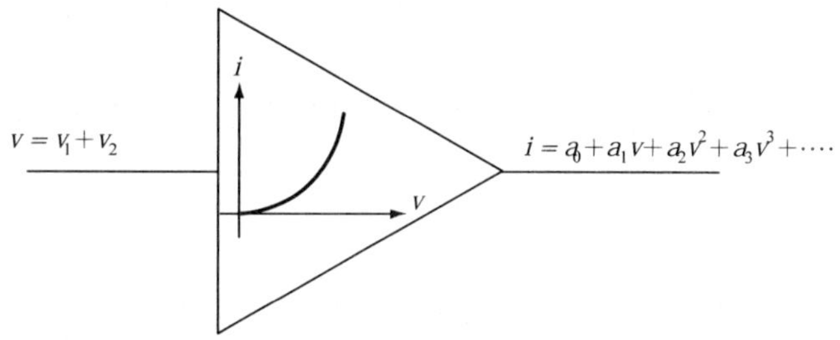

여기서 2차 $(a_2 v^2)$의 성분은 $f_1 + f_2$, $f_1 - f_2$, $2f_1$, $2f_2$의 고조파 등으로 나타나며, 3차 $(a_3 v^3)$의 경우는 $2f_2 - f_1$, $2f_1 - f_1$, $2f_2 - f_2$, $2f_1 - f_2$, $3f_1$, $3f_2$의 고조파 등의 성분을 포함하게 된다. 여기서 3차의 경우에서 문제가 된다. 즉 상호 변조파와 고조파 간에 혼변조 왜곡이 발생하게 된다.

(2) **증폭 회로의 잡음**

■ 저항체에 의한 열잡음(Thermal noise)

주파수 $f_L \sim f_H$ 의 범위에서 저항체에서 발생하는 잡음 전압의 실효치 V_n 는

$$V_n = \sqrt{4kBTR}\ [\mathrm{V}]$$

이며, 여기서 V_n 는 잡음 전압의 실효치, k는 볼츠만(Boltzman) 상수(1.38×10^{-23} [J/K]), B는 주파수 대역폭[Hz], T는 절대 온도[K]$(273 + t[℃])$, R은 저항체의 저항[Ω]을 나타낸다.

■ 트랜지스터의 잡음

트랜지스터에서 주파수의 영역에 따라 발생하는 잡음의 형태와 특징을 고려하면 다음과 같다.

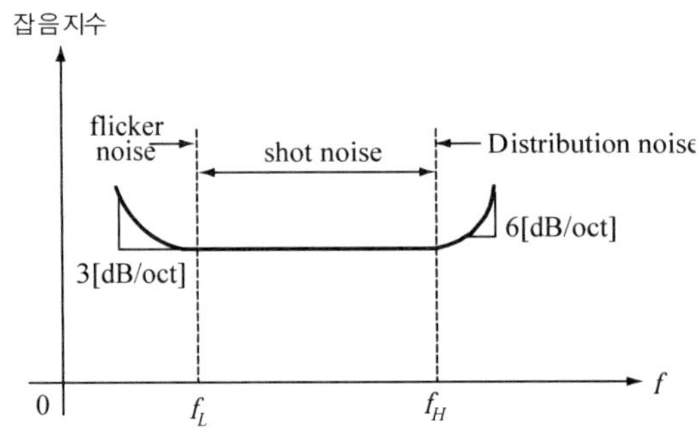

그림 6.26 트랜지스터 잡음의 주파수 특성

- 산탄 잡음(Shot noise)
  - 진공관의 음극에서 양극으로 이동하는 전자의 흐름에 약간의 맥동으로 인하여 발생하는 잡음
  - 중역에서 발생하는 잡음의 형태로 주파수 1[kHz]~[MHz]정도의 광역에 걸쳐서 분포되어 있고 이미터에서의 캐리어 흐름의 불규칙성에 기인한 것이라고 할 수 있으며,
- 플리커 잡음(Flicker noise)
  - 반도체 표면에서 캐리어의 생성과 소멸에 의해서 발생하는 잡음
  - 일명 깜박이 잡음으로 주파수가 낮은 영역에서 주로 지배적으로 베이스와 이미터 접합면에 있어서 전자 운동의 완만한 병동에 의한 것으로 저역에서 주파수가 반으로 되면 잡음 지수가 3[dB] 증가한다.
  - 플리커 잡음은 주파수에 반비례(1/f)하는 잡음이라고 할 수 있다.
- 분배 잡음(Partition noise)

  높은 주파수 영역(10[MHz] 이상)에 발생하는 잡음의 형태로 주파수의 제곱의 비례로 증가해서 1[oct]당 잡음지수가 6[dB]증가한다.(6[dB/oct]) 이것은 전력 이득이 주파수에 따라 감소하는데 기인한 결과이다.

Book Cafe

주파수 2배 변화를 1 Octave라 하고 이는 6[dB]가 감소하는 경사를 의미한다.

6.2.2 주파수 보상 회로

(1) 저역 보상

기본 증폭기에 대해서 r_e 등가 회로를 나타내면 그림 6.27과 같으며 전압 증폭율의 크기는

$$A_V = \frac{V_0}{V_i} = \frac{-\beta I_b \times R_{c1}}{\beta r_e \times I_b} = -\frac{R_{c1}}{r_e}$$

가 된다. 여기서 저역 보상회로를 고려하면 다음의 그림 (a)와 같으며, 그림 (b)는 그림 (a)와 같은 회로라고 할 수 있다.

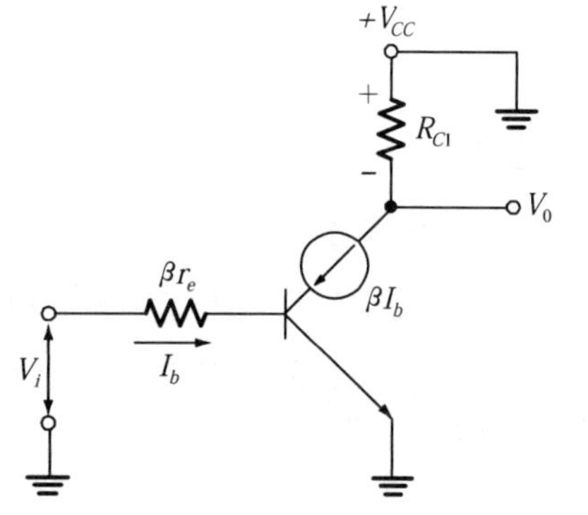

그림 6.27 등가 회로 r_e

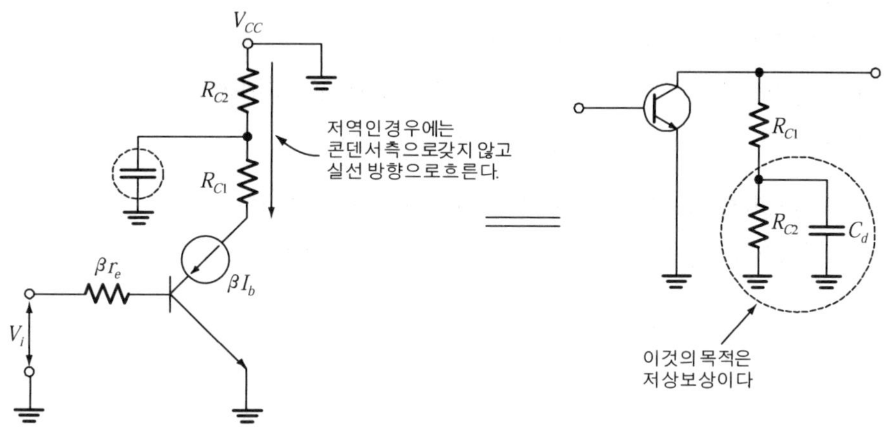

(a) r_e 등가 회로 (b)

그림 6.28 보상을 위한 등가 회로

그림 (a)에 추가된 컬렉터 저항 R_{c2}에 대해서 전압 증폭율을 구하면

$$A_v = \frac{V_0}{V_i} = \frac{-\beta I_b (R_{c\,1} + R_{c\,2})}{\beta r_e \times I_b} = -\frac{(-R_{c\,1} + R_{c\,2})}{r_e}$$

가 된다.

- 그림 (b)와 같은 저역 보상 회로에서 고주파가 입력되는 경우 콘덴서 C_d는 단락(short) 상태가 되어 저항 Rc_1에 의해서만 출력이 결정된다.

■ 저주파가 입력되는 경우

콘덴서 C_d는 개방(open) 상태가 되어 합성 저항 $R_{c1}+R_{c2}$을 얻게 된다. 이와 같이 저주파를 입력하는 경우에만 저항 Rc_1과 R_{c2}값이 존재하므로 저역 보상 능력을 지닌다.

(2) 고역 보상

주파수 특성 특성 곡선을 고려하는 경우 증폭기의 고역에서 이득이 저하하는 원인은

- 첫째로 트랜지스터 자체의 성능인 차단 주파수가 높지 않고,
- 두 번째는 접합 용량 성분 때문이라고 할 수 있다. 그리고 부유 용량과도 관계를 갖는다.

따라서 이와 같은 원인을 피하고 고역을 넓히기 위해서 출력 측에 직렬 혹은 병렬로 코일을 접속하여 이득을 보상하는 방법을 들 수 있는데 이때 사용되는 코일을 피킹 코일(peaking coil)이라고 한다.

여기서 고역에서 이득이 감소하는 경우 고역에서의 이득을 보상하기 위한 방법으로

- 이미터에 저항에 대해서 병렬로 콘덴서를 접속하는 방법과
- 피킹 코일을 이용하는 방법 등을 고려 할 수 있다.

■ 이미터에 저항에 대해서 병렬로 콘덴서를 접속하는 방법

주어진 회로에 대한 전압 증폭률A_V의 크기를 구하면

$$A_v = \frac{V_0}{V_i} = \frac{-\beta I_b R_c}{\beta r_e \times I_b + (1+\beta) I_b R_E} = -\frac{R_c}{r_e + R_E}$$

가 된다. 이 관계식에서 알 수 있듯이 증폭률의 크기는 이미터 저항 R_E때문에 이득이 감소하게 된다. 여기서 감소하는 이득을 보상하기 위해서 이미터 측의 임피던스를 변화시키는 방법으로 이미터 저항에 대해서 병렬로 콘덴서를 접속한 회로를 구성하게 되면 이득을 보상하게 되는 효과를 얻게 된다.

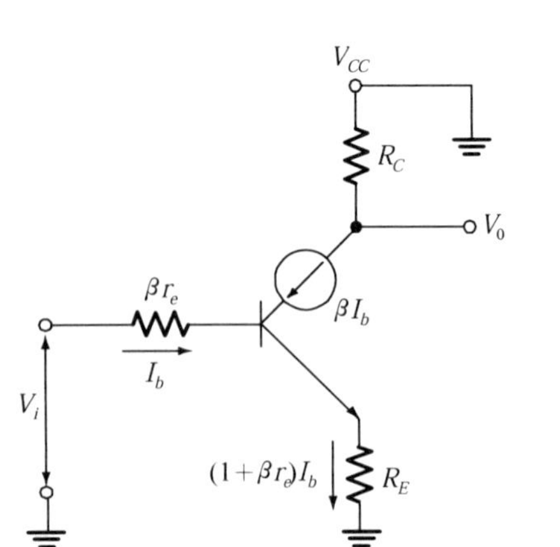

그림 6.29

병렬로 콘덴서를 접속한 회로에 대한 전압 증폭을 구하면

$$A_v = \frac{V_0}{V_i} = \frac{-\beta I_b \times R_c}{\beta r_e \times I_b} = -\frac{R_c}{r_e}$$

가 되어 이미터 저항 R_E에 무관하게 전압 증폭이 결정됨을 알 수 있다.

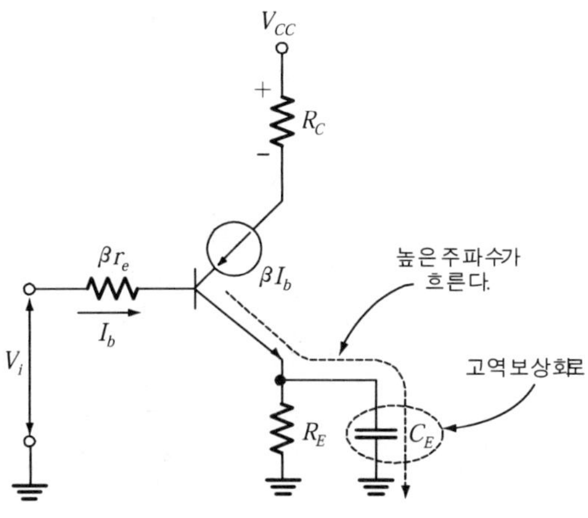

그림 6.30

■ 피킹 코일(Peaking coil)을 이용한 고역 보상 회로

트랜지스터의 구조에서 베이스와 컬렉터 접합면에 존재하는 극간 용량으로 인하여 고역에서 이득이 감소하게 되는데 여기서 감소하는 이득을 제어하기 위해서 회로를 구성하는 경우 코일을 접속하여 하나의 동조 회로를 구성하여 이득을 보상하는 방법이라고 할 수 있다.

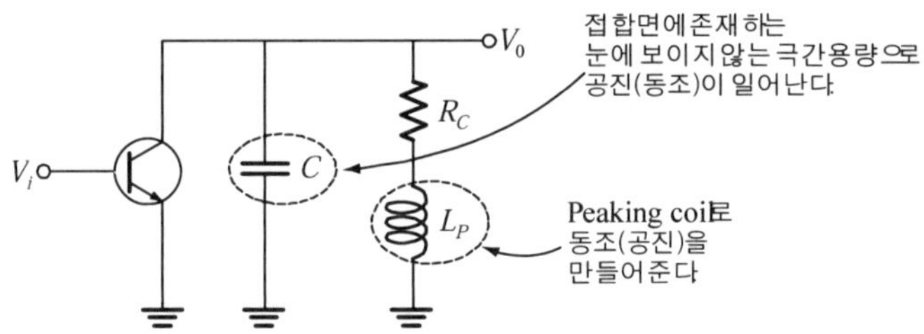

그림 6.31 고역 보상을 위한 피킹 코일

따라서 보다 넓은 고역 특성을 유지하기 위한 코일 사용 방법을 피킹법이라고 한다.

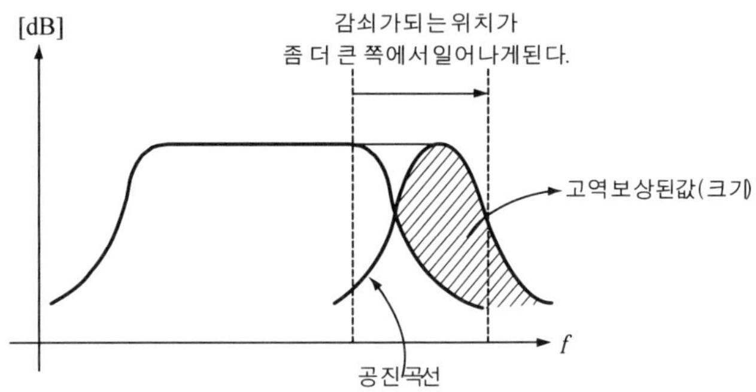

그림 6.32

그림 6.32에서 피킹 코일을 이용함으로서 얻게 되는 공진 곡선으로 인하여 감쇠가 일어나는 위치가 좀 더 큰 쪽에서 일어나고 있음을 보이고 있다.

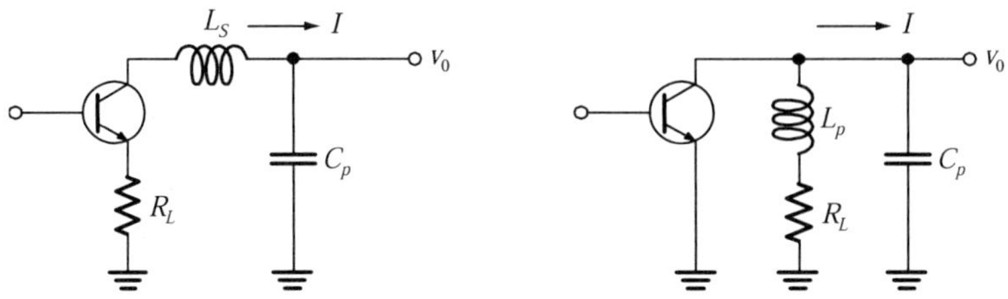

(a) 직렬 피킹 코일 (b) 병렬 피킹 코일

그림 6.33 고역 보상을 위한 피킹 코일 접속 회로

즉, RC결합 증폭기는 주파수가 높을수록 이득이 감소하므로 이를 보상하기 위해 직, 병렬 피킹 코일을 이용한 고주파 보상회로를 사용한다. 주파수가 높을수록 사용되는 코일의 리액턴스가 커져 부하 임피던스 값이 커지게 되어 이득이 높아지게 된다.

▶▶▶ 연습문제

01 RC결합 증폭 회로로 구성되는 회로에서 주파수 따른 이득의 변화를 설명하여라.

RC결합하는 트랜지스터 증폭 회로에서 고주파 특성을 제한하는 요인으로는 출력 회로 내의 병렬 용량 때문이며, 저주파 특성을 제한하는 요인으로는 출력 측의 결합 용량 때문이다. 따라서 저주파 증폭기의 결합 방식으로 가장 많이 사용되는 결합으로 RC결합을 이용한다. 즉, RC결합 회로는 저주파 증폭 회로에 적합하다. 한편 저주파에서 이득이 감소하는 이유는 출력 측에 존재하는 결합 커패시턴스 때문이다.

그리고 주파수가 증가하거나 감소하는 경우 이득의 변화를 나타내는 특성 곡선을 볼 수 있는데 이 곡선의 기울기가 -20[dB/decade]가 되는데 주파수와 이득의 변화 정도를 나타내는 특성 곡선에서 기울기를 나타내는 단위로 [dB/decade]를 이용하는데 여기서 decade를 octave로 밑수 변환을 하면 $20\log 2 = 6$ 인 관계로 계산되므로 -20[dB/decade]의 크기는 -6[dB/octave]와 동일한 크기를 보이게 된다.

02 다음의 회로에서 인덕턴스 L의 작용에 대해서 설명하여라.

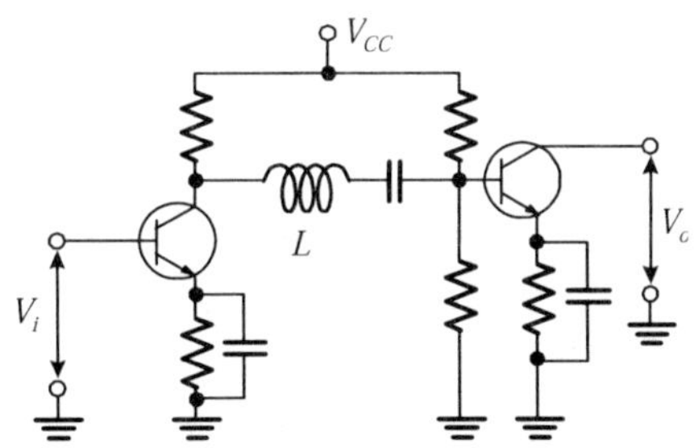

고주파에서 이득이 감소하는 경우에 이득을 보상할 목적으로 이용하는 코일로 직렬 피킹 코일(Peaking coil)이라고 부른다.

03 저항 $R[\Omega]$인 저항체의 온도가 T[K]이고 대역폭이 B일 때 유능 잡음 전력(available noise power)에 대한 관계식을 나타내어라.

저항 $R[\Omega]$인 저항체의 온도가 T[K]이고 대역폭이 B이고 K는 [J/K]로 표시하는 볼츠만의 상수일 때의 열잡음 전압은

$$e_n = \sqrt{4KTBR}$$

이며, 유능 잡음 전력을 구하면

$$P_n = \frac{e_n^2}{4R} = KTB$$

가 된다. 여기서 유능 잡음 전력은 부하에 전달될 수 있는 최대 잡음 전력을 말한다.

04 초단의 잡음 지수 $F_1 = 10$, 이득 $G_1 = 10$이고, 후단 잡음 지수 $F_2 = 20$, 이득 $G_2 = 20$으로 구성되는 2단 증폭기에서 나타나는 종합적인 잡음 지수의 크기는?

다단시의 전체 잡음 지수의 관계식을 이용하면

$$F = F_1 + \frac{F_2 - 1}{G_1} + \frac{F_3 - 1}{G_1 G_2} + \cdots = 10 + \frac{20-1}{10} = 10.9$$

가 된다. 한편 잡음 지수 F는 1보다 크게 나타나는 값이다. 즉, $F \geq 1$($F=1$, 무 잡음 상태가 된다.) 참고적으로 무 잡음 상태를 [dB]로 환산하면 60[dB]정도이다.

05 다음과 3단으로 접속된 증폭기에서 첫 단의 증폭기 A_1에 입력 전압으로서 $2[\mu V]$인 전압을 가했을 때 종단 증폭기 A_3의 출력 전압을 계산하여라. (단, A_1, A_2, A_3의 전압 이득 G_1, G_2, G_3는 각각 40[dB], 20[dB], 40[dB]이다)

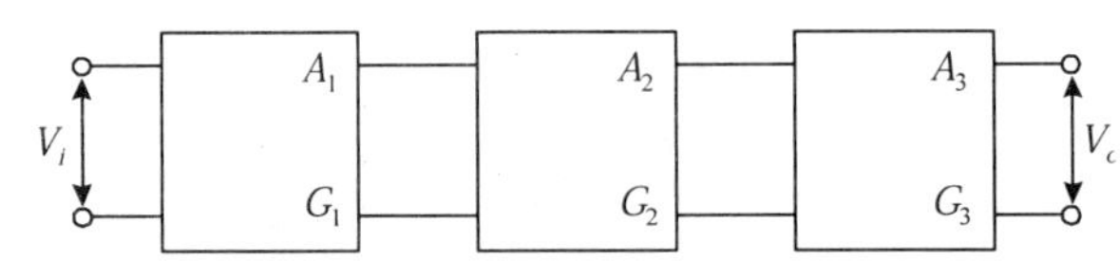

다단 증폭기에 대한 전체 이득은

$$G = G_1 + G_2 + G_3 = 40 + 20 + 40 = 100[\text{dB}]$$

이다. 여기서 [dB]관계식 정의 식을 이용하여 입력 및 출력의 전압을 구하면

$$100\,[\text{dB}] = 20\,\log_{10}\frac{V_o}{V_i}$$

이며, 여기서 입력과 출력의 비는

$$\frac{V_o}{V_i} = 10^5$$

가 된다. 따라서 출력 전압은

$$V_o = 10^5 V_i = 10^5 \times 2 \times 10^{-6} = 0.2[\mathrm{V}]$$

가 된다.

06 다음은 트랜지스터에서 주파수의 변화에 따른 잡음에 대한 특징에 대해서 설명하여라.

트랜지스터에서 발생하는 잡음은 주파수에 따라 분류하는 경우 저역에서는 감소하고 고역에서 증가하고 중역에서는 대체로 일정하다. 이들 관계를 나타내면 다음과 같다.

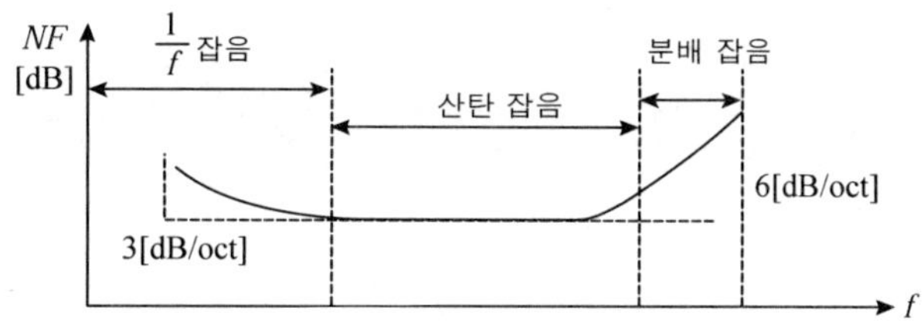

- 트랜지스터의 잡음은 저주파에서는 반비례한다.
- 트랜지스터의 잡음은 중간 주파수에서는 대체로 일정하다.
- 트랜지스터의 잡음은 고주파에서는 다시 증가한다.

제7장 연산 증폭 회로

7.1 차동 증폭 회로

7.1.1 차동 증폭 회로의 원리

(1) 차동 증폭 회로의 개요

두 입력단의 차에 의해 구동되는 증폭기를 차동 증폭기라고 한다. 일반적으로 연산 증폭기를 구성하는 경우 연산증폭기의 입력으로 차동 증폭기(Differential amplifier)를 이용한다. 연산 증폭기 초단을 구성하는 차동 증폭기는 2개의 입력 신호의 차를 증폭하는 증폭기로 온도에 의한 영향이 적기 때문에 직류(DC)에서 수 메가 [MHz] 주파수 영역에 이르는 주파수 응답을 보인다.

따라서 차동 증폭기가 보이게 되는 기본적인 능력으로는 입력되는 두 신호의 차에 대한 증폭을 얻기 위한 회로라고 할 수 있다. 여기서 차동 증폭기에 입력되는 신호 성분 중에서 차 신호는 최대로 강조(증폭)하고, 합 신호(동상 신호)는 가능하면 억제할 수 있는 능력을 지녀야 한다.

결국 차동 증폭기는 전압 V_1, V_2의 크기를 입력으로 하는 경우 이에 대한 차 전압인 $V_1 - V_2$에 비례하는 제 3의 신호를 얻을 수 있는 회로라고 할 수 있다.

연산 증폭기에서 이용되는 차동 증폭기의 경우 연산 증폭기에서 정확도를 보다 높이기 위하여 큰 증폭도와 높은 안정도가 필요를 요구하게 된다. 또 많은 양의 부 귀환을 안정하게 걸 수 있어야 하며, 우수한 차단 특성을 가져야 한다. 이러한 조건들에 의해 연산 증폭기는 직렬 차동증폭기를 사용해서 구성한다. 또 귀환에 대한 안정도를 높이기 위하여 특정 주파수에서는 주파수 보상 회로를 사용해야 한다.

여기서 차동 증폭회로의 구성은 2개의 입력으로 시스템은 능동소자(Active device)인 트랜지스터, 전계 효과 트랜지스터 등으로 구성되는 선형 시스템(Linear system)이 되어야 한다.

차동 증폭기는 입력 신호의 종류에 따라 세 가지 동작 방식이 있다.

■ 입력(single-ended) 차동 모드 방식

한쪽 입력은 접지시키고 반전 또는 비반전 단자 한 쪽 입력에만 신호 전압을 가하는 방식이다.

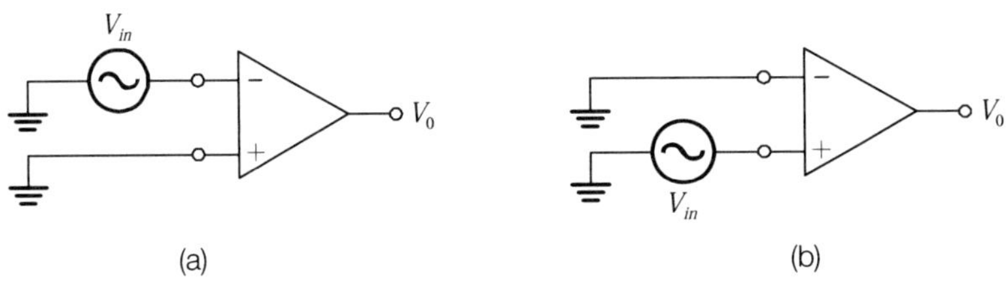

그림 7.1

■ 이중 입력(double-ended) 차동 모드 방식

그림(a)와 같이 위상이 서로 다른 두 개의 입력 신호를 입력에 공급하는 것으로 출력에는 차신호만 크게 증폭되어 나타난다. 이를 이중 입력(double-ended)이라고 한다.

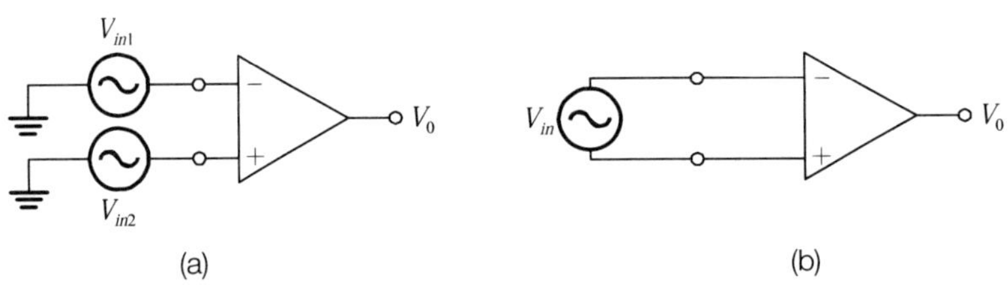

그림 7.2

■ 공통 모드(common mode) 입력 방식

공통 모드는 동일 위상, 동일 주파수, 동일 진폭을 갖는 신호 전압을 두 입력 단자에 공급한다. 이 때 출력은 상쇄되어 0[V]가 된다.

즉, 공통 모드 신호는 주로 전기적 잡음성분이므로 출력에는 거의 나타나지 않아야 한다. 이 동작을 공통 모드 제거라고 한다.

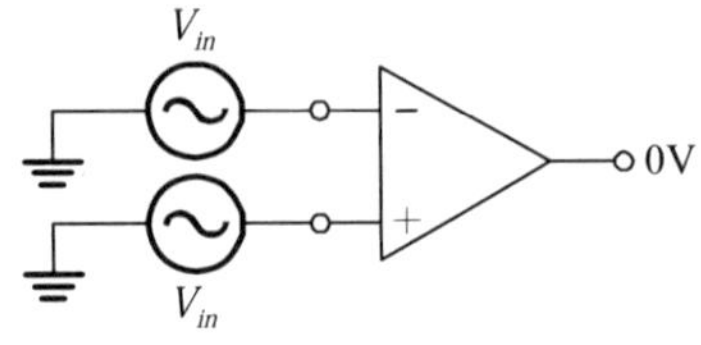

그림 7.3

(2) 차동 증폭기의 특징

- 직류, 교류 증폭이 가능(직류에서 고주파 증폭까지 할 수 있다)하며, 부품의 절대치가 변화해도 증폭이 거의 안정하며, 작은 온도 변화에도 동작이 안정하다.
- 차동 증폭기는 입력되는 두 신호의 차에 대해서는 최대로 강조(증폭)되고 가능하면 합 신호는 억제하는 능력을 지녀야 한다.
- 차동 증폭기는 연산 증폭 회로의 입력 회로로 이용되며
- 리미터 회로에도 사용할 수 있으며, 자동 제어(AGC)도 할 수 있다.
- 종합 증폭도는 이미터 접지의 경우와 거의 같다.

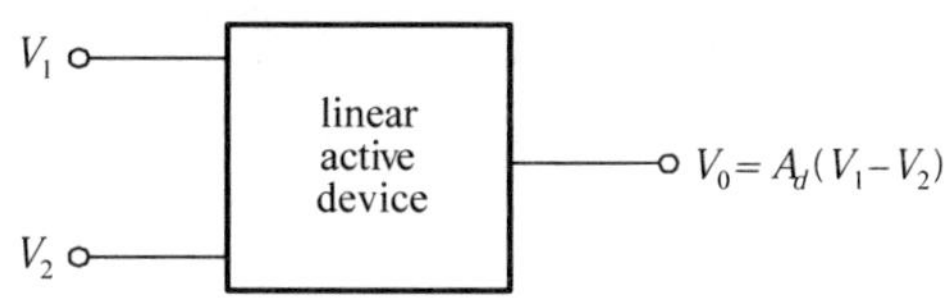

그림 7.4 차동 증폭 회로의 구성도

차동 증폭 회로에 대한 출력 전압으로

$$V_o = A_d(V_1 - V_2)$$

이며, 여기서 A_d는 차동 증폭기의 이득(두 입력에 공통인 신호는 어떤 것이든 출력 전압에 영향을 주지 않는다)을 말한다.

(3) 동상 신호 제거 비(CMRR, Common-Mode Rejection Ratio)

교류 신호 동작 모드는 단일 입력 모드, 차동 입력 모드, 동상 입력 모드등과 같이 3가지의 경우로 설명할 수 있는데

여기서는 차동 입력 모드에 대한 특성만 고려하면 주파수, 위상, 진폭이 동일한 신호를 두 입력 단자에 인가하는 경우의 동작 상태를 동상 입력 모드라고 한다.

- 동상 입력 인가의 경우

  동상 입력 모드에 대한 동작원리는 동상입력에 대한 결과에서 대해서 중첩의 원리를 적용하여 볼 수 있다.

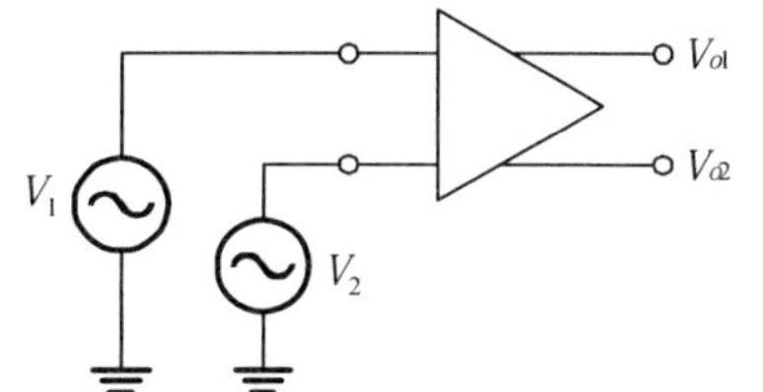

그림 7.5 동상 입력의 경우

■ 입력 V_1에 대한 출력

두 입력 신호 중에서 V_1에만 가해지는 경우에 대한 출력 V_{o1}은 입력에 비해 역상이 되고, 출력 V_{o2}는 동상으로 나타난다.

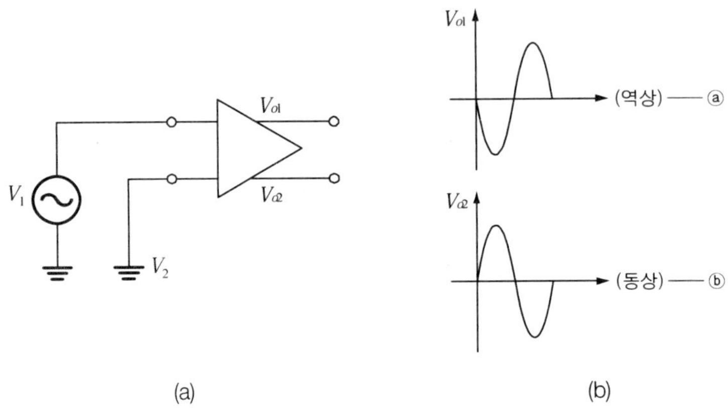

그림 7.6 입력 V_1에 의한 출력

■ 입력 V_2에 대한 출력

두 입력 신호 중에서 V_2로만 인가되는 경우 출력 V_{o1}은 동상이며, V_{o2}는 역상으로 나타난다.

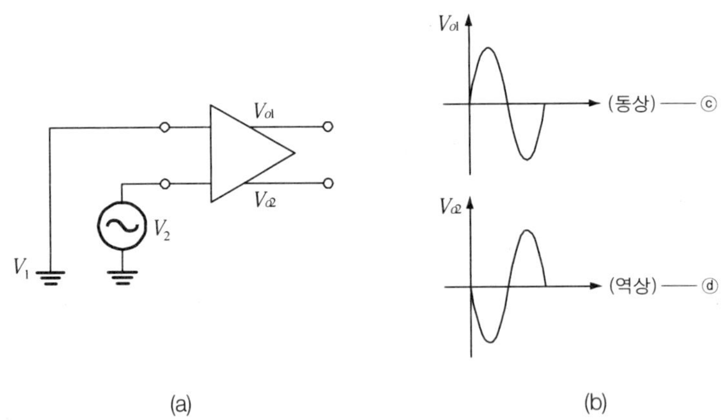

그림 7.7 입력 V_2에 의한 출력

■ 동상 입력에 대한 출력

동상신호가 두 입력단자에 동시에 인가되는 경우 출력은 그림 7.3의 출력과 그림 7.4의 출력의 합으로 나타난다.

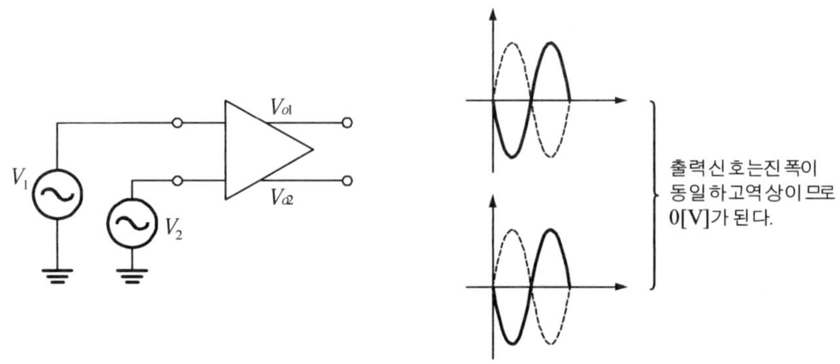

(a) (b)

그림 7.8 동상 입력에 대한 출력

즉, 그림 7.6의 출력 V_{o1}(ⓐ)과 그림 7.7의 출력 V_{o1}(ⓒ) 그리고 그림 7.6의 출력 V_{o2}(ⓑ)과 그림 7.7의 출력 V_{o2}(ⓓ)의 합을 고려하면 진폭의 크기가 같고 상호간에 역상이므로 상쇄되어 출력전압 $V_{o1} = V_{o2} = 0\,V$가 된다.

이와 같은 동작을 통해 동상을 제거할 수 있다고 하여 동상제거라고 한다. 동상을 제거하는 동작은 차동 증폭기에서 매우 중요한 의미를 지닌다.

예를 들면 두 개의 입력 단에서 발생하는 신호 이외의 성분 즉, 불필요한 신호로 유입되는 잡음신호 혹은 외부 신호원에서 복사된 잡음 전압 등이 차동 증폭기의 두 입력단자에 유입되는 경우에 위에서 설명한 동상 신호 제거 동작에 의해 차동 증폭기의 출력단에는 출력 신호가 나타나지 않기 때문에 증폭기는 잡음에 의한 영향을 받지 않게 된다.

결론적으로 이는 원하는 신호만 증폭하게 된다는 것을 말하는 것이다. 여기서 잡음 등의 신호를 제거 능력을 동상신호 제거 비(CMRR, Common-Mode Rejection Ratio)라 하며, 차동 증폭기를 평가하는데 매우 주요한 파라미터가 된다.

차동 증폭기의 대상을 평형 차동 증폭기와 불평형 차동 증폭기로 분류하여 설명할 수 있는데 여기서 동상 이득 제거 비에 대한 경우는 불평형 차동 증폭기에 대한 평가 내용이라고 할 수 있다.

선형 시스템을 적용하는 경우 출력 전압 V_o는 두 입력 전압의 선형 결합으로

$$V_o = A_1 V_1 + A_2 V_2$$

으로 나타낼 수 있다. 여기서 $A_1(A_2)$는 입력 2(1)가 접지되었을 때, 입력 1(2)에서 출력으로 가는 전압 증폭도를 나타내는 것이다.

따라서 입력 V_1과 V_2에 대한 관계식으로 나타내면

$$V_1 = V_c + \frac{1}{2} V_d$$

$$V_2 = V_c - \frac{1}{2} V_d$$

이며, 이 관계를 적용하면 출력 전압은

$$V_0 = A_d V_d + A_c V_c$$

으로 나타낼 수 있으며, 여기서 신호 차에 대한 차동 이득 A_d는

$$A_d = \frac{1}{2}(A_1 - A_2)$$

이며, 그리고 공통 신호에 대한 동상 이득 A_c는

$$A_c = A_1 + A_2$$

라고 가정하며, 출력 전압 $V_0 = A_c V_c + A_d V_d$ 관계식에서
합 신호 V_c가 0이 되는 조건은 $V_1 = -V_2$이며, 이때의 차동 이득 A_d는

$$A_d = \frac{V_o}{V_d}$$

이며, 그리고 차 신호 $V_d = 0$이 되는 조건은 $V_1 = V_2$이므로 동상 이득, A_c는

$$A_c = \frac{V_o}{V_c}$$

이다. 여기서 동상 이득 A_c와 차동 이득 A_d에 대한 비례 상수값을 고려하면

$$CMRR = \rho = \frac{A_d}{A_c}$$

으로 나타낼 수 있다. 여기서 CMRR은 출력측에 나타나는 공통 모드 성분을 얼마나 제거하느냐 하는 것이 차동 증폭기의 성능을 결정하게 되는데 요소이다, 따라서 차동 증폭기에서 공통 모드 성분을 제거하는 능력이 CMRR이다.

차동 증폭기의 경우는 차 신호 이득은 $A_d \to \infty$ 이어야 하면, 공동 이득은 $A_c \to 0$ 이어야 한다.

따라서 CMRR은 차동 증폭기의 성능 지수를 평가하는 매우 중요한 파라미터로 그 값은 가능하면 클수록 바람직하다. 즉, CMRR이 무한대(∞)이어야 한다. 이는 차신호만 증폭시키는 이상적인 경우라고 할 수 있다.

이와 같이 이상적인 차동 증폭에서 CMRR 값이 무한대가 되기 위해서는 A_d(차동 이득)은 클수록, A_c(동상 이득)은 작을수록 바람직함을 알 수 있다. 그러므로 증폭기를 설계할 때는 ρ (CMRR)가 V_c / V_d 보다 크도록 해야 한다.

예제 7.1

차동 증폭기의 동상 신호 제거비(CMRR)에 대해서 간단히 설명하여라.

[풀이] CMRR에 대한 특징을 정리하면 다음과 같다.

- 동상 입력의 이득에 대한 이상 입력의 비를 말한다.
- 동상 신호 제거비는 그 값이 클수록 잡음 신호 제거 능력이 우수하게 된다.
- 차동 증폭기의 동상 입력에 대한 오차를 알 수 있는 매개 변수이다.

(4) 이미터 결합 증폭 회로의 특징

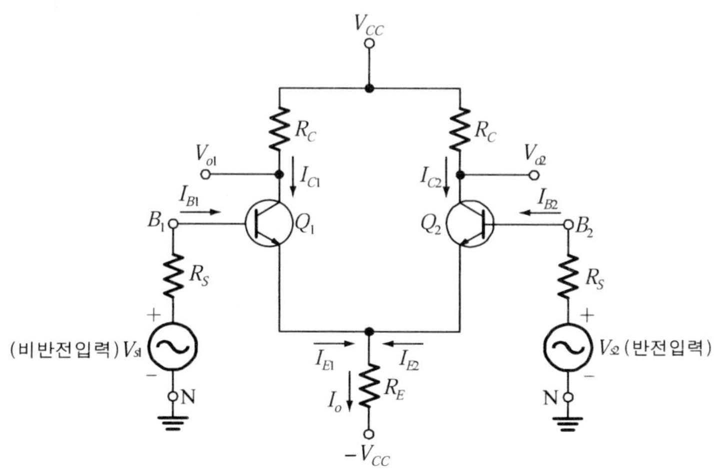

그림 7.9 이미터 결합 대칭 차동 증폭기

이상적인 차동 증폭기가 되기 위해서는 CMRR의 값이 클수록 바람직한데 여기서 CMRR 값을 크게 하기 위한 방법으로 우선 이미터 저항 R_e를 크게 하면 출력이 거의 없다. 출력이 없다는 것은 입력 전류 I_{B1}, I_{B2}가 거의 0에 가깝다는 것이다. 즉, 출력 전압이 거의 0이라면 동상 이득 A_C가 매우 작게 되므로 이로 인해 CMRR은 커진다.

여기서 이미터 결합 차동 증폭기의 특징을 정리하면 다음과 같다.

- 이미터 결합 대칭 차동 증폭 회로가 균형(평형)되기 위해서는 인가되는 입력 $V_{S1} = V_{S2}$이면 차 전압 $V_d = 0$,이며 출력 전압은 $V_o = 0$가 된다. 그러나 실제 회로에서는 $V_o \neq 0$, $V_d \neq 0$, $V_{S1} \neq V_{S2}$인 경우가 발생하게 되는데 이와 같은 현상이 발생하는 원인은 사용되는 차동 증폭기를 구성하는 2개의 트랜지스터가 불균형하기 때문이다.

  여기서 불균형 상태를 균형이 되도록 하기 위해서는 한쪽의 입력 측에 일정한 전압을 인가해 주어야 하는데, 이를 입력 Offset 전압 V_{io}이라고 한다. 즉, 두 입력단자가 정지되었을 때 출력에 나타나는 직류전압을 말한다.
- 전원 $V_{S1} = -V_{S2}$가 되면 이미터 저항 R_E에는 신호 전류가 흐르지 않는다.
- 이미터 저항 R_E를 크게 할수록 차동 증폭기는 우수한 특성을 나타낸다.
- 컬렉터 저항 $R_{C1} = 0$인 경우에도 V_{o2}에서 출력을 얻을 수 있으므로 차동 증폭기로 사용할 수 있다.
- 입력 Bias 전류, I_B

  연산 증폭기에서 입력 바이어스 전류는 평형을 이룬 증폭기($V_o = 0$)의 두 입력 단자에 인가되는 두 전류의 합의 $\frac{1}{2}$, 즉 유입되는 전류의 평균값을 말한다.

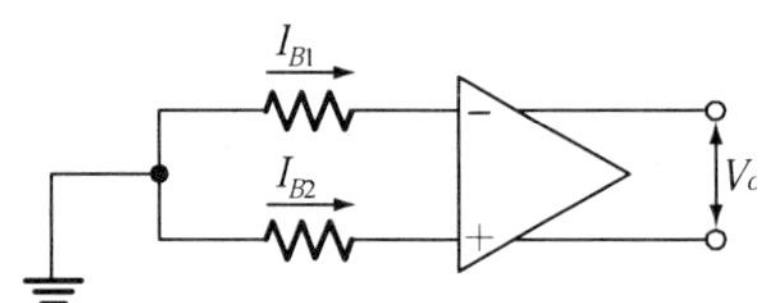

그림 7.10 입력 바이어스 전류

$$I_{ib}\big|_{V_o = 0} = \frac{I_{B1} + I_{B2}}{2} = 0$$

  즉, 입력 Bias 전류는 $V_o = 0$을 만들기 위해서 흘러 들어가는 전류를 말한다.
- 입력 Offset 전류, I_{io}

  평형을 이룬 상태($V_o = 0$)에서 두 입력단자에 인가되는 두 전류의 차를 입력 오프 셋 전류라고 한다.

$$I_{io}\big|_{V_o = 0} = I_{B1} - I_{B2}$$

  즉, $I_{B1} - I_{B2} = 0$이 되어야 정상인데 0이 안 된다. 이를 Offset이라고 하며 I_{io}을 입력 Offset 전류라고 한다.

차동 증폭기에서 동상 신호 제거 비를 향상시키는 방법에 대해서 설명하여라.

[풀이] 동상 신호 제거 비를 향상 시키는 방법을 정리하면 다음과 같다.

- 전류 이득을 증가시키기 위해서 h_{fe}가 큰 트랜지스터를 선정한다.
- 이미터에 접속되는 저항 R_E를 큰 값이 되도록 선정한다.
- 사용되는 트랜지스터 Q_1, Q_2의 전기적인 특성이 동일한 것으로 선정한다.
- 차동 증폭기의 입력 임피던스는 $2\beta r_e$가 되도록 결정한다.

7.1.2 귀환 증폭 회로

귀환(Feedback)이란 증폭 회로의 출력의 일부를 입력측에 돌려주는 것을 말하는 것으로 이용되는 귀환의 형태는 정 귀환(Positive feedback)과 부 귀환(Negative feedback) 등으로 분류할 수 있는데, 정귀환의 경우는 귀환되는 출력 전압이 증폭 회로의 입력 전압과 동위상일 때로 정귀환의 발생 시는 입력 전압이 실질적으로 증가되도록 귀환을 하였을 때를 말한다. 그리고 부 귀환은 귀환되는 출력과 입력이 역 위상으로 귀환되었을 때로 이는 입력 전압이 실질적으로 감소하도록 하는 귀환을 말하는 것이다.

(1) 귀환 증폭 회로의 전달 이득

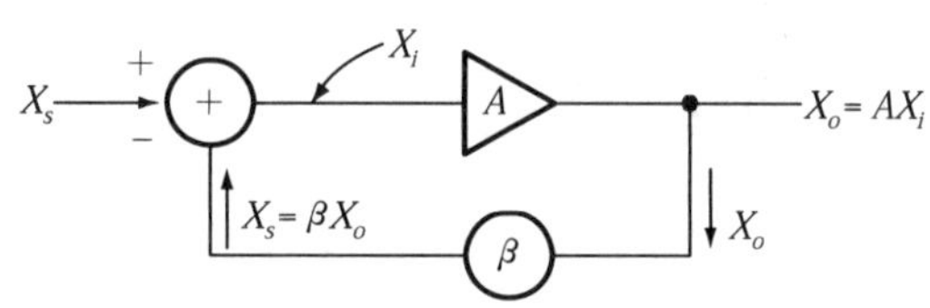

그림 7.11 귀환의 구성도

귀환을 설명하기 위한 구성도에서 A는 순방향 이득을 그리고 β는 역방향 이득을 나타내는 것으로 β는 귀환을 구성하는데 반드시 필요한 것으로 구성은 4 단자망으로 구성되며 구성 요소는 수동 소자를 구성된다.

귀환을 설명하기 위한 귀환 계수 β에 대해서 정리하면

$$X_f = \beta X_o,$$

$$X_i = X_S \sim X_f = X_S - \beta V_o$$

이며, X_0로 정리하면

$$X_0 = AX_i = A(X_S - \beta)$$
$$(1 + A\beta)X_o = AX_S$$

이며, 귀환 시의 전압 증폭률 A_f의 크기를 구하면

$$A_f = \frac{X_o}{X_S} = \frac{A}{1 + A\beta}$$

가 된다. 여기서 소스 파형X_s와 귀환 파형X_f을 비교하여 정 귀환과 부 귀환의 구분하게 된다.

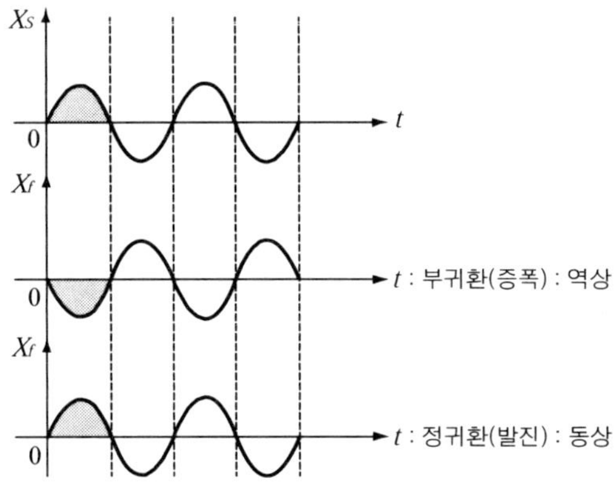

그림 7.12 X_s와 X_f파형의 비교

귀환 시의 전압 증폭률 A_f 관계식을 통하여 귀환의 형태를 구분하면

- $|1 + A\beta| > 1$일 때, $|A_f| < |A|$로 부 귀환(NFB)이고 이득이 감소하며 증폭기로 사용되는 조건이 되며
- $|1 + A\beta| < 1$일 때, $|A_f| > |A|$로 정 귀환(PFB)이고 이득이 증대되며, 발진기가 되는 조건이 된다.

Book Cafe

■ 귀환 회로의 구성

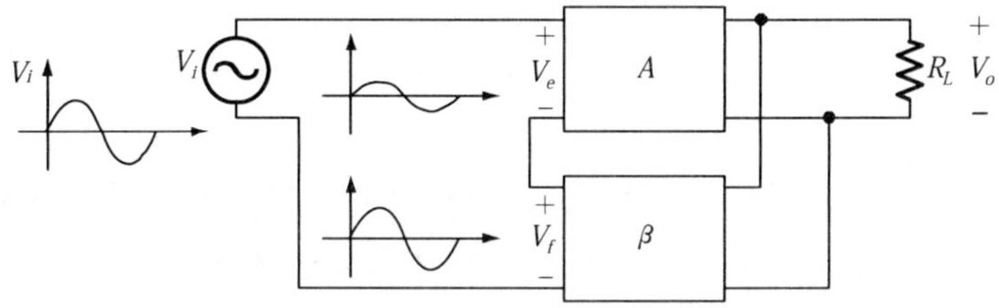

그림에서 알 수 있는 것으로 입력 신호 전압과 귀환된 전압의 차인 매우 작은 전압이 기본 증폭기의 입력으로 인가된다는 것을 볼 수 있어야 한다. 여기서 기본 증폭기의 이득이 안전화가 되는 것을 고려하기 위해서 먼저 기본 증폭기의 이득 A가 증가하는 경우라고 가정하고 귀환 원리를 이용해서 설명하면 다음과 같다.

- 기본 증폭기의 이득 A가 증가한다.
- 출력 전압 V_0가 아울러 증가하게 된다.
- 출력 전압의 증가는 βV_0 관계에서 βV_0가 증가하게 된다.
- 여기서 입력 전압 V_i와 동상이면서 그 차가 매우 작은 전압 $V_e = V_i - \beta V_0$인 관계에서 βV_0의 증가로 V_e가 감소하게 된다.
- 그리고 출력 전압 $V_0 = A V_e$ 관계에서 V_e가 감소하므로 출력 전압이 감소하게 된다.따라서 ②의 출력 전압의 증가와 ⑤의 출력 전압의 감소가 평형을 이루게 되어 출력 전압에 큰 영향을 주지 않게 된다. 반대로 기본 증폭기의 이득이 감소하는 경우에도 반대적인 해석 방법을 통하면 동일하게 출력 전압의 영향을 받지 않게 되는 현상을 보이게 된다.

(2) 귀환 증폭 회로의 형태

부귀환 증폭기는 출력 측에서 샘플링(sampling)되는 신호와 두 입력 포트의 연결 상태에 따라서 직렬 전압 귀환 방식, 직렬 전류 귀환 방식, 병렬 전류 귀환 방식, 병렬 전압 귀환 방식 등의 구조로 분류할 수 있다. 또 기본 증폭기는 그 전달 함수에 따라 전압 증폭기, 전달 컨덕턴스 증폭기, 전류 증폭기, 전달 저항 증폭기로 구분된다.

■ 직렬(Series)-직렬(Series) 증폭기

직렬-전류 증폭기의 경우는 출력측에서의 전류를 샘플하기 때문에 출력측과 직렬로 연결되기 때문에 직렬(Series)-직렬(Series) 증폭기가 된다.

■ 직렬(Series)-병렬(Shunt) 증폭기

직렬(Series)-병렬(Shunt)라고 하는 것은 기본 증폭기의 입력이 귀환 증폭 회로와 직렬이고, 출력은 귀환 증폭 회로와 병렬(Shunt)로 접속된 경우를 말한다.

■ 병렬(Shunt)-직렬(Series) 증폭기

■ 병렬(Shunt)-병렬(Shunt) 증폭기

여기서 직렬은 귀환 신호를 입력 신호 전압과 직렬로 접속하는 것을 의미한다. 즉 입력 포트가 직렬인 경우에는 귀환되는 신호는 전압이고 입력 전압과의 차가 기본 증폭기에서 증폭된다.

그리고 병렬은 귀환 신호를 입력 전류원과 병렬로 접속하는 것을 의미한다. 즉 입력 포트가 병렬인 경우에는 귀환되는 신호는 전류이고 입력 전류와의 차가 기본 증폭기에서 증폭된다.

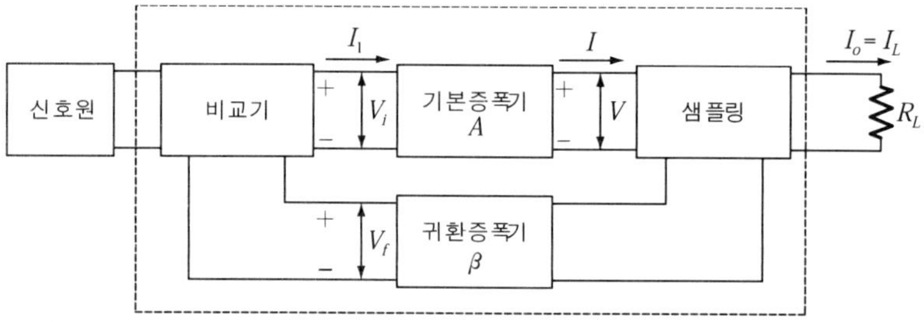

그림 7.13 귀환 증폭도를 위한 구성도

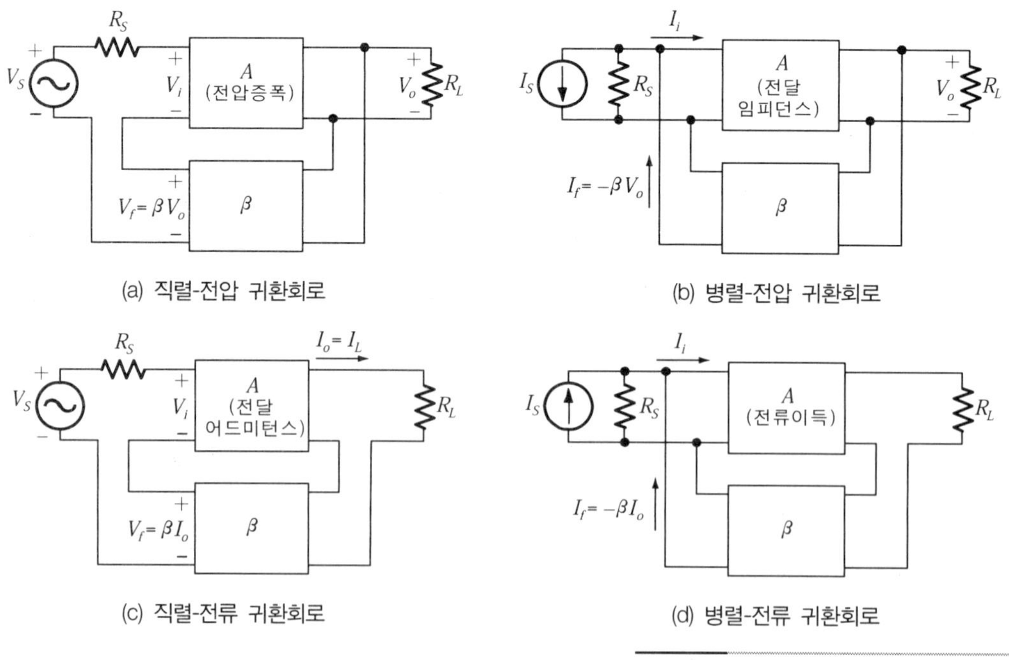

(a) 직렬-전압 귀환회로

(b) 병렬-전압 귀환회로

(c) 직렬-전류 귀환회로

(d) 병렬-전류 귀환회로

그림 7.14 귀환 증폭 회로의 형태와 구성도

(3) 부 귀환 증폭 회로의 특징

부 귀환이 진행되는 동안에 나타나는 특징을 고려하면 다음과 같다.

■ 이득의 안정화

귀환 시의 이득을 구하면전 A_f는 귀환 시의 이득, A는 무 귀환 시 이득을 이용 귀환 시의 이득을 고려하면

$$A_f = \frac{A}{1+A\beta} \fallingdotseq \frac{1}{\beta}$$

가 된다. 여기서 A는 무 귀환 시 이득을 그리고 A_f는 귀환 시의 이득을 나타낸다. 그리고 여기서 β는 역방향 전송 계수(reverse transmission factor)라고도 부른다.

$A_f = \frac{A}{1+A\beta}$ 인 관계에서 알 수 있듯이 부 귀환의 경우 이득은 $A\beta \gg 1$ 라고 하면 A_f는 감소한다. 그러나 귀환망인 β는 저항 2개로 구성되는 일종의 전압 분배기로 구성되는 수동 소자로 구성되는 외부의 귀환 회로에 의해서 귀환 이득 A_f는 안정화가 된다.

■ 외부잡음의 영향의 감소

$$N_f = \frac{N}{1+A\beta}$$

부 귀환에서의 잡음을 고려하면 이득의 경우처럼 잡음이 감소하게 된다. 이득과 잡음은 감소하므로 신호 대 잡음비(S/N)의 크기는 변하지 않는다. 즉, 입력 신호 중 포함되는 외부 잡음 역시 입력 신호와 동일하게 증폭되므로 귀한을 이용하여도 잡음이 감소하지 않는데 대신에 DC 공급 장치에 포함된 험(hum) 또는 Offset 전압 등은 귀환을 통하여 감소하게 된다.

■ 비직선 일그러짐을 감소(즉, 차단 주파수가 감소하기 때문)

$$D_f = \frac{D}{1+\beta A}$$

여기서 D는 기본 증폭기의 왜곡으로 이는 비직선 때문에 생기는 왜곡이다. D_f는 부 귀환 시의 왜곡을 의미한다. 따라서 일그러짐 비율은 귀환이 있을 경우 $\frac{1}{1+\beta A}$ 만큼 감소한다.

따라서 귀환이 없는 기본 증폭기의 구성은 비선형 성질을 보이는 다이오드, B급의 영교차 왜곡 그리고 OP Amp의 슬루율 등의 원인에 의해서 왜곡이 발생하게 된다. 그러나 귀환을 이용하게 되면 귀환 이득이 $A\beta \gg 1$라고 하면 $A_f = \frac{1}{\beta}$이므로 귀환 시의 이득은 귀환율 β에 의해서 결정되므로 왜곡이 거의 없어지게 된다.

■ **주파수의 특성이 개선된다.**

일반적으로 입력 신호의 변화에 따른 왜곡을 주파수 왜곡이라고 하며, 입력과 출력의 위상차에 의한 왜곡을 위상 왜곡이라고 하는데 부 귀환을 이용하게 되면 주파수 왜곡과 위상 왜곡을 개선할 수 있다. 여기서 귀환 시 주파수 특성이 개선되는 것을 고려하기 위해 증폭기의 입력으로 $1[\mathrm{k}\Omega]$주파수와 $2[\mathrm{k}\Omega]$주파수를 합성해서 10배 능력을 갖는 증폭기에 인가한 경우 $1[\mathrm{k}\Omega]$가 10배 증폭, $2[\mathrm{k}\Omega]$가 9배 증폭되면 파형이 달라진다.

이는 마치 입력 주파수를 선택하여 증폭하는 일이 발생하게 된다. 즉, $1[\mathrm{k}\Omega]$와 $2[\mathrm{k}\Omega]$의 합성파가 입력되는 경우 입력이 $t=0$일 때, $t=0$인 출력을 하면 $t=0$에서의 시간의 차이로 인해서 왜곡이 발생하게 된다.

■ **전달 증폭률 감도의 감소(안정도의 향상)**

감도의 감소는 안정성이 우수하다는 것을 의미하며 여기서 감도는 귀환이 있을 때의 증폭률의 변동률을 귀환이 없을 때의 변동률로 나눈 값으로 정의된다.

$$\text{감도} = \frac{\frac{dA_f}{A_f}}{\frac{dA}{A}} = \frac{dA_f}{dA} \cdot \frac{A}{A_f}$$

감도를 계산하기 위해서 dA_f/dA를 구하면

$$\frac{dA_f}{dA} \cdot \frac{A}{A_f} = \frac{1}{1+A\beta}$$

가 된다.

- $|A\beta| \gg 1$이면 $A_f = \frac{A}{1+A\beta} \fallingdotseq \frac{1}{\beta}$ 관계로 나타냄을 알 수 있다. 이 결과에서 귀환 증폭 회로의 이득 A와는 무관하며 귀환 이득 β에 의해서만 결정된다.
- 그러므로 귀환율 β의 구성 요소에 따라 이득은 대단히 안정할 수 있다.
- 증폭 회로를 구성하는 소자의 경년 변화, 전압 변동, 온도 변동에 영향을 받지 않는다.

• $A_f = \dfrac{A}{1+A\beta} \fallingdotseq \dfrac{1}{\beta}$ 이므로 증폭기의 전달 이득은 h정수의 변화에 무관하게 된다.

■ 광대역화

부 귀환 시의 고역 차단 주파수 f_{Hf}는

$$f_{Hf} = (1 + A\beta) f_H$$

으로 고역 차단 주파수는 증가하며, 부 귀환 시의 저역 차단 주파수 f_{Lf}는

$$f_{Lf} = \frac{1}{1+A\beta} f_L$$

으로 저역 차단 주파수는 감소하게 된다. 즉, 부 귀환 시에는 고역은 증가, 저역은 감소를 통해서 대역폭은 증가한다.

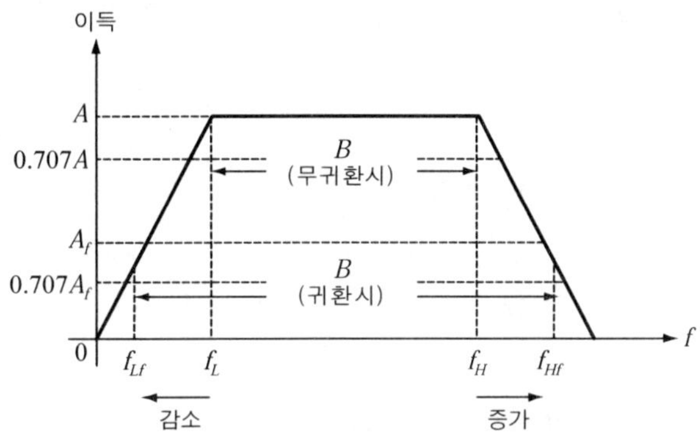

그림 7.15 부 귀환에서의 대역폭 관계

예를 들면 부 귀환의 경우 이득이 1/2로 감소하면 " GB = 일정"이므로 대역폭은 2배로 넓어진다.

따라서 부 귀환 시 대역폭은 증가하게 된다.

■ 입출력 임피던스를 변화시킬 수 있다.

NFB에 의해 입력 임피던스에서 직렬 귀환은 증가하고 병렬 귀환은 감소하며, 출력 임피던스에서 전압 귀환은 감소하고 전류 귀환은 증가한다.

• 전압 귀환에서 출력 저항 변화

전압 귀환에서의 출력 저항은 감소한다. 왜냐하면 부하 전압에 비례하는 신호를 귀환하면 출력 전압을 일정하게 유지하기 위해서이다.

$$R_{of} = \frac{V_o}{I_o} = \frac{R_o}{1+A\beta}$$

즉, 전압이 귀환되는 경우에는 출력 저항이 $\dfrac{1}{1+\beta A}$배로 감소한다.

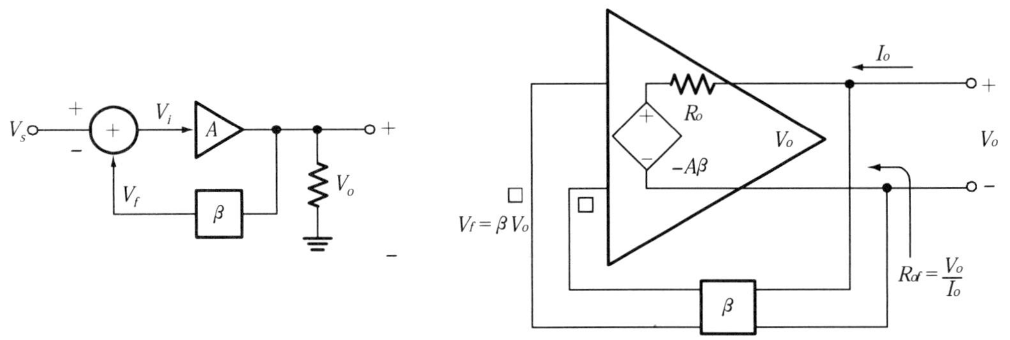

(a) 전압귀환 구성도 (b) 전압귀환 등가회로

그림 7.16

• 전류 귀환에서의 출력 저항 변화

$$R_{of} = \frac{R_o}{I_o} = (1+A\beta)\,R_o$$

인 관계에서 전류가 귀환되는 경우에는 출력 저항은 $(1+A\beta)$배로 증가하게 된다.

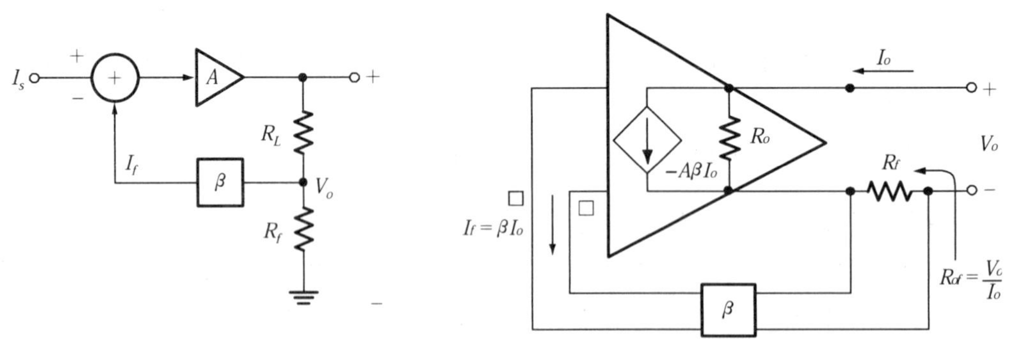

(a) 전류귀환 구성도 (b) 전류귀환 등가회로

그림 7.17

Book Cafe

다음의 회로는 전압 샘플링, 전압 비교의 귀환 증폭 회로이다.

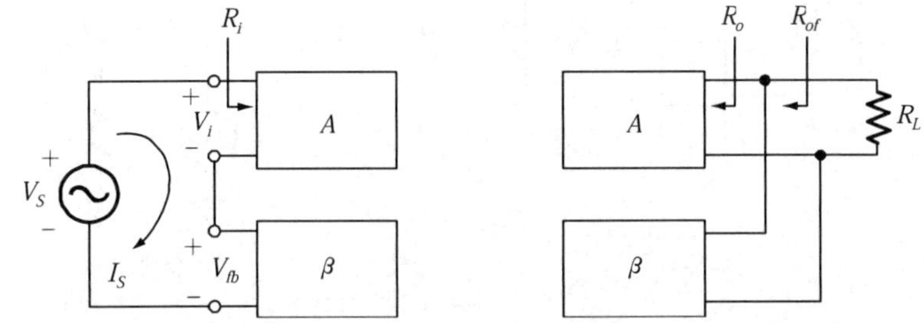

신호원에 흐르는 전류 I_S는 기본 증폭기와 귀환 증폭 회로의 입력에 공통으로 흐르고 있는데 여기서 신호원의 전압 V_S에 대한 관계식으로 나타내면 $V_S = V_i + V_{fb} = V_i + A\beta V_i$ 가 된다.

한편 전원 측에서 바라본 입력 저항 $R_{\text{if}} = \dfrac{V_S}{I_S} = \dfrac{(1+A\beta)\,V_i}{I_S}$ 가 되며 여기에 기본증폭기의 입력 저항을 R_i라고 하면 $R_i = \dfrac{V_i}{I_S}$가 된다. 이들을 이용해서 귀환 시의 입력 저항 $R_{\text{if}} = (1+A\beta)R_i$ 가 된다. 따라서 귀전압이 귀환 되는 경우의 입력 저항을 귀환 전 보다 $(1+A\beta)$배가 증가하게 되다.

그리고 그림(b)의 출력측의 회로에서 기본 증폭기의 출력 저항 R_0는 테브난 등가 저항의 크기를 나타낸다. 이를 이용하여 귀환 시의 출력 저항 R_{of}를 구하면 $R_{of} = \dfrac{R_0}{1+A\beta}$ 가 된다. 따라서 전압이 귀환 되는 경우의 출력 저항의 크기는 $\dfrac{1}{1+A\beta}$ 정도로 감소하게 됨을 알 수 있다.

7.1.3 귀환 증폭 회로의 해석

(1) 전압 직렬 귀환 증폭 회로

- 직렬 전압 귀환 증폭 회로는 출력측에서 전압이 샘플되고, 입력에서는 전압으로 비교되므로 귀환회로는 전압에 대해서만 관계를 갖게 된다. 이 때 사용되는 기본 증폭기로는 전압 증폭기를 이용한다.
- 귀환 요인이 전압이므로 직렬 귀환이고 귀환 전압이 출력 전압에 비례하므로 전압 귀환이다.

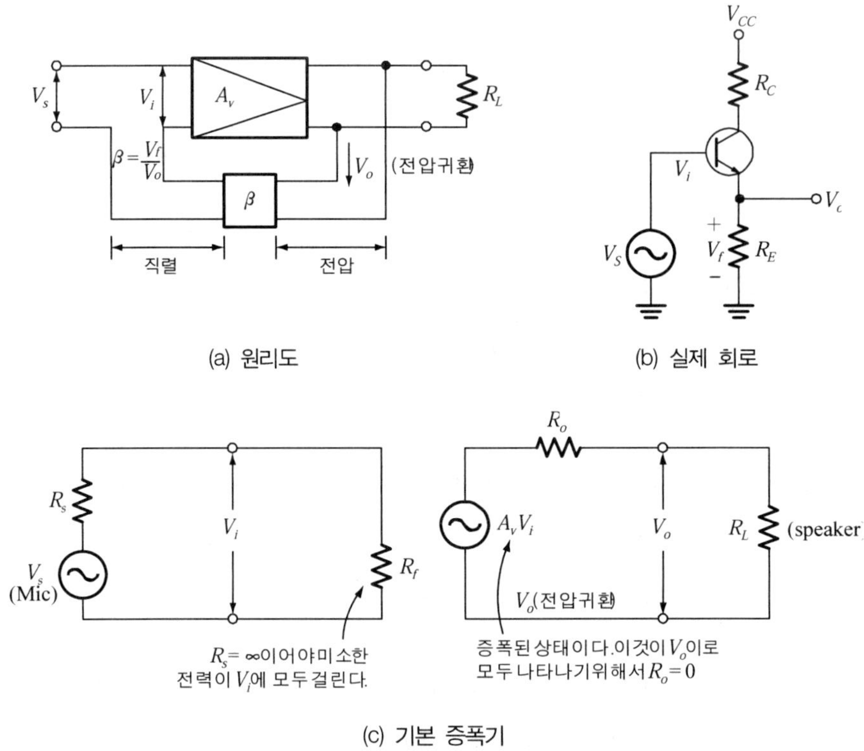

그림 7.18 직렬 전압 귀환 증폭 회로

- 직렬 전압 귀환 증폭 회로의 대표적인 형태로 CC(Emitter follower)회로 즉 이미터 폴로어 회로로 직렬 전압 부귀환 증폭기이다. 따라서 CC 회로에서 전압 귀환 $V_{fb}(=-V_0)$이므로 100[%] 전압 귀환 회로이며, 귀환 회로가 출력 회로와 직렬이므로 직렬 귀환으로 보아야 한다.
- 직렬 전압 귀환 증폭 회로에서 귀환 요소 β는 이미터 저항 R_e이 된다.
- 전압 증폭 A_v는

$$A_v = \frac{A_I R_L}{R_i} = (1+h_{fe}) \cdot \frac{R_L}{R_S + h_{ie}}$$

여기서 $(1+h_{fe})$는 emitter follower를 $R_S + h_{ie}$는 R_i에 귀환 되기 전의 크기이며, 무귀환의 입력 저항 $R_i = h_{ie} + (1+h_{fe})R_e$이며 귀환 시 입력 저항 R_{if}는

$$R_{if} = (1+A\beta)R_i = \left[(1+h_{fe})\frac{R_L}{R_s + h_{ie}}\right] \cdot (R_s + h_{ie})$$

$$= R_s + h_{ie} + (1 + h_{fe})R_E$$

가 된다. 따라서 귀환전과 후의 입력저항 차이점은 R_S가 더 존재한다는 것이다.

■ 귀환률, β

귀환 출력은 $V_f = \beta V_o$이며, 귀환율은 $\beta = \dfrac{V_f}{V_o} = -1$으로 상수값으로 나타난다.

$$\beta = \frac{X_f}{X_o} = \frac{V_f}{V_o} = -1$$

으로 상수값으로 나타난다.

■ 귀환 증폭 시 전압 증폭도, A_{Vf}

$$A_{Vf} = \frac{A}{1 - A}$$

따라서 전압 귀환 직렬 회로는 전압 증폭기로 사용되며, 출력 저항은 감소(0)하고 입력 저항은 증가(∞)하게 된다.

■ 여기서 직렬 전압 귀환 증폭회로에 대한 특징을 정리하면 다음과 같은 내용을 들 수 있다.

- 전압이득이 감소한다.
- 입력저항은 증가하고 출력 저항은 감소한다.
- 주파수 대역폭이 증가한다.
- 비직선 왜곡이 감소한다.
- 잡음이 감소한다.
- 기본 증폭기로 전압 증폭기를 사용한다.

(2) 직렬 전류 귀환 회로

■ 직렬 전류 귀환 증폭회로는 출력측에서 전류를 샘플하고 입력측에서는 전압과 비교되므로 귀환 회로는 전류를 전압으로 변환하게 된다. 이 때 사용되는 기본 증폭기는 전압을 입력으로 하고 출력으로 전류를 보이는 전달 어드미턴스, 혹은 상호 컨덕턴스 증폭기를 사용하게 된다.

■ 귀환되는 세력이 전압이므로 직렬 귀환이고, 귀환 전압이 출력전류에 비례하므로 전류

귀환이다.

- 귀환 전압 $V_{fb}(\fallingdotseq I_o R_e)$가 출력 전류 I_o에 비례하므로 전류 귀환이고, 귀환 회로가 출력 부하 회로와 직렬이므로 직렬 귀환이다.
- 또 CE 증폭기는 입력과 출력 전압간의 위상 반전에 의하여 R_e에서의 전압 귀환은 입력 전압과 역 위상이므로 부 귀환이다.

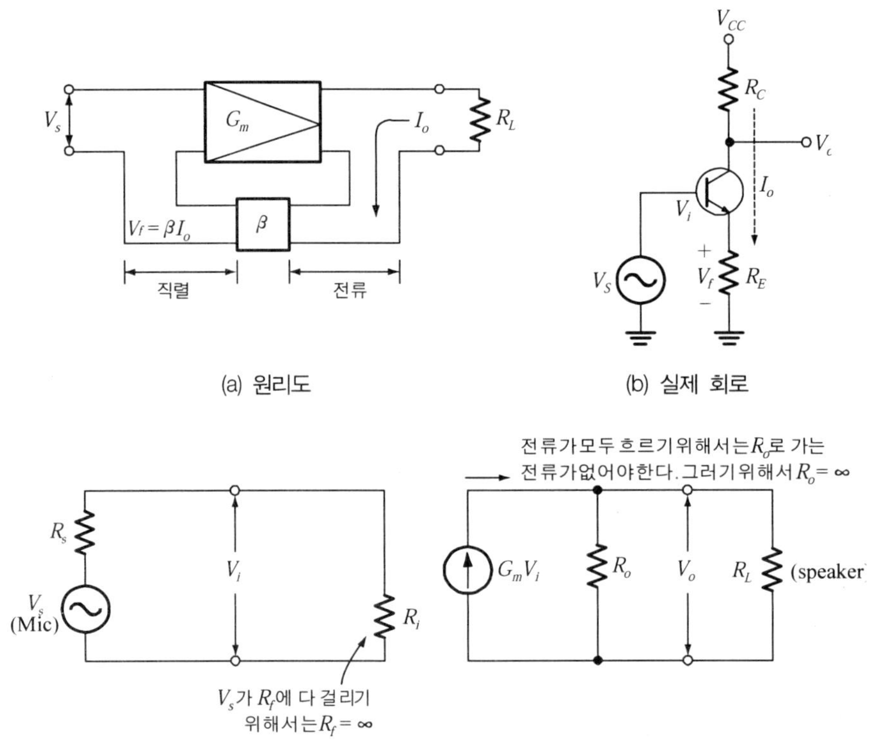

(a) 원리도
(b) 실제 회로
(c) 기본 증폭기

그림 7.19 직렬 전류 귀환 증폭 회로

- 귀환율, β

$$\beta = \frac{V_f}{I_o} = \frac{I_o R_e}{I_o} = -R_e$$

- 귀환 시 전압 증폭도, A_{Vf}

$$A_{vf} = \frac{V_o}{V_i} = \frac{-h_{fe} R_L}{R_S + h_{ie}(1+h_{fe})R_e} \fallingdotseq -\frac{R_L}{R_e}$$

■ 직렬 전류 귀환 증폭기에 대한 특징을 정리하면 다음과 같은 내용을 들 수 있다.

- 이 회로는 출력 전류가 안정한 회로이다.
- 이 회로는 Current-series feedback 이다.
- 이 귀환 회로는 입력 및 출력 임피던스가 증가한다.

(3) 병렬 전압 귀환 회로

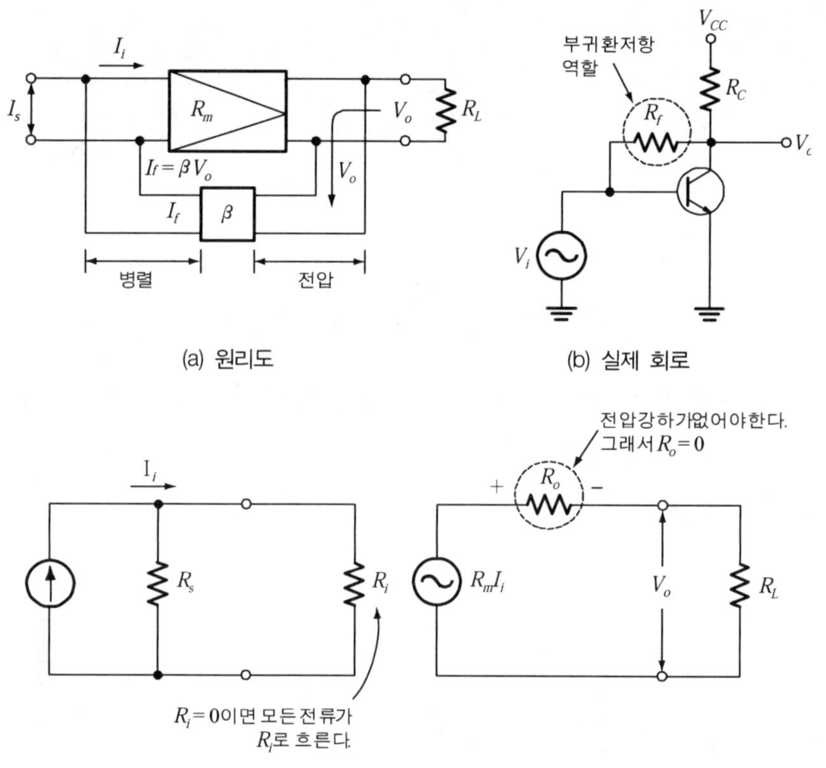

(a) 원리도 (b) 실제 회로

(c) 기본 증폭기

그림 7.20 병렬 전압 귀환 증폭 회로

그림 (b)에서 귀환 저항 R_f이 없다면 전류 귀환이지만 귀환 저항 R_f를 통해서 전압이 샘플링 된다. 여기서 귀환 저항 R_f가 무한대(∞)이면 R_f가 끊어져 이득이 가장 크며, R_f가 0이면 단락(Short)로 이득이 가장 적게 된다.

■ 병렬 전압 귀환 증폭회로는 출력측에서 전압을 샘플하고 입력에서는 전류가 비교되므로 귀환 회로는 전류에 대해서만 관계를 보이며, 사용되는 기본 증폭기는 전달 임피던스

혹은 상호 임피던스 증폭기이다.

■ 전류 귀환 증폭기의 출력 임피던스는 귀환이 없을 때와 비교하면 R_{if}는 입력 회로에 관계하지만 R_{of}는 출력 회로, 즉 샘플링 회로에 관계한다. 따라서 전압 샘플링은 R_{of}가 감소하고, 전류 샘플링은 R_{of}가 증가한다.

■ 입력 임피던스 R_{if}와 출력 임피던스 R_{of}를 무 귀환(Non-feedback)과 비교하면 전류 귀환일 때에는 입출력 임피던스가 증가하며, 전압 귀환에서는 입출력 임피던스가 감소한다.

■ 귀환율의 크기

$$\beta = \frac{I_f}{V_o} = -\frac{1}{R_f}$$

■ 귀환 시의 이득

$$A_{vf} = \frac{A}{1 + A\beta} = \frac{1}{\beta} = R_f$$

가 된다. 여기서 귀환 저항 R_f가 커지면 귀환 시의 전압 이득 A_{vf}는 증가하게 된다.

(4) 병렬 전류 귀환 회로

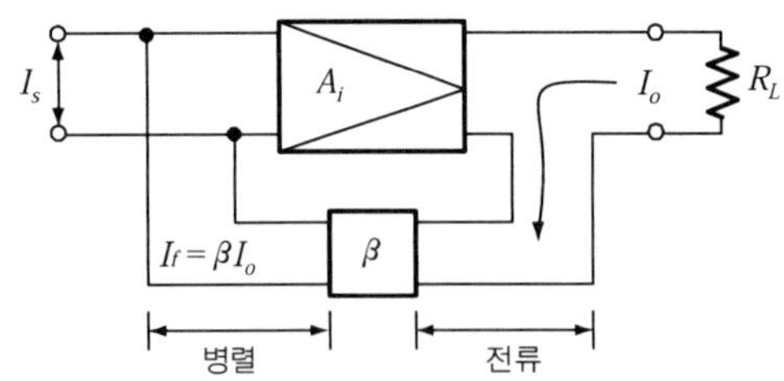

(a) 원리도

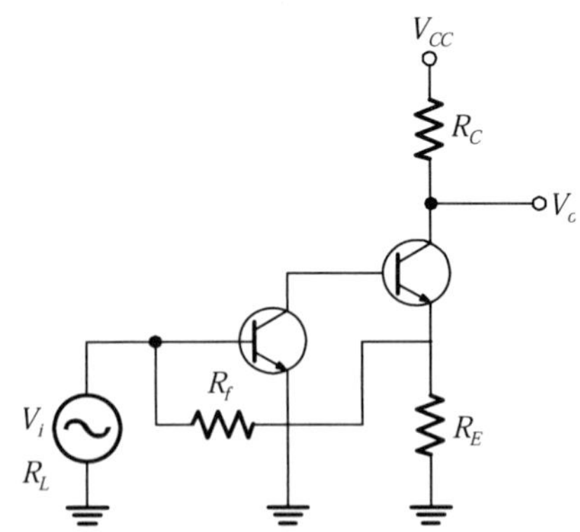

(b) 실제 회로

그림 7.21 병렬 전류 귀환 증폭 회로

그림(b)에서 부 귀환저항 R_f가 이미터로 들어가면 직렬이고, 부 귀환저항 R_f가 베이스로 들어가면 병렬이 된다.

- 병렬 전류 귀환 증폭회로는 출력측에서 전류를 샘플하고 입력에서 전류와 비교하며, 귀환회로는 전압을 전류로 변환하는 기능을 가져야 하며, 사용되는 기본 증폭기는 전류 증폭기를 사용한다.
- 귀환 전류 $I_{fb}\left(\fallingdotseq -\dfrac{R_e}{R_f}I_o\right)$가 출력 전류 I_o에 비례하므로 전류 귀환이고, 귀환 회로가 부하 회로와 병렬이므로 병렬 귀환이며, 병렬 전류 귀환 증폭기는 부귀환 방식 중 전류 증폭기로 사용하기에 적당하다.
- 귀환율의 크기

$$\beta = -\frac{R_e}{R_f}$$

- 귀환 시 전압 증폭율의 크기

$$A_{vf} = \frac{A}{1+A\beta} = \frac{1}{\beta} = \frac{R_f}{R_E}$$

가 된다. 따라서 이득의 크기는 귀환 저항 R_f와 이미터 저항 R_E에 의해서 결정된다.

표 7.1 귀환 증폭 회로의 일반적인 특징 비교

분 류	직렬 전압 귀환	직렬 전류 귀환	병렬 전압 귀환	병렬 전류 귀환
출력 임피던스	감 소	증 대	감 소	증 대
입력 임피던스	증 대	증 대	감 소	감 소
주파수 대역폭	증 가	증 가	증 가	증 가
비직선 일그러짐	감 소	감 소	감 소	감 소

7.2 연산 증폭 회로

7.2.1 연산 증폭 회로(OP-Amp)의 개념

(1) **연산 증폭 회로(OP-Amp, Operational Amplifier)의 개요**

연산 증폭기는 직류(DC)로 부터 특정한 주파수 범위 사이에서 귀환 증폭기를 이용해서 일정 연산을 할 수 있도록 한 대표적인 직류 증폭기의 하나로서 차동 증폭기는 두 입력 전압의 차 전압만을 증폭하는 증폭 회로이다.

- 연산 증폭기는 차동 증폭기와 귀환 증폭 회로를 합 한 것으로 전체 응답을 조정하기 위해 병렬 전압 부 귀환을 건 직결합, 고 이득 증폭기이다.
- 연산 증폭 회로는 귀환 회로를 부가한 고 이득 직렬 증폭기로 차등 증폭 회로를 입력 회로로 한다.
- 가상 접지는 물리적인 구성을 표시하는 것이 아니고 전압 증폭도를 구하는데 필요하다.
- 직접 회로(IC)된 연산 증폭기는 고 신뢰성, 고 안정성 그리고 회로를 소형화하는 것이 장점이다.
- 연산 증폭기에서 입력 오프셋(offset) 전압은 증폭기의 평형을 유지하기 위해서 입력단자 사이에 공급하는 전압을 말한다.

Book Cafe

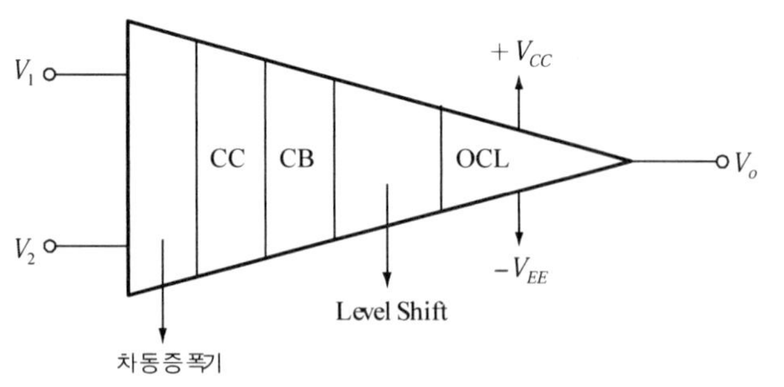

연산증폭기의 구조에서 알 수 있듯이 출력은 전력 증폭기에서 취급되는 OCL에서 보게 된다.

즉 차동 증폭기는 신호원과 초단 증폭기 사이를 직접 결합(Direct coupled)할 목적으로 연산 증폭기의 입력 단에 사용한다.

(2) OP-Amp의 특징

- 대표적인 직류 증폭기의 한 형태이며, 전압 귀환 증폭기이다.
- 입력 저항 Z_i이 무한대(∞)이므로 입력 전류는 거의 흐르지 않으며, 출력 저항 R_0은 0이다.
- (개방) 전압이득이 무한대(∞)이며, 전류 이득 $A_i = 0$이다.
- 대역폭이 무한대(∞)이고 지연응답은 0이다.(DC ~ ∞로 매우 넓다.)
- 온도에 대한 드리프트(Drift) 현상이 없는 특성을 가진다.
- CMRR도 무한대(∞)이다.
- 특성의 변동이 거의 없으며, 잡음이 없다.

여기서 연산 증폭기의 오프 셋(offset) 전압의 형태는 먼저 입력 오프 셋 전압은 증폭기의 평형을 유지하기 위한 입력 단자 사이에 공급하여야 할 전압을 말하며, 출력 오프셋 전압은 두 입력 단자가 접지되어 있을 때 두 출력 단자에 나타나는 직류 전압으로 출력 오프셋 전압의 측정 조건은 입력 단자를 접지시키는 것이다.

Book Cafe

■ 이상적인 연산 증폭기의 구비 조건

- 잡음 등의 공통 모드 성분에 대한 출력이 제거되고 차동 모드에 대한 출력만 얻기 위해서는 동상 이득 제거 비의 크기가 무한대가 되어야 한다.
- 입력 임피던스는 무한대, 출력 임피던스는 0이어야 한다.
- 전압이득이 무한대이어야 한다.

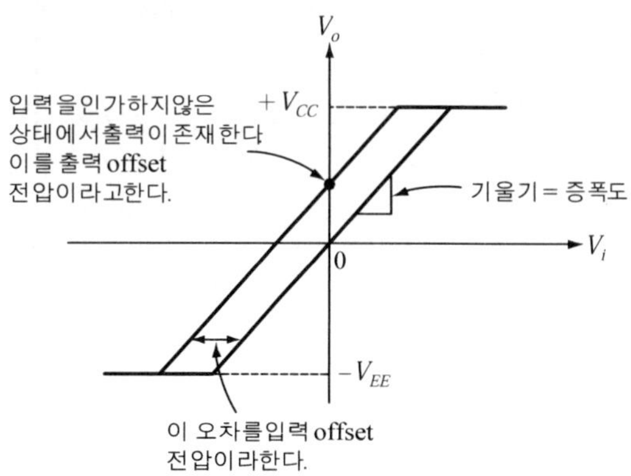

(3) 온도에 따른 drift 현상

OP-Amp에서의 드리프트 원인은 직류 증폭기 등에서 특성이 시간적으로 천천히 변동하는 것을 말한다. 직류 증폭기에서는 신호의 변화가 없어도 흐르게 되는 드리프트 전류 때문에 매우 낮은 주파수의 잡음이 발생할 수 있으므로 적절한 drift 보상회로가 필요하게 된다.

여기서 온도 변화에 따른 특성 변화를 고려하면 다음과 같다.

- $\dfrac{\Delta V_{BE}}{\Delta T} \fallingdotseq -2.5[\mathrm{mV}/℃]$

  다이오드의 순방향 전류를 일정하게 유지하기 위해서는 온도 1[°C] 증가마다 2.5[mV] 낮추면 된다.

- $h_{fe} \fallingdotseq 1[\%℃]$

  순방향 증폭률은 온도가 1[°C] 변화에 따라 1[%]가 증가하게 된다.

- $I_{C0}(T) = I_{C0}(T_0)e^{k(T-T_0)}$

  온도 10[°C] 상승에 따라 Si의 I_{C0}가 2배 증가하게 된다.

(4) 연산 증폭기의 동작

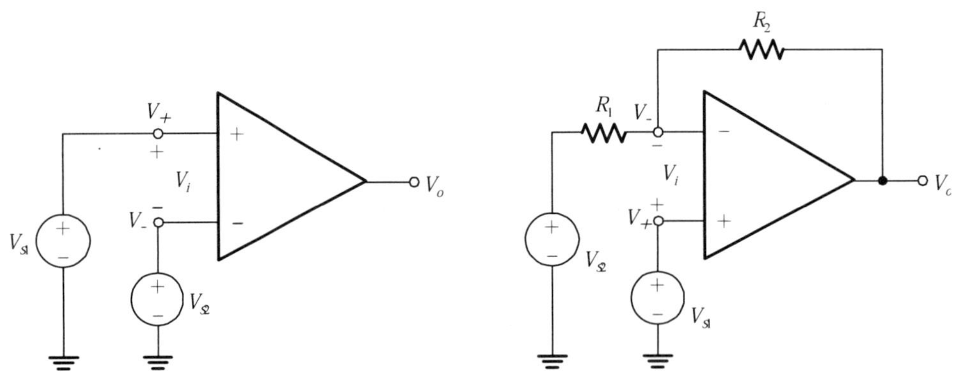

(a) 비교기(비선형 동작) (b) 증폭기(선형 동작)

그림 7.22

그림 (a)의 경우는 전원으로부터 공급되는 전류가 동시에 두 입력 단자에 흘러 들어간다.

그림 (b)의 경우는 입력단의 아닌 다른 경로를 통해서 전류가 인가되는 경우라면 해석하는 내용이 달라질 수 있다.

(5) **가상접지(Virtual short)**

연산 증폭기의 입력 저항이 주위의 저항 보다는 매우 크기 때문에 반전 입력 단자 및 비반전 입력 단자로 전류가 흘러들어가지 않게 된다. 즉, 두 입력 단은 마치 개방된 상태가 된다.

여기서 연산 증폭기가 선형적으로 동작하기 위해서는 출력 전압 V_0가 포화 되지 않아야 하며 그리고 개 루프 이득 A_V이 매우 크기 때문에 $A_V = \dfrac{V_0}{V_i}$ 관계에서 $V_i \fallingdotseq 0$으로 볼 수 있다.

이는 주위에서 보면 마치 두 입력 사이는 단락된 상태처럼 보이게 된다. 이와 같이 이상적인 연산 증폭기의 두 입력 단자는 개방과 단락을 특성을 동시에 보이므로 이를 가상 접지라고 한다. 여기서 가상접지는 물리적 구성을 표시하는 것이 아니라 전압증폭도를 구하는데 필요한 것이다.

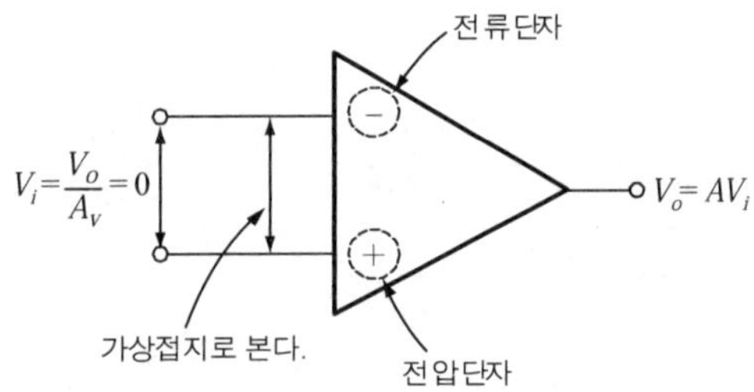

그림 7.23

이상적 연산증폭기는 입력전압 $V_i = 0$이어야 한다. 왜냐하면 전압증폭 $A \to \infty$이기 때문이다. 따라서 가상접지는 등 전위가 되어 전류가 흐르지 않는다.($I_i = 0$)

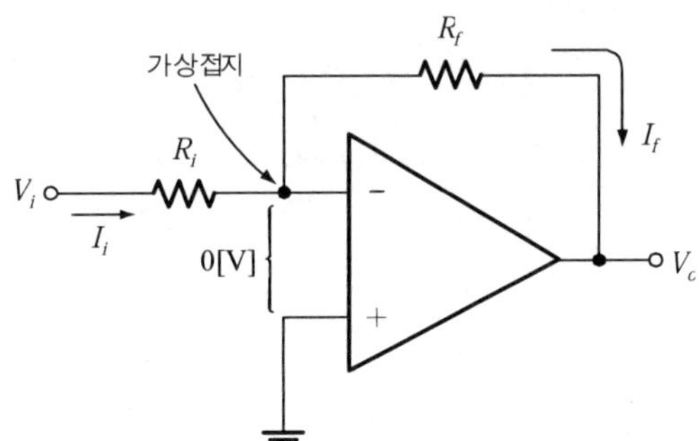

그림 7.24 가상 접지

여기서 $A \to \infty$가 되는 이유는

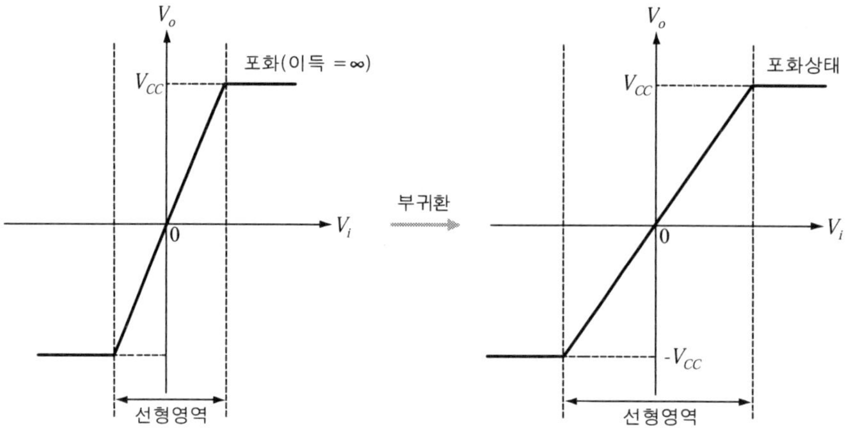

그림 7.25

따라서 차동 증폭기에 부 귀환을 거는 이유는 적당한 이득을 갖는 선형영역을 확보하는 것이라고 할 수 있다.

7.2.2 연산 증폭 회로의 형태

연산 증폭기는 기본적으로 반전 및 비 반전 증폭기로 구분되며, 다른 분류로 방법으로 귀환을 이용한 증폭기 계열(증폭기, 가산기, 감산기 등)과 비교기 계열(비교기, 슈미트 회로 등)로 구분한다.

(1) **반전 증폭 회로**(Inverting Amplifier)

주파수 안정성 때문에 비 반전 증폭 회로 보다는 반전증폭 회로를 널리 사용한다.

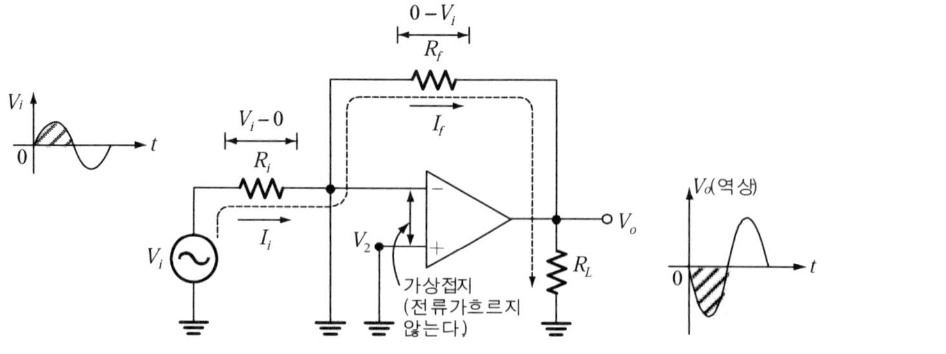

그림 7.26 반전 증폭 회로

반전 입력 단자로 흐르는 전류는 0이므로 R_i를 통하여 흐르는 전류와 귀환 저항 R_f를 통하여 흐르는 전류는 같다.

$$I_i = I_f$$

가상 접지(= 0V) 개념을 이용하여 I_i을 구하면

$$\frac{V_i - 0}{R_1} = \frac{0 - V_o}{R_f}$$

이며 여기서 반전 증폭기의 폐루프 전압 이득 $A_{cl} = V_{out}/V_{in}$을 구하면

$$A_v = \frac{V_o}{V_i} = -\frac{R_f}{R_i}$$

가 된다. 여기서 (−)의 의미는 입력과 출력의 위상이 180°(혹은 반전)인 것을 나타내는 것이다. 따라서 연산 증폭기 내부의 개 루프 전압 이득과는 완전 무관하므로 전압 이득은 보다 안정적이다.

한편 반전 증폭회로의 결과에서 알 수 있듯이 전압증폭률의 크기를 구하는 결과에서 저항 R_2와는 무관하다는 것이다.

그리고 이상적인 연산 증폭 회로에서 소스 저항과 귀환 저항이 $R_s = R_f$인 연산 증폭기의 회로에서 R_s에 흐르는 전류는 R_s양단이 가상 접지이므로 전류는 흐르지 않게 된다.

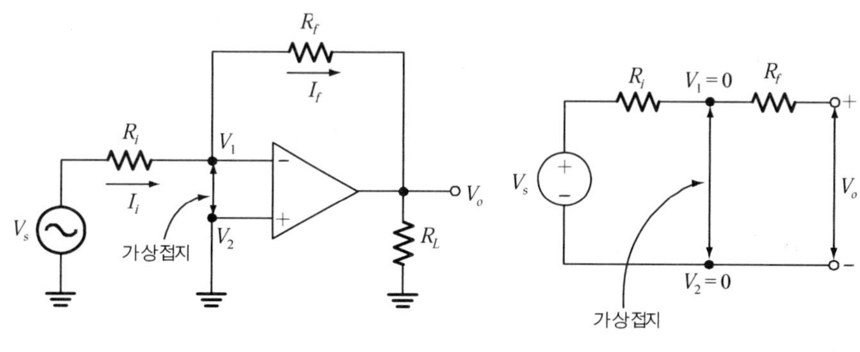

(a) 가상단락회로

(b) 가상단락회로에 대한 등가회로

그림 7.27

반전 증폭기의 입력 임피던스를 Z_{in}과 출력 임피던스 Z_{out}은

■ $Z_{in} \cong R_i$

■ $Z_{out} = 0$

이다.

(2) **비 반전 증폭 회로**(Non-inverting Amplifier)

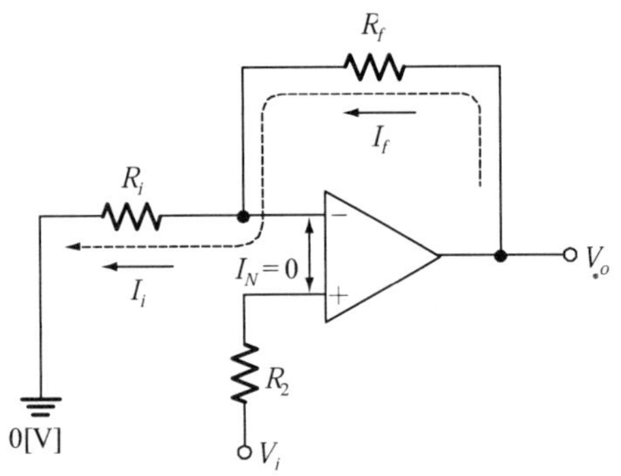

(a) 가상 단락 회로

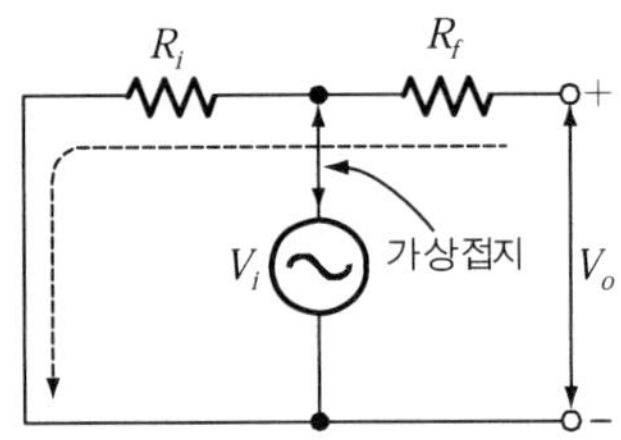

(b) 등가 회로

그림 7.28 비 반전 증폭 회로

$$I_i = I_f$$

$$\frac{V_i - 0}{R_i} = \frac{V_o - V_i}{R_f}$$

$$A_v = \frac{V_o}{V_i} = 1 + \frac{R_f}{R_i}$$

$$V_o = A_v V_i = (1 + \frac{R_f}{R_i}) V_i$$

따라서 입력을 (+)로 하는 경우에 입력과 출력은 동상이므로 이를 비 반전 증폭회로라고 한다.

비 반전 증폭기의 입력 임피던스를 Z_{in}과 출력 임피던스를 Z_{out}은

■ $Z_{in} = \infty$

■ $Z_{out} = 0$

이다.

예제 7.3

다음과 같이 전압 분배기 입력을 갖는 비 반전 증폭기에서 출력 전압의 크기를 결정하여라.

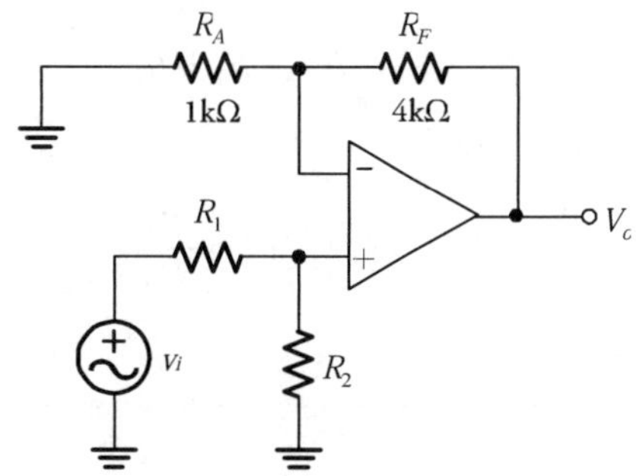

[풀이] 주어진 회로에서 V_+를 알 수 있다면

$$V_- = V_+$$

이며, 여기서 − 단자에 대해 노드 방정식을 적용하면

$$-\frac{V_+}{R_A} = \frac{V_+ - V_o}{R_F}$$

이며, 이를 이용하여 출력 전압의 크기를 구하면

$$V_o = (1 + \frac{R_F}{R_A})\, V_+$$

가 된다. 여기서 V_+의 크기를 구하면

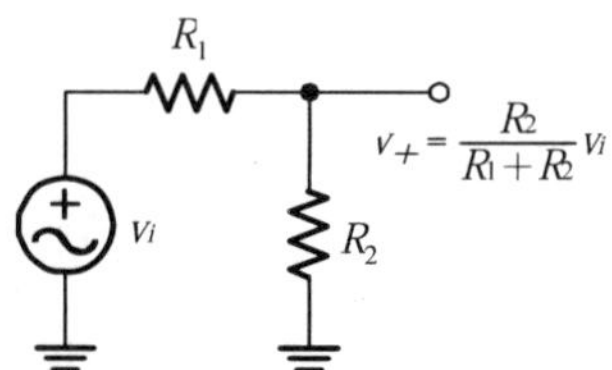

여기서

$$V_o = (1 + \frac{R_F}{R_A})(\frac{R_2}{R_1 + R_2})\, V_i$$

으로 구해진다. 한편 $R_1 // R_2 = R_A // R_F$ 인 관계가 성립된다면 출력 전압의 크기는

$$V_o = \frac{R_F}{R_A} V_i$$

가 된다. 주어진 회로에서 $R_1 // R_2 \neq R_A // R_F$ 이므로 만일에 $R_2 = 1[\mathrm{K\Omega}]$인 경우의 출력 전압의 크기를 구하면

$$V_o = (1 + \frac{R_F}{R_A})(\frac{R_2}{R_1 + R_2})\, V_i = (1 + \frac{4}{1})(\frac{1}{1+1})\, V_i = 2.5\, V_i$$

으로 다소 복잡하게 계산된다. 그러나 $R_2 = 4[\mathrm{K}\Omega]$라고 하면 $R_1 // R_2 = R_A // R_F$이므로 출력 전압의 크기는

$$V_o = (1 + \frac{R_F}{R_A})(\frac{R_2}{R_1 + R_2})\, V_i = (1 + \frac{4}{1})(\frac{4}{1+1})\, V_i = 4\, V_i$$

으로 계산된 결과나

$$V_o = \frac{R_F}{R_A}\, V_i = \frac{4}{1}\, V_i = 4\, V_i$$

의 결과나 동일하게 된다.

7.3 OP-Amp의 응용

7.3.1 선형 연산 증폭기

(1) 전압 폴로워(Voltage follower) 회로

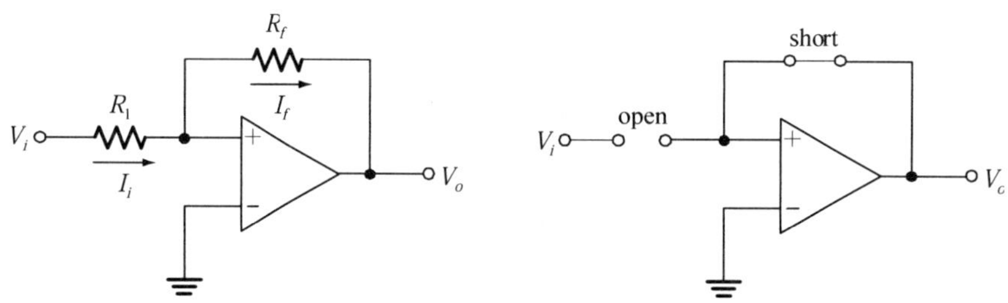

(a) 비 반전 증폭회로 (b)

그림 7.29 전압 폴로워 회로

주어진 회로에 대해서 입력과 출력에 대한 전압 증폭률을 구하면

$$A_V = \frac{V_o}{V_1} = \frac{R_1 + R_f}{R_1} = 1 + \frac{R_f}{R_1}$$

이며, 입력 저항과 귀환 저항의 관계에서 $R_1 \gg R_f$가 되면 마치 입력 저항은 개방(Open)

상태가, 귀환 저항을 단락(Short)가 되는 것으로 보면 전압 증폭도는

$$A_V \doteqdot 1$$

처럼 거의 1의 크기가 된다.

즉, 전압 폴로워 회로는 비 반전 연산 증폭기에서 귀환 저항을 0으로 한 경우이다. 전압 폴로워의 구성 중 가장 중요한 특성은 매우 높은 입력 임피던스와 매우 낮은 출력 임피던스를 갖는다.

전압 폴로워라는 명칭은 전압 증폭도가 1이므로 붙여진 것으로 여기서 전압 폴로워 회로에 인가되는 입력에 대한 응답을 고려하면 다음과 같다.

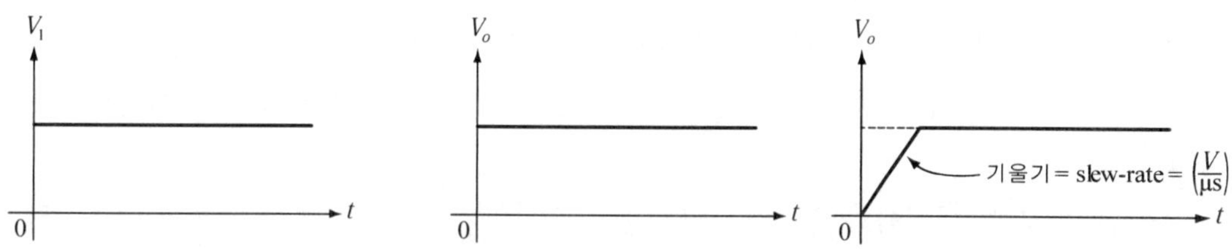

(a) 입력신호 (b) 이상적인 출력 (c) 실제 출력

그림 7.30 전압 폴로워에 대한 응답

여기서 슬루율(Slew rate)은 입력 전압 신호에 대해서 출력 전압이 어느 정도 빨리 응답하는가를 나타내는 것으로 연산 증폭기의 고주파 성능을 평가는 기준이 된다. 연산 증폭기를 선택하는 경우에 가능하면 응답 속도를 나타내는 슬루율(Slew rate)의 값이 큰 것을 선택하는 것이 바람직하다.

(2) 가산 회로(Adder, Summing Amplifier))

입력 측의 한 노드(Node)에 대해서 전류 방정식을 적용하면

$$I_1 + I_2 + I_3 = I_f$$

$$\frac{V_1}{R_1} + \frac{V_2}{R_2} + \frac{V_3}{R_3} = -\frac{V_o}{R_f}$$

이며, 이 관계식에서 출력 전압 V_o은

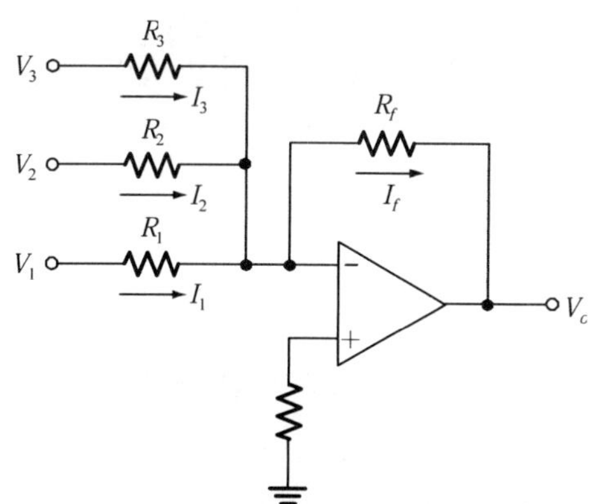

그림 7.31 저항을 이용한 가산 회로

$$V_o = -\left(\frac{R_f}{R_1}V_1 + \frac{R_f}{R_2}V_2 + \frac{R_f}{R_3}V_3\right)$$

이며, 여기서 $R_1 = R_2 = R_3 = R_f$ 이라면 출력 전압 V_o는

$$V_o = -(V_1 + V_2 + V_3)$$

가 된다. 이 결과는 입력 신호에 대한 합의 형태가 출력으로 나타나는 가산기 특성을 보이며, $R_1 = R_2 = R_3 = 2R_f$ 이라면 출력 전압 V_o는

$$V_o = -\frac{1}{3}(V_1 + V_2 + V_3)$$

으로 마치 출력의 크기는 입력 신호에 대한 평균기의 특성을 보이게 된다.

한편 저항 대신 입력 측에 콘덴서를 이용하는 경우에 대해서 회로를 해석하면 다음과 같다.

주어진 회로에 대해서 전류 방정식을 적용하면

$$I_1 + I_c = -I_f$$

이며, 여기에 각각의 전류에 대한 관계식으로 표현하면

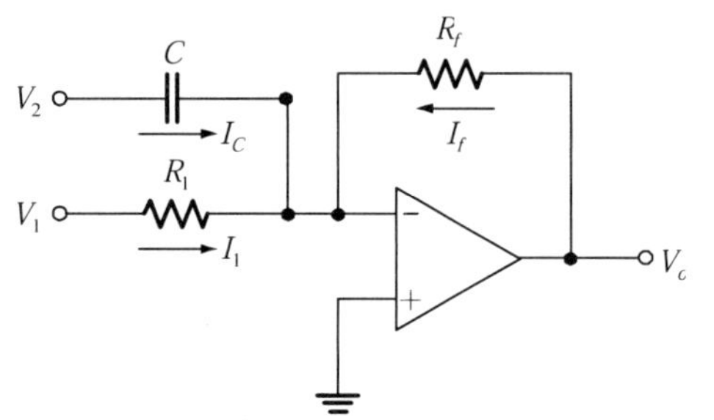

그림 7.32 콘덴서를 이용한 가산 회로

$$\frac{V_1}{R_1} + C \cdot \frac{dV_2}{dt} = -\frac{V_o}{R_f}$$

가 된다. 이를 이용하여 출력 전압 V_o관계식으로 나타내면

$$V_o = -\left(\frac{R_f}{R_1} \cdot V_1 + R_f C \cdot \frac{d}{dt}V_2\right)$$

가 된다. 출력의 크기가 두 입력의 합으로 나타나는 가산기의 역할을 하게 되는 것을 알 수 있다. 아날로그 컴퓨터는 아날로그 연산 소자를 이용해서 상미분 방정식을 푸는 것으로 주 구성 요소는 고성능 연산 증폭기, 승산기, 가산기, 적분기 등이다. 아날로그 컴퓨터에서 거의 미분기는 사용하지 않는다.

Book Cafe

■ 비 반전 가산기

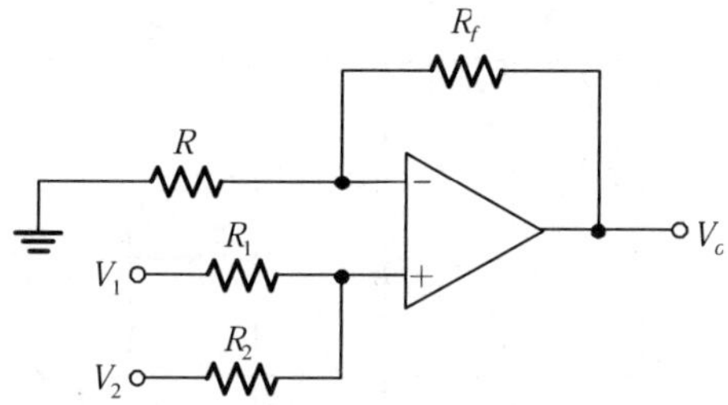

비 반전 가산기에서 출력 전압 V_o를 구하면

$$V_{out} = \left(1 + \frac{R_f}{R}\right) V^+ = \left(\frac{R + R_f}{R}\right) V^+$$

이며 여기서 V^+는 중첩의 정리를 사용하여 구할 수 있다.

$$V^+ = \frac{R_2 V_1}{R_1 + R_2} + \frac{R_1 V_2}{R_1 + R_2}$$

따라서 출력 전압의 크기는

$$V_o = \left(1 + \frac{R_f}{R}\right) V^+ = \left(1 + \frac{R_f}{R}\right)\left(\frac{R_2 V_1 + R_1 V_2}{R_1 + R_2}\right)$$

가 된다. 만일에 $R_1 = R_2$ 이라면 V_o은

$$V_o = \frac{1}{2}\left(1 + \frac{R_f}{R}\right)(V_1 + V_2)$$

으로 구해진다.

(3) 미분 회로(Differentiator)

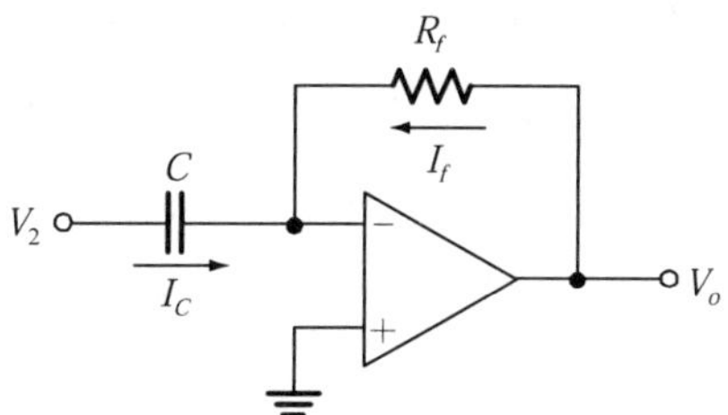

(a) 실제회로

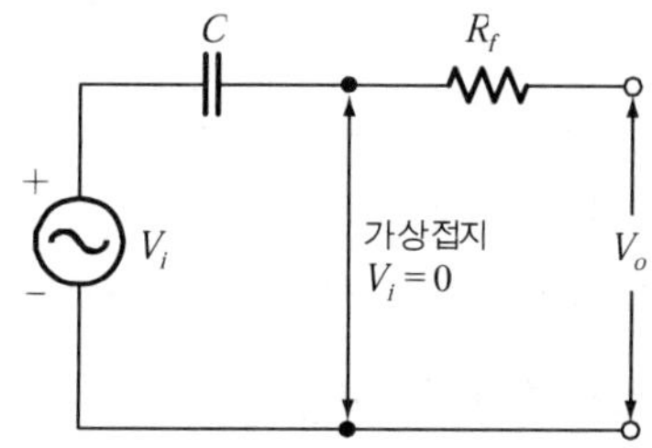

(b) 등가회로

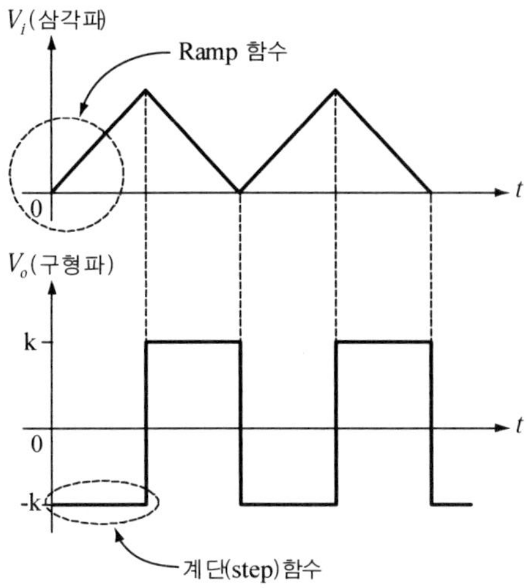

(c) 입출력 파형

그림 7.33 미분 회로의 등가 회로와 입출력 파형

주어진 회로에 대해서 전류 방정식을 적용하면

$$I_c = - I_f$$

이며, 각각의 전류에 대한 관계식으로 나타내면

$$c\frac{dV_i}{dt} = -\frac{V_o}{R_f}$$

이며, 이를 출력 전압 V_o으로 나타내면

$$V_o = -R_f C\frac{d}{dt}V_i$$

가 된다. 여기서 $-R_f C$는 scale상수이며. 출력은 입력 V_i에 대해서 미분 요소를 나타나므로 미분 회로하고 한다. 이와 같은 미분회로가 지니게 되는 문제점으로는 미분기는 고역 통과 여파기(HPF)이므로 고주파인 잡음 역시 통과시키게 된다. 그래서 잡음 때문에 아날로그 컴퓨터에서는 오동작 원인이 되어 사용하지 않는 것이다. 대신 다음에 설명하는 적분기를 사용하게 된다.

한편 미분 회로를 구성하는 회로에서 입력 측에 저항 R을 콘덴서 C와 직렬로 접속하는 경우에 대해서 전압 증폭률 A_V을 구하면

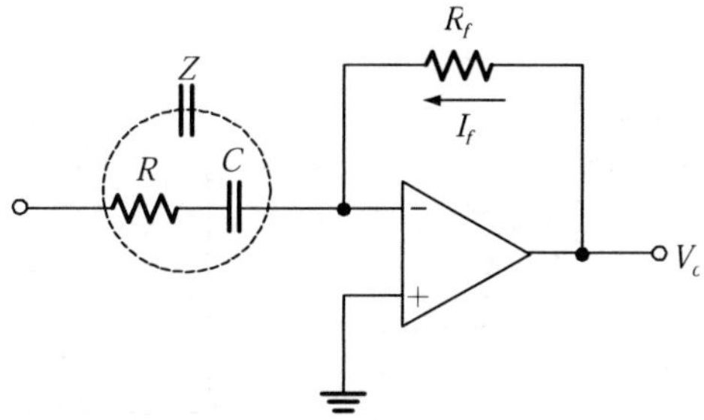

그림 7.34 미분 회로를 이용한 여파 회로

$$A_V = \frac{V_o}{V_i} = -\frac{R_f}{Z} = -\frac{R_f}{R + \frac{1}{j\omega CR}} = -\frac{\frac{R_f}{R}}{1 + \frac{1}{j\omega CR}}$$

$$= -\frac{\frac{R_f}{R}}{1 - j\frac{1}{2\pi f CR}} = -\frac{\frac{R_f}{R}}{1 - j\frac{2\pi RC}{f}}\Bigg|_{f_c = \frac{1}{2\pi RC}}$$

이며, 이는 마치 차단 주파수 $f_C = \frac{1}{2\pi RC}$로 하는 능동 여파기(active filter)특성을 가진 회로가 된다. 특히 여파기 중에서도 미분 회로의 변형 형태인 고역 차단 필터(HPF)가 된다.

그리고 시간 함수를 복소수 혹은 주파수 영역에서 나타내기 위해서 복소수 $S = \sigma + j\omega$ 관계에서 실수부 $\sigma = 0$이면 $S = j\omega$가 되는데 이를 이용해서 전압 증폭율의 크기를 나타내면

$$A_V = -\frac{R_f}{R} \cdot \frac{S}{S + \frac{1}{CR}}$$

가 된다. 그리고 사용하는 주파수에 동작 특성이 변하는데 예를 들면 $f < f_C$ 인 경우에는 미분기로 동작하며, $f > f_C$ 인 경우에는 전압 이득이 $A_v = -\frac{R_f}{R}$ 인 비 반전 증폭기로 동작하게 된다. 일반적으로 연산 증폭기를 사용하는 아날로그 컴퓨터에서는 고주파의 영향이 심한 미분기는 사용하지 않는다.

$$\text{미분기} < f_C = \frac{1}{2\pi RC} < \text{반전 OP-Amp}$$

(4) **적분 회로(Integrator)**

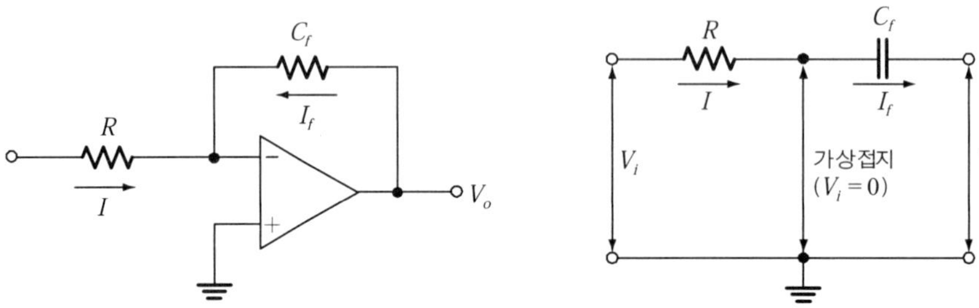

(a) 회 로 (b) 등가회로

그림 7.35 적분 회로와 등가 회로

적분회로에서 귀환으로 이용하던 귀환 저항 R_f를 귀환 콘덴서 C_f로 교체한 회로를 보이며, 이 회로를 해석하기 위해서 전류 방정식을 적용하면

$$I_c = -I_c$$

$$\frac{V_1}{R_1} = -C_f \frac{d}{dt} V_o$$

가 되며, 출력 전압의 크기로 나타내기 위해서 양변을 적분하면

$$\int d V_o = -\int \frac{V_1}{R_1 C_f} dt$$

가 된다. 이를 정리하여 출력 전압으로 나타내면

$$V_o = -\frac{1}{R_1 C_f} \int V_1 dt$$

가 된다. 출력 V_0는 입력 V_1에 대해서 적분 요소를 보이므로 이를 적분회로라고 한다.

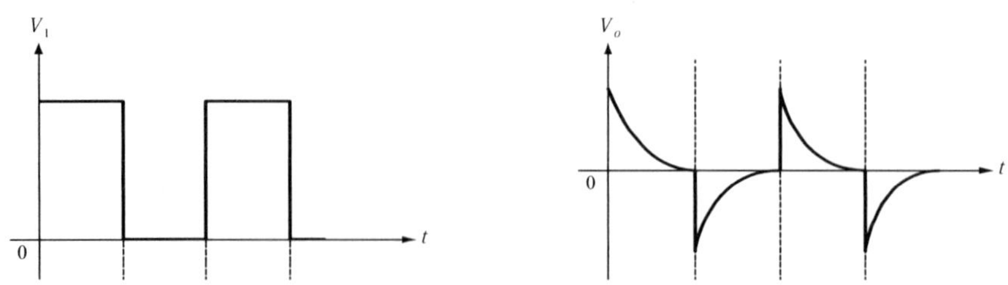

(a) 입력 신호 (b) 출력 신호

그림 7.36 적분 회로의 입출력 파형

즉, 적분 회로에 계단(step) 함수를 입력으로 하면 출력은 시간에 따라 증가하는 신호가 발생하게 된다.

여기서 적분 회로에서 나타나는 문제점을 고려하면

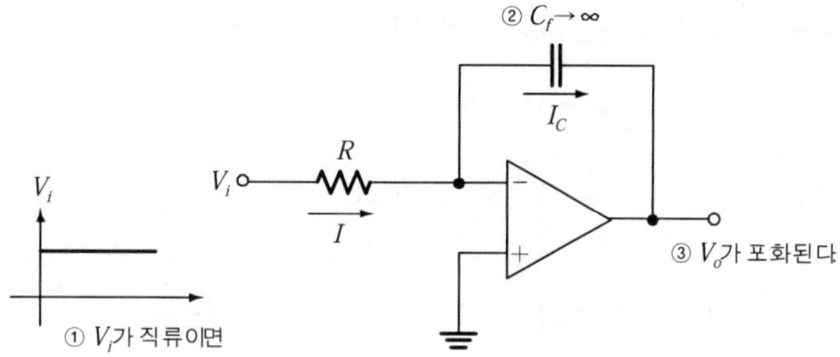

그림 7.37

주어진 회로에서 입력 v_i로 직류가 인가되면 귀환 콘덴서 $C_f = \infty$가 되어 출력 전압 V_0가 포화 상태가 되게 것이다.

그리고 적분회로의 구성하는 회로에서 병렬로 귀환 저항 R_f을 연결하는 경우

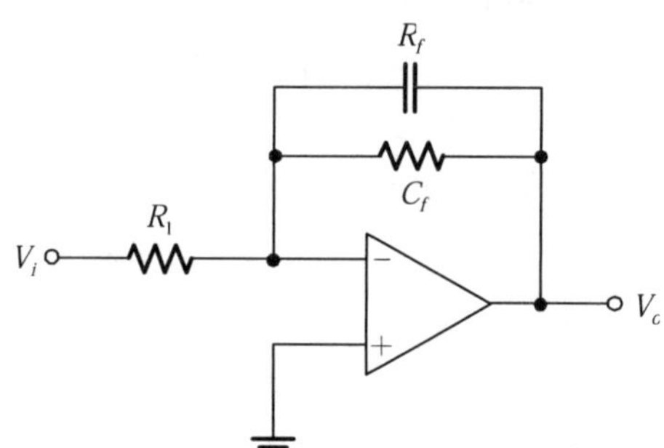

그림 7.38 적분기를 이용한 여파 회로

입력 전류는 $I = \dfrac{V_1}{R_1}$이므로 출력 전압 V_o는

$$V_o = \frac{R_f \cdot \dfrac{1}{j\omega C_f}}{R_f + \dfrac{1}{j\omega C_f}} \cdot \frac{V_1}{R_{1} = -\dfrac{R_f}{1 + j\omega R_f C_{f} \cdot \frac{V_1}{R_1}}}$$

이며, $\omega R_f C_f = 1$이 되는 주파수를 차단 주파수 f_c라고 하면

$$f_c = \frac{1}{2\pi R_f C_f}$$

가 되는 일종의 능동 필터(active filter)능력을 보이게 된다. 그리고 사용하는 주파수에 따라서 $f < f_C$인 경우에는 전압 이득이 $A_v = -\frac{R_f}{R}$인 비 반전 증폭기로 동작하며, $f > f_C$인 경우에는 적분 회로로 동작하게 된다.

$$\text{반전 OP-Amp} < f_C = \frac{1}{2\pi R_f C_f} < \text{적분기}$$

(5) 감산 회로(차동 증폭 회로)

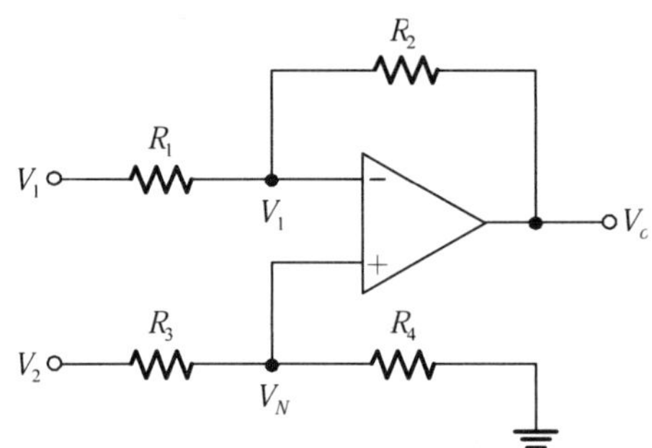

그림 7.39 감산 회로

주어진 회로에서 노드에 대한 전압 V_I는

$$\frac{V_1 - V_I}{R_1} = \frac{V_I - V_0}{R_2}$$

이며, 노드 V_N을 구하면

$$V_N = \frac{R_4}{R_3 + R_4 \cdot V_o}$$

가 된다. 여기서 $V_I = V_N$일 때 출력 전압 V_o를 구하면

$$V_o = \frac{R_4\,(R_1 + R_2)}{R_1\,(R_3 + R_4)} V_2 - \frac{R_2}{R_{1\,V_1}}$$

가 된다. 여기서 $R_1 = R_2$, $R_3 = R_4$라고 하면 출력 전압은

$$V_0 = -\frac{R_2}{R_1}(V_1 - V_2) = V_2 - V_1$$

으로 두 입력의 차가 나타나므로 이를 감산 회로 혹은 차동 증폭 회로라고 한다.

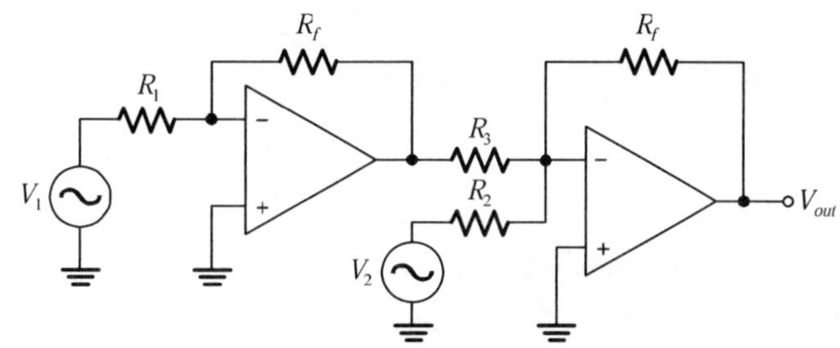

그림 7.40 2단 연산 증폭기를 이용한 감산기 (임교수 전자 회로 그림 9-9)

한편 2단 연산 증폭기를 이용한 감산기의 경우 첫째 단 반전 증폭기의 출력 V_p라고 하면

$$V_p = -\frac{R_f}{R_i} V_1$$

이며, 이를 이용하여 두 번째 단 가산기의 출력 전압 V_o을 구하면

$$\begin{aligned} V_{out} &= -\left(\frac{R_f}{R_3} V_p + \frac{R_f}{R_2} V_2\right) \\ &= -\left[\frac{R_f}{R_3}\left(-\frac{R_f}{R_1} V_1\right) + \frac{R_f}{R_2} V_2\right] \end{aligned}$$

가 된다. 만일 $R_1 = R_2 = R_3 = R_f$이라면 출력 전압 V_o은

$$V_{out} = -(-V_1 + V_2) = V_1 - V_2$$

처럼 구해진다.

Book Cafe

■ **감산기의 별해**

출력을 구하기 위해서 중첩의 원리를 적용하기로 한다.

▸ 먼저 V_1을 접지하면 비 반전 증폭기를 얻을 수 있다.

$$V_{01} = \frac{R_4}{R_3} V_2$$

▸ V_2을 접지하면 비 반전 증폭기를 얻을 수 있다.

$$V_{02} = -\frac{R_2}{R_1} V_1$$

여기서 선형적인 합을 이용하여 출력 전압 V_0을 구하면

$$V_0 = V_{01} + V_{02} = \frac{R_4}{R_3} V_2 - \frac{R_2}{R_1} V_1$$

이며 여기서 $R_1 = R_3$, $R_2 = R_4$라고 하면

$$V_0 = \frac{R_2}{R_1}(V_2 - V_1)$$

으로 구해진다.

7.3.2 비선형 연산 증폭기

연산 증폭기가 다이오드 정류기와 리미터 회로의 개선된 회로로 구성하여 사용할 수 있는가를 살펴보기로 한다.

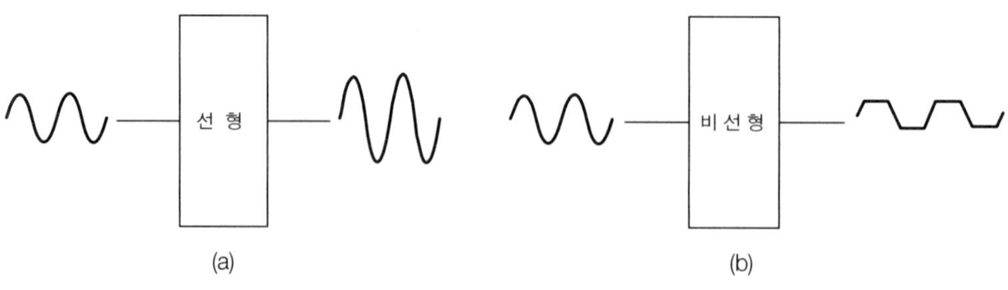

그림 7.41 선형 및 비선형 입출력 특성 비교

(1) **반파 정류 회로**

- 입력 V_i가 음(−)이면 다이오드 D_1은 도통(On), D_2는 차단(Off)로 되어, 회로는 반전 OP-Amp가 되므로 출력은 $V_o = -(R/R)\,V_i$가 되며,
- 만약 V_i가 양(+)이며 D_1은 Off, D_2는 On이 되어 D_2를 통한 귀환으로 입력에는 가상 접지가 존재하게 되어 $V_o = 0$이 된다. 따라서 V_i가 정현파이면 이 회로는 반파 정류를 하게 된다.

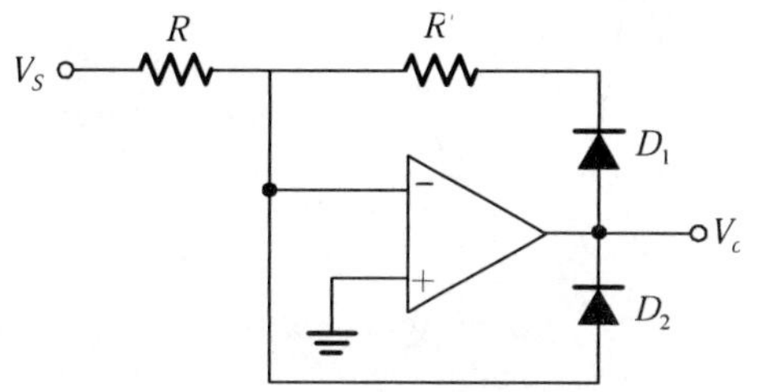

그림 7.42 반파 정류 회로

(2) **전파 정류 회로**

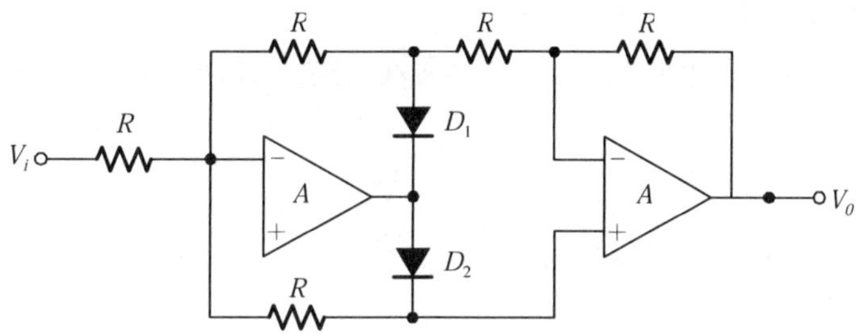

그림 7.43

입출력 특성을 고려하기 위하여 입력 신호의 (+) 주기인 경우 다이오드 D_1은 On 상태, D_2는 Off 상태이므로 출력 전압은

$$V_0 = \frac{R}{R} V_i > 0$$

이고, (−)의 경우는 다이오드 D_1은 Off 상태, D_2는 On 상태이므로 출력 전압은

$$V_0 = -\frac{R}{R} V_i < 01$$

가 된다.

(3) 반전 정류기

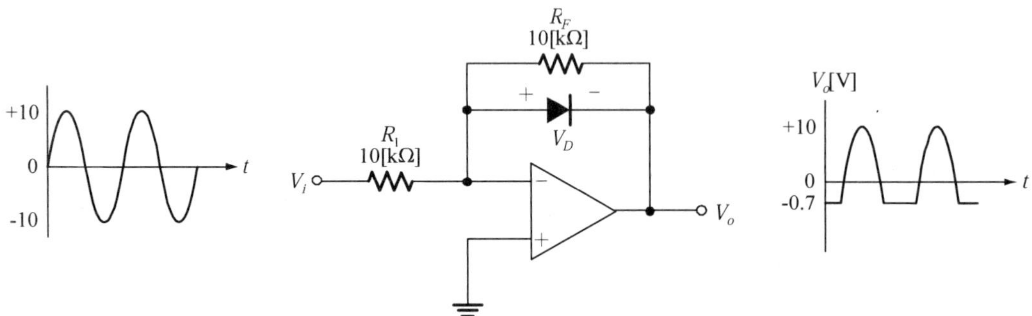

(a) 입력　　(b) 회로　　(c) 출력

그림 7.44 반전 정류기

주어진 회로에서 대해서 먼저

▪ 입력 신호 (+) 반주기에 대한 경우

다이오드가 ON 상태가 되면 귀화 루프가 닫혔을 경우 R_F 혹은 다이오드를 통하여

$$V_- = V_+$$

가 되며, (+)단자는 접지 되어 있으므로

$$V_- = V_+ = 0[\mathrm{V}]$$

이며, 다이오드가 ON 상태이므로 다이오드 문턱 전압 $0.7[\mathrm{V}]$가 동작하기 때문에 출력 전압 V_0는

$$V_0 = 0 - V_D = 0.7[\mathrm{V}]$$

가 된다.

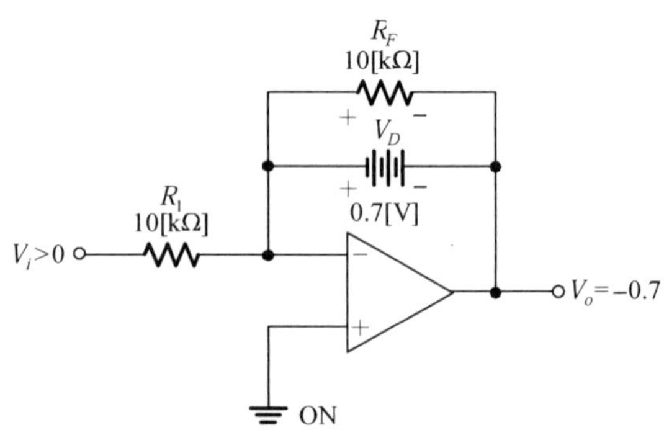

그림 7.45 입력 신호 (+) 반주기에 대한 경우($V_i > 0$)

■ 입력 신호 (−) 반주기에 대한 경우

입력으로 (−)가 인가되는 경우에는 다이오드가 Off가 되어 회로는 반전 증폭기와 같이 동작하게 되며 이 때의 출력 V_0는

$$V_0 = -\frac{R_F}{R_1}V_i = -\frac{10[\mathrm{K}\Omega]}{10[\mathrm{K}\Omega]}V_i = -V_i$$

가 된다. 이 때 입력이 (−)이므로 출력은 (+)가 된다.

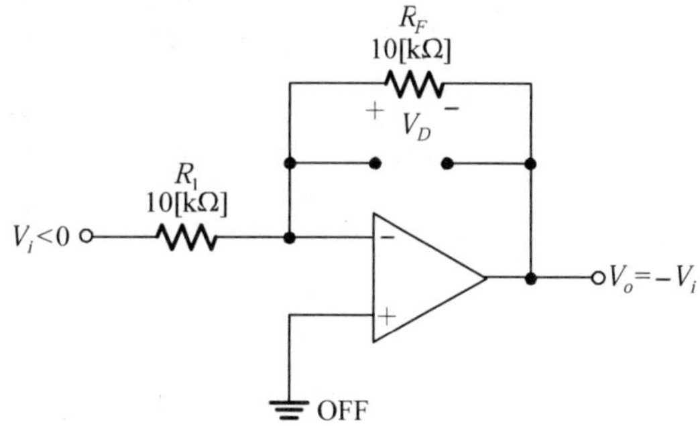

그림 7.46 입력 신호 (−) 반주기에 대한 경우($V_i < 0$)

Book Cafe

■ 다음과 같이 제어 다이오드를 이용하는 경우에 대한 출력을 고려하면

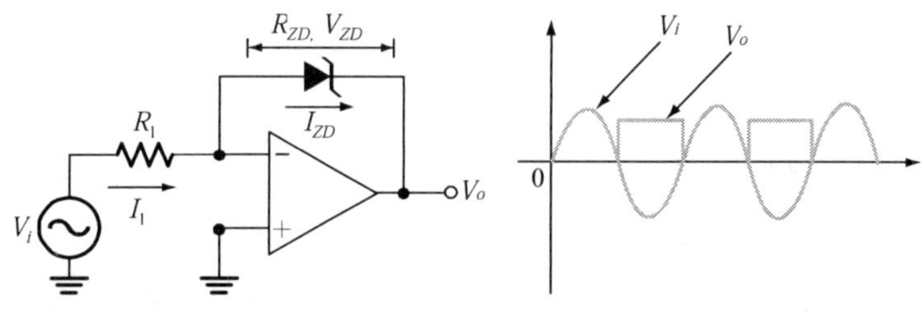

(+) 반주기 입력의 경우 ZD은 도통(On) 상태로 제너 전류 I_{ZD}가 흐른다. 이 때의 출력 전압은

$$V_o = -\frac{R_{ZD}}{R_1} \cdot V_i \fallingdotseq 0$$

가 된다. 여기서 출력이 0이 되는 이유는 순 바이어스일 때 제어 다이오드의 순방향 저항 $R_{ZD} \fallingdotseq 0$이기 때문이다.

(−) 반주기 입력의 경우 ZD는 차단(Off) 상태로 I_{ZD}가 흐르지 않는다. 그러나 출력으로 제너 다이오드가 지니는 전압 V_{ZD}가 그대로 출력으로 나타난다. 즉 출력은

$$V_o = V_{ZD}$$

가 된다.

(4) 리미터 회로

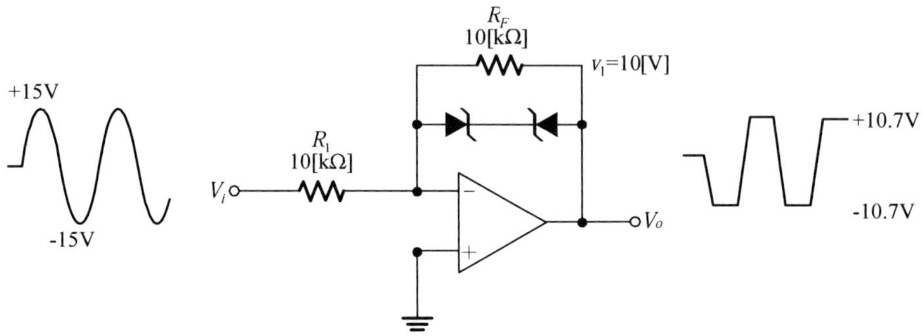

그림 7.47 제너 다이오드를 이용한 리미터 회로

주어진 회로를 해석하기 위해서 먼저 제너 다이오드는

- OFF 상태인 개방 회로
- ON 상태인 0.7[V]인 전지의 경우
- 제너 동작 즉, V_{ZD}에 해당하는 전지

와 같이 3가지 상태 중의 하나로 동작하게 된다는 것에 유의해 할 것이다.

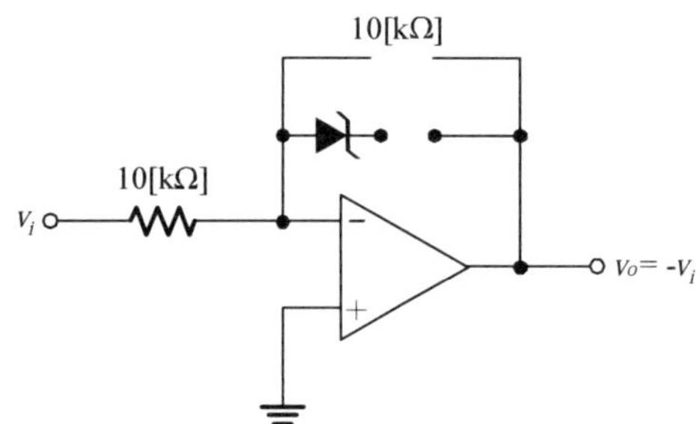

그림 7.48

먼저 입력 (+) 반주기의 경우를 고려하면 회로에서의 제너 다이오드 Z_1은 순방향 상태이며, Z_2는 역방향 상태가 된다.

입력이 0[V]에서 증가하게 되면 제너 다이오드 Z_2 양단에 걸리는 역 방향 전압을 항복시키는데 충분하지 못하게 된다. 따라서 역방향으로 바이어스 된 일반적인 다이오드처럼 동작을 하게 되며 Z_2는 개방되며 이때의 출력 V_0는

$$V_0 = -\frac{R_F}{R_1}V_i = -\frac{10[\text{K}\Omega]}{10[\text{K}\Omega]}V_i = -V_i$$

가 된다.

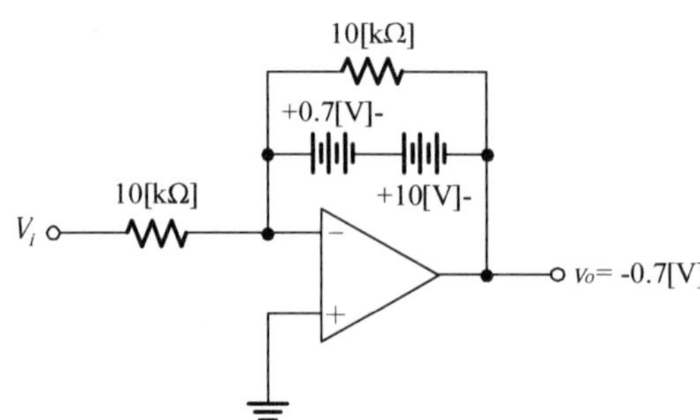

그림 7.49

한편 입력이 계속해서 증가하게 되면 제너 다이오드 Z_2의 역방향 바이어스는

항복 전압에 도달하게 되어 마치 다이오드는 전지와 같이 동작하게 된다.

제너 다이오드 Z_2의 전류 방향은 전원으로부터 시작되고 제너 다이오드 Z_1은 순방향 바이어스로 ON 상태가 된다. 따라서 귀환 경로는 마치 2개의 건전지가 직렬로 연결된 것처럼 나타낼 수 있으며 $V_- = 0[\mathrm{V}]$이므로 출력 전압 V_o의 크기는

$$V_o = V_- - 0.7[\mathrm{V}] - 10[\mathrm{V}] = -10.7[\mathrm{V}]$$

가 된다.

(5) 비교 회로(comparator)

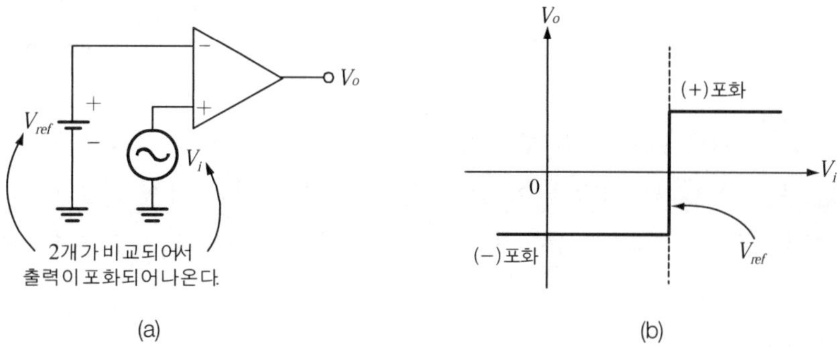

그림 7.50 비교 회로

2개의 전원 기준 전원인 V_{ref}와 V_i가 비교되어서 출력으로 포화되어 나온다. 즉, 회로에 부귀환을 걸지 않았기 때문에 출력 전압 V_0는 포화가 되어 나타난다.

한편 비교기를 구성하는 기준 전원을 다음의 회로에서 보이고 있는 것처럼 제어 다이오드 이용하거나 분압기 저항을 이용하는 경우에도 동일한 능력을 보이게 된다.

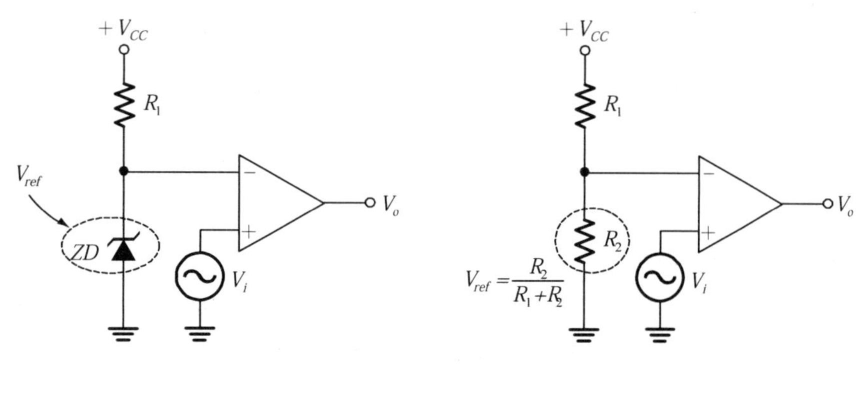

그림 7.51

(6) **영 교차(Zero crossing) 검출기**

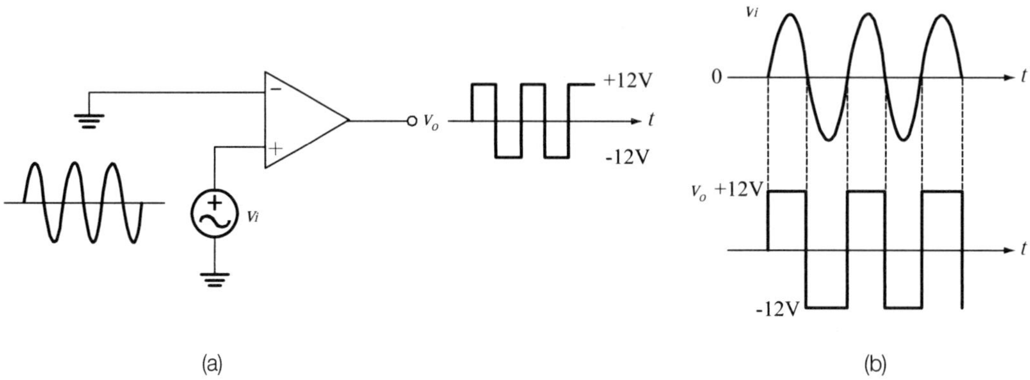

그림 7.52 영 교차 검출기

주어진 회로는 귀환 없이 연산 증폭기의 출력 전압의 포화에 의해서 동작하는 것을 보여주는 회로로 (−)단자는 접지 되어 있으며 (+)단자로 직접 입력 신호를 인가하고 있다. 여기서 귀환이 없다는 것은 (+)단자와 (−)단자 사이의 차동 전압은 0[V]에서 동작하지 않음을 나타내는 것이다.

따라서 귀환이 없기 때문에

$$V_+ \neq V_-$$

이며, 출력 전압 V_0은

$$V_0 = A(V_+ - V_-)$$

가 된다. 여기서 증폭 이득 A가 매우 크기 때문에

- $V_+ > V_-$ 인 경우의 출력 전압은 $V_0 \fallingdotseq +$공급 전원의 크기
- $V_+ < V_-$ 인 경우의 출력 전압은 $V_0 \fallingdotseq -$공급 전원의 크기

가 된다.

(7) **최대값 (Peak) 검출 회로**

(+) 반주기 동안 R_1을 통해 증폭기의 비 반전 입력이 입력되면 증폭기의 출력이 충분하여 다이오드를 동작시킨다. 이때 콘덴서를 충전시킨다.

콘덴서의 충전은 입력 전압과 동일해질 때까지 계속되면 연산 증폭기의 두 입력은 동일 전압이 된다. 비교기는 상태를 바꾸면서 출력이 낮은 레벨로 된다(다이오드가 역 바이어스 되면서 충전을 정지한다).

한편 전압 V_1이 최대가 되면 충전이 누설되는 기간 동안 유치한다.

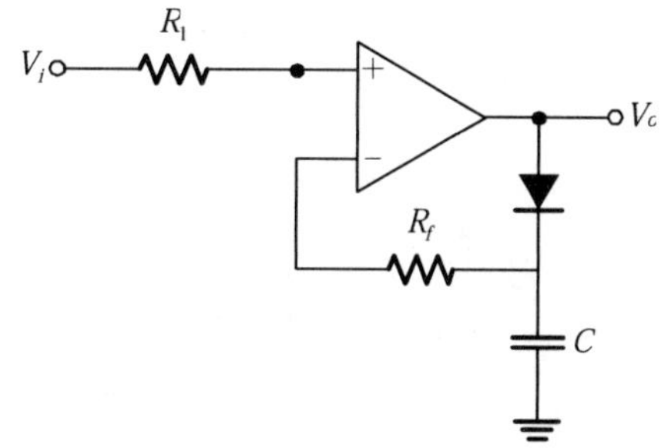

그림 7.53 피크 검출 회로

만일 큰 입력 전압이 인가되면 콘덴서는 새로운 최대값을 충전하게 된다. 따라서 이 회로는 Surge 전압의 최대값을 검출하여 저장하는데 이용될 수 있다. 입력 전압의 최대(Peak)값을 검출하여 콘덴서에 저장한다. 따라서 콘덴서의 출력으로 최대값을 갖는 것이 곧 최대값을 검출하는 효과를 주게 된다.

(8) 대수 증폭 회로

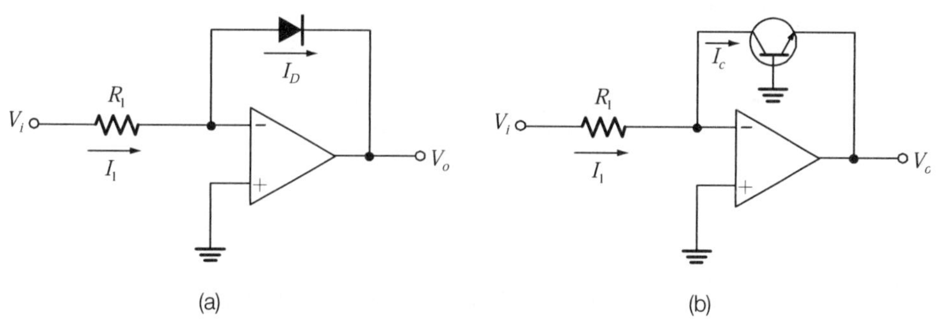

그림 7.54 대수 증폭 회로

귀환 소자를 저항, 콘덴서 대신에 다이오드 또는 트랜지스터를 이용한 경우로 전류 방정식을 적용하기 위해서 먼저 다이오드에 흐르는 전류 방정식을 고려하면

$$I_D = I_C = I_o(e^{\frac{qV}{KT}} - 1) = I_o(e^{\frac{V}{\eta V_r}} - 1)$$

이며, 이 관계식을 이용하여 그림 (a)에 대해서 전류 방정식을 적용하면

$$I_1 = I_D$$

$$\frac{V_1}{R_1} = I_o e^{\frac{qV}{KT}}$$

이며, 여기서 양변에 ln 함수를 취하면

$$\ln\left(\frac{V_1}{R_1}\right) = \ln I_o + \frac{qV_o}{KT}$$

이며, 이를 출력의 관계식으로 나타내면

$$V_o = \frac{KT}{q}\ln\left(\frac{1}{R_1 I_o}V_1\right)$$

가 된다. 출력 V_o가 입력 V_1에 대해서 ln 함수로 나타나므로 이를 대수 증폭 회로하고 하는 것이다.

같은 방법으로 그림 (b)에서 전류 방정식을 적용하여 같은 방법으로 정리하면

$$I_1 = I_C, \quad \frac{V_1}{R_1} = I_o e^{\frac{V}{\eta V_r}}$$

양변에 ln 함수를 취하면

$$\ln\left(\frac{V_1}{R_1}\right) = \ln I_o + \frac{V_o}{\eta V_r}$$

$$V_o = \eta V_r \ln\left(\frac{1}{R_1 I_o}V_1\right)$$

역시 출력 V_o가 입력 V_1에 대해서 ln 함수로 나타나므로 이를 대수 증폭 회로하고 하는 것이다.

(9) 클리핑(Clipping) 회로

제너 다이오드의 동작 상태는 순방향 전압과 제너 전압 이상 두 영역이 된다. 제너 다이오드는 항복 전압(제너 전압)을 가지므로 항복점 이상의 큰 신호는 항복 전압에서 클리핑 된다.

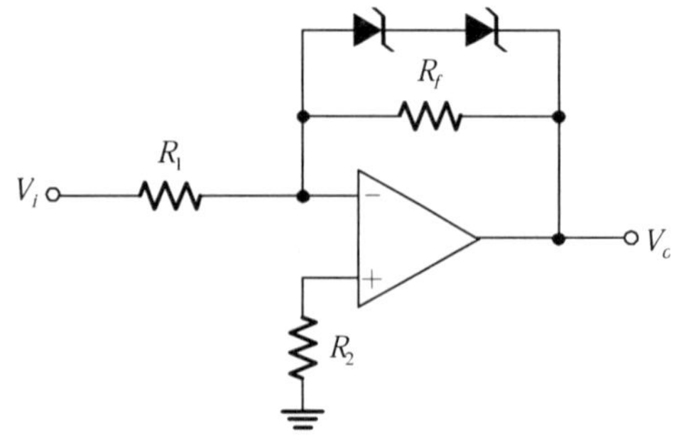

그림 7.55

(10) 클램프(Clamp) 회로

- 입력이 $V_i > V_R$일 경우에 V'는 (+)이므로 다이오드는 on 상태가 되어 출력은 $V_o = V_R$이 되며,
- $V_i < V_R$일 경우 V'는 (−)이므로 다이오드는 off 상태가 되어 $V_o = V_i$가 된다.

  따라서 $V_i > V_R$인 경우에는 출력 전압은 입력에 따르며, $V_i < V_R$일 때는 출력 전압은 기준 전압 V_R에 클램프 된다.

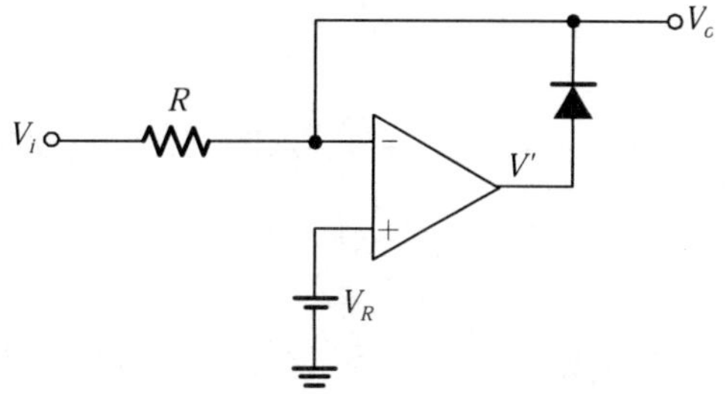

그림 7.56

Book Cafe

■ **중첩을 이용하는 회로**

회로망의 경우처럼 주어진 회로에 전원이 2개 이상인 회로에 대해서 중첩의 원리를 적용해야 하는데 여기서 회로에 대해 중첩을 적용하기 위해 먼저 전원 V_2를 접지(Short)시키면 반전 회로가 되며 이때의 출력을 V_{o1}이라고 하면

$$V_{o1} = -\frac{R_f}{R_1} V_1$$

가 된다. 그리고 V_1을 접지 시키면 비 반전 회로가 되므로 출력을 V_{o2}라고 하면

$$V_{o2} = \left(1 + \frac{R_f}{R_1}\right) V_2$$

가 된다. 따라서 중첩을 통한 출력 전압은 $V_o = V_{o1} + V_{o2}$이므로

$$V_o = V_{o1} + V_{o2} = -\frac{R_f}{R_1} V_1 + \left(1 + \frac{R_f}{R_1}\right) V_2$$

으로 나타난다.

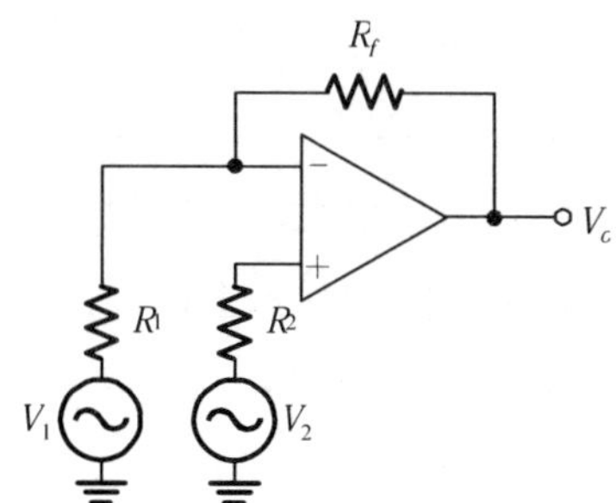

▶▶▶ 연습문제

01 차동 증폭기에 대한 특징에 대해서 설명하여라.

차동 증폭기는 연산 증폭기의 입력으로 이용되며, 차동 증폭기는 온도에 대해 안정하며, 전원 전압의 변동에도 안정하며, 직류 증폭이 가능하며, 직선성이 우수하다. 그리고 대표적인 직류 증폭기로 차동 증폭기, 초퍼 증폭기, 연산 증폭기 등을 들 수 있다.

- 직류에서부터 고주파까지 증폭이 가능하다.
- 차신호만 증폭되고 동상 신호는 억제하는 증폭기를 말한다.
- 동상 신호 제거 비(CMRR)의 값이 클수록 차동 증폭기는 우수한 특성을 갖는다.
- 차신호의 이득은 클수록 동상 신호 이득은 클수록 양호한 특성을 갖는다.

02 차동 증폭 회로에서 이미터 저항 R_e에 대한 역할에 대하여 설명하여라. (단, V_{EE}는 일정 전압이며, CMRR는 동상 제거 비를 나타낸다.)

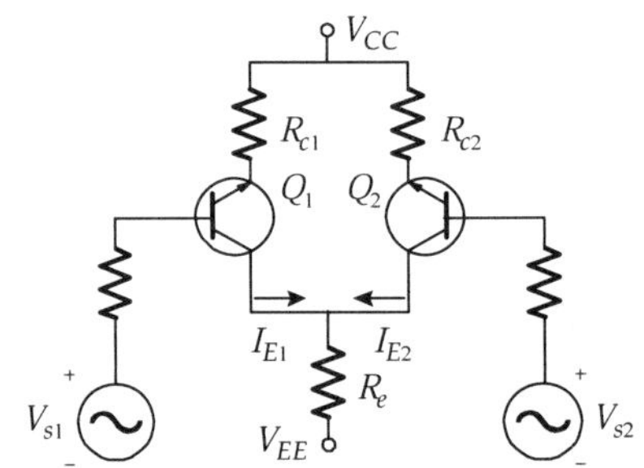

차동 증폭 회로는 2개의 같은 규격의 트랜지스터 Q_1과 Q_2를 병렬로 접속하여, 2개의 입력 단자에 가해진 2개의 신호의 차인 출력이 얻어지는 증폭기를 말한다. 이미터 저항 R_e를 증가시키면 출력이 거의 없으며, 출력이 없다는 것은 입력 전류 I_{B1}, I_{B2}가 거의 0에 가깝다는 것이다. 즉, 출력 전압이 거의 0이라면 동상 이득 A_C가 매우 작게 되므로 이로 인해 CMRR은 커진다. 차동 증폭 회로에서 이상적인 동상 신호 제거비의 값은 무한대 ∞ 일 때 이다.

여기서 동상 신호 제거 비 $\text{CMRR} = \dfrac{\text{차동 신호분에 대한 전압 이득}}{\text{동상 신호분에 대한 전압 이득}} = \dfrac{A_d}{A_c}$인 관계식에서 CMRR을 크게 하는 방법으로는 차동 이득 A_d는 크게 하고, 동상 이득 A_c은 적게 해서 얻은 이상적인 차동 증폭기의 CMRR은 ∞ 일수록 바람직하다.

차동 증폭기에서 A_C는 동상 이득, A_d는 영상 이득인 경우 동상 제거 비 관계식은 $\text{CMRR}=\dfrac{A_d}{A_c}$이며, 출력은 $V_o=A_dV_d+A_cV_c=A_dV_d\left(1+\dfrac{1}{\text{CMRR}}\dfrac{V_c}{V_d}\right)$가 된다. 여기서 괄호안의 두 번째 항은 차동 증폭 회로의 오차를 구하는 경우에 이용되는 관계식이다. 따라서 차동 증폭기의 동상 제거 비는 그 값이 클수록 차동 증폭기의 성능이 우수하며, 차동 증폭기의 동상 입력에 대한 오차를 알 수 있는 매개수가 된다.

한편 차동 증폭회로에 인가되는 입력 전압이 $V_{s1}=V_{s2}=1$일 때 차동 증폭기의 출력 전압은 V_o는

$$V_o=A_dV_d+A_cV_c$$

의 관계식에서 $V_{s1}=V_{s2}=1$이므로

$$V_c=\frac{1}{2}(V_1+V_2)=1,\ V_d=(V_1-V_2)=0$$

인 관계를 이용하면 출력은 $V_o=A_c$가 된다. 즉 출력은 동상 이득의 크기로 나타난다.

03 트랜지스터 직류 증폭기에서 드리프트(drift)가 발생하게 되는 원인에 대해서 설명하여라.

직류 증폭 회로에 입력 전압을 인가하지 않은 경우에도 미소한 정도의 출력 전압이 나타나는데 이것을 오프셋 전압이라고 한다. 이 전압은 다음의 원인에 의하여 느리게 변화하는데, 이것을 드리프트(Drift) 라고 하는데 이와 같이 드리프트가 발생하는 주요 원인으로는 V_{BE}의 온도 변화, h_{FE}의 온도 변화, I_{co}의 온도 변화, 전원 전압의 변동, 회로 소자의 정수 변화 그리고 잡음, 과도현상으로 인한 불평형 등을 들 수 있다.

- 순방향 전류 증폭도 h_{FE}가 온도에 따라 변화는 경우
- 컬렉터 전류 I_{co}가 온도에 따라 변화하는 경우
- 베이스-이미터 사이의 전압 V_{BE}가 온도에 따라 변화하는 경우

04 다음 부귀환(negative feedback) 증폭 회로에 대한 특징에 대하여 설명하여라.

증폭기에 부 귀환을 인가하는 경우에 얻게 되는 효과로 증폭도가 감소 $\left(A_f=\dfrac{A}{1+A\beta}\right)$하며, 왜곡이 줄어들고, 증폭도가 안정되며, 잡음이 줄어들고 대역폭이 증가한다.

- 이득이 감소하고 주파수 특성이 평탄하게 된다.
- 비 직선 일그러짐이 감소되거나 내부 잡음 일부가 경감된다.
- 입, 출력 임피던스를 변화시킬 수 있다.
- 대역폭이 증가하게 된다.
- 부귀환 증폭 회로에서 거의 변화되지 않는 것은 이득-대역폭 적이다.

05 부귀환 증폭기에서 무 귀환 시의 전압 이득이 60[dB]이고 귀환률을 $\beta = 0.01$으로 하는 경우 이 증폭기에 귀환이 있을 경우의 전압 이득을 계산하여라.

귀환 시의 이득의 크기는 $A_f = \dfrac{A}{1+A\beta} = \dfrac{1000}{1+1000\times 0.01} \fallingdotseq 100$이며, 이를 [dB]로 환산하면 전압이득 $= 20\log 100 = 40\,[\mathrm{dB}]$가 된다.

06 다음과 같은 귀환회로에서 귀환 비 β의 크기를 구하여라.

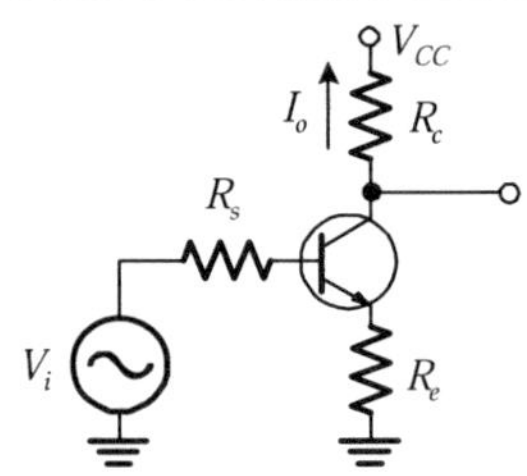

주어진 문제의 회로는 직렬 전류 귀환 증폭 회로이다. 직렬 전류 부귀환 회로에서 나타나는 특성으로는 입력 및 출력 임피던스 그리고 대역폭은 증가하면 비 직선 왜곡은 감소하게 된다. 그리고 직렬 전압 부귀환 증폭기의 경우는 입력 임피던스는 증가, 출력 임피던스는 감소한다. 입력 임피던스는 증가, 출력 임피던스는 감소하며, 안정도를 개선되고, 위상 일그러짐이 감소하며, 잡음이 감소한다. 귀환율의 크기는

$$\beta = \frac{V_f}{I_o} = -\frac{I_o R_e}{I_o} = -R_e$$

으로 저항의 크기로 나타나게 된다.

07 귀환 회로에서 출력 전압이 $30\,[\mathrm{V}]$인 증폭기에 대해서 약 $1-j\sqrt{3}\,[\mathrm{V}]$정도의 전압을 귀환시키는 경우 귀환률 β의 크기를 계산하여라.

귀환 증폭기에 대한 귀한율의 크기는 $\beta = \dfrac{V_f}{V_o} = \dfrac{1-j\sqrt{3}\angle -60°}{30\angle 0°} = \dfrac{1}{15}\angle -60°$으로 계산된다.

08 연산 증폭기의 형태는 반전 및 비 반전 증폭기(Non-inverting OP-Amp)등으로 구분하는 경우 비 반전에 대한 특징에 대해서 간단히 기술하여라.

비 반전 증폭기는 두 개의 입력 단자에 전류는 흐르지 않고 전위차는 각각 같다. 이상적인 연산 증폭기라고 하면 입력 임피던스가 무한대가 되어야 하므로 이때 입력 전류는 흐르지 않게 되며, 전위차가 똑같다는 것은 연산 증폭기의 두 입력의 차가 0임을 의미하는 것이다. 즉 비 반전 연산 증

폭기의 특징은 두 개의 입력 단자의 입력 전압 $V_i=0$이며, 폐회로 전압 이득(closed loop gain)은 1보다 크며, 두 개의 입력 단자에 흐르는 전류 $I_i=0$이며, 반전 연산 증폭기와 증폭도가 다르다.

09 연산 증폭 회로를 설계과정에서 고려해야 할 사항에 대해서 설명하여라.

연산 증폭 회로를 설계과정에서 고려해야 할 사항으로는 입력 바이어스 전류 $I_B=0$(이상적인 경우) $A_v \to \infty$, $R_i \to \infty$, $R_o \to 0$ 이어야 한다.
여기서 이상적인 연산 증폭기의 전압 이득 $A_V=\infty$일 때의 회로 조건으로는 개방 회로에 대한 전압 이득을 말하는 것으로 이상적 OP-Amp는 입력 저항 $R_i=\infty$으로 매우 크며, 출력 저항은 $R_o=0$으로 매우 작으며, 개 루프 이득은 $A_v=\infty$으로 크며, 대역폭은 $B=\infty$으로 넓다.

10 연산 증폭기(operational Amp)의 응용에 대해서 간단히 설명하여라.

연산 증폭기는 가산기(adder), 변환기(converter), 적분기(integrator) 등에 응용되며 연산 증폭기를 이용한 아날로그 컴퓨터(analog computer)의 구성 요소 중 미분기(differentiator)는 부적당하다.
여기서 미분기는 사용하지 않는데 왜냐하면 적분기의 경우 이득은 주파수가 높아지면 감소하지만, 미분기는 증가하기 때문이다.

11 다음의 연산 회로에서 입력 저항이 $R=\infty$이고, 귀환 저항 $R'=0$인 경우 회로에 대한 동작을 설명하여라.

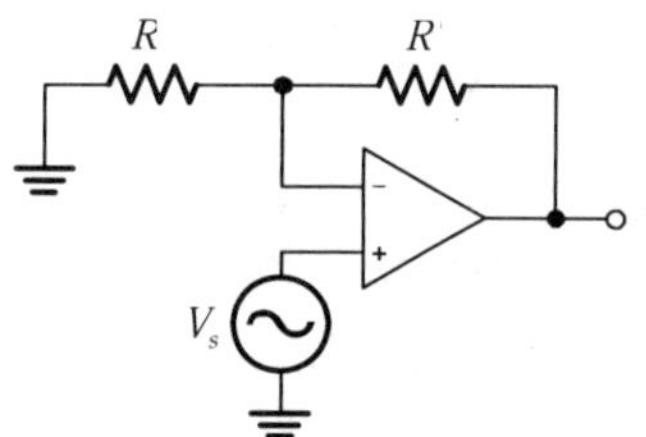

비반전 증폭회로이다. 증폭율의 크기는

$$A_v = 1 + \frac{R'}{R}$$

이며, 여기에 $R=\infty$, $R'=0$을 적용하면 증폭은 $A_v \fallingdotseq 1$으로 이를 전압 폴로워(voltage follower)라고 한다.
비반전 증폭 회로에서 응답을 설명하는 것으로 슬루 레이트(slew rate)를 이용하는데 여기서 슬루 레이트의 단위로 $\left[\frac{\text{V}}{\mu\text{S}}\right]$을 이용하는데 슬루 레이트의 의미는 시간 변화에 따른 폐 루프 증폭기의 출력 전압 변화를 나타내는 것으로 대 신호에 대한 연산 증폭기의 응답 속도를 결정하는 기준이 된다. 따라서 비 반전 연산 증폭기에서 $A_{vf}=1$인 전압 폴로워가 되기 위한 조건은 $R_1=\infty$(open circuit), $R_2=0$(short circuit)로 한다.

12 다음은 이상적인 연산 증폭 회로이다. 전압 증폭도 A_{vf}를 계산하여라. (단, 입력 저항 $Z_1=20[\text{k}\Omega]$, 귀환 저항 $Z_2=100[\text{k}\Omega]$이다.)

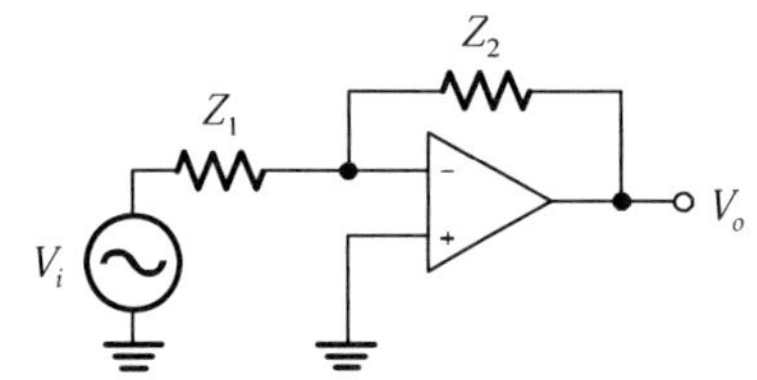

반전 증폭 회로이다. 증폭이득을 구하는 관계식을 이용하면

$$A_{vf}=-\frac{R_f}{R_1}=-\frac{Z_2}{Z_1}=-\frac{100}{20}=-5$$

가 된다.

13 다음의 연산 증폭 회로에 대한 출력 전압 V_o에 대한 관계식을 나타내어라.

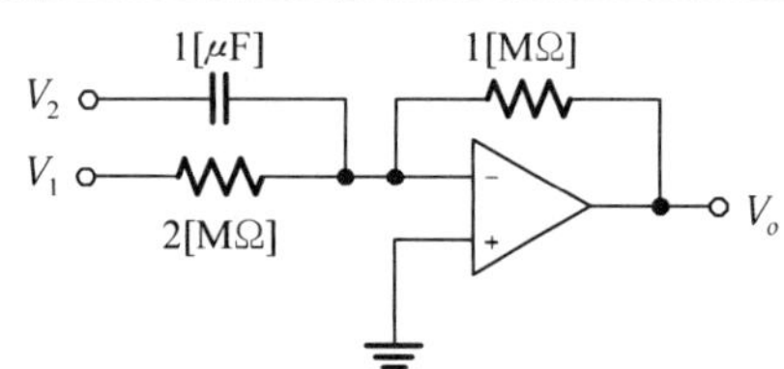

연산 증폭 회로는 2개의 입력의 합을 출력으로 나타내는 가산 회로로 출력은

$$V_o=-\left(\frac{R_f}{R_1}\cdot V_1+R_f C\cdot\frac{d}{dt}V_2\right)$$

이며, 여기에 $R_1=2[\text{M}\Omega]$, $C_1=1\mu\text{F}$을 적용하면

$$V_o=-\left(\frac{1}{2}V_1+\frac{dV_2}{dt}\right)$$

가 된다.

14 연산 증폭회로에서 입력 오프셋(offset) 전압에 대해서 설명하여라.

연산 증폭회로에서 입력 오프셋(offset) 전압은 연산 증폭 회로가 평형이 되도록 하기 위해서 입력 단자 사이에 공급하는 전압을 말한다. 그리고 출력 오프셋 전압은 두 입력 단자가 접지되는 경우 출력 단자에 나타나는 직류 전압을 말한다.
그리고 입력 offset 전압은 증폭기의 평형을 위해 입력단자 사이에 공급되는 전압을 말한다. 따라서 연산 증폭기에서 출력 오프셋 전압을 측정하기 위한 조건은 입력 단자 접지한 상태에서 측정한다.

15 다음은 연산 증폭 회로를 이용한 R_C결합 연산 증폭기의 회로에서 차단 주파수의 형태로 나타내어라.

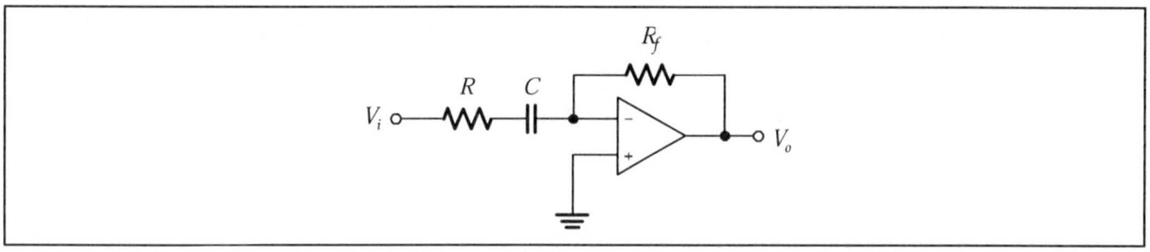

반전 연산 증폭기를 이용한 회로로 가상 접지 등가 회로를 고려하면

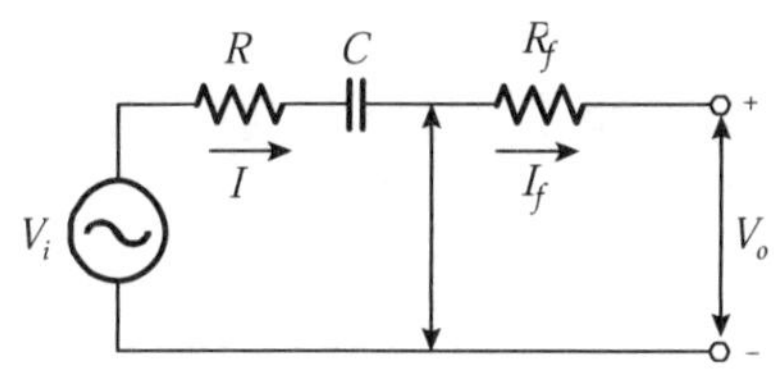

이며, 등가 회로에서의 출력 전압은

$$V_o = -IR_f = -\frac{V_i}{R + \frac{1}{SC}} \cdot R_f$$

이다. 이를 이득의 관계식으로 나타내면

$$A_V = \frac{V_o}{V_i} = -\frac{R_f}{R} \cdot \frac{S}{S + \frac{1}{RC}}$$

가 된다. 여기서 $\omega = \frac{1}{RC}$ 라고 하면 이를 통하여 차단 주파수를 고려하면

$$f = \frac{1}{2\pi RC}$$

이며 차단 주파수는 입력 측의 저항과 콘덴서의 크기에 의해서 결정된다. 다음의 연산 증폭기를 이

용한 직류 결합 증폭기의 회로에서의 고역 3[dB]주파수를 고려하면 다음과 같이 표현된다.

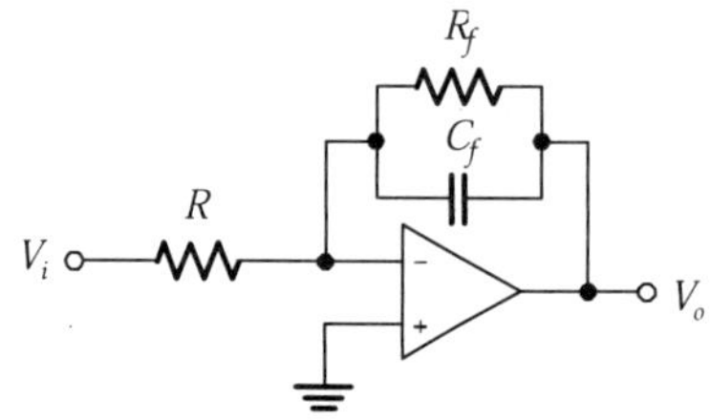

적분 회로를 이용한 회로에서 입력 전류를 구하면 $I=\frac{V_i}{R}$이며, 출력 전압은

$$V_o=\frac{R_f \cdot \frac{1}{j\omega C_f}}{R_f+\frac{1}{j\omega C_f}} \cdot \frac{V_i}{R}=\frac{R_f}{1+j\omega R_f C_f} \cdot \frac{V_i}{R}$$

가 된다. 여기서 $\omega R_f C_f=1$이 되는 차단 주파수를 f_c라고 하면

$$f_c=\frac{1}{2\pi R_f C_f}$$

으로 나타낼 수 있다. 즉, 차단 주파수를 귀환 저항과 콘덴서의 크기를 이용하여 결정하게 된다.

16 다음의 연산 증폭기에 대한 출력 전압 V_o를 구하여라. (단, $R_1=1[\mathrm{k}\Omega]$, $R_2=2[\mathrm{k}\Omega]$, $R_3=4[\mathrm{k}\Omega]$이다)

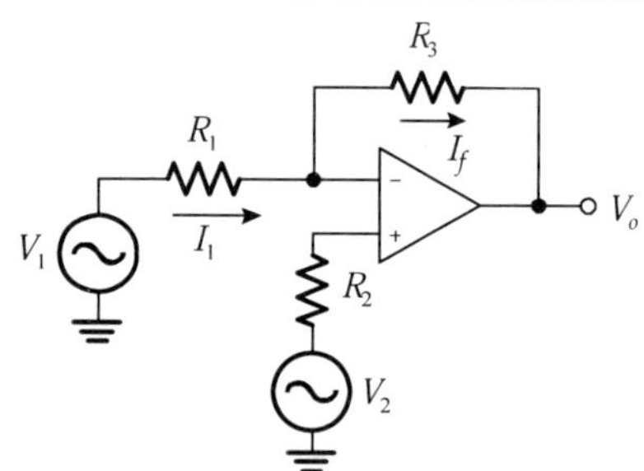

출력 전압을 구하기 위하여 회로망 해석에 이용되는 중첩의 원리를 적용하도록 한다. 여기서 중첩을 적용하기 위하여 먼저

- ① V_2 =단락(short)한 상태에서 출력은 $V_{o1}=-\frac{R_3}{R_1}V_1=-4V_1$이며,
- ② V_1 =단락(short)한 상태에서 출력은 $V_{o2}=\left(1+\frac{R_3}{R_1}\right)V_2=5V_2$이다.

따라서 중첩을 통한 출력은 ①과 ②의 출력을 합한 결과이므로

$$V_o = V_{o1} + V_{o2} = -4V_1 + 5V_2$$

가 된다.

17 다음과 같은 회로에서 전압 이득의 크기를 계산하여라. (단 사용되는 저항의 크기는 $R_1 = R_2 = R_3 = 30[\mathrm{K\Omega}]$, $\mathrm{R}_4 = 2[\mathrm{K\Omega}]$이다.)

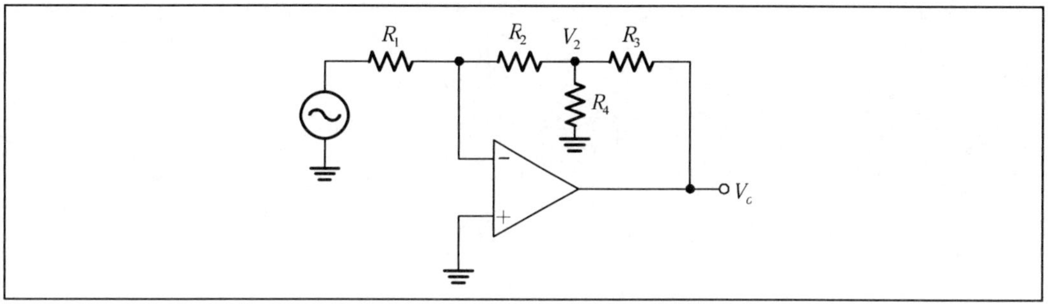

저항 R_1, R_2, R_3, R_4에 흐르는 전류를 각각 I_1, I_2, I_3, I_4라고 하면 $I_1 = \frac{V_s}{R_1} = I_2$, $V_1 = R_2(-I_2)$, $I_1 = \frac{V_s}{R_1} = I_2$, $V_1 = R_2(-I_2)$, $I_4 = \frac{V_1}{R_4}$이므로 이를 이용해서 $I_3 = I_2 - I_4 = \frac{V_s}{R_1} - \frac{V_1}{R_4} = \frac{1}{R_1}(1 + \frac{R_3}{R_4})$가 되며 여기서 연산 증폭기의 출력 전압 V_0을 구하면

$$V_0 = V_1 + (-I_3)R_3 = [-\frac{R_2}{R_1} - \frac{R_3}{R_1}(1 + \frac{R_2}{R_4})]\,V_s$$

가 된다. 여기서 전압 이득 $A_V = \frac{V_0}{V_s} = [-1 - 1 \times (1 + \frac{30K}{2K})] = -17$가 된다.

제8장 동조형 증폭 회로

8.1 동조형 증폭 회로의 형태

8.1.1 동조형 증폭기

(1) 동조형 증폭 회로의 개념

■ 동조 회로의 정의

동조 회로 혹은 공진 회로라고도 불리는데 이는 서로 다른 에너지 사이를 가역적인 변화에 의해서 일어나는 자유 진동 주파수와 외부의 주파수가 거의 동일한 경우에 발생하는 공진 현상을 전기적으로 일으키는 회로라고 정의할 수 있다.

■ 동조(Tunning)의 개념

공진 회로를 구성하는 소자로 코일 L 또는 콘덴서 C를 조정하여 그 공진 주파수를 입력신호의 중심 주파수에 맞추는 것을 의미하며, 동조 회로는 공진 현상을 이용하여 공진 주파수와 동일한 주파수의 신호를 선택하는데 사용한다.

여기서 공진 회로의 개념은 어떤 특정한 주파수 대역만을 증폭하는 경우에는 동조 증폭기를 사용하는데 부하로서 공진 회로가 사용된다. 특히 공진 회로를 설계할 때 가장 중요하게 고려해야 할 것은 선택도이다.

안테나 수신부의 송신기에서 발생된 무선 신호는 전자파의 형태로 공간상을 진행(전파)하게 된다. 이 전자파가 수신 안테나에 도달하면 안테나에 작은 크기의 유도 전압이 발생한다. 이 때 안테나는 어떤 주파수를 가진 전자파도 수신할 수 있으므로 수신 회로는 아주 넓은 주파수 범위 중에서 원하는 특정 주파수 대역의 신호만을 선택할 수 있어야 한다.

■ 동조 회로(Tunning circuit)

코일과 콘덴서로 구성된 회로로서 공진 현상을 이용하여 공진 주파수와 같은 주파수의 신호를 선택하는데 사용된다. 즉, 회로의 주파수와 신호의 주파수를 맞추는 것이다.

이 때 증폭기의 부하로 동조 회로(공진 회로)를 접속한 트랜지스터의 경우는 동조형 증폭기로 동작하며, 동조형 증폭기의 부하(LC, RC 공진회로)에서 얻을 수 있는 주파수, 위상, 양호도, 대역폭 등에 대한 결과를 얻을 수 있는 회로이다.

■ 동조형 증폭기

동조형은 내가 원하는 주파수를 최대 증폭이 되도록 맞추어주는 회로를 말하는 것으로 관심의 대상은 광대역을 얻는데 있다. 즉, 이득의 변화가 없으면서 넓은 대역을 증폭하는데 적합한 증폭기를 구성하는데 있다고 할 수 있다. 이와 같은 동조형 증폭 회로의 형태는 협대역 동조형 증폭 회로와 광대역 증폭 회로 등으로 구분되며, 좁은 대역만 증폭하게 되면 그 밖의 대역의 모든 입력신호를 제거하게 되는 특성을 가진다. 주파수 선택성을 가진 증폭기는 LC공진회로를 이용하기 때문에 동조증폭기라고 하는 것이다.

(2) 공진 회로(Resonance circuit)

공진 회로는 임의의 특정한 주파수 대역만을 증폭할 목적으로 동조 증폭기를 사용하는데 이 때 부하로 이용되는 회로가 공진 회로를 사용하게 된다. 다음의 회로는 LC 공진 회로를 부하로 사용한 동조 증폭 회로를 나타내는 것이다.

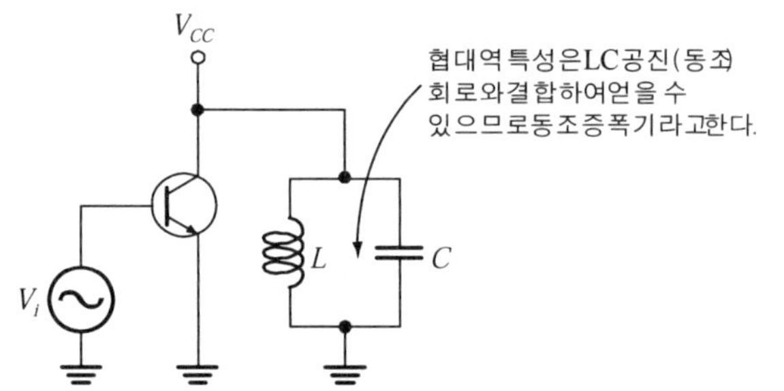

그림 8.1 LC 동조(Tank) 회로

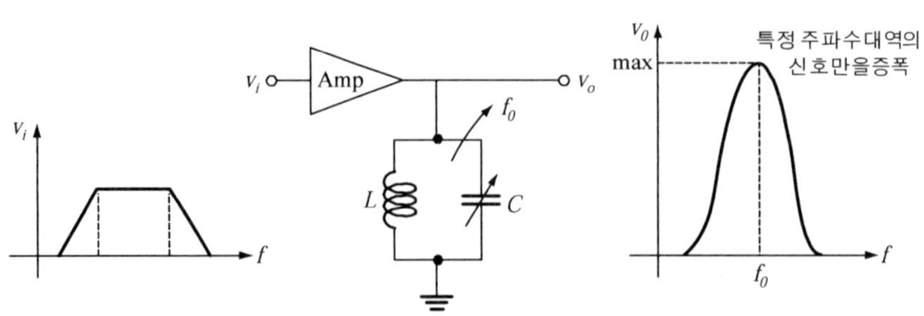

그림 8.2 동조 회로의 주파수 특성

여기서 공진 회로의 개념은 어떤 특정한 주파수 대역만을 증폭하는 경우에는 동조 증폭기를 사용하는데 부하로서 공진 회로가 사용된다. 특히 공진 회로를 설계할 때 가장 중요하게 고려해야 할 것은 선택도이다.

8.1.2 공진 회로의 해석

(1) 공진의 정의

RLC 소자로 구성된 회로에 교류전압을 인가하는 경우 전압과 전류의 위상이 동위상이 되는 경우를 공진(Resonance)이라고 한다.

(2) 공진 주파수

공진 주파수는 공진(Resonance)된 경우에 나타나는 주파수를 공진 주파수라고 한다. 즉 공진 시에는 합성 임피던스 또는 합성 어드미턴스가 리액턴스 성분은 서로 상쇄되고 순저항 성분만 남게 되므로, 공진 주파수를 구하려면, 직렬 회로에서는 합성 임피던스, 병렬 회로에서는 합성 어드미턴스를 구하여 허수부가 "0"이 되기 위한 조건을 구하거나 이득 관계식에서 역시 허수부를 0으로 해서 정리하면 주파수를 얻게 된다.

■ 직렬 공진

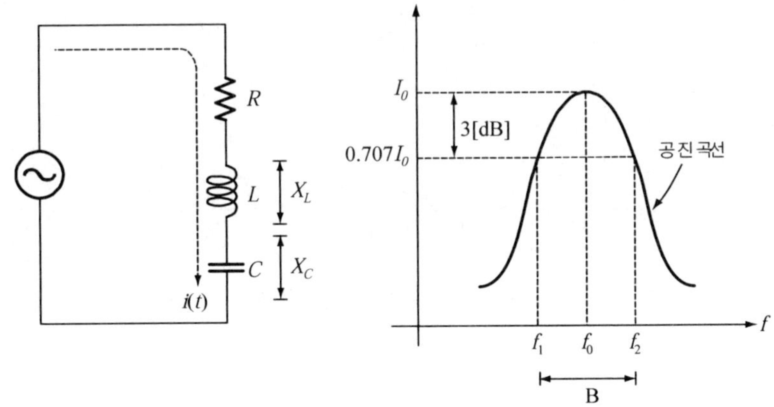

(a) 직렬 공진 회로 (b) 공진 회로에 대한 대역폭의 정의

그림 8.3 직렬 공진 회로 곡선

주어진 직렬회로에 대한 임피던스의 크기는

$$Z = R + j\left(\omega L - \frac{1}{\omega C}\right)$$

이며, 주파수를 얻기 위해서 허수항을 0으로 하는 경우를 공진이 되기 위한 조건이 되므로 $\omega L = \dfrac{1}{\omega C}$으로 공진시의 공진 주파수 f_0는

$$f_0 = \frac{1}{2\pi\sqrt{LC}}$$

가 된다. 그리고 공진이 일어나는 주파수에서 이득이 가장 크게 나타난다.

전압 V_L의 크기는

$$V_L = I_o X_L = \frac{V_i}{R} X_L$$

$$\frac{V_o}{V_i} = \frac{XL}{R} = \frac{\omega L}{R} = Q \text{ (선택도, 확대율, 첨예도)}$$

전압 V_C의 크기는

$$V_C = I_o X_L = \frac{V_i}{R} X_C$$

$$\frac{V_o}{V_i} = \frac{XL}{R} = \frac{\frac{1}{\omega C}}{R} = \frac{1}{\omega CR} = Q$$

이다. 따라서

$$Q = \frac{\omega L}{R} = \frac{1}{\omega CR} = \frac{1}{R}\sqrt{\frac{L}{C}} = \frac{f_o}{f_2 - f_1} = \frac{f_o}{B}$$

따라서 동조형 증폭기에서 공진 주파수 f_0와 주파수 대역폭 B그리고 코일의 Q와의 관계는

$$Q = f_0 / B$$

으로 대역폭 B와 공진 주파수 f_0는 반비례하게 됨을 알 수 있다.

예를 들어 $Q = 100$이라면 출력은 입력의 100배가 되어 나타나는데 f_0 성분만 강조되어 나타난다.

$$V_o = QV_i = 100\,V_i$$

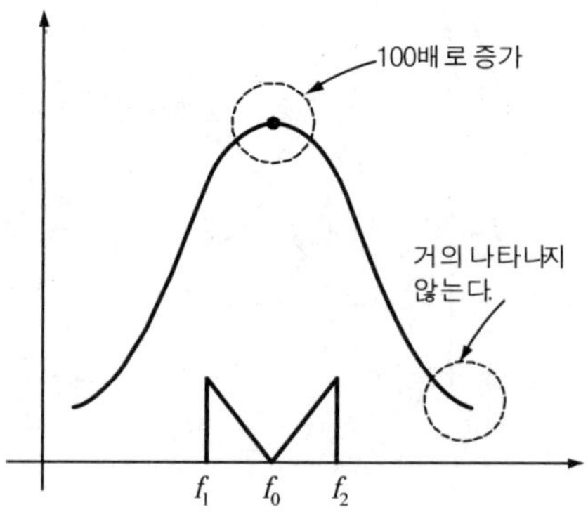

그림 8.4

■ 병렬공진

병렬 공진에서의 공진 조건은 $X_L = X_C$ 관계에서

$$f_o = \frac{1}{z\pi\sqrt{LC}}$$

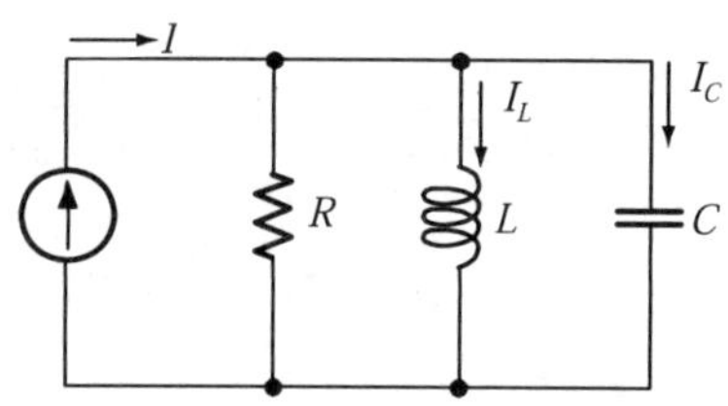

그림 8.5 병렬 공진 회로

이다. 따라서 공진 시에는 $X_L = X_C$가 되어 유도성과 용량 성분은 제거된다. 이때 임피던스 Z_o는

$$Z_0 = R = \frac{1}{Y_o}(Z_o : \text{최대, 전압 : 최대})$$

가 된다. 병렬회로에서는 전압이 동일하기 때문에

$$\frac{I_L}{I} = \frac{I_C}{I} = Q(Q\text{는 전류 확대율이다})$$

이며, 이 관계를 정리하면

$$Q = \frac{R}{\omega L} = \omega CR = R\sqrt{\frac{C}{L}} = \frac{f_o}{f_2 - f_1} = \frac{f_o}{B}$$

가 된다.

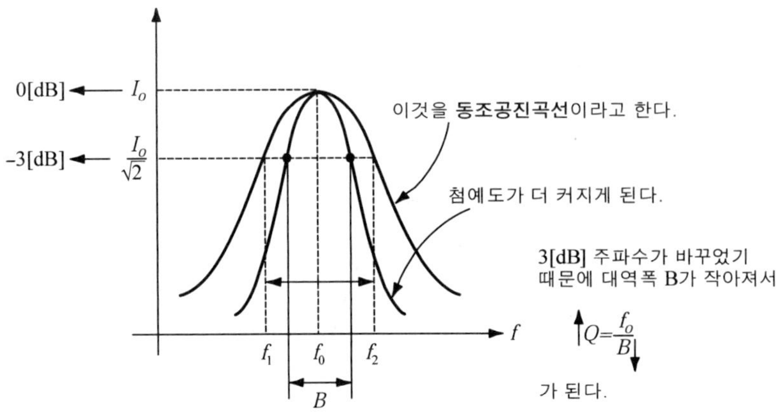

그림 8.6

(3) **공진시의 임피던스,** Z_r

동조(공진) 조건

$$X_L = X_C$$

여기서 병렬이므로 Y로 표현하면

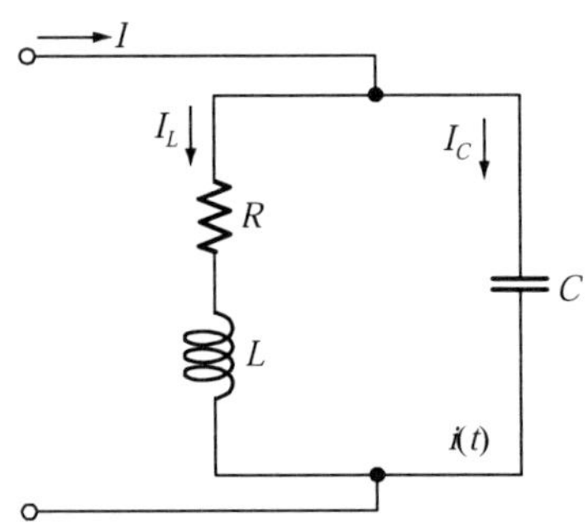

그림 8.7

$$Y = \frac{1}{R+j\omega L} + j\omega C = \frac{R-j\omega L}{R^2+\omega^2 L^2} + j\omega C$$
$$= \frac{R}{R^2+\omega^2+L^2} - j\left(\frac{\omega L}{R^2+\omega^2 L^2} - \omega C\right)$$

이며, 허수부가 0이 되는 조건을 고려하면

$$R^2+\omega^2 L^2 = \frac{L}{C}$$

가 된다. 공진 시에는 유도성 및 용량성 모두가 제거되므로 공진시의 임피던스 Z_r은

$$Z_r = \frac{1}{Y_o} = \frac{R^2+\omega^2 L^2}{R}$$

이며, 여기에 $R^2+\omega^2 L^2 = \frac{L}{C}$ 관계식을 이용하면

$$Z_r = \frac{L}{CR}$$

가 된다. 한편 공진시의 주파수 f_o는 $R^2 + \omega^2 L^2 = \dfrac{L}{C}$의 관계식을 통해서

$$f_o = \frac{1}{2\pi}\sqrt{\frac{1}{LC} - \frac{R^2}{L^2}}$$

으로 구해진다. 한편 전압 확대비인 Q에 대해서 각각의 리액턴스 X_L, X_C를 곱하면

$$X_L\,Q = \omega LQ = \omega L \cdot \frac{1}{\omega CR} = \frac{L}{CR} = Z_r$$

$$X_C\,Q = \frac{1}{\omega C} \cdot \frac{\omega L}{R} = \frac{L}{CR} = Z_r$$

으로 공진 시의 임피던스 Z_r의 관계식을 얻게 된다.

예제 8.1

다음 중 공진 현상과 직접적인 관계가 있는 내용에 대해 설명하여라.

[풀이] 공진 현상과 밀접한 관계를 주는 내용을 고려하면 다음과 같다.

- LC 병렬 회로
- C급 증폭기
- 주파수 체배기

8.2 정류 회로의 형태와 특징

8.2.1 협대역 동조 증폭 회로

동조 증폭 회로로 이용되는 증폭기의 형태를 고려하면

- AM 수신기에서는 협대역 능력을 보이는 단일 동조형 증폭기를 이용한다.
- FM 수신기에서는 비교적 광대역 능력을 보이는 복 동조형 증폭기를 이용한다.
- TV 수신기에서는 광대역 능력을 보이는 스태거(Stagger) 동조형 증폭기를 이용한다.

등으로 구분할 수 있다.

(1) RC**결합 단일 동조형 증폭 회로**

공진 회로에서 공진 주파수를 결정하는데 이용되는 콘덴서 C를 가변을 행하여 주파수를 가변 할 수 있는데 이와 같은 동조형 증폭 회로를 RC결합 단일 동조형 증폭 회로라고 한다.

(2) **트랜스 결합 단일 동조형 증폭 회로**

일반적으로 동조 회로를 갖는 증폭기는 RF 증폭기라고 할 수 있다. 여기서 동조 회로를 연결하는 방법으로 동조 회로를 입력측에 연결하는 방법과 출력측에 연결하는 방법 등을 들 수 있다.

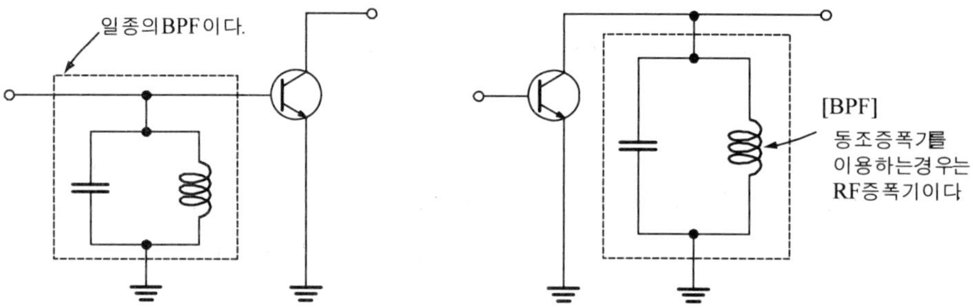

(a) 입력측에 연결 (b) 출력측에 연결

그림 8.8 동조 회로의 위치에 따른 결합 방법

트랜스결합형 단일 동조형 증폭 회로는 부하 R_L이 작을 경우 증폭기의 선택도 Q가 낮아지게 되는데 이를 방지할 목적으로 부하에 변압기를 이용하여 결합을 말하며 변압기를 결합하는 이유는 변압기의 임피던스 변환기능을 이용하기 위해서이다.

여기서 트랜스 결합 단일 동조형 증폭기에서 동조 회로를 구성하는 소자간의 결합 정도를 나타내는 결합 계수 K는

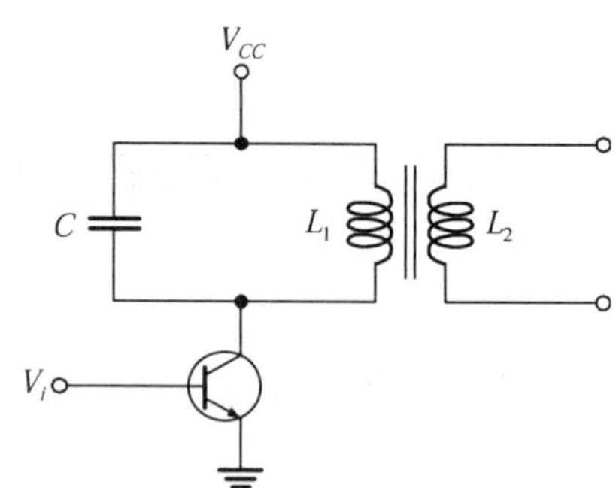

그림 8.9 트랜스 결합 단일 동조형 증폭 회로

$$k = \frac{M}{\sqrt{L_1 L_2}} \ (0 \le K \le 1)$$

이며, 여기서 M은 상호 인덕턴스이며, L은 자기 인덕턴스를 나타내며, 결합 계수는 두 코일의 형태(모양), 크기, 상대적 위치에 따라 결정되는 값으로 콘덴서 C, 코일 L_1은 공진 회로 Q와 결합 계수 k는 반비례 관계에 있으며, L_2를 가변하여 선택도 Q를 높게 할 수 있으며, C을 크게 하면(단, 공진 주파수는 일정) $Z_r = \dfrac{L}{CR}$의 관계식에서 선택도 Q가 작아진다.

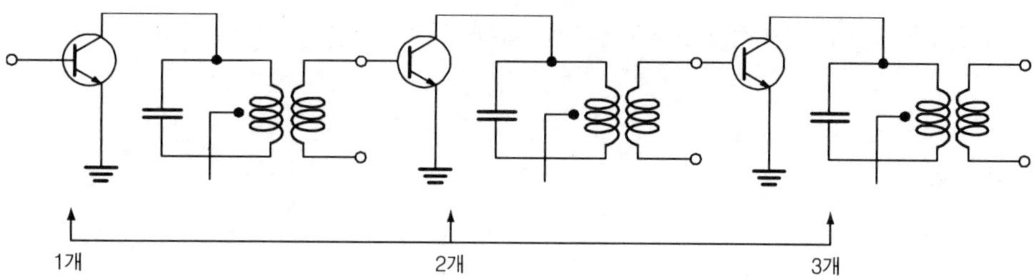

(a) AM · IF 증폭기에 대한 예

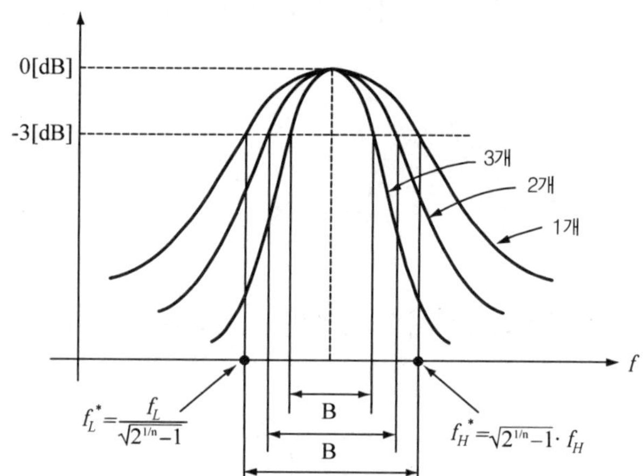

(b)

그림 8.10

그림 (b)에서 사용하는 단수가 증가할수록 3[dB]대역이 좁혀지고 있는데 즉 3단을 사용하는 경우와 1단 사용하는 경우를 비교하면 3[dB]대역에서 점차적으로 대역폭이 좁아지게 된다. 대역폭과 사용하는 동조 회로와 관계를 나타내면

$$B_n = B \times \sqrt{2^{1/n} - 1} \quad (n\text{은 단수})$$

인 관계를 보인다. 따라서 이 관계식을 이용해서 협대역에 맞추어 사용할 수 있도록 하고 있다.

8.2.2 광대역 증폭 회로

(1) 복 동조형 증폭 회로

복 동조형 증폭회로는 공진 회로로 사용되는 공진 회로의 주파수를 약간 씩 다르게 하거나 이웃하게 하여 전체적으로 대역폭을 넓게 하기 위한 회로를 말한다.

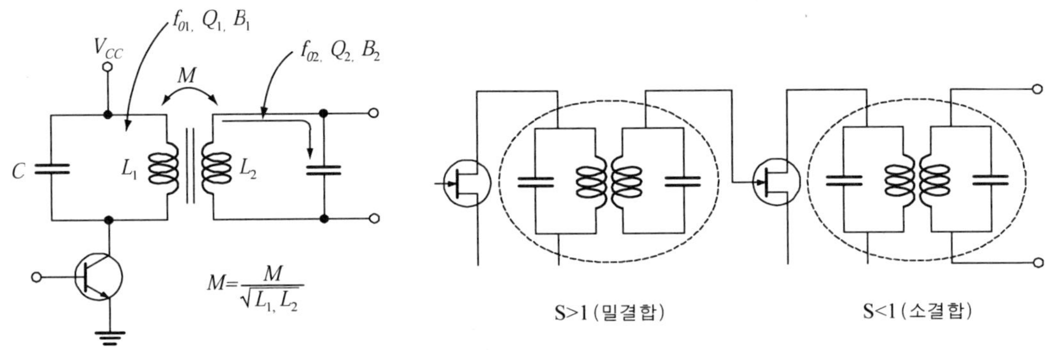

(a) (b)

그림 8.11 복 동조 회로

복 동조 회로는 단일 동조회로 2개를 이용한 동조회로로 코일 상호간에 생기는 트랜스의 결합 계수

$$k \equiv \frac{M}{\sqrt{L_1 L_2}}$$

와 선택도 Q에 따라 주파수 특성이 달라지게 된다. 여기서 단일 동조회로의 선택도를 각각 Q_1, Q_2라고 하고 이들의 곱 대한 제곱근을 결합지수 S라고 하면

$$S = k\sqrt{Q_1 Q_2} = k\,Q_0$$

$$k = \frac{S}{Q_0}$$

인 관계에서 S의 크기에 따라서 다음과 같이 특성이 변화하게 된다.

■ $S < 1(k < \frac{1}{Q_0})$의 경우는 소 결합으로 단봉 특성을 보이며 이득이 감소한다.

■ $S > 1(k < \frac{1}{Q_0})$의 경우는 밀 결합으로 쌍봉 특성을 보인다.

■ $S = 1(k = \frac{1}{Q_0})$의 경우는 임계 결합으로 단봉 특성을 보이며 최대 이득을 유지한다.

등으로 구분되며 이를 그림으로 나타내면 다음과 같다.

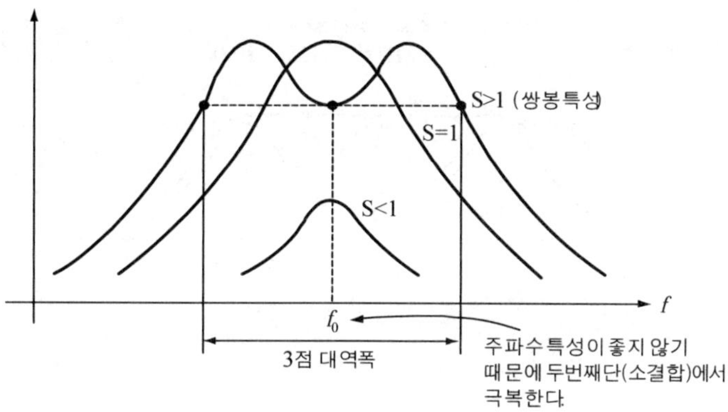

그림 8.12

한편 무선 주파 증폭에 복 동조를 사용하는 이유는 선택도를 해치지 않고 대역폭을 넓힐 수 있기 때문이며, 복 동조 회로에서의 대역폭은

$$B = \frac{f_0}{Q_0}\sqrt{2}$$

으로 단동조 증폭기 대역폭의 $\sqrt{2}$ 배가 됨을 알 수 있다.

(2) 스태거(Stagger) 동조 증폭 회로

단일 동조형 증폭기를 여러 단 접속한 방식으로 각 증폭단의 동조 주파수를 조금씩 다르게 조정하여 요구되는 이득, 대역폭 및 선택도를 얻을 수 있는 방식을 스태거 동조라고 한다. 스태거 증폭 회로는 중간 주파 트랜스(IFT, Intermediate Frequency Transformer)로 각 단간을 결합하는 방식으로 TV 영상 신호와 같이 중간 주파수 증폭 단에서 매우 넓은 대역을 증폭하는 것으로서 영상 주파 증폭(Video amplification)이라고도 한다.

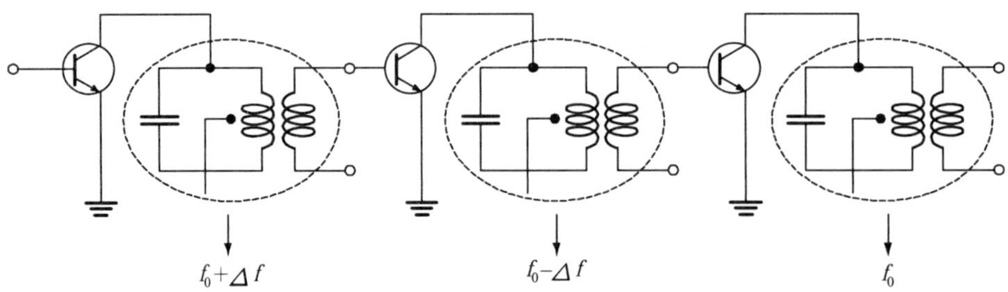

(a) 트랜스 결합을 이용한 스태거 동조 증폭 회로

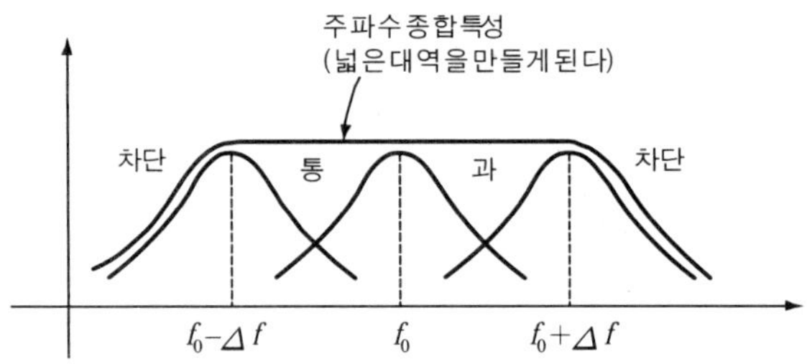

(b) 종합적인 주파수 특성

그림 8.13

여기서 스태거 증폭 회로는 동조 주파수가 다른 여러 개의 동조 증폭 단을 종속적인 결합을 통하여 넓은 주파수 대역에서도 일정한 종합 주파수 특성을 유지하도록 하며, 각 증폭 단에서 동조 주파수가 다르기 때문에 귀환의 우려가 없으며, 고주파에서 광대역, 고이득의 증폭에 사용된다. 그리고 조정이 매우 간단하며, 안정한 증폭을 할 수 있으며, 광대역 동조 증폭기라고 할 수 있으며, 또한 동조 회로의 각 코일의 차폐를 철저히 할 필요가 없다. 그리고 단수를 증가 시킬수록 선택도 Q가 높은 단을 필요로 하기 때문에 4단 이상으로 구성하여 사용하지 않는다.

특히 발진 염려가 없다. 그래서 안정된 증폭을 할 수 있다. 여기서 발진염려가 없게 되는 이유는 $f_o+\Delta f$, f_o, $f_o-\Delta f$ 주파수가 모두 다르기 때문에 자기 발진이 되지 않는 것을 들 수 있다.

(3) 동조 대 신호 증폭 회로

동조형 증폭 회로를 평가하는 파라미터로 효율 η에 대한 관계식을 정리하면

$$\eta=\frac{\text{부하에 공급된 전력}}{\text{탱크회로에 공급된 전력}}=\frac{Q_0-Q_L}{Q_0}=1-\frac{Q_L}{Q_0}$$

이며, 여기서 Q_0는 무 부하 시의 $Q\left(Q_0 = \frac{w_0 L_1}{R_1}\right)$이며, Q_L은 부하 시 $Q\left(Q_L = \frac{w_0 L_1}{R_L}\right)$의 크기를 나타내는 것이다. 여기서 부하의 선택도 Q_L을 작게 하는 경우에 얻어지는 효과는 효율이 높아지며, 대역폭이 넓어지며, 고조파 성분이 많아지며, 공진 임피던스 Z_0을 일정하게 유지하려면 L_1/C_1을 크게 할 필요가 있다. 그리고 실제에 있어서 Q의 값은 10~20 정도이다.

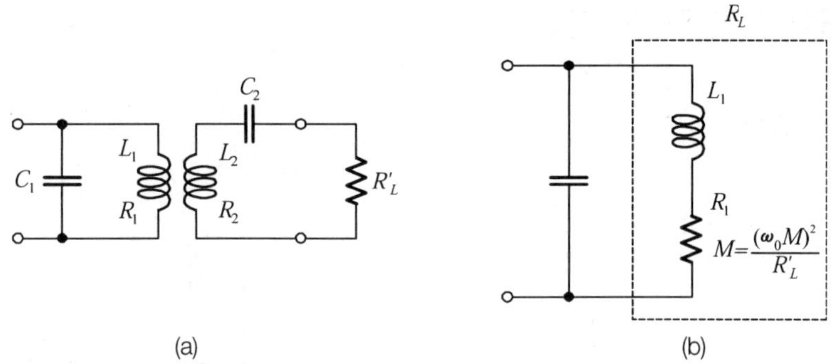

그림 8.14 탱크(Tank) 회로

8.3 중화 회로(Neutralization Circuit)

8.3.1 고주파 증폭회로에서 중화 조정

(1) **중화회로의 개념**

일반적으로 트랜지스터에서 내부에서 발생하는 귀환을 고려하지 않기 때문에 이득이 지나치게 크게 하면 동작이 불안정하게 되어 발진하게 되는 가능성이 발생하게 되는데 이와 같은 것을 방지할 목적으로 외부귀환 회로를 구성하여 내부에서의 귀환 효과를 중화시키는 방법을 이용한다. 이와 같이 외부에서 구성한 귀환 회로를 중화회로라고 한다.

즉, 중화회로(neutralization circuit)는 전자 소자 자체 내에서 발생하는 내부귀환에 대한 특성을 보상하고 소자를 단일 방향화하도록 하는 회로라고 할 수 있다.

즉 외부 귀힌 회로를 구성하고 내부 귀환 효과를 주는 것이라고 할 수 있다.

(2) **중화 회로의 사용 목적**

중화회로를 이용함으로써 접합면에 의한 기생 발진을 방지하며 회로 소자를 단일 방향화하는 회로이다. 중화는 외부귀환을 위하여 주로 코일을 통하여 귀환되도록 구성하며 자기 발진을 방지할 목적으로 중화회로를 이용하며, 베이스 접지에서는 중화를 할 필요가 없으며, 컬렉터 용량을 통한 귀환과 크기가 같고 위상이 반대되는 귀환을 시켜준다.

8.3.2 중화용 콘덴서의 역할

(1) **중화 회로의 동작**

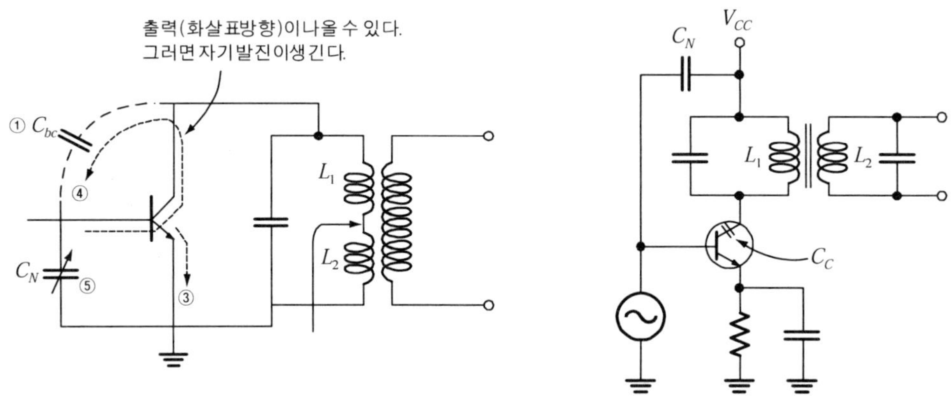

(a) 중화용 회로 (b)

그림 8.15 중화용 회로

그림 (a)에서

- ① 눈에 보이지 않는 극간 용량 C_{bc}
- ② 고주파 환경이 되면 C_{bc}의 값은 무시 못 할 정도로 엄청나게 큰 값이다.

  그 이유는 $X_c = \dfrac{1}{j\omega C_{bc}}$에서 주파수($\omega$)가 높아지면 X_C는 낮아지게 된다. 저항이 낮아진다면 C_{bc}가 있는 곳은 전류가 흐르게 된다.
- ③ 원래의 전류 방향
- ④ 원래는 ④번 방향으로 전류가 존재해야 하는데 출력이 다시 앞으로 올 수 있는데 이로 인해서 자기발진이라는 현상이 발생하게 된다. 여기서 자기 발진은 주파수가 높은

경우에만 가능하게 된다.

■ ⑤ 중화용 콘덴서를 연결한다.

(2) 중화 과정

트랜지스터를 이용하여 고주파 신호를 증폭을 하는 경우에 트랜지스터의 접합에서의 용량 변화로 자기 발진(self oscillation)이 발생하여 발진에 영향을 주게 된다. 이와 같은 자기 발진을 제거해서 안정한 동작을 얻는데 이용되는 회로를 중화용 회로라고 한다.

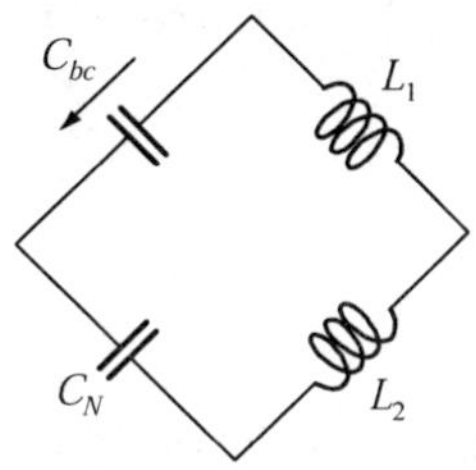

그림 8.16 등가회로

C_{bc}에 전류가 흐르지 않도록 하기 위해서 등 전위가 되도록 한다. 여기서 등 전위를 만들어 주면 평행이 되어 흐름이 생기지 않는다. 따라서 평행조건은

$$j\omega L_1 \cdot \frac{1}{j\omega C_N} = j\omega L_2 \cdot \frac{1}{j\omega C_C}$$

$$C_N = \frac{L_1}{L_2} C_C$$

으로 구해지며, 이 조건을 만족하면 등 전위가 되어 전류의 흐름이 만들어지지 않으므로 자기 발진이 억제 된다.

여기서 구해진 중화용 콘덴서의 용량 C_N 값은 커서는 안 된다. 따라서 중화용 콘덴서의 역할은 고주파 증폭에서 베이스와 컬렉터 사이의 용량 $C_{b'c}a$에 의해 정 귀환 된 전압이 발진을 일으켜 증폭이 불완전해지므로 이를 방지하기 위해 중화 콘덴서 C_N을 삽입하여 출력에서 정 귀환 된 전압과 크기는 같고 위상을 반대로 베이스에 가하여 귀환된 전압을 소거함으로써 발진을 방지한다.

8.4 직류 증폭 회로

8.4.1 직류 증폭 회로의 개요

(1) 직류 증폭기의 개념

일반적으로 RC 결합 전압 증폭회로의 경우는 각단을 커패시턴스 소자를 통하여 결합하기 때문에 저역 주파수나 직류 신호를 증폭하는 것이 불가능하다. 그래서 비교적 회로구성이 간단한 트랜지스터 차동증폭을 이용하여 직류신호의 증폭이 가능한 직류 증폭회로를 구성하게 된다.

(2) 직류 증폭 회로의 필요성

직류 증폭 회로는 주파수가 매우 낮은 신호 또는 직류 성분을 포함한 신호를 증폭하는 증폭기를 말한다.

일반적으로 직류 증폭회로는 임피던스 결합을 통하는 경우 직류 성분을 다음 단으로 전송하는 것이 곤란하므로 직류 신호를 증폭하는 것을 어렵다.

그래서 직류 신호를 증폭하기 위한 방법으로는 임피던스 결합을 직접 결합으로 하거나 직류를 교류로 변환하여 증폭한 후에 다시 교류를 직류로 변환하는 방법 등을 이용하게 된다.

8.4.2 드리프트(drift)

(1) 드리프트의 개념

드리프트 현상은 오프셋전압이 주위 온도 등에 의해 서서히 변화되는 현상을 말한다.

(2) 드리프트의 원인

트랜지스터에서 드리프트가 발생하는 원인으로는 일반적으로 외부의 온도 변화 혹은 전원 전압의 변동 등에 의한 것으로 이와 같은 원인 중에서 특히 온도의 변동에 의한 것이 지배적이다. 따라서 온도의 변화에 의해서 트랜지스터 혹은 기타 소자의 상수 값이 미소하게 변화하게 되는데 여기서 상수 값의 변화는 회로가 균형 상태가 이루지 못하게 되어 입력을 인가하지 않은 상태에서도 출력이 발생하거나 출력 신호의 변화를 초래하는 것을 드리프트라고 한다.

그러므로 주위 온도의 변화에 의한 드리프트를 온도 드리프트라고 하는데 여기서 드리프트를 억제하는 방법으로는 온도의 변화에 민감하지 않도록 해야 한다.

따라서 드리프트를 초래하는 원인 등을 정리하면 다음과 같다.

- 전원 전압의 변동
- 회로 소자의 경년 변화
- 전원을 인가하는 경우 과도현상에 의한 회로의 불평형
- 시간 경과에 의한 부품 상수의 변화를 대한 드리프트 이를 에이징(Aging)라고 한다.

(3) 드리프트 대책

드리프트 현상을 개선하는 방법으로 다음과 같은 방법을 이용한다.

- 온도의 변화가 적게 되도록 바이어스 회로에 온도 보상 회로를 적용한다.
- 일정한 전원 공급을 위한 전원 안정화 회로를 사용한다.
- 컬렉터 차단 전류 I_{CBO}가 적은 트랜지스터를 이용한다.
- 사용되는 회로소자의 특성이 우수한 것을 선택한다.

▶▶▶ 연습문제

01 다음의 R, L, C 소자를 이용한 공진 회로에서 회로가 공진되었을 경우 컬렉터 부하 임피던스의 크기를 결정하여라. (단, C_1과 C_2는 병렬이다.)

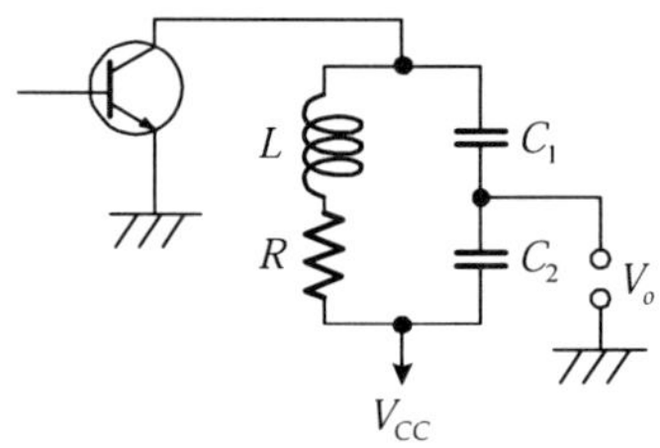

RLC로 구성되는 직렬 회로의 공진 주파수에 대한 선택도 Q의 값은

$Q=\frac{\omega L}{R}=\frac{1}{\omega CR}=\frac{1}{R}\sqrt{\frac{L}{C}}$ 이며, 공진시의 임피던스는 $Z_r=\frac{L}{CR}$ 이다. 따라서 공진되었을 경우 컬렉터 부하 임피던스는

$$Z_r=\frac{L}{CR}=Q^2R=\frac{Q}{\omega C}=\omega LQ$$

으로 표현된다. 트랜지스터 단일 동조 회로에서 탭(tap)을 가진 동조 코일을 사용하는 이유는 선택도를 높이기 위해서 또는 임피던스 정합을 위해서 사용한다.

한편 공진 주파수 f_o와 대역폭 B의 관계식을 고려하면 $B=\frac{f_o}{Q}$인 관계가 성립하게 된다.

예를 들어 공진 주파수가 545[kHz]이고 대역폭의 크기가 15[kHz]인 병렬 공진 회로에 대한 선택도의 Q의 값은

$$Q=\frac{f_o}{B}=\frac{545[\text{kHz}]}{15[\text{kHz}]}=36.3$$

가 된다.

02 무선 주파 증폭 회로에서 이용되는 복 동조 회로의 사용 이유를 기술하여라.

복 동조 회로를 무선 주파 증폭에 사용하는 이유는 선택도를 해치지 않으면서 필요한 대역폭을 넓게 하는 것이 가능하기 때문에 이용한다. 다단 고주파 증폭 회로를 구성하는 회로 중에서 주파수 대역폭이 가장 넓은 방식으로 스태거형(Stagger) 증폭 회로를 이용하게 되는데 스태거형 증폭기

는 고주파 증폭 회로에서 중화는 자기 발진을 방지하기 위해 중화 회로를 사용하는데 일반적으로 중화용 콘덴서의 용량은 작을수록 바람하며, 컬렉터 용량을 통한 귀환과 크기는 같고 위상이 반대되는 귀환을 시켜준다. 그리고 베이스 접지에서는 중화를 할 필요가 없다. 다단 고주파 증폭기 중 주파수 대역폭이 가장 넓은 방식으로 스태거 증폭을 이용하는데 여기서 스태거 동조 방식은 각 증폭단의 동조 주파수를 조금씩 틀리게 조정하여 요구되는 이득, 대역폭, 선택도를 얻는 고주파 증폭 회로이다.

증폭기 중 가장 대역폭이 넓은 방식은 스태거 결합이다. 이와 같은 스태거 증폭 회로가 대역폭이 제일 넓다. 주로 TV 방송용에 이용한다.

03 공진 주파수는 일정한 경우에 단일 동조 증폭 회로에서 콘덴서 C를 크게 하는 경우 선택도 Q값의 변화에 대해서 설명하여라.

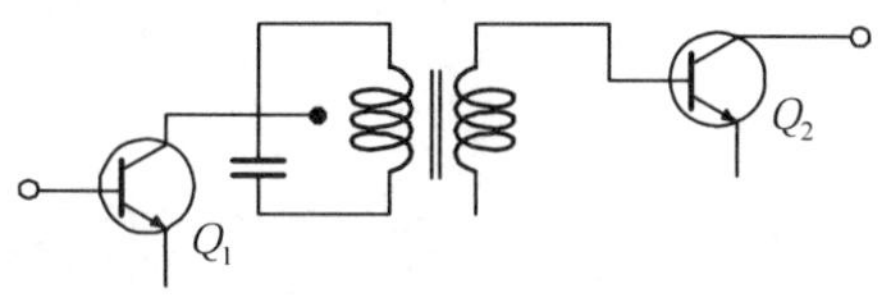

RLC직렬 회로에 대한 선택도는 $Q=\frac{\omega L}{R}=\frac{1}{\omega CR}=\frac{1}{R}\sqrt{\frac{L}{C}}$ 이며, 이 관계식에서 콘덴서 C를 크게 하면 선택도 Q값은 감소하게 됨을 알 수 있다.

동조 증폭기에서 부하시의 선택도 Q에 대해서 고려하면 동조 증폭 회로의 효율은 $\eta=\frac{Q_o-Q_L}{Q_o}$ 이며 여기서 부하 시 Q_L에 대한 효과를 고려하면 Q_L이 작을수록 탱크 회로의 효율이 높아지는 반면에 대역폭은 넓어지며, 고조파 성분이 많아지며, Q_L의 값은 보통 $10\sim20$정도를 갖게 된다.

04 다음 중 임계 결합시의 복 동조 증폭기의 대역폭과 단동조 증폭기의 대역폭과의 관계에 대해서 설명하여라.

다단 단동조 증폭 회로에 대한 대역폭 을 B_N으로 하는 경우 한 개의 증폭단 대역폭 B와의 관계식으로 나타내면

$$B_N=\sqrt{2^{1/N}-1}\cdot\ B$$

인 관계로 다단 시 보다 대역폭이 넓게 됨을 알 수 있다. (여기서 N은 사용한 증폭 회로의 단수를 나타낸다.)

이와 같은 복 동조 증폭 회로는 단 동조와 종속하면 양호한 평탄 특성이 얻어지며, 동조보다 동조 회로의 조정이 어렵고, 대역폭의 차단 특성이 완만한 경사를 이루며, 단동조보다 조정이 간단하다. 여기서 대역폭의 관계를 고려하면

$$복\ 동조\ 대역폭 = \sqrt{2}\,단\ 동조\ 대역폭$$

인 관계가 성립하게 된다.

05 광대역 증폭 능력을 지닌 스태거 동조 증폭 회로에 대한 특성에 대해서 설명하여라.

스태거 동조 증폭기는 단동조 용량 결합기를 여러 단 접속하고 각 증폭단의 동조 주파수를 조금씩 다르게 조정하여 요구되는 이득, 대역폭 및 선택도를 얻을 수 있는 방식을 말한다. 즉 스태거 동조 증폭 회로는 각 단의 동조 주파수를 조금씩 다르게 한 것으로 안정한 증폭을 할 수 있으며 조정이 매우 간단하고 각 증폭단 마다 동조 주파수가 다르므로 귀환 발진의 염려가 없으며, 동조 회로의 각 코일의 차폐를 철저히 할 필요가 없다. TV 음성 회로에서는 단 동조를 이용하며, TV 영상 중간 주파 증폭 회로에는 스태거 동조형 증폭 회로를 이용한다.

제9장 전력 증폭 회로

9.1 전력 증폭 회로의 개념

9.1.1 전력 증폭 회로의 동작

(1) 전력 증폭기의 개요

전력 증폭기는 부하를 구동시키는데 필요한 전력을 공급하기 위한 증폭 회로라고 할 수 있다. 즉, 전력 증폭기는 마이크 등을 통한 입력 신호에 대한 소 신호 증폭의 행한 후 중간 주파 증폭 형태인 대 신호 증폭기를 이용하여 스피커 등을 통하여 저주파 증폭 신호를 얻게 된다.

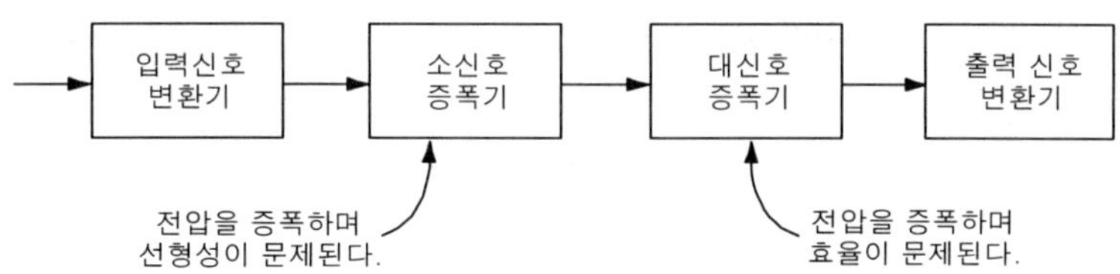

그림 9.1 전력 증폭 회로 기본 구성도

전력 증폭기를 설명하거나 해석하는 경우에 중심이 되는 요인으로는 그림 9.2에서 회로에 공급되는 바이어스 전원이 V_{CC}를 단순히 공급하는 것으로만 고려했지만 여기서는 전원 V_{CC}가 회로에 어떠한 영향을 주는가를 생각하는데 초점을 두기로 한다.

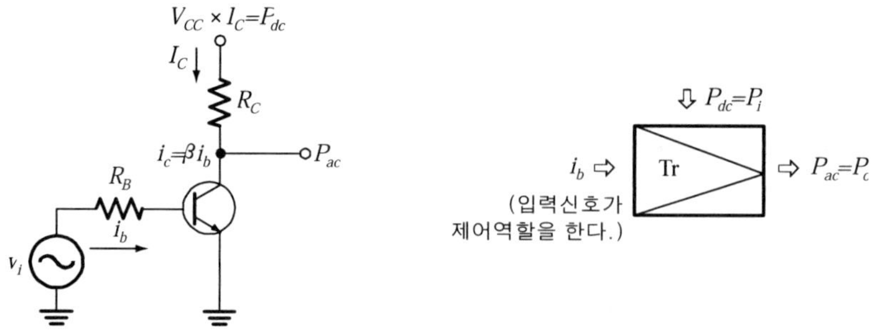

(a) 회로 (b) 간략화한 구성도

그림 9.2

(2) 전력 증폭(Power Amplifier)의 형태

증폭 형태는 소 신호 증폭과 대 신호 증폭으로 구분하는데 전력 증폭 회로로 대 신호 증폭으로 이는 입력을 공급된 직류 전력을 교류 전력으로 변환하는 회로를 말한다. 여기서 교류신호의 진폭이 Bias 크기의 1/10 이하이면 소 신호 증폭으로 보고 이 보다 클 경우에는 대 신호 증폭으로 취급한다.

(3) 증폭기의 전력 효율, η

전력 증폭 회로를 평가하는데 이용되는 파라미터 전력 효율을 들 수 있는데 여기서 전력 효율은 나타내는 파라미터 η는 컬렉터 전지로부터 공급된 전력인 직류가 어느 정도의 교류 출력 전력으로 변환(전환)되었는가를 나타내는 비례상수이다. 전력증폭 회로에서는 이득보다는 증폭기의 효율을 중요시한다. 여기서 효율 η는 컬렉터 전지로부터 공급된 전력이 교류 출력 전력으로 변환(전환)되는 것을 나타내는 비례 상수이다.

$$\eta = \frac{P_{ac}}{P_{dc}} \times 100[\%] = \frac{\text{출력 교류전력}}{\text{총공급된 직류전력}} \times 100[\%]$$

여기서 상수 η값을 변환 효율이라고 하며, 이 값의 크기는 가능하면 크게 되는 경우 바람직하다.

Book Cafe

특성 곡선에서 전압과 전류의 변화가 큰 신호를 취급하는 경우에는 작은 소 신호를 취급하는 경우 보다 출력 파형에서 왜곡이 발생하거나, 컬렉터 손실이 증가하게 되어 직선적인 변화를 바꾸기가 곤란하게 된다. 그래서 큰 신호일 때 발생하는 경우 컬렉터 손실의 증가로 인해 발생하는 열을 무시할 수 없어 방열판을 이용하거나 외부에서 냉각장치를 이용해야 한다.

여기서 이와 같은 경우에 나타나는 내용을 예를 들어 정리하면

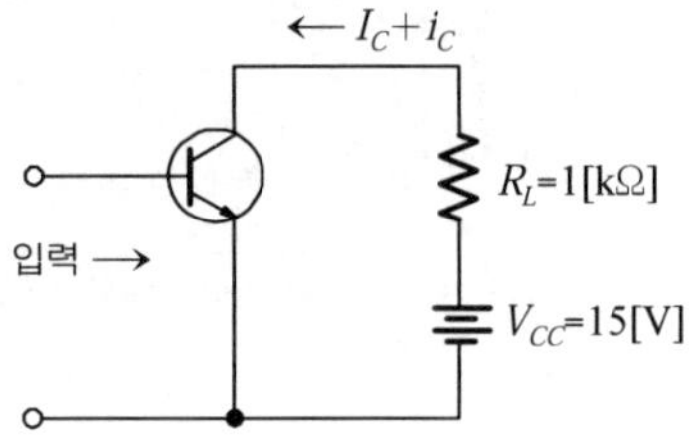

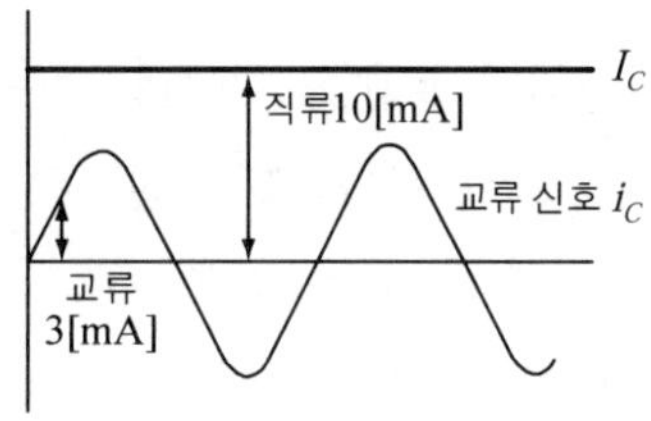

의 그림에서 직류 전류에 정현파의 실효값이 3[mA]의 교류 전류가 겹쳐서 흐르는 경우부하 저항 1[KΩ]에 나타나는 교류의 신호 전력의 크기를 고려하기 위해서 먼저 부하 저항 1[KΩ]에 나타나는 교류의 신호 전력의 크기를 P_a라고 하면

$$P_a = i_c^2 R_L = (3\times10^{-3})^2 \times 1\times10^3 = 9\times10^{-3}[\text{W}] = 9[\text{mW}]$$

가 된다. 그리고 직류 전원으로 꺼낼 수 있는 직류 전력의 크기를 P_d라고 하면 컬렉터 직류 전류 10[mA]를 이용하면

$$P_d = I_c V_{cc} = 10\times10^{-3}\times15 = 150[\text{mW}]$$

가 된다. 따라서

$$\frac{P_a}{P_d} = \frac{9}{150}\times100[\%] = 6[\%]$$

로 직류 전류의 6[%]가 교류 전력이 됨을 알 수 있다.

(4) 전력 증폭 방식의 형태

안테나가 전파의 에너지를 공간으로 방사하기 위해서는 송신기에서 고주파 전력을 증폭하여 안테나에 보내야 하며, 수신기에서는 저주파 전력을 증폭해거 스피커에 공급하여야 한다. 이와 같이 부하에 전력을 공급할 목적으로 이용되는 증폭기를 전력 증폭 회로라고 한다. 여기서 이용되는 전력 증폭기의 형태는 사용하는 주파수에 따라서 주로 저주파에 이용하는 비동조형과 고주파를 증폭하는 동조형으로 구분된다.

또한 전력 증폭 방식은 부하선상에 위치하는 동작점 Q의 위치에 따라 A급, B급, AB급

그리고 C급 등으로 구분된다. 여기서 부하선은 트랜지스터나 FET 등과 같은 소자가 같은 특성 곡선 상에 부하의 전압과 전류 특성의 궤적을 말하는 것으로 직류 부하선과 교류 부하선이 있다.

전력 증폭 회로는 입력 신호에 따라 직류 에너지 효율을 제어하는 것으로 직류 전력을 교류 신호 적력으로 변환시키는 일종의 주파수 변환기라고 할 수 있다.

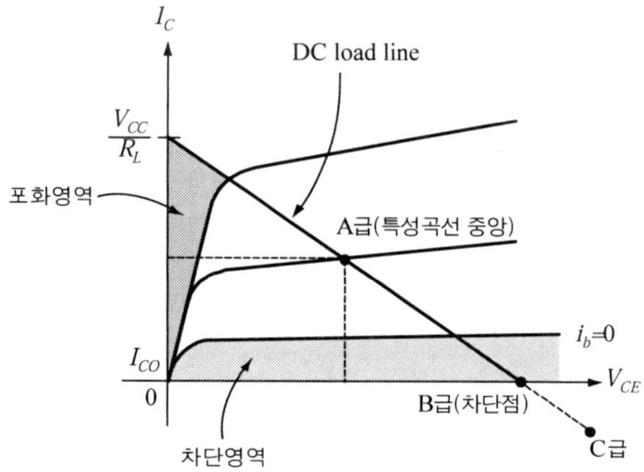

그림 9.3 트랜지스터의 동작점 위치

전력 증폭 회로를 대 신호 증폭기라고 불리는 이유는 소 신호 증폭기보다 부하선상의 큰 영역의 신호 동작에서 사용되기 때문이다. 저주파 증폭기의 목적은 검파 회로에서 출력된 적은 저주파 신호를 증폭하는 경우 저주파 증폭기의 출력 비율을 스피커 구동을 위한 신호 전력으로 증폭하기 위해서이다. 전력 증폭기에 의해 저주파 출력 전압을 스피커를 통해 음향으로 변화시킨다는 것이다.

따라서 전력 증폭 회로는 스피커나 송신 안테나에 신호 전력을 공급하기 위하여 통신 장비의 송신기나 수신기의 최종단에 위치하는 것으로 전력 증폭 회로는 부하에 전력을 전달할 수 있도록 설계된 증폭기이다. 따라서 전력 증폭기에서 효율은 최대로 하여 전력을 부하로 전달할 수 있도록 설계된 증폭 회로라고 할 수 있다.

전력 증폭 회로는 전압 증폭기와 구별되는 증폭 방식으로 증폭 범위가 비교적 작은 신호에 대한 변화 즉, 전압, 전류가 미약한 경우만 취급하도록 하기 위해서 특성 곡선 상에 존재하는 일부 영역에서만 다루었지만, 특성 곡선의 일부가 아닌 전체 영역에 걸쳐 존재하는 큰 신호를 취급하는 경우에는 출력파형이 왜곡되거나 컬렉터 손실이 증가하는 등의 일이 일어나기 때문에 직선상에서의 변화분만을 취급해서는 안 되는 경우가 실제적으로 더 많이 발생하게 된다.

실험을 자주 해 본 사람은 방열판을 이용하는 경우를 자주 접하게 되었을 것이다. 여기서 방열판을 사용하는 이유는 신호가 커지게 되면 트랜지스터에서의 컬렉터 손실이 증가해서 열이 발생하기 때문에 방열판 혹은 냉각 방법을 통해서 열을 발산해 주어야 본래의 능력을 제대로 발휘 할 수 있기 때문이다.

여기서 전력 증폭 회로를 평가하는데 이용되는 파리미터로는 증폭기의 전력 효율율, 증폭 회로가 견딜 수 있는 최대 전력 용량 그리고 출력 장치와의 임피던스 정합 등이 주요 요소이다.

9.1.2 각 전력 증폭 회로의 특징

(1) A급 전력 증폭 회로

A급 증폭기는 트랜지스터 회로에 입력을 인가하지 않은 상태에서 V_{CC}를 가변시키면 출력측에 항상 일정한 직류 전류가 흐르게 하는 증폭 방식으로 전압, 전류 $V-I$ 특성 곡선의 동작점은 직선부의 거의 중앙에 위치한 것으로 입력 신호의 전 주기 기간에 컬렉터 전류가 흐르므로 일그러짐이 적다.

즉, 유통각 θ_c가 $2\pi(360°)$이다. 여기서 유통각은 컬렉터 전류가 흐르는 범위를 나타낸다.

주로 저주파 증폭기(음성 증폭기)에 적합하며, 직렬 부하시의 효율은 25[%], 병렬 부하시의 효율은 50[%]이다.

Book Cafe

■ **왜곡(Distortion)**

신호 왜곡은 일반적으로 출력 파형이 입력 파형과 동일하지 않는 경우에 어떠한 형태로든지 발생하는 왜곡을 말한다. 대부분의 경우는 신호 주기가 360° 보다 작은 경우에서 출력 신호에서 왜곡이 발생하게 된다. 이와 같은 왜곡의 형태는 일반적으로 증폭기의 전달 특성이 비 직선이기 때문에 일어나는 문제점으로

- 입력 신호의 변화에 따른 왜곡 : 주파수 응답
- 입력과 출력의 위상차에 의한 왜곡 : 위상 왜곡

등을 들 수 있다. 여기서 왜곡은 $\text{왜곡} = \dfrac{\text{고조파 실효값}}{\text{기본파 실효값}} \times 100[\%]$으로 정의되며, 왜곡의 종류 및 특징을 고려하면 다음과 같다.

- 진폭 왜곡(비 직선 왜곡) : 능동 소자의 특성이 비 직선상에서 발생하는 왜곡
- 주파수 왜곡(직선 왜곡) : 증폭 회로에는 리액턴스가 포함되어 있기 때문에 주파수에 따라 증폭도가 다를 경우에 발생하는 왜곡
- 위상 왜곡(지연 왜곡) : 증폭기의 이득은 $|A|\angle\theta$로 표시되는데 주파수 특성이 회로 내의 리액턴스 성분이 달라서 생기는 왜곡

(2) B급 전력 증폭 회로

출력으로 반파를 얻게 되므로 전력 증폭보다는 반파 정류기로 사용하며, 유통각 θ_C는

$\pi(180°)$로 반주기 동안만 전류가 흐른다. 그리고 증폭 효율의 크기는 $\eta = 78.5[\%]$(이하) 정도이다.

(3) C급 증폭 회로

C급 전력 증폭 회로는 동작점을 차단 영역 보다 더 아래 영역에서 취하는 방식으로 즉 베이스에 (−)의 전압을 인가하여 차단 상태를 더욱 깊게 되도록 바이어스를 공급하는 회로이다. 그러므로 입력 전압이 매우 큰 경우에 순 바이어스 되어 동작하므로 입력 신호의 일부 구간만 출력 신호가 발생하게 된다. 이와 같은 C급 전력 증폭 회로의 특징을 고려하면 주로 고주파 동조 증폭기로 이용되며, 주파 성분이 많이 포함되어 있으므로 주파수 체배에 많이 쓰이는 증폭 방식으로 사용되며, 발진기에 이용되며, 왜곡이 가장 크지만 효율은 $\eta = 78.5[\%]$ 이상으로 가장 크며, 단점으로 출력단에는 저주파 신호를 담기 위한 저주파 탱크(Tank) 회로를 필요로 한다는 점이다.

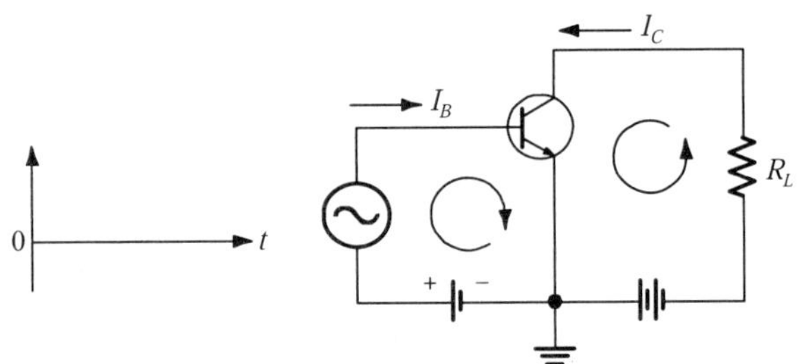

순 Bias 때문에 신호가 없어도 전류가 일정하게 흐른다.
이 전류를 Bias전류(I_B, I_C 같은)라고 한다.

(a) A급의 경우

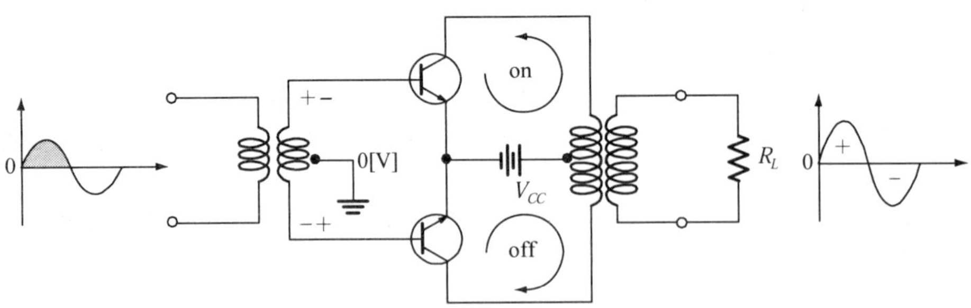

신호가 안들어가면 Bias가 없기 때문에 전류가 흐르지 않는다.
그래서 앞에서 같은 동작점을 갖게 된다.
→ B급 push-pull(증폭기)

(b) B급의 경우

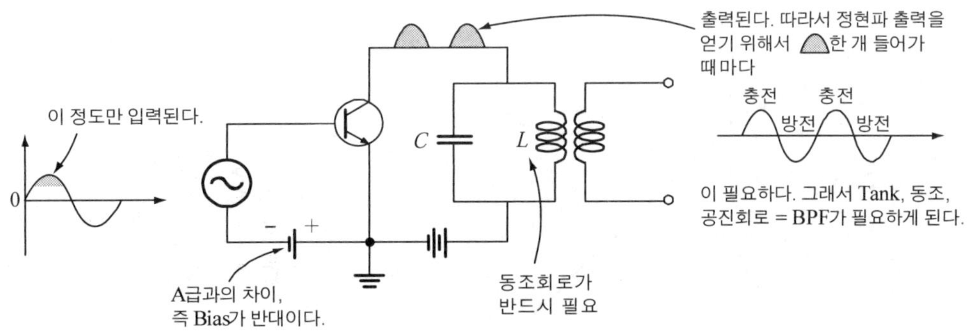

(c) C급의 경우

그림 9.4

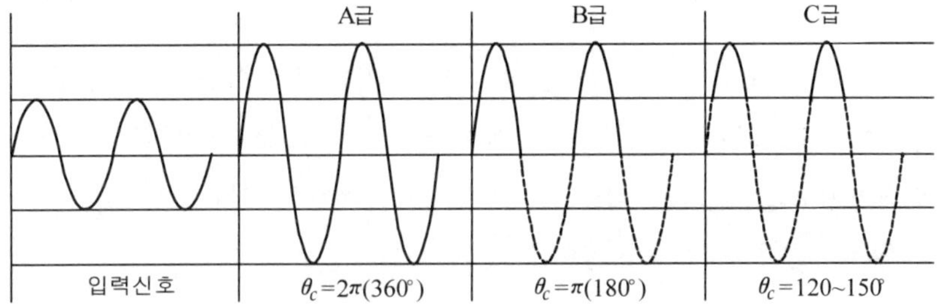

그림 9.5 각 증폭 방식의 왜곡 파형

9.2 각 전력 증폭회로의 해석

9.2.1 A급 전력 증폭 회로

(1) **직렬 부하**

A급 전력 증폭기는 부하선의 중앙에 동작점 Q가 위치하기 때문에 입출력 신호는 360° 전 위상에 대해 직선영역에서 동작하게 된다. 따라서 A급 전력 증폭회로의 경우는 전력 증폭에서는 부하에 큰 전력을 공급하고 효율이 우수하며, 왜곡(일그러짐)이 최소가 되다. 이를 위해서는 부하의 임피던스를 결정하는 것이 매우 중요하게 된다. 특히 트랜지스터 전력 증폭에서는 온도 상승이 문제가 되므로 출력에 제한을 받게 된다. 또 컬렉터 접합부에서의 손실이 크기 때문에 그 손실에 의하여 트랜지스터의 온도가 올라가게 된다.

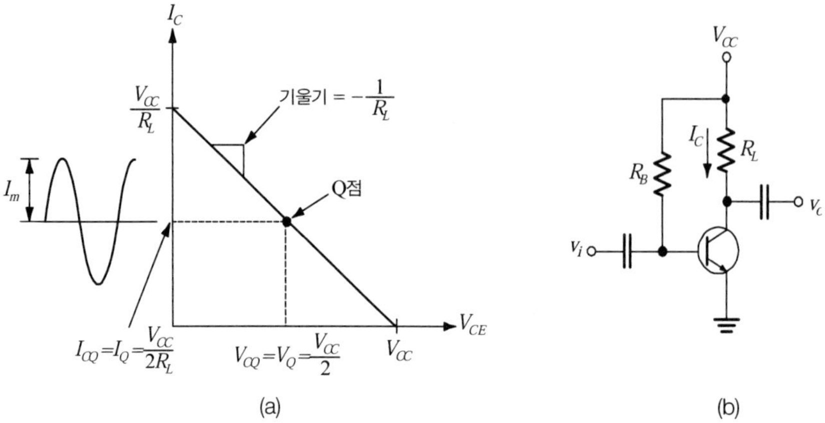

그림 9.6 A급 직렬 부하

직렬 부하(직렬 급전) 증폭 회로는 입력 신호가 없는 경우에도 직류 전류가 컬렉터에 흘러 전력 손실이 커서 효율이 낮기 때문에 전력 증폭기로는 적합하지 않다.

최대 출력 전력 $P_{out(max)}$은 첨두 간 최대 출력 전압의 실효치와 첨두간 최대 출력 전류의 실효치의 곱 $P_{dc}= V_{CC} \cdot I_{CQ}$이므로

$$P_{out(max)} = \frac{V_{CC}(V_{CC}/R_C)}{8} = \frac{V_{CC}^2}{8R_C}$$

이다. 다음으로 최대 직류 공급 전력 즉 최대 입력 전력을 구해보자. 최대 I_{C_Q}는 V_{CC}/R_C의 1/2이므로 최대 직류 공급 전력 P_{dc}을 구하면

$$P_{dc} = V_{CC} \times 최대 I_{C_Q} = V_{CC} \times \frac{V_{CC}/R_C}{2} = \frac{V_{CC}^2}{2R_C}$$

가 된다. 따라서 A급 직렬 공급 전력 증폭기의 최대 효율 η_{max}는

$$\eta_{max} = \frac{P_{out(max)}}{P_{dc}} \times 100[\%] = \frac{V_{CC}^2/8R_C}{V_{CC}^2/2R_C} \times 100[\%] = 25[\%]$$

이다. 즉, A급 직렬 공급 전력 증폭기의 최대 효율은 25[%]이다. 실제로는 약 10[%] 이하이다.

A급 증폭기에 입력 신호의 전압이 정현파인 경우 출력 전력은 입력 신호 전압의 제곱에 비례한다.

(2) 병렬 부하

■ 병렬 부하를 트랜스(Trans) 결합이라고도 하는데 이는 소 신호 증폭회로와의 차이로 저항 대신 트랜스를 사용했다는 점이다. 즉 부하에서 직류 전력 손실을 작게 하기 위해 병렬 부하 증폭기(부하와 증폭기를 트랜스로 결합)를 사용한다.

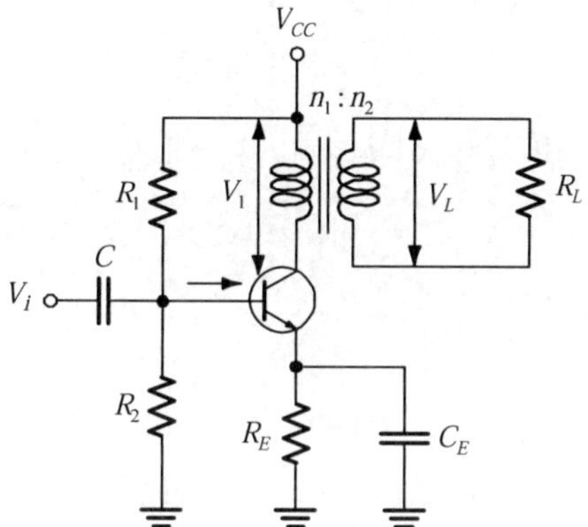

(a) 변압기 결합을 통한 전력증폭기

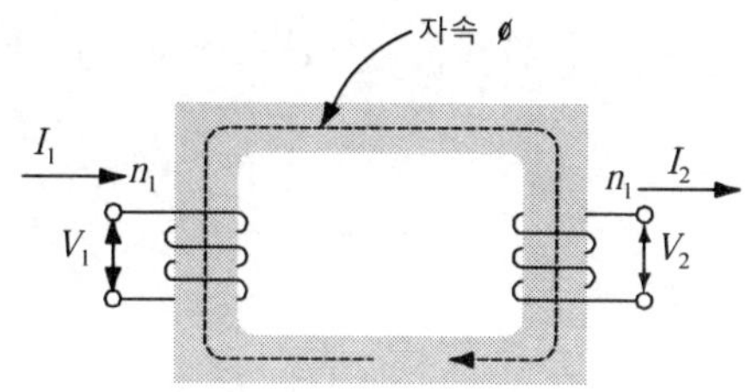

(b) 이상적인 변압기

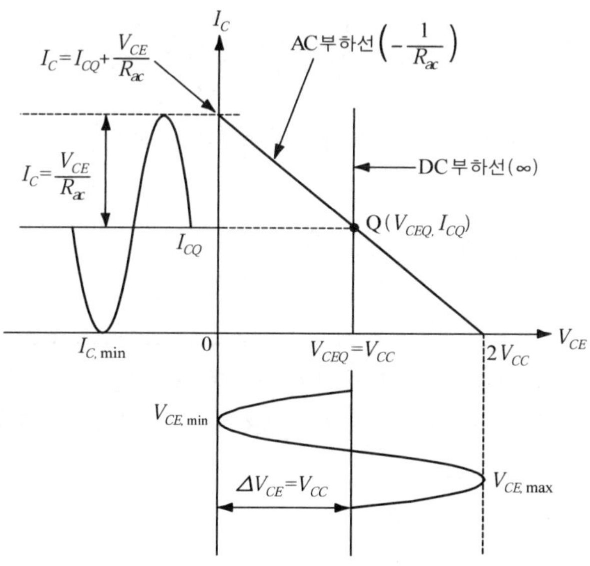

(c) 증폭기의 동작, 직류 교류 부하선

그림 9.7 병렬 부하

그림 (b)와 같은 이상적인 변압기에서 기자력(자속을 흐르게 하는 압력)을 F라고 하면 $F = NI$ 관계가 성립한다.

따라서 $N_1 \cdot I_1 = N_2 \cdot I_2$이면 $F_1 = F_2$으로 이는 누설자속이 없다는 것(1차에서 2차로 모두 간다라는 의미)이며, $P_1 = P_2$라면 철 손실이 없다는 것이다. 따라서 이상적인 변성기의 경우라면

$$V_1 I_1 = V_2 I_2$$

$$\frac{V_1^2}{R_1} = \frac{V_2^2}{R_2}$$

이며 이 관계를 정리하고 새로운 계수인 권선 비 n을 이용해서 나타내면

$$n = \frac{N_1}{N_2} = \frac{V_1}{V_2} = \frac{I_2}{I_1} = \sqrt{\frac{R_1}{R_2}}$$

가 된다. 여기서 저항 R_1은 1차 측 저항, R_2는 2차 측 저항을 나타낸다.

그리고 병렬 부하 즉 출력 측에서 본 출력인 실효 부하저항 또는 컬렉터 회로의 교류저항 R_{ac}의 크기는 전압 및 전류 법칙에 의해서

$$R_{ac} = \frac{V_c}{I_c} = \left(\frac{n_1}{n_2}\right)^2 \cdot R_L$$

으로 나타낸다. 따라서 출력 측에서 바라본 출력저항의 크기는 사용되는 트랜스의 권선비에 의해서 크기가 결정된다. 이 작용은 2차 측에 임피던스를 접속하였을 경우에도 성립하므로 이를 임피던스 변환 작용이라고 한다.

예제 9.1

변압기 결합 A급 증폭기에서 부하 $R_L = 4[\Omega]$에 최대 전력 $5[W]$를 공급하려고 하는 경우 출력 측 변압기의 권선비 N_1/N_2의 크기를 결정하여라. (단, $V_{CC} = 20[V]$이다.)

[풀이] 최대 출력 전력 관계식을 이용하면

$$P_o = \frac{V_{CC}^2}{2R_{ac}} = 5[W]$$

이므로 여기서 부하 저항의 크기를 구하면

$$R_{ac} = \frac{V_{CC}^2}{2 \times 5[W]} = \frac{(20[V])^2}{10} = 40[\Omega]$$

가 된다. 이를 이용하여 권선 비의 크기를 구하면

$$n = \frac{N_2}{N_1} = \sqrt{\frac{R_{ac}}{R_L}} = \sqrt{\frac{40}{4}} = \sqrt{10}$$

으로 구해진다.

■ 교류 최대 출력 전력

변압기 1차측 교류 전력은 A급 직렬 공급 전력 증폭기에서 구한 출력 전력

$$P_o = \frac{(V_{CE(max)} - V_{CE(min)})(I_{C(max)} - I_{C(min)})}{8}$$

으로 구할 수 있다. 여기서 교류 최대 출력 전력을 얻기 위해서는

$$V_{CE(max)} - V_{CE(\min)} \fallingdotseq 2V_{CC}$$
$$I_{C(max)} - I_{C(\min)} \fallingdotseq 2I_{C_Q}$$

인 관계식을 이용하면 최대 출력 전력 $P_{o(\max)}$은

$$P_{o(\max)} = \frac{(2V_{CC})(2I_{C_Q})}{8}$$

이다. 여기에 $I_{C_Q} = \frac{V_{CC}}{R_{ac}}$을 적용하여 $P_{o(max)}$의 크기를 구하면

$$P_{o(max)} = \frac{V_{CC}^2}{2R_{ac}}$$

가 된다. 여기서 직류 전원으로부터 공급되는 직류 전력 P_{dc}는

$$P_{dc} = V_{CC} I_{C_Q}$$

인 관계에 있으므로 이를 이용하여 변압기 결합 A급 전력 증폭기의 이론적인 최대 효율 η_{max}을 계산하면

$$\eta_{max} = \frac{P_{o(max)}}{P_{dc}} \times 100[\%] = \frac{(2V_{CC})(2I_{C_Q})/8}{V_{CC} I_{C_Q}} \times 100[\%] = 50[\%]$$

가 된다. 따라서 변압기 결합 A급 전력 증폭기의 이론적인 최대 효율은 50[%]이다.

■ A급 트랜스 결합 증폭기의 특징

- 부하에 컬렉터 전류의 직류분이 흐르지 않아 직류 전력 손실이 없어 효율이 좋으며,
- 컬렉터 회로에서 직류 전압 강하가 없으므로 낮은 공급 전력으로 사용이 가능하며,
- 권선비의 변화로 임피던스 정합(Impedance matching)이 용이하다.
- 컬렉터 손실은 $P_D = P_i - P_o$에서 입력 신호가 없을 때가 가장 크다.

Book Cafe

■ A급 싱글 전력 증폭 회로

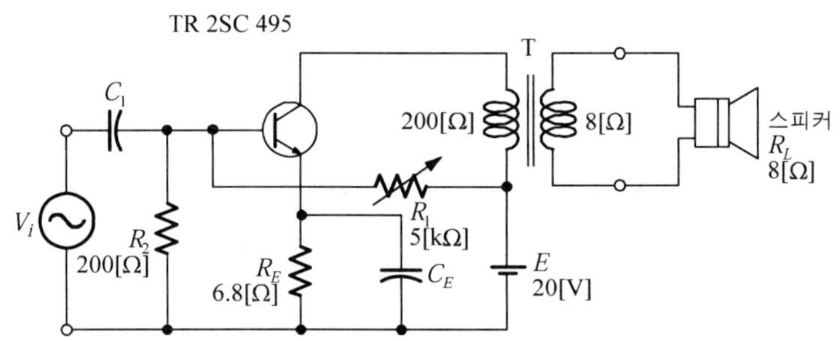

회로의 동작을 고려하기 위해서는 다음의 경우처럼 직류 회로와 교류 회로로 구분하여 동작을 행한다.

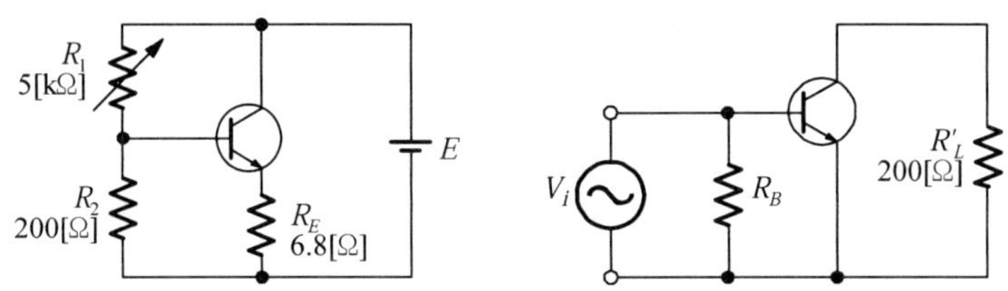

(a) 직류 회로 (b) 교류회로

그리고 동작점과 교류 부하선의 경우는 가능한 큰 전력을 얻기 위해서

▸동작점은 교류 부하선을 2등분한다.

▸최대 정격값 이내에 가능하면 바이어스 전류를 큰 값으로 한다.

등을 고려하여 동작점을 결정해야 한다.

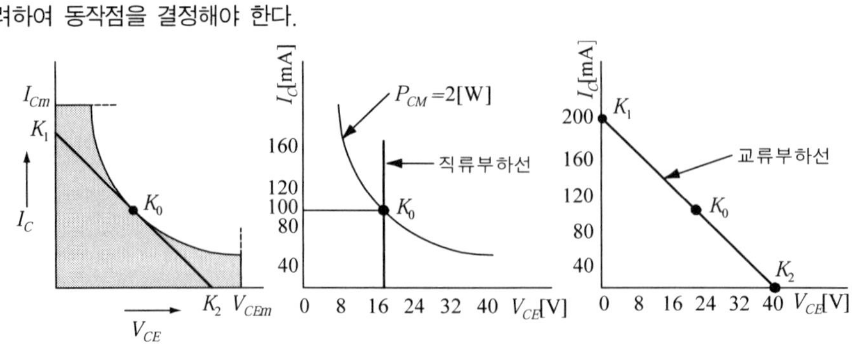

(3) A급 전력 증폭기의 왜곡

A급 전력 증폭기의 왜곡으로 첫째 출력 왜곡은 컬렉터 특성의 정 전류 곡선의 간격이 불균일하기 때문에 발생하는 왜곡이며, 둘 째 입력 왜곡은 입력 저항의 비직선상, 큰 입력 신호를 사용하는 경우에 발생하며, 온도 변화에 따른 동작점의 변동, 그리고 포화 또는 차단에 의해 발생하는 클리핑 왜곡이 발생할 수 있다.

여기서 왜곡 D에 대한 크기를 구하는 관계식은

$$D = \frac{\sqrt{{I_2}^2 + {I_3}^2 + \cdots}}{I_1}$$

으로 구해지며, 여기서 I_1은 기본파(제1고조파) 전류, I_2는 제2고조파 전류 등을 의미한다.

예를 들어 저주파 증폭기의 출력 전압에 기본파의 전압이 100[V], 제2 고조파의 전압이 4[V], 제3 고조파의 전압이 3[V]인 경우 왜율의 크기는

$$D = \frac{\sqrt{\text{제2 고조파}^2 + \text{제3 고조파}^2 + \cdots}}{\text{기본파}} \times 100[\%] = \frac{\sqrt{4^2 + 3^2}}{100} \times 100[\%] = 5[\%]$$

가 된다.

(4) A급 전력 증폭회로의 특징

- 정 특성 곡선 직선 부분의 중앙에서 동작점 Q을 취했기 때문에 비 직선 왜곡이 적은 출력파형을 얻게 된다.
- 이상적인 최대 출력은 $P_O = V_{CC} \cdot I_C = \dfrac{V_{CC}^2}{2R_L}$ 으로 출력 전력은 전원 전압의 제곱에 비례한다.
- 이론상 전력 증폭 회로의 전원효율의 크기는 최대 50[%]이다. 이상적인 최대 출력의 경우에도 50[%]의 효율을 넘지 못한다.
- 주로 AF-Amp, Buffer 등으로 사용한다.
- A급 전력 증폭회로에서의 손실 요인
  - 변성기의 권선 저항과 누설 자속 ϕ에 의해서 발생한다.
  - 트랜지스터의 포화 영역 혹은 차단 영역 때문에 교류 부하선의 전 범위가 사용되지 못하기 때문이다.

• 바이어스 안정을 위해 사용되는 저항 R_E에 의해 전압 강하가 생겨 V_{CE}가 낮아지기 때문이다.

9.2.2 B급 전력 증폭 회로

이미터 폴로워 회로가 곧 B급 전력 증폭 능력을 보인다. 이미터 폴로워 회로에는 직류 바이어스가 되지 않기 때문에 교류 입력 전압 V_i의 (+) 반주기 동안에 베이스와 이미터 사이에는 차단 전압이 걸려야만 트랜지스터가 동작하여 출력이 발생하며, 입력 신호 중 (−) 반주기 동안은 베이스와 이미터 사이에 역 바이어스가 걸리기 때문에 트랜지스터는 차단 상태가 된다. 따라서 B급 전력 증폭 회로는 출력은 반파 정류된 파형을 발생하게 된다.

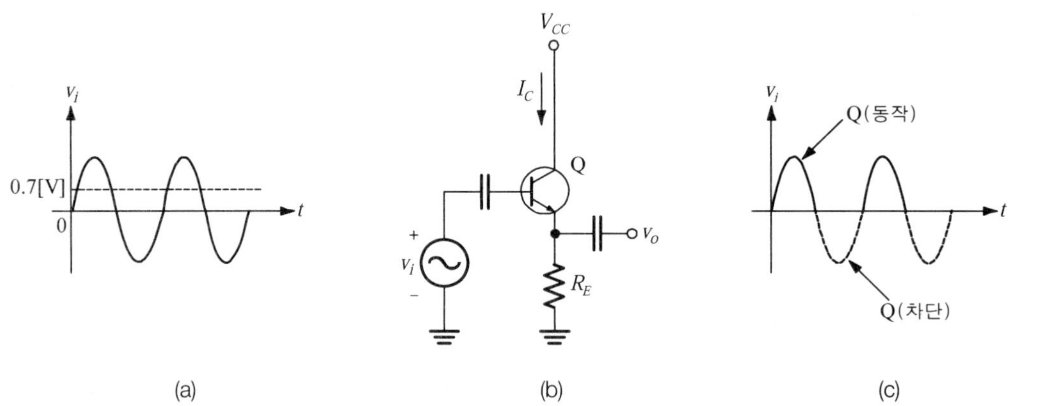

그림 9.8 B급 전력 증폭 회로

9.2.3 C급 전력 증폭 회로

(1) C 급 전력 증폭 회로의 역할

C급 증폭 회로는 증폭 효율을 가장 크지만 왜곡이 심하게 발생하는 증폭 방식으로 주로 고주파 증폭에 적합한 증폭 방식으로 무선 송신기에서 체배 증폭단에 사용된다. 여기서 체배기를 구성하는 경우에 C급 증폭 회로를 사용하는 이유는 파형 변화의 정도가 A급과 B급에 비해서 크며, 고조파 성분이 많이 포함되어 있기 때문이다.

(2) C급 전력 증폭 회로의 특징

- 양극 동조 회로를 설치하여 제 2, 제 3 고조파에서 동조시켜 소요 주파수를 만들어 낼 수가 있어 체배 증폭기에 적합하다.
- 유통각이 적어 효율이 우수하고 찌그러짐이 크다.

  여기서 유통각은 전류가 도통하는 기간으로 유통각이 적을수록 전류가 도통되는 기간이 짧아져서 효율이 높게 된다.
- 출력 단에 공진 회로를 필요로 한다. 여기서 공진 회로는 입력으로 인가되는 저주파 신호를 저장하기 위한 일종의 탱크(Tank)회로를 말한다. 그리고 입력 신호 주파수는 LC 탱크 회로의 공진 주파수와 일치시킨다.
- 고출력용으로 주로 사용한다.
- 무선주파(RF) 동조 증폭기이다.
- 협대역 증폭기이다.
- 공진 주파수에서 출력 전압은 최대가 된다.
- LC 공진 회로의 Q는 대역폭 BW가 넓어질수록 작아진다.

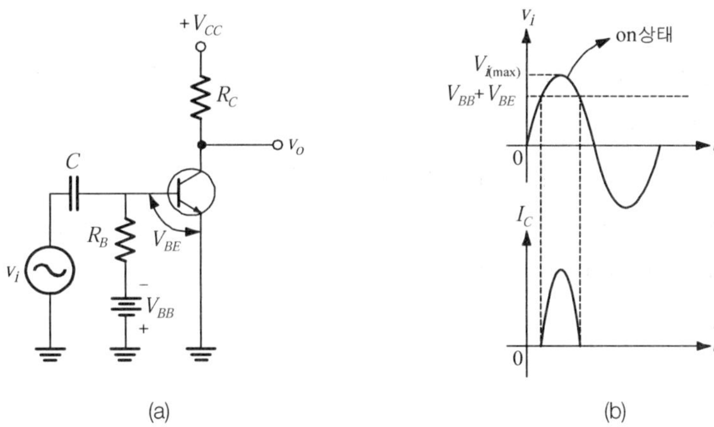

그림 9.9 C급 전력 증폭 회로

(3) C급 동조(Tunned) 증폭기

C급 동조 증폭기는 공통 이미터 증폭기에서 컬렉터 저항 R_C 대신에 LC 병렬 공진 회로를 사용한 것이다. 즉, C급 증폭기는 RF 동조 증폭기(turned amplifier)이다.

C급 증폭기에서 교류 입력 신호 전압은 베이스를 구동시키고 컬렉터에는 반전 증폭된 출력 전압이 나타난다. 그 다음 반전 증폭된 신호는 부하 저항으로 용량 결합된다.

즉, LC 탱크 회로가 입력 주파수에 동조될 때 탱크 회로의 임피던스는 최대가 되고 이 때 컬렉터 전류는 최소를 나타낸다.

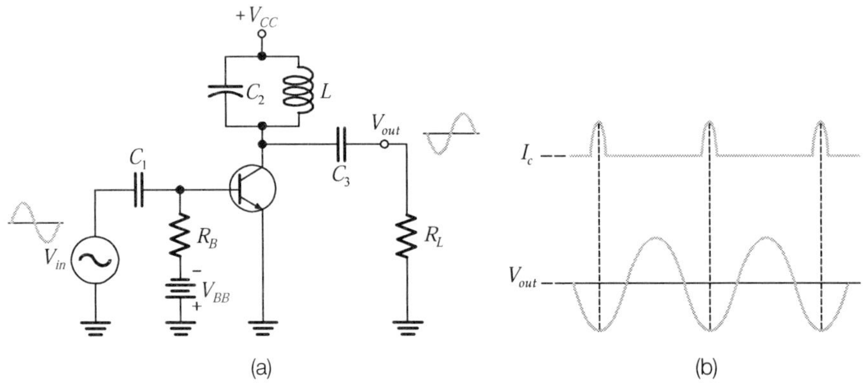

그림 9.10 C급 동조 증폭기

동조 C급 증폭기의 입력 측에 부(−) 클램퍼 회로를 사용하는 이유는 베이스와 접지 사이에 −DC 전압, 즉, 바이어스 전압을 걸어주기 위한 것이다. 따라서 별도의 바이어스 회로가 필요 없다.

C급 동조 증폭기에서 교류 입력 신호는 이미터 다이오드(베이스-이미터 접합)를 구동시키고 증폭된 전류 펄스는 탱크 회로를 구동시키게 된다. 이 회로에서 입력 결합 커패시터 C_1과 저항 R_B 그리고 이미터 다이오드(베이스-이미터 접합)는 부(−) 클램퍼 역할을 한다. 이 때문에 이미터 다이오드 양단에 나타나는 신호는 부(−)로 클램프 된다. 입력 신호의 정(+) 피크만이 이미터 다이오드를 동작시킬 수 있으므로 컬렉터에는 짧은 펄스 형태의 컬렉터 전류가 흐른다.

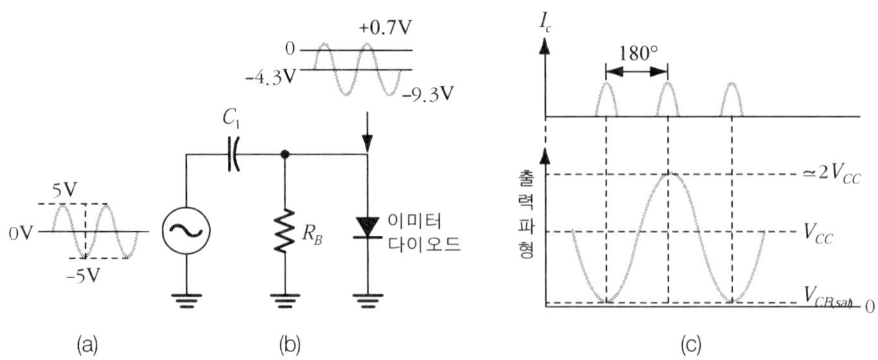

그림 9.11 부(−) 클리핑 회로

여기서 부(−) 클리핑 회로에 대한 동작 원리를 고려하면

- 그림 (a)의 부(−) 클리핑 회로에서 입력 전압의 피크 간 전압이 5[V]일 때 신호는 트랜지스터의 베이스에

  (+) 피크 전압 = +0.7[V],

  (−) 피크 전압 = −10[V]+0.7[V] = −9.3[V]

  로 클램프 된다. 베이스의 평균 전압은 −4.3[V]이다. 이와 같이 부 클램퍼가 베이스에 바이어스 전압을 걸어 주는 역할을 한다.
- 그림 (b)는 컬렉터 전류 파형이며 이 펄스 파형의 주기는 LC 공진 회로의 공진 주파수 f_r과 같다.
- 그림 (c)의 출력 파형에는 그 주기와 일치하는 주기의 사인파 전압이 나타나게 된다.

LC 병렬 공진 회로(탱크 회로)의 공진 주파수에서 출력 전압은 최대가 된다. 공통 이미터(CE) 연결이기 때문에 컬렉터에는 증폭된 출력 전압 파형이 위상 반전되어 나타난다.

여기서 C급 증폭기는 전력 손실이 매우 적고 출력 전력이 크므로 효율이 100[%]에 가깝다.

즉, 컬렉터 전류가 도통각이 매우 작은 펄스 파형이므로 피크치가 작아서 트랜지스터에서의 소비 전력이 매우 작기 때문이다.

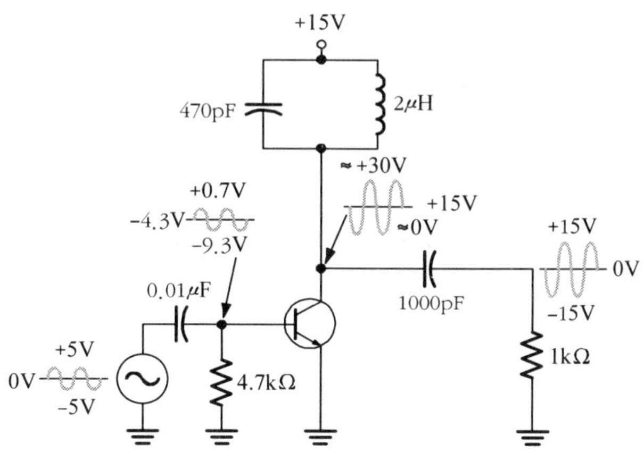

그림 9.12 소자값이 주어진 경우 C급 증폭기

그림 9.12 회로에 대해서 공진 주파수를 구하면

$$f_r = \frac{1}{2\pi\sqrt{LC}} = \frac{1}{2\pi\sqrt{2\times10^{-6}\times470\times10^{-12}}} = 5.2[\text{MHz}]$$

이다. 만일 입력 신호가 이 공진 주파수와 같다면 C급 동조 회로는 입력 신호를 증폭한다. 입력 신호는 10[V]의 피크-피크 값을 갖고 있으므로 트랜지스터의 베이스에서 +0.7[V]의 피크와 −9.3[V]의 피크로 부(−) 클램프 된다. 평균 베이스 전압은 −4.3[V]이며, 이 전압은 높은 임피던스의 직류 전압계로 측정할 수 있다. 이 C급 증폭기 회로는 CE 접속이므로 컬렉터 신호는 반전되어 나타난다. 컬렉터 파형의 직류 전압 즉 평균 전압은 전원 전압인 +15[V]이다. 따라서 피크-피크 컬렉터 전압은 30[V]이다.

이 전압이 부하 저항으로 용량 결합된다. 최종 출력 전압은 직류 성분이 제거된 ±15[V]의 피크 값을 갖는다. 이 회로에서 모든 커패시터들은 고주파용으로 사용한다.

Book Cafe

무선 송신기에서 체배 증폭기를 설치하는 이유는 높은 주파수의 수정 공진자를 갖도록 설계하면 대단히 얇아져서 기계적으로 불안하여 큰 발진 출력을 얻기 곤란한 경우에 주파수 체배 증폭부를 설치하여 C급 증폭을 행하면 양극 회로에 나타나는 주파수의 고조파 성분을 증폭하도록 한다.

9.3 푸시풀(Push-Pull) 전력 증폭 회로

9.3.1 푸시풀 전력 증폭 회로의 원리

(1) B급 Push-Pull의 동작 개요

푸시풀 증폭 회로가 되기 위한 조건으로 두 입력의 크기는 같아야 하고, 두 입력의 위상은 180°이어야 하며, B급이나 AB급으로 동작시킨다. 그리고 IPT(InPut Trans) 대신에 위상 반전 회로나 상보 대칭 회로를 사용하면 되고, OPT(OutPut Trans) 대신에 SEPP 회로를 사용하면 되므로 IPT나 OPT를 반드시 사용할 필요는 없다.

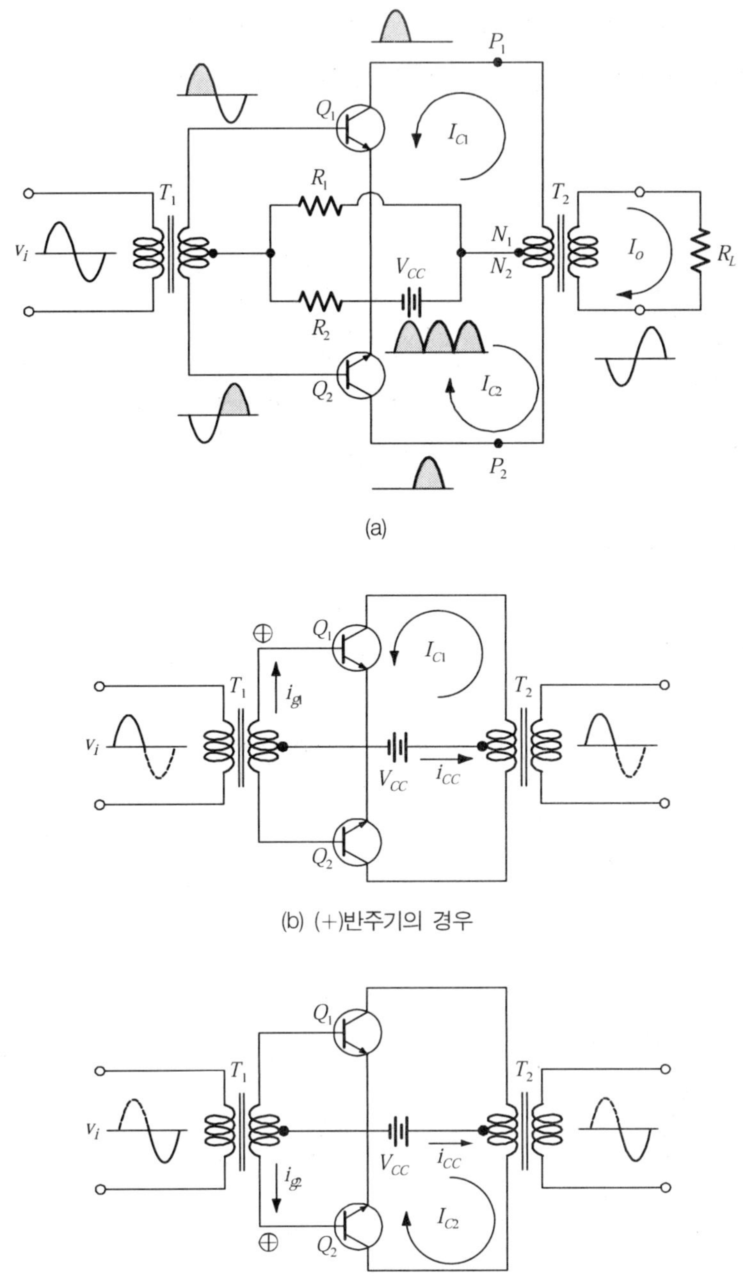

그림 9.13 B급 push-pull 전력 증폭 회로

B급 Push-Pull 전력 증폭 회로는 DC 성분에 대한 동작원리로 $I_{C1} = I_{C2}$는 동시에 반대 방향으로 흘러 트랜지스터 Q_2의 2차측의 유도 자속은 서로 상쇄되므로 출력은 0이다. 신

호 입력의 정(+)의 반주기 동안에 Q_1이 동작하며, 신호 입력의 부(−)의 반주기 동안에 Q_2가 동작한다. 그리고 AC 성분은 시간차 때문에 트랜지스터 Q_2의 2차측에 유기되는 전압은 합성된다.

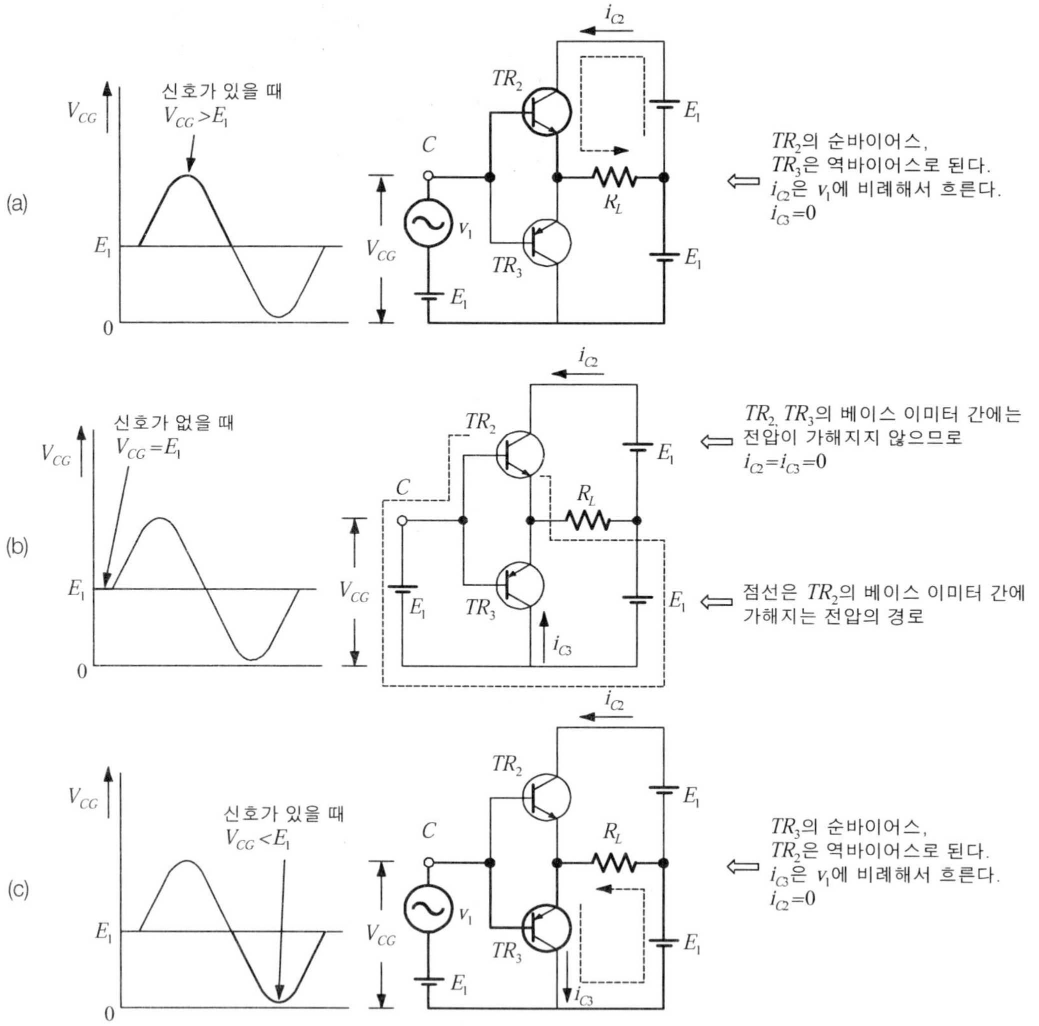

그림 9.14 출력 회로의 동작

(2) B급 Push-Pull 증폭 회로의 특징

■ Push-Pull 증폭 회로에서 사용되는 두 트랜지스터의 특성이 다른 이유에서 발생하는 왜곡을 부정합 왜곡이라고 한다.

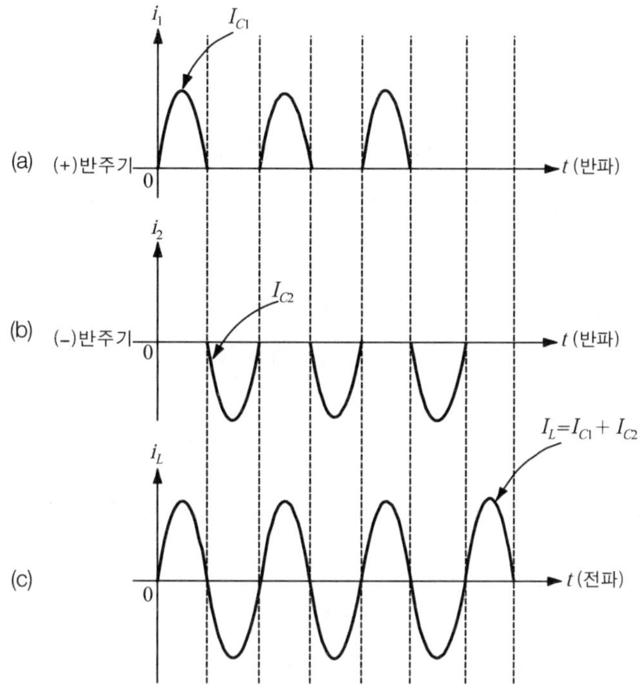

그림 9.15 B급 push-pull 증폭 회로의 출력 곡선

- 반파 정류 특성을 보이는 B급과는 달리 전파 정류 능력을 지닌다.
- B급으로 동작하므로 직류 바이어스 전류가 매우 작다.
- 손실을 2개로 컬렉터로 분산할 수 있으므로 큰 출력을 얻을 수 있다.($\eta = 78.5[\%]$).

$$\eta = \frac{P_{ac}}{P_{dc}} \times 100[\%] = \frac{(\frac{V_{cc}}{\sqrt{2}})(\frac{I_m}{\sqrt{2}})}{V_{cc} \times I_{dc}}$$

여기서 직류 전류 $I_{dc} = \frac{2I_m}{\pi}$ 을 대입해서 정리하면

$$\eta = \frac{(\frac{V_{cc}}{\sqrt{2}})(\frac{I_m}{\sqrt{2}})}{V_{cc} \times \frac{2I_m}{\pi}} \times 100[\%] = 78.5[\%]$$

가 된다.

즉, 효율이 크다는 것은 손실이 적다는 것을 의미하는 것이다. 즉 입력 신호가 없을 때 전력 손실이 매우 작다. 여기서 손실은 트랜지스터에서 열로 소모되는 것을 의미한다.

- 입력이 없을 때 컬렉터 손실이 작으며 큰 출력을 낼 수 있다.
- 우수(짝수) 고조파는 제거되고, 기수(홀수) 고조파만 발생한다.

여기서 입력 전류의 크기가 동일하고 위상차가 180° 인 경우를 이용하는 경우 입력 전류를 $I_{B1} = Ksin\omega t$, $I_{B2} = Ksin(\omega t + 180°)$라고 하면 이 때 출력 전류는 각각 $I_{C1} = h_{fe1} I_{B1}$, $I_{C2} = h_{fe2} I_{B2}$가 된다. 따라서 전체 출력 전류 I_c를 구하면

$$I_C = I_{C1} + I_{C2} = K(\sin\omega t + \sin 3\omega t + \sin 5\omega t + \cdots)$$

처럼 나타난다. 이 출력 전류에는 우수 고조파가 제거 되고 기수 고조파만 발생하고 있음을 알 수 있다.

따라서 B급 푸시풀 전력 증폭기에서 출력 파형의 찌그러짐이 작아지는 주요 원인은 우수차 고조파가 상쇄되기 때문이라고 할 수 있다.

- 비 직선 일그러짐이 적다. 즉 직류 자화를 받지 않으므로 자기포화에 의한 비 직선 왜곡을 제거할 수 있다. 여기서 자기 포화는 자성체를 자화하는 경우에 자화력을 증가시키면 자속 밀도가 함께 증가하는데, 어느 점에 이르면 자화력을 증가시켜도 더 이상 자속 밀도가 증가하지 않는 현상으로 이 특성은 자성체의 종류에 따라 다르게 나타난다.
- 교차 일그러짐(cross-over distortion)이 발생한다.

여기서 교차 왜곡이 발생하는 이유는 동작점 Q를 차단 영역에서 취했기 때문이며, 이를 개선하는 방법으로는 동작점을 약간 AB급 쪽으로 이동한다. 즉, 동작점을 완전 차단 영역에서 벗어난다는 것을 의미한다.

- 한쪽 컬렉터에서 바라본 교류 등가 저항 R_{ac}의 크기는

$$R_{ac} = \frac{1}{4}\left(\frac{n_1}{n_2}\right)^2 \cdot R_L$$

으로 구해진다.

- 전원에 포함되는 리플 전압은 상쇄되어 부하에 나타나지 않지만, 입력 신호에 포함된 험은 제거 되지 않는다.
- 싱글(Single)의 경우보다 4배 이상의 출력을 얻을 수 있다.

(3) 교차 왜곡의 발생원인

일그러짐의 원인으로는 트랜지스터의 부정합 및 컬렉터 특성의 비 직선성 등에 의한 것으로 이와 같은 입력 특성의 비직선 특성으로 인해서 발생하는 일그러짐을 교차 왜곡이라고 한다.

여기서 교차 왜곡을 최소화하는 방법으로 Cut-in 전압 근처에 바이오스 전압을 걸어 무신호 상태에서도 약간의 베이스 바이어스 전류가 흐르도록 하여 동작점을 AB급 상태에서 동작하도록 하여 개선할 수 있게 된다.

즉, 트랜지스터를 AB급으로 동작시켜 입력 신호가 0일 경우에도 작은 전류가 흐르도록 해준다.

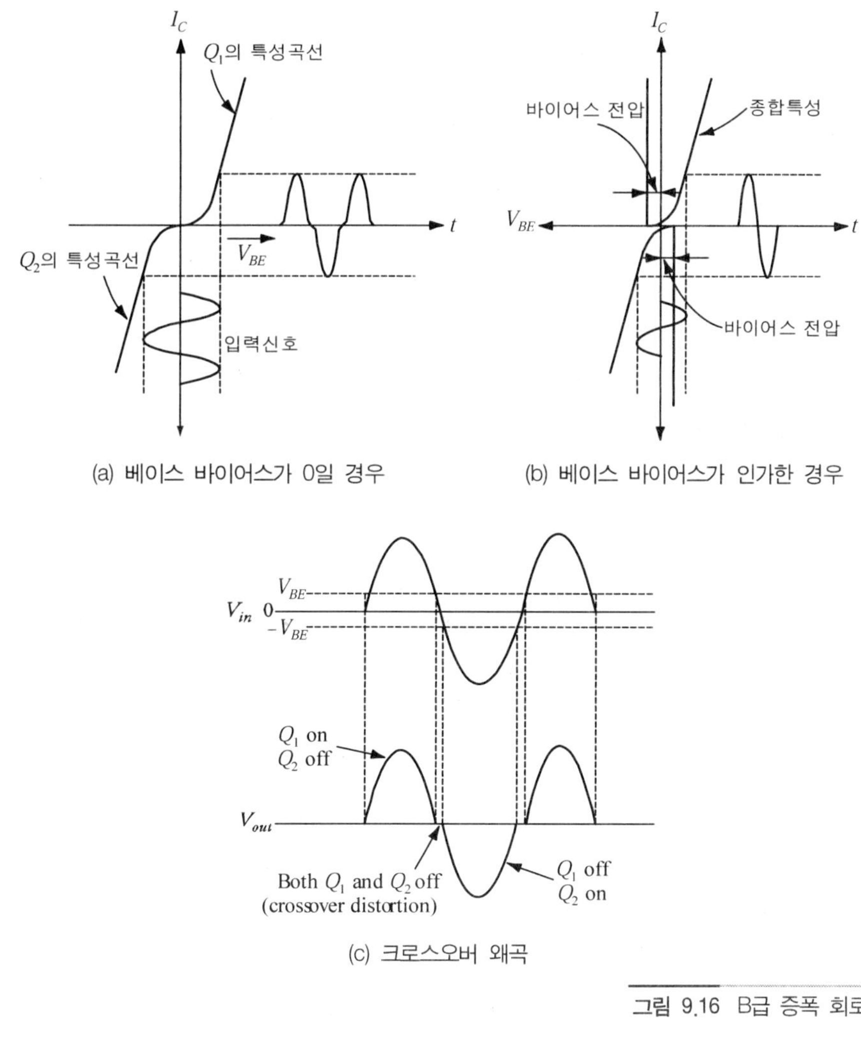

그림 9.16 B급 증폭 회로의 교차왜곡

다음의 그림 9.17은 B급 증폭 회로에서 발생하는 교차왜곡을 개선하기 위한 방법으로 분압 바이어스 회로를 이용하는 방법을 들 수 있다.

■ 분압기 바이어스를 이용한 교차 왜곡 개선으로 저항 R_2을 이용하여 Q_1, Q_2에 직류 전압을 인가하는 방법으로 저항 R_2의 전압 강하는 $2V_{BE} \fallingdotseq 1.2$ [V]정도가 된다.

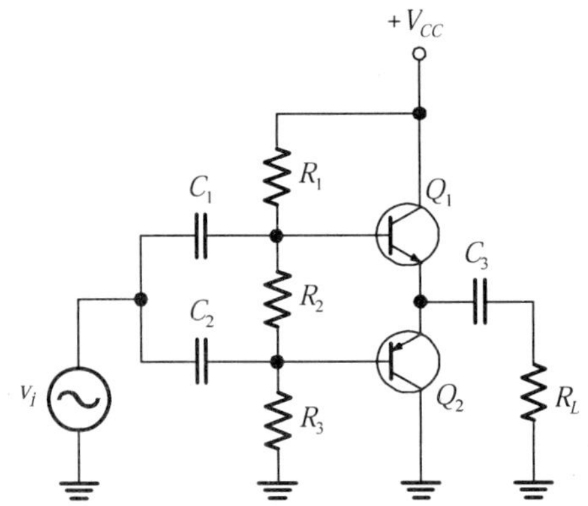

그림 9.17 교차 왜곡을 개선하기 위한 일종의 분압 바이어스 회로

■ 다이오드를 이용한 교차 왜곡 개선 방법으로 Q_1 과 Q_2에 특성이 동일한 다이오드를 이용하여 베이스와 이미터 사이의 직류전압을 인가하는 방법으로 사용되는 다이오드 D_1 과 D_2의 문턱 전압이 트랜지스터 Q_1, Q_2의 베이스와 이미터 사이에 걸리게 된다.

저항 R_2를 사용하는 경우 보다 전원 혹은 온도 등에 대해서 안정한 능력을 보인다.

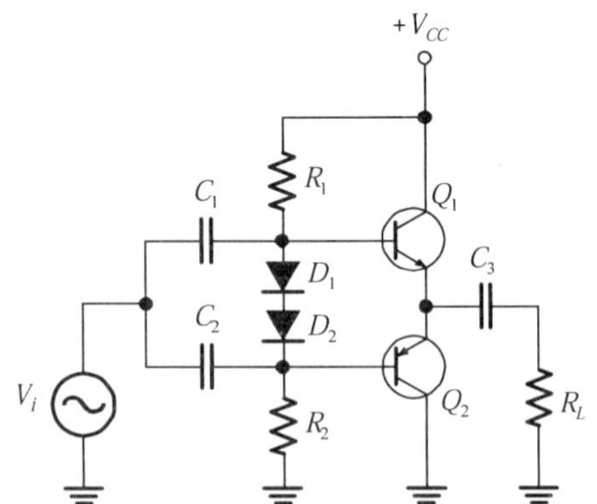

그림 9.18 다이오드를 이용한 교차 왜곡 개선 회로

한편 그림 9.18 회로는 분압 바이어스 회로 대신에 다이오드를 이용하여 교차 왜곡을

개선하기 위한 방법으로는 푸시풀 바이어스를 공급하는 방법을 들 수 있다.

다이오드를 이용한 교차 왜곡 개선 회로에서 이용되는 각 다이오드 특성과 트랜지스터의 베이스-이미터 접합부의 특성은 같아야한다. 이 때 다이오드 전류와 트랜지스터 전류는 같아야 한다. 이러한 현상을 전류 미러(current mirror)라고 한다. 이 전류 미러는 증폭기를 AB급 모드로 동작하도록 하여 교차 왜곡을 제거하게 된다.

예제 9.2

다음의 회로에서 효율 η을 구하여라.(단 트랜지스터 Q_1, Q_2의 특성을 동일하다고 본다.)

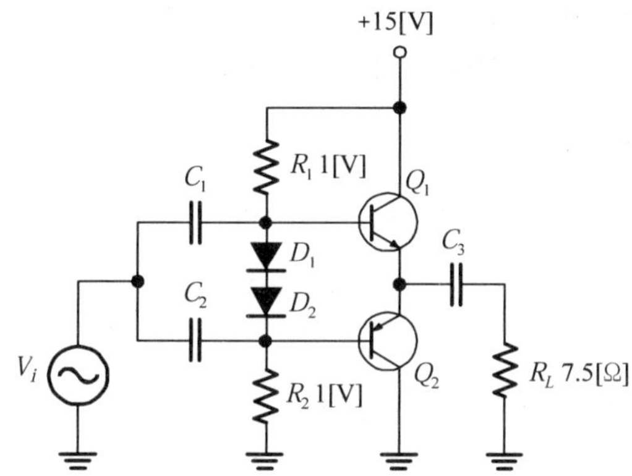

[풀이] 주어진 회로에 대한 직류 등가 회로를 나타내면

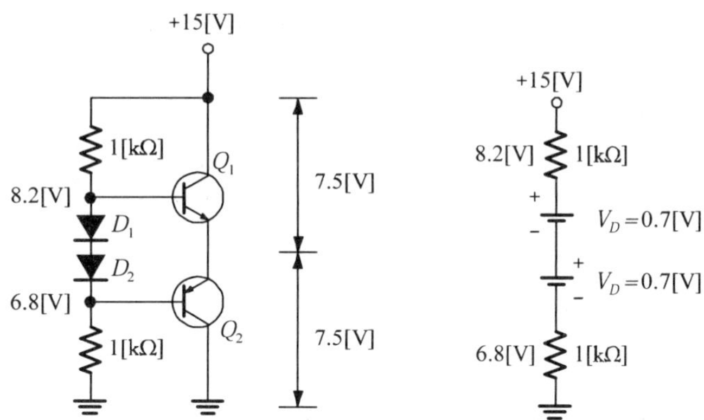

이며 그림(b)는 다이오드 D_1, D_2의 문턱 전압 0.7[V]로 하는 경우의 베이스 루프에 대한 등가 회로를 나타내 것으로 등가 회로 각각의 다이오드 D_1, D_2에 걸리는 전압을 계산하면

$$2\times V_D = 2\times 0.7[\mathrm{V}] = 1.4[\mathrm{V}]$$

이며, V_{CC}는 다이오드 D_1, D_2이외에 저항 R_1, R_2에 동일하게 분압되어 나타나므로

각 저항에 걸리는 전압의 크기 V_R은

$$V_R = \frac{V_{CC} - 2V_D}{2} = \frac{15 - 1.4}{2} = 6.8[\mathrm{V}]$$

이며, 이는 트랜지스터 Q_2의 베이스에 6.8[V]가 걸리게 된다. Q_2의 베이스에는 Q_1의 베이스보다. $2V_D = 1.4[\mathrm{V}]$가 높게 걸리므로 $6.8[\mathrm{V}] + 1.4[\mathrm{V}] = 8.2[\mathrm{V}]$ 가 된다. 한편 트랜지스터 Q_1, Q_2의 특성을 동일하므로 전원 15[V]는 Q_1, Q_2에 동일하게 분압되므로 각 트랜지스터에 대한 $V_{CEQ1} = V_{CEQ2} = \frac{V_{CC}}{2} = \frac{15}{2} = 7.5[\mathrm{V}]$ 가 된다.

그리고 트랜지스터가 차단점과 포화점 사이에서 구동하기 때문에 차단점과 포화점에 대한 V_{CE} 를 각각 고려하면

- ▸ 차단되는 경우에는 $V_{CE} = 7.5[\mathrm{V}]$ 이며,
- ▸ 포화되는 경우에는 $V_{CE(sat)} = 0.1 \sim 0.2 \fallingdotseq 0[\mathrm{V}]$

이므로 교류 전압 변화폭 $\Delta V_{CE} = V_{CE(sat)} = V_{CEQ} = \frac{15}{2} = 7.5[\mathrm{V}]$가 된다.

이를 이용하여 출력 P_{ac}을 구하면

$$P_{ac} = \frac{(\Delta V_{CC} / \sqrt{2})^2}{R_L} = \frac{(\Delta V_{CC})^2}{2R_L} = \frac{(7.5)^2}{2 \times 7.5} = 3.75[\mathrm{W}]$$

가 된다. 그리고 입력 전력인 P_{dc}을 구하면

$$P_{dc} = V_{CC} \times I_{CC} = V_{CC} \times \frac{I_{C(sat)}}{\pi} = V_{CC} \times \frac{V_{CC} / 2R_L}{\pi} = \frac{V_{CC}^{\ 2}}{2\pi R_L}$$

$$= \frac{(15[\mathrm{V}])^2}{2\pi \times 7.5[\Omega]} = 0.048[\mathrm{W}] = 4.8[\%]$$

이며, 이들을 이용하여 전력 효율 η을 구하면

$$\eta = \frac{P_{ac}}{P_{dc}} = \frac{3.75[\mathrm{W}]}{0.048[\mathrm{W}]} = 78.1[\%]$$

가 된다.

9.3.2 OTL(Output Transfer Less) 회로

(1) SEPP(Single Ended Push-Pull)

OTL 회로는 출력측의 변압기는 주파수 특성을 저하시키므로 전력 증폭기의 직접 부하를 구동할 수 있는 회로를 OTL 회로이라고 하며, OTL 회로의 형태는 DEPP, SEPP, 상보

대칭 SEPP 등으로 구분된다.

■ SEPP는 전원에 대해 직렬로, 부하에 대해서는 병렬로 동작하는 푸시풀 회로로 출력 트랜지스터가 직류적으로는 직렬로 연결되어, 싱글이나 교류적으로는 병렬로 연결되어 푸시풀로 동작한다는 것을 의미한다.

■ 사용되는 트랜지스터의 이미터의 출력과 만나기 때문에 Emitter follower(CC 접지)이다.

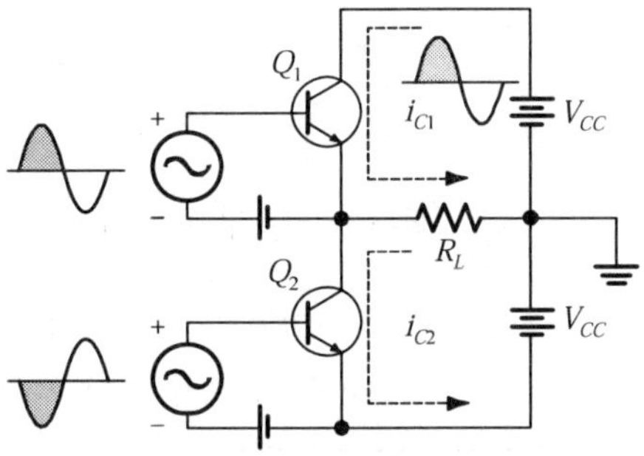

그림 9.19 2전원 방식 SEPP 회로

■ 따라서 CC 접지방식은 부하(출력 저항)가 낮아 직접 스피커를 구동하는 것이 가능하게 된다.

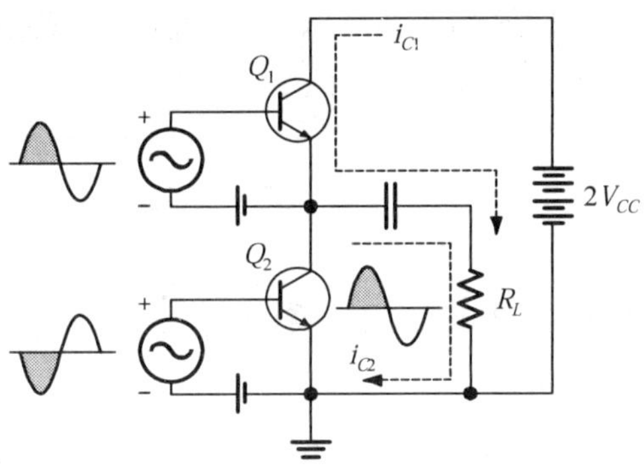

그림 9.20 1전원 방식 SEPP 회로

SEPP 회로는 입력 신호는 트랜스 또는 위상 반전 회로를 사용해서 동일 진폭으로 역위상의 전압을 인가하는 방식으로 동작 원리를 고려하면 다음과 같다.

■ 트랜지스터 Q_1에 정현파 입력 신호의 정(+)의 반주기 동안 도통하고,

"$V_{CC} \to Q_1 \to C$부하(스피커) $\to V_{CC}$"의 회로에 정현파의 전류 i_{C1}가 흐르며,

■ 입력의 다음 부(−)의 반주기 동안에는 점선으로 표시된 것과 같이

"$C \to Q_2 \to$ 부하(스피커) $\to C$ "의 회로에 전류 i_{C2}가 흘러 스피커(부하)에는 정현파형의 전류가 흐르는 것이 된다.

이와 같은 SEPP 회로는 일반적으로 1전원 SEPP 방식을 주로 이용하며, 부하가 적어도 직접 스피커를 구동할 수 있다.

예제 9.3

B급 SEPP 출력 회로에서 $10[\mathrm{W}]$의 출력으로 $16[\Omega]$의 스피커를 동작시키려고 하는데 여기서 출력의 여유를 $25[\%]$으로 하고 전원 2개를 사용하는 경우에 사용되는 1개의 전원은 어느 정도의 전압을 공급해야 하는가?

[풀이] 출력전력을 구하는 관계식 $P_0 = \dfrac{V_{cc}^2}{2R_L}$을 이용하기 위해서 먼저 $25[\%]$의 여유를 갖는 출력전력을 P_0라고 하면 $P_0 = 10[\mathrm{W}] + 2.5[\mathrm{W}] = 12.5[\mathrm{W}]$이므로 $V_{cc}^2 = 2R_L \times P_0 = 2 \times 16 \times 12.5$가 된다. 여기서 사용되는 1개의 전원은 $V_{CC} = 20[\mathrm{V}]$가 된다.

(2) DEPP(Double Ended Push-Pull)

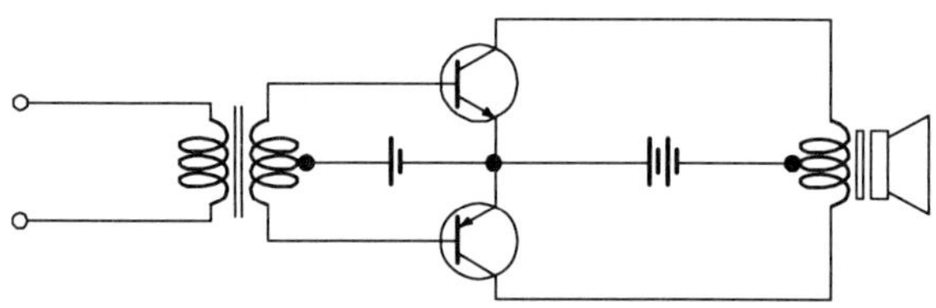

그림 9.21 DEPP 회로

- DEPP 회로에서는 2개의 트랜지스터가 전원 V_{CC}에 대하여 병렬로, 부하 R_L에 대해서는 직렬로 동작하는 회로이다.
- 콜렉터 효율이 높으며, 보다 큰 출력을 얻을 수 있다.
- 우수 고조파가 상쇄되며, 왜율이 감소한다.
- 직류에 의한 자기포화가 생기지 않으므로 비선형 일그러짐이 제거된다.
- 공급전원에 리플전압이 포함되어 있어도 상쇄된다.

(3) 상보 대칭(complementary)형 SEPP 회로

상보 대칭형 SEPP 회로의 개념은 푸시풀 B급 증폭기에서 입력 트랜스의 역할을 위상 반전을 시키는 것이다. 그러나 가청 주파 전력 증폭기에서 트랜스의 사용은 주파수 특성을 저하시키므로 두 개의 NPN과 PNP 트랜지스터는 특성이 정반대이므로 서로 상보적으로 동작을 하도록 설계된 전력 증폭 회로를 상보 대칭형 SEPP 회로라고 한다.

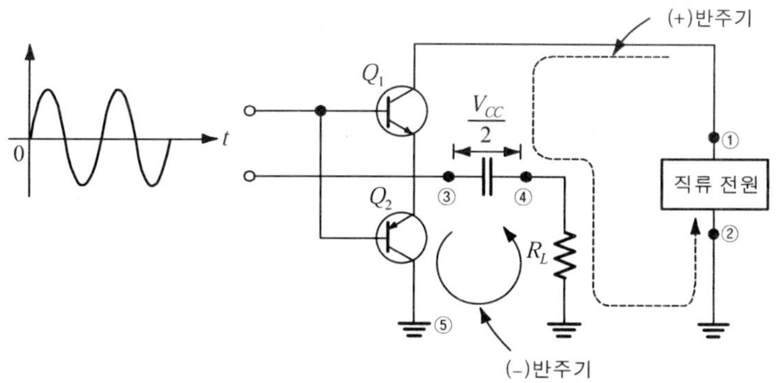

그림 9.22 상보 대칭형 SEPP 회로

여기서 상보 대칭형 SEPP 회로에 대한 동작 원리를 고려하면 다음과 같다.

- 입력 교류 신호 (+) 반주기 동안은 Q_1이 on 상태로 되고, 그 전류는 ①→③→④→② 방향으로 흘러 C를 충전시키며 이 충전 전압으로 Q_2는 off 상태로 되며,
- 입력 교류 신호 (−) 반주기 동안은 콘덴서 C의 충전 전압으로 Q_2가 on 상태로 되고 ③→⑤ → ④ 방향으로 전류가 흘러 결국 R_L에는 입력 신호의 전주기를 통하여 전류가 흐르며, 증폭된 출력 전압이 R_L 양단간에 나타나게 된다.

따라서 사용되는 콘덴서 C의 용량이 충분히 크면 Q_2가 동작하고 있는 반주기 사이에는 콘덴서 C의 양단의 전압은 거의 변화가 없고 전원으로서의 역할을 하며 push-pull 동작을 행한다.

그리고 출력 전력 P_0는

$$P_0 = \frac{(\frac{V_{cc}}{2} / \sqrt{2})^2}{R_L} = \frac{V_{cc}^2}{8R_L}$$

가 된다. 이와 같은 상보 대칭형 SEPP 회로의 특징을 고려하면 다음과 같다.

- B급으로 동작하므로 $\eta = 78.5[\%]$ 정도이다.
- SEPP회로는 부하를 사용하지 않고 부하를 직접 결합한 전력 증폭 회로이다.
- SEPP 회로의 입력에는 위상 반전 회로를 필요로 하지 않는다.(NPN, PNP 트랜지스터는 위상 반전의 효과를 가지므로 입력 신호 반전 회로가 불필요하다.)
- 내부 저항이 적어 출력 변성기를 사용하지 않아도 된다.
- 그리고 특성이 같은 NPN, PNP 트랜지스터를 서로 조합하여 입력 회로를 병렬로 접속한 회로이며, 등가적으로는 PNP형으로 동작한다.

9.3.3 OCL(Output Condensor Less) 회로

(1) OCL(Output Condensor Less) 회로의 동작 원리

OTL회로에서 집적화(I.C)하는 경우 출력측의 콘덴서를 만들기 어렵기 때문에 콘덴서를 제거한 회로가 곧 OCL회로이다. 따라서 OTL회로는 Condensor 위치에 condensor가 없어지고 전원 2개($+V_{CC}$, $-V_{CC}$)로 구성된다.

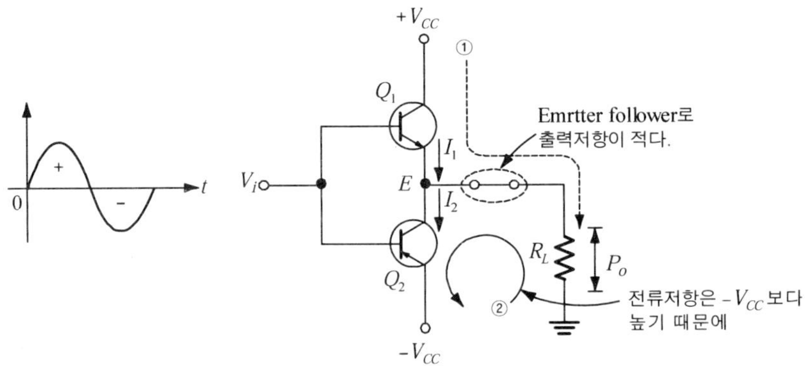

그림 9.23 OTL 회로

정현파 입력신호가 존재하는 경우로 먼저 (+) 반주기 동안은 Q_1(NPN)이 on 상태, 전류 ①이 존재하며, 출력전압 V_0은 양이 되며, (−) 반주기 동안은 Q_2(PNP)이 on 상태, 전류 ②가 존재하며, 출력전압 V_0은 음이 된다. 따라서 Q_1은 (+) 반주기를, Q_2는 (−) 반주기를 담당하며 동작한다고 하여 상보대칭형이라고 할 수 있다.

(2) OCL 회로의 특징

OTL을 발전시킨 회로로 전원에서 $+V_{CC}/2$, $-V_{CC}/2$의 2전원을 사용하면 트랜지스터 Q_1과 Q_2의 회로에서 무신호 시 직류 전류가 0이 되도록 구성된다. 따라서 무신호 시에는 부하저항에 전류가 흐르지 않기 때문에 출력측에 콘덴서를 필요로 하지 않는다.

따라서 OCL의 출력 전력 P_o는

$$P_o = P_{ac} = \frac{(V_{CC}/\sqrt{2})^2}{R_L} = \frac{V_{CC}^2}{2R_L}$$

가 된다.

▶▶▶ 연습문제

01 다음 전력 증폭 회로에서 부하선의 기울기에 대해 설명하여라.

트랜지스터나 FET 등의 전자 디바이스의 특성 곡선 상에 그은 부하의 전압, 전류 특성의 궤적을 부하선(Load Line)이라고 하는데 특히 부하선의 기울기를 결정하는 경우에 이용되는 저항은 정밀저항을 이용한다. 부하선의 형태는 직류 부하선과 교류 부하선이 있으며, 직류 DC부하선과 교류 AC부하선이 동일한 증폭 회로는 부하 R_L이 결합 컬렉터에 거쳐서 결합된 증폭 회로를 말한다.

02 다음은 전력 증폭 방식으로 이용되는 A급 증폭 회로에 대한 특징을 설명하여라.

어떤 증폭기에 출력을 될 수 있는 한 일그러짐을 적게 얻고자 하는 경우 DC동작점 방식이 가장 좋은 것은 A급 증폭기이다. A급은 무신호시 소비 전력이 많아 효율이 나쁘다. 차단 영역 부근에서 동작하는 증폭 방식은 AB급이다.

A급인 경우 유통각 $\theta = 2\pi$ (한주기)이며 저주파 출력을 얻는 증폭 회로에 주로 이용하는 것으로 최대 효율 직렬 부하인 경우는 25[%]이며, 병렬 부하인 경우는 50[%]이다. A급 증폭기는 입력 신호가 없을 때도 항상 직류 전류가 흐르는 것으로 A급 증폭기이다. A급 증폭기는 한 주기 동안 컬렉터 전류가 흐른다. 따라서 입력 파형을 가장 충실히 재현할 수 있는 증폭 방식이다.

이와 같은 A급 전력 증폭회로에 입력 신호 전압으로 정현파를 인가하는 경우 출력으로 나타나는 전력의 관계식은

출력 전압은 $V_o = A V_s$이며, 출력 전력은

$$P_o = \frac{V_o^2}{R_L} = \frac{(A V_s)^2}{R_L}$$

가 된다. 입력 신호 전압이 정현파일 경우에 출력은 입력 신호 전압의 제곱에 비례한다. 따라서 무신호 시 소비 전력이 많아 효율이 나쁘다.

03 다음 전력 증폭 회로의 형태 중에서 증폭 능률이 가장 우수한 증폭 방식인 C급 증폭기에 대해서 설명하여라.

C급은 동작점을 차단점 이하에 설정함으로써 컬렉터 손실이 거의 없으므로 증폭 효율이 가장 우수하며, C급은 고주파용으로 무신호시 양극 전류가 없어 에너지 소비가 적으므로 효율이 가장 좋다. 그리고 즉, C급 증폭기는 하나의 고정된 주파수에서 동작하도록 제한되므로 오디오(Audio) 증폭기로는 사용하지 않지만 통신 회로에서 동조 증폭기로 사용한다.

04 다음과 같은 B급 푸시풀 전력 증폭기의 동작 원리에 대해서 간단히 설명하여라.

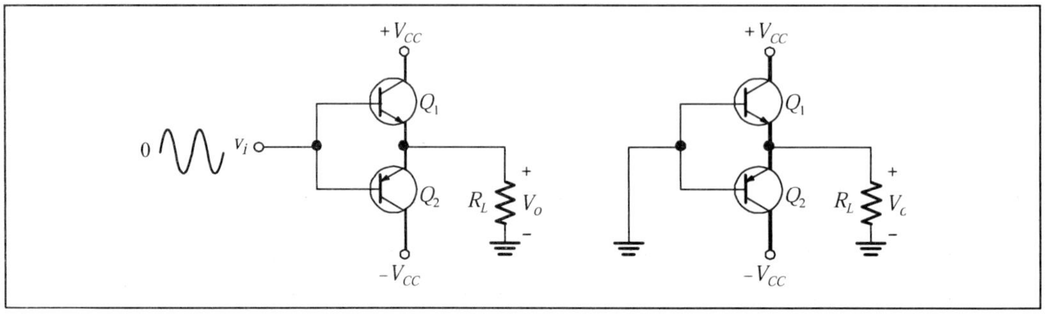

그림 (b)의 경우는 입력 신호를 인가하지 않은 경우로 트랜지스터의 베이스는 모두 접지 상태처럼 된다. 여기서 입력 신호에 대한 출력 파형을 고려하면 다음과 같다.

- 입력 신호 중 (+) 반주기 동안의 출력 파형

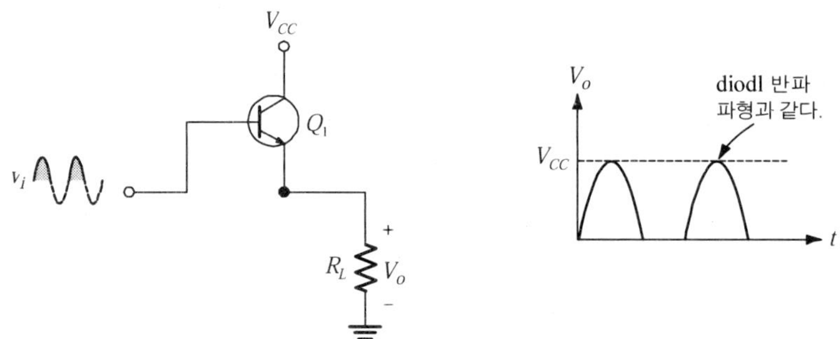

- 입력 신호 중 (−) 반주기 동안의 출력 파형

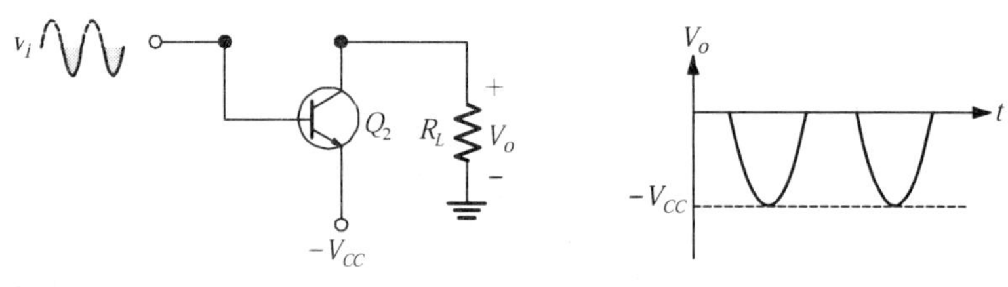

따라서 B급 푸시풀 전력 증폭기의 입출력 파형을 고려하면 다음과 같다.

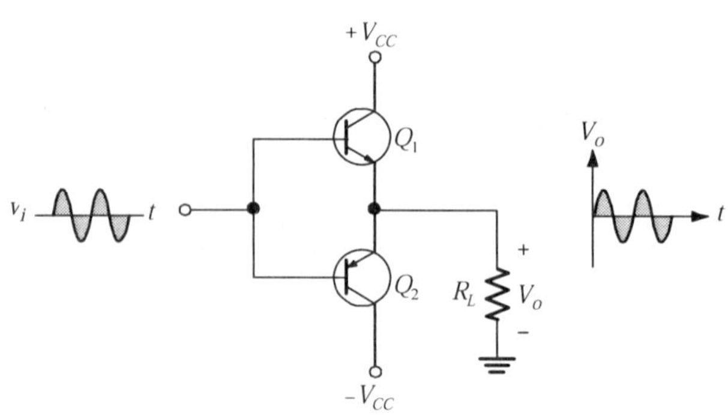

05 전력 증폭 회로에서 매우 높은 전력 이득을 얻기 위해서 증폭 상호간에 결합하는 방식으로 이용되는 변성기 결합 방식에 대해서 설명하여라.

전력 이득을 보다 높게 할 목적으로 임피던스 정합을 시켜야 하는데 임피던스 정합을 용이하게 되도록 하는 결합하는 방식으로 변성기 결합을 이용한다.

06 전력 증폭 회로로 이용되는 OTL(Output Transfer Less) 회로에 대해서 설명하여라.

OTL(Output Transfer Less) 회로의 형태는 전원 공급 방식에 따라 SEPP와 DEPP으로 구분되는데 여기서 SEPP 회로는 출력 변압기가 주파수 특성을 저하시키므로 전력 증폭기의 출력 트랜스를 사용하지 않고 스피커를 직접 구동하는 것을 말한다.
BTL-AMP(Balanced Transformer Less Amplifier)와 관계가 있는 것으로 SEPP를 이용하는데 여기서 BTL-AMP는 SEPP-AMP 2개를 사용하여 전원 전압을 변동시키지 않고 출력을 증대시키는 방식을 말한다.

07 다음과 같은 변압기 결합 B급 푸시풀 증폭기에서 $V_{CC} = 20[\text{V}]$이고 $N_2 = 2N_1$이고 $R_L = 20[\Omega]$일 때 트랜지스터 1개에 대한 컬렉터 부하 저항 R_{ac}에서의 최대 출력을 구하라.

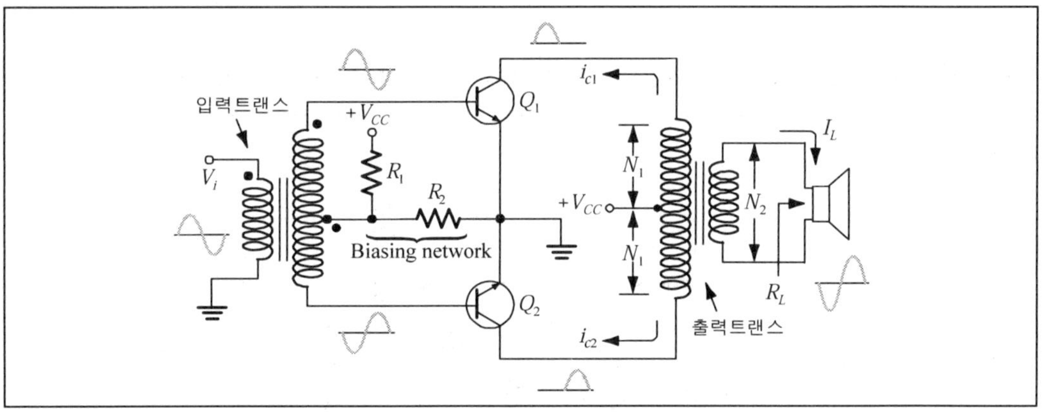

교류 등가 저항의 크기를 구하는 관계식을 이용하면

$$R_{ac} = \left(\frac{N_1}{N_2}\right)^2 R_L = \left(\frac{N_1}{2N_1}\right)^2 R_L = \frac{1}{4} \times 20[\Omega] = 5[\Omega]$$

이며, 이를 이용하여 최대 출력을 구하면

$$P_{o(max)} = \frac{1}{2} V_m I_m = \frac{V_{CC}^2}{2R_{ac}} = \frac{20^2}{2 \times 5[\Omega]} = 40[\text{W}]$$

으로 계산된다.

08 다음과 같은 상보 대칭형 푸시풀 증폭기에 대한 동작 원리 및 특징에 대해서 설명하여라.

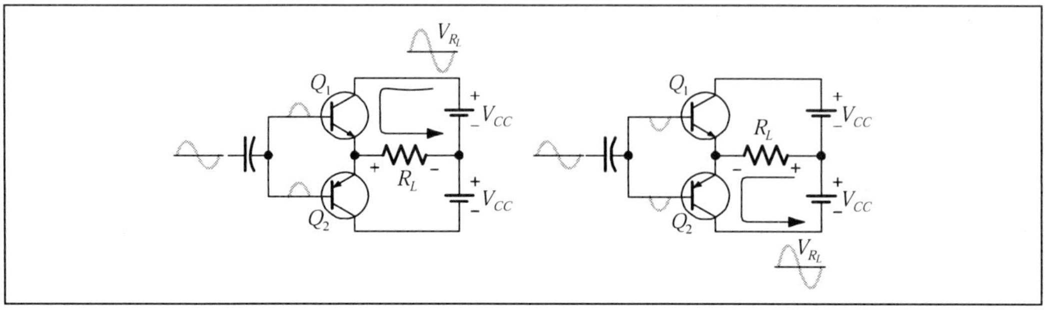

상보 대칭 증폭기에 대한 기본적인 동작을 설명하면 다음과 같다.

- 신호의 (+) 반주기 동안 : NPN 트랜지스터 Q_1이 동작하여 부하에 반주기 신호를 인가된다.
- 신호의 (−) 반주기 동안 : PNP 트랜지스터인 Q_2가 동작하므로 입력 신호의 전주기 동안 전주기 출력 신호가 부하에 만들어진다.

여기서 상호 대칭형 증폭 회로가 갖게 되는 단점을 고려하면 다음과 같다.

- 2개의 분리된 전원이 필요하다는 점이다.
- 출력 신호의 교차 일그러짐이 발생한다는 점이다. 이와 같은 일그러짐 현상에 대한 개선 방법으로 AB급 동작할 수 있도록 바이어스를 공급한다.

09 다음과 같은 동도된 C급 전력 증폭기가 갖는 특성에 대해서 설명하여라.

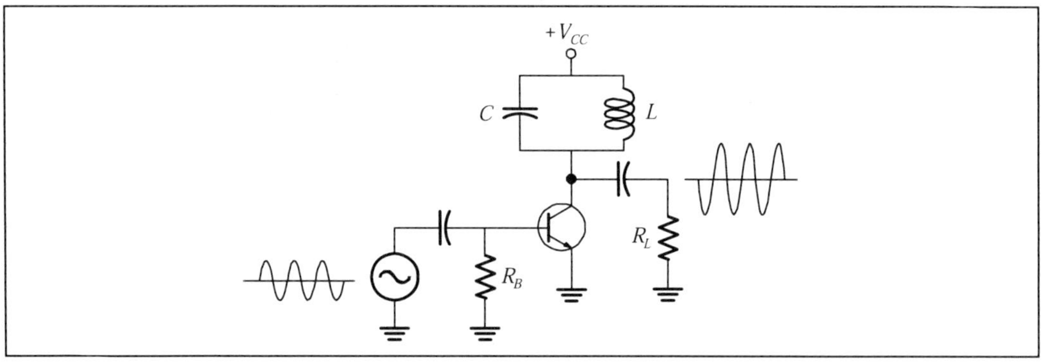

주어진 회로는 동조된 증폭기로 이용되는 공진 Tank회로는 입력 신호 주파수를 동조하게 된다. 여기서 비교적 회로의 Q가 높게 되는 경우에 병렬 공진에 대한 공진 주파수의 크기는

$$f \fallingdotseq \frac{1}{2\pi\sqrt{LC}}$$

에서 발생하게 된다.

그리고 주어진 회로에 대한 직류 등가 회로를 고려하면

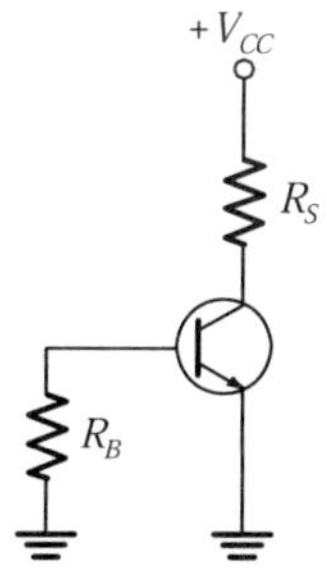

이며 특히 트랜지스터에 바이어스가 되지 않고 있음을 볼 수 있어야 한다. 이는 트랜지스터의 동작점 Q점은 직류 부하선의 차단점에 놓이게 되어 무 바이어스 상태가 되기 때문에 V_{BE}도 0의 상태가 된다. 즉, 입력 신호가 0.7[V]보다 높은 전압을 인가하는 경우에는 컬렉터 전류가 흐르지 않게 된다는 것을 의미하는 것이다. 따라서 직류 컬렉터 저항인 R_S인 점에 주의해야 한다.

한편 부하선을 고려하면 저항 R_S가 매우 적기 때문에 직류 부하선은 다음과 같이 거의 수직선으로 표시된다.

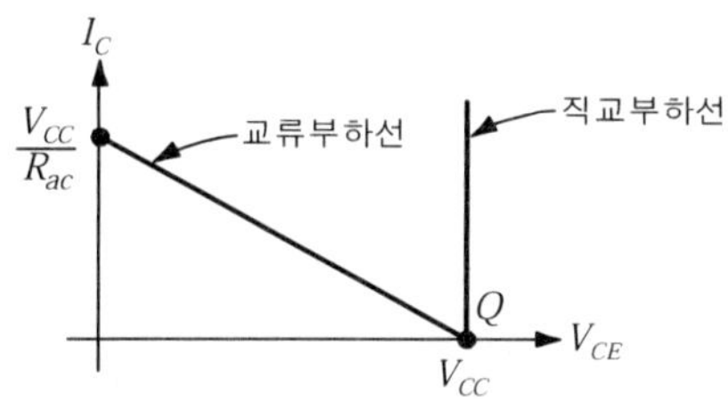

교류 부하선은 트랜지스터가 도통하는 동안 트랜지스터의 동작점은 교류 부하선을 타고 위쪽으로 이동하게 된다.

그리고 트랜지스터는 누설로 인한 전류를 제외하고는 다른 전류가 없기 때문에 열에 의한 열폭주 현상이 발생하지 않게 된다.

한편 공진 회로의 Q가 10보다 큰 경우라면 다음과 같은 교류 등가 회로를 사용할 수 있게 된다.

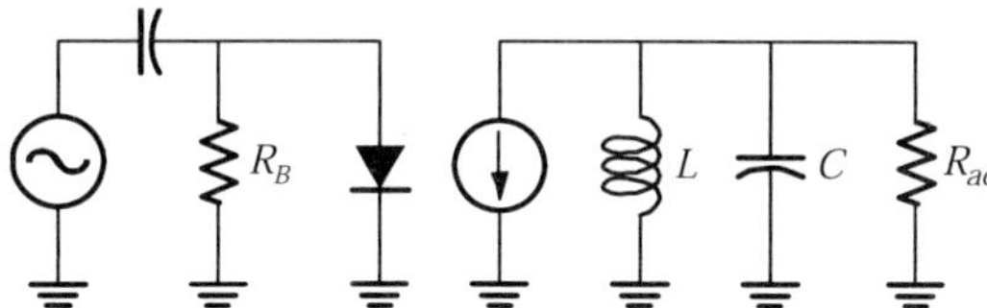

이 등가 회로에서 인턱터의 직렬 저항이 컬렉터 저항으로 합해지고 있으며, C급 증폭기에서 입력 콘덴서는 직류 클램퍼의 부 영역이 되어 C급 증폭기의 입력측의 신호는 (−)로 클램프 된다.

10 B급 푸시풀 증폭 방식에서 0 바이어스(Zero bias)로 된 B급 푸시풀 증폭에서 발생하는 현상에 대해서 설명하여라.

푸시풀 전력 증폭기에서 바이어스를 완전 B급으로 하지 않는 이유는 교차 왜곡(Cross over distortion)을 줄이기 위한 것으로 푸시풀 증폭기가 가져야할 조건으로는 두 입력의 크기는 같아야 하며, 두 입력의 위상은 180°이어야 하며, B급이나 AB급으로 동작시킨다.
그리고 IPT 대신에 위상 반전 회로나 상보 대칭 회로를 사용하면 되고, OPT 대신에 SEPP 회로를 사용하면 되므로 IPT나 OPT를 반드시 사용할 필요는 없다.
B급에서는 차단점에 동작 지점을 설정하므로 이미터 순 바이어스 전압이 차단 전압에 이르기까지는 베이스 전류가 흐르지 않아 트랜지스터가 실질적으로 차단 상태에 있으므로 왜곡의 원인이 된다. 이를 교차 왜곡이라 한다.
푸시풀 전력 증폭기에서 출력 파형의 찌그러짐이 작아지는 주요 원인은 우수 고조파가 상쇄되기 때문이다.

B급 트랜지스터 푸시풀 전력 증폭기의 출력 P_o는 $P_o = \frac{V_{cc}^2}{2R_L}$이다.

제10장 발진 회로 (Oscillation Circuit)

10.1 발진 회로의 개요와 형태

10.1.1. 발진 회로의 개념

(1) **발진 회로의 기본적인 개요**

정 귀환되는 회로에서 외부의 입력 없이 증폭 작용을 계속하는데 이와 같은 증폭 작용을 통하여 전기 적인 진동을 발생하는 회로를 말한다. 즉 자체에서 교류 파형을 얻는 회로하고 할 수 있다.

(2) **발진 회로의 조건**

발진 회로가 되기 위한 조건으로 귀환에서 정 귀환을 이용하는 회로를 구성하여야 하는데 여기서 정 귀환에 이용되는 귀환요소인 β에 대한 특징을 고려하는 것이 중요하며, 발진 회로에 이용되는 회로로 전력 증폭 회로 중에서 주로 C급을 이용하며, 소자의 특성 중 부성 저항을 갖는 영역에서 발진을 보이도록 하여야 한다. 따라서 발진회로라고 하는 경우에 우선적으로 고려하거나 생각할 내용으로 다음과 같은 것을 들 수 있다.

- 정 귀환(귀환률 β에 대한 내용을 확인)
- C급 전력 증폭 회로
- 부성 저항

10.1.2 발진 회로의 분류

발진회로의 출력에서 얻게 되는 발진 파형에 따라 크게 정현파 발진 회로와 비 정현파(펄스 발진) 회로로 분류할 수 있는데 본 장에서는 정현파만 고려하기 한다.

어떤 전기적인 에너지를 받아서 계속적인 진동을 발생하는 장치를 발진 회로라고 하는데 발진 회로는 정 귀환, 부성 저항, 재생 회로 등과 관계에 있으며, 발진 회로를 반 결합 회로(귀환)를 구성하는 회로 소자에 따라서 분류된다.

(1) 정현파 발진 회로의 분류

■ LC 발진 회로

필터를 LC로 구성하는 하틀리(Hartley) 발진 회로, 콜피츠(Colpitt) 발진 회로 그리고 클랩(Clap) 발진 회로 등으로 구분된다.

■ 수정 발진 회로

피어스(Pierce)발진 회로, 수정(Crystal) 발진 회로 등이 이용된다.

■ RC 발진 회로

- 이상형 발진 회로 : R형(HPF, 미분형), C형(LPF, 적분형) 등으로 구분된다.
- 윈 브리지 발진 회로 : 전압 귀환형, 전류 귀환형 등으로 구분된다.

(2) 이상형 발진 회로의 형태

이상형 발진 회로 혹은 펄스 발생 회로로 형태는 정현파 발진 회로가 아닌 발진기 형태로 멀티바이브레이터(Multivibrator), 블록킹(Blocking) 발진 회로, 톱니파 발생 회로 등을 들 수 있다.

Book Cafe

증폭기와 발진기의 차이는 증폭기는 주어진 신호를 증폭하여 출력하는 장치라면 발진기는 외부로부터 주어지는 입력이 없이도 자체적으로 주기적으로 신호를 전기적으로 진동을 일으키는 장치를 말한다.

Book Cafe

터널 다이오드(Tunnel diode)의 부성 저항값이 R_n 일 때, 저항 r 을 포함한 LC 병렬 동조 회로가 발진을 지속하기 위한 임피던스는 병렬 공진 주파수는 $\frac{L}{Cr}$ 이다. 따라서 $|R_n| = \frac{L}{Cr}$ 가 된다.

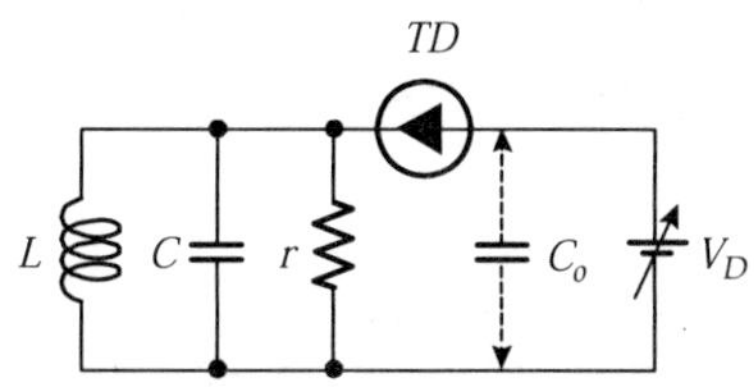

터널 다이오드 그리고 코일 L과 콘덴서 C소자를 이용하여 발진 회로를 구하는 경우에는 발진 출력에서 감소가 발생하는데 여기에 터널 다이오드를 함께 이용하면 출력의 감소 없이 일정한 발진 출력을 얻게 된다.

10.1.3 발진 회로의 동작 원리

(1) 발진출력을 얻는데 이용되는 형태

부성 저항을 이용한 발진기의 형태로 다음과 같은 것을 들 수 있다.

- 터널 다이오드
- 다이나트론(Dynatron) 발진기
- 정 귀환을 이용한 발진기로 불록킹(Blocking) 발진기
- 이상형(Phase shift) 발진기
- 재생을 이용한 발진기는 재생 발진기
- 압전 현상을 이용한 수정 발진기
- 자기 왜형 현상을 이용한 자기 일그러짐 발진기

(2) 발진 조건

정 귀환 증폭 회로에 대한 이득 관계식 $A_f = \frac{A}{1 \pm A\beta}$ 에서 $A\beta = \pm 1$ 이면 A_f 는 ∞ 가 되는데 이때 $A\beta = -1$ 을 발진이 일어나는 발진 조건인 바크하우젠(Barkhausen) 발진 조건이라고 한다.

여기서 귀환율 β 가 곧 필터이다. 즉 필터에 따라서 LC 발진, 수정(Crystal) 발진, RC 발

진 회로 등으로 분류되는 것이다. 따라서 필터라는 것은 발진을 희망하는 주파수만 입력으로 귀환시킨다고 해서 사용되는 것이다.

다른 의미로는 희망하지 않는 주파수는 안 넘겨준다는 것으로 마치 대역 통과 여파기(BPF)에 해당하는 역할을 하게 된다.

즉, 귀환 증폭 $A_f \rightarrow \infty$을 만족할 때 외부에서 인가하는 선호 전압이 없는 경우에도 출력이 존재하게 된다. 여기서 발진을 위해 적용되는 귀환의 원리 중에서 귀환 조건으로 정귀환에 대한 내용을 이용해야 하는데

귀환을 설명하는 귀환의 구성도에서 귀환 전압 V_f를 고려하면

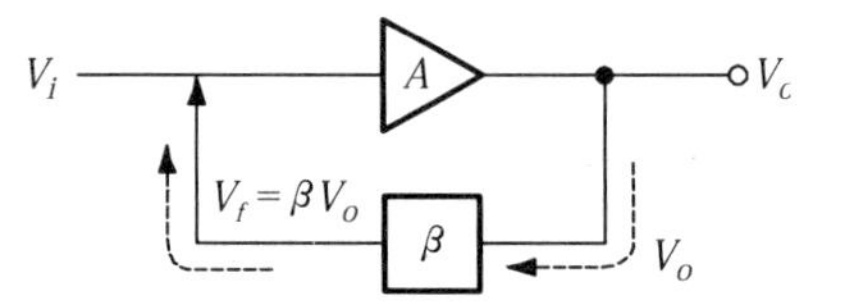

그림 10.1 귀환의 구성도

$$V_f = V_i = \beta V_o$$

이며, 출력 전압 V_o는

$$V_o = -A V_i = -A\beta V_o$$
$$(1 + A\beta) V_o = 0$$

이며, 여기서

$$A\beta = -1 + jo$$

인 관계식을 얻게 된다. 즉 발진이 일어나기 위한 조건으로 순방향 이득과 역방향이득의 곱의 크기가 1을 만족하는 경우에 발진이 발생하게 된다.

여기서 β는 곧 필터이다. 즉, 필터에 따라서 LC, 수정 그리고 RC 발진 회로 등으로 구분 된다. 따라서 필터의 역할은 발진을 희망하는 주파수만 입력으로 귀환시킨다고 개념으로 사용되며 다른 의미로는 희망하지 않는 주파수는 넘겨주지 않는 것 해석하면 이는 BPF의 역할을 하게 되는 것이다.

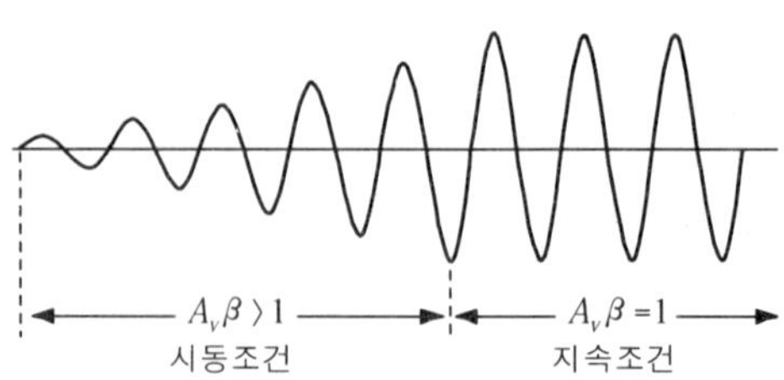

그림 10.2

■ 발진 시동 조건

처음 $A_v\beta > 1$의 조건에서 발진이 성장한다.

■ 발진 지속 조건

- 귀환 루프의 위상 천이가 $0°$ 이어야 한다. (정귀환일 것)
- 루프 이득 $A_v\beta = 1$의 조건에서 일정 진폭의 발진이 지속된다.

Book Cafe

■ **정 귀환 발진 조건($A\beta$)에 의한 출력 파형의 특성**

- $A\beta < 1$: 진동이 사라진다.
- $A\beta > 1$: 출력에서 클리핑이 발생한다. 발진이 시작되려는 조건
- $A\beta = 1$: 진동이 지속된다.(발진)

10.2 정현파 발진 회로

10.2.1 LC 발진 회로

(1) LC 발진 회로의 개요

LC 발진 회로는 3개의 리액턴스 소자를 이용하여 귀환 회로망을 구성한 발진회로를 말하는 것으로 회로에 이용되는 L과 C의 공진 특성을 이용하는 발진기로 비교적 발진 주파수의 가변 범위가 넓은 편이며, LC 발진 회로는 일정 주파수로 지속적인 진동을 시키는 것이 좋기 때문에 출력회로로 공진회로를 구비해야 하며, 능률이 우수한 C급으로 동작시킨다.

L과 C의 공진 특성을 이용하는 발진기로에 대한 간략화 된 등가 회로에서 발진 회로가 일어나기 위한 발진 조건은 임피던스 Z_3가 유도성일 때, 임피던스 Z_1, Z_2는 용량성이며, Z_3가 용량성일 때, Z_1, Z_2는 유도성인 소자를 필요로 한다.

그리고 사용되는 임피던스에 따라서 LC 발진 회로는 하틀리, 콜피츠, 클랩 발진 회로 등으로 구분된다.

여기서 위성 조건은

$$X_1 + X_2 + X_3 = 0$$

이며, 이득 조건으로 트랜지스터의 경우는

$$h_{fe} = \frac{Z_1}{Z_2}$$

인 관계를 만족해야 한다.

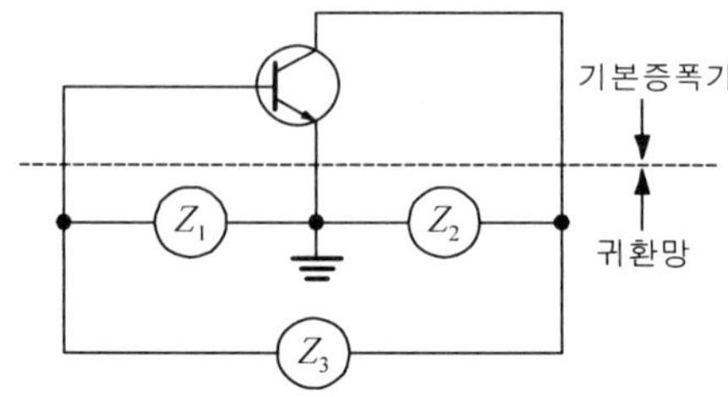

그림 10.3 3소자 발진 회로의 구성도

(2) LC 발진 회로의 형태와 특징

■ 하틀리 발진 회로(Hartley Oscillator)

- 하틀리 발진기의 귀환 신호는 LC회로의 인덕터 전압으로부터 유도된다.
- 하틀리 발진 회로는 인덕터 분할 발진기로서 코일의 일부분에 걸린 전압이 귀환된다는 점이다.

  즉, 귀환 요소는 인덕턴스 L이며, 하틀리 발진 회로는 컬렉터와 이미터 사이의 리액턴스가 유도성일 때 가장 안정한 발진을 지속한다.
- 사용되는 코일 L_1과 L_2가 서로 상호 유도 결합되어 있으며, 코일을 가변하여 가변 발진기 사용이 용이하다.
- 발진 주파수는 L_1, L_2와 C는 귀환루프 내에서 Tank회로처럼 동작하므로 L_1, L_2는 실효적으로 직렬로 된다.
- 발진 주파수

  하틀리 발진 회로는 코일 L_1과 L_2가 서로 상호 유도 결합되어 있으며 코일을 가변하여 발진 진폭을 변화하는 것이 가능하다.

  여기서 상호 인덕턴스 M를 고려한 경우에 합성 인덕턴스 L_T를 구하면

$$L_T = L_1 + L_2 + 2M$$

이며, 이를 공진 주파수 관계식을 이용하여 나타내면

$$f = \frac{1}{2\pi\sqrt{L_T C}} = \frac{1}{2\pi\sqrt{(L_1 + L_2 + 2M)C}}$$

가 된다.

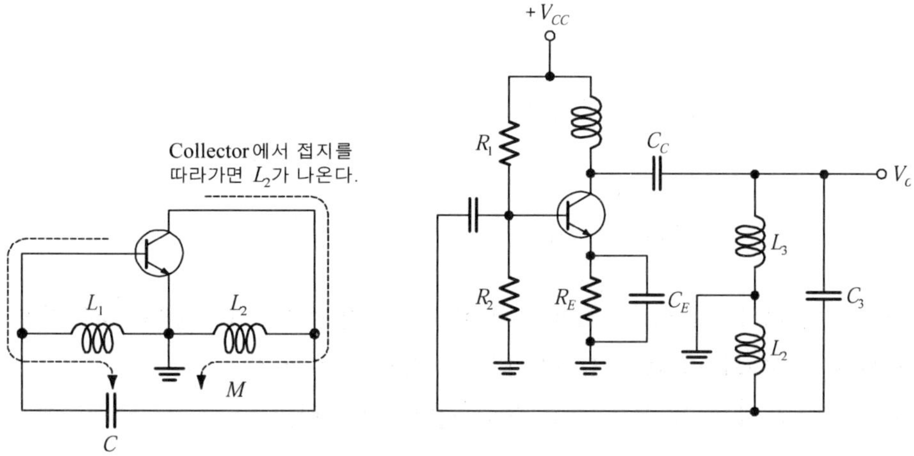

(a) 간략화 된 Hartley 발진 회로

(b) 실제 회로

그림 10.4 Hartley 발진 회로

- **발진 진폭 조건**

발진에 필요한 이득 조건을 구하기 위하여 귀환 출력을 고려하면

$$V_f = \beta V_o$$

이며, 여기서 귀환률 β는

$$\beta = \frac{V_f}{V_o} = \frac{I X_{L2}}{I X_{L1}} = \frac{X_{L1}}{X_{L2}} = \frac{2\pi f_0 L_1}{2\pi f_0 L_2} = \frac{L_1}{L_2}$$

가 된다. 여기에 $A\beta = 1$, $A = \frac{1}{\beta}$ 관계를 적용하면 전압 증폭 A_V을 구하면

$$A_V \geq \frac{jw(L_2 + M)}{jw(L_1 + M)} = \frac{L_2}{L_1}$$

가 된다. 하틀리발진 회로가 발진을 지속적으로 하기 위해서는 귀환을 강하게 걸어야 하는데 여기서 전류 증폭률 h_{fe}가 큰 트랜지스터를 사용해야 한다.

즉,

$$h_{fe} \geq \frac{L_1 + M}{L_2 + M}$$

또는

$$h_{fe} = \frac{Z_1}{Z_2} = \frac{-Z_2 - Z_3}{Z_2} = \frac{-Z_3}{Z_2} - 1 = \frac{-\frac{1}{jwC}}{jw(L_2+M)} - 1$$

$$= \frac{1}{w^2(L_2+M)C} - 1$$

가 되어야 한다. 이것을 하틀리 발진 회로의 발진 조건이라고 한다. 하틀리형 발진 회로에서 컬렉터와 이미터간의 리액턴스는 유도성 L이다.

∘ 즉 코일 L_1과 L_2가 서로 상호 유도 결합되어 있다.

∘ 코일을 가변하여 발진 진폭을 변화(가변)시킬 수 있다.

∘ 하틀리 발진 회로의 발진 주파수는 중파 및 단파대의 발진기로 이용한다.

Book Cafe

하틀리(Hartley) 발진기에서 귀환(feedback) 요소는 코일이다. 즉 L (코일) 분할 발진기로서 이미터와 베이스간의 코일에 걸린 전압이 귀환되고 있다.

■ 콜피츠 발진 회로(Colpitts Oscillator)

- 귀환 신호는 LC 회로의 커패시터 전압으로부터 유도된다. C_2양단의 전압은 발진기의 출력 전압이고, C_1양단의 전압은 귀환 전압이다.
- C_2에 나타난 전압은 C_1에 나타난 전압과 위상이 180° 다르다. 그러므로 귀환 전압은 출력 전압과 위상이 180° 다르다.
- 콘덴서 C_1, C_2와 L로 구성된 귀환루프에서 병렬공진회로(Tank)로 작용하며,
- 콜피츠 발진 회로는 발진 주파수의 파형이 좋고 코일의 인덕턴스를 작게 할 수 있기 때문에 매우 높은 주파수를 얻을 수 있다.
- 발진 주파수

발진 주파수는 위상 지연을 공급 또는 원하는 주파수만 통과시키는 공진 필터로 동작시키기 위해 귀환에 LC 회로를 이용하고 있다. 콜피츠 발진 회로의 발진 주파수는

$$f = \frac{1}{2\pi\sqrt{LC_T}}$$

이며, 여기에

$$C_T = \frac{C_1 C_2}{C_1 + C_2}$$

관계식을 이용하면

$$f = \frac{1}{2\pi\sqrt{L\left(\frac{C_1 C_2}{C_1 + C_2}\right)}}$$

가 된다. 주로 하틀리 보다 높은 주파수를 얻을 수 있기 때문에 VHF나 UHF대에서 많이 이용된다.

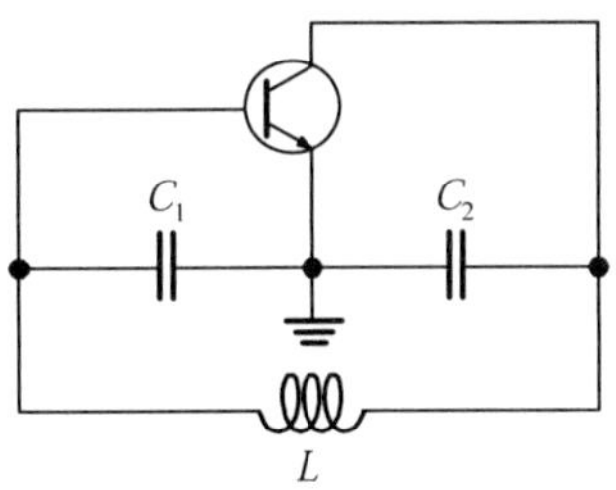

(a) 간략화 된 Colpitts 발진 회로

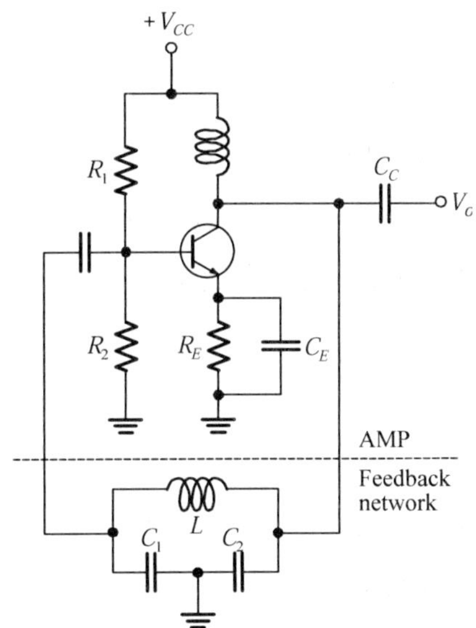

(b) 실제 회로

그림 10.5 Colpitts 발진 회로

• 발진 진폭 조건

귀환 회로에서 C_2양단의 전압은 발진기의 출력 전압 V_o이고 C_1양단의 전압은 귀환 전압 V_f이다. 이 때 신호 감쇠율(=귀환율) 즉 발진에 필요한 이득 조건을 구하기 위하여 귀환률 β는 $V_f = \beta V_o$에서

$$\beta = \frac{V_f}{V_o} = \frac{IX_{c1}}{IX_{c2}} = \frac{X_{c1}}{X_{c2}} = \frac{1/2\pi f C_1}{1/2\pi f C_2} = \frac{C_2}{C_1}$$

이며, 발진 조건 $A\beta = 1$에 대해 $\beta = \frac{C_2}{C_1}$인 관계를 적용하면

$$A_V = \frac{C_1}{C_2}$$

이며, 실제로 발진기가 자기 시동을 하려면 $A_V\beta$가 1보다 커야 한다.($A\beta > 1$)

콜피츠 발진 회로가 발진을 지속하기 위해서는 하틀리 발진 회로와 같이 귀환 전류가 충분히 커야 한다. 이를 위해서는 전류 증폭률 h_{fe}가 큰 것을 사용해야 한다.

즉,

$$h_{fe} \geq \frac{C_2}{C_1}$$

가 되어야 한다. 이것을 콜피츠 발진회로의 발진 조건이라고 한다.

■ 클랩 발진 회로(Clapp Oscillator)

발진 주파수는 공진 회로에 L과 직렬로 C_3를 첨가한 회로로, C_3는 C_1과 C_2와 직렬이므로 Tank 회로의 전체 용량은

$$C_T = \frac{1}{\frac{1}{C_1} + \frac{1}{C_2} + \frac{1}{C_3}}$$

이며 여기서 $C_1, C_2 \gg C_3$ 라면 $C_T \fallingdotseq C_3$이므로

발진 주파수는

$$f = \frac{1}{2\pi\sqrt{LC_T}}$$

에서 콘덴서 C_3가 C_1이나 C_2보다 훨씬 적게하고 그 임피던스를 작게하여 Tr의 변동 공진 회로의 영향을 줄여 발진주파수의 안정을 높인 발진기이다. 따라서 클랩 발진기의 발진 주파수는

$$f = \frac{1}{2\pi\sqrt{LC_3}}$$

으로 발진 주파수의 결정을 L과 C_3에 의해서 결정된다. 따라서 트랜지스터에 있는 용

량의 변화에 영향을 적게 받는다.

콘덴서 C_1과 C_2가 접지 되었으므로 트랜지스터의 접합 용량과 표유 용량은 C_1과 C_2와의 접지에 대해 병렬이다. 그러나 C_3는 영향을 미치지 못했기 때문에 좀 더 정확하고 안정한 발진 주파수를 공급하게 되며, 발진 출력이 작다는 단점이 있으나 주파수 안정도가 자려 발진기보다 양호하다. 클랩 발진 회로의 장점으로는 발진 주파수 안정도가 매우 높다.

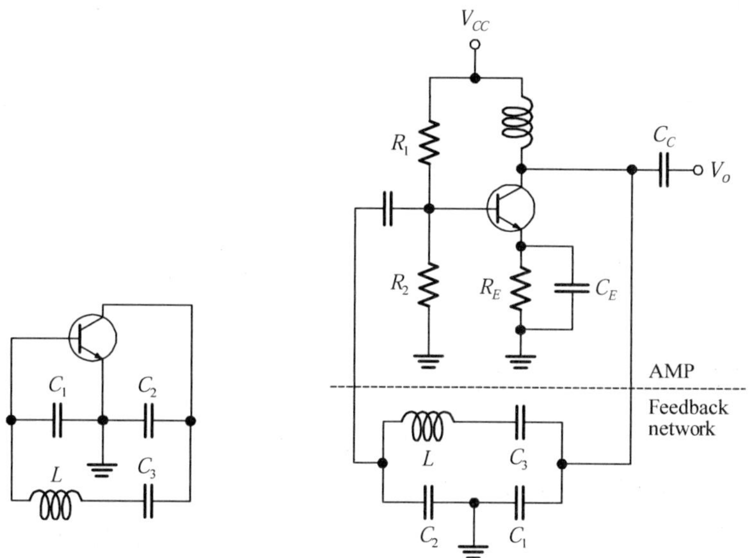

(a) 간략화 된 클랩 발진 회로　　(b) 실제 회로

그림 10.6 클랩 발진 회로

Book Cafe

자려 발진기란 커패시턴스 및 코일로 구성되는 진동성 회로에 각 소자의 수치에 따라 발진 주파수가 결정되는 부귀환 발진기를 말한다.

(3) LC 발진 회로에서 발생하는 이상 현상

■ 기생 진동(Parasitic oscillation)

기생 진동은 회로를 구성하는 내의 인덕턴스 또는 회로정수의 불평형에 의하여 증폭하려는 주파수와는 다른 주파수의 발진이 생기는 현상으로 발진기에서 발진 주파수 이외의 발진이 일어나는 현상을 말한다. 여기서 기생 진동이 발생하는 원인을 고려하면

- 증폭 회로나 발진 회로에서는 Tr의 접합 용량에 의한다.
- 도선의 임피던스 등에 의해 목적 이외의 주파수 성분이 발생하는 경우의 발진을 기생 진동이라 하며, 파형을 일그러지게 하거나 이상 전압(잡음) 등을 발생하는 일이 생긴다.

등을 들 수 있다.

▪ 인입 현상(Pull in phenomenon)

- LC 발진기의 이상 현상으로는 LC 발진기에 다른 주파수 전원으로부터의 출력이 결합하고 있으면, LC발진기의 주파수가 그 영향을 받아서 외부의 주파수에 끌려가는 현상 혹은 자려 발진기에 다른 동조회로를 결합했을 때 일어나는 현상
- 발진기에 다른 진동 회로를 밀 결합한 경우에 일어나는 현상을 말한다.

▪ 블록킹(Blocking) 현상

베이스회로의 시정수에 의해서 결정된 주기를 가지고 발진이 반복되는 현상을 말한다.

(4) LC발진 회로의 발진 주파수의 변동 요인과 그 대책

▪ 부하의 변동에 의해서 발진 주파수가 변할 수 있다. 이 경우에는 발진부 종단에 완충기(Buffer)를 이용하여 개선하게 된다.

▪ 온도의 변화에 대한 경우는 항온조(65 ~ 75°)를 이용하여 개선한다.

▪ 전원 전압의 변동으로 변동하는 주파수의 영향은 직류 안정화 바이어스를 위한 정전압 회로를 사용한다.

▪ 동작점의 불일치의 경우는 동작점을 벗어난 위치에서 조정을 행한다.

▪ 부품의 불량의 경우는 선택도 Q가 높은 수정 공진자를 사용하거나 양질의 부품 이용하여 해결한다.

▪ 트랜지스터의 상수의 변화로 인한 경우에는 트랜지스터의 상수 변화가 없도록 한다.

10.2.2 수정 발진 회로

(1) 피어스(Pierce) 발진 회로

▪ 피어스 BE형

피어스(Pierce) 발진 회로 혹은 이미터 귀환형 발진회로는 조정을 요하는 수정 발진기로 피어스 BE형은 하틀리 발진 회로를 변형한 회로로 베이스와 이미터 사이에 수정 진

동자를 접속한 것으로 수정 진동자의 주파수와 L_2C_2 동조 회로의 공진 주파수가 거의 같으면 수정 진동자에서의 미약한 진동 전압을 증폭한다.

피어스 BE형 발진 회로의 경우는 콘덴서 C_E에 의해서 귀환로가 형성된다. 이 회로는 LC 동조 회로 혹은 탱크 회로의 공진 주파수를 발진 주파수 보다 높게 하여 유도성이 되도록 하고 있다.

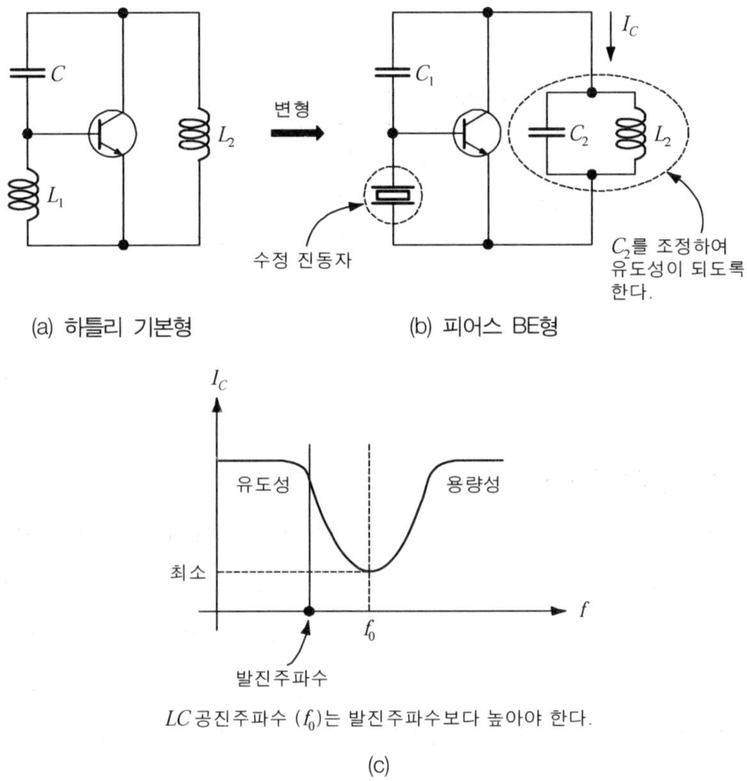

그림 10.7 pierce BE형 발진 회로

■ 피어스 BC형

pierce BC형은 콜피츠 발진 회로를 변형한 회로로 컬렉터와 베이스 사이에 있는 수정 진동자에 의해 유도성이 되고, 이미터와 베이스 사이에 존재하는 전극 간 용량에 의해 용량성이 함께 발진한다. 그러므로 동조 회로 의 LC 공진 주파수를 발진 주파수보다 조금 낮게 하면 용량성이 되도록 하여 발진하며, 또한 컬렉터 회로의 공진 주파수는 발진 주파수보다 약간 낮은 주파수에서 동조시키면 발진한다. pierce BC형은 트랜시버(Transceiver)의 발진회로, 수신기의 발진 회로 등에 이용한다.

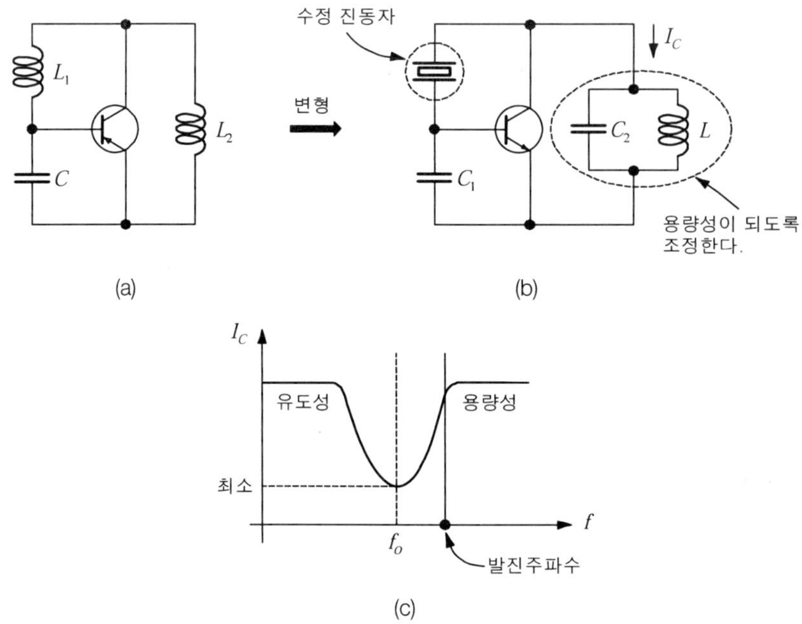

그림 10.8 pierce BC형 발진 회로

(2) 수정 발진 회로(Crystal Oscillator)

수정 발진 회로는 다양한 원인에 의해서 주파수가 변동하게 되는데 수정 발진기의 주파수 변동은 $10^{-5} \sim 10^{-9}$정도이며, 수정편의 양쪽에 전극 판을 붙이고 전압을 걸어주면 수정편을 기계적인 변위로 진동이 생기며, 반대로 기계적인 변위를 주면 기전력이 발생하게 된다. 이와 같은 현상을 압전기 현상(Piezo effect), 압전 효과라고 하며, 이들의 성질을 보이는 재료로 전기석(Tourmaline), 로셀염(Rochell salt), P.Z.T 합성물 등이 해당한다.

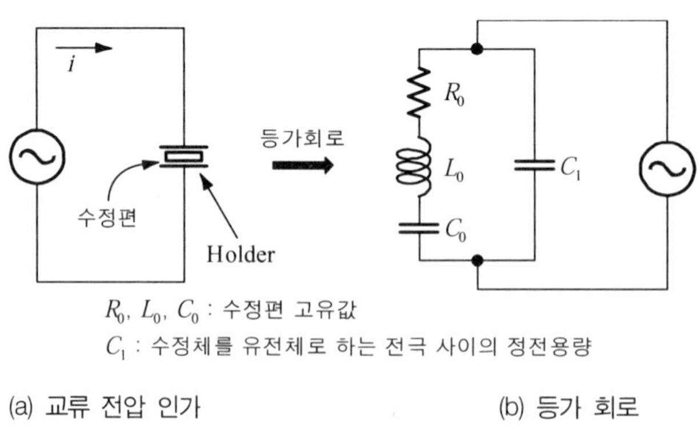

그림 10.9 수정편의 등가 회로

무 조정 수정 발진기 즉 발진 주파수의 가변이 곤란한 발진기로 여기서 수정 발진 회로의 동작 원리 및 발진 주파수를 고려하기 위하여 먼저 수정편의 등가 회로에서 직렬에 대한 임피던스 크기를 구하면

$$Z = R_0 + j(X_L - X_C) = R_0 + j\left(\omega L_0 - \frac{1}{\omega C_0}\right)$$

이며, 여기서 허수항을 0으로 하는 경우로 정리하면 발진 주파수는

$$f_0 = \frac{1}{2\pi\sqrt{L_0 C_0}}$$

이며, 수정편 등가회로에서 역시 병렬 공진 주파수를 구하는 방법은 직렬에서 주파수를 구하는 방법과 동일하게 병렬에 대한 임피던스를 구하고 허수항을 ∞로 하는 경우에 발진 주파수를 구하게 된다.

따라서 병렬 회로에 대한 발진 주파수를 구하면

$$f_\infty = \frac{1}{2\pi\sqrt{L_0 C}}\bigg|_{C=\frac{C_0 C_1}{C_0 + C_1}} = \frac{1}{2\pi}\sqrt{\frac{1}{L_0}\left(\frac{1}{C_0} + \frac{1}{C_1}\right)}$$

$$f_\infty = \sqrt{\left(1 + \frac{C_0}{2C_1}\right)^2 - \left(\frac{C_0}{2C_1}\right)^2}\,\bigg|_{C_1 \gg C_0} \equiv f_0\left(1 + \frac{C_0}{2C_1}\right)$$

가 된다. 여기서 콘덴서 C_1은 극간 용량으로 수정을 지지하는 지지기(Holder)의 용량이라고 볼 수 있다. 지지기가 필요한 이유는 수정을 일종의 유리 형태로 수정을 고정하는 경우에 납땜을 할 수 없어 지지대를 필요로 하게 되는 것이다.

여기서 병렬 공진 주파수 f_∞와 직렬 공진 주파수 f_0이 차를 구한 결과를 수정의 대역폭 B이라고 하면

$$B = f_\infty - f_0 = f_0 \frac{C_0}{2C_1}$$

가 된다. 수정편이 진동하면 동조회로와 같이 동작하므로 이와 같은 경우 수정은 교류 등가 회로로 나타낼 수가 있다.

수정 발진기는 유도성 영역에서 매우 안정된 발진 능력을 지닌다. 여기서 안정된 발진 출력을 보이는 유도성 영역을 나타내면

$f_S < f < f_P \ (f_0 < f < f_\infty)$

인 구간으로 실제 발진 조건을 만족하는 유도성 주파수 범위가 매우 좁다.

그리고 수정 진동자의 직렬 공진 주파수에서의 리액턴스는 0이며, 수정 발진기의 직렬 공진 주파수와 전극 용량을 포함한 병렬 공진 주파수를 고려할 때 안정된 발진을 하기 위한 동작 주파수는 직렬 공진 주파수보다는 높게, 병렬 공진 주파수보다는 낮게 한다.

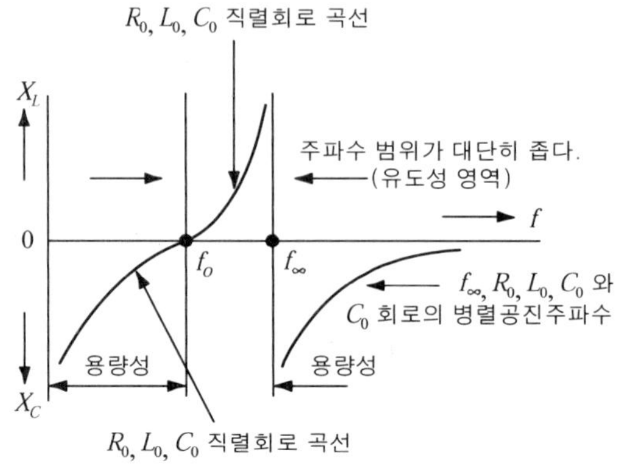

그림 10.10 발진주파수의 리액턴스 특성

여기서 수정 발진 회로가 갖는 특징을 정리하면 다음과 같다.

- 발진 주파수의 출력을 가변하는 것이 곤란하다는 것이다.
- 수정 발진기는 수정편의 압전 현상을 이용한 것이다. 여기서 압전 현상은 수정에 기계적인 압력을 가하면 표면에 전하가 나타나 전압이 발생하는 현상을 말한다.
- 수정 공진자의 Q가 무척 크며($10^4 \sim 10^6$), 주파수 안정도가 $10^{-9} \sim 10^{-7}$ 으로 매우 높다.
- 그리고 수정 진동자는 기계적으로나 물리적으로 안정하다.
- 발진 조건을 만족하는 유도성 주파수 범위가 대단히 좁으며, 주위의 온도의 영향이 적다.

Book Cafe

■ 콜피츠 수정 발진기

주어진 회로의 경우 LC 콜피츠 발진기와 비교하면 회로에 시용되는 수정이 인덕터로 동작하도록 하여 콘덴서 C_1, C_2 가 공진을 일어나도록 하고 있다. 여기서 사용되는 수정 진동자의 경우 다수 개의 고조파 진동 주파수를 가지므로 수십 [MHz]이상의 높은 주파수를 얻기 위해서는 LC 동조 회로의 공진 주파수를 수정 진동자의 고주파 진동 주파수에 맞춤으로서 높은 주파수를 얻게 된다.

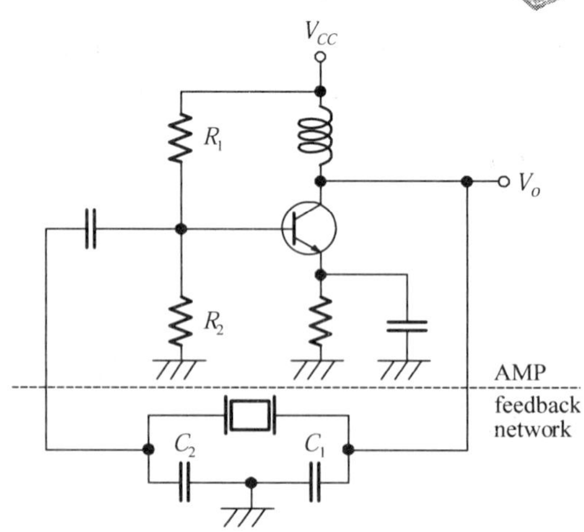

(3) **기수배 수정 발진기(Over tone oscillator)**

수정 발진기의 발진 주파수의 한계는 거의 15[MHz] 정도이다. 그 이유는 수정 진동자는 고유 주파수 $f = 2500/t[\mathrm{mm}](\mathrm{KHz})$에서 진동하지만 발진 주파수를 결정하는 관계식은

$$f = \frac{1}{2t}\sqrt{\frac{E}{\rho}}$$

이며, 여기서 t는 수정의 두께, E는 영률(변형률), ρ는 밀도를 나타낸다. 따라서 발진 주파수는 수정의 두께에 반비례하므로 수정을 보다 얇게 할수록 고역의 주파수를 발생할 수 있지만 진동에 의해서 수정편이 파손될 우려가 높게 된다. 따라서 15[MHz]보다 높은 주파수를 발진하기 위해서는 Over tone oscillator를 사용해야 한다.

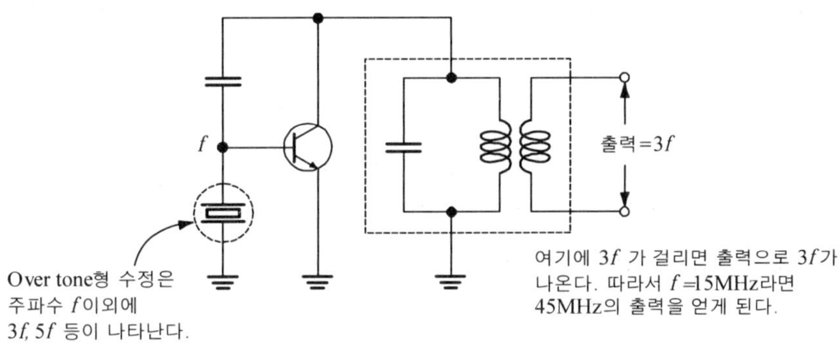

그림 10.11 Over tone 발진 회로

10.2.3 RC 발진 회로

(1) **RC 발진 회로의 개요**

RC발진 회로는 저항 R과 콘덴서C를 사용하여 정 귀환을 이용한 것이다. 일반적으로 LC발진 회로를 이용해서 저주파를 얻으려면 L과 C가 커야하는데, L이 커지게 되면 고가의 제작비와 부피가 커지게 되고, L과 C를 이용해서 얻게 되는 파형에는 일그러짐이 발생하는 문제가 생긴다. 이때 이를 개선하기 위한 방법으로 L대신에 저항 R을 이용한 발진기가 RC 발진 회로이다. 그리고 RC 발진 회로는 일그러짐을 최소화하기 위해 A급으로 동작시킨다.

■ C와 R로서 정 귀환이 발생 하도록 하면 사용되는 저항 R과 콘덴서C의 시정수에 의해서 발진이 일어나게 된다.

■ 비교적 낮은 주파수에서의 발진기이며 저항 R과 콘덴서 C만을 이용하여 귀환 회로를 구성하게 된다.

■ LC 발진기에 비해서 주파수 범위가 좁으며, 대체로 $1[\mathrm{MHz}]$이하의 주파수를 발생한다.

■ RC발진 회로의 형태는 크게 정 귀환 증폭기(정상 증폭기)를 사용하는 이상형(Phase Shift)과 부귀환 증폭기(역상 증폭기)를 이용하는 터만(Terman)형 등으로 구분된다.

(2) RC 발진 회로의 형태와 특징

■ 이상형 발진 회로

• **병렬 R형 이상형 발진 회로**

이상 발진기는 입력 신호가 없어도 신호파를 발생하는 회로이다. 즉 발진기인 아무런 입력 신호가 없어도 바크하우젠의 발진 조건 $A\beta = 1$을 만족하면 지속적인 발진을 하게 된다.

그리고 이상 회로의 임의의 요소 값을 변화시키면 발진주파수를 변화시킬 수 있으며, 발진 진폭은 발진주파수에 관계없이 일정하다.

이상형 발진 회로의 형태는 저항을 부하에 병렬로 접속하는 병렬 저항 이상형과 용량을 부하와 병렬로 접속하는 병렬 용량 이상형 등으로 구분된다.

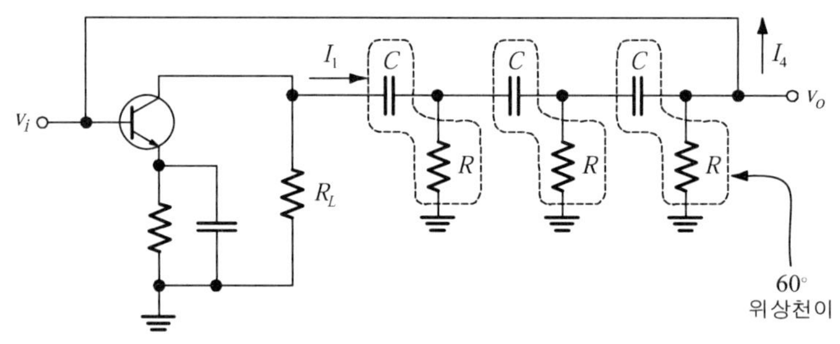

그림 10.12 병렬 R형 이상형 발진 회로

이상형 병렬 R형 발진 회로에서 입력 전류를 구하면

$$I_1 = \left\{1 - 5\left(\frac{1}{\omega CR}\right)^2 + \frac{1}{j\omega CR}\left[6 - \left(\frac{1}{\omega CR}\right)^2\right]\right\} I_4$$

이며, 이상 회로의 전류 귀환 비 β를 고려하면

$$\beta = \frac{I_4}{I_1} = \frac{1}{1 - 5\left(\frac{1}{\omega CR}\right)^2 + \frac{1}{j\omega CR}\left[6 - \left(\frac{1}{\omega CR}\right)^2\right]}$$

가 된다. 여기서 허수항을 0으로 하면

$$6 - \left(\frac{1}{\omega CR}\right)^2 = 0$$

$$\left(\frac{1}{\omega CR}\right)^2 = 6$$

으로 이를 정리하면 발진 주파수는

$$f = \frac{1}{2\pi\sqrt{6}\,CR}$$

를 얻게 된다. 그리고 증폭 이득을 A라고 하면 발진에 필요한 전압 이득의 조건은 $A\beta = 1$ 관계식을 이용하면

$$\beta = \frac{1}{1 - 5\left(\frac{1}{\omega CR}\right)^2} = -\frac{1}{29}$$

가 된다. 여기서 (−)는 180° 위상 추이를 나타낸다. 따라서 저항 병렬형이나 용량 병렬형 증폭 회로의 전압 증폭도 A_V는 29 이상 ($A_V \geq 29$)일 때 발진한다. 이상형 병렬 R형 발진 회로는 고역 통과형으로 이용되며, 리액턴스와 저항의 비로 $X_C : R = \sqrt{3} : 1$의 조건을 만족하면 RC 회로에서 위상이 180° 되어 정 귀환으로 발진이 일어난다.

- **병렬 C형 이상형 발진 회로**

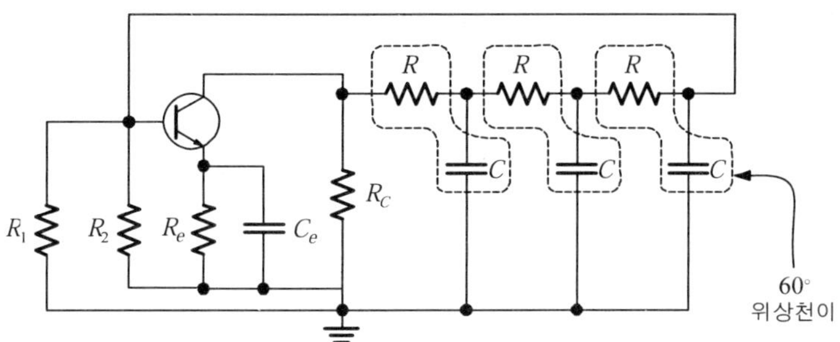

그림 10.13 병렬 C형 이상형 발진 회로

이상형 병렬 C형 발진 회로는 이상형 병렬 R형 발진 회로에서 저항 R과 콘덴서 C를 교체하여 동일한 해석 방법을 통하여 발진 주파수를 얻게 되는데

$$f = \frac{\sqrt{6}}{2\pi RC}$$

그 관계식은 병렬 R과 병렬 C의 주파수식에서 $\sqrt{6}$의 존재에 따라 다르다. 역시 병렬 C에서 이용되는 트랜지스터의 전압 이득이

$$A_V \geq 29$$

이어야 한다. 이상형 병렬 C형 발진 회로는 저역 통과형 능력을 보이게 된다. 병렬 R과 병렬 C은 FET, OP-Amp 등을 이용해서 제작할 수 있다. 그런데 공통적으로 이상을 시켜야 한다는 것이다. 이와 같은 이유로 왜곡이 발생하게 된다. 그래서 왜곡을 경감할 목적으로 부 귀환을 걸어 경감하는데 이것이 다음에 설명하는 Wien bridge형 발진 회로이다.

여기서 병렬 용량 이상형 발진 회로의 특징을 고려하면

- A급으로 동작하며, 일그러짐이 거의 없다.
- 저항 R과 콘덴서 C가 증가하면 발진이 멈추게 된다.
- 0.5[MHz]의 저주파 발생기이다
- 부 귀환이 있어 발진 주파수의 안정도가 우수하다.
- 사용되는 소자의 관계는 $R : X_C = \sqrt{3} : 1$ 이어야 한다.
- 전압 이득과 밀접한 관계를 보인다.

■ 윈 브리지(Wien-Bridge)형 발진 회로

윈 브리지는 전압 귀환형으로 발진 주파수는 RC에서 결정되는 CR 발진기로 저항 R_1, R_2는 부귀환 회로로서 발진 회로를 안정화시키며, 이상 회로는 능동 소자에서 이루어진다.

윈 발진 회로의 발진 주파수와 발진 이득 조건RC 결합 2단 증폭 회로의 출력을 브리지 입력에 양음 귀환이 인가된 회로이다. 귀환 전압 V_2는 R_1, C_1의 직렬 회로와 R_2, C_2의 병렬 회로로 분압 되어서 입력 전압 V_1으로 되기 때문에 전압 증폭의 크기를 구하면

$$A_V = \frac{V_2}{V_1} = \frac{R_1 + \dfrac{1}{j\omega C_1} + \dfrac{R_2}{1 + j\omega C_2 R_2}}{\dfrac{R_2}{1 + j\omega C_2 R_2}}$$

$$= \left(R_1 + \frac{1}{j\omega C_1}\right) \cdot \frac{1 + j\omega C_2 R_2}{R_2} + 1$$

$$= \left(1 + \frac{R_1}{R_2} + \frac{C_2}{C_1}\right) + j\left(\omega C_2 R_1 - \frac{1}{\omega C_1 R_2}\right)$$

이며, 여기서 V_1과 V_1, V_2가 동위상이 되게 하기 위해서 즉, |허수부| = 0으로 하면 발진 주파수 f는

$$\omega C_2 R_1 = \frac{1}{\omega C_1 R_2}$$

$$f = \frac{1}{2\pi \sqrt{R_1 R C_1 C_2}}$$

으로 구해진다.

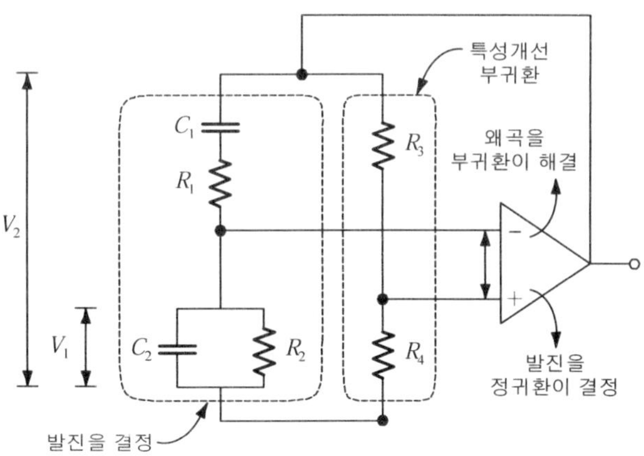

(a) 구성

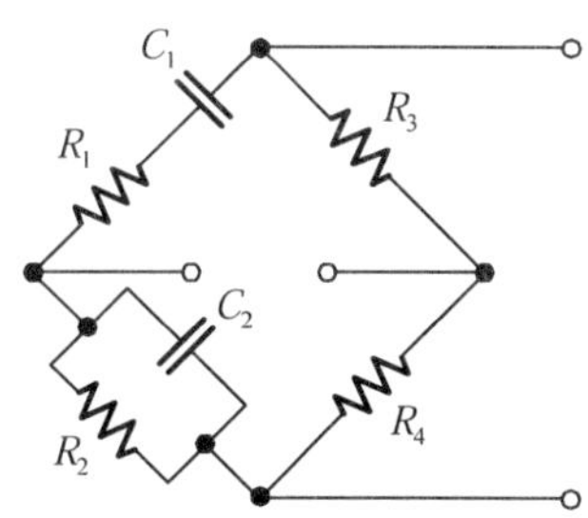

(b) 등가 회로

그림 10.14 윈 브리지 발진 회로

• 윈 브리지 발진 회로는 부귀환 회로에 평형 브리지를 이용해서 주파수 선택성을 갖도록 증폭기를 이용하고 저항 R과 콘덴서 C만으로 정 귀환에 의해서 정현파의 발진을

일으키는 회로이다.

- 이상형 발진기에 비해서 주파수 안정도가 우수하며, 가청 주파수 발진으로서 주파수 안정도가 가장 좋다.
- A급으로 동작하므로 파형이 좋다. 그리고 발진 주파수의 가변이 용이하며, 전압 이득과 밀접한 관계가 있다. 즉, $A_V \geqq 3$가 되어야 한다.
- LC 발진기는 발진 주파수가 평방근에 비례하지만 RC 발진기는 용량에 직접 반비례하여 눈금이 직선적으로 비례에 가깝고 저주파 발진기에 적합하다.
- RC발진 회로의 경우는 발진 회로를 구성하는 소자 중에서 트랜지스터의 전압이득과 밀접한 관계에 있음을 주목해야 한다.

▶▶▶ 연습문제

01 발진 회로를 고려하는 경우에 가장 밀접하게 관련되는 용어에 대해서 설명하여라.

발진기에서는 정 귀환이며, 부 귀환은 증폭기의 특성을 개선시키기 위해 부가된다. 바이어스 방식 중 발진 효율이 가장 높은 C급 전력 증폭기를 이용한다.
발진 회로를 설계하는 경우에 가장 우선적으로 고려해야 할 사항으로 안정도를 들 수 있는데 여기서 안정도는 발진 주파수가 어느 정도 왜곡 또는 감쇠 없이 발진이 일어나는 것을 말하는 것이다. 한편 귀환 증폭 회로에서 이용되는 기본 증폭기의 전압 이득을 A_V, 귀환률을 β라고 하는 경우 발진을 일으킬 수 있는 경우의 조건을 고려하면 귀환 발진기에서 바크하우젠의 발진 조건으로 귀환 증폭회로에서 발진이 일어나기 위한 조건으로 $A\beta = 1$을 만족하는 경우에 발진이 일어난다.

02 LC발진 회로에서 발진 주파수가 발생하는 이상 현상에 대해서 설명하여라.

LC 발진기에서 발생하기 쉬운 이상 현상으로 blocking현상, 인입 현상(pull in phenomenon) 및 기생진동(parasitic oscillation) 등을 들 수 있으며, 블록킹 현상과 기생진동은 전력 증폭단 등에서도 발생하는데, 송신전파의 질을 악화시킬 뿐만 아니라 기기를 손상시키는 원인도 된다.

- 인입 현상(Pull in phenomenon) : LC 발진기의 이상 현상으로는 LC 발진기에 다른 주파수 전원으로부터의 출력이 결합하고 있으면, LC 발진기의 주파수가 그 영향을 받아서 외부의 주파수에 끌려가는 현상을 인입현상이라고 한다.
- 블록킹(Blocking) 발진 : 블로킹 발진은 베이스 회로의 시정수로 결정되는 주기(T = CR)로서 발진이 반복되는 현상 즉 회로의 시정수가 너무 커서 진동이 불안정한 상태로 되는 현상으로 여기서 blocking 현상과 기생진동은 전력 증폭단 등에서도 발생한다. 이 현상들은 송신전파의 질을 악화시킨다. 즉, 블로킹(blocking)현상은 발진기에서 그리드 리크 저항이 매우 클 때 일어나는 현상으로 발진기에서 블로킹 현상이란 그리드 회로의 시정수로 정해지는 주기로서 발진이 반복되는 현상을 말한다.
- 기생 진동(Parasitic oscillation) : 정규적인 공진회로 이외의 부분에서 발진조건이 만족되어 예상하지 않은 주파수의 발진이 일어나는 현상을 기생 진동이라고 한다. 일반적으로 기생 진동의 원인으로는 회로내의 분포용량, 표유 인덕턴스 등의 원인에 의해 발생 한다. 무선 송신기에서 기생 진동이 발생하면 출력 파형이 일그러지고, 동조점이 일치하지 않는 경우가 발생하며, 수신음이 나빠지고 잡음이 발생한다. 따라서 무선 송신기에서 기생 진동이 발생하면 일어나는 결과로 출력 파형이 일그러지며, 동조점이 일치하지 않는 경우가 있다. 수신음이 나빠지고 잡음이 발생하며, 다른 주파수를 발생하므로 대역폭이 넓어지게 된다. 여기서 기생진동의 방지책으로는 무

선주파수회로의 배선을 짧게 하거나 양극회로와 그리드 회로에 직렬로 RL 병렬회로를 삽입하거나, 자기 발진을 방지하기 위한 방법으로 중화회로를 사용하거나, Damping 저항을 사용하거나, 접지 및 차폐를 철저히 한다.

03 발진 회로의 주파수 변동 요인에 대해서 설명하여라.

발진 주파수 변동 원인과 대책을 고려하면 다음과 같다.

- 먼저 주위 온도의 변동의 경우에 대해서는 항온조를 사용하게 된다.
- 발진 주파수를 보다 높게 하기 위하여 사용되는 회로로 주파수 체배기(Multiplier)를 이용하는데 이는 공진 회로를 구동시켜 보다 높은 제 2 고조파, 제 3 고조파 등을 얻기 위해서 이용하는 회로를 주파수 체배 회로라고 할 수 있다.
  여기서 사용되는 주파수 체배기는 일종의 부하로 부하의 변동의 경우는 완충 증폭기(buffer amp)를 추가하게 된다.
- 전원 전압의 변동의 경우는 정전압 방전관 사용하게 된다.
- 동조점의 불안정에 의한 경우는 발진 강도가 최강인 점에서 약간 벗어난 곳에서 동조점을 취한다.

04 수정 발진 회로에 나타나는 특징에 대해서 설명하여라.

수정 발진 회로가 지니는 특징으로는 수정 진동자의 Q가 높기 때문에 주파수 안정도가 높으며, 수정 진동자는 기계적으로나 물리적으로 안정하며, 발진 조건을 만족하는 유도성 주파수 범위가 매우 좁으며, 수정편에 항온조 등을 이용하므로 주위 온도의 영향이 작다. 그리고 수정 발진 회로의 단점으로는 발진 주파수를 바꿀 때는 수정 자체를 바꿔야 하는 불편이 있으며, 초단파 이상의 발진은 곤란하며, 수정 발진 주파수 변동의 원인을 제거하는 조건하에서 동작시켜야 한다.
수정 발진기는 Q가 10000 이상으로 대단히 높기 때문에 주파수 선택성이 뛰어나 벌진 주파수가 매우 안정한 발진을 할 수 있다. 따라서 수정편을 이용한 발진 회로의 경우 수정편이 마멸되어 성능이 나쁠 경우 고유 주파수가 변화하거나 발진이 중단되며, 부하 변동의 영향을 받으므로 다음 단 회로는 완충 증폭기를 결합하여 영향을 막을 수 있으며, 수정 발진이 자려 발진에 비해 주파수의 안정도는 크나 발진 주파수 및 출력을 연속적으로 가변시킬 수 없다.

05 콜피크 발진 회로의 변형인 클랩(Clapp) 발진 회로에 대한 특징에 대해서 설명하여라.

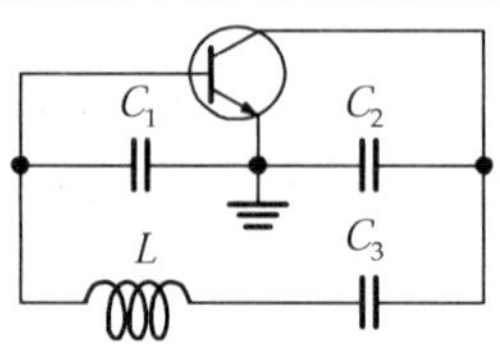

클랩 발진 회로는 콜피츠 발진 회로의 변형으로 비교적 고주파 발진출력으로 발진 주파수의 가변이 곤란하다. 클랩 발진 회로를 구성하는 콘덴서 C_1, C_2를 C_3와 비교해서 훨씬 크게하고 $C_1 > C_3$, $C_2 > C_3$그 임피던스를 작게하여 트랜지스터의 변동 공진 회로의 영향을 줄여 발진 주파수의 안정을 높인 발진기이다.

06 수정 발진 회로에서 발생하는 발진 주파수를 보다 안정화시키기 위한 방법에 대해서 설명하여라.

수정 발진기의 발진 주파수를 안정화하기 위한 방법으로 바이어스 회로를 안정시키거나, 수정 발진자의 Q가 높은 것을 사용하거나, 부하 사이에 완충 증폭기를 사용한다.
그리고 수정 발진기가 자려 발진기(self oscillator)에 비해 좋은 점은 출력 파형이 양호하다는 것이다. 즉, 수정 진동자를 이용함으로써 주파수 안정도를 10^{-6} 정도 유지할 수 있다.

- 안정화된 전원의 사용으로 바이어스 회로를 안정시킨다.
- 수정 발진자의 선택도 Q를 높은 것을 사용한다.
- 부하와 부하 사이에 완충 증폭기를 이용한다.

한편 수정편을 이용하는 수정 발진기에서 수정의 진동 주파수를 결정하는 요소를 고려하면 수정 발진기의 경우 발진 주파수를 결정하는 물리적 요인으로는 수정의 재료 특성에 따라 결정되는데 발진 주파수를

$$f = \frac{\sqrt{Y}}{2l\sqrt{d}}$$

라고 하넌 여기서 l은 수정의 폭 혹은 길이, d는 수정의 밀도, Y는 수정의 영률 즉 변형률을 나타낸다.

07 저주파 발진으로 이용되는 윈 브리지(Wien bridge) 발진 회로에 대한 특징에 대해서 설명하여라.

Wien bridge 발진기는 A급 트랜지스터를 이용하며, 가청 주파수 AF 발진기에 주로 이용하여 발진 주파수의 가변이 용이하다. 그리고 발진기에 이용되는 증폭기의 이득은 3이상이어야 한다.
윈 브리지는 발진주파수가 안정(1[kHz]±2[%])하며, 코일을 사용하지 않으므로 저주파수에서는 소형, 경량으로 저주파 가변 발진기로 많이 사용되며, 서미스터를 이용하여 발진 강도를 안정하게 한다. 그리고 주파수 변경이 용이하며, A급 증폭기를 주로 이용하므로 발진 효율이 다소 떨어지는 단점을 갖는다.

- 발진 주파수는 안정하다.
- 파수 변경이 용이하다.
- 발진 효율이 떨어진다.
- 출력 파형이 양호하다.

08 다음과 같은 윈 브리지 발진기에서 $C_1 = C_2 = C$ 를 $0.01\mu F$로 하고 $R_3 = R_4 = R$을 1[kΩ]에서 100[kΩ]까지 가변 저항으로 연동시킬 때 발진의 최소 주파수와 최대 주파수를 구하여라.

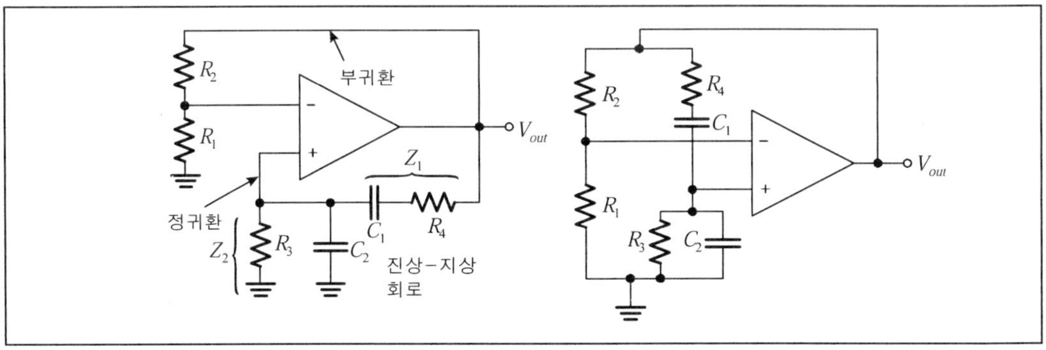

윈 브리지 발진기에 대한 발진 주파수를 계산하는 관계식을 이용하면 다음과 같이 계산된다.

- 발진의 최소 주파수

$$f_{o(\min)} = \frac{1}{2\pi CR} = \frac{1}{2\pi \times 101 \times 10^3 \times 0.01 \times 10^{-6}} = 159[\text{Hz}]$$

- 발진의 최대 주파수

$$f_{o(max)} = \frac{1}{2\pi CR} = \frac{1}{2\pi \times 1 \times 10^3 \times 0.01 \times 10^{-6}} = 15.9[\text{kHz}]$$

09 다음과 같은 이상형 발진기를 위상 천이 발진기라고 하는데 RC 귀환 회로를 통한 위상 추이에 대해서 설명하여라.

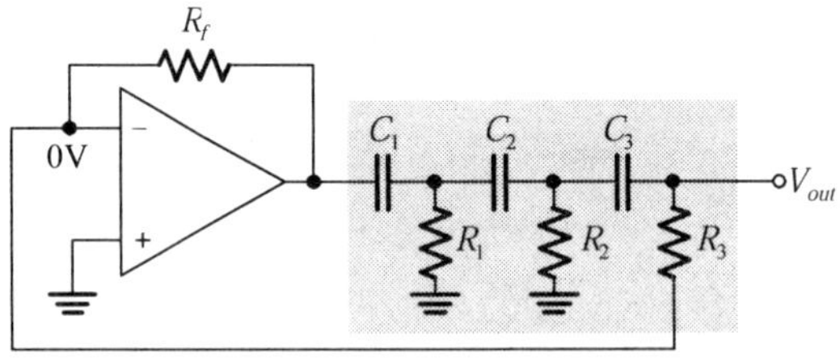

귀환 루프를 구성하는 3개의 RC회로는 각각 60° 정도의 위상을 천이하여 180° 되도록 하게 되며 귀환 망의 위상차가 180°이고 연산 증폭기 자체 위상 천이가 180°이므로 전체 360°가 되어 즉 정 귀환이 나타나게 되어 발진 조건을 만족하게 하고 있다.

제11장 변복조 회로

11.1 변조의 개념

11.1.1 변조의 원리

(1) 변조의 정의

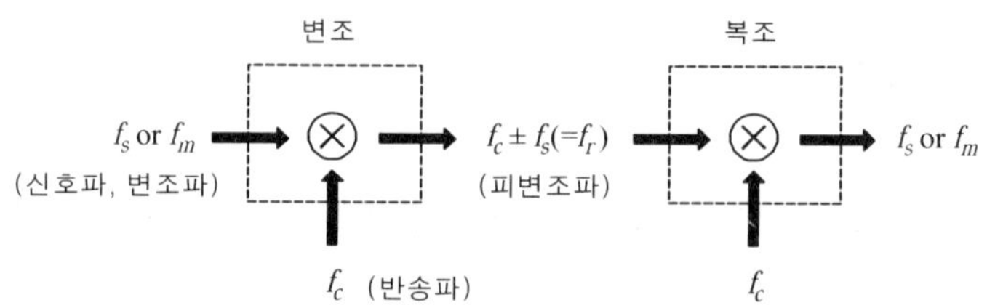

그림 11.1 이상적인 통신 시스템

통신 공학적인 변조의 정의는 주파수 스펙트럼을 높은 쪽으로 옮겨가는 것 혹은 이동하는 것을 의미하는데 이는 저 주파수를 보다 높은 주파수로 변화시키는 방법이라고 할 수 있다. 일반적으로 통신이라고 함은 신호(음성, 화상 등의 관련 정보 신호)를 장거리 전송하는 것을 말한다. 여기서 정보 신호를 장거리 전송하기 위해서는 원래의 정보 신호를 그대로 보내지 않고 주파수가 높은 정현파의 진폭, 주파수 또는 위상 등에 대해 변화시켜 신호를 전송하게 되는데 이와 같은 과정을 변조라고 한다. 이 때 원 신호를 신호파 혹은 변조파(Modulating wave)라고 하며, 원 신호를 장거리 까지 나르는데 이용되는 파를 반송파(Carrier wave)라고 한다. 여기서 신호파와 반송파가 함께 존재하는 파를 즉 변조된 파를 피변조파(Modulated wave)라고 한다. 또 수신측에서 수신한 피변조파로부터 원래의 신호를 검출하는 조작을 복조(Demodulation)라 한다.

일반적으로 변조를 행하면 원래 신호보다는 신호가 커지게 되는데 이을 체배라고 하며. 변조파는 신호파도 아니고 변조파도 아닌 새로운 신호가 된다.

(2) 변조의 필요성

통신 과정에서 변조를 행하는 근본적인 이유는 전송하고자 하는 정보 신호를 전송 매체(Cable)에 적합하도록 신호를 변환하여 전송하는 것을 목적으로 한다면 이외의 변조의 목적은

- 통신로에 혼입되는 잡음과 간섭의 영향을 줄이기 위해서
- 송수신 안테나의 설계에 관한 문제 변조를 하지 않고 가청 주파수 신호를 전송 시 안테나 길이가 대단히 길게 된다.
- 다중 통신(multiplexing)을 가능하게 하여 준다.
- 안테나에서 복사가 용이하게 발생하거나, 안테나 길이를 보다 짧게 하기 위해서
- 회로 소자의 단순화, 시스템의 소형화 등의 장점이 있다.

등을 들 수 있다.

11.1.2 변조의 형태

변조의 형태는 신호파를 반송파의 성분인 진폭, 주파수 혹은 위상 어디에 실어서 보내느냐에 따라 분류된다.

(1) 아날로그 변조 방식

- 진폭변조(AM, Amplitude Modulation)

  반송파의 진폭을 신호파의 진폭에 따라 변화시키는 변조방식을 말한다.

- 각 변조(Angle Modulation)

  각 변조는 반송파의 주파수를 이용하는 주파수 변조와 반송파의 위상을 이용하는 이상 변조의 형태는 파수 변조(FM, Frequency Modulation)는 반송파의 주파수를 전기 신호에 의해서 변화시키는 변조 방식을 말하며, 위상 변조(PM, Phase Modulation) : 반송파의 위상을 신호파의 파형에 따라 변화시키는 변조 방식을 말한다.

(2) **아날로그 펄스 변조**

아날로그 펄스 변조 방식은 사용하는 반송파가 펄스파인 경우인 변조 형태를 말한다.

- PAM(Pulse Amplitude Modulation)는 진폭만을 입력 신호 전압에 따라 변환시키는 변조방식을 말한다.
- PWM(Pulse Width Modulation)은 펄스에 대한 수지 및 폭은 일정하게 하고, 펄스의 폭만을 입력 신호에 따라서 변화시키는 방식을 말한다.
- PCM(Pulse Code Modulation)은 신호파의 진폭을 양자화하여 그 양자화 된 값을 2진수로 표시하여 2진 부호에 따른 펄스를 만드는 변조 방식을 말한다.
- PFM(Pulse Frequency Modulation)은 펄스의 진포 및 폭은 일정하게 하고 펄스의 반복 주파수에 대해서만 입력 신호에 따라 변화시키는 변조 방식을 말한다.
- PPM(Pulse Position Modulation)은 펄스의 진폭과 시간 폭은 일정하게 해두고 반복 주파수가 일정한 펄스 위상만을 신호파의 진폭에 따라 변화 시키는 변조 방식으로 PPM은 펄스위치를 변화시키므로 인접 채널과 누화를 일으킬 염려가 있으므로 채널 수를 가능한 제한해야 한다.
- PNM(Pulse Number Modulation)은 변조된 신호파의 진폭에 따라 단위 펄스를 일 m이 큰 것을 변조가 깊다고 한다. 즉, 신호파(변조파)의 진폭이 반송파의 진폭보다 크면 과변조의 파형을 나타낸다.

11.2 진폭 변조(AM)

11.2.1 진폭 변조의 원리

(1) **AM 피변조파**

진폭 변조는 신호파를 반송파의 진폭에 실어서 전송하는 방법으로 진폭 변조의 결과는 진폭이 변화를 하게 된다. 여기서 진폭 변조의 원리로 신호파가 반송파의 진폭의 실어진 관계식을 나타내면

$$v_{AM} = (V_C + V_s \sin w_s t)\sin w_c t$$

이며, 여기서 v_{AM}은 진폭 변조된 AM 피 변조파를 나타내는 것이다.

따라서 AM 피변조파를

$$v_{AM} = V_C(1 + \frac{V_s}{V_c}\sin w_s t)\sin w_c t$$

로 고치는 경우 관계식 중 $m = \dfrac{V_s}{V_c}$을 변조도, 변조율 또는 변조지수라고 하면 이는 신호파의 진폭과 반송파의 진폭의 비로서 변조지수 m의 정도에 따라 다음과 같이 구분한다.

▦ $m > 1$인 경우

과변조(over modulation)라고 하는데 AM변조에서 과변조 시 나타나는 현상으로 피변조파에 많은 고조파가 발생하며, 점유대역폭이 넓어지므로 다른 통신에 혼선을 주며, 송신기에 과부하가 걸리며, 수신신호에 왜곡이 발생하며, 수신기에 과부하가 걸리게 된다.

▦ $m < 1$인 경우

정상 변조 그리고 $m = 1$일 때를 완전 변조 혹은 100[%] 변조라고 한다.

여기서 정의된 변조 지수를 이용하여 다시 AM 피 변조파를 나타내면

$$v_{AM} = V_C(1 + m\sin w_s t)\sin w_c t$$

가 된다. 이 관계식을 전개하면

$$v_{AM} = V_C \sin w_c t + m V_c \sin w_s t \sin w_c t$$

이다.

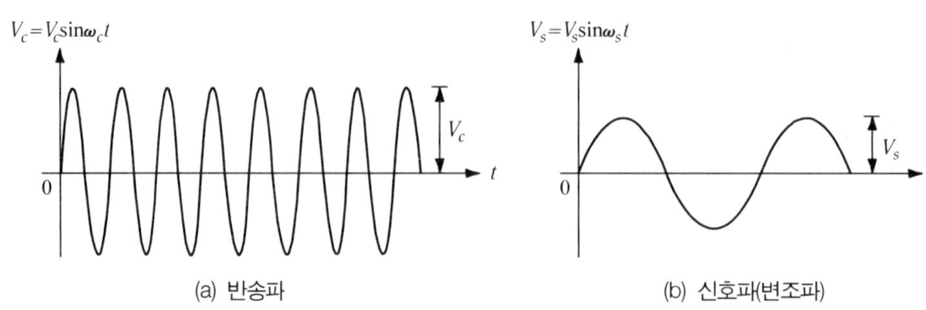

(a) 반송파 (b) 신호파(변조파)

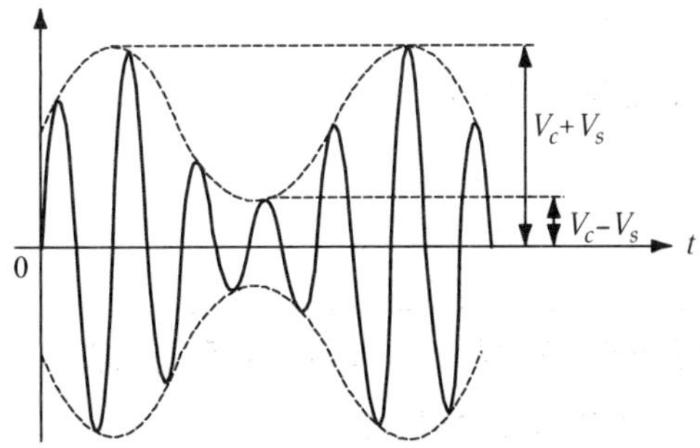

(c) 피변조파

그림 11.2 진폭 변조

AM 피변조파에서 변조도에 따른 특성을 고려하면 다음과 같다.

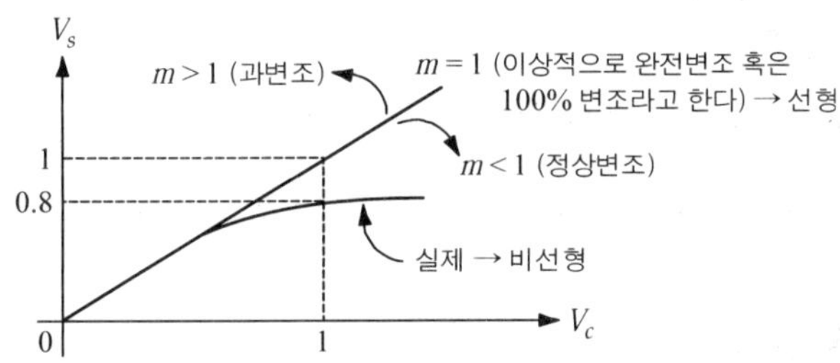

그림 11.3 변조도에 따른 특성

여기에 AM 피변조파에 대해서 삼각 함수의 배각 공식을 적용해서 정리하면 하나의 반송파 성분과 2개의 측파(상측파 및 하측파) 성분이 나타나게 된다. 이와 같은 피 변조파에 대해서 주파수 스펙트럼도(Spectrum diagram)를 이용하는데 여기서 주파수 스펙트럼 도는 변조된 피변조파의 주파수 분포를 알기 쉽도록 주파수 성분을 배치한 그림을 말한다.

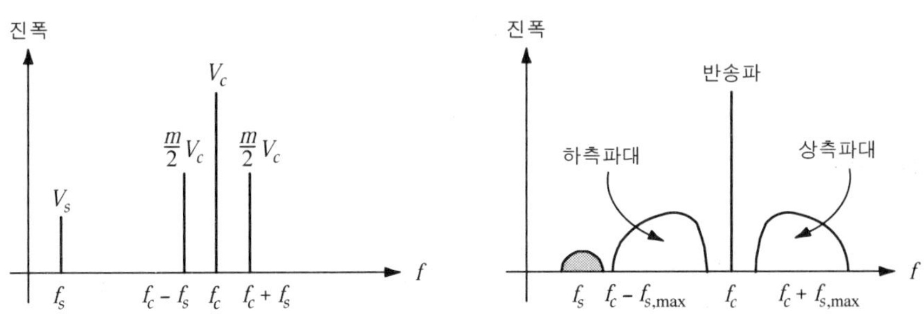

(a) 단일 신호의 경우

(b) 다중 신호의 경우

그림 11.4 주파수 스펙트럼도

반송파에 음성 등과 같이 신호파를 실을 경우 변조된 피변조파(전파)에는 반송파와 또 다른 주파수 성분이 생기는데 이를 측파라고 하고 그 측파가 차지하는 대역을 측파대라고 한다.

예제 11.1

$m=1$인 진폭 변조파의 점유 주파수 대역은 얼마인가? (단 f_c : 반송파의 주파수, f_s : 변조파의 주파수, m : 변조도)

[풀이] AM의 대역폭은 $(f_c \sim f_s) \sim (f_c + f_s) = 2f_S$ 으로 신호파의 2배가 대역폭으로 나타난다.

예제 11.2

진폭 변조파의 전압이 $\theta = (100 + 40\sin 2\pi 400t)\sin 2\pi \times 10^6 [\mathrm{V}]$로 표시되는 경우 변조도 [%]는?

[풀이] AM의 변조도은 $m_a = \dfrac{\text{반송파의 진폭}}{\text{신호파의 진폭}} = \dfrac{40}{100} \times 100[\%] = 40[\%]$이다.

(2) AM(피변조)파의 전력, P_m

AM 피변조파 전력은 진폭 변조파가 부하 저항에서 소비되는 전력을 나타내는 것으로 AM 피변조파 전력 P_m은 다음과 같이 합으로 구해진다.

$$P_m = P_c + P_{USB} + P_{LSB}$$

■ 반송파 전력, P_c

$$P_c = \frac{\left(V_c / \sqrt{2}\right)^2}{R_L} = \frac{1}{2}\frac{V_c^{\,2}}{R_L}$$

■ 상측파 전력, P_{USB}

$$P_{USB} = \left(\frac{m}{2} V_c \cdot \frac{1}{\sqrt{2}}\right)^2 / R_L = \frac{1}{8R_L} m^2 \cdot V_c^{\,2} = \frac{1}{4} m^2 \cdot \frac{1}{2}\frac{V_c^{\,2}}{R_L}$$

$$= \frac{1}{4} m^2 P_c$$

■ 하측파 전력, P_{LSB}

$$P_{LSB} = \left(-\frac{m}{2}V_c \cdot \frac{1}{\sqrt{2}}\right)^2 / R_L = \frac{1}{4}m^2 P_c$$

따라서 피변조파 전력 P_m은

$$P_m = P_c + P_{USB} + P_{LSB} = \left(1 + \frac{m^2}{4} + \frac{m^2}{4}\right)P_c = \left(1 + \frac{m^2}{2}\right)P_c$$

으로 나타낼 수 있다.

(3) 변조도에 따른 전력 분포

변조도가 $m=1$인 경우에 대한 변조파 전력을 고려하면

$$P_m = P_c\left(1 + \frac{m^2}{2}\right)$$

이다. 여기서 $m=1$라면

$$P_m = \frac{3}{2}P_c\ ,\quad P_c = \frac{2}{3}P_m$$

이다. 즉, 전체 전력 중 반송파가 차지하는 비율은 2/3이며, 나머지 1/3은 상, 하측파가 차지하는 전력이다. 한편 변조도를 1에서 0.7정도로 낮게 하면 반송파가 차지하는 전력은 더욱 커지게 된다.

Book Cafe

진폭 변조에서 변조를 깊게 했을 경우에는 피변조파의 점유 주파수 대역이 넓어진다.

(4) AM 통신 방식과 특징

■ DSB 통신 방식

DSB (Double Side Band)통신 방식은 진폭 변조(AM)에서 발생하는 상 · 하측파 양측을 이용하여 통신하는 방식을 말한다.

SSB 통신 방식

SSB(Single Side Band) 통신 방식은 진폭변조에 의해서 생긴 상 · 하측파 중 어느 한 쪽만을 이용하는 방식으로 형태는 다음과 같다.

• 전 반송파(H3E) 방식

반송파의 측파대와 같이 반송파를 보내는 전력은 가장 비경제적이지만 보통의 DSB 수신기로도 수신되며, SSB 무선전화 통신 방식에서의 전 반송파(H3E)방식은 반송파와 측파대로 페이딩의 상태가 다르면 반송파의 감쇠에 의해서 일그러짐이 급격히 증대하며, DSB 수신기로도 수신 가능하며, 반송파의 진폭을 크게 하면 일그러짐은 감소한다. 그리고 반송파를 크게 첨가하면 전력소모가 크다.

• 저감 반송파(R3E)방식

반송파를 어느 정도까지 저감시켜 한쪽의 측파대와 같이 보내는 것이다. J3E에 비해서 전력은 다소 비경제적이지만 수신측에서 그 반송파를 복조용 반송파의 동기 및 AGC 등에 이용할 수 있다.

• 억압 반송파(J3E) 방식

반송파를 보내지 않으므로 송신되는 전력은 전부가 신호 성분이라고 할 수 있어 전력 면에서는 가장 경제적이지만, 수신측에서 복조용의 반송파 발진기와 동기 조정기(Clarifier)를 필요로 한다.

음성신호를 진폭 변화 성분과 주파수 성분으로 분해한 다음 진폭 변화 성분을 주파수 신호로 변환한 후 주파수 성분과 합성하여 SSB 변조하는 방식을 린 콤팩스(Lincomplex)방식이라고 한다.

Book Cafe

▸ 필터(Filter)법에 의한 SSB 송신의 경우 다단의 변조 방식을 해야 하는데 그 이유는 필터의 특성 때문이다. 즉, 이상적인 대역 통과 필터의 구성이 곤란하기 때문이다. 그리고 SSB 신호를 복조하기 위한 방법으로는 평형 변조회로의 입력과 출력을 바꿔 사용하면 복조가 가능하게 된다. 즉, SSB를 복조하기 위한 별도의 구성 회로가 존재하지 않는다.

▸ 필터법에 의한 SSB 송신기의 최후의 단에 필터가 필요치 않은 이유는 상/하측파대의 간격이 매우 크기 때문이다.

즉, SSB 송신기에서는 이미 다단 필터법을 이용하여 상 · 하측파대의 간격이 매우 크기 이격하였기 때문에 측파대의 분리는 변조기의 후단에 존재하는 직선 증폭기에 의해 일어난다. 따라서 SSB 송신기에서 종단에 필터를 사용하지 않는 이유는 상하 측파대의 간격이 매우크기 때문이다.

Book Cafe

■ **린 콤팩스(Lincomplex) 방식**

이 방식은 단파대에서 발생하는 페이딩의 영향을 감소하기 위해 개발된 SSB 방식으로 진폭 변화 성분만이 영향을 크게 받는다는 성질을 이용한 것이다.

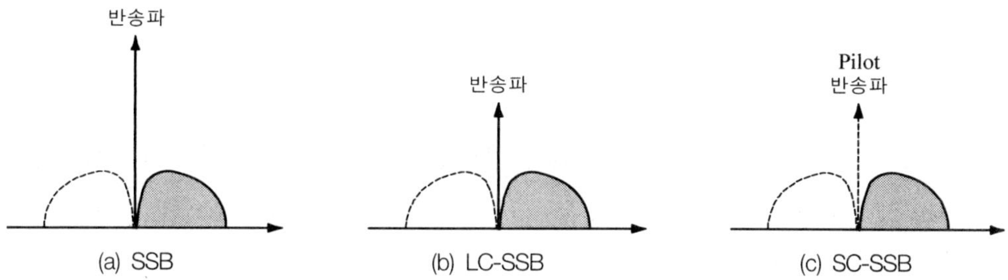

그림 11.5 SSB 통신 방식의 종류

이와 같은 SSB 파형을 얻는데 이용되는 방법으로 다단 필터법(filter), 이상법(phase shift) 그리고 필터법과 이상법을 혼합한 웨버(waver)등이 이용된다. 이중에서 다단 필터법을 주로 이용하는데 다단 필터법을 이용하는 이유는 필터를 여러 단 이용하게 되면 측파 간의 비대역이 넓어져 측파의 구분이 용이하게 되기 때문이다. 이상법은 신호파와 반송파를 90°가 되도록 해서 회로에 입력하는 변조방식이다. 웨버법에 의한 SSB 파 발생회로의 구성부분은 평형 변조기, 90°이상회로, 합성회로 등을 들 수 있으며 웨버법은 변조신호를 일단 저주파와 평형 변조시킨 후 다시 무선주파와 평형변조 시켜 합성하는 방법이다.

SSB 신호는 여파기(Filter)를 이용해서 양측파(상, 하측대파) 중 하나만 취하는 변조 방식을 말한다. 여기서 SSB 변조 과정에서 다단 변조를 행하는 이유는 상, 하측파의 구분을 쉽게 되도록 하기 위해서이다.

참고적으로 SSB 통신 장치에서는 송신기의 종단 증폭기만은 B급을 쓰고, 기타는 A급을 쓴다.

여기서 SSB의 특징을 정리하면 다음과 같다.

- 점유 대역폭이 DSB의 1/2이므로 혼선이 적게 일어난다.
- 송신 전력이 절감(DSB의 1/6)되고 잡음은 대역폭에 비례하므로 S/N비가 $9 \sim 12[\mathrm{dB}]$정도가 개선된다.
- 보통 수신기로는 수신이 불가능하므로 어느 정도 비밀이 보장된다.
- 반송파가 송신기에서 제거 되므로 수신할 때 송신측 반송파의 동기를 취해야 한다.
- 점유 주파수 대역폭이 반 이하가 되므로 다중 통신로에 적합하다.
- 송수신 장치가 복잡하므로 실제에서 반송파를 포함한 DSB를 이용한다.
- 그리고 양측파대에서 일어나는 일그러짐이 적다.
- 선택성 페이딩(fading)에 의한 일그러짐이 적어진다.
- 주된 용도로는 유선 반송 전파, 단파 무선 통신에 이용한다.

한편 DSB 전력과 SSB 전력을 비교하기 위해서 먼저 DSB 전력 혹은 피변조파 전력의 관계식은

$$P_D = P_c\left(1 + \frac{m^2}{2}\right)$$

이며, SSB에 대한 전력의 관계식은

$$P_S = \frac{1}{4} m^2 P_c$$

가 된다. 여기서 이들을 이용하여 전력의 비를 구하면

$$\frac{P_D}{P_S} = \frac{P_c\left(1+\frac{m^2}{2}\right)}{\frac{1}{4}m^2 P_c} = \frac{2(2+m^2)}{m^2}$$

가 된다.

즉, DSB송신기에서 SSB송신기 출력과 동등한 측파대 전력을 얻으려면 $\frac{2(2+m^2)}{m^2}$ 배만큼 큰 평균 전력을 얻을 수 있는 것이어야 한다. 여기서 변조도가 $m=1$이라면 전력에서 6배 정도의 차이를 보인다.

한편 AM 변조의 효율 η을 고려하면

$$\eta = \frac{\text{신호 전력}}{\text{전체 전력}} = \frac{\frac{(A_c m)^2}{4}}{\frac{(A_c)^2}{2} + \frac{(A_c m)^2}{4}} = \frac{(A_c m)^2}{2A_c^2 + (A_c m)^2}$$

$$= \frac{m^2}{2+m^2} \times 100\%$$

이다. AM 방식에서 얻을 수 있는 최대 변조 지수는 $m=1$이므로 AM의 변조 효율은 33.3[%]가 된다.

그리고 DSB-SC방식의 경우는 반송파가 없으므로 $\eta = \frac{(A_c m)^2}{2A_c^2 + (A_c m)^2}$ 관계식에서 A_c^2이 0이므로 변조 효율은 100[%]가 된다.

■ 잔류 측파대 방식(VSB)

DSB 신호 중에서 BPF를 이용해서 하측파를 제거하는 방식으로 하측대를 완전히 제거하면 반송파 부근의 낮은 주파수의 영상에 나쁜 영향을 영향이 나타날 수 있기 때문에 하측파대를 0 ~ 1.25[MHz]정도는 남겨서 주파수 특성을 갖게 되도록 하는 방식으로 저역 부근의 영상 신호 화질 개선 및 대역폭 절약을 위한 것으로 TV AM 변조파의 영상 신호는 4.2[MHz]의 넓은 대역폭의 주파수로서 하측파대를 제거하고 FM 음성전파를 첨가하여 6[MHz] 대역으로 하며, 이와 같은 잔류 측파 방식을 적용하는 경우에는 전송 대역폭이 절약되며, 고스트(Ghost) 현상이 감소하며 그리고 영상 주파수와 구분되어 음성을 동조시키기 훨씬 용이하게 된다.

잔류 측파대 방식은 주파수 이용효율을 고려해서 이용되는 변조 방식으로 지상파 방송의 경우 영상 신호 전송은 진폭 변조 방식의 한 형태인 VSB-AM 방식을 대부분 이용하고 있다. 여기서 VSB-AM 방식은 TV 방송에서 영상 신호의 전송 대역폭을 줄이기 위해서 영상 신호의 진폭 변조파의 하측 대역의 변조 신호 고역 성분을 감쇠시켜 전송하는 방식을 말한다.

즉, VSB-AM 방식은 한쪽의 측파대 대부분과 다른 한 쪽 측파대의 일부를 송신하는 방식으로 영상 주파수를 그대로 전송하면 양 측파대가 되어 약 9[MHz]이상이 필요하게 되지만 VSB-AM 방식을 사용하게 되면 약 5.5[MHz]가 되어 음성 신호를 포함해서 6[MHz] 대역폭으로 전송하는 것이 가능하므로 그 만큼 전송 대역폭을 절약하게 되는 것이다.

따라서 VSB방식의 특성을 고려하면

- DSB 신호 중에서 BPF를 이용해서 하측파를 제거하는 방식으로 하측파를 완전히 제거하면 반송파 부근의 낮은 주파수의 영상에 나쁜 영향을 영향이 나타날 수 있기 때문에 하측파대를 0 ~ 1.25[MHz]정도는 남겨서 주파수 특성을 갖게 되도록 하는 방식으로
- 저역 부근의 영상 신호 화질 개선 및 대역폭 절약을 위한 것으로
- TV AM 변조파의 영상 신호는 4.2[MHz]의 넓은 대역폭의 주파수로서 하측파대를 제거하고 FM 음성전파를 첨가하여 6[MHz] 대역으로 한다.

등을 들 수 있다.

한편 이와 같은 잔류 측파 방식을 적용하는 경우에 나타나는 특성으로는 전송 대역폭이 절약되며, 고스트 현상이 감소하며, 영상 주파수와 구분되어 음성을 동조시키기 훨씬 용이하게 된다.

컬러 TV 방송의 경우에서는 영상 정보에 해당하는 R, G, B 영상 신호들은 표준 6[MHz] 반송 채널을 통해서 전송할 때 명도와 채도로 변환된다. 그리고 명도 신호는 흑백의 영상 신호를 가지며, 채도 신호는 칼라를 제공한다.

11.2.2 AM 변조 회로의 종류

(1) 직선 변조 회로

직선 변조는 반송파의 진폭이 비교적 큰 경우에 이용하는 변조 방식을 말하는 것으로 다이오드 및 트랜지스터와 같은 능동 소자의 특성 중 직선 부분에서 차단부분 이하까지 이용한 것으로 큰 진폭의 반송파를 써서 변조 소자를 두 가지 상태(통전과 차단)로 스위칭

하는 변조 방식이다.

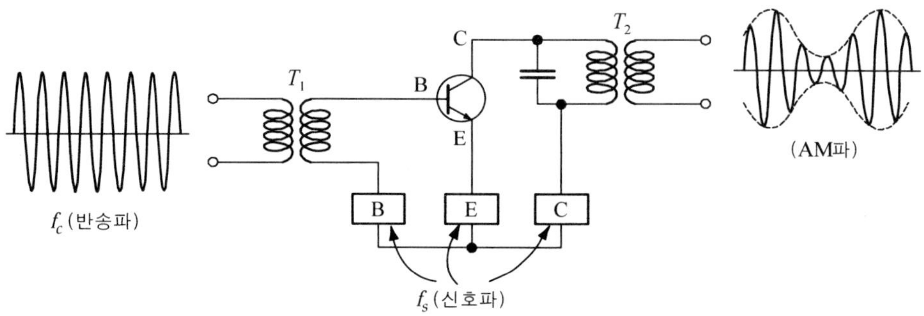

그림 11.6 트랜지스터를 이용한 진폭 변조 회로의 구성

직선 변조 회로의 특징은 C급 증폭기처럼 차단점 이하의 영역에서 동작점을 취하므로 신호파의 전압을 충분히 크게 하여 변조할 수 있으며 효율이 높다.

■ 컬렉터 변조 회로

컬렉터 전압을 변조 신호 전압에 따라 변화시켜 컬렉터 전류를 변조하는 방법으로 Tr은 C급 동작으로 바이어스 되어 있다. 그리고 컬렉터 변조는 직선성이 매우 우수하다.

Book Cafe

트랜지스터를 사용한 진폭 변조 회로에서 반송파는 베이스 단자에 변조파 입력은 컬렉터 단자에 인가하는 변조 방식이 컬렉터 변조이다.

■ 베이스 변조 회로

트랜지스터를 C급으로 동작시키고 베이스 전류를 신호파로 변화시켜 컬렉터 전류는 그것에 따라 변화하고 동조 회로에서 피변조파를 얻는다.

■ 이미터 변조 회로

신호파를 이미터에 인가하여 진폭 변조를 일으키는 회로이다. 이미터 변조 회로는 이미터 전류를 사용해서 V_{BE}를 조절하기 때문에 베이스 변조 회로에 비해서 보다 큰 전력을 필요로 한다는 것이 단점이다. 그리고 이미터 변조회로는 CB이므로 높은 주파수까지 사용이 가능하며, 반송파와 신호파 모두 이미터로 입력되기 때문에 큰 입력을 필요로 한다.

(2) 제곱 변조 회로

입, 출력 관계가 비 직선적인 특성을 가진 소자를 이용한 변조 방식으로, 이용하는 부분이 좁기 때문에 소 진폭 회로라고 한다. 제곱 변조 회로는 소 전력용 출력이 필요할 때 이용하며, 변조도가 제한되는 성질을 가지고 있고, 또한 진폭 변조의 기능이 있으며, 출력파의 왜곡이 크다.

■ 다이오드 평형 변조 회로

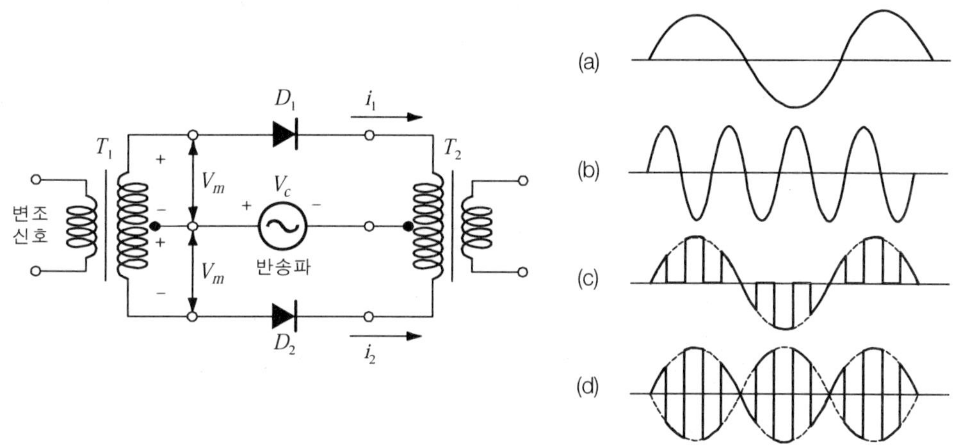

그림 11.7 다이오드 평형 변조 회로와 파형

다이오드 평형 변조기에 변조 신호를 인가하지 않는 경우에 반송파가 (+)인 경우에 다이오드 D_1과 D_2는 on 상태가 되어 트랜스 T_2의 1차 측에 전류가 흐른다. 그러나 전류 i_1, i_2는 서로 반대로 작용하여 실제는 T_2의 2차 측에는 전류가 흐르지 않는다. 반송파가 (-)인 경우에 다이오드 D_1과 D_2는 off 상태가 되어 트랜스 T_2의 2차 측에 역시 전류가 흐르지 않는다.

따라서 이 결과를 통해서 알 수 있는 내용은 반송파만 인가하는 경우에는 출력측에 아무신호도 나타나지 않음을 알 수 있다.

한편 트랜스 T_1의 1차 측에 변조 신호를 인가하는 경우에는 트랜스 T_1의 2차 측에서 반송파에 의한 전압으로 균형이 깨져서 어느 한쪽으로 전류가 흐르게 되며, 이로 인해서 트랜스 T_2의 2차 측에 출력 신호가 나타나게 된다.

변조 신호의 (+)에 대해서 다이오드 D_1에 흐르는 전류 i_1은 다이오드 D_2에 흐르는 전류 보다 약간 더 흐르게 되어 트랜스 T_2의 2차 측에 출력 신호가 나타나게 된다. 변조 신호의 (−)에 대해서는 반대 현상으로 트랜스 T_2에는 출력의 역 전압이 나타나게 된다. 따라서 출력측에서 볼 수 있는 전압은 변조 신호에 의한 전류 차에 해당하는 것이라고 할 수 있다.

결국 다이오드를 이용한 평형 변조기에서 출력을 볼 수 있는 경우는 변조 신호와 반송파가 동시에 인가되는 경우에 출력으로 피변조파가 발생함을 알 수 있다.

■ 트랜지스터 평형 변조기

평형 변조 회로에 신호 입력을 가하면(+)반주기 동안은 Q_1에 의해 베이스 변조되고, (−)반주기 동안은 Q_2에 의해서 베이스 변조되는 회로로, 반송파가 제거되고 상, 하측파만이 발생한다.

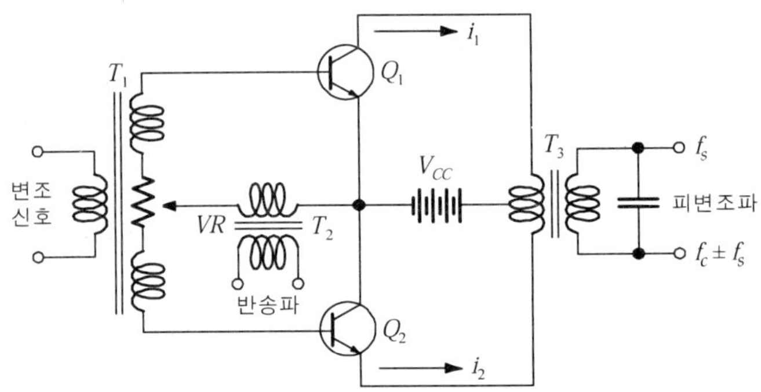

그림 11.8 트랜지스터 평형 변조기

따라서 평형 변조기를 B급 푸시풀 증폭기로 생각하면 B급은 우구 고조파가 제거되는 성질이 있다. 여기서, 우수 고조파의 제거는 변조기에서는 반송파의 제거 형태로 나타난다. 또한, 평형 변조기는 입력으로 사용되는 신호파 및 반송파가 없으면 출력이 없다. 왜냐하면 평형 변조기는 B급 형태를 취하는데, B급은 입력이 없으면 출력이 없는 특징을 가지고 있기 때문이다. 평형 변조기 출력에서 얻은 결과를 다시 직각으로 반송파와 벡터 합성하면 피변조파는 PM파를 얻게 된다.

■ Ring 평형 변조기

• **변조 신호를 인가하지 않은 상태에서 반송파의 (+)에 대한 경우**

전류는 트랜스 T_1의 중간 탭에서 분류되어 하나는 다이오드 D_1으로 흐르고 다른 하나는 다이오드 D_2로 흘러서 트랜스 T_2의 1차 측의 중간 탭에서 모이게 되며, 반송파의 (−)쪽으로 들어오게된다. 이 과정에서 트랜스 T_2의 1차 측에 흐르는 전류의 방향이 서로 반대이므로 출력측에는 아무런 신호가 발생하지 않는다.

- **반송파의 (−)인 경우**

전류는 트랜스 T_2의 1차 측에서 역시 분류되어 다이오드 D_3, D_4를 통해서 트랜스 T_2의 2차 측의 중간 탭에서 만나게 되고 반송파는 (−)쪽으로 들어오게 되며, 이 과정에서 역시 트랜스 T_2의 1차 측에 흐르는 전류는 서로 반대이므로 출력측에 아무런 파형이 나타나지 않게 된다.

따라서 변조 신호를 인가하지 않고 반송파만 인가하는 경우 역시 출력으로 변조파를 볼 수 없게 된다.

- 한편 Ring 변조기에 신호 입력을 인가하는 경우에 대해서 고려하면 (+)반주기 동안은 f_s가 다이오드 D_1을 통해서 출력측에 측파만 발생하고,
- (−)반주기 동안은 f_s가 다이오드 D_2을 통해 출력측에 측파를 발생한다.

따라서 링 변조기는 출력 평형 변조기같이 반송파가 제거되고 상·하측파만을 발생한다.

여기서 링 변조기의 특징을 고려하면 링 변조기 출력에는 반송파가 제거되고 상·하측파대만 발생하며, 링 변조기를 복조기로서 사용할 수 있으며, 링 변조기에 있어 반송파 또는 변조 신호 어느 한쪽만 인가될 경우는 출력에 아무것도 나타나지 않는다.

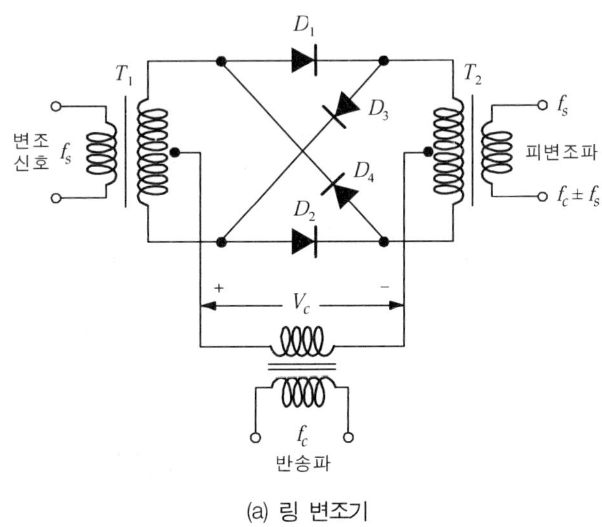

(a) 링 변조기

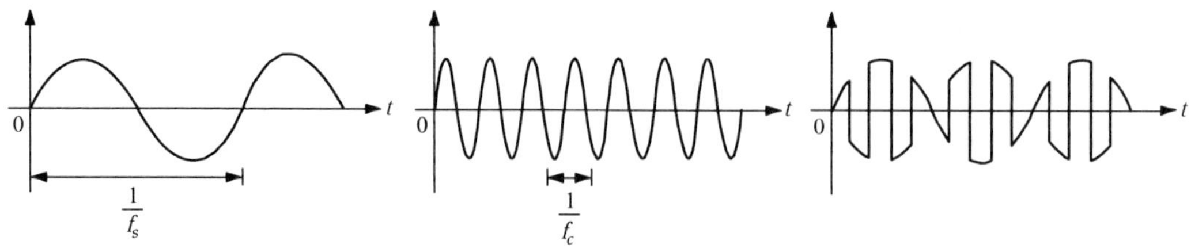

(b) 신호파 전압(변조신호)　　(c) 반송파전압　　(d) 출력(피변조파)전압

그림 11.9 링 변조 회로

11.2.3 AM 복조(검파)회로

검파 회로는 변조된 파에서 원래의 신호파를 추출하는 역할을 하는 회로로 반송파 f_c 을 제거할 수 있는 능력, 필터 능력, 증폭능력 그리고 음성 출력 신호를 전달할 수 있는 능력을 가져야 하고, 캐리어를 감소시켜야 하며, 신호를 정류해야 한다.

진폭 변조파에서 신호를 추출하는 복조 회로의 형태로는 대 신호 동작인 직선 검파(Linear detection), 소 신호 동작인 2승 복조 혹은 2승 검파(Square-low detection), Heterodyne 검파, 평형 복조 회로 그리고 마이크로파에 사용되는 검파 회로인 반도체 검파기 등을 들 수 있다.

(1) 직선 검파 회로

■ 직선 검파 또는 포락선 검파

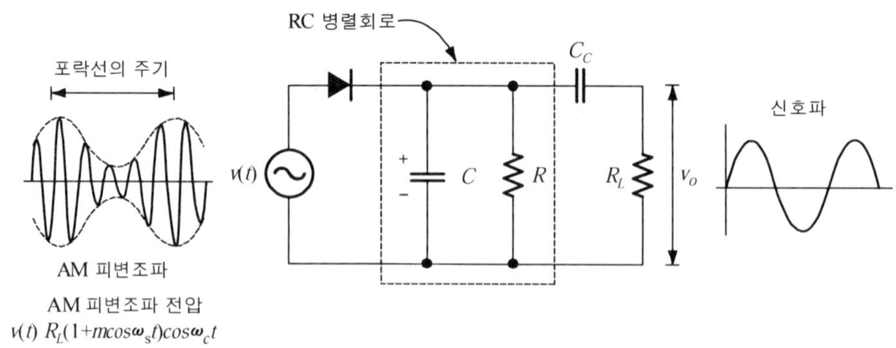

그림 11.10 직선 복조 회로와 복조 동작 파형

입력 피변조파와 검파 출력이 직선적으로 비례하는 검파 방식으로서, 진폭이 큰 피변조파를 다이오드 검파 회로로 검파 회로로 검파하여 신호파와 같은 모양의 포락선을 출력 전압으로 얻는 것이다.

여기서 직선 검파 방식의 동작으로는 먼저 다이오드 D를 통해서 반송파의 (+)부분만이 RC 병렬 회로를 통과하는데 이 때 콘덴서 C에는 반송파의 진폭으로 충전하게 되며, 다음 순간 반송파는 즉시 0이 되고 콘덴서 C에 충전된 신호는 저항 R을 통해서 방전하게 된다.

즉, 다이오드에 의해서 반파 정류된 파형이 콘덴서에 충전되고 이 충전 전압이 입력의 (−)인 경우 입력 파형의 주기에 대하여 부하 저항을 통하여 방전하여 거의 출력 파형의 최대값에 가까운 신호파를 재현할 수 있게 된다.

다이오드를 이용한 검파 방식 회로에서 RC(시정수)가 크면 회로 내에서의 충, 방전 특성이 늦어지고, 시정수가 작으면 충, 방전 특성이 빨라진다. 따라서 시정수를 적절하게 선택하여야 한다.

즉, 시정수가 지나치게 작은 경우에는 콘덴서 C에 걸리는 전압이 방전되어 반송파의 진폭을 따라가지 못하며 하게된다.

여기서 시정수와 포락선의 주기의 관계를 고려하면 다음과 같다.

- 시정수가 포락선(신호파)의 주기보다 클 경우 반송파의 진폭의 포락선이 하강하는 경우 시정수 RC가 지나치게 크면 출력 전압이 포락선을 좇아가지 못하는 것으로 인한 왜곡이 발생하게 된다.

  즉, 포락선을 원형대로 꺼낼 수 없어 찌그러짐이 발생한다. 즉, Diagonal clipping이 발생하는 이유가 된다.
- 시정수가 반송파의 주기보다 짧은 경우 방전이 빨리 일어나서 저항 R의 단자 전압 변동이 크게 일어난다.

Book Cafe

■ 직선 검파 방식

▸ 진폭이 큰 피변조파를 검파할 때 검파 출력의 왜율이 작게 되도록 하기 위해서는 다이오드 검파 방식을 이용한다.

▸ 신호파의 출력 전류가 반송파의 진폭과 변조도의 곱에 비례한다.

▸ 신호파의 파형에 일그러짐이 발생하지 않는 검파로서 일그러짐이 적고 비교적 효율이 우수하다.

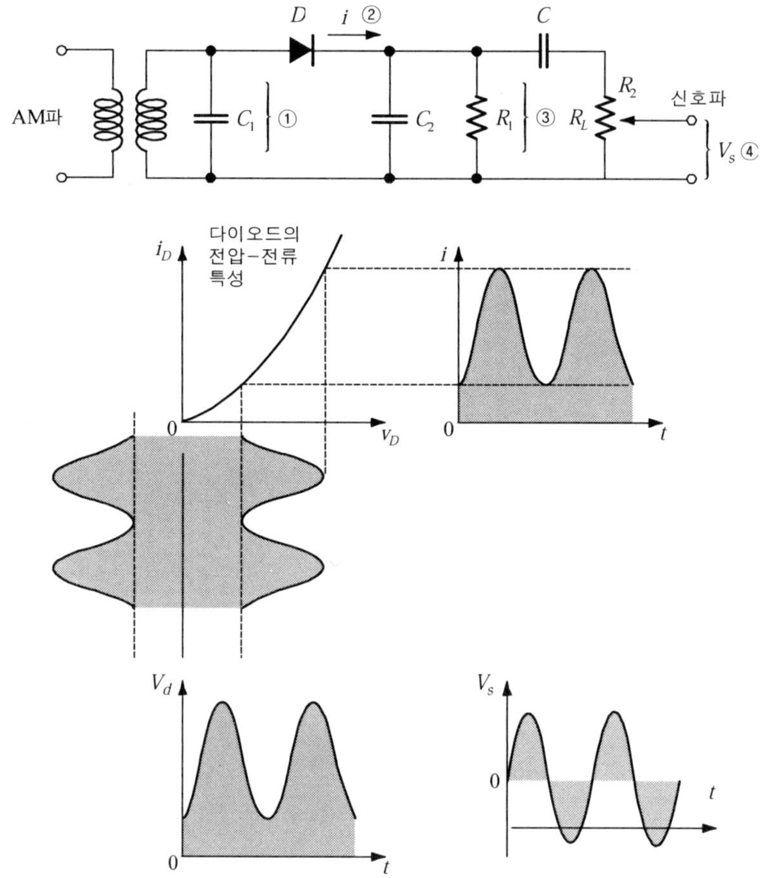

■ 직선 검파 회로의 검파 효율, η

부하 R_L 에 흐르는 평균 전력 I_{dc} 는

$$I_{dc} = \frac{I_c}{\pi} = \frac{1}{\pi}\left[\frac{V_c + m V_c \cos \omega_m t}{r_d + R_L}\right]$$

이며, 출력 전압 V_0 은

$$V_o = V_{dc} + V_{os}$$

이다. 여기서, V_{os} 는 신호 성분을 말한다. 즉,

$$V_o = I_{dc}R_L + I_cR_L = \frac{V_cR_L}{\pi(r_d + R_L)} + \frac{m V_cR_L}{\pi(r_d + R_L)} \cdot \cos \pi_m t$$

한편, 피변조파 중에서 변조 전압 성분 V_{is}는

$$V_{is} = m \cos \pi_m t$$

이므로, 검파 효율의 정의에 의해서

$$\eta = \frac{\text{검파출력전압}}{\text{입력신호전압}} = \frac{V_{os}}{V_{is}} = \frac{R_L}{\pi(r_d + R_L)}$$

처럼 구해진다. 이와 같은 직선 검파의 특징으로는 입력 전압이 클 때 동작하며(입력 신호가 작으면 제곱 검파로 동작한다), 출력 전압은 입력 전압에 비례하며, 검파기의 정특성 및 동특성이 직선이다.

Book Cafe

■ **직선 변조**

- ▸직선 변조에서 트랜지스터의 바이어스는 B급 혹은 C급을 이용한다.
- ▸직선 변조에서는 신호파의 진폭이 비교적 크기 때문에 트랜지스터의 on, off 특성을 이용한다.

(2) 제곱 검파 회로

진폭 변조파를 비 직선성 소자를 통해서 원래 신호로 추출하는 조작 중에서 소자의 제곱 특성을 이용하는 것으로서, 검파 출력 전압이 입력 피변조파 전압의 제곱에 비례하는 검파 방식이다. 검파 감도는 높지만 찌그러짐이 크다는 단점이 있다.

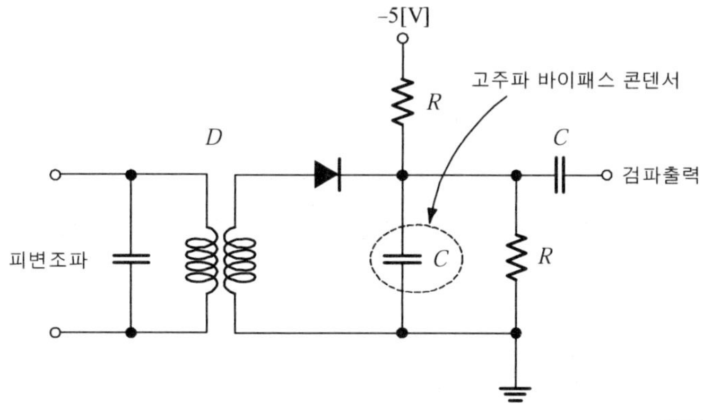

그림 11.11 제곱 복조 회로

제곱 검파 회로의 출력 파형에서 고주파 성분을 제거하면 피변조파의 포락선에 해당되는 저주파 신호 성분을 얻게 된다.

여기서 제곱 검파 회로의 동작 원리를 고려하기 위해서 입력되는 피변조파를 x라고 하면

$$x = V_c(1 + m\cos w_s t)\cos w_c t$$

이며, 다이오드에 흐르는 입력 전류를 i 라고하면

$$i = a_1 x + a_2 x^2$$

이므로 출력 전류 i는

$$\begin{aligned} i &= a_1 V_c(1 + m\cos w_s t)\cos w_c t + a_2[V_c(1 + m\cos w_s t)\cos w_c t]^2 \\ &= V_c(1 + m\cos w_s t)\cos w_c t[a_1 + a_2 V_c(1 + m\cos w_s t)\cos w_c t] \end{aligned}$$

가 된다. 여기서 이식을 전개하여 정리하면 $a_2 m V_c \cos w_s t$ 신호만 존재하며, 이를 필터를 통하여 검출하게 되면 곧 복조 신호 파형을 얻게 된다.

■ 헤테로다인(Heterodyne) 검파

입력 주파수(w_1)와 가청 주파수만큼 다른 주파수를 갖는 고주파 발진 회로를 비 직선 회로에 삽입하면 차(Beat) 주파수를 얻을 수 있는 원리이다. 헤테로다인 검파 방식은 주파수를 혼합하여야 하므로 제곱 검파 특성으로 동작하며, 따라서 미흡한 입력 신호에도 높은 감도로 검파된다. 비슷한 주파수를 갖는 2개의 진동을 혼합하여 그 주파수 Beat가 발생한 것을 Beat주파수라고 하며, 이것을 이용하여 반송파의 유무를 검출하는 것을 Heterodyne 검파라고 한다.

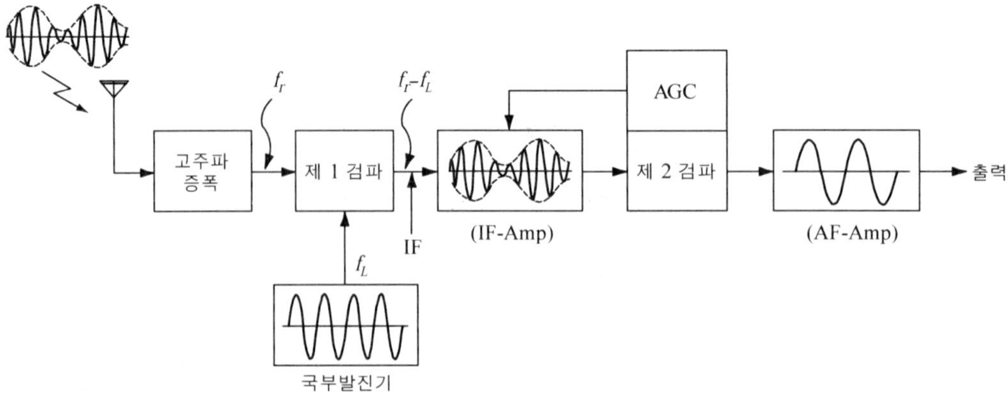

그림 11.12 헤테로다인(Heterodyne) 검파

Book Cafe

입력의 두 주파수 차의 신호를 검출하여 검파하는 방식을 헤테로다인 검파라고 한다.

Book Cafe

■ 스퓨리어스(Spurious)

송신 전파에 포함되는 고조파, 저조파 및 기타의 불필요한 파의 복사를 스퓨리어스라고 한다. 즉, 무선송신기로 목적하는 주파수 이외의 불필요한 고조파, 저조파를 비롯하여, 정해진 대역 밖에 나오는 신호 성분을 가리키는 용어이다. 이와 같은 스퓨리어스는 다른 통신에 방해가 되므로 전파법으로 일정 한도 이하로 엄격히 제한하고 있으며, 수신기에서 특정의 수신 신호 이외의 신호를 수신할 경우에 그 수신의 감도를 스퓨리어스 감도, 또는 스퓨리어스 응답이라고 하며 이것이 낮을수록 방해를 받지 않는다. Radio, TV에서 사용하는 헤테로다인 수신기에서 국부발진 주파수 또는 그 고조파가 외부에 전파로서 누설되는 경우가 있는데 이 역시도 스퓨리어스라고 한다.

슈퍼헤테로다인 수신기의 각 구성요소에 대한 역할을 고려하면

- 고주파 증폭부(RF-Amp)

  SSB파를 증폭하기 위한 증폭회로로 일반적으로 AM 라디오에서 사용하는 무선 주파수는 $535 \sim 1605[\mathrm{KHz}]$이다.

- 제 1검파기(1ST detector)

  수신 주파수 f_r과 국부 발진 주파수 f_l의 차(Beat)인 $f_r - f_l = 455[\mathrm{KHz}]$를 발생한다.

  여기서 $455[\mathrm{KHz}]$를 중간 주파수 f_i라고 하며, 제1검파의 동작은 제곱검파의 원리로 동작한다.

- 국부 발진기(Local oscillator)

  항상 일정한 중간 주파수를 발생하기 위한 발진회로로 입력 동조 회로와 발진 주파수의 가변을 위한 트리머 콘덴서로 조정하게 된다. 여기서 중간주파수가 되도록 조정하는 과정을 단일조정(Tracking)라고 한다.

- 중간 증폭기(IF-Amp)

  중간 주파 증폭기로 중간 주파수인 $455[\mathrm{KHz}]$를 증폭하게 된다.

- 제2검파기(2nd detector)

  중간 주파수에서 신호파를 재생한다.

• 자동 이득 조절기(AGC)

페이딩, 전계의 변화, 상대국의 공중선 전력의 차이 등에 의해서 RF-Amp에 입력되는 입력 신호의 세기가 변화는 경우 제2검파기의 입력 레벨을 일정하게 유지하도록 하기 위해 이득을 조절하는 제어부이다.

• 저주파 증폭기(AF-Amp)

가청 주파수대역으로 신호파를 증폭하는 역할을 한다.

한편 헤테로다인 수신기의 경우 국부발진회로의 사용으로 영상 신호 주파수에 의한 혼신이 발생하는 고유한 잡음 형태가 존재하며, 조정이 다소 복잡하다는 것이 역시 단점이 된다.

여기서 영상주파수와 수신 주파수의 관계를 고려하면

• 영상 주파수 = 수신 주파수 + (2 × 중간주파수)
• 국부 발진 주파수 = 수신 주파수 − 중간주파수
• 혼신 주파수 = 영상 주파수 − 국부 발진 주파수

인 관계에 있게 된다.

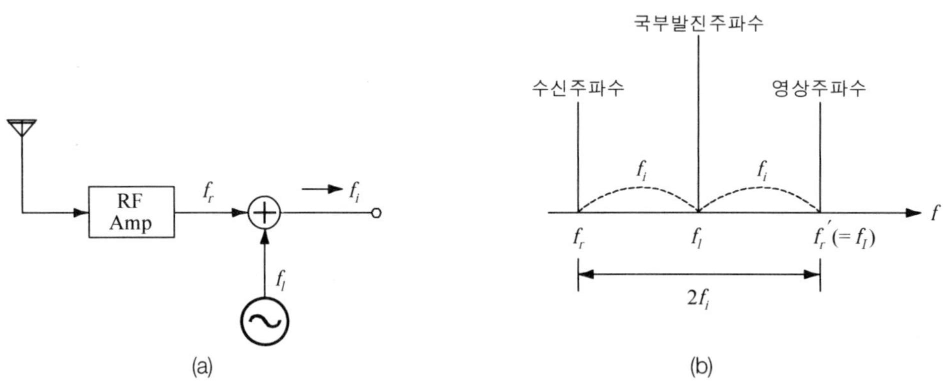

그림 11.13

Book Cafe

■ **영상 신호(image signal)**

실제로 수신된 주파수가 650[KHz]라면 중간 주파수 455[KHz]를 만들기 위해서 국부발진 주파수는 1105[KHz]가 된다.

그러나 1560[KHz]인 수신주파수에 의해서도 중간 주파수(1560[KHz] − 1105[KHz] = 455[KHz])를 만들게 된다. 이 경우 1560[KHz]는 원하는 실제 주파수가 아니므로 이를 영상 신호라고 한다.

Book Cafe

슈퍼헤테로다인 수신기에서 제1검파기(First detector)는 혼합기(Mixer)이다.

Book Cafe

■ **제곱 변조**

- 제곱 변조는 능동 소자의 비선형 특성인 제곱특성을 이용하며,
- 베이스 변조회로의 경우는 바이어스와 적당한 신호파의 진폭에 의해서 제곱 변조가 가능하다.

예제 11.3

슈퍼헤테로다인 수신기의 특징에 대해서 설명하여라.

[풀이] 슈퍼헤테로다인 수신기는 국부 발진기를 이용하여 일정한 주파수를 유지하도록 구성한 회로로 국부 발진기의 사용으로 영상 혼신의 우려가 발생하는 문제를 지닌다.

- 수신기의 S/N 비를 개선하는 방법으로는 잡음(N)보다 신호(S)가 크게 되도록 이득을 높여야 하므로 RF(고주파)동조 회로의 Q를 높게 하는 방안을 이용한다.
- 슈퍼헤테로다인 수신기에서 고주파 증폭부를 설치함으로서 생기는 이점으로는 영상 주파수 혼신의 경감, 감도의 향상 그리고 신호 대 잡음비의 향상 등을 들 수 있다.
- 그리고 슈퍼헤테로다인 수신기에서 주파수 변환의 장점으로는 감도가 우수해지며, 선택도가 우수해지며, 간단하게 증폭도를 높일 수 있으며, 주파수의 비트에 의한 영상혼신 방해를 받기가 용이하며 또한 잡음 발생의 염려가 많게 된다.
- 슈퍼헤테로다인 수신기에서 일반적으로 AGC는 귀환 작용을 이용한 것이다. 즉, AGC는 부귀환 작용을 이용한 것으로 입력 레벨의 변동이 있는 경우에도 수신기의 이득은 자동적으로 가감하여 안정된 출력을 얻도록 하는 회로로 AGC 회로는 수신기에서 귀환 작용을 이용한 것이다.

(3) 평형 복조 회로

평형 변조를 통해서 변조된 피변조파는 반송파가 제거되고 출력으로 상 · 하측파만 발생하게 된다. 출력인 상 · 하측파 중 어느 하나를 이용하는 통신 방식을 단측파대 통신이라고 이라하며 단측파의 형태는 f_c+f_s 또는f_c-f_s 중의 하나를 이용한다.

이와 같은 단측파의 복조 회로에서는 링 변조 회로와 같은 것을 사용하는데 이것을 링 복조 회로라고 한다.

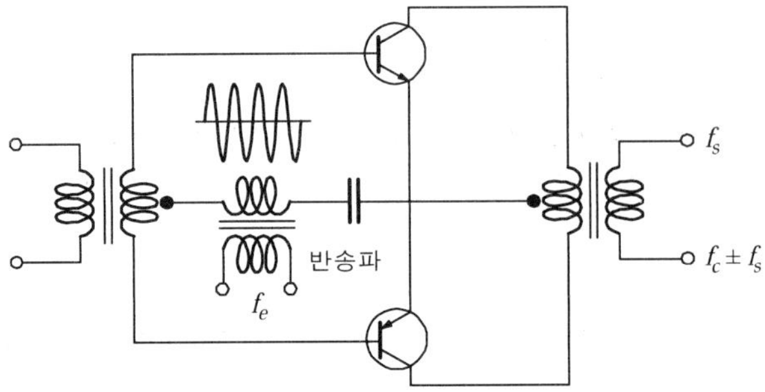

그림 11.14 평형 복조 회로

신호 입력 대신 단측파 $f_c + f_s$ 또는 $f_c - f_s$을 인가하면 출력에는 다음과 같이 나타난다.

$$f_c \pm (f_c + f_s) = 2f_c + f_s \text{ 또는 } -f_s$$
$$f_c \pm (f_c - f_s) = 2f_c - f_s \text{ 또는 } +f_s$$

즉, 출력측에 $2f_c + f_s$ 또는 $2f_c - f_s$을 제거하는 회로를 접속하면 신호파 f_s만을 얻을 수 있다.

Book Cafe

■ **직선 검파와 제곱 검파의 비교**

▸ 직선검파

▹ 입력 전압이 매우 크며, 신호파의 출력 전류가 반송파의 진폭과 변조도의 곱에 비례한다.

▹ 신호파의 일그러짐이 작다.

▹ 입력 신호인 피변조파가 클 때 사용한다.

▸ 제곱 검파

▹ 출력 전류는 입력 전압의 반송파 진폭의 제곱과 변조도의 곱에 비례한다.

▹ 출력에 일그러짐이 생긴다.(제 2고조파의 크기가 m/4)

▹ 효율이 우수하고 입력 신호인 피변조파가 작을 경우에는 특성 곡선의 비 직선적인 부분을 이용하여 검파를 한다.

(4) **왜곡률,** K

$$K = \frac{\text{제 2 고조파의 출력}}{\text{기본파의 출력}} \times 100[\%] = \frac{m}{4} \times 100[\%]$$

(5) 수신기의 평가 파라미터(4대 특성)

수신기의 능력을 평가하는 기준으로 감도, 선택도, 충실도 그리고 안정도 등을 이용한다.

■ 감도(Sensitivity)

어느 정도 미약한 신호까지 수신할 수 있는가의 정도를 나타내는 것으로 감도를 향상시키는 방법으로는 근접 주파수 선택도(통과 대역폭에 감쇠 정도)를 개선하거나 가능하면 내부 잡음이 작은 주파수 변환관을 사용한다.

■ 선택도(Selectivity)

희망 신호 이외의 신호를 어느 정도 분리할 수 있는가의 능력으로 주로 동조 회로와 중간 주파 회로의 이조도에 의해 결정된다.

- 근접 주파수 선택도

통과 대역폭과 감쇠 정도를 말한다. 또는 수신기에서 희망 전파의 주파수에 가까운 주파수의 전파를 억압하는 비율을 근접 주파수 선택도라고 한다.

- 영상 주파수 선택도

영상 주파수에 의해 발생하는 혼신 방해를 억압하는 능력을 말한다.

$$f_I = f_r + 2f_i$$

여기서 f_I는 영상 주파수, f_r은 수신 주파수, f_i는 중간 주파수를 의미한다.

- 실효 선택도(2신호 선택도)

2개 이상의 신호를 동시에 수신기 입력에 가하는 경우 희망 신호의 선택 능력을 말하는 것으로 실효 선택도는 다시 감도 억압 효과, 상호 변조 그리고 혼변조 등으로 분류된다. 여기서 감도 억압 효과는 희망파에 근접한 강력한 방해파가 도래하는 경우 희망파 출력이 저하되는 현상을 말한다. 상호 변조(Intermediate modulation)는 통과 대역 외에 존재하는 2개 이상의 강력한 방해파가 도래하는 경우 방해파 상호간에는 변조 특성이 발생하며, 이것이 희망파 혹은 중간 주파와 일치하게 되어 발생하는 방해 현상 즉 수신기의 선택도에서 동시에 두 개 이상의 강력한 방해 신호를 수신기에 인가했을 때 이득이 혼합되어 수신기의 비 직선 특성 때문에 희망 주파수 또는 수신기의 중간 주파수 등에 방해 신호를 발생하는 현상을 말한다. 개선 방법으로 고주파단의 능동소자는 직선성이 우수한 것을 사용하거나, 고주파단의 이득은 될 수 있는 대로 작게 하고 선택도를 크게 되도록 취한다.

그리고 혼변조(Cross modulation)는 통과 대역 외에 존재하는 강력한 방해파가 도래하는 경우 희망파가 방해파의 신호에 의해 변조 방해를 받는 현상을 말한다. 즉, 수신기의 선택도 측정에서 수신기에 무변조의 희망 신호와 동시에 피변조파의 방해파가 인가되었을 때 수신기의 비 직선 동작으로 인해서 희망파 신호가 방해파에 변조되어 출력에 나타나는 현상을 말한다.

희망하는 파가 변조 방해파에 의해 변조되는 현상으로 수신 대상의 영상 방해파가 방해 채널의 변조 파형에 의해 진폭이 변하게 되는 현상으로 방해 채널의 수평 동기 신호가 TV 수상기 화면에 반전되어 나타나는 것으로 이와 같은 혼변조의 개선 방법으로 고주파 증폭단의 선택도를 크게 하거나(잡거나), 특정 주파수에 대해서는 공중선 회로에 트랩을 삽입하거나, 고주파 증폭단을 직선범위에서 동작시켜 고조파가 포함되지 않도록 한다.

■ 충실도(Fidelity)

변조 내용을 수신기의 출력측에서 어느 정도까지 재현할 수 있는가의 척도로, 충실도의 크기는 저주파의 주파수 특성 그리고 왜곡, 잡음 등에 의해서 결정된다.

- 비직선 일그러짐

증폭기의 비직선성에 의해 발생하는 것으로 비직선 일그러짐을 개선하기 위해서는 부 귀환을 실시하거나, 직선 영역에서 동작하도록 바이어스를 선정하거나 혹은 푸시풀 증폭기를 이용한다.

- 주파수 일그러짐

신호파에 포함된 여러 성분이 주파수에 의해 진폭을 일정하게 할 수 없는 경우에 출력 파형이 변형되어 일그러짐이 발생하는 현상을 말한다.

- 위상 일그러짐

신호파에 포함된 여러 성분의 주파수가 일정한 지연 시간으로 전송할 수 없는 경우에 출력 파형이 변형되어 일그러짐이 발생하는 현상을 말한다.

- 검파 일그러짐

수신기에서 일정한 주파수, 진폭을 갖는 희망파를 인가하는 경우 어느 시간까지 일정 출력이 얻어지는가를 나타내는 척도를 말한다.

■ 안정도(Stability)

수신기에 일정한 주파수, 진폭을 갖는 희망파를 인가하는 경우 어느 시간까지 일정 출력이 얻어지는가를 나타내는 척도를 말한다.

11.3 주파수 변조(FM)

11.3.1 주파수 변조 회로의 특성

(1) FM의 원리

반송파인 정현파의 순시 주파수를 신호파에 따라 변화시키는 변조 방식으로, FM에서 측파대의 수는 AM과는 달리 변조 지수에 따라 다르다. 즉, 변조 지수에 따라 측파의 수가 여러 개가 될 수 있다.

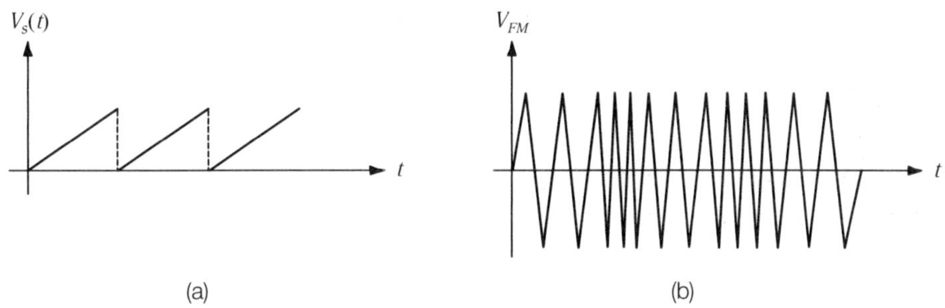

그림 11.15 FM의 피변조 파형

신호파 (변조파)를 $V_s(t) = V_s \sin\omega_s t$로 하고 반송파를 $V_c(t) = V_c \sin\omega_c t$로 하는 경우 피변조파, $V_{FM}(t)$은

$$V_{FM}(t) = V_c \sin(\omega_c t + k_f \int V_s \sin\omega_s t\, dt) = V_c \sin\left(\omega_c t + \frac{k_f V_s}{\omega} \sin\omega_s t\right)$$

$$= V_c \sin(\omega_c t + m_f \sin\omega_s t)$$

가 된다. 여기서 변조지수 m_f는

$$m_f = \frac{\text{최대 주파수 편이}}{\text{변조 주파수}} = \frac{\Delta w_c}{w_s} = \frac{\Delta f_c}{f_s}$$

이다. $m_f > 1$이면 광대역 FM 변조, $m_f < 1$이면 협대역 FM 변조라고 한다.

한편 주파수 변조에 대한 실용 주파수 대역폭, BW(FM 피변조파의 소요 대역폭)은

$$BW = 2(\triangle f_c + f_s) = 2(m_f + 1)f_s \text{[Hz]}$$

이다. FM파에서 잡음 전압은 주파수가 증가함에 따라 커진다. 따라서 변조 때에 주파수가 높은 부분의 변조를 크게 하여 검파 시 de-emphasis를 쓰면 잡음을 현저히 줄일 수 있다.

Book Cafe

■ **FM 방식의 특징**

주파수 변조와 위상 변조의 차이는 주파수 변조파는 변조 지수가 변조 주파수에 따라 반비례하나 위상 변조파는 일정하다.

- AM에 비해서 잡음과 간섭에 의한 방해가 적으며,
- 소요 주파수 대역이 AM보다 넓기 때문에 주로 초단파대이상의 변조 방식에 적용하며,
- 폭 제한기의 사용으로 신호 대 잡음비를 개선할 수 있으며,
- 페이딩에 대한 영향을 적게할 수 있으며,
- 충실도가 우수하며,
- 저 전력 변조가 가능하여 송신기를 소형으로 구성하는 것이 가능하며,
- FM은 AM보다 부속 회로가 많기 때문에 수신기의 이득을 크게 해야 한다.

등을 들 수 있다.

11.3.2 FM 방식의 형태

FM 방식의 형태는 크게 직접 변조 방식과 간접 변조 방식으로 분류 할 수 있는데 여기서 직접 변조의 형태는 가변 리액턴스 소자를 이용한 리액턴스 변조관, 가변 용량 다이오드 변조, 콘덴서 마이크로폰을 사용한 변조 그리고 reflex klystron 등이 있으며, 간접 변조 방식에는 벡터 합성법(암스트롱 방식, AM-C 합성 방식, AM-AM 합성 방식), 펄스 위치 변조(세라소이드 방식, 포화 변압기 방식) 그리고 이상법 등이 해당한다.

(1) 직접 주파수 변조

직접 FM 송신기는 자려 발전기를 사용하는데 발진부로 이용되는 회로는 고주파 발진 회로인 LC발진 회로를 이용하는데 LC발진 회로는 외부에서 강한 전계를 받으면 공진 주파수가 변동하게 되므로 안정면에서 우수하지 못하여 반드시 이를 개선하기 위해 AFC회로를 이용해야 하며, 주파수 편이가 크게 얻어지며, 회로가 복잡하다.

- Reactance Tr 주파수 변조 회로
- Varactor diode를 이용한 FM 변조 회로
- 트랜지스터를 이용한 주파수 변조 회로
- 콘덴서 마이크로폰을 이용한 주파수 변조 회로

Book Cafe

FM 또는 주파수 체배에 사용되는 버랙터 다이오드(varactor diode)는 커패시턴스 변화를 이용한 것이다.

Book Cafe

- FM과 PM의 관계

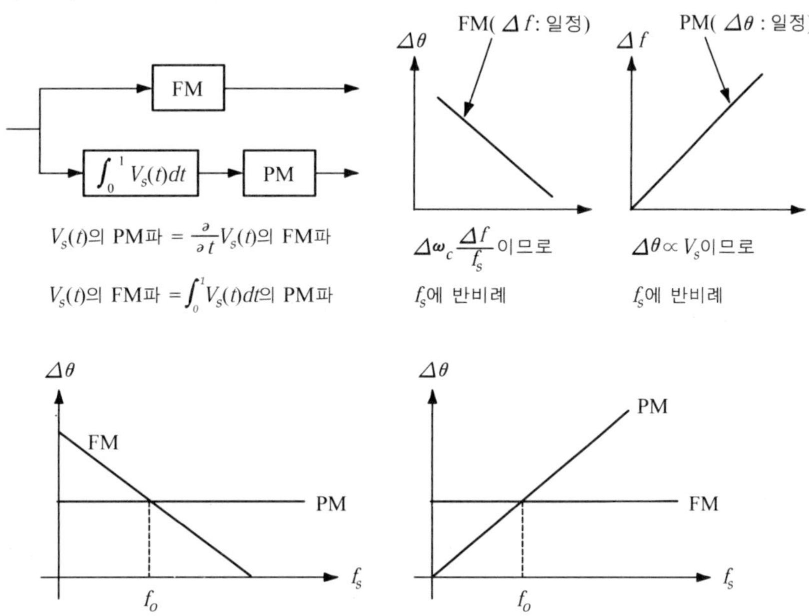

(2) 간접 주파수 변조

직접 변조 방식인 LC 탱크 회로의 동조 주파수 변조 방식은 주파수 안정도가 10^{-4} 정도이므로 실용적 FM 통신을 위하여 수정 발진기를 이용한 FM 변조 방식을 간접 FM 변조 방식이라고 하며, 간접 주파수 변조에서는 신호의 변환을 목적으로 전치 보상 회로(pre-distorter)를 사용한다.

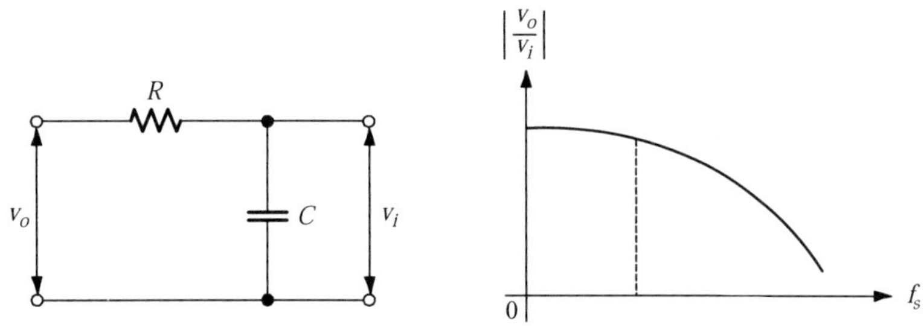

(a) 회 로 (b) 특성

그림 11.16 전치 보상 회로

여기서 전치 보상 회로는 주파수에 역 비례하는 출력을 얻을 때 사용하는 회로로 위상 변조 회로로 등가 주파수 변조 파형을 얻는데 이용되는 보조회로라고 할 수 있다. 즉 위상 변조기의 변조 입력측에 넣어서 FM파를 얻도록 한 회로이다. 여기서 입력 전압과 출력 전압의 관계를 고려하면

$$V_o = \frac{\frac{1}{j\omega_s C}}{R + \frac{1}{j\omega_s C}} V_i = \frac{1}{1 + j\omega_s CR} V_i$$

이며, 여기서 $\omega_s CR \gg 1$이 되도록 저항 R과 콘덴서 C를 선정하면 출력 전압은

$$V_o \fallingdotseq \frac{1}{j\omega_s C} V_i$$

가 된다. 출력 전압은 신호 주파수에 반비례하고, j로서 $90°$ 위상 변화의 위상 변조가 되므로 전치 보상회로(적분 회로)를 저주파 증폭기 앞단에 넣으면 등가 FM 변조가 얻어진다.

Book Cafe

■ **전치 보상 회로**

PM 변조의 경우 최대 주파수의 편이는 주파수에 비례하여 증가하게 됨을 알 수 있다. 따라서 신호파에는 아무런 영향을 주지 않은 상태에서 그대로 PM파를 검파하게 되면 고주파 성분이 강도된 신호를 얻게 되는데 여기서 저주파인 신호파를 재현하려면 PM 변조 전에 먼저 저주파 신호의 진폭을 주파수에 역비례해서 감소시킬 필요가 있다. 여기서 이용되는 회로가 곧 전치 보상 회로이다. 현재 전치 보상 회로의 구성회로는 저역 여파기(LPF)로 이용하는데 여기서 LPF는 고주파 신호의 진폭을 감소시키는 역할을 하게 된다.

Book Cafe

■ 직접 변조와 간접 변조의 비교

▸ 직접 FM

▹ FM 변조가 비교적 간단하다.

▹ LC 발진기의 불안정한 공진 주파수 때문에 AFC 회로를 필요로 한다.

▹ 중심 주파수(반송파)의 안정도가 나쁘다.

▹ 주파수를 어느 정도 높게 해서 체배 단수를 절약할 수 있다.

▸ 간접 FM

▹ 수정 발진기를 사용하므로 주파수 안정도가 좋다.

▹ AFC 회로가 필요 없다.

▹ 장치가 복잡하다.

▹ 전치 보상기가 필요하다.

▹ 큰 주파수 편이를 얻기 어려우므로 주파수 체배기를 필요로 한다.

Book Cafe

■ 암스트롱의 PM 방식

▸ 진폭 변조를 위상 변조로 변환하여 이것을 다시 주파수로 변환하는 방식이다.

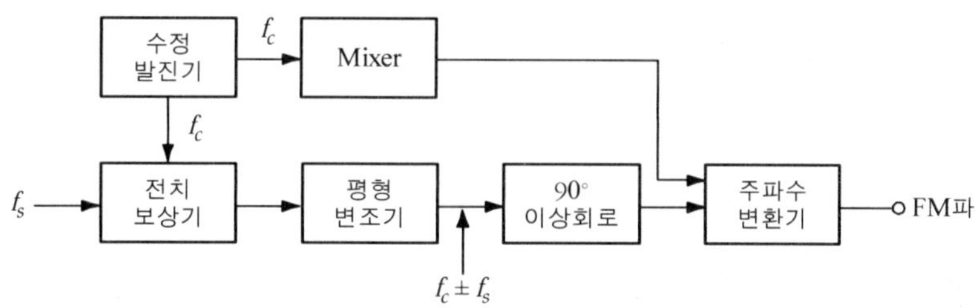

암스트롱의 PM 변조 회로

▸ 수정 발진기의 발진 주파수 f_C을 평형 변조기에서 신호파 f_S로 위상 변조한다.

▸ 이 위상을 90°이상 시켜 반송파 성분과 함께 주파수 변환기를 혼합하여 $f_C \pm \Delta f \cos w_S t$ 라는 주파수 변조를 얻는 방식이다.

11.3.3 FM 방식의 특징

(1) FM의 특징

변조 지수가 클수록 잡음이 적어지기 때문에 FM 방식은 AM에 비해 S/N 비가 개선되며, 점유 넓어서 초단파대에 이용된다. 이외의 특징으로는 수신측에서 진폭 제한기(limiter)를 사용하기 때문에 항상 일정한 저주파 출력을 얻을 수 있으며, VHF 및 그 이상의 주파수 영역에서 많이 사용된다. 그 이유는 주파수 대역을 넓게 취할 수 있기 때문이며, 전력 증폭을 모두 C급 동작으로 하기 때문에 송신기의 효율이 우수하며, 페이딩(Fading)에 의한 잡음이 적고 혼선이 적으며, 주파수를 체배하는 부분이 많으므로 spurious 강도가 크고 혼신을 일으킬 염려가 있다.

> **Book Cafe**
>
> FM에서 S/N 비를 향상시키기 위한 방법으로 변조 지수 m_f을 크게 하거나, 주파수 대역폭을 크게 하거나, 보조 회로로 디엠퍼시스 회로를 사용한다.

(2) AM 잡음과 FM 잡음의 관계

AM 잡음과 FM 잡음의 관계는

$$\frac{FM\ 잡음}{AM\ 잡음} \propto \frac{1}{m_f}$$

이다. AM 잡음과 FM 잡음의 관계는 주파수 변조의 변조 지수 m_f에 따라 결정됨을 알 수 있다. 예를 들면, AM에 비하여 FM의 잡음 지수가 개선된다. 즉, 변조 지수가 클수록 잡음이 적어진다. 이것은 FM은 신호파에 따라 진폭이 일정한 반송파의 주파수를 변화시키는 것으로 잡음 방해 신호를 억제하는 능력이 주파수 변조의 지수가 클수록 좋아 잡음 방해가 적기 때문이다.

> **Book Cafe**
>
> ■ **AM 방식에 대한 FM 방식의 이점을 고려하면 다음과 같다.**
>
> ▸ S/N비가 개선된다.
>
> ▸ 에코의 영향이 적어진다.
>
> ▸ 초단파대의 통신에 적합하다.

Book Cafe

■ 신호 대 잡음비의 개선도 I

C/N은 증폭기의 입력 단에 환산된 반송파와 잡음비이고 S/N은 출력단의 신호 대 잡음비로 하는 경우 SN비 개선도 I는

$$I = \frac{S/N \text{ (출력단신호의 } SN\text{비)}}{C/N \text{ (입력단에환산된 } CN\text{비)}}$$

으로 정의되며 AM, FM에 대한 S/N비의 개선도의 크기는

▸ AM 방식의 S/N비 개선도 : $I_{AM} = m_a^2 (\frac{B}{2f_a})$

▸ FM 방식의 S/N비 개선도 : $I_{FM} = 3mf^2 (\frac{B}{2f_a})$

으로 표현된다. 여기서 f_a는 최대 변조 주파수를 나타낸다. SN비의 개선도는 변조 방식에 무관하게 일정하며, FM의 SN비 개선도는 최대 주파수 편이량에 비례하고 대역폭에 반비례한다.

11.3.4 FM 방식에서 이용되는 보조 회로

(1) 전치 보상 회로

PM 변조기를 이용해서 등가 FM파를 얻는데 이용되는 일종의 적분 회로이다.

예제 11.4 전치 보상 회로의 역할에 대해 설명하여라.

[풀이] 위상 변조파로서 등가적인 FM 파를 얻을 수 있다.

(2) 프리 엠퍼시스(pre-emphasis) 회로

FM 변조 전에 음성 등의 신호파의 높은 주파수 성분을 크게 해서 변조하면 높은 주파수 성분에 있어서 S/N비가 개선되는데, 이것을 프리 엠퍼시스라고 한다. 이 회로의 주파수 특성에 의해서 음성의 에너지 분포가 균일하게 보상되고, 여기에 수신측의 잡음 특성에 상당하는 양만큼 강조하면 전(全)주파수대에 걸쳐서 균등한 S/N비가 얻어진다. 즉, FM 송신기에서 프리 엠퍼시스 회로를 사용하는 이유는 잡음 지수의 향상을 위한 것이다. 송신측에서 신호 주파수의 고역을 강조한 신호파로 주파수를 변조하는 회로이다.

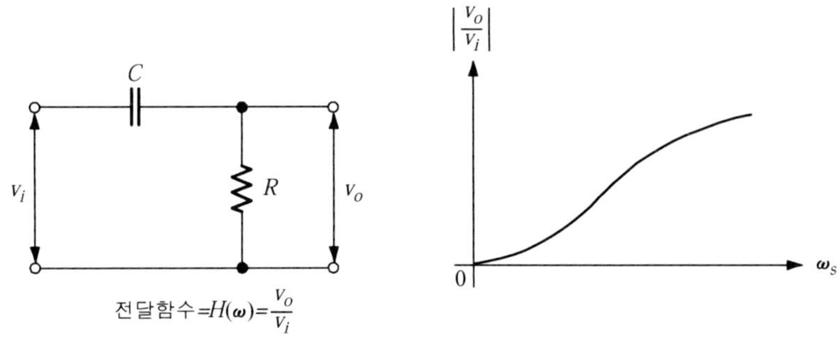

(a) 회로 (b) 특성

그림 11.17 프리 엠퍼시스 회로의 특성

프리 엠퍼시스 회로에서 입력과 출력의 관계식은

$$\frac{V_0}{V_i} = \frac{1}{1+\dfrac{1}{jw_s CR}}$$

이며, 여기서 $\omega_0 = \dfrac{1}{RC}$라고 하면

$$\left|\frac{V_0}{V_i}\right| = \frac{1}{\sqrt{1+\left(\dfrac{1}{w_s CR}\right)^2}} = \frac{1}{\sqrt{1+\left(\dfrac{w_0}{w_s}\right)^2}}$$

이다. 만일에 $w_0 > w_s$라고 하면

$$\left|\frac{V_0}{V_i}\right| = \frac{w_s}{w_0} = 2\pi f_s RC$$

으로 표현된다. 여기서 고역을 강조하기 위해 이용되는 프리 엠퍼시스 회로의 특징으로는

- FM 통신 방식에서 변조 시에 주파수가 높은 쪽을 특히 강조하여 주파수에 대한 S/N 저하를 방지하기 위한 회로이며,

■ S/N의 개선율은 변조 지수 m_f에 비례하는데 $m_f = \dfrac{\Delta f}{f_S}$이므로 Δf가 작으면 f_S가 높을수록 S/N이 감소하게 된다.

또한 변조할 경우의 음성 에너지는 높은 주파수 일수록 작으므로 f_S가 높을수록 $\triangle f$가 작아져서 고역의 S/N비가 감소되며, 그리고 프리 엠퍼시스 회로로는 미분 회로를 사용한다. 즉, 위상 변조 회로를 이용해서 변조해야 할 경우에 필요한 회로는 미분 회로이다.

Book Cafe

프리 엠퍼시스(pre-emphasis) 회로의 구성은 미분회로이며, 프리 엠퍼시스 회로의 사용은 FM 송신기에서 사용되는 일종의 보조 회로이다.

(3) 디 엠퍼시스(de-emphasis)회로

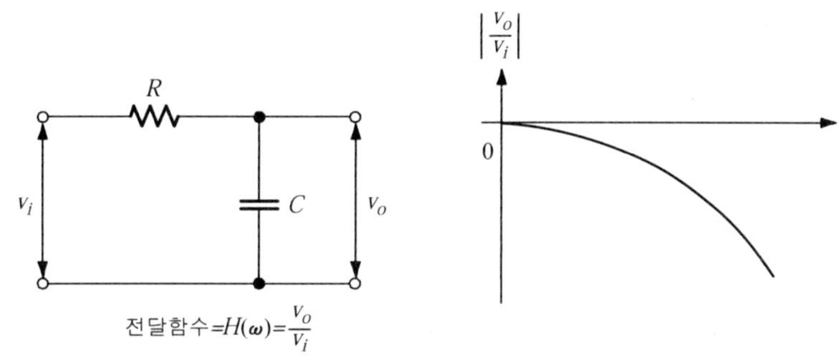

(a) 회로 (b) 특성

그림 11.18 디엠퍼시스 특성

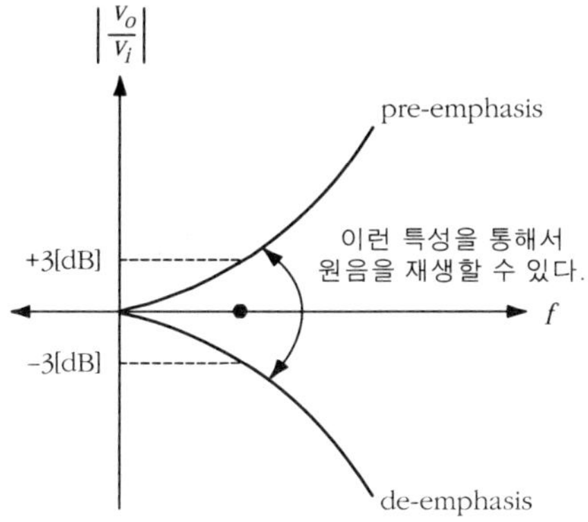

그림 11.19

디엠퍼시스 회로는 FM 수신기에서만 이용되는 보조 회로로 구성은 적분 회로이며, 디엠퍼시스의 역할은 FM 수신기에서 송신측에서 강조한 고역을 원래의 상태로 환원시키는 위한 회로이다. 프리 엠퍼시스 회로의 경우와 같이 S/N 비를 개선하기 위하여 FM 송신측에서는 높은 주파수의 이득을 증가시켜 전송하고, 수신측에서는 반대로 높은 주파수 이득을 감소시켜야 한다.

이와 같은 디엠퍼시스 회로의 특징으로는 FM 복조 시 강조된 고역 성분을 그만큼 감쇠시켜 원래의 신호 파형을 재현시키는 회로이며, 주파수 변조에서 S/N비를 개선하기 위하여 송신측에서 고역을 강조하는 것이다.

만일에 프리 엠퍼시스 회로를 통해서 고역 강조된 신호를 수신하여 검파(재생)하면 고음이 이상하게 들리므로 송신측에서 강조한 만큼 수신측에서 고역을 억압시켜 주어야 한다. 따라서 디 엠퍼시스 회로는 수신측에서 고역 주파수 특성을 낮추기 위한 회로로 디 엠퍼시스 회로는 클리퍼(Clipper)회로와 같은 원리로 동작하는 회로라고 할 수 있다.

(4) 자동 주파수 제어회로(AFC)

희망 신호의 주파수에 수신기를 정확히 동조하기 위한 회로이다. 즉, 발진 주파수를 자동적으로 조정하여 항상 일정 주파수로 유지시키는 역할을 한다.

(5) 자동 이득 제어 회로(AGC)

AGC는 수신기의 직선성을 보호하고 출력 신호의 출력 신호 레벨을 거의 일정하게 유지할 목적으로 이용되는 보조회로이다.

■ 간단한 AGC 회로

입력의 강도에 따라서 이득을 감소시키는 간단한 AGC 회로를 말한다.

■ DAGC(Delay AGC) 회로

귀환 전압이 기준치 이상이 되면 비로소 동작을 개시하는 회로를 지연형 AGC 회로라고 한다. 즉, AM 수신기 회로에서 작은 입력 신호 전압일 때는 동작하지 않고 어느 정도 이상 큰 입력부터 동작하는 회로이다.

11.3.5 FM 복조 (검파) 회로

(1) 주파수 변별기의 정의와 특징

FM 피변조파의 경우는 AM 피변조파와는 달리 진폭이 일정하기 때문에 수신측에서 반송파를 제거하고 신호파 성분을 꺼내는 것이 불가능하다. 왜냐하면, FM에서는 진폭의 변화분이 없고 직류분만 있기 때문이다.

따라서 FM파를 복조(검파)하려면 먼저 진폭이 일정한 FM파를 AM파로 변환한 후 변환된 AM파를 통해서 신호파를 재생하는 검파의 과정을 통해야한다. 이와 같이 FM파를 AM파로 변환 하는 변환 회로를 주파수 변별(frequency discriminator) 회로라고 한다.

여기서 FM과 AM파로 변환하는 원리를 고려하기 위해 먼저 FM파를 AM파로 변환시키기 위해서는 주파수 변화가 진폭 변화를 일으킬 수 있는 즉, 진폭 변화로 될 수 있는 회로가 어떤 것인가를 조사할 필요가 있는데 이러한 변환 능력을 지닌 회로로 병렬 공진 회로가 적당하게 된다.

FM파(1차 측)의 고저에 따라 출력측(2차 측)에서 진폭의 대소가 전압으로 나타난다. 즉, 공진 주파수 f_o을 중심으로 f_o에 가까운 FM파의 주파수는 전압이 크게 나타나고 f_o에서 멀어질수록 전압이 작게 나타난다. 즉, FM파만큼 작은 출력으로 나타난다.

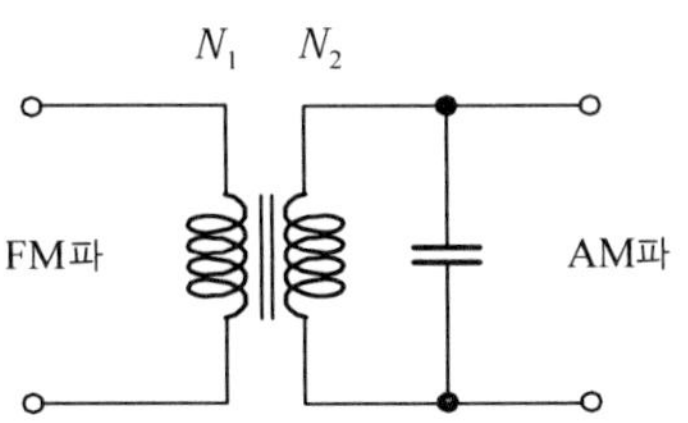

(a) 공진회로

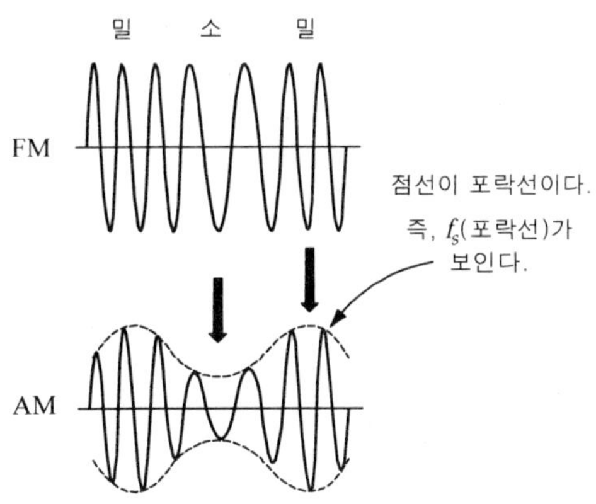

(b) FM파가 AM파로 변화된 형태

그림 11.20

그림 11.21에서 x측에서 주파수의 변화는 y측에서 진폭의 변화를 보이고 있다. 즉 공진곡선의 특성을 마치 주파수를 진폭으로 변화시키는 동작을 보이고 있다.

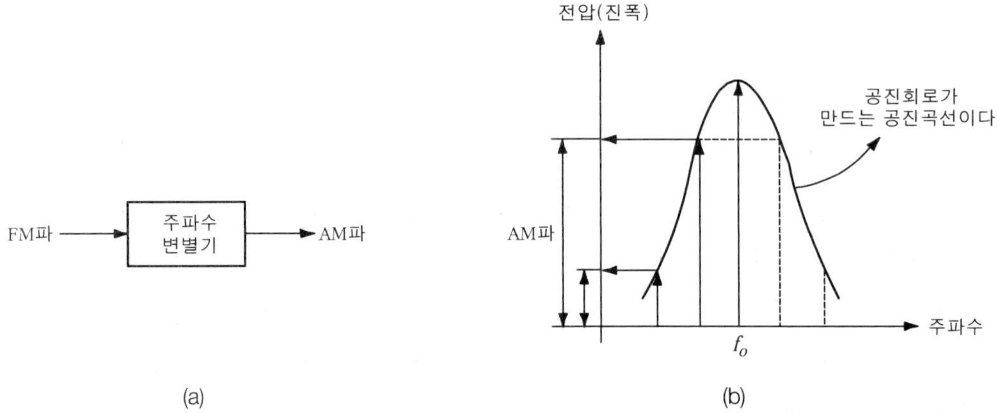

그림 11.21 공진 곡선을 이용한 FM파를 AM파로 변환하는 동작 공진 곡선

(2) 주파수 변별 회로의 형태와 특징

FM 파를 AM 파로 변환하는 주파수 변별기의 형태는 동조 회로의 주파수 특성을 이용한 예로 경사형 검파기, 스태거 동조 검파기 등이 있으며, 동조 회로의 임피던스 특성을 이용한 포스터 실리 복조 회로, 비 검파 회로 등으로 구분된다.

여기서 각각의 복조 회로의 특징을 고려하면 다음과 같다.

▩ 진폭 제한 회로

입력 전압 V보다 높아지면 다이오드 D_1이 단락 상태가 되고, $-$V보다 낮아지면 다이오드 D_2가 단락 상태로 된다. 따라서 신호 전압은 상하가 ± V로 잘려서 일정한 진폭을 유지하게 된다.

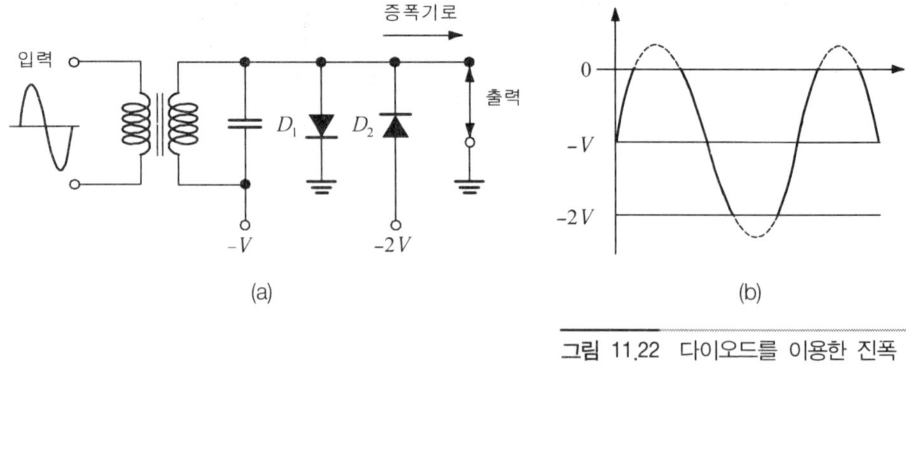

그림 11.22 다이오드를 이용한 진폭 제한 회로

> **Book Cafe**
>
> FM 수신기의 고주파 증폭에 전계 효과 트랜지스터(FET)를 이용하는 이유는 입력임피던스가 높기 때문이다. 즉, FET는 구조상 입력측에 역 전압을 인가해서 동작하는 전압 증폭기로 입력 저항이 매우 커서 입력 동조 회로의 선택도 Q가 감소하는 일이 발생하지 않으며, 비교적 잡음의 발생도 작기 때문에 FM 수신기의 고주파 증폭에 FET를 이용한다.

■ 경사 검파기(slope detector)

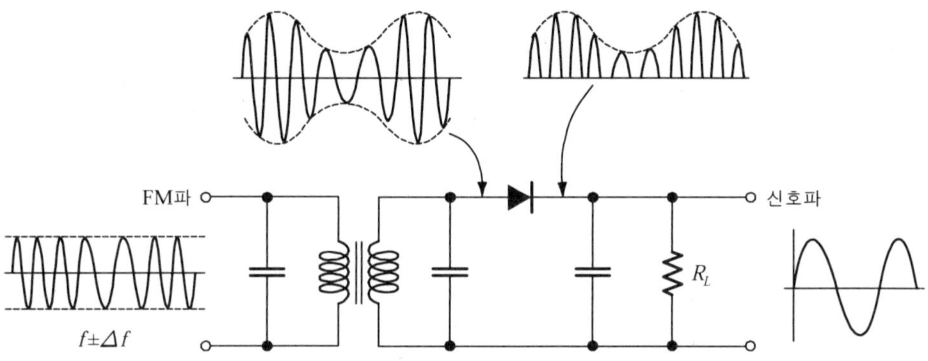

그림 11.23 경사형 검파 회로

■ 포스터 실리 변별기(Foster-Seeley discriminator)

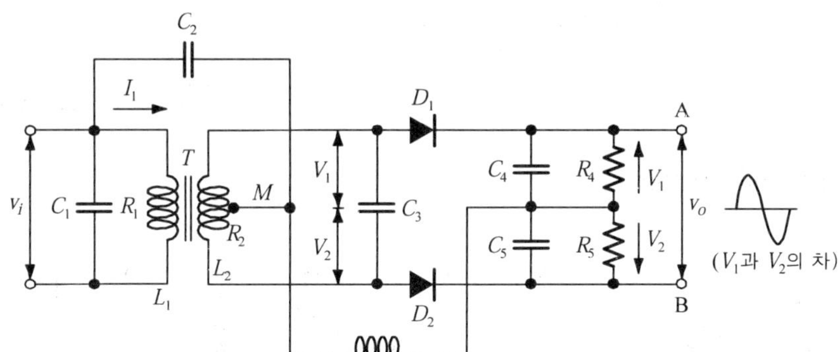

그림 11.24 Foster-Seeley 변별기

주파수의 변화를 진폭의 대소로 변환하는 장치로서 FM파의 검파용으로 쓰이는 주파수 변별기의 일종이다. 회로는 2개의 검파관 또는 다이오드로 구성되며 전자적으로 결

합되어 있다. 동일 주파수에 동조된 2개의 동조 회로의 1차 측 전압과 2차 측 단자전압의 위상차가 공진 시에는 900이지만 공진점의 전후에서는 위상차가 바뀌는 성질을 이용하고 있다. 변별기 자체에 진폭 제한 작용이 없으므로 앞단에 반드시 진폭 제한기를 달아줄 필요가 있다.

그림 11.24의 동조회로 L_1, C_1 그리고 L_2, C_3의 경우는 FM파의 중심 주파수에 동조되어 있으며, C_2, C_4는 중심 주파수에 대해서 거의 단락 되었다고 보면 RFC는 중심 주파수에 대해서 높은 임피던스를 보이게 된다.

한편 코일 L_2에 걸리는 전압 V_1은 RFC양단의 전압은 V_L이라고 하면

$$V_1 = I_1 V_L = \frac{-jwMI_1}{R_2 + j(wL_2 - \frac{1}{wC_3})} \frac{1}{jwC_3} = j\frac{(M/wL_1C_3)}{R_2 + j(wL_2 - \frac{1}{wC_3})}$$

으로 나타낼 수 있다.

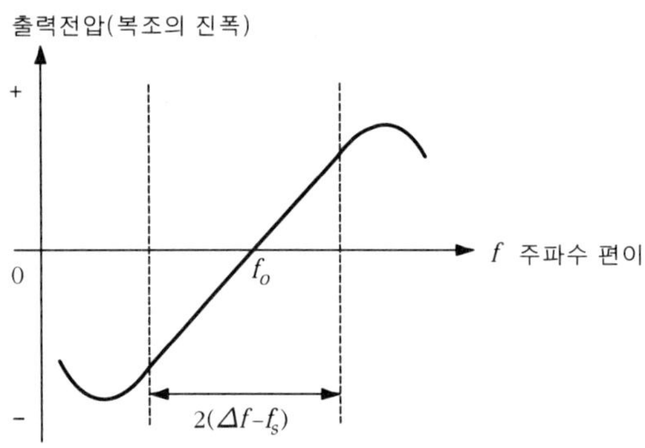

그림 11.25 주파수 변별 회로의 특성

■ 비 검파기(Ratio detector)

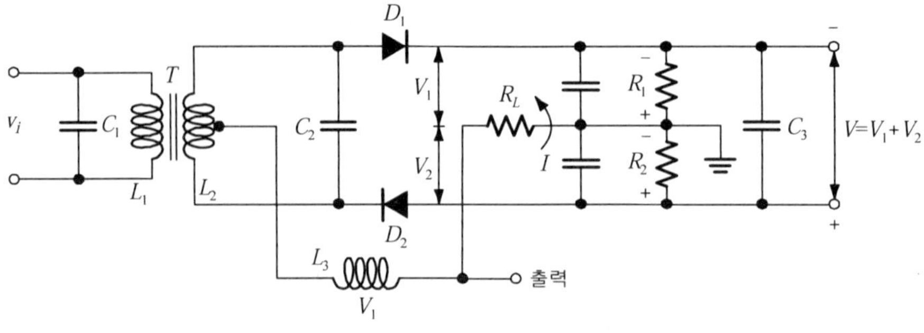

그림 11.26 비 검파 회로

비 검파기는 Foster-Seeley 회로를 약간 변형한 회로이다. 비 검파기와의 차이는 사용되는 다이오드 접속과 출력을 넣는 방법이 다르다는 것이다. 비 검파기의 출력측에 대용량 콘덴서 C_3가 접속되어 있으므로 입력 전압의 변동에 대하여 C_3 양단 전압이 크지 않다.

여기서 비 검파기의 특징으로는 진폭 제한기(limiter)가 필요 없다. 즉, 진폭 제한 작용을 겸하는 주파수 변별기로 검파 출력은 Foster-Seeley형 검파의 1/2 정도인 검파 출력으로 적은 편이며, 비 검파기는 가정용 TV 수상기의 음성 회로나 FM 반송 수신기 등에 이용한다.

표 11.1 Foster Seeley 형과 Ratio Detector 형의 특성 비교

비교 / 항목	Foster Seeley 형	Ratio Detector 형
복조감도	1	1/2
회로구성	복 잡	간 단
사용(용도)	기 타	TV 음성 검파, 방송용 FM 검파기

■ PLL(Phase Locked Loop)

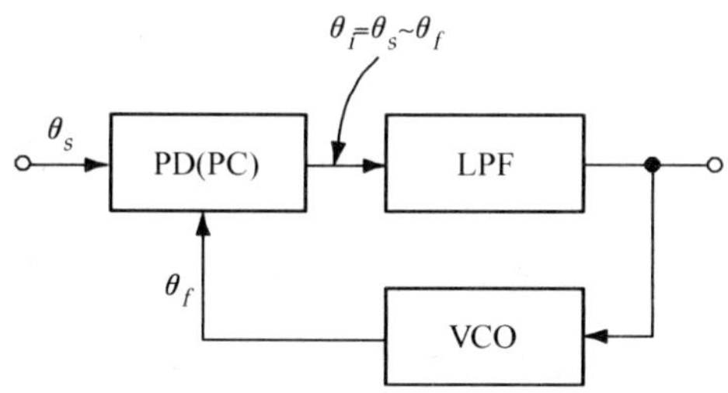

그림 11.27 PLL의 기본 구성도

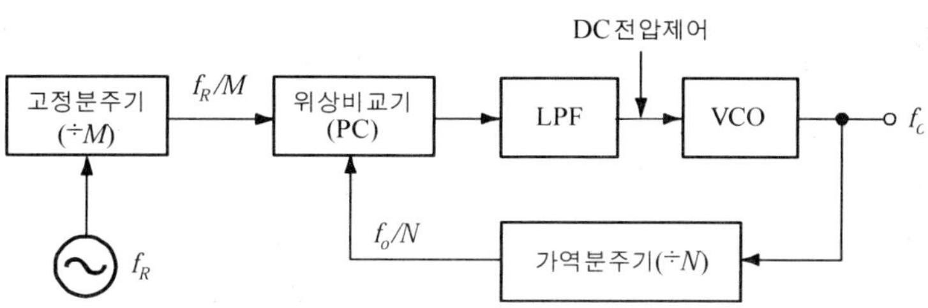

그림 11.28 PLL의 응용

PLL의 기본적인 구성 요소로는 위상 비교기, 저역 여파기 그리고 전압 제어 발진기 등으로 구성된다. 여기서 각 부의 동작의 역할을 고려하면 다음과 같다.

- **위상 비교기**(PC), **위상 검출기**(PD)

가역 분주기의 출력 $\frac{f_0}{N}$과 기준 주파수로부터 출력 $\frac{f_R}{M}$에 대한 위상차를 비교해서 위상차 주파수를 출력한다.

여기서 $\frac{f_0}{N} = \frac{f_R}{M}$ 관계에서

$$f_0 = \frac{N}{M} f_R$$

이다. 따라서 가변 분주기를 가변하여 주파수를 제어하는 역할을 한다.

- **저역 여파기**(LPF)

위상 비교기에서 입력된 주파수 및 그 고조파를 필터링하고 위상차 출력을 적분해서 직류 제어 전압으로 바꾸어 준다.

- **전압 제어 발진기**(VCO)

직류 제어 전압에 따라 가변 용량 다이오드의 역 바이어스 전압을 변화시켜 발진주파수를 바꾸어 주게 된다.

한편 위상 비교기에 인가된 2개의 신호 주파수가 같으면

$$VCO \rightarrow \div N \rightarrow PC \rightarrow LPF \rightarrow VCO$$

통한 루프가 phase lock 되었다고 하여 PLL이라고 한다. 이와 같은 PLL의 용도는 AM, FM 복조 및 주파수 합성기, AM송신기의 국부 발진 회로, 모터의 속도 제어 그리고 각종 전자 장비의 제어 회로 등에 이용한다.

예제 11.5 주파수 변별기(Frequency discriminator)에 대해서 간단히 설명하여라.

[풀이] 주파수 변별기를 사용하는 목적은 편이 주파수 성분을 진폭 성분으로 바꾼다. FM 검파기로서 사용되는 회로로 비 검파기(Ratio Detector), 게이트 빔 검파기(Gated Beam Detector), 포스터실리 검파기, PLL 등을 들 수 있다. 변별기의 특성 곡선에서 경사가 급할수록 복조 감도가 양호하게 된다.

11.4 위상 변조

평형 변조기 출력에서 얻은 출력파와 직각으로 그 반송파를 다시 벡터 합성하면 피변조파의 변조를 위상 변조라고 한다. 즉, 암스트롱 위상변조 방식으로서 수정발진기 출력의 일부를 평형 변조기에 변조신호로 진폭변조를 하여 상, 하측파대만을 얻어내고 이것을 이상기로 90도 이상 시킨 후 다시 원래의 반송파에 가해서 PM 파로 하는 변조기이다.

Book Cafe

PM에 의해서 FM을 행하려면 직분회로를 필요로 한다.

▶▶▶ 연습문제

01 무선신호를 전송하기 위해서 송신 시스템에서 신호파를 변조를 하는 목적에 대해서 설명하여라.

송신 신호에 대해서 변조를 행하는 이유로 송신 신호를 전송 매체에 적합하도록 하기 위한 것으로 이 이유 외에 전파의 전송에 있어서 송수신용 안테나의 설계에 관한 문제를 해결하기 위하여, 다중 통신을 가능하게 하기 위하여, 잡음을 줄이기 위하여, 회로 소자의 단순화 및 시스템의 소형화를 위하여 등을 들 수 있다.

02 진폭 변조를 위한 송신기에서 변조의 직선성이 나쁘게 되는 이유에 대해서 설명하여라.

일반적으로 변조의 직선성이란 신호의 전압이 증가하여도 지속적으로 직선성을 유지하는 것이 바람직한 현상인데 실제의 경우에는 직선성이 나쁘게 되는데 그 이유는 직선부에서 동작시키지 않거나, 전력 증폭기의 바이어스의 부적당 그리고 변조율 범위 초과 등을 들 수 있다.

03 다음은 FM 통신방식에 대한 기술적인 내용에 대해서 설명하여라.

FM 통신방식에서는 동일 주파수의 희망파와 방해파가 동시에 수신되었을 경우 그 레벨 차가 10[dB]정도 이면 방해파에 의한 영향을 전혀 발생하지 않는다. 즉, 포획 효과 때문에 방해파와 희망파가 근접해 있는 경우 희망파가 방해파보다 9[dB]이상 커야 수신된다.
여기서 주파수 변조와 진폭 변조의 비교를 행하면 먼저 필요 주파수 대폭의 경우 FM 방식은 AM에 비해 넓은 주파수 대역폭을 필요로 하며, 신호 대 잡음비의 경우에는 FM 방식은 AM방식에 비해 S/N 개선도가 좋으나 FM방식에서 드레스홀드레벨(threshold level)이 존재하기 때문에 그 이하의 전계에는 급격히 S/N비가 열화 한다. 따라서 미약한 전계에 사용하는 경우에는 오히려 AM방식이 효과를 가져올 수 있다. 그리고 Fading 영향을 고려하면 FM방식은 fading으로 인하여 생기는 수신 전계의 변동에 대하여 언제나 일정한 출력을 얻을 수 있다. 즉, 진폭 제한기의 작용으로 언제나 discriminator의 출력을 일정하게 할 수 있기 때문이다. 또한 송신기의 효율을 고려하면 FM방식에서는 전력 증폭을 C급 동작으로 하므로 송신기를 효율적으로 설계할 수 있으며 AM방식처럼 직진성에 관한 고려를 신중할 필요가 없다.

- 주파수 대역폭이 AM 방식보다 넓다.
- 미약한 전계에 있어서는 AM 방식이 오히려 효과를 가져 온다.
- 진폭제한기에 의해 진폭성분의 잡음을 감소시킬 수 있다.

- FM 통신방식이 AM 방식에 비해 신호 대 잡음비가 우수하다. 그 이유 FM 통신 방식에서는 수신측에서 진폭제한기의 사용으로 잡음을 제거할 수 있기 때문이며 가타 요인으로는 최대 주파수 편이를 2배 증가시킬 때마다 S/N비가 4배(6[dB])개선되기 때문이며, 반송파 전력을 증가하는 경우 잡음이 적어지는 효과를 얻게 되기 때문이며, Pre-emphasis나 de-emphasis를 사용하기 때문이라고 볼 수 있다. 이와 같은 FM 방식은 점유 주파수 대역폭이 넓으며, S/N이 개선되며, 수신의 충실도가 우수하며, 기기가 복잡하고 페이딩의 영향이 적으며 혼신 장애가 적다.

04 FM 변조방식은 직접 및 간접 FM 변조기로 분류와 그 방법에 대해서 설명하여라.

주파수 변조 방식에서는 변조파는 변조신호의 진폭에 따라 반송파의 주파수가 변화된 것이므로 진폭변조 성분으로 혼입되는 잡음을 진폭 제한회로(리미터)에 의해 제거할 수 있으므로 잡음이 적게 되는 특징이 있다.

그리고 VHF 대에서 FM 통신 방식이 많이 사용되는 이유는 주파수 대역이 넓게 취해지기 때문이다. 즉, VHF대 이상의 주파수대에서는 이용대역이 넓으므로 FM 통신방식이 많이 사용하는데 따라서 VHF 대의 주파수대나 UHF 의 주파수대에서 주로 사용되는 변조방식으로 주파수 변조(FM)를 이용한다.

FM 변조방식으로 이용되는 분류와 형태를 고려하면 다음과 같다.

- 간접 FM 변조 방식의 형태 : vector 합성에 의한 방법, serrasoid 방법에 의한 변조 회로, 위상 변조하는 방법 그리고 이상법에 의한 방법 등을 들 수 있다.
- 직접 FM 변조 방식의 형태 : 반사형 Klystron을 사용한 변조회로, Varactor Diode를 사용한 변조회로, Reactance 관 변조회로 등을 들 수 있다.

여기서 직접 FM 변조 방식을 사용하였을 때 나타나는 특징을 고려하면 리액턴스 소자를 이용한 직접 FM 변조 방식은 LC 발진기의 발진 주파수를 리액턴스 소자로 제어하므로 주파수 편이를 크게 할 수 있어 체배수가 적어도 되지만 주파수 안정도는 낮아 수정 발진기를 표준으로 하는 AFC 회로가 필요하다. 여기서 리액턴스 소자를 사용하는 FM송신기의 특징을 고려하면 LC발진기를 발진 주파수를 리액턴스 소자로 제어하므로 주파수 편이를 크게 할 수 있어 체배수가 적어도 되고 변조의 직선성이 양호하며, 소요 주파수의 안정도를 얻기 위해서는 AFC가 필요하며 구성이 복잡하며, AFC를 사용하여도 주파수 변별기의 중심 주파수의 변동 때문에 수정발진기의 주파수 안정도보다 다소 떨어진다.

05 송신 회로에서 이용되는 발진기가 갖게 되는 조건에 대해서 설명하여라.

송신기용으로 이용되는 발진기는 발진 주파수가 높은 안정도를 가져야 하며, 고조파 변형이 없어야 한다. 또 후단에 연결되는 증폭부를 여진 하는데 필요한 안정된 출력을 가져야 한다. 송신기의 발진기로서 요구되는 사항으로는 발진 주파수를 변환 할 때는 그 조작이 간단하고, 확실하며 또 신속히 이루어져야 한다.

• 발진 회로의 주파수 안정도가 낮을 것
• 고조파 발생이 적을 것
• 부하 변동에 의한 영향이 적을 것

06 무선 송신기에서 이용되는 체배 증폭기를 사용하는 목적과 동작에 대해 설명하여라.

무선 송신기에서 주파수 체배를 하는 이유는 수정편의 진동수 보다 높은 주파수를 만들어 내기 위해서 이다.
체배를 목적으로 이용되는 체배용 증폭기로 사용되는 증폭기는 주로 C급 증폭기를 이용하는데 C급 증폭기의 유통각은 A급이나 B급에 비해 적으며 여기서 유통각은 컬렉터 전류가 흐르는 범위 또는 존재하는 범위를 나타낸다. 주파수 체배기에서는 FM 된 신호를 n 체배하면 최대 주파수 편이도 역시 n 체배 되며, 중화 회로는 필요로 하지 않는다. VHF 대에 주파수 변조방식이 쓰이는 이유는 주파수 대역폭이 넓게 취해지므로 그리고 FM 증폭기에 C급을 사용하는 이유는 증폭효율을 올리기 위해서 이다. PM 신호는 진폭 일그러짐 영향을 받지 않으므로 효율이 좋은 C급 증폭방식을 사용한다.

07 주파수 변조에서 이용되는 IDC 회로에 대해서 설명하여라.

주파수 변조에서 입력 음성 신호가 필요 이상으로 크게 되었을 때 주파수 편이가 크기 때문에 과변조가 되어 주파수 대역폭이 넓어지므로 점유 주파수 대역의 허용값을 넘지 않게 하는 회로를 말한다. 즉, IDC 회로를 사용하는 목적은 최대 주파수 편이가 규정치를 넘지 않게 하기 위하여 즉 주파수 편이가 과대하게 되는 것을 방지한다. IDC 회로는 미분회로, 클리퍼, 적분회로, 증폭기 등으로 구성된다. 즉, IDC회로는 신호파 전압을 미분 회로로 미분하고, 진폭을 제한한 다음 적분 회로로서 적분한다.

08 SSB 방식의 한 형태인 J_3E 통신의 경우 DSB 통신에 비교하여 수신기 출력에서 신호 대 잡음비가 어느 정도 개선되는지 설명하여라. (단, 선택성 Fading이 심하며 변조도는 $100[\%]$이고 첨두 전력은 동일하다.)

종합적인 신호 대 잡음비의 개선을 하면 다음과 같다.

• J3E수신기의 출력은 첨두(peak) 전력이 동일할 때 DSB 통신(A3E)의 4배를 얻을 수 있어 $10\log4 = 6[\text{dB}]$개선되며,
• 파수 대역폭이 DSB의 1/2이므로 잡음 출력도 1/2배 감소되므로, $10\log2 = 3[\text{dB}]$개선되며
• 선택성 페이딩이 있을 때 3[dB]정도 개선된다. DSB의 경우에는 수신측에서 선택성 페이딩을 발생시키므로 SSB에서는 이를 개선하여 이득의 효과를 보고 있다. 따라서 종합적인 S/N비의 개선은 $S/N = 6+3+3 = 12[\text{dB}]$개선된다.

09 SSB 통신 방식에서 수신기에서 자동이득 조정(AGC)이 곤란한 이유에 대해서 설명하여라.

SSB 수신기는 반송파가 없기 때문에 반송파의 직류분에 의해 조절되는 AGC를 부가하는 것이 기술적으로 곤란하다. DSB의 경우에는 변조신호의 유무에 불구하고 반송파가 발사되므로 검파 출력에 포함되는 직류성분을 AGC 전압으로 이용하면 된다. 그러나 SSB의 경우에는 반송파가 거의 발사되지 않으며 변조가 발생할 때에 사용하면 무 변조 시에 이득이 높아지고 잡음출력이 크게 된다. 반면에 변조가 깊은 곳에서만 출력이 압축되고 만다. 이상의 이유로 AGC는 충전시정수가 작고 방전 시 정수는 충분히 커야 한다.

따라서 SSB 수신기에서 동기조정(speech clarifier)을 이용하여 반송파를 만들어서 수신하는 방법을 이용하는데 여기서 동기 조정을 행하는 목적을 고려하면 주파수 편차를 줄이기 위해서 이다. 즉, 동기조정회로는 반송파와 국부반송파의 주파수 편차를 적게 하기 위하여 사용된다. Speech Clarifier가 필요한 SSB 방식은 J3E SSB에서 필요로 한다.

억압 반송파(J3E)방식은 선택성 페이딩에 의한 일그러짐의 증가는 무시해도 되며, 반송파의 진폭은 0이라고 간주되는 정도로 충분히 억압되어 있으며 측파대 레벨에 대하여 −40[dB]이하이며, AM수신기로는 수신할 수 없으며 고안정도의 국부 반송파 발진기가 필요하다.

따라서 수신기의 구성이 DSB 수신기의 구성과 다른 점을 고려하면 DSB 수신기에서도 중간주파수 변환을 위해 국부 발진기가 필요하다. 여기서 SSB 수신기의 구성을 DSB와 비교하는 경우의 특징을 고려하면 SSB(J3E) 수신기의 통과대역폭은 DSB수신기의 1/2이면 되며, SSB 수신기는 반송파와 거의 같은 주파수의 국부발진기를 필요로 하며, SSB 수신기는 반송파 발진용 국부발진의 동기조정을 위해speech clarifier를 사용한다. 그리고 SSB 수신기의 중간 주파 증폭기에는 감쇠특성이 좋은 협대역 BPF를 사용한다.

10 주파수 변조 방식에서 보조(부속)회로로 이용되는 전치 보상기에 대해서 설명하여라.

보조 회로로 이용되는 형태와 특징에 대해서 정리하면 다음과 같다.

- 전치 보상기(pre-distortor)회로 : 전치왜곡회로 또는 전치보상회로라고 하며, 위상변조(PM)로 등가 주파수 변조(FM)로 만들기 위하여 사용되는 회로로 출력 전압이 입력전압의 주파수에 반비례하도록 하는 것이다. 입출력 위상은 90°이다.
- 프리 엠퍼시스 : S/N을 개선하기 위하여 FM 송신측에서는 프리 엠퍼시스를 이용해서 높은 주파수의 이득을 증가시켜 내보내고 수신측에서는 디엠퍼시스를 이용해서 높은 주파수의 이득을 감소시켜 주는 역할을 한다.
- 디 엠퍼시스 : FM 복조 시 강조된 고역 성분만큼 감소 시켜서 원래의 신호파형을 재현시키는 회로를 De - emphasis 회로라고 한다. 디 엠파시스 회로는 송신측에서 고역을 강조한 만큼 수신측에서 억압하여 깨끗한 음을 재생한다.
- 자동 주파수 제어(AFC) : AFC는 희망신호의 주파수에 수신기를 정확히 동조하기 위한 회로로 LC 자려 발진기가 불안정하므로 수정 발진기 출력과 리액턴스관 출력을 주파수 혼합기에 가하

여 두 주파수 차가 주파수 변별기의 동조 주파수와 일치하면 출력이 없으며, 만일 동조점을 이탈하는 경우에는 주파수 변별기의 직류 전압이 나타나게 되는데 이 전압을 증폭하여 리액턴스관의 h_{fe}나 g_m을 변화시킴으로서 LC 자려 발진기의 주파수를 자동으로 제어할 수 있다. AFC장치는 안정을 위해 송수신 모두에 사용한다. 즉, AFC 장치는 주로 직접 FM 방식에서 많이 사용된다.

※ AFC회로는 주파수 변환을 위한 국부 발진기의 주파수 변동을 자동적으로 적게 하기 위한 회로이다.

- ANL회로 : 자동 잡음제한 제한기(Automatic Noise Limiter) 역할로 주로 AM 수신기에서 충격성 잡음을 억제할 목적으로 이용되는 회로이다.

11 수신기의 능력을 평가하는 경우에 이용되는 기준으로 감도, 선택도, 충실도 그리고 안정도 등을 이용하는데 각 기준에 대한 특징에 대해서 설명하여라.

수신기의 성능을 평가하는 기준으로 이용되는 파라미터는 감도, 선택도, 충실도, 안정도 등을 이용한다.

- 감도(Sensitivity) : 어느 정도의 미약한 전파까지 수신할 수 있는지의 능력을 나타낸다.
- 선택도(Selectivity) : 희망하는 전파를 다른 주파수의 전파로부터 어느 정도까지 분리할 수 있는지의 능력을 나타낸다.
- 충실도(Fidelity) : 송신측의 변조 신호를 어느 정도까지 충실하게 재할 수 있는지 그 정도를 나타내는 양이다. 수신기에서 규정된 의사 안테나를 통해 수신기의 입력 단자에 접속된 표준 신호 발생기의 변조 주파수를 변화시켰을 때 검파 출력 또는 음향 출력 변화를 나타내는 것을 충실도라고 한다. 따라서 슈퍼헤테로다인 수신기의 전기적 충실도를 보다 좋게 하기 위한 조치로 저주파 증폭부는 부 귀환을 걸고 필요에 따라 고역, 저역 보상회로를 사용하거나, 중간주파 증폭부는 소요대역에 걸쳐 평탄한 특성을 갖도록 하거나, 국부발진기의 주파수 안정도를 좋게 되도록 한다.
- 안정도(Stability) : 주파수와 진폭이 일정한 신호 전파를 수신하면서, 장시간에 걸쳐 조정하지 않는 상태로 일정한 출력을 나타낼 수 있는 능력이다.

12 슈퍼헤테로다인 수신기에서 혼변조 및 상호변조로 인한 혼신을 경감하는 방법에 대해서 설명하여라.

슈퍼헤테로다인 수신기에서 발생하는 상호변조를 경감시키는 대책으로서 공중선 회로에 트랩을 삽입하거나, 고주파증폭부나 중간주파증폭부의 입출력 특성의 직선 영역에서 동작시키거나, 고주파 증폭부의 선택도를 좋게 한다. 그리고 슈퍼헤테로다인 수신기에서 RF 증폭단을 한단 더 첨가시키면 선택도가 좋아지며, S/N 비가 개선되고, 수신 감도가 좋아지며, 충실도가 향상되며, 불요 복사가 억제되고 안테나의 정합이 용이하게 되며, 영상 신호에 의한 혼신이 적어지고 이득이 증가한다.

13 슈퍼헤테로다인 수신기에서 단일조정에 대하여 설명하여라.

슈퍼헤테로다인 수신기에서 수신 주파수와 국부 발진 주파수의 차가 항상 중간 주파수가 되도록 조정하는 것을 단일조정(tracking)이라고 한다. 문제의 보기에서 DAGC(Delay AGC)회로는 AGC 회로를 사용하는 경우 입력 신호 레벨이 일정치 이하인 경우에는 AGC회로의 사용으로 감도가 더욱 감소하여 수신이 곤란하게 되는 일이 발생하는데 이런 현상을 억제하기 위해 입력 신호레벨이 일정한 값 이하인 경우에는 AGC회로를 동작하지 않도록 하게 하여 수신 감도가 감소하는 일을 방지하는 역할을 하는 회로를 말한다. 즉, 입력 신호 레벨이 일정한 값 이상인 경우에만 AGC회로가 동작하도록 하는 회로이다.

14 슈퍼헤테로다인 수신기에서 중간주파수가 높게 되는 경우에 나타나는 현상에 대해서 설명하여라.

중간주파수 낮게 선정될 때 근접주파수 선택도가 개선된다. 여기서 중간주파수의 선정과정에서 발생하는 특성에 대해 정리하면 먼저 중간주파수가 낮게 선정되면 근접 주파수 선택도가 개선되며, 단일 조정이 쉬워 트래킹을 정확히 할 수 있다. 한편 중간주파수가 높게 선정되면 영상 주파수 선택도가 개선되며, 인입 현상의 영향을 적게 할 수 있다. 슈퍼헤테로다인 수신에서 중간 주파 증폭기를 사용하는 목적은 선택도를 좋게 하기 위해서 이다.

중간주파 증폭부는 중간주파신호를 증폭시키는 부분으로 다수개의 중간 주파 증폭기를 종속 접속하여 구성하는데 여기서 중간 주파 증폭기는 근접 주파수 선택도를 향상시킬 목적으로 동조 증폭 회로를 사용한다. 여기서 선택도를 향상하는 방법으로는 고주파 증폭회로를 첨가시키거나, 동조회로의 Q를 높이거나, 고주파 및 중간주파 증폭단수를 높인다. 그리고 공중선회로는 수신에 지장이 없는 범위에서 소 결합시킨다.

15 PLL 주파수 합성기를 구성하는 기본 회로의 구성요소에 대해서 설명하여라.

PLL 주파수 합성기(phase locked loop frequency synthesizer)는 자려 발진기의 출력을 안정한 수정발진기의 출력으로 위상 고착(phase lock)하고 분주비를 변화시킴으로써 안정된 다수의 주파수를 얻는 발진기로 다수의 안정된 채널을 갖는 발진기로서 송수신기에 널리 사용되며, PLL의 기본구성요소로는 위상 검출기(PD), 저역 통과 필터(LPF) 그리고 전압 제어발진기(VCO) 등으로 구성 된다.

여기서 전압 제어 발진회로(VCO)는 송수신기의 발진방식으로 널리 사용되고 있는 방식 중 PLL (Phase Locked Loop)은 외부로부터 입력되는 신호의 위상을 추적하여 안정된 위상관계를 유지하는 신호를 얻는 회로이다.

16 수신기 잡음지수(NF, Noise Figure)에 대해서 간단히 설명하여라.

잡음 지수는 시스템에 입력되는 신호 대 잡음비와 출력의 잡음비의 비례 상수로 그 값은 항상 1보다는 크다. 이상적일 경우 수신기의 잡음지수를 F = 1(60[dB])로 볼 수 있는데 이는 무 잡음 상태임을 의미하며 잡음 지수 F는 그 값이 작을수록 바람직하다. 내부 잡음이 없으면 F = 1이고, 내부 잡음이 있으면 F > 1이 된다.

제12장 펄스 회로 (Pulse Circuit)

12.1 펄스 회로의 개념

12.1.1 펄스 회로 해석에 필요한 용어

(1) 펄스(pulse)의 정의

펄스란 전기 공학 분야에서 충격적인 전압이나 전류 등과 같은 짧은 시간 동안만 크기가 존재하는 신호를 말한다.

즉, 일정한 시간에 전압 또는 전류의 진폭이 sine파와는 다르게 급격히 변화하는 파형을 나타낸다.

불연속적인 전압이나 전류를 취급하는 회로를 펄스 회로라고 하는데, 정현파를 입력으로 하는 것이 아닌 정현파 이외의 파형을 입력으로 하는 회로의 경우에 대해 알아보자.

(2) 펄스 회로를 해석에 이용되는 용어

- 다음과 같은 구형파를 평가하는 경우에 이용되는 파라미터로 다음과 같은 것을 이용한다.

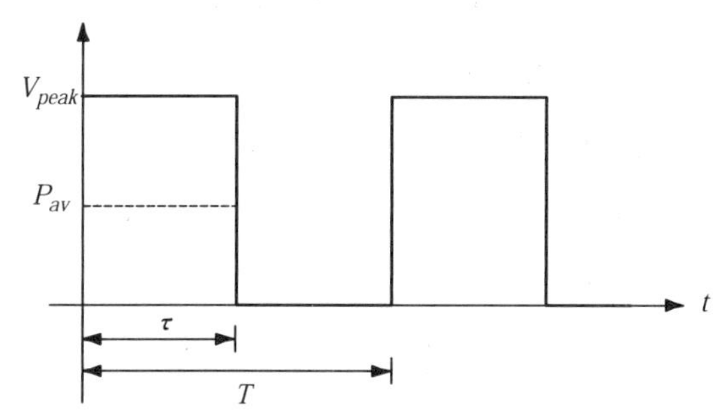

그림 12.1 구형 펄스 파형

- D(duty cycle, 점유율) $= \dfrac{\tau(\text{점유 시간})}{T(\text{1주기 시간})} \times 100[\%]$
- $P_{peak} \times \tau = P_{avg} \times T$
- $P_{avg} = \dfrac{\tau}{T} \times P_{peak} = f\tau P_{peak} = D \times P_{peak}$

여기서 A는 펄스 진폭, τ는 펄스 점유 시간 그리고 T는 펄스의 반복 주기를 나타낸다.

듀티 사이클(Duty cycle)을 점유율 혹은 충격 계수라고 부르며, 펄스파의 예리한 정도를 나타내는 값으로 구형파 중에서 펄스의 점유율 D가 0.5(50[%])인 파형을 방형파(Square pulse)라고 한다.

구형파의 지속 시간을 줄이면 대역폭은 늘어나고 진폭의 크기는 감소하게 된다. 펄스폭(Pulse width)은 진폭이 50[%]되는 시간을 말하며, 펄스 반치 폭이라고 한다. 그리고 펄스 전압을 측정하는데 가장 적합한 것은 오실로스코프이다.

■ 평균 전력

$$\text{평균 전력} = \text{첨두 전력} \times \text{충격 계수}\,D$$

한편 구형파를 펄스회로에 입력으로 하는 경우 펄스 회로의 응답 파형에 관련된 파라미터에 대한 용어와 정의를 고려하면 다음과 같다.

- **펄스의 상승 시간**(Rise time) t_r

  펄스가 최대 진폭의 10[%]에서 90[%]까지 상승하는 시간으로 고속 스위칭 소자가 요구하는 조건으로는 상승 시간이 짧아야 한다.

- **펄스의 하강 시간**(Fall time), t_f

  펄스가 최대 진폭의 90[%]에서 10[%]까지 하강하는 시간을 나타낸다.

- **펄스의 지연 시간**(Delay time) t_d

  입력 펄스가 들어온 후 출력 펄스가 최대 진폭의 10[%]가 되기까지의 지연 시간을 나타낸다.

- **펄스의 축적 시간**(Storage time) t_s

  입력 펄스가 끝난 후 출력 펄스가 최대 진폭의 90[%]가 되기까지 감소하는 시간을 나타낸다.

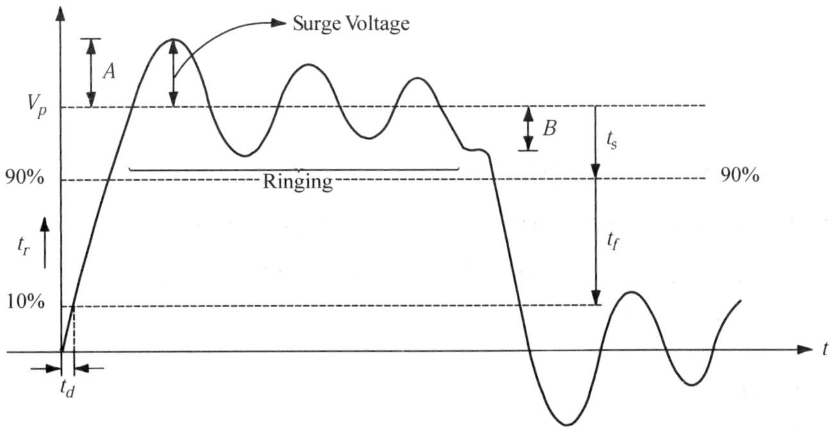

(a) 응답 특성

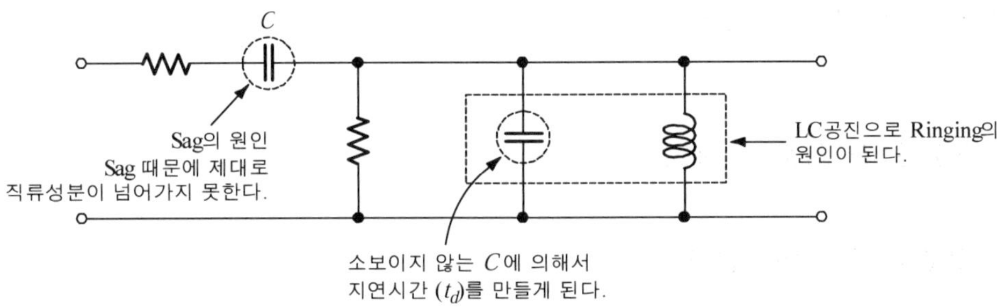

(b)

그림 12.2 펄스 응답 파형

Book Cafe

상승시간 t_r은 일반적으로 증폭기에서 많이 사용 관계식으로

$$t_r = 2,2RC$$

이며, 고역차단 주파수 $f_H = \dfrac{1}{2\pi RC}$을 적용하면

$$t_r = 2,2\frac{1}{2\pi f_H} = \frac{0.35}{f_H}$$

가 된다. 여기서 증폭기에서 상승시간 t_r이 큰 증폭기는 고역차단 주파수 f_H가 작으며, 상승시간 t_r이 작은 증폭기는 고역차단 주파수 f_H가 크다. 따라서 대역폭 B와 상승시간 t_r은 반비례 관계에 있음을 알 수 있다.

- Turn on time

  상승 시간+지연 시간

■ Turn off time

축적 시간+하강 시간

■ 새그(Sag)

- 새그는 하강 속도의 비를 나타내는 것으로 낮은 주파수 성분이나 직류분이 잘 통하지 않기 때문에 생기는 것으로 내려가는 부분의 정도를 말한다.
- 새그는 구형파 펄스의 파형에서 뒤쪽 부분이 진폭이 감소하는 이유로 증폭기의 저역 특성이 나쁘면 발생한다.

■ 링깅(Ringing)

펄스의 상승 부분에서 진동의 정도를 나타내는 것으로 이는 높은 주파수 성분에 공진하기 때문에 생기는 것이다.

12.1.2 펄스 회로의 해석

(1) 선형 회로에 대한 펄스 응답

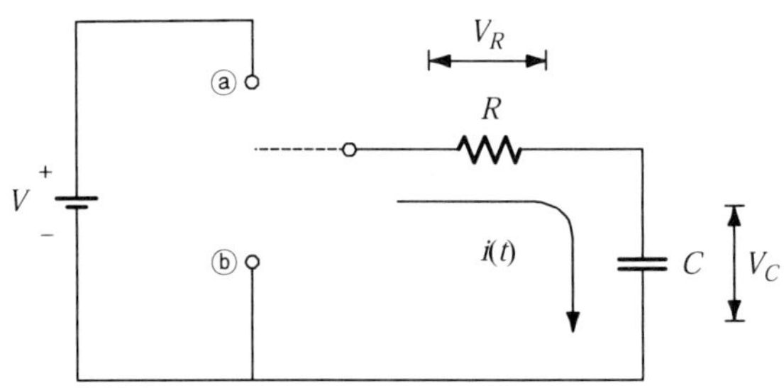

그림 12.3 *RC* 응답을 위한 회로

■ 스위치를 A 단자에 접속하는 경우

회로의 응답(Response)은 회로에서 미지의 전류를 구하는 것으로 먼저 주어진 회로에서 스위치를 A 단자에 접속하는 경우 콘덴서에 충전이 일어나 이에 대한 전압 방정식(KVL)을 적용하면

$$V = V_R + V_C = iR + \frac{1}{C}\int i(t)\,dt$$

이며, 여기서 미지의 전류 $i(t)$를 구하는 방법으로 Laplace 변환 혹은 미분 방정식 등을

이용하여 구할 수 있다. 이와 같은 방법을 통하여 구한 전류 $i(t)$의 크기는

$$i(t) = \frac{V}{R} e^{-\frac{1}{RC}t}$$

이며, 저항 양단 전압 V_R 의 크기는

$$V_R = iR = Ve^{-\frac{1}{RC}t}$$

이며, 콘덴서 양단 전압 V_C 는

$$V_C = V - V_R = V\left(1 - e^{-\frac{1}{RC}t}\right)$$

으로 나타낼 수 있다.

여기서 시정수 $t = \tau = RC$라면 콘덴서 양단의 전압은 $V_C = V(1 - e^{-1}) = 0.632[\mathrm{V}]$ 가 된다. 한편 0.632[V]까지 올라가는데 걸리는 시간을 충전 시정수라고 한다.

따라서 시정수의 크기에 따라 다음과 같은 출력을 볼 수 있게 된다.

- 시정수가 크게 되면 삼각파가 출력된다.
- 시정수가 작으면 톱니파가 출력된다.

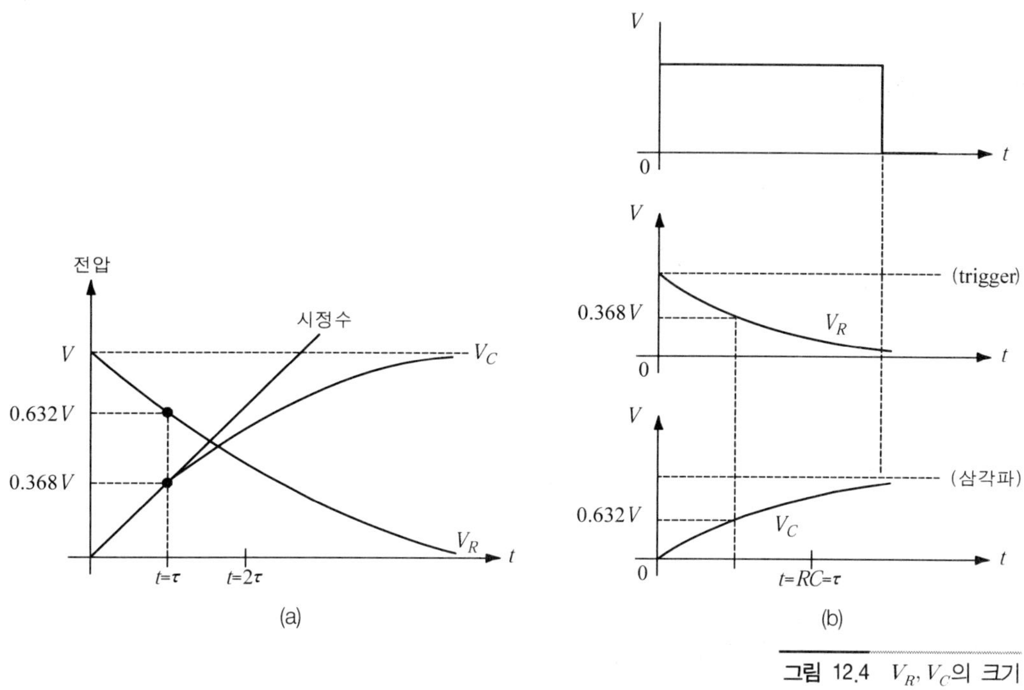

그림 12.4 V_R, V_C의 크기

■ 스위치를 B로 이동하는 경우

B 단자로 전환하는 경우에는 콘덴서에서 방전이 일어난다. 이 때 전류의 크기는 동일하며 단지 전류의 방향이 변하게 된다.

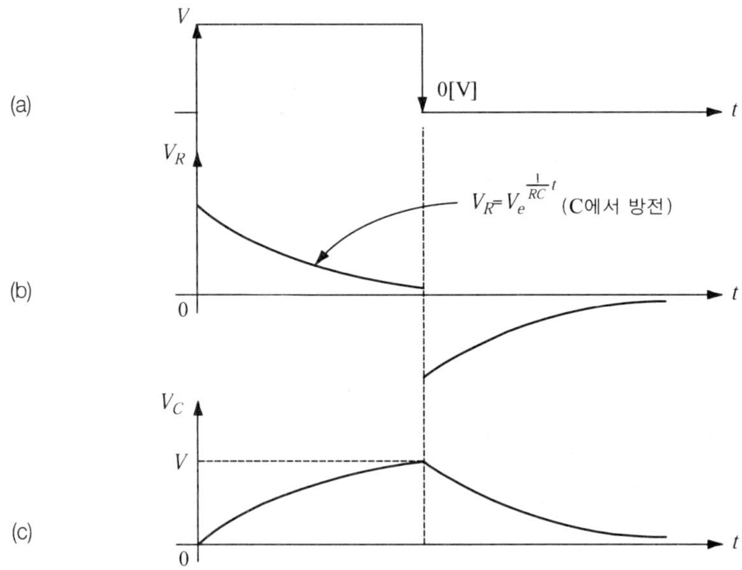

그림 12.5

(2) RC **직렬 회로의 충전 특성**

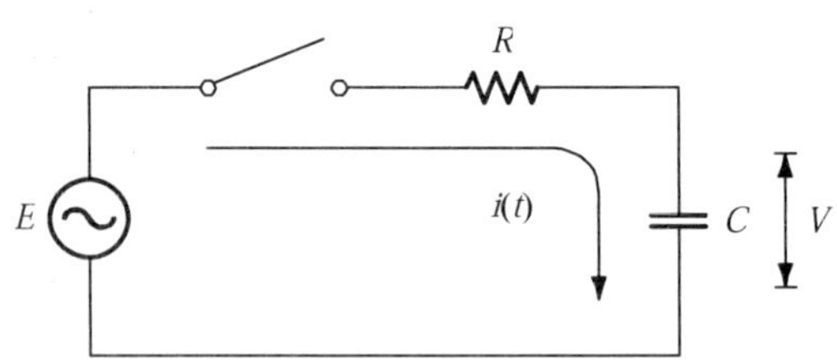

그림 12.6 RC 직렬 회로

RC직렬 회로의 전하 Q에 대한 관계식은

$$Q = CE = CV\left(1 - e^{-\frac{1}{RC}t}\right)$$

이며, 이 때 회로에 흐르는 전류는

$$i = \frac{dQ}{dt} = \frac{V}{R}e^{-\frac{1}{RC}t}$$

이며, 전압은

$$V = E$$

가 된다.

(3) RC미분 회로 및 적분 회로

■ 미분 회로

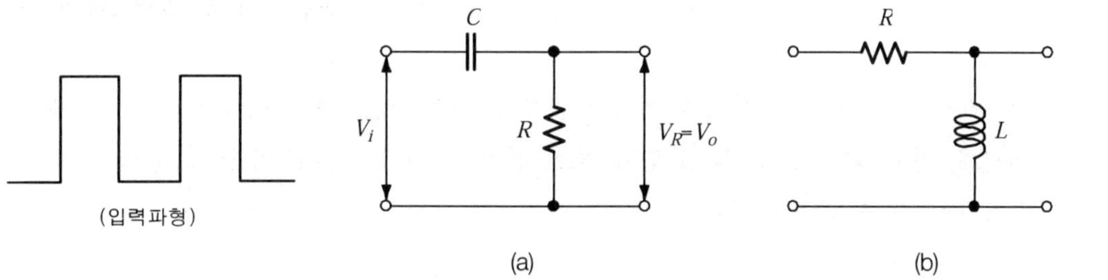

그림 12.7 미분 회로

RC소자로 구성된 회로에 대해서 전압 방정식을 적용하면

$$V_i = V_R + V_C = iR + \frac{q}{C} = \frac{1}{C}(RCi + q)$$

이며, 이 관계식에서 저항 R과 콘덴서 C값이 매우 적은($RC \ll$) 경우 RC의 크기를 무시한다면

$$V_i = \frac{q}{C}$$

으로 입력 전압은 거의 콘덴서에 걸리게 된다. 즉, RC값이 적을수록 정확한 미분 파형을 볼 수 있다.

여기서 입력을 구형파로 하는 경우에 대한 응답을 RC값에 따라 출력을 고려하면

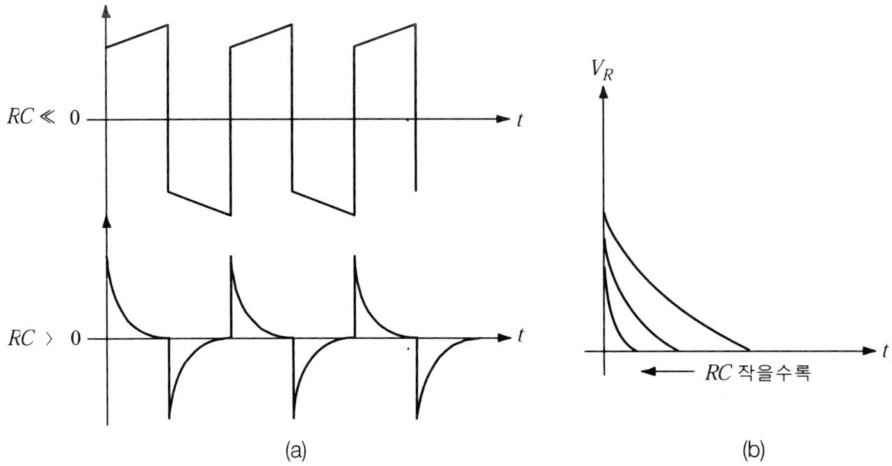

그림 12.8 *RC* 미분 회로의 출력 파형

가 된다. 미분 회로는 펄스 신호에서 좁은 트리거(Trigger) 신호를 얻고자 할 때 적합한 회로로 미분 회로는 구형파로부터 폭이 좁은 트리거 신호를 얻는데 적합한 회로이다.

따라서 출력 전압 V_0는

$$V_0 = V_R = i\,R = R\frac{dq}{dt} = RC\frac{dv_i}{dt}$$

으로 출력의 크기는 입력 전압의 미분 관계식으로 나타나므로 이를 미분 회로라고 한다.

■ 적분 회로

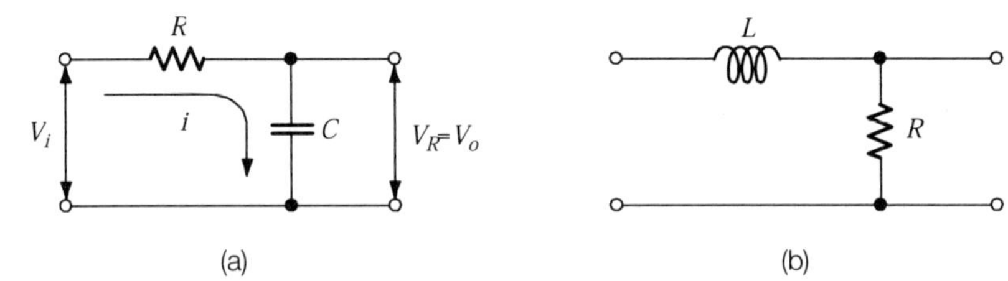

그림 12.9 적분 회로

RC 적분 회로 에 대해서 전압 방정식(KVL)을 적용하면

$$V_i = V_R + V_C = iR + \frac{q}{C} = R\left(i + \frac{q}{RC}\right)$$

이며, 여기서 저항 R과 콘덴서 C가 매우 큰 $(RC \gg)$경우라면 입력은

$$V_i = Ri$$

이며, 입력 전압 V_i는 저항 R에 모두가 걸린다고 할 수 있다.

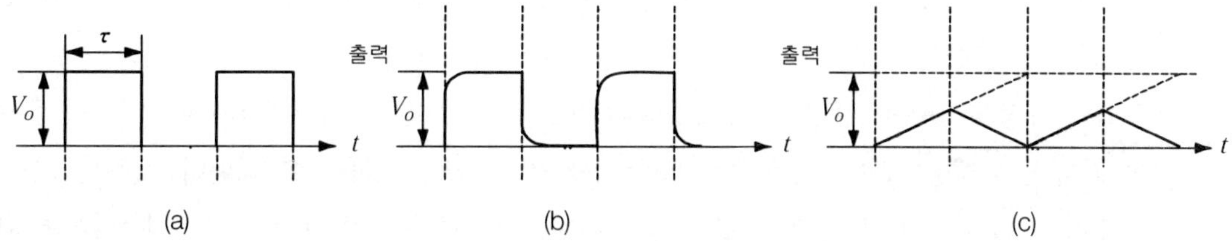

그림 12.10 RC 적분 회로의 출력 파형

따라서 출력 전압 V_0는

$$V_0 = V_c = RC \int v_i \, dt$$

로 출력 전압이 입력 신호의 적분 관계식으로 표현되므로 적분회로라고 한다. 이와 같은 적분 회로의 특징으로는 적분 회로로 사용할 수 있는 회로는 저역 통과 RC회로이며, 저역 통과 RC 회로에서 시정수의 의미는 응답의 상승 속도를 표시한다. 주로 스텝(Step) 파형을 램프(Ramp) 파형으로 변환하는데 시정수가 매우 적은 저역 통과 RC 회로를 이용한다.

Book Cafe

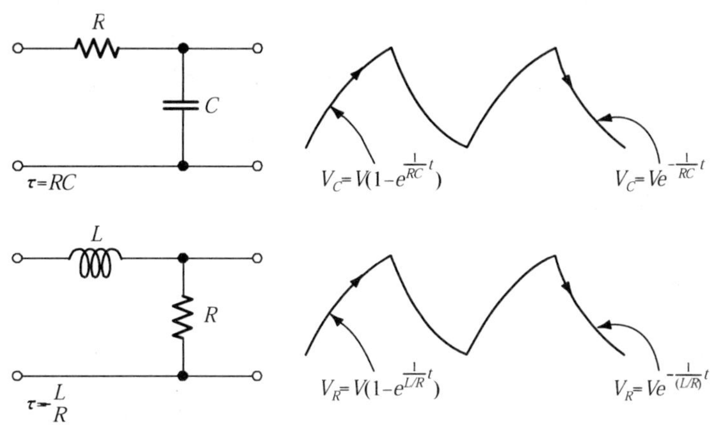

(4) 파형 정형 회로

파형 정형 회로란 필요에 따라 원하는 파형만을 끌어내거나, 직류 성분을 첨가해서 목적한 형태를 변형해서 입력 파형과 다른 출력 파형을 얻기 위한 회로이다. 파형 정형을 위한 회로 소자는 주로 저항, 콘덴서 다이오드, 트랜지스터 등을 많이 사용한다.

파형 변환 회로란 임의의 입력 파형에 대해서 필요한 출력 파형을 얻기 위하여 조작하는 회로를 말한다.

입력 파형의 진폭을 바꾸는 회로로 클리퍼(Clipper) 또는 클리핑(Clipping) 회로를 들 수 있는데 입력 파형을 기준 전압(어느 한계 레벨 이상 또는 이하)으로 제한하기 위한 회로이다.

클리핑 회로는 파형 변환 회로의 일종이며, 직렬형과 병렬형이 있고, 진폭 조작 회로의 일종이다.

■ 베이스 클리퍼(Base clipper) 회로

베이스클리퍼 회로는 2장 전원 회로에서 정리한 반파 전류 회로를 생각하면 된다.

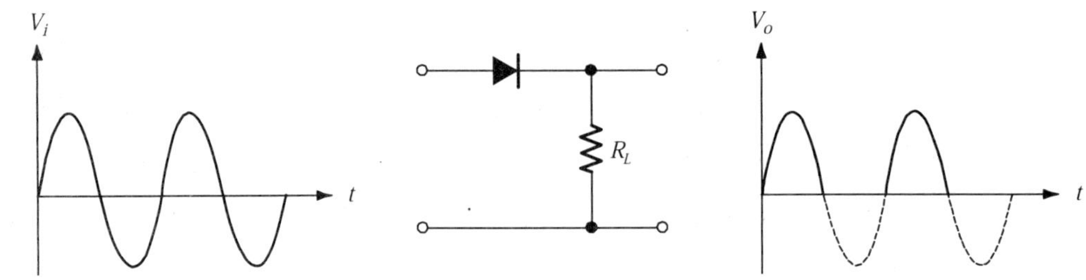

(a) 입력 파형 (b) 구성 회로 (c) 출력 파형

그림 12.11 반파 정류 회로

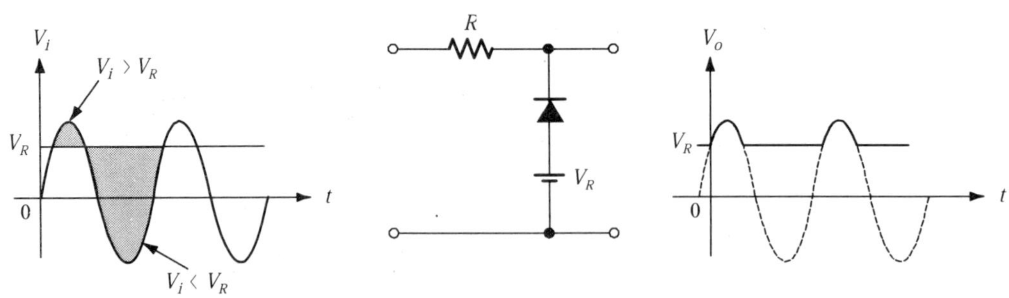

(a) 입력 파형 (b) 구성 회로 (c) 출력 파형

그림 12.12 기준 전압 V_R이 있는 경우의 Base clipper 회로

베이스 클리퍼 회로는 앞에서 정리한 반파 정류 회로에 기준 전압 V_R을 이용한 베이스 클리퍼 구성 회로는 기준 전압을 기준으로 2개의 입력인 $V_i > V_R$ 와 $V_i < V_R$을 인가하는 경우로 취급할 수 있다. 여기서 각 입력에 대한 출력을 고려하면

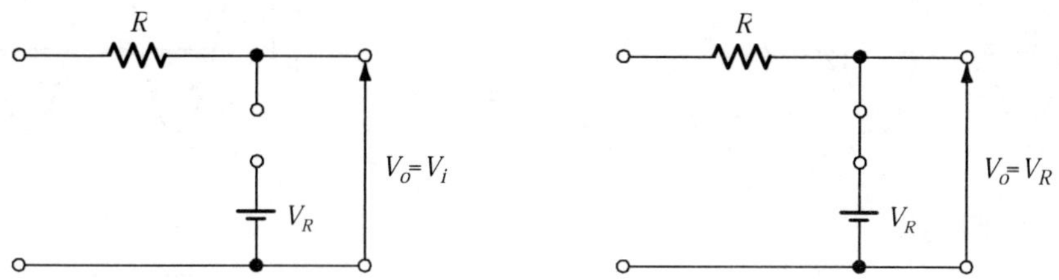

(a) $V_i > V_R$ 이면 다이오드 차단(off)

(b) $V_i < V_R$ 이면 다이오드 도통(on)

그림 12.13

가 되며, 이들에 대한 출력을 통해서 기준 전압을 기준으로 밑이 잘리게 되는 효과를 얻게 된다.

따라서 원하는 파형을 얻는 방법은 사용되는 기준 전압에 의해서 결정됨을 알 수 있다.

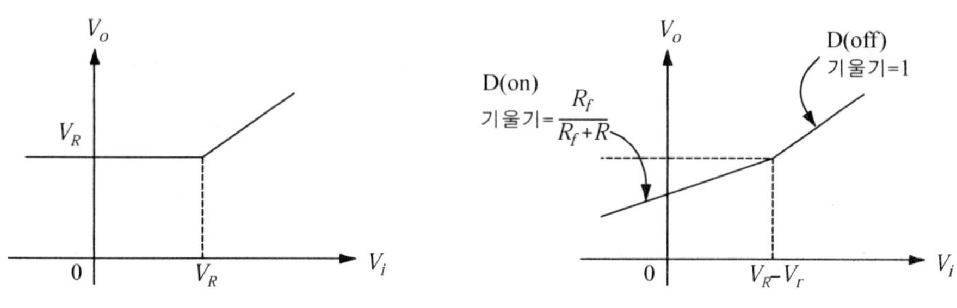

(a) 이상적

(b) 실제

그림 12.14 Base clipper 전달 특성

여기서 V_r은 다이오드의 문턱전압을 R_f는 다이오드 순방향 저항을 나타낸다.

■ 피크 클리퍼(Peak clipper) 회로

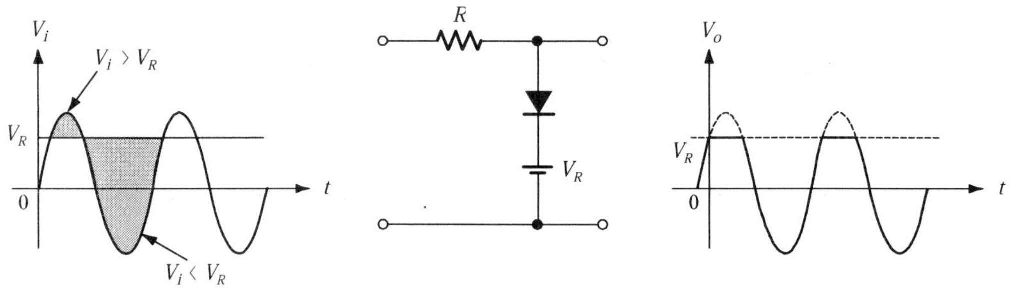

(a) 입력 특성　(b) 구성 회로　(c) 출력 파형

그림 12.15 Peak clipper 회로

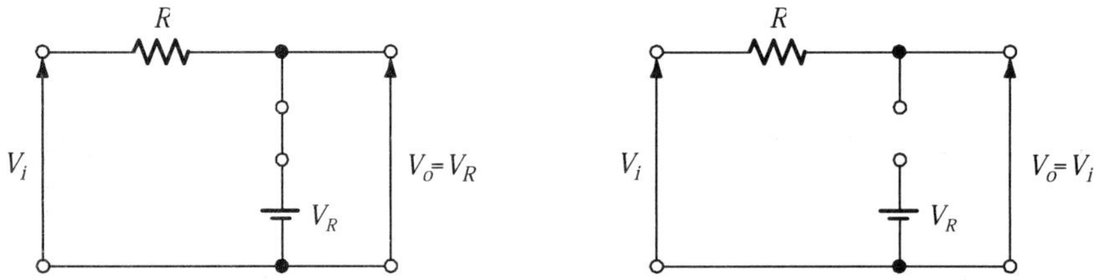

(a) $V_i > V_R$ 이면 다이오드 도통(on)　(b) $V_i < V_R$ 이면 다이오드 차단(off)

그림 12.16

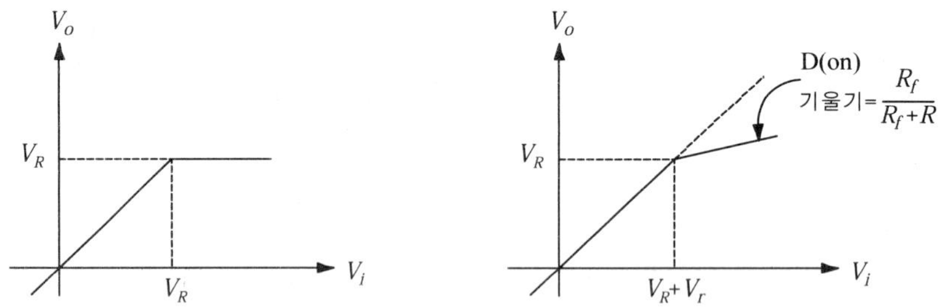

(a) 이상적인 특성　(b) 실제 특성

그림 12.17 Peak clipper 전달 특성

■ 병렬형 Diode slicer 회로

파형을 정형하는 회로로 슬라이서(Slicer) 회로는 앞에서 다이오드를 이용한 Peak clipper 회로와 Base clipper를 조합한 회로라고 할 수 있으며 동작은 입력 신호의 중앙부의 파형을 출력시키는 회로이다. 슬라이서 회로는 파형의 진폭을 제한하기 때문에 진폭 제한 회로(Limiter)라고도 부른다.

일반적으로 펄스파를 발생시키는 회로로 Blocking 발진기 또는 Multivibrator를 이용하지만 슬라이서 회로를 이용해서 트리거(Trigger) 신호를 발생시킬 수도 있다.

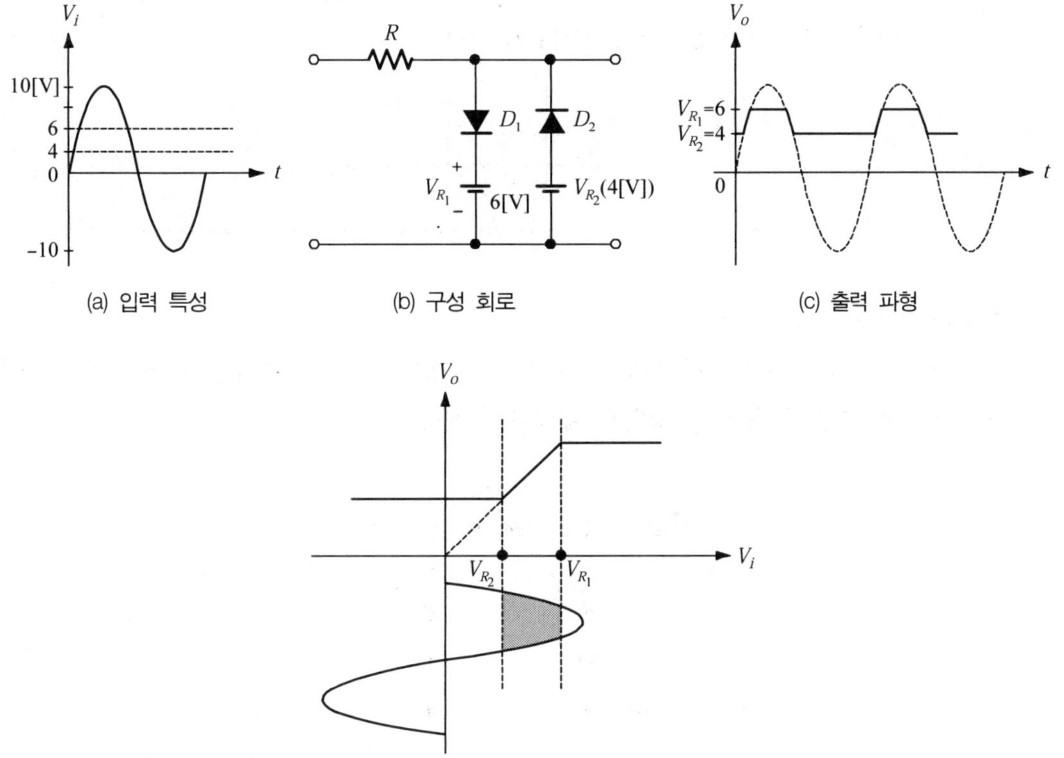

(a) 입력 특성 (b) 구성 회로 (c) 출력 파형

(d)

그림 12.18 병렬형 다이오드 슬라이서 회로

만일 기준 전압으로 이용되는 $V_{R2} = V_{R1}$ 이라면 출력 파형은 직선 형태의 전압을 얻을 수 있으며, SSB의 음성 증폭기에 사용하는 회로로서 음성 입력이 강한 경우에 이것을 일정 레벨에서 끊어 왜곡(일그러짐)의 발생이나 점유 주파수 대역의 넓어짐을 방지한다.

예제 12.1

다음의 회로에서 $V_{R1} < V_{R2}$ 경우에 대한 회로의 전달 특성을 나타내어라.

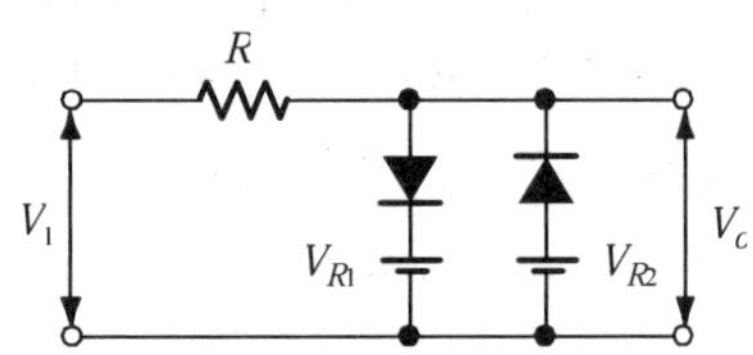

[풀이] 주어진 회로는 병렬형 슬라이서(Slicer) 회로로 입력과 기준 전압에 따라

▸ $V_{R1} < V_i < V_{R2}$인 경우 D_1(off), D_2(off)이므로 출력은 $V_o = V_i$이며,

▸ $V_i < V_{R1}$인 경우에는 D_1(on), D_2(off)이므로 출력은 $V_o = V_{R1}$가 된다.

그리고 $V_i > V_{R2}$인 경우 D_1(off), D_2(on) 상태이므로 출력은 $V_o = V_{R2}$가 된다.

따라서 출력 파형을 나타내면 다음과 같다.

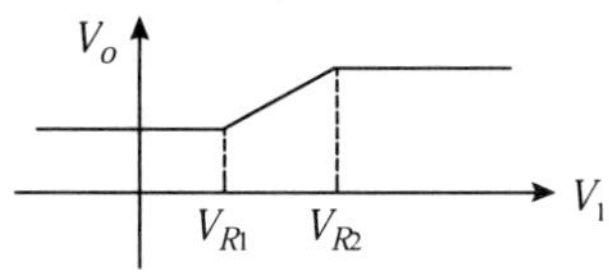

■ 직렬형 diode slicer 회로

직렬형 다이오드 슬라이서 회로는 다이오드의 연결 방법만 달리할 뿐 병렬형 다이오드 슬라이서 회로와 동일한 능력을 유지하게 된다.

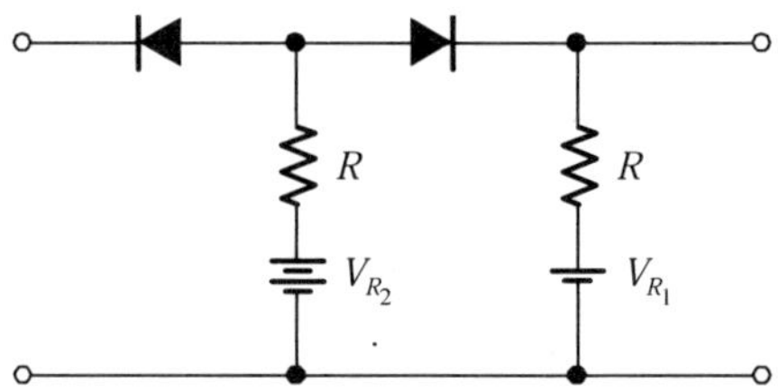

그림 12.19 직렬형 다이오드 슬라이서 회로

예제 12.2

다음의 회로에 대한 입력 V_s과 출력 V_0의 전달 특성을 나타내어라.

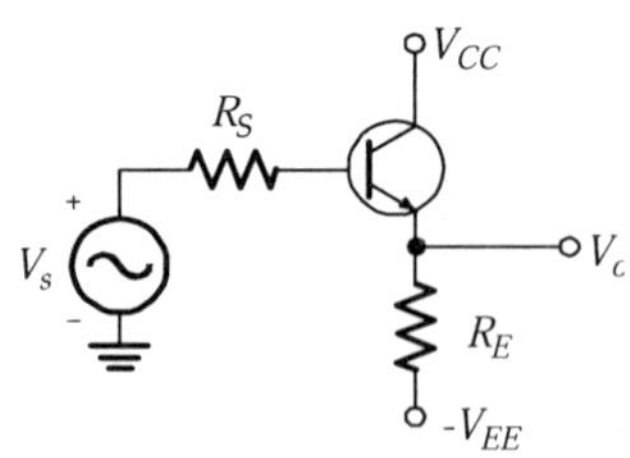

[풀이] 2개의 전원을 이용한 이미터 폴로워(Emitter follower)로 구성된 슬라이서(slicer) 회로로 그림과 같은 특성 곡선을 보게 된다.

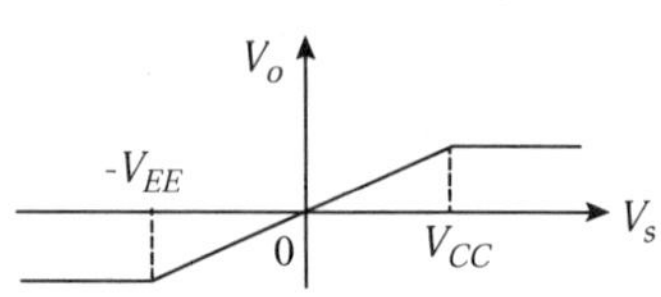

■ 리미터(Limiter)

리미터 회로는 슬라이스 회로와 구성도가 거의 동일하다. 차이가 난다면 걸어 주는 기준 전압의 방향이 다소 차이가 난다는 것과 출력 파형에서 상하의 진폭을 제한하고 있어 원하는 레벨만 선택할 수 있도록 할 수 있다.

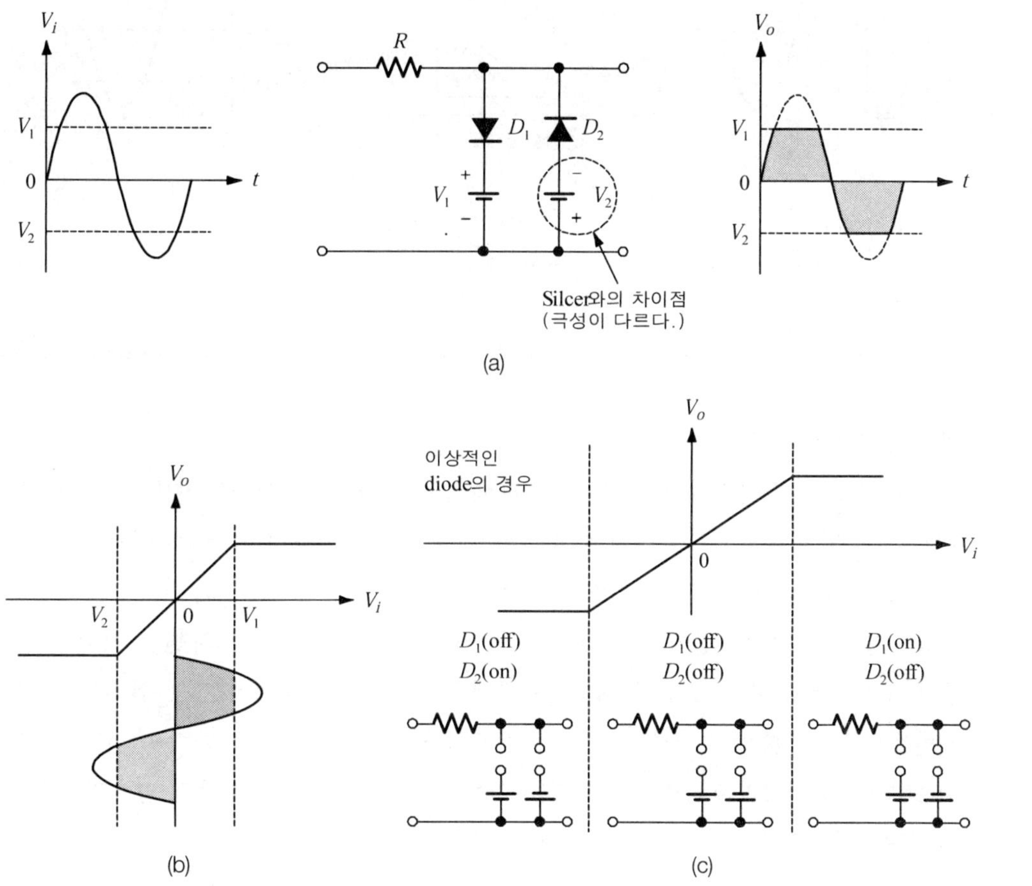

그림 12.20 리미터 회로

Book Cafe

■ 일반 가정집에서 이용되는 정전압 어뎁터(Adapter)

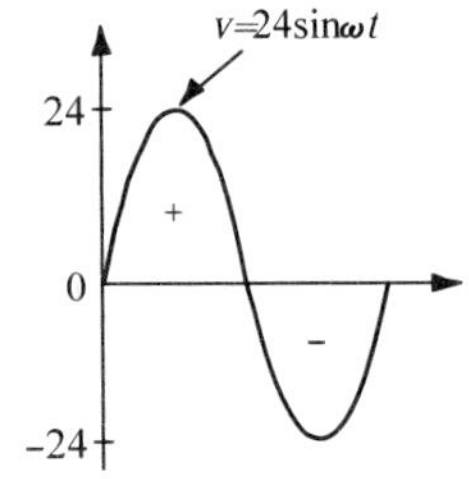

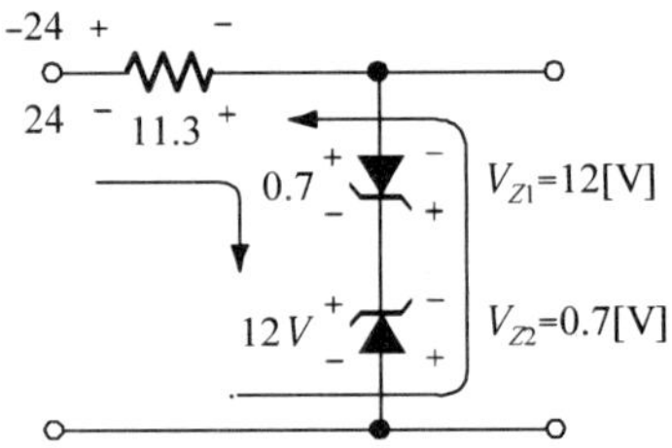

<정전압 diode>

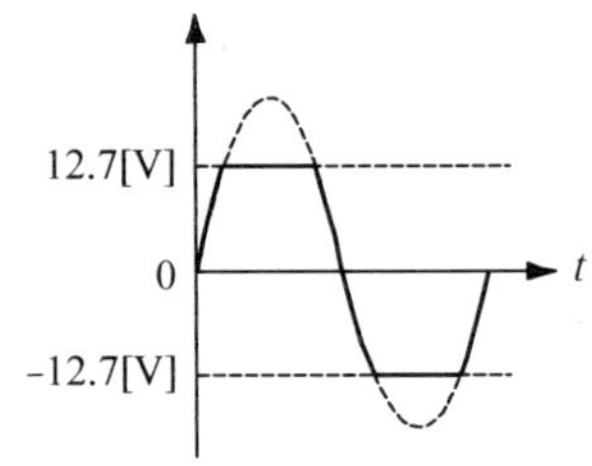

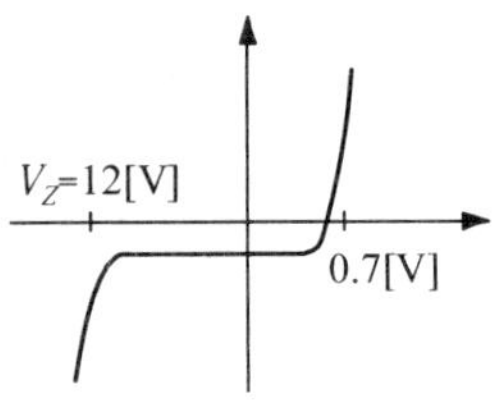

정전압 diode를 이용하는 것으로 가정에서 사용하는 adapter와 고급형에 내장된다.

■ 클램프(Clamp) 회로

클램프 회로는 입력 파형을 특정한 레벨에 고정시키는 회로로 미분, 적분 회로의 경우에는 입력 파형과 출력 파형에 변화를 가져오지만 클램프 회로는 입력 펄스 파형을 그대로 유지하거나, 직류 성분을 재생하는 능력을 갖는 회로이다.

임의의 주기적인 파형이 주어지는 경우 이 파형을 그대로 유지하면서 임의의 기준 레벨에 고정시키는 조작을 위한 회로를 클램프 회로라고 하다. 여기서 입력 파형의 기준 레벨을 일정 레벨에 고정하는 것을 클램프한다고 하며, 이러한 능력을 갖는 회로를 클램프(Clamp) 회로라고 한다. 이용되는 기준 전압은 바이어스 전압과 같으며, 부 클램프의 출력 전압은 부(−) 방향의 펄스만 된다.

그림 12.21의 경우는 정 피크 클램프(Positive peak clamp)의 경우로 입력 파형의 (−)의 피크 값에 0레벨로 추이시켜 파형이 Plus 측에 나타나는 회로이다.

- $0 \sim t_1$ 구간 동안은 Diode가 On 상태로 출력은 $v_0 = v_i + v_c = -V + V = 0$가 된다.
- $t_1 \sim t_2$ 구간 동안은 Diode가 Off 상태로 출력은 $v_0 = v_i + v_c = V + V = 2V$가 된다.

즉, 입력 파형이 그대로 출력으로 재생되면서 파형의 하단부가 일정한 파형을 보여주고 있다.

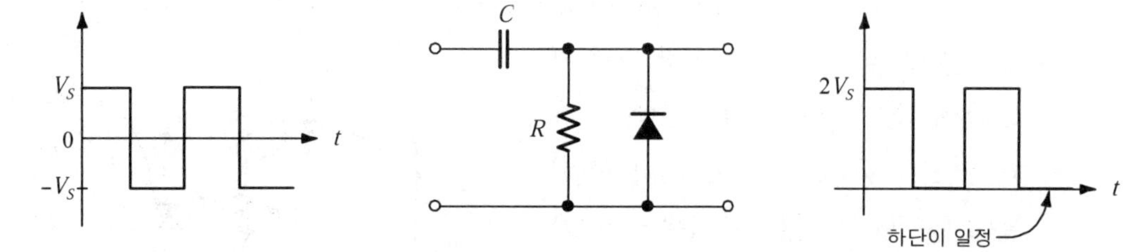

(a) 입력 파형 (b) 구성 회로 (C) 출력 파형

그림 12.21 Positive peak clamp 회로

Positive peak clamp 회로의 구성 회로에서 이용되는 다이오드의 방향을 달리하는 경우의 회로를 Negative peak clamp 회로라고 하며 역시 입력을 출력 그대로 재생하면서 상단부를 일정하게 유지하는 파형을 보이게 된다.

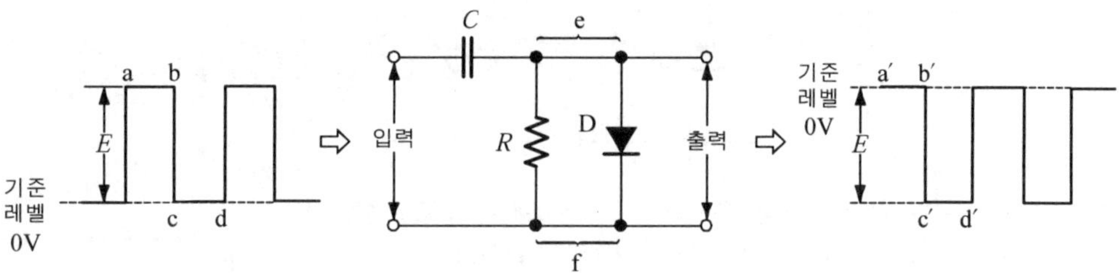

(a) 입력 펄스 (b) 클램프 회로 (C) 출력 펄스

그림 12.22 Negative peak clamp 회로

여기서 부 피그 클램프 회로에 대한 동작 원리를 설명하면

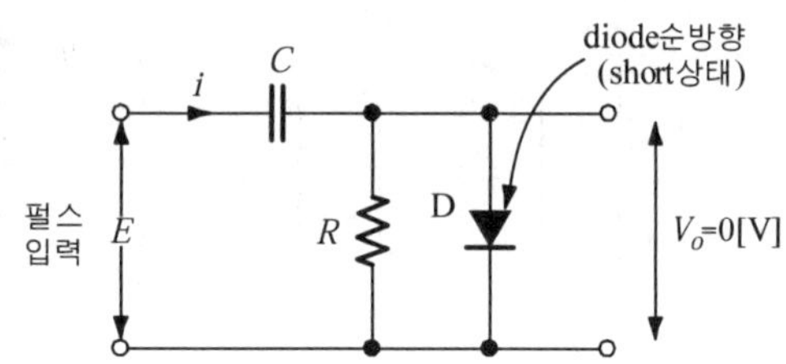

그림 12.23 펄스 입력 E[V]인 경우

- 입력 펄스 신호 중 a점에서 입력 펄스가 갑자기 E[V]까지 상승하게 되면 그림 12.23의 경우처럼 다이오드가 순방향으로 되기 때문에 그 내부 저항이 0이 되어 콘덴서에 충전 전류가 흐르게 되면 저항 R은 다이오드에 의해서 단락 상태가 된다. 이 때 출력은 다이오드 내부 저항과 전류의 곱이 되는데 이 출력은 그림 (C)에서처럼 $a' \to b'$ 구간에서 0[V]가 된다.
- 다음의 입력 $b \to c$ 구간에서는 입력 펄스가 급격히 0[V]이 되면 충전된 콘덴서에서 축적된 전류가 방전을 하게 된다. 이 관계는 그림 12.24에서 처럼 다이오드가 역방향

으로 되기 때문에 다이오드 내부 저항의 크기는 거의 ∞가 되고 전류는 반대 방향으로 흐르게 되며 이 때의 출력 역시 저항 R과 방전 전류의 곱이 되므로 출력 펄스의 $c' \rightarrow d'$의 $-E$[V]가 된다. 출력에서 알 수 있듯이 출력의 크기는 입력 펄스의 기준 레벨이 E[V] 만큼 내려가게 된다.

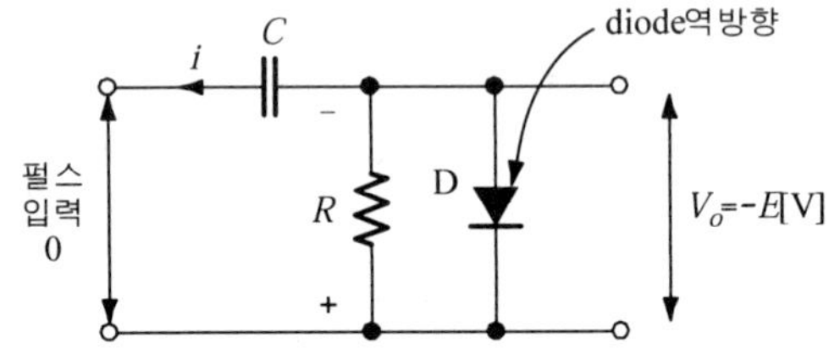

그림 12.24 펄스 입력 0[V]인 경우

Book Cafe

■ **다음 회로에 입력으로 정현파를 인가하는 경우 출력을 고려하면**

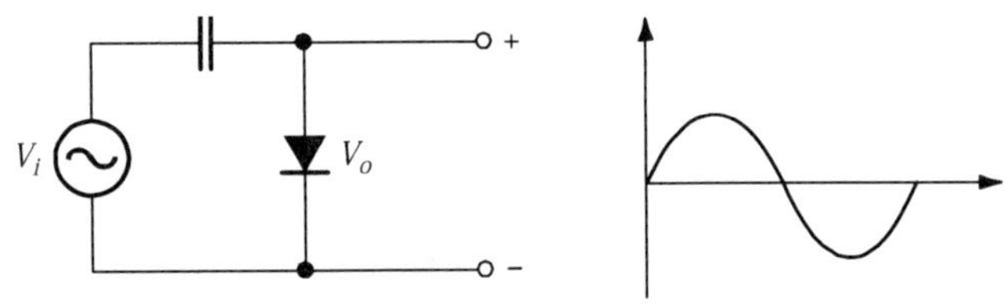

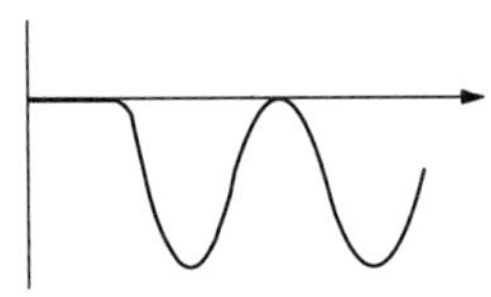

다이오드를 이용한 부 피크 클램프(Negative peak clamp) 회로로 상단이 일정한 특성을 보인다. 따라서 출력 파형은 오른쪽 그림처럼 된다.

한편 직류 부가 클램퍼 회로는 다이오드에 직류 전압을 접속한 것으로 임의의 레벨로 추이시키는 회뢰이다.

▸ 직류 부가 클램퍼 (순 바이어스)

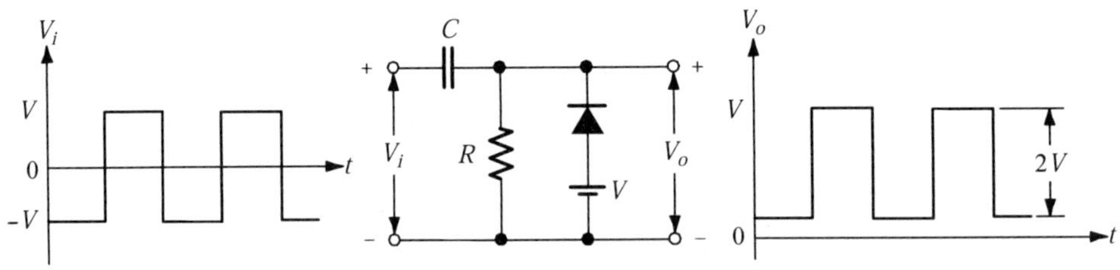

(입력신호) (출력파형)

▸ 직류 부가 클램퍼 (역 바이어스)

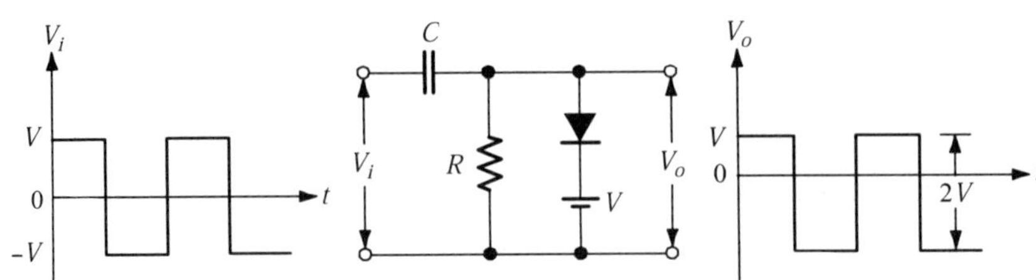

(입력파형) (출력파형)

12.2 펄스 발생 회로

12.2.1 멀티바이브레이터(Multivibrator)

(1) 펄스 발생을 위한 방법

펄스파를 발생하는 방법으로는 멀티바이브레이터(스위치를 개폐하는 방법) 회로를 이용하는 방법, 정현파를 Slicer하는 방법 그리고 Blocking oscillator 즉, 펄스 변압기를 간헐적인 발진을 발생하는 방법 등을 들 수 있다. 역시 멀티바이브레이터를 이용한 펄스파 발생회로가 되기 위해서는 발진의 조건으로 정 귀환을 고려하거나 적용되어야 한다는 것이다.

(2) 멀티바이브레이터의 형태

2단의 RC결합 증폭 회로에 정 귀환을 이용한 발진기로서 두 번째 출력을 첫 번째 단의 베이스에 강하게 정 귀환시켜 한쪽의 컬렉터 전류가 비약적으로 포화 전류에 달하고 다른 쪽의 컬렉터 전류는 차단되는 회로이다.

멀티바이브레이터는 파형의 고차의 고조파(Harmonics)를 포함하고, 회로의 시정수가 주기로 결정되며, 전원 전압이 변동해도 발진 주파수는 큰 변화가 없다.

회로의 안정 상태란 외부로부터의 전기적 자극이 없으면 언제까지라도 그 상태로 정체되고 있는 회로 상태를 말하는 것으로 여기서 외부로부터의 자극으로서 가해진 전기적 펄스를 트리거 펄스(Trigger pulse)라고 한다.

멀티바이브레이터의 형태는 구형파 발생 회로의 멀티바이브레이터는 그 결합 소자의 상태로 이용되는 결합 소자의 구성에 따라 비 안정, 단안정, 쌍안정 등으로 구분된다.

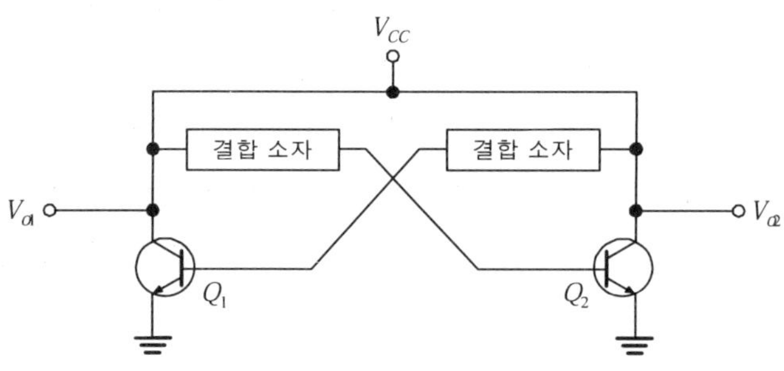

그림 12.25 기본적인 멀티바이브레이터의 구조

표 12.1 멀티바이브레이터의 형태

구 분	결합 소자	상 태	안정 상태수
비 안정	o—┤├—o o—┤├—o	AC 결합	없다.
단안정	o—┤├—o o—/\/\/—o	AC, DC 결합	1개
쌍안정	o—/\/\/—o o—/\/\/—o	DC 결합	2개

■ 비 안정(Astable) 멀티바이브레이터

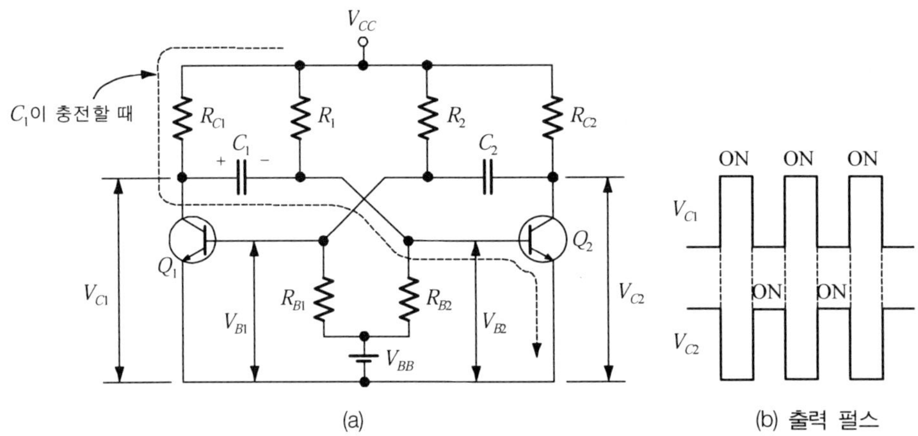

그림 12.26 비 안정 멀티바이브레이터 회로

비 안정 멀티바이브레이터는 안정 상태가 하나도 존재하지 않으며 외부 트리거 없이 트랜지스터 Q_1과 Q_2가 On과 Off를 반복하여 컬렉터에 구형파 전압을 얻는 회로로 한쪽의 상태에서 다른 쪽의 회로가 가진 시정수에 따라서 교번 발진을 지속하는 회로로 자주 발진(Free running multivibrator)라고 부른다.

여기서 비안정 멀티바이브레이터 회로에 대한 동작 원리를 고려하면 먼저 C_1, R_1과 C_2, R_2에 의한 충전 및 방전 작용에 의해서 트랜지스터의 베이스에 인가되는 전압이 바뀌기 때문에 트랜지스터는 스위칭 작용을 하게 된다.

즉, Q_1이 on 상태인 경우 컬렉터 전압은 거의 0에 가까운 값을 가지게 되면 콘덴서 C_1에 의해 Q_2의 베이스에는 (−)전압이 가해져서 off 상태가 된다.

이와 같이 Q_1, Q_2를 중심으로 경로가 좌우 대칭으로 되어 있으므로 동작은 반대로 일어나게 된다.

비 안정 멀티바이브레이터의 발진 주기는 트랜지스터 Q_1이 off, Q_2가 on인 기간의 주기를 T_1, Q_1이 on, Q_2가 off인 기간의 주기를 T_2라고 하면 발진 주기 $T = T_1 + T_2$로 나타난다.

$$T = T_1 + T_2 (C_1 R_1 + C_2 R_2) \log_e 2$$
$$= 0.693(C_1 R_1 + C_2 R_2) \simeq 0.7(C_1 R_1 + C_2 R_2)$$

이며, 여기서 $R_1 = R_2 = R$, $C_1 = C_2 = C$라고 하면 발진 주기는

$$T \fallingdotseq 1.4RC$$

가 된다. 이와 같은 비 안정 멀티바이브레이터 회로에 대한 특징을 정리하면 다음과 같다.

- 방형파 발진에 많이 이용되는 회로이다.
- 비 안정 회로는 각 트랜지스터의 컬렉터와 서로 상대의 베이스로 콘덴서에 의해 결정된다.
- 결합 방법은 교류 결합으로 구성된다.
- 주로 아날로그 발진기보다는 디지털 발진기로서 타이밍 펄스(Timing pulse)를 만든다.

한편 다음은 Inverter 게이트를 이용한 비 안정 멀티바이브레이터 회로이다.

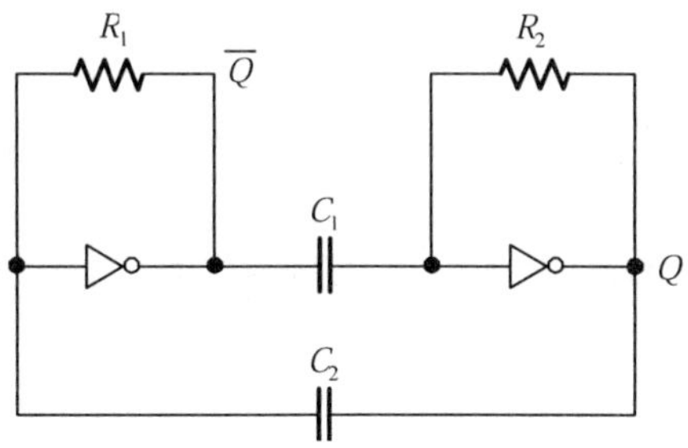

그림 12.27 비 안정 멀티바이브레이터 회로

■ 단안정(Mono stable) 멀티바이브레이터

비 안정 멀티바이브레이터에서 2개의 AC 결합 중 어느 하나를 DC 결합 상태로 바꾼 것으로 단안정 멀티바이브레이터 회로는 DC 결합과 AC 결합이 함께 사용되는 회로로 이 회로는 일정한 시간이 경과 한 후에 원래의 상태로 돌아오는 것으로 안정 상태를 유지하게 된다.

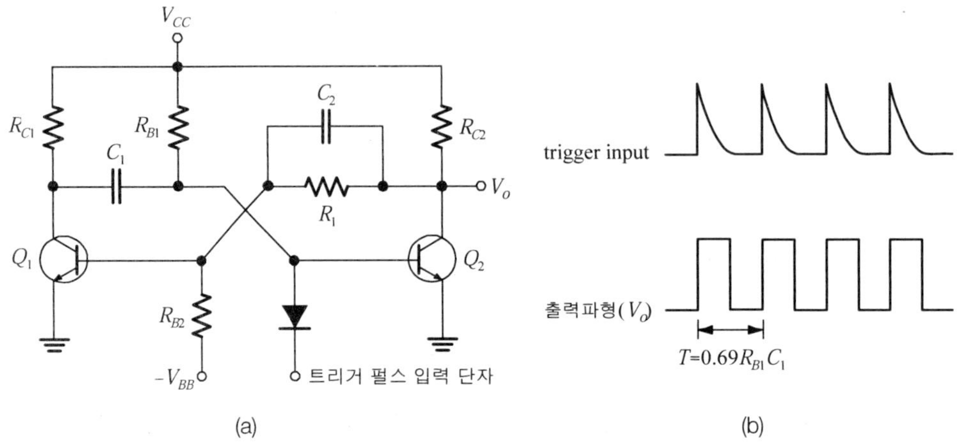

그림 12.28 단안정 멀티바이브레이터 회로

이 회로는 시정수의 변화에 따라 펄스의 속도를 자유로 늦출 수 있으므로 펄스 발생기나 지연 회로 등에 널리 사용하게 된다.

단안정 멀티바이브레이터는 부 트리거 펄스는 콘덴서 C를 거쳐서 트랜지스터 Q_2의 베이스에 가해지므로 Q_2를 off 상태로 드라이브 한다. 따라서 Q_2의 컬렉터 전압이 높은 레벨로 점프하여 Q_1을 on 상태로 드라이브 한다. 콘덴서 C_1은 전이 속도를 높이기 위한 반전 콘덴서이다. 단안정 멀티바이브레이터 회로의 발진 주파수는 단안정의 준안정 상태 지속 시간 T는

$$T \simeq CR\ln 2 = 0.693CR \simeq 0.7R_{B1}C_1\,[\mathrm{Sec}]$$

가 되며, 이 회로는 구형파 발생이나 펄스 폭 지연, 신장 등에 이용하게 된다.

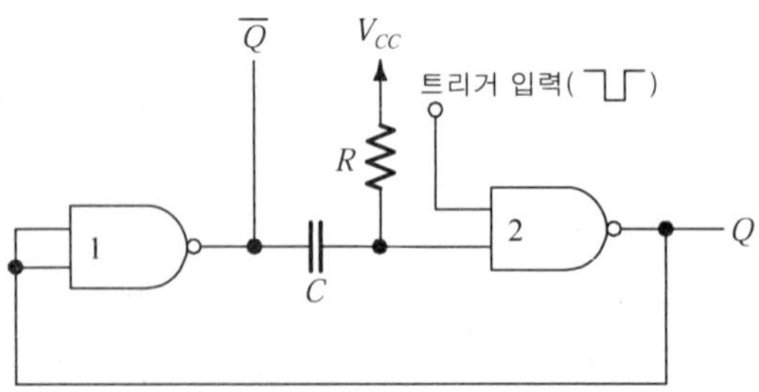

그림 12.29 단안정 멀티바이브레이터 회로

그림 12.31의 회로는 NAND 게이트를 이용한 멀티바이브레이터이다. 결합 소자는 콘덴서 C, 저항 R로 구성되며 평상 시는 높은 전압 상태의 Trigger 입력 레벨이므로 NAND 게이트 2의 출력은 Low 상태로 되고 출력 $\overline{Q}$는 High가 된다. 이 경우는 콘덴서 C에 아무런 변화도 보이지 않으며 안정된 상태를 보이게 된다.

그리고 트리거 입력이 순간적으로 Low 상태로 인가되어 출력 Q가 High 상태로 구동하게 되면 Low가 된다.

예제 12.3

그림 12.31 회로에서 $C = 100[\text{pF}]$이고 $R = 10[\text{K}\Omega]$인 경우 $100[\text{KHz}]$의 펄스 신호를 트리거 입력으로 사용하는 경우 준안정 상태의 지속 시간 T를 계산하여라.

[풀이] 준안정 상태의 지속 시간 T는

$$T = 0.7\,RC = 0.7 \times 10 \times 10^3 \times 100 \times 10^{-12} = 0.7[\mu s]$$

이며, 클럭 주기는

$$\frac{1}{f} = \frac{1}{100 \times 10^3} = 10[\mu s]$$

가 된다. 여기서 이들에 출력 파형을 나타내면 다음과 같다.

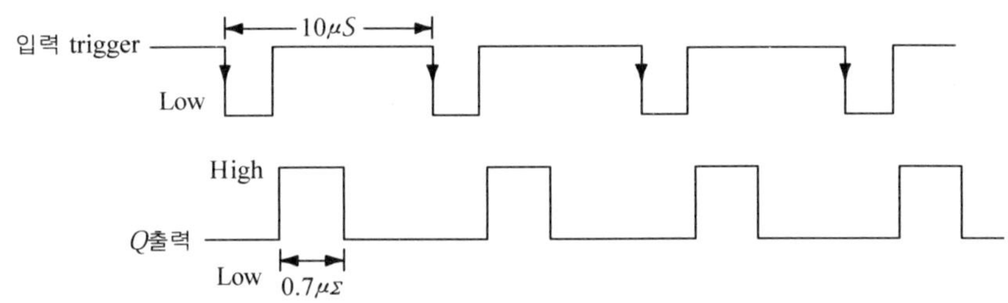

■ 쌍안정(Bi-stable) 멀티바이브레이터

입력 펄스가 공급되기 전에는 출력 상태가 변하지 않는 2개의 안정 상태를 유지하므로 디지털에서 기억 장치로 이용되는 플립플롭(Flip-Flop)과 동일한 능력을 갖게 된다. 따라서 쌍안정 멀티바이브레이터 회로는 외부로부터 트리거 펄스 신호가 인가될 때마다 2개의 안정된 상태가 번갈아 교체되면서 안정 상태를 계속 유지하며, 베이스 단자에 인가되는 펄스 파형은 2개의 트랜지스터를 각각 포화 영역 또는 차단 영역에서 활성 영역으로 끌어내어 스위치 작용을 하도록 하는 역할을 한다. 쌍안정 회로에서 결합 저항에 병렬로 콘덴서를 접속한 것은 스위칭 시간을 높이기 위한 것이다.

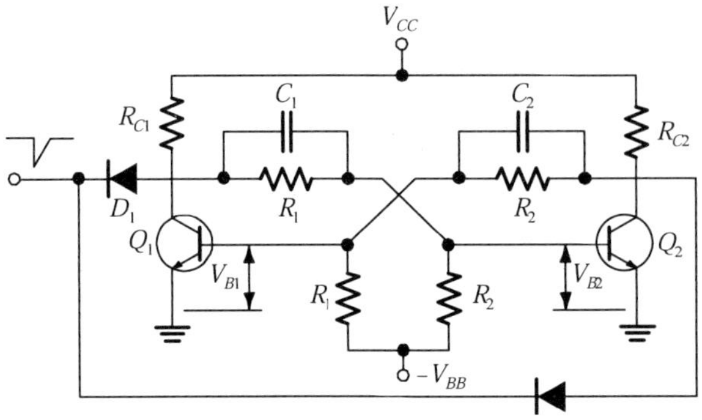

그림 12.30 안정 멀티바이브레이터 회로

쌍안정 멀티바이브레이터는 2개의 펄스가 공급될 때 1개의 출력 펄스를 만들며, 펄스의 주파수를 낮추는 경우에 이용(분주)하며, 입력 펄스가 공급되기 전까지는 그 상태를 계속 유지하기 때문에 기억 소자로 사용된다.

(3) 멀티바이브레이터의 특징

- 출력에는 구형파를 발생하므로 다수의 고차 고조파(Harmonics)를 포함하고 있다.
- 회로의 시정수에 의해 주기가 결정된다.
- 전원 전압이 변동해도 발진 주파수에는 큰 변화 없다.
- 펄스 발진 회로로서 정귀환의 일종이라고 할 수 있다.

Book Cafe

UJT 소자를 이용하여 발진기를 구성한 것이다. UJT는 전류 제어형 부성 저항 소자로 이 발진기의 출력 파형으로 톱니파를 발생하게 되다.

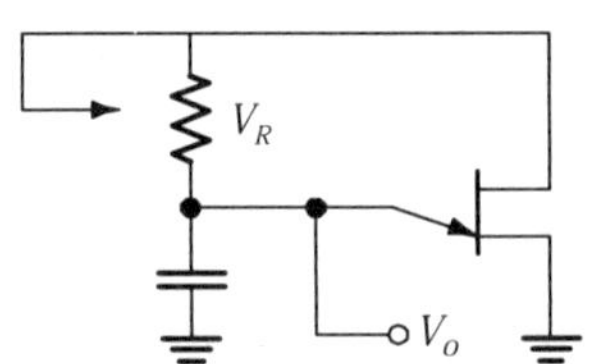

12.2.2 슈미트 회로

(1) 슈미트(Schmitt trigger) 회로의 동작 원리

슈미트 회로는 입력 전압이 일정한 값 이상으로 되면 출력 펄스가 상승하고 일정한 값 이하로 되면 출력 펄스가 내려가는 동작을 하는 회로로 임의의 파형으로부터 그 크기에 따르는 펄스폭의 구형파를 얻기 위한 회로로 사용될 수 있으며, 주로 아날로그 신호를 디지털 신호로 변환하는 경우에 이용한다.

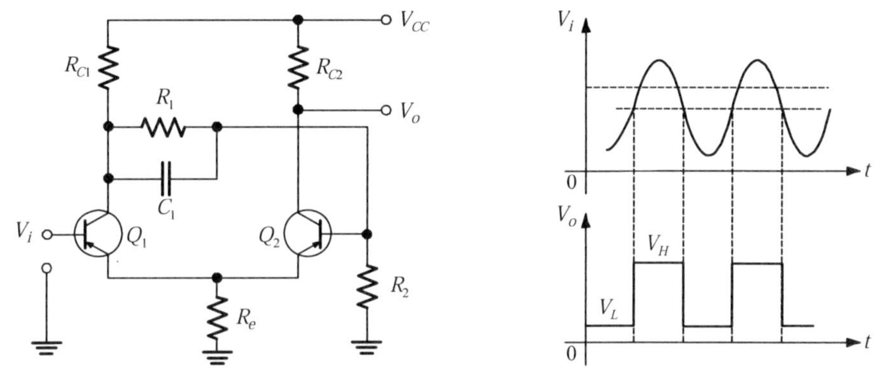

(a) 슈미트 회로 (b) 입출력 특성

그림 12.31 슈미트 회로와 입출력 특성 곡선

슈미트 회로의 동작은 트랜지스터 Q_1가 off, Q_2가 on 상태로 되면 일반적으로 V_o가 작게 되어 V_o는 V_{cc}에서 R_{C2}의 전압 강하만큼 감소되어 $V_o = V_L$인 안정 상태가 되며, 여기서 입력 전압 V_i를 증가시키면 트랜지스터 Q_1은 활성 영역 내에 들어가면서 재생 스위치 작동이 일어나 다시 Q_1은 on, Q_2는 off 인 출력이 되어 두 번째 안정된 상태가 된다.

따라서 슈미트 트리거 회로는 쌍안정 멀티바이브레이터 경우처럼 트랜지스터 Q_1과 Q_2가 on, off를 번갈아 교번하는 작용이 일어난다. 즉, 2개의 증폭기의 접지 단자를 공통으로 접속하고, 정 귀환을 걸어 입력 신호의 진폭에 의해서 2가지 안정된 상태를 이루게 한 펄스 발생 회로이다.

(2) 슈미트 회로의 특징과 응용 회로

■ 슈미트 트리거 회로는 쌍안정 멀티바이브레이터의 일종으로 입력 파형에 관계없이 출력

으로 항상 구형파를 발생한다.

- 입력 전압의 크기로서 회로의 개폐(On, Off)를 결정해 준다.
- 이와 같은 슈미트 트리거의 응용 회로로 전압 비교 회로(comparator), 쌍안정 회로, 펄스파 발생 회로 그리고 A/D 변환기 등에 이용한다.

▶▶▶ 연습문제

01 구형파 형태인 펄스 파형에서 펄스가 갖는 점유율 D에 대한 관계식을 나타내어라.

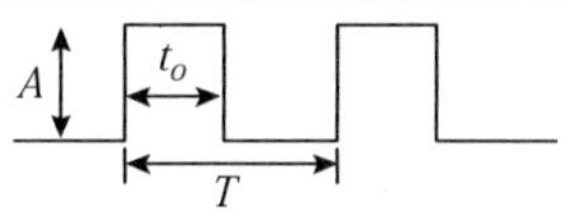

펄스의 점유율(Duty cycle)은

$$D = \frac{t_0}{T} \times 100\%$$

이다. 특히 점유율의 크기가 0.5인 파형을 방형파(Square Pulse)라고 한다.

02 다음의 클리핑 회로에 정현파 전압을 인가시켰을 때 출력측에 나타나는 파형을 나타내어라. (단, $V_m > V_R$ 이다)

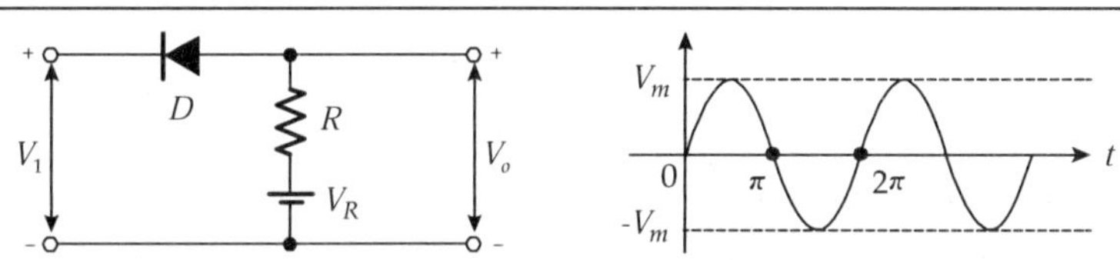

다이오드와 기준 전압을 이용하는 피크 클리퍼 회로이다.

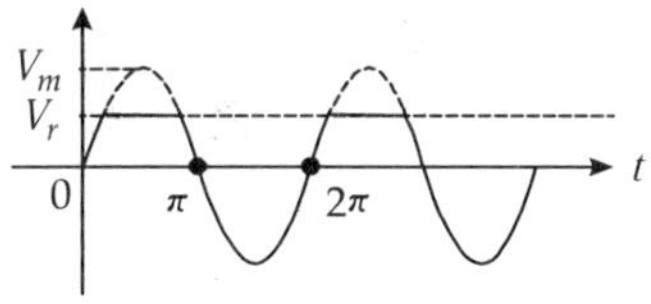

03 다음과 같이 RL회로를 구성되는 회로에서 $t=0$인 시점에서 스위치 SW를 닫았을 경우 회로에 흐르는 전류 $i(t)$의 관계식을 나타내어라.

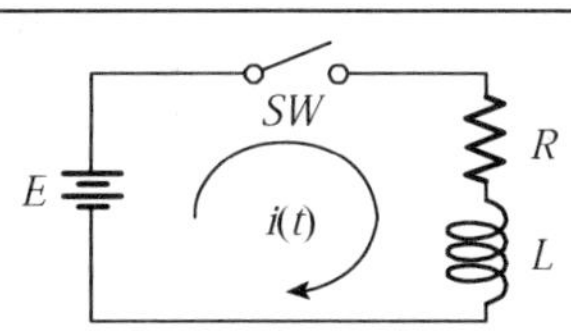

회로의 시정수는 L/R[S][s]이며, 이를 이용하여 회로 내에 흐르는 전류는

$$i=\frac{V}{R}\left(1-e^{-\frac{R}{L}t}\right)=I\left(1-e^{-\frac{R}{L}t}\right)$$

가 된다. 여기서 저항 R양단의 전압을 구하면

$$v_R=R_i=V\left(1-e^{-\frac{R}{L}t}\right)$$

이며, 코일 L 양단의 전압은

$$v_L=V-v_R=V-V\left(1-\epsilon^{-\frac{R}{L}t}\right)=V\epsilon^{-\frac{R}{L}t}$$

가 된다.

04 정현파를 입력으로 하는 경우 그림과 같은 출력을 얻었다. 이와 같은 출력은 얻기 위한 다이오드 구성 회로를 나타내어라. (단, 입력은 $8\sin\omega t$[V]이며, 다이오드의 최대 허용 전류는 1[mA]이다.)

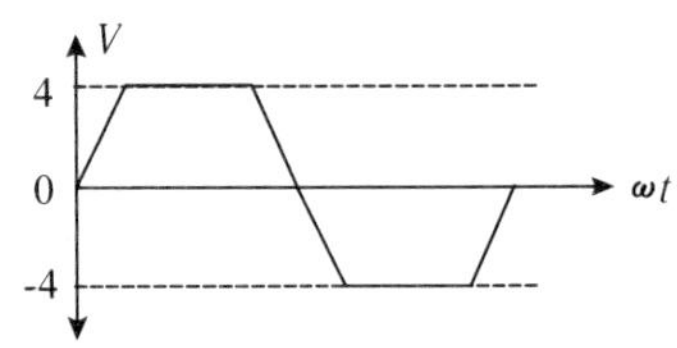

$v_s < V_2$인 경우에는 D_1는 on, D_2는 off 상태가 되며, $v_s > V_1$인 경우에는 D_1는 off, D_2는 on 상태가 된다. 그리고 $V_1 < v_s < V_2$인 경우에 D_1는 on, D_2는 on 상태가 된다.

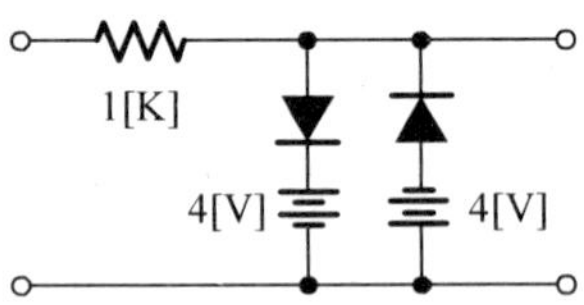

05 다음과 같은 회로에 대해서 주어진 입력을 인가하는 경우에 나타나는 출력 파형을 나타내어라.

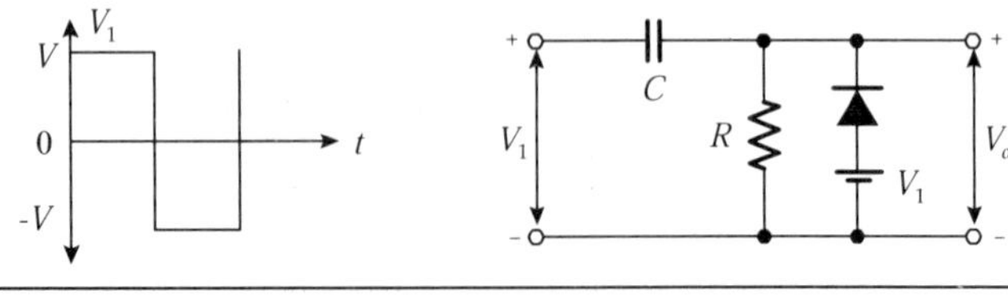

문제의 회로는 정 피크 클램프(Positive Peak Clamp)회로이다.

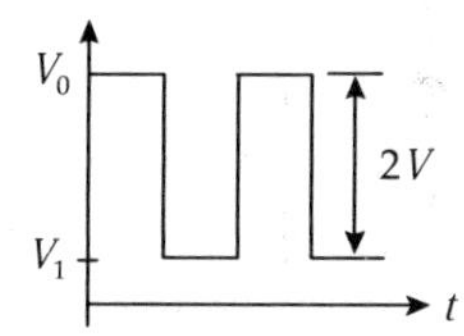

한편 다이오드의 접속 방향을 반대로하는 경우의 회로를 고려하면

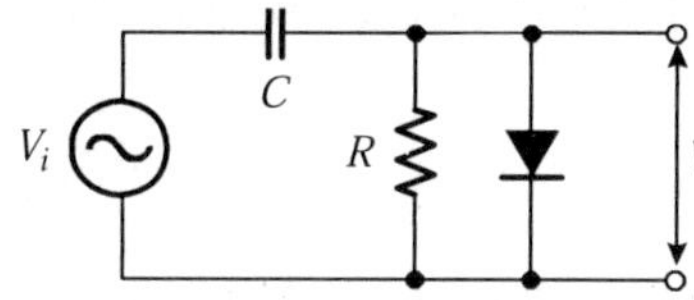

회로는 다이오드가 역 바이어스 상태에서는 시정수 RC가 무척 크다. 따라서 C의 충전 전압은 빠르게 방전하지 못하게 하며, 입력 전압의 최대치(+)를 0으로 고정시키는 부 피크 클램프(Negative Peak Clamp)회로이다.

그리고 다음과 같이 기준 전압을 인가하는 경우를 고려하면

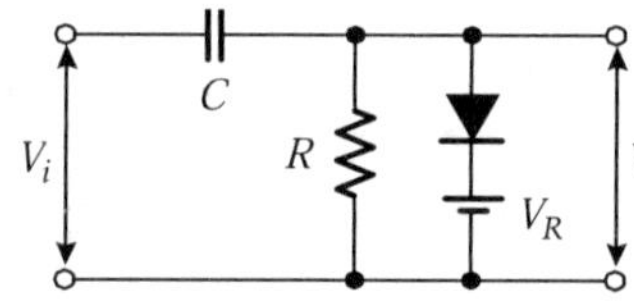

클램프(Clamp) 회로이다. 직류 재생 회로의 출력 신호에 대한 부하가 출력 단자에 병렬 저항으로 들어오는 경우가 있다. RC 회로의 출력 파형의 정 방향 피크가 V_m'이면 $V_m' \geq V_R$일 때 다이오드가 도통 상태로 되는 기간이 생기며 출력 v_o는 V_R로 클램프 된다. 예를 들면 다이오드는 이상적인 특성을 갖는 경우 (a)의 회로망에 (b)의 입력파를 인가 시 출력 파형은 0[V]와 −32[V]에 클램프 된다.

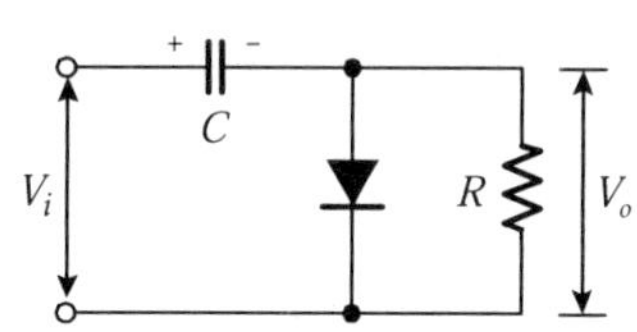

(a)

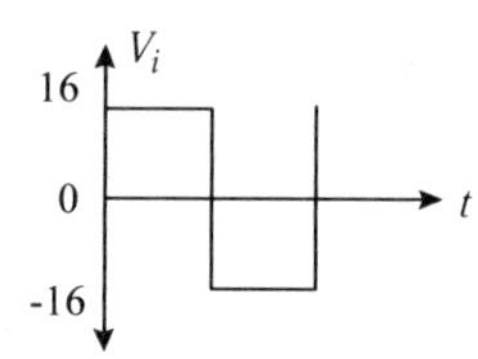

(b)

06 다음과 같이 그림 (a)의 회로에 그림 (b)와 같은 입력을 인가하는 경우 출력 파형에서의 변곡점의 값을 결정하여라. (단, $V_{R1} = -2[\mathrm{M}]$, $V_{R2} = +4[\mathrm{V}]$, $R = 10[\mathrm{k\Omega}]$, 다이오드는 이상적인 것이다.)

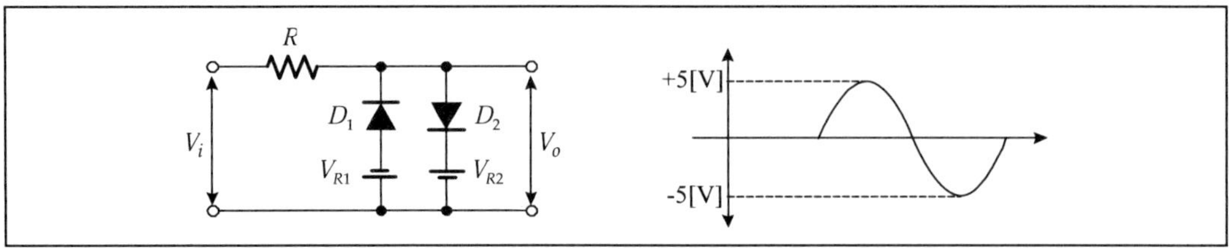

베이스 클리퍼와 피크 클리퍼를 동시에 이용한 슬라이서 회로로 출력 파형은 회로에 이용되는 기준 전압의 크기에 따라 출력을 얻게 되는 회로이다. 따라서 변곡점의 위치는 +4[V], +4[V], −2[V], −2[V]가 된다.

07 다음 RC소자로 구성되는 회로에 계단(step) 전압을 인가하는 경우 출력 전압은? (단, C는 미리 충전되어 있지 않은 상태이다)

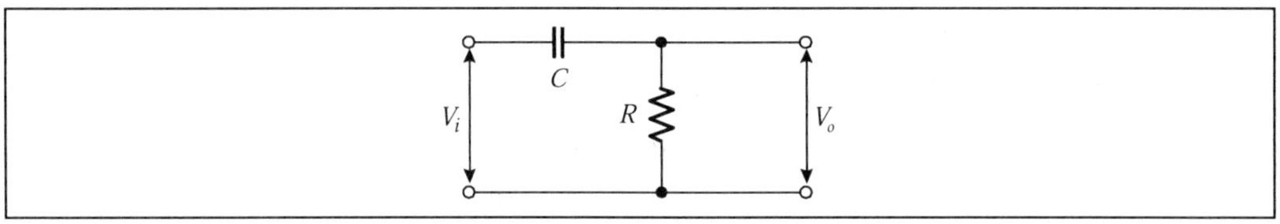

처음에는 입력과 같이 변했다가 지수 함수적으로 감쇠하게 된다.

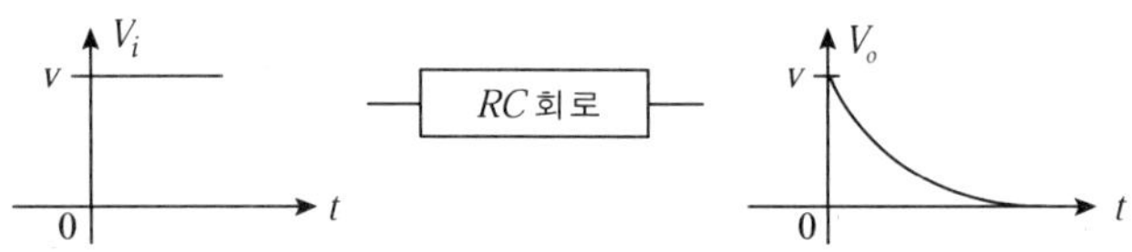

〈스텝 전압 입력〉 〈스텝 응답(출력)〉

08 다음과 같은 회로에 입력 V_i로 정현파를 인가하는 경우에 동일한 출력 파형을 얻을 수 있는 회로는?

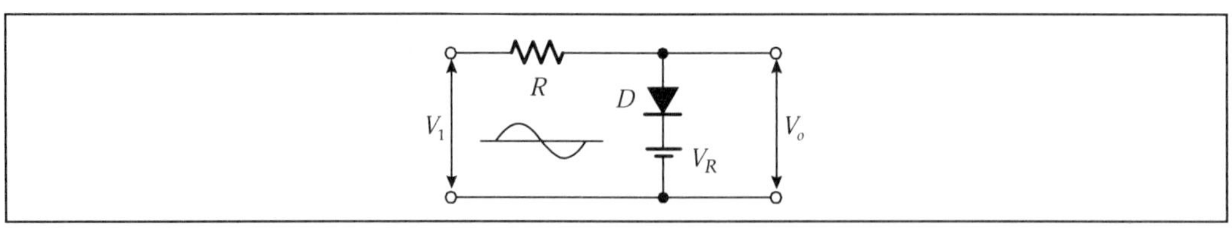

주어진 문제의 회로는 Peak clipper 회로이다. 이 회로와 등가를 보이는 회로를 고려하면 다음과 같다.

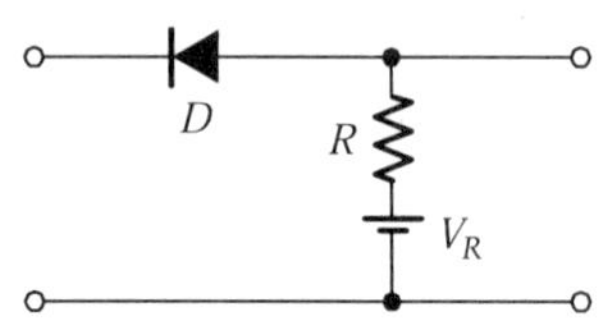

09 구형파를 발생하는 멀티바이브레이터의 동작에 대해서 설명하여라.

언제나 발진이 일어나기 위해서는 정 귀환 상태가 되어야 하며, 멀티 바이브레이터는 대표적으로 구형파를 발생하는 회로이다. 여기서 구형파는 무수히 많은 고조파의 합성으로 볼 수 있다. 펄스파를 얻는 목적으로 사용하는 것으로 멀티바이브레이터, 플립-플롭(flip-flop) 그리고 슈미트 회로 등을 이용한다.

여기서 멀티바이브레이터는 결합 회로 구성에 따라 비 안정, 단안정, 쌍안정의 구별하는데 무안정은 2단 RC 증폭기로서 AC 결합, 단안정은 AC-DC 결합, 쌍안정은 DC 결합 멀티바이브레이터이다.

- 발진을 위하여 정 귀환이 이루어져 있는 회로이다.
- 회로의 시정수로 출력 파형의 주기가 결정된다.
- 전원 전압이 변동해도 발진 주파수에는 큰 변화가 없다.
- 출력에 고차의 고주파를 포함한다.
- 멀티바이브레이터(multivibrator)에서 비안정, 단안정, 쌍안정 등으로 구분하는데 여기서 결합 회로 구성에 의해서 구별된다.

10 다음 회로에 대해서 설명하여라.

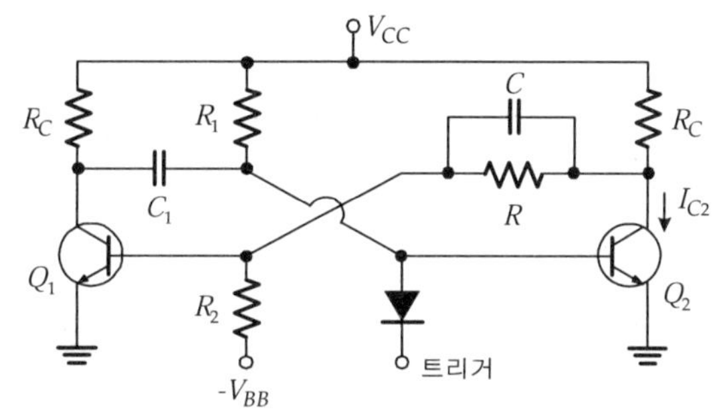

단안정 멀티바이브레이터 회로이다. 단안정과 쌍안정 멀티바이브레이터는 전원 스위치를 on 상태로 하면 포화 상태가 되는 트랜지스터가 정해진다. 즉, 단안정 멀티바이브레이터, 슈미트 트리거 회로는 전원이 인가되는 순간 on, off의 능동 소자가 정해진다. 회로에서 콘덴서 C는 가속 콘덴서(speed-up condenser)로서 입력 트리거 펄스에 따라 반전 작용을 확실히 하고 스위칭 동작을 더 신속히 행할 수 있도록 하는 역할을 한다. C_1과 R_1은 타이밍 콘덴서 및 결합 저항이며, 초기에 Q_1의 베이스에 $-V_{BB}$가 가해지므로 Q_1(off), Q_2(on) 상태인 안정 상태가 된다.

- 이 회로는 단안정 멀티바이브레이터이다.
- 안정 상태는 $Q_1 = \text{off}$, $Q_2 = \text{on}$상태이다.
- 출력 펄스폭은 $T \approx 0.69 R_1 C_1$으로 계산된다.
- C_2는 C_1의 상태 변화를 가속화 시켜주는 가속용 콘덴서이다.

11 다음의 회로는 슈미트 트리거 회로이다. 회로의 동작에 대해서 설명하여라.

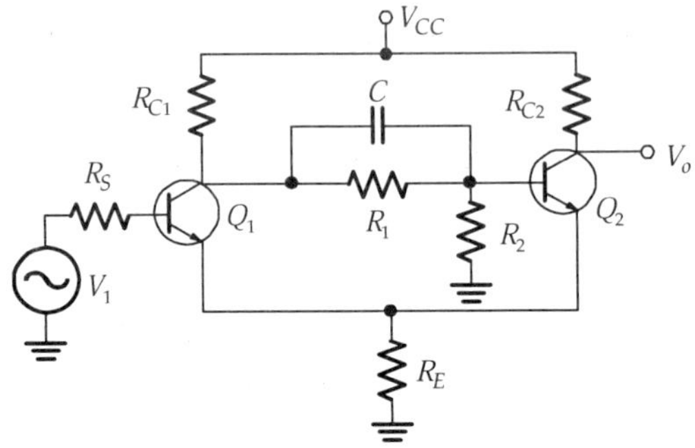

2개의 안정 상태를 갖는 쌍안정 회로의 한 형태인 슈미트 트리거 회로로 입력 V_1이 비교적 적다면 Q_1(off), Q_2(on) 상태로 되어 출력 전압 $v_0 = V_L$(V_{CC}에서 R_{C2}의 전압 강하 만큼 감소)의 안정 상태가 되며, 입력 V_1이 증가하는 경우 Q_1이 활성 영역에 돌입하면서 재생 스위칭 작용이 일어나게 되어 Q_1(on), Q_2(off)로 갑작스런 전이로 두 번째 안정 상태가 된다. 슈미트 트리거 회로는 입력 신호의 모양에 관계없이 항상 구형파(방형파)출력을 만들어 낸다.
슈미트 트리거 회로는 전압 비교 회로, 방형파 발생, 쌍안정 회로 등에 응용한다.
예를 들어 A파형인 정현파를 그림 B인 구형파로 바꾸는 경우에 슈미트 트리거 회로를 이용한다.

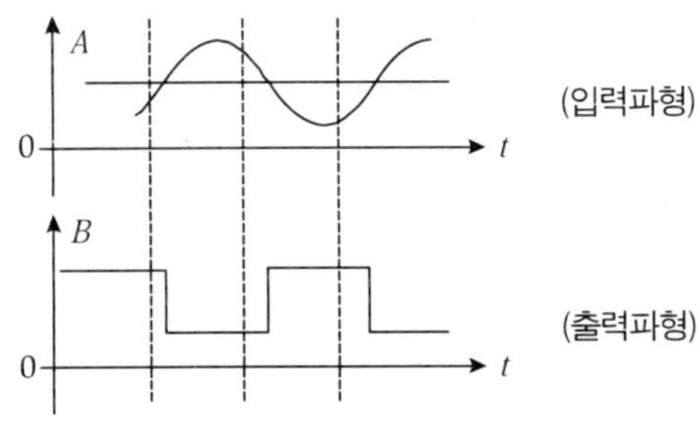

- 쌍안정 멀티바이브레이터의 일종이다.
- 입력 전압의 크기가 회로의 포화, 차단 상태를 결정해 준다.
- 구형파와 삼각파 발생에 사용한다.

제13장 논리 회로

13.1 진법 및 코드의 형태

13.1.1 진법의 변환

(1) **R진수를 10진수로 변환**

R의 거듭 제곱의 합으로 나타내면 된다.

$N = d_n R^n + d_{n-1} R^{n-1} + \cdots + d_1 R + d_0$

- $(11011.01)_2 = 1 \times 2^4 + 1 \times 2^3 + 0 \times 2^2 + 1 \times 2^1 + 1 \times 2^0 + 0 \times 2^{-1} + 1 \times 2^{-2}$
  $= (27.25)_{10}$
- $(7531.6)_8 = 7 \times 8^3 + 5 \times 8^2 + 3 \times 8^1 + 1 \times 8^0 + 6 \times 8^{-1} = (3929.75)_{10}$
- $(2F3.5)_{16} = 2 \times 16^2 + F \times 16^1 + 3 \times 16^0 + 5 \times 16^{-1} = (755.3125)_{10}$

(2) **보수(Complicant)**

컴퓨터에서는 감산기를 이용하지 않고 보수를 가산하는 방법으로 감산을 행하는데 보수를 사용하는 이유는 감산과정은 보수를 이용하여 가산하는 방법으로 처리하기 위한 수단으로 이용하게 되는 것이다. 여기서 이용되는 보수의 형태로 1의 보수는 어떤 수의 1의 보수는 어떤 수의 각 단위 자릿수(bit)에서 1을 0으로, 0을 1로 바꾼 것과 같으며, 2의 보수는 1의 보수에 1을 더한 것이라고 할 수 있고, 또한 1의 보수는 2의 보수 보다 1이 작다고 할 수 있다.

13.1.2 2진 코드

(1) BCD(8421) 코드

2진화 10진(BCD, Binary Coded Decimal) 코드는 10진수(0에서부터 9까지)로 각 자리(행)의 값(Weight)을 10진수로 표시하여 8421 코드라고도 부르기도 한다.

(2) 3초과 코드(Excess-3code)

3초과 코드는 BCD(8421) 코드에 $(3)_{10} = (0011)_2$ 더하여 만든 코드로 자기 보수 코드(Self-complimenting code)이며, 연산 동작이 쉽게 이루어지며, 3초과 코드에서는 0000, 0001, 0010, 1101, 1110, 1111 등의 값은 사용하지 않는다.

(3) 그레이 코드(Gray code)

그레이 코드는 인접한 각 코드 간에는 한 개의 비트만이 변하여 아날로그 정보를 디지털 정보로 변환하는 데 널리 사용되는 코드로 웨이트가 없다는 것이 결점이지만, 쉽게 2진수로 변환되기 때문에 아주 유리하다.

■ 2진수를 그레이 코드로 변환하는 방법

2진수의 MSB는 그레이 코드의 MSB로 되며, 2진수의 MSB와 다음 비트를 더하여 그레이 코드의 다음 디지트가 된다. 이때 자리 올림이 있으면 그것은 버린다. 이와 같은 동작을 계속한다.

2진수 코드	0	→	1	→	1	→	0
	↓		↓		↓		↓
그레이 코드	0		1		0		1

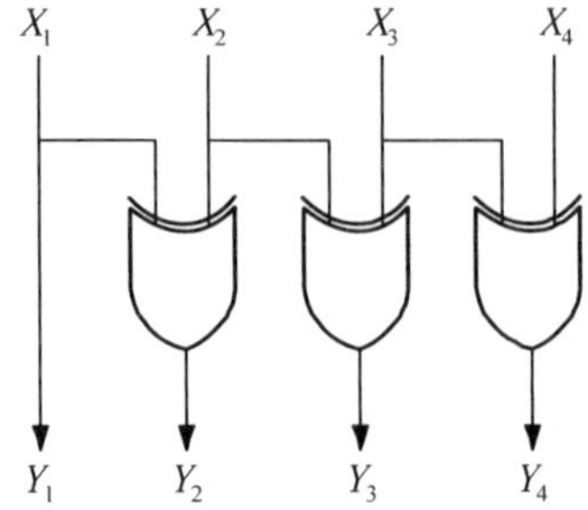

그림 13.1 2진수를 그레이 코드로 변환하는 회로

■ 그레이 코드를 2진수로 변환하는 방법

그레이 코드의 MSB는 2진수의 MSB가 되며, 2진수의 MSB와 그레이 코드의 제2자리의 수치와 더한 것을 2진수의 다음 비트로 한다. 이때 자리 올림이 있으면 그것을 버린다. 그레이 코드는 1비트 변환 코드(one-bit change code)이며, 일반적인 코드는 0~9를 표시하지만 그레이 코드는 사용 비트를 제한하지 않으며, 입력 정보를 나타내는 코드로서 사용 시 오차가 적으며, 연산 동작으로 부적당하며, A/D 변환기, 입출력 장치, 기타 주변 장치용의 코드로서 이용된다.

```
그레이 코드  0     1     1     0
             ↓  ↗  ↓  ↗  ↓  ↗  ↓
2진수 코드   0     1     0     1
```

13.1.3 영문 숫자 코드(Alphanumeric code)

(1) ASCII(American Standard Code for Information Interchange) 코드

ASCII 코드는 미국 표준 코드로 국제표준기구(ISO, International Standard Organization)가 제정한 코드로 7비트로 구성되어 있으나, 실제 사용할 때는 패리티 비트(parity bit)를 포함한 8비트가 사용하게 되며, 개인용 컴퓨터에서 가장 많이 사용되는 코드이다.

(2) EBCDIC(Extended BCD Interchange Code) 코드

EBCDIC는 확장된 2진화 10진 코드라고도 하며, 현재 많은 컴퓨터에서 사용되고 있다. EBCDIC은 8비트(1바이트)에 존(Zone)부분과 숫자(Digit) 부분으로 구성되어 있으므로 $2^8 = 256$ 가지의 문자, 숫자, 기호 등을 표현할 수가 있으며 패리티 비트를 포함하지 않는 코드이다.

13.1.4 에러 검출 및 정정 코드

(1) 패리티 체크(Parity check)

디지털 시스템에서 1과 0의 착오가 생겼을 때 오류 검출 자료 외에 한 개의 비트를 덧붙

이는 것을 패리티 비트(parity bit)라고 한다. 이와 같은 패리티 비트에는 기수 패리티(Odd parity)와 우수 패리티(Even parity)를 이용한다.

(2) **CRC(Cyclic Redundancy Check)**

CRC는 패리티 체크 방법보다 강력한 에러 검출 코드로 데이터 정보 블록 내의 모든 정보는 2진수를 나타내는 비트 열(Bit string)로 취급된다. 전송 과정에서는 정보 블록 내의 2진수는 미리 정해진 2진수에 의하여 나누어지고, 나눗셈(Division)의 나머지(Remainder)가 CRC를 구성하며 정보 블록에 추가하여 전송하고 수신측에는 동일한 방법으로 잉여 비트를 구하여 수신된 CRC와 비교한다. 만일 결과가 같으면 정확히 정보가 전송되었고, 틀리면 수신측에서는 오차가 발생한 것으로 송신측에 재전송을 요구하게 된다. 이와 같은 방법을 ARQ (Automatic Repeat Request) 방법이라고 한다.

(3) **해밍 코드(Hamming code)**

해밍 코드는 에러를 검출하여 교정할 수 있도록 구성된 단일 에러 정정 부호이다.

13.2 기본 논리 회로

13.2.1 부울 함수의 표현과 간략화

주어진 부울 함수에 대해서 논리식을 간략화하는 방법으로 기본 공식을 이용하는 경우, Consense 방식 그리고 Karnaugh map 등을 이용한다.

(1) **기본 공식을 이용하는 경우**

■ 동일 법칙

$A + A = 1,\ A \cdot A = A$

■ 항등 법칙

$A+0=A,\ A\cdot 1=A,\ A+1=1,\ A\cdot 0=0$

■ 보수 법칙

$A+A'=1,\ A\cdot A'=0$

■ 교환 법칙

$A+B=B+A,\ A\cdot B=B\cdot A$

■ 분배 법칙

$A(B+C)=AB+AC,\ A+BC=(A+B)(A+C)$

■ 결합 법칙

$A+(B+C)=(A+B)+C,\ A(BC)=(AB)C$

■ 흡수 법칙

$A+AB=A$

■ 다중 부정

$A=(A')'$

■ 드 모르강의 정리

$(A+B)'=A'\cdot B',\ (A\cdot B)'=A'+B'$

예를 들면 $A=1, B=0$ 일 때

$(A+B)'=(1+0)'=1'=0$

$A'\cdot B'=1'\cdot 0'=0\cdot 1=0$

$(AB)'=(1\cdot 0)'=0'=1$

$A'+B'=1'+0'=0+1=1$

가 된다.

(2) 부울 함수의 표현

부울 함수를 표현하는 경우 정규형과 표준형으로 나눌 수 있는데 여기서 정규형(Canonical form)은 함수의 항이 최소항의 합(sum of minterm)이나 최대항의 곱(product of maxterm)으로 표현된 식을 말한다. 이 이외의 함수를 비정규형(Noncanonical form)이라 한다. 그리고 표준형(Standard form)은

부울 대수의 두 정규형(최소항의 합, 최대항의 곱)은 진리표로부터 얻을 수 있는 기본형

(basic form)이다. 그러나 각 최소 항이나 최대 항에는 모든 변수가 나타나므로 부울 대수를 간략하게 나타내는 데에는 적합하지 않다.

부울 함수를 표현하는 표준형은 각 항은 하나 또는 그 이상의 문자로 구성되며, 표준형에는 곱의 합(SOP, Sum Of Product)과 합의 곱(POS, Product Of Sum) 두 가지가 존재하는데 곱의 합(SOP)의 논리식은 $F = y' + xy + x'yz'$이며, 합의 곱(POS)의 논리식의 형태는 $F' = y \cdot (x' + y') \cdot (x + y' + z')$을 예로 들 수 있다.

- **최소 항(minterm)**

  각 변수의 해당 비트 값이 0일 때는 대시(prime)를 찍고, 1일 때는 대시를 찍지 않은(unprime) 형태로 AND 연산으로 묶어 놓은 것을 말한다.

- **최대 항(maxterm)**

  각 변수의 해당 비트 값이 1일 때는 변수에 대시(prime)를 찍고 0일 때는 대시를 찍지 않은(unprime) 형태로 OR 연산으로 묶어 놓은 것을 말한다.

  따라서 최소 항과 최대 항은 서로 보수 관계가 존재하게 된다.

13.2.2 카르노 맵(Karnaugh map)

카르노 맵은 진리표를 이용하여 논리식을 간략화하는 한 방법으로 그 방법은 여러 개의 네모꼴로 구성되어 있고, 각각의 네모꼴에 표시되는 1은 최소 항(minterm)을 나타내는 것이다. 여기서 카르노 맵을 이용하여 논리식 간략화하는 방법으로 맵 상에 1로 표시된 2개의 인접된 칸(pair)이 있으면 루프로 둘러싸서 1개의 변수를 소거할 수 있으며, 1로 표시된 4개의 인접된 칸(quad)이 있으면 루프로 둘러싸서 2개의 변수를 소거할 수 한다. 맵 상에 1로 표시된 8개의 인접된 칸(octet)이 있으면 루프로 둘러싸서 2개의 변수를 소거할 수 있다.

맵 상에 1로 표시된 인접된 칸을 루프로 둘러쌀 때 같은 칸을 필요에 따라 몇 번이고 사용해도 무방하다. 전체 논리 함수는 각 논리 변수항의 OR로 표시한다.

(1) 2변수의 카르노 맵

2변수 x, y는 네 개의 최소 항을 갖게 된다. 즉, $m_0 = x'y'$, $m_1 = x'y$, $m_2 = xy'$, $m_3 = xy$의 최소 항을 사각형의 카르노 맵으로 표시한다.

(2) 3변수의 카르노 맵

3변수 x, y, z에 대해서는 여덟 개의 최소 항을 갖게 된다. 즉, m_0, m_1, ⋯, m_7의 최소 항을 사각형의 카르노 맵으로 표시한다.

x \ y	0	1
0	$\bar{x}\,\bar{y}$	$\bar{x}\,y$
1	$x\,\bar{y}\,z$	$\bar{x}\,\bar{y}$

(a) 2변수에 대한 카르노 맵

x \ yz	00	01	11	10
0	$\bar{x}\,\bar{y}\,\bar{z}$	$\bar{x}\,\bar{y}\,z$	$\bar{x}\,y\,z$	$\bar{x}\,y\,\bar{z}$
1	$x\,\bar{y}\,\bar{z}$	$x\,\bar{y}\,z$	$x\,y\,z$	$x\,y\,\bar{z}$

(b) 3변수 대한 카르노 맵

그림 13.2 2변수 및 3변수의 카르노 맵

(3) 4변수의 카르노 맵

4변수 A, B, C, D에 대해서는 16개의 최소항을 갖게 된다. 즉, m_0, m_1, ⋯, m_{15}의 최소 항을 사각형의 카르노 맵으로 표시한다.

AB \ CD	00	01	11	10
00	$\bar{A}\bar{B}\bar{C}\bar{D}$	$\bar{A}\bar{B}\bar{C}D$	$\bar{A}\bar{B}CD$	$\bar{A}\bar{B}C\bar{D}$
01	$\bar{A}B\bar{C}\bar{D}$	$\bar{A}B\bar{C}D$	$\bar{A}BCD$	$\bar{A}BC\bar{D}$
11	$AB\bar{C}\bar{D}$	$AB\bar{C}D$	$ABCD$	$ABC\bar{D}$
10	$A\bar{B}\bar{C}\bar{D}$	$A\bar{B}\bar{C}D$	$A\bar{B}CD$	$A\bar{B}C\bar{D}$

그림 13.3 4변수에 대한 카르노 맵

예제 13.1

4 변수들에 대한 카르노도가 그림과 같이 주어졌을 경우 이를 부울 식으로 표현하여라.

AB \ CD	00	01	11	10
00		1		1
01	1		1	
11		1		1
10	1		1	

[풀이] 논리식을 묶기가 곤란한 형태로 각각이 논리식이 되는 $A \oplus B \oplus C \oplus D$으로 표현된다.

13.2.3 기본 논리 회로의 형태

다이오드나 트랜지스터를 이용하여 스위치 회로를 구성하는 경우로 다이오드나 트랜지스터를 이용해서 스위치를 구성하려는 경우에 스위칭 소자들이 갖추어야 할 조건으로 스위칭 시간이 짧아야 하며, off일 때와 on일 때의 저항비가 커야 하며, 스위칭에 필요한 구동 전력이 적어야 하며, 신뢰성이 높고, 경년 변화가 적어야 하며, 소형이고, 여러 환경 조건에 강해야 한다.

트랜지스터를 스위치로 이용하는 경우 스위칭 속도를 빠르게 하기 위한 방법으로 베이스 저항과 콘덴서를 병렬로 접속하여 연결한다. 즉, 축적 지연 시간을 짧게 하려면 베이스 영역에서 과잉 캐리어를 빼낼 수 있는 역방향 베이스 전류를 가해야 한다.

따라서 베이스 저항 R에 병렬로 콘덴서 C를 가속용 콘덴서(Speed-up Condensor)라고 한다.

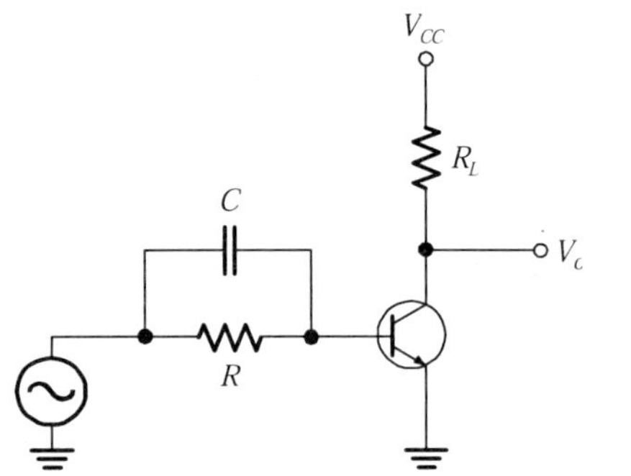

그림 13.4 스위칭 속도를 개선하기 위한 회로

(1) NOT 회로

입력 신호가 0.7[V](= L)이하이면 트랜지스터의 컬렉터 전류는 흐르지 않게 되어 출력 전압은 약 5[V](= H)로 되며, 입력 신호가 High이면 컬렉터 전류가 흘러 출력은 Low로 된다. 따라서 입력의 논리와 출력의 논리가 반대로 되기 때문에 부정 회로 또는 인버터(Inverter)라고 한다.

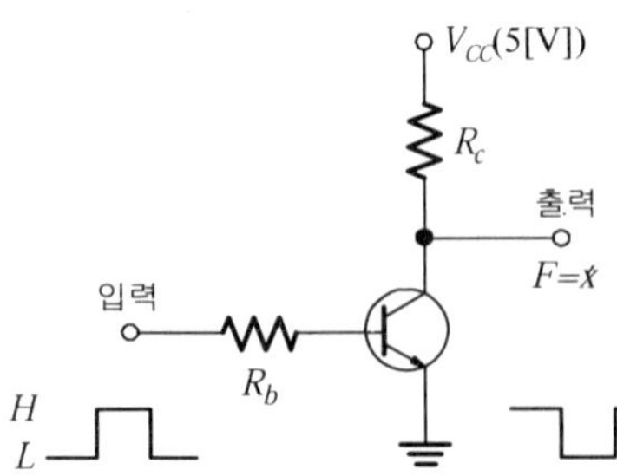

(a) 회로

x	*F*
H	*L*
L	*H*

(b) 진리표

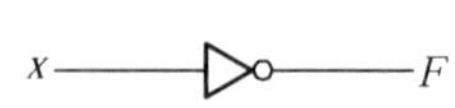

(c) 논리 기호(논리식)

그림 13.5 인버터 회로(NOT 회로)

Book Cafe

■ 트랜지스터의 스위칭 동작

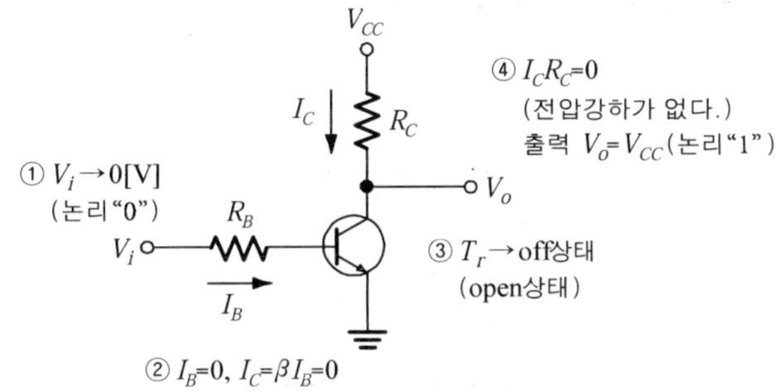

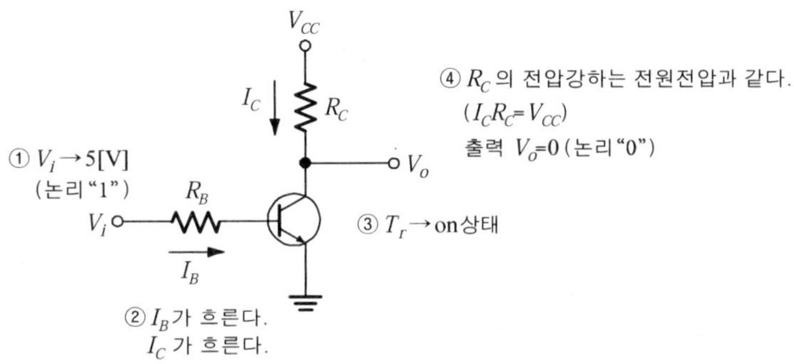

(2) AND 회로

입력 x, y중 어느 하나가 Low라면 V_{CC}에서 R을 통해 Low 입력의 다이오드에 전류가 흐르기 때문에 출력 F는 Low로 되며, 두 개의 입력 x와 y가 모두 High일 때에만 두 개의 다이오드 D_1, D_2는 전류가 흐르지 않아 출력 F는 High로 된다.

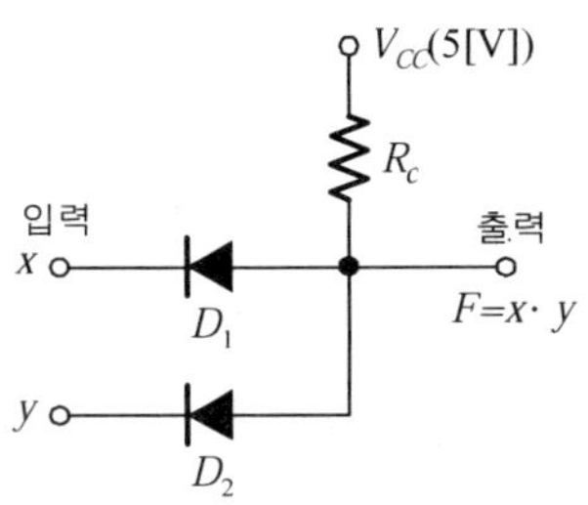

(a) 회로

x	y	F
L	L	L
L	H	L
H	L	L
H	H	H

(b) 진리표

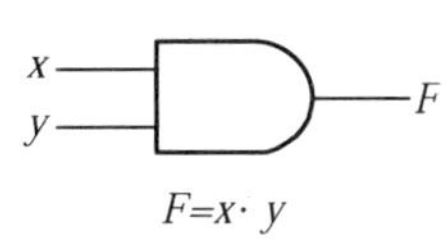

(c) 논리 기호(논리식)

그림 13.6 AND 회로

(3) OR 회로

입력 x, y 중 하나가 High라면 출력 F가 High로 되며, x와 y가 모두 Low일 경우 다이오드는 전류가 흐르지 않아 출력 F는 Low로 된다.

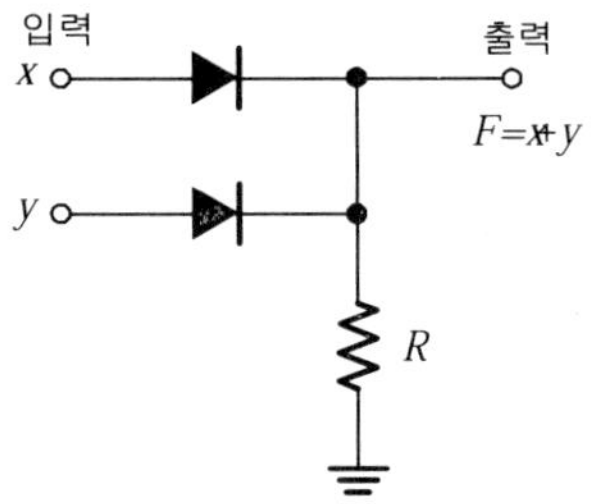

(a) 회로

x	y	F
L	L	L
L	H	H
H	L	H
H	H	H

(b) 진리표

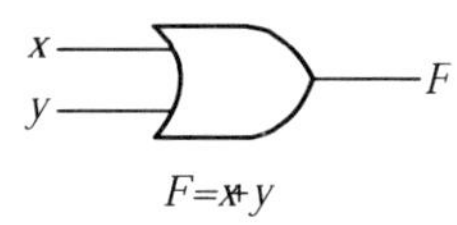

(c) 논리 기호(논리식)

그림 13.7 OR 회로

Book Cafe

다음 회로의 역할을 고려하면 입력 A 또는 B에 5[V]가 가해지면 트랜지스터는 on 상태가 되므로 전류가 흘러 출력도 5[V]가 된다. OR 회로이다.

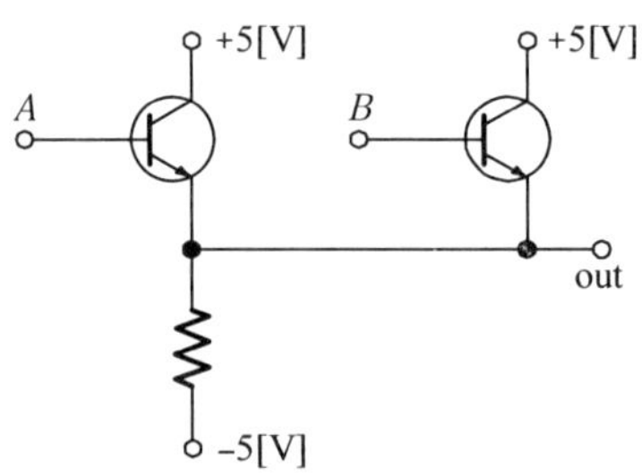

(4) NAND 회로

입력 x, y 중 하나가 Low이면 다이오드 D_1, D_2의 어느 것인가가 도통하기 때문에 a 점은 0.7[V]로 된다. 따라서 트랜지스터의 베이스 전류는 흐르지 않고 컬렉터 출력은 High가 된다. 그리고 회로의 입력 x, y가 모두 High일 경우에만 D_1과 D_2에 전류가 흐르지 않게 되어 V_{CC}에서 R_1, D_3, D_4를 통하여 트랜지스터의 베이스에 전류가 흐른다. 따라서 컬렉터 출력은 Low가 된다.

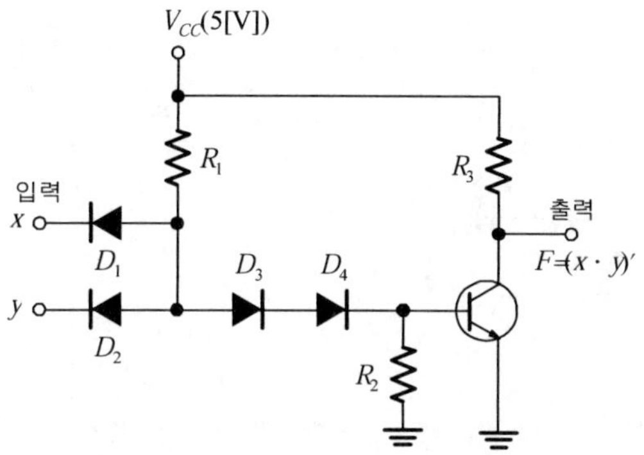

(a) 회로

x	y	F
L	L	H
L	H	H
H	L	H
H	H	L

(b) 진리표

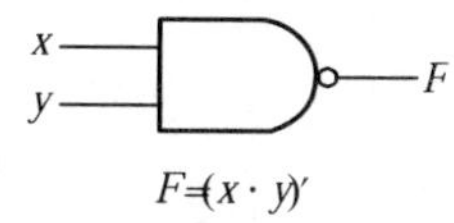

(c) 논리 기호(논리식)

그림 13.8 DTL(Diode Transistor Logic) NAND 회로

(5) NOR 회로

인버터 2개를 접속하면 두 개의 입력을 갖는 NOR 회로가 된다. 이 회로는 두 트랜지스터의 컬렉터가 서로 접속되어 있으며, 부하 저항 R_3가 공통으로 접속되어 있다.

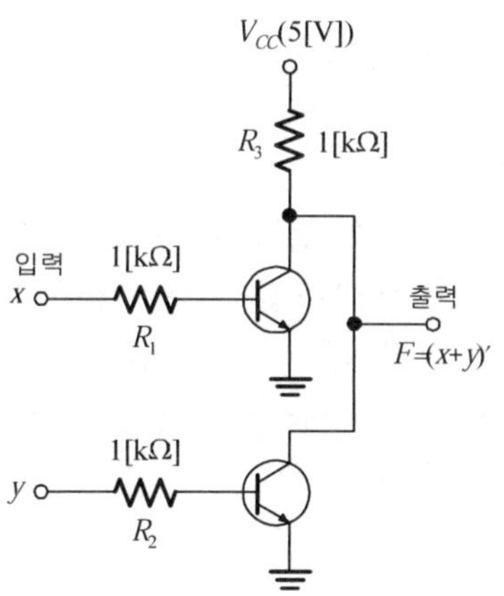

(a) 회로

x	y	F
L	L	H
L	H	H
H	L	H
H	H	L

(b) 진리표

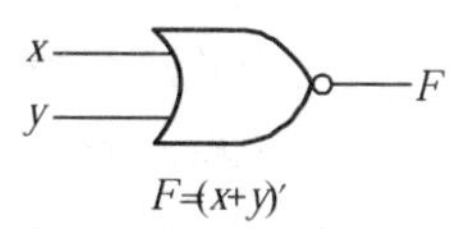

(c) 논리 기호(논리식)

그림 13.9 NOR 회로

입력 x와 y중 하나 또는 모두가 High일 때 트랜지스터에 전류가 흐르게 되어 컬렉터 출력 F는 Low로 된다. 입력 x와 y가 모두 Low일 때에만 트랜지스터에 전류가 흐르지 않아 출력은 High로 된다.

Book Cafe

다음의 회로는 NOR 게이트이다.

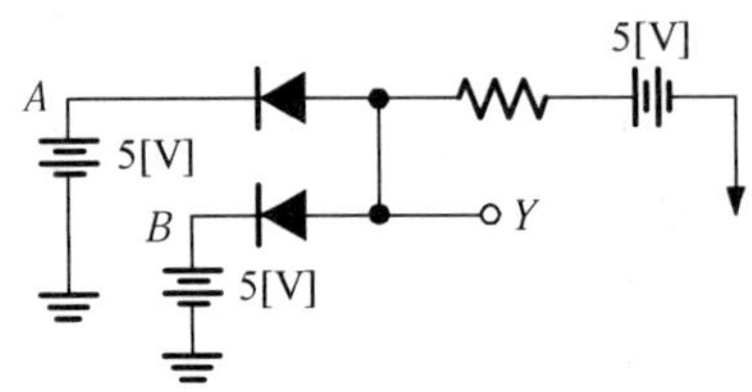

예제 13.2

다음 양논리(positive logic)를 쓰는 C-MOS 2 입력 gate이다. 이 회로는 무슨 gate로 작용하는가?

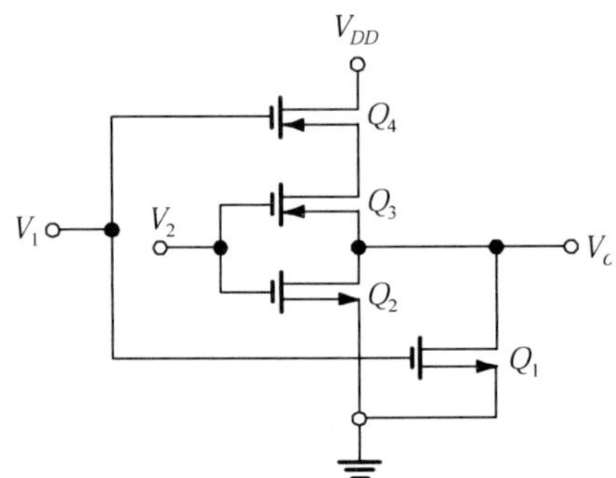

[풀이] $V_1 = V_2 = 0$ 상태일 때 Q_3와 Q_4는 on 상태이며 Q_1와 Q_2는 off 상태가 되어 출력은 V_{DD}(1상태)가 된다. $V_1 = 0$[V], $V_2 = V_{DD}$일 때 Q_2와 Q_4는 on 상태이고 Q_3와 Q_1은 off 상태이어서 $V_o = 0$[V]가 된다. 따라서 이 회로는 NOR gate이다.

13.3 조합 논리와 순서 논리

13.3.1 조합 논리 회로의 구성

(1) **조합 논리 회로(Combinational logic circuit)의 응용**

■ 조합 논리 회로의 개요

디지털 시스템의 논리 회로는 크게 조합 논리 회로와 순서 논리 회로로 분류할 수 있는데 여기서 조합 논리 회로는 과거의 입력 조합에 관계없이 현재의 입력 조합에 의해서만 출력이 결정되며, 논리 게이트들로 구성된다. 논리 케이트들은 입력으로 2진 신호를 받아 처리하여 출력으로 2진 신호를 생성하게 된다. 특히 조합 논리에는 가산기, 디코더, 인코더 등이 해당하며, 순서 논리의 대표적인 예로 계수기(Counter)를 들 수 있다.

■ 조합 논리 회로의 응용

- 가산기 및 감산기
- 디코더(Decoder)와 인코더(Encoder)
- 멀티플렉서와 디멀티플렉서

(2) **가산기(Adder)**

조합 논리의 응용으로 가산기(Adder)를 들 수 있는데 다시 가산기의 형태는 반가산기와 전 가산기 등으로 구분된다.

■ 반가산기(HA, Half Adder)

x y	S C
0 0	0 0
0 1	1 0
1 0	1 0
1 1	0 1

(a) 진리표

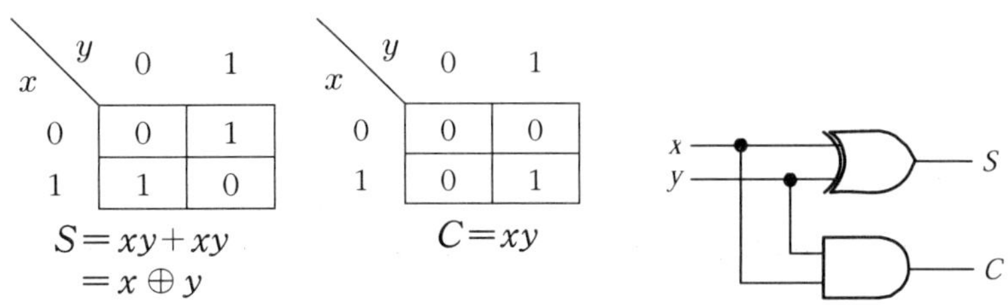

(b) 카르노 맵 (c) 논리도

그림 13.10 반가산기

반가산기의 구성은 EOR 게이트와 AND 게이트를 이용하며 반가산기는 입력되는 자리 올림수(Carry)가 없는 가산기로서 전단의 합에 의한 자리 올림수를 고려하지 않는 가산기이다.

조합 논리 회로의 설계 절차에 따라 입력 변수로 x(피가수), y(가수)를, 출력 변수로 S(Sum), C(Carry)를 이용한다.

■ 전가산기(FA, Full Adder)

전가산기는 세 입력 비트, 즉 전단의 두 비트의 합에 의한 입력 자리 올림수와 피가수와 가수의 산술 연산의 합을 얻기 위한 조합 논리 회로로 전가산기의 구성은 반가산기 2개와 1개의 OR 게이트로 실현된다.

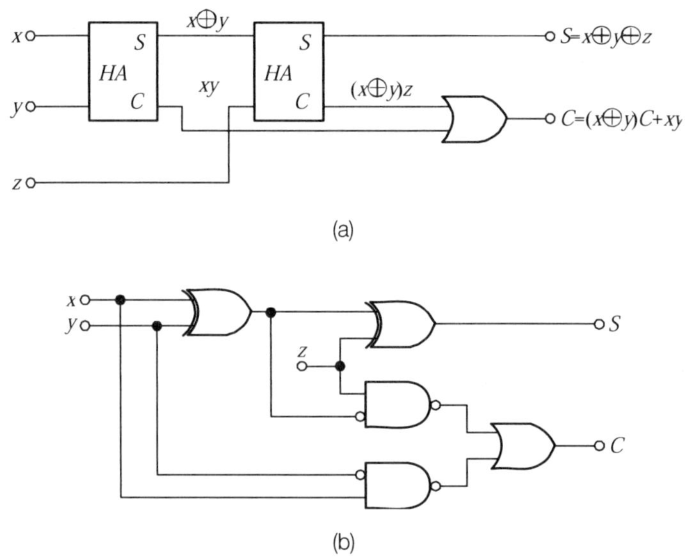

그림 13.11 전가산기

(3) **감산기(Subtractor)**

감산기 역시 반 감산기와 전 감산기로 구분된다.

■ 반감산기(HS, Half Subtractor)

반감산기는 두 비트의 뺄셈을 수행하며 그 차와 1을 빌려 왔는지를 나타내는 출력을 가진 논리 회로이다. 즉, 피감수와 감수의 상대적인 크기를 비교한다. 이와 같은 반감산기를 구현하기 위해 먼저, 입력 변수로는 x(피감수), y(감수), 그리고 출력 변수로 차 D (Difference), 빌림수 B(Borrow)를 할당한다.

입 력		출 력	
x	y	B	D
0	0	0	0
0	1	1	1
1	0	0	1
1	1	0	0

(a) 진리표

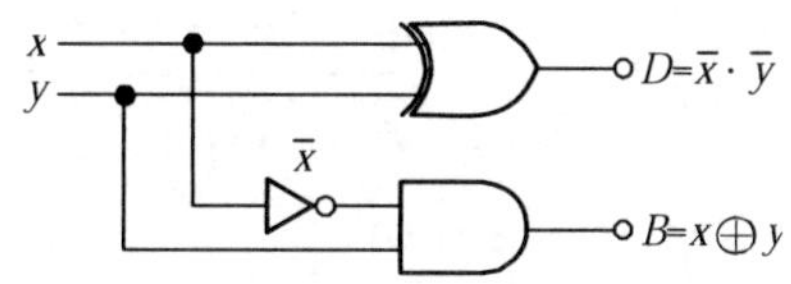

(b) 논리도

그림 13.12 반감산기

■ 전 감산기(FS, Full Subtractor)

전 감산기는 바로 전단의 위치에 빌려준 1, 즉, 입력 변수를 z를 하나 더 고려하여 두 비트의 뺄셈을 수행하는 논리 회로로 입력 변수가 반감산기보다 하나 더 추가 된다.

입 력			출 력	
x	y	z	D	B
0	0	0	0	0
0	0	1	1	1
0	1	0	1	1
0	1	1	0	1
1	0	0	1	0
1	0	1	0	0
1	1	0	0	0
1	1	1	1	1

(a) 진리표

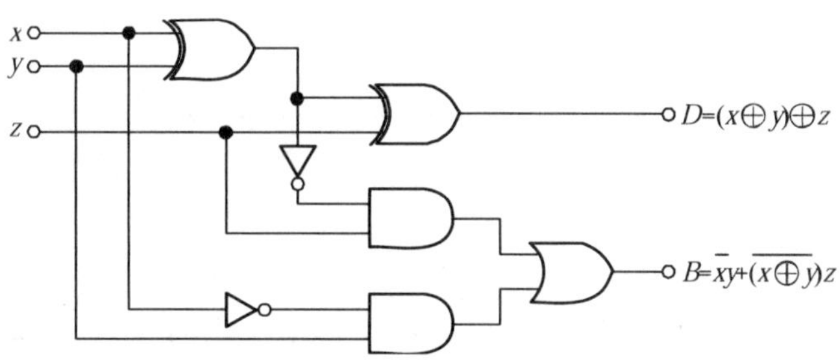

(b) 논리도

그림 13.13 전감산기

(4) **디코더(Decoder)와 인코더(Encoder)**

■ 디코더(Decoder)

디코더는 2진 부호를 다른 2진 부호로 바꾸는 변환에 이용되는 회로로 n비트의 2진 코드는 2^n개의 서로 다른 정보를 표현할 수 있으므로 n개의 입력 선으로 부터 n비트의 2진 코드를 받아들여서 최대 2^n개의 정보를 출력선에 내보내는 회로이다.

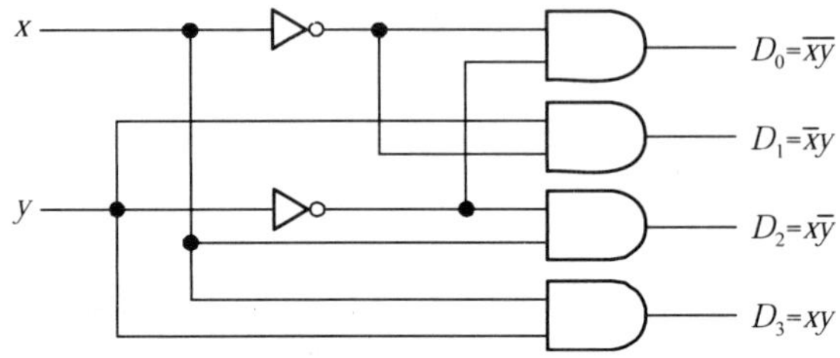

그림 13.14 2×4 디코더

디코더를 이용하여 전가산기를 설계하는 경우 3개의 입력에 대해 8개의 최소 항(minterm)이 있으므로 3×8 디코더 1개와 2개의 OR 게이트를 이용하여 구성한다.

■ 인코더(Encoder)

인코더는 디코더의 반대 기능을 수행하는 것으로서 2진수 체계가 아닌 일반 데이터를 디지털 회로에서 해석할 수 있도록 변환시키는 논리 회로로 인코더의 구성은 입력으로 2^n개를 n개의 출력 선으로 되어 있다.

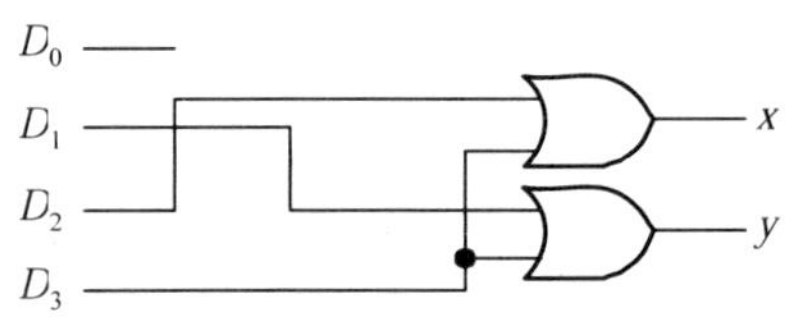

그림 13.15 4진-2진 인코더(4×2 인코더)

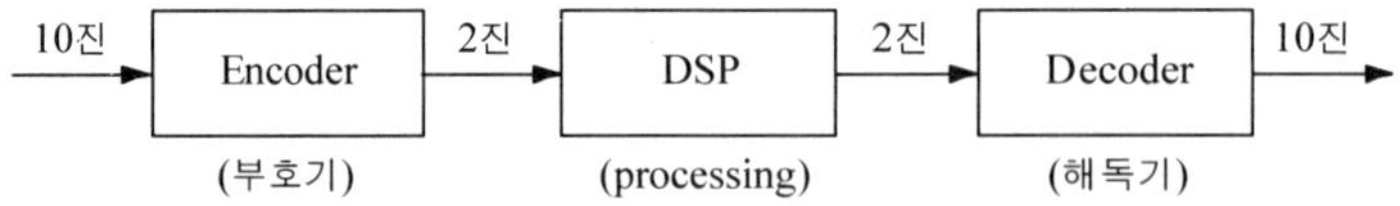

그림 13.16

(5) 멀티플렉서와 디멀티플렉서

■ 멀티플렉서(Multiplexer)

멀티플렉서는 일종의 데이터 선택기(Data selector)로 여러 개의 데이터 입력을 받아들여 한순간에 오직 하나의 데이터 입력만을 출력으로 연결하는 스위칭 회로로 2^n개의 입력선과 n개의 선택선, 그리고 한 개의 출력 선으로 구성된다.

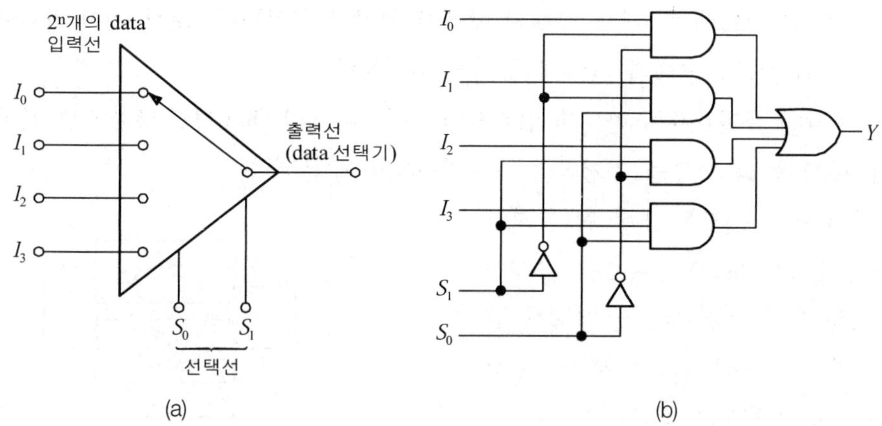

그림 13.17 4×1 멀티플렉서

■ 디멀티플렉서(Demultiplexer)

디멀티플렉서는 데이터 분배기(Data distributor)로 멀티플렉서와 반대의 가능으로 디멀티플렉서는 하나의 입력과 여러 개의 출력을 가지고 있으며 하나의 입력선의 데이터를 여러 개의 출력선 중에서 하나로 전달한다. 디멀티플렉서는 데이터 선택선을 사용해서 어느 출력선이 입력선과 연결될 것인가를 결정한다. 그러므로 한 개의 인 에이블 입력을 갖는 디코더는 디멀티플렉서로 사용할 수 있다.

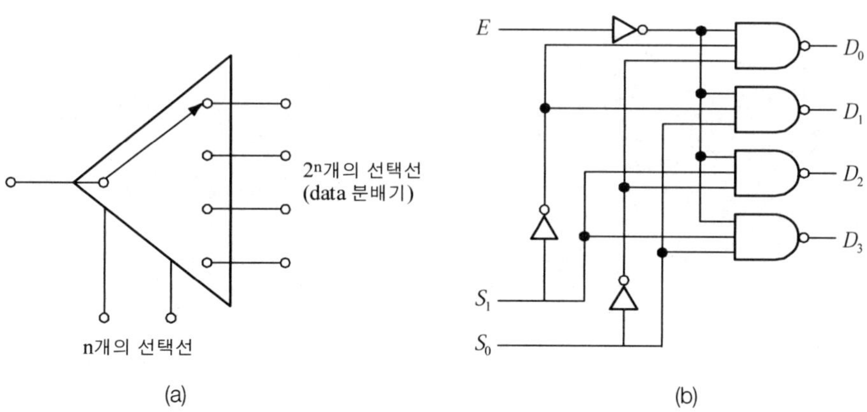

그림 13.18 1×4 디멀티플렉서

13.3.2 순서 논리 회로의 구성

순서 논리는 조합 논리를 포함한다. 즉, 순서 논리 회로는 기억 소자와 조합 논리 회로로 구성되며, 입력 신호와 레지스터의 상태에 따라서 출력이 결정되며, 순서 논리 회로의 동작은 입력, 출력, 플립플롭의 상태에 따라서 출력이 결정된다.

즉, 기억 소자인 플립플롭이 반드시 필요하며, 순서 회로의 대표적인 응용으로 카운터를 들 수 있으며, 순서 논리 회로는 동기식과 비동기식으로 구분된다.

따라서 순차 논리 회로는 조합 논리 회로 부분과 기억 소자(메모리) 부분으로 구성되어 있다. 조합 논리 회로 부분은 앞에서 설명한 논리 회로 부분과 같은 기능을 갖고 있으며, 기억 소자 부분으로 1비트 기억 장치인 플립플롭을 이용한다.

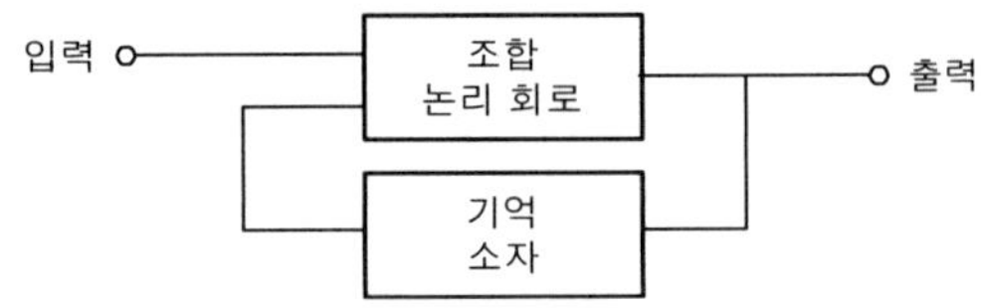

그림 13.19 순서 논리 회로의 블록도

플립플롭은 기본적으로 NOR, NAND 게이트로 구성되는 래치(Latch)를 기본 회로로 이용하게 된다. Latch를 기본 회로에서 0 또는 1을 저장할 수 있는 소자로 플립플롭이 1을 저장하고 있으면 세트(Set) 상태는 $Q=1$, $Q'=0$으로 0을 저장하고, 리셋(Reset) 상태는 $Q=0$, $Q'=1$으로 1을 저장하게 된다. 따라서 플립플롭은 일종의 쌍 안정 회로로 안정 상태가 2개를 갖게 된다.

RS 플립플롭은 세트를 위한 S, 리셋을 위한 R의 두 가지 입력을 가지고 있다. 이상적인 플립플롭은 교차 결합(cross-coupled)된 NOR를 이용한 래치 회로를 이용하여 구성할 수 있다.

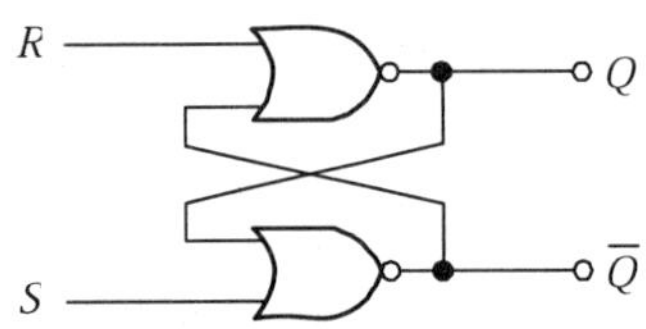

(a) 논리도

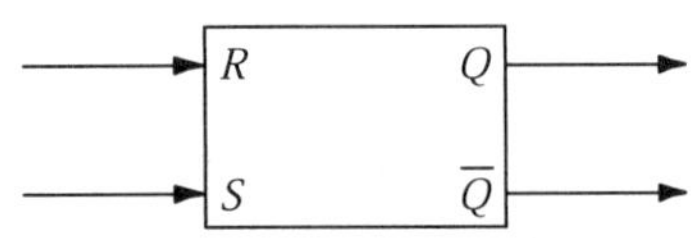

(b) 플립플롭의 심벌

$S(t)\,R(t)$		$Q(t)\,Q'(t)$		$Q(t+1)\,Q'(t+1)$		설 명
0	1	–	–	1	0	세트(set)
1	1	1	0	1	0	변화 없음(no change)
1	0	1	0	0	1	리셋(reset)
1	1	0	1	0	1	변화 없음(no change)
0	0	–	–	1	1	허용 안됨(not allowed)

(c) 부분 진리표

그림 13.20 NOR Latch를 이용한 *RS* 플립플롭

여기서 플립플롭(flip-flop)은 1bit 기억 장치로 플립플롭의 응용은 Counter, Register, RAM 등을 들 수 있다.

(1) *RS* 플립플롭

RS 플립플롭은 NOR 게이트를 교차 결합된 *RS* 플립플롭에 클록을 추가하면 클록 *RS* 플립플롭(clocked *RS* flip-flop)이 된다. 클록이 0인 상태로 있으면 두 AND 게이트 출력 S_1과 R_1은 0이 되고 플립플롭의 상태는 변하지 않는다. S와 R 값은 클록 펄스가 1인 경우에만 플립플롭의 입력 S_1과 R_1으로 사용된다. 클록은 이 동기회로의 모든 전이를 제어하게 된다. 이와 같은 *RS* 플립플롭은 다른 모든 플립플롭의 기능에 대응할 수 있으므로 응용 범위가 넓고 집적 회로화 되어 널리 사용되는 형태이며, 기본 *RS* 플립플롭 회로를 구성하기 위해서는 NOR 게이트 2개 또는 NAND 게이트 2개가 필요하다.

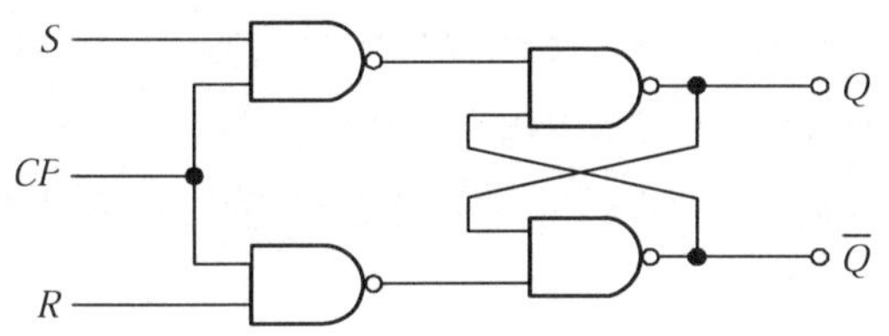

(a) 클록 *RS* 플립플롭 논리도

S	R	$Q(t+1)$	
0	0	$Q(t)$	불 변
0	1	0	clear
1	0	1	set
1	1	−	부 정

(b) 진리표

그림 13.21 클록 *RS* 플립플롭

(2) *JK* 플립플롭

JK 플립플롭은 $J=1$, $K=1$의 입력 조합을 허용하도록 *RS* 플립플롭을 수정한 것으로 J입력은 *RS* 플립플롭의 S입력에, K입력은 R입력에 해당한다.

JK 회로에서 $J=1$, $K=1$이고 클록 펄스가 계속해서 오면 플립플롭의 출력은 반전(Toggling)된다.

JK 플립플롭은 귀환 연결 때문에 J와 K가 모두 1인 동안, 1상태를 유지하는 클록 펄스는 출력을 다시 반전시킬 것이고, 그 펄스가 0으로 되돌아 갈 때까지 반전 동작을 반복할 것이다. 이와 같은 원하지 않는 동작을 피하려면, 클록 펄스의 시간의 폭이 통과한 전파 지연보다 짧아야 한다. 회로의 동작이 펄스폭에 달려 있기 때문에 이것은 꼭 지켜야 할 필요조건이다. *JK* 플립플롭은 2개의 입력 데이터에 의하여 출력에는 4개의 조합된 출력을 얻을 수 있다.

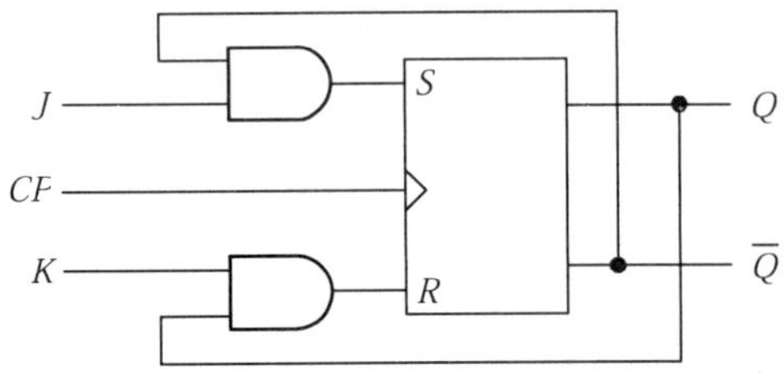

(a) *JK* 플립플롭의 구성도

J	K	$Q(t+1)$	
0	0	$Q(t)$	불 변
0	1	0	clear
1	0	1	set
1	1	$\overline{Q(t)}$	toggle

(b) 진리표

그림 13.22 *JK* 플립플롭

(3) *D* 플립플롭

D 플립플롭 회로는 *JK* 플립플롭 입력 단자를 하나로 하고 인버터를 연결한 회로로 CR (Clock Pulse) 후의 다음 상태가 CP 전의 입력 *D* 와 같다. *D* 플립플롭은 수정된 *RS* 플립플롭으로 *D*를 *S*에 *D'*를 *R*입력에 연결하여 만든다.

D 플립플롭의 다음 상태는 현재 상태와는 무관하며 항상 데이터 입력과 동일하다. 이 플립플롭의 기능은 *D*에 대한 신호 입력에 대하여 단위 지연 Δt를 가져오는 것이다. 그래서 이 플립플롭은 지연 플립플롭(Delay flip-flop)으로 알려져 있다.

데이터 플립플롭(Data flip-flop)이라고도 하는데, 이는 이 플립플롭이 *D* 입력선의 데이터를 저장하기 때문이다.

클록 *D* 플립플롭은 gated *D* latch라고도 한다. 그 이유는 클록 신호에 따라 데이터가 래치에 들어가기 때문이다.

D 형 latch회로는 주파수계나 디지털 전압계 등에서 데이터의 일시 기억 장치로 널리 사용한다.

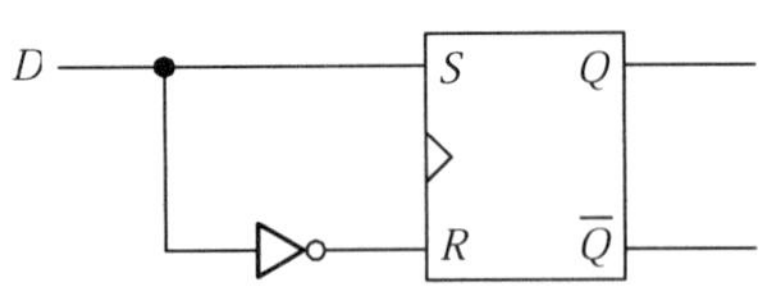

(a) *D* 플립플롭의 심벌

D	$Q(t+1)$	
0	0	clear
1	1	set

(b) 진리표

그림 13.23 *D* 플립플롭

예제 13.3

다음 회로에 대한 출력과 동일한 플립플롭의 성격을 보이는 것에 대해서 설명하여라.

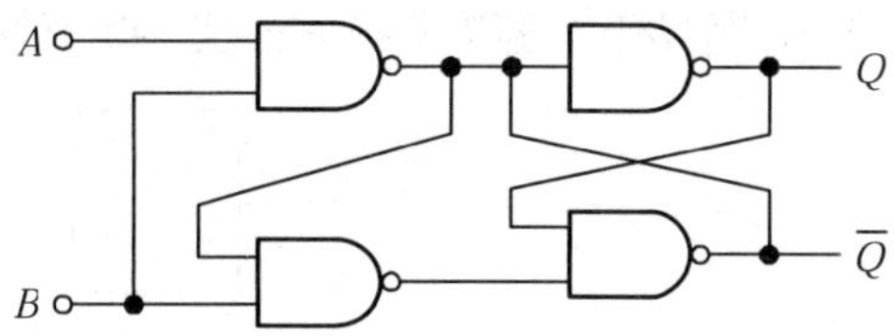

[풀이] 두 입력을 A, B로 하는 경우 다음 상태 Q_n은

$$Q_n = AB + Q\overline{B}$$

이다. $B=0$이면 $Q_n = Q$(기억 유지), $B=1$이면

$Q_n = A$가 된다.

따라서 D filp-flop이 된다.

(4) T 플립플롭

T 플립플롭 트리거형은 JK 플립플롭의 JK 단자를 하나로 해서 입력을 가하는 회로로, 한 개의 동작 입력 T에 클록 펄스를 인가할 때 마다 출력을 반전시키며, 카운터에서 가장 많이 사용된다. T 플립플롭의 구성은 일반적으로 JK 플립플롭의 T와 K를 연결하여 구성한다.

T 플립플롭의 다음 상태는 $T=1$이면 보수 상태가 되고 $T=0$이면 동일 상태를 유지한다. 그래서 이 플립플롭을 토글(toggle) 플립플롭이라 한다.

T 플립플롭은 일종의 2진 카운터이다. 즉, n단 접속 시 출력 주파수(f_o)는 입력 주파수(f_i)를 N으로 나누어 구할 수 있다.

$$f_o = f_i / N = f_i / 2^n$$

으로 일종의 분주기와 같은 역할을 하며, 카운터를 설계하는 경우 T 플립플롭을 이용한다.

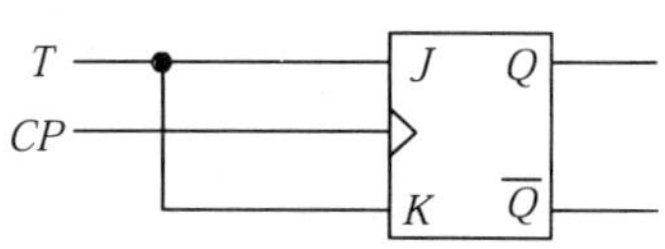

(a) T 플립플롭의 심벌

T	$Q(t+1)$	
0	$Q(t)$	불변
1	$\overline{Q(t)}$	toggle

(b) 진리표

그림 13.24 T 플립플롭

예제 13.4

T형 플립플롭을 접속하고 첫 번째 플립플롭에 1000[Hz]의 구형파를 가해 주면 최종 플립플롭에서의 출력 주파수는 몇 [Hz]인가?

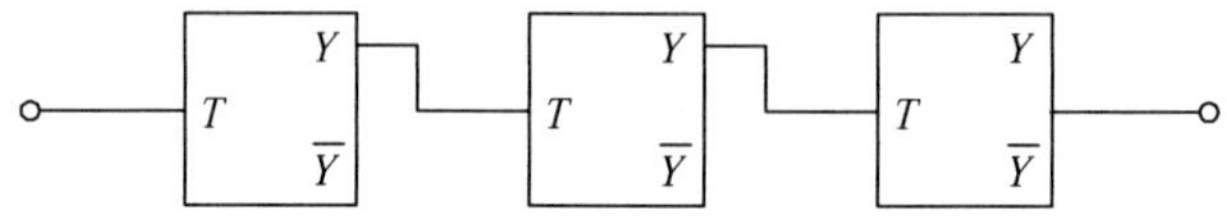

[풀이] T형 플립플롭 3개를 이용한 8진 카운터이며, T형 플립플롭은 일종의 분주기로 $1000[\text{Hz}] \div 2^3 = 125[\text{Hz}]$가 된다.

(5) 카운터(Counter)

플립플롭의 응용인 카운터는 입력 펄스의 인가로 처음부터 정해진 상태를 경유해 가는 순차 회로를 말하는 것으로 카운터에 인가되는 카운터 펄스는 클록 펄스일수도 있고, 또는 외부 전원으로부터 발생될 수도 있으며 이때 펄스 발생은 정해진 시간 간격이나 또는 무작위적(즉, 일정한 규칙 없이)일 수도 있다. 일반적으로 카운터의 형태는 크게 동기식 카운터와 비동기식 카운터로 구분된다.

■ 동기식 카운터(Synchronous counter)

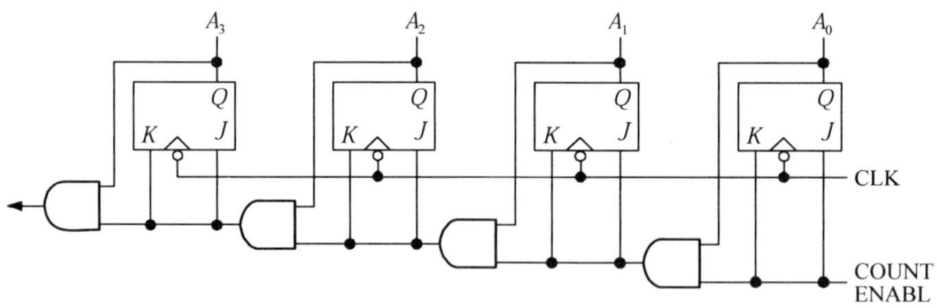

그림 13.25 동기식 2진 증가 카운터

동기식 카운터는 공통의 클록 펄스가 모든 플립플롭을 동시에 트리거 시키는 카운터로 동기식 2진 증가 카운터는 동기식 2진 증가 카운터(synchronous binary up counter)에서 최하위 비트에 있는 플립플롭은 $J = K = 1$일 때 매 펄스의 입력이 있을 때마다 카운터의 상위 비트를 보수로 만든다. 그 외의 다른 모든 플립플롭은 그보다 낮은 위치에 있는 모든 플립플롭이 1을 취할 때 펄스와 함께 보수를 취한다. 왜냐하면 모든 1이 다음 펄스 때 0으로 변하기 때문이다.

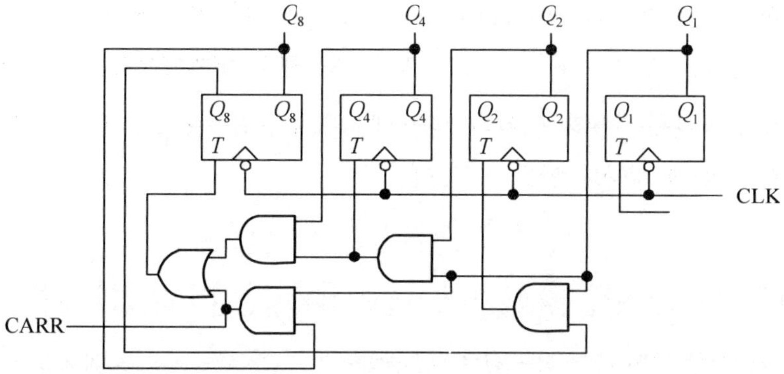

그림 13.26 동기식 10진 카운터

동기식 10진 10진 카운터는 2진화 10진수(BCD)를 0000에서 1001까지 세고 다시 0000으로 되돌아간다. 9를 센 다음 0으로 돌아가기 때문에 10진 카운터는 직접 2진 계수를 할 때처럼 일정한 규칙적인 형태를 갖지 않는다. 10진 동기식 카운터의 회로를 만들기 위해서는 순차 회로의 설계 절차를 따르는 것이 필요하다. 따라서 동기식 카운터의 경우는 카운터 속도가 비동기식에 비해서 빠르다.

■ 비동기식 카운터(Asynchronous counter)

리플 카운터(Ripple Counter)로 불리며, 비동기식 카운터는 플립플롭에 클록 펄스를 순차적으로 입력시키는 것으로 다른 플립플롭의 전이에 따라 트리거되는 카운터를 말한다.

2진 리플 증가 카운터의 구성은 비동기식 2진 리플 증가 카운터(asynchronous binary ripple counter)는 보수를 만드는 기능이 있는 T 플립플롭 또는 JK 플립플롭이 직렬연결, 즉, 각 플립플롭의 출력이 바로 다음 단의 플립플롭 클록 펄스 입력 단자에 연결되어 구성되어 있다. 최하위의 비트를 저장한 플립플롭에만 클록 펄스가 입력된다.

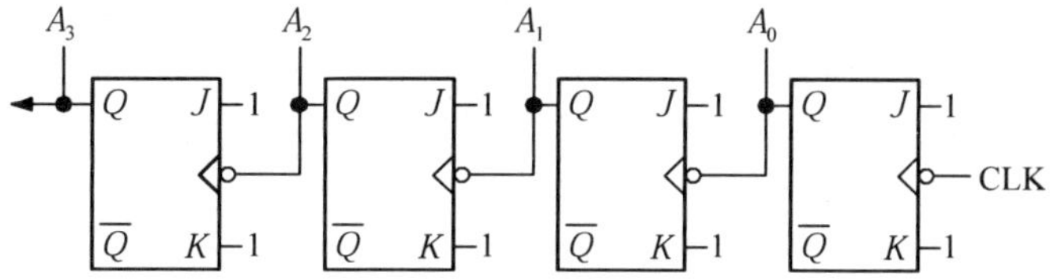

그림 13.27 4비트 2진 리플 카운터

모든 플립플롭은 처음에는 리셋 상태로 출력에 0을 낸다고 생각하고, 클록 펄스가 들어오게 되면 이 펄스의 하강 에지에서 플립플롭은 출력 상태를 바꾸게 되는 동작 특성을 계속해서 반복하여 0000 ~ 1111까지 16개의 상태를 반복하게 된다. 특히 16번째 클록 펄스가 들어오면 A_3, A_2, A_1, A_0 A_3 모두 하강 에지이므로 $A_3A_2A_1A_0 = 0000$이 되면서 앞의 과정을 반복하게 된다. 따라서 4개의 플립플롭을 직렬 연결하면 $2^4(0 \sim 15)$개의 독립된 출력 상태를 얻을 수 있다.

Book Cafe

30 : 1 리플 카운터를 설계하고자 하는 경우 플립플롭은 $2^{n-1} \leq N \leq 2^n$의 식에서 $2^4 \leq 30 \leq 2^5$ 이므로 5개의 플립플롭을 필요로 한다.

10진 리플 카운터(BCD Ripple counter)는 10개의 상태를 갖게 되며, 상태가 0에서 9까지 변한 후 다시 0으로 되돌아온다. 즉, 10진 카운터는 MOD-10 카운터로 순서는 2진 카운터의 순서와 비슷하다. 이와 같은 특성을 파악하면 10진 리플 카운터를 구현할 수 있는데 이러한 카운터를 BCD 카운터라 한다.

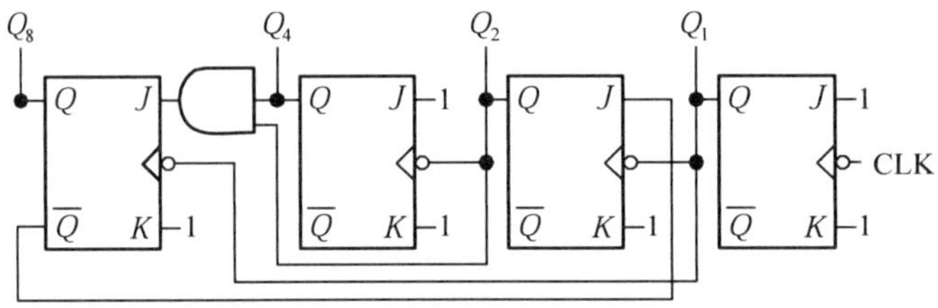

그림 13.28 BCD 리플 카운터

Book Cafe

링(ring) 계수기와 시프트(shift) 계수기의 차이점은 귀환 방식이다. 즉, 링 계수기(ring counter)는 시프트 레지스터의 마지막 단의 출력 $Q(t)$를 첫 단에 귀환시킨 것으로 순환 레지스터이며, 존슨 계수기(Johnson counter)와 다른 점은 마지막 단으로부터 첫 단으로의 귀환이 $Q(t)$가 아닌 $\overline{Q}(t)$에서 이루어진다는 점이다.

13.4 기억 장치

13.4.1 ROM(Read Only Memory)

(1) **마스크 프로그램 형식 ROM(MROM, Mask programmable ROM)**

마스크 프로그램 형식 ROM은 ROM에 저장된 여러 가지 다른 정보에 따라 특별한 마스크 즉, 사진 원판을 필요로 한다. 이들 마스크는 비싸므로 동일한 ROM이 많이 필요한 경우에만 경제적이다. 따라서 이런 유형의 ROM은 주문자의 요구에 따라 프로그램 된다.

(2) **프로그램 가능한 ROM(PROM, Programmable ROM)**

MROM은 매우 비싸고 많은 정보가 요구되는 곳에만 사용된다. 적은 데이터가 필요한 곳에는 사용자가 프로그램 할 수 있는 fusible-link PROM이 개발되었다. 즉, 이들은 제조 과정에서 프로그램 되지 않고 사용자에 의해서 프로그램 된다.

(3) **지울 수 있는 프로그램 ROM(EPROM, Eresable programmable ROM)**

EPROM은 사용자에 의해 프로그램 될 수 있고 필요할 때마다 지워서 다시 프로그램 할 수 있다. 한번 프로그램 되면 EPROM은 저장된 데이터를 영원히 갖고 있는 비 휘발성 메모리이다. 따라서 메모리 셋이 한번 프로그램 되면 칩 위의 창을 통하여 자외선(UV)를 가해야만 지울 수 있다.

(4) **전기적으로 지울 수 있는 PROM(EEPROM, Electrically erasable PROM)**

EPROM은 전기적으로 소거 가능한 PROM으로 EPROM의 진보에 의하여 개발되었다.

EPROM의 지우는 과정이 외부 UV 광선에 의해 약 15 ~ 30분인 데 비해 EPROM은 약 10[ms]에 지워질 수 있다.

(5) **ROM은 문자 발생기, code 변환 시스템 등에 응용한다.**

13.4.2 RAM(Random Access Memory)

RAM은 전원이 차단되면 내용이 지워지는 방식으로 읽기/쓰기 메모리(RWM, Read / Write Memory), 읽기 전용 메모리(ROM, Read Only Memory)는 전원 공급이 차단되어도 내용이 보존된다. 연관 메모리(AM, Associative Memory, 혹은 CAM, Content Addressable Memory), 순차 액세스 메모리(SAM, Sequential Access Memory), 직접 액세스 메모리(DAM, Direct Access Memory)는 주 메모리는 RAM 형태에 속한다. CAM은 고속의 데이터 탐색과 검색이 필요할 때 사용되며, SAM과 DAM은 보조 메모리 장치로 사용된다.
반도체 RAM의 형태는 정적 RAM(Static RAM)과 동적 RAM(Dynamic RAM)의 두 가지 형태가 있다.

(1) SRAM

각 메모리 셋은 플립플롭으로 되어 있다. 따라서 메모리 셋의 내용(1이 아니면 0)은 전원이 공급되는 한 내용이 변하지 않는다. 그러므로 이러한 메모리 소자를 정적 메모리(static memory)라고 한다.

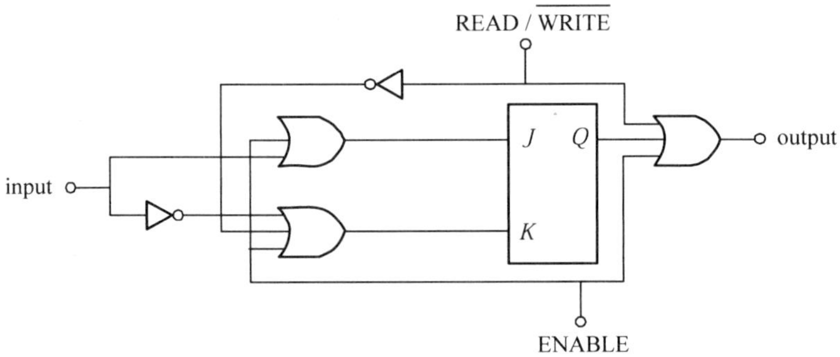

그림 13.29 SRAM의 구조

(2) DRAM

동적 메모리 셋은 커패시터를 이용해서 형성되어 있다. 이 커패시터에 충전된 전기량으로 메모리 셋의 상태를 결정한다. 전기량은 시간이 지남에 따라 방전되어 줄어들게 되므로, 이 메모리 셋은 메모리 내용을 유지시키기 위해 자주 재생(refresh)시켜야 한다. 즉, DRAM의 경우는 기억된 정보를 보존하기 위해 주기적으로 재생을 해주어야 하며, 동적 메모리(dynamic memory)는 복잡한 재생 회로가 필요하며, 재생 시간이 필요하므로 정적 메모리보다 느리고 같은 면적에 정적 메모리 셋 보다 많은 동적 메모리 셋이 들어갈 수 있다.

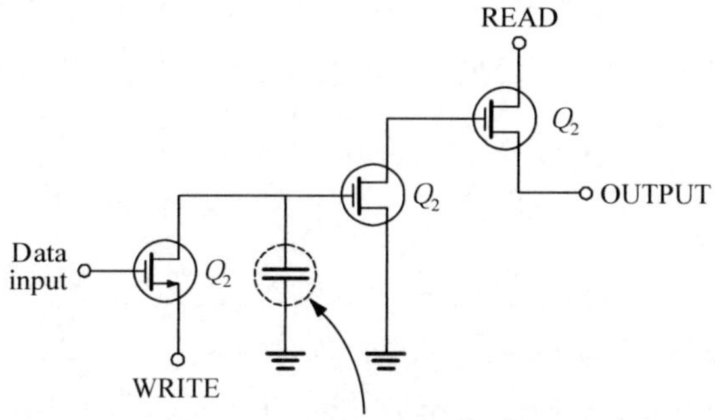

그림 13.30 DRAM의 구조

13.4.3 디지털 직접 회로(IC)

디지털 IC는 주로 능동 소자로 구성되며 수동 소자는 보조 역할만 한다. 능동 소자는 트랜지스터나 FET를 들 수 있으며, 디지털 IC를 소자에 따라 분류하면 양극형(Biploar IC)은 다시 포화형과 비 포화형으로 구분된다. 포화형은 RTL(Resistor Transistor Logic), DTL(Diode Transistor Logic), TTL(Transistor Transistor Logic)등으로 구분되며, 비 포화형은 ECL(Emitter Coupled Logic), CTL(Complementary Transistor Logic) 등으로 구분된다. 그리고 단극형의 경우는 PMOS, NMOS 그리고 CMOS 등으로 구분된다.

(1) 디지털 IC를 평가하는 경우에 이용되는 용어

- 팬 아웃(fan-out)

  정상 상태에서 게이트의 출력이 무리 없이 구동할 수 있는 표준 부하의 갯수로 게이트 중 팬 아웃이 가장 큰 것은 TTL 게이트이다.

- 전력 소모(power dissipation)

  전원으로부터 게이트 자체에서 소모되는 전력을 말한다.

- 전파 지연 시간(propagation delay)

  신호 레벨이 변할 때 입력에서 출력으로 전달되는데 걸리는 시간을 말한다.

- 잡음 여유(noise margin)

  회로가 오동작하지 않는 범위에서 허용할 수 있는 잡음 전압 여유를 말한다.

디지털 IC의 특성을 비교하면 최소 팬 아웃은 CMOS가 가장 크며, RTL이 가장 적다. 게이트 당 소모 전력[mW]은 CMOS가 가장 적으며, 전달 지연 시간[ns]은 NMOS가 가장 크다.

(2) 디지털 IC의 형태

■ DCTL(Direct Coupled Transistor Logic)

DCTL은 각 트랜지스터의 입력 전압 V_{BE}에 차단 전압보다 높은 전압이 걸리면 도통되고, 낮은 전압이 걸리면 차단되는 아주 간단한 회로이다.

- NOR 또는 NAND 게이트를 기본 게이트로 한다.
- DCTL은 아주 간단한 회로로서 소자가 적게 들며, 칩 면적이 작다.
- 그러나 포화-차단 영역에서 동작하지 못할 경우 출력에 H, L 판정이 어려운 전압이 나타날 수도 있으며, 스위칭 속도의 한계가 있다.
- DCTL의 가장 큰 단점으로 전류 호깅(Current Hogging) 현상을 들 수 있는데 여기서 전류 호깅(current Hogging)이란 논리 회로 입력에 연결된 각 트랜지스터들의 특성에 의해 포화에 필요한 입력 베이스 전류가 약간씩 틀리기 때문에 생기는 현상이다. 이 현상을 줄이기 위해 베이스와 단자 사이에 저항을 삽입한다.

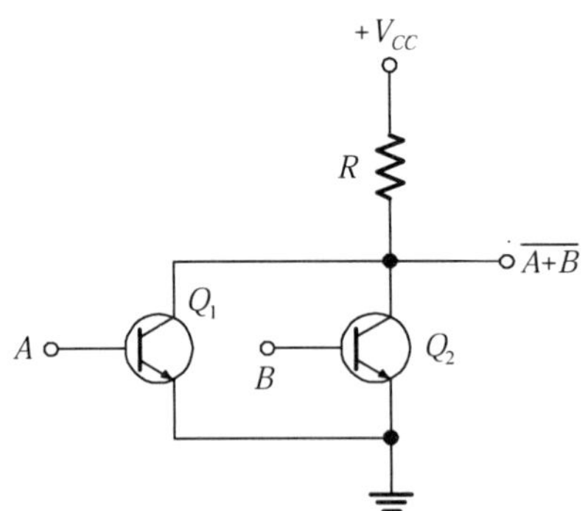

(a) 논리 회로(NOR 게이트)

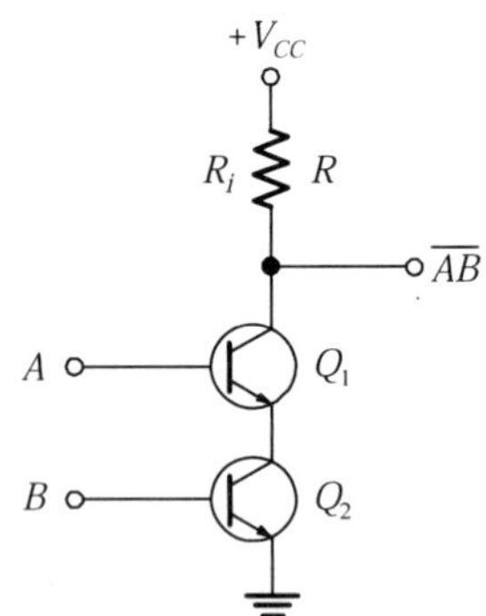

(b) 논리 회로(NAND 게이트)

그림 13.31 DCTL 기본 논리 게이트

■ RTL(Resistor Transistor Logic)

DCTL의 입력 특성의 불 균일로 생기는 전류 호깅 현상의 영향을 줄이기 위해 베이스 저항 R_B를 연결한 회로이다.

- DCTL의 전류 호깅 현상을 개선한 것이 RTL이다.
- NOR 게이트를 기본 게이트로 한다.
- 속도가 감소하고 칩 면적이 커지는 단점이 있어 거의 사용하지 않는다.

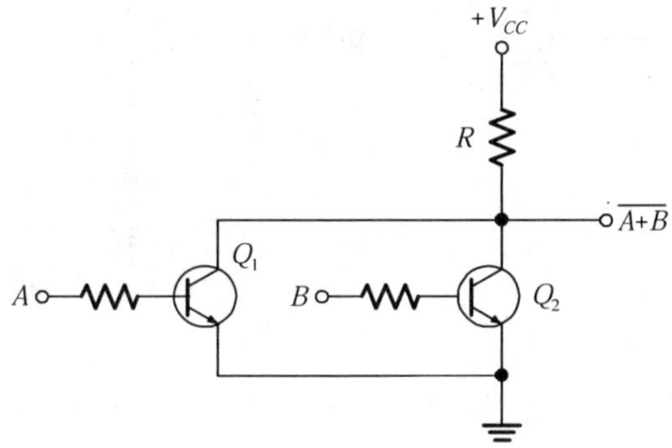

그림 13.32 RTL NOR 게이트

■ DTL(Diode Transistor Logic)

- DTL은 다이오드 논리 회로에 트랜지스터로 전류 증폭 및 위상 반전을 시킨 것으로 NAND 게이트를 기본 게이트로 한다.
- DTL은 전류 호깅 현상(바이어스 전류 불일치 현상)이 없어진다.
- 팬 아웃은 증가하며, 칩 면적이 크게 감소한다는 장점이 있다.

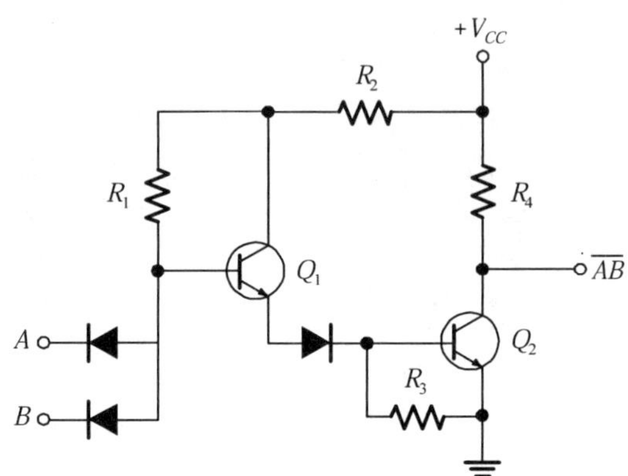

그림 13.33 DTL NAND 게이트

■ TTL(Transistor Transistor Logic)

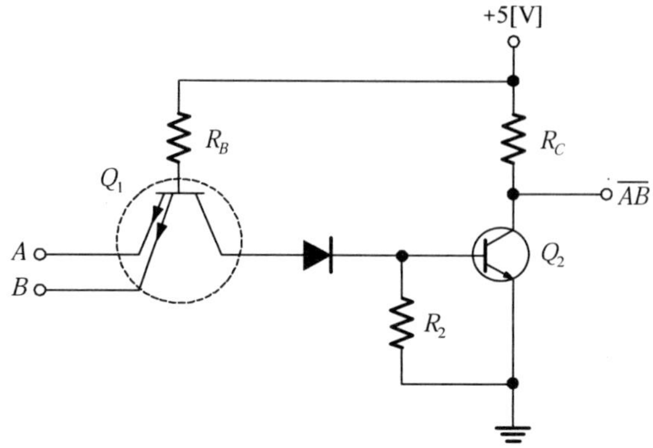

그림 13.34 TTL NAND 게이트 회로

- DTL 게이트의 입력 다이오드를 복수 이미터(multi-emitter) 트랜지스터로 대처한 회로로 NAND 게이트를 기본 게이트로 한다.
- DTL과 접속이 불가능하며, 온도 변화가 크다.
- TTL은 칩으로 하는 경우 DTL 게이트보다 더 작은 면적을 차지한다.
- 포화 논리 회로에서 동작 속도도 더 빠르며, 소비 전력이 매우 작다.
- 팬 아웃을 많이 취할 수 있으며, 잡음 여유도가 적고, 출력 임피던스가 낮다.

■ ECL(Emitter Coupied Logic)

ECL 게이트는 차동 증폭기의 원리를 이용하여 트랜지스터를 활성 영역에서 동작하게 한 것으로 CML(Current Mode Logic)이라고도 한다.

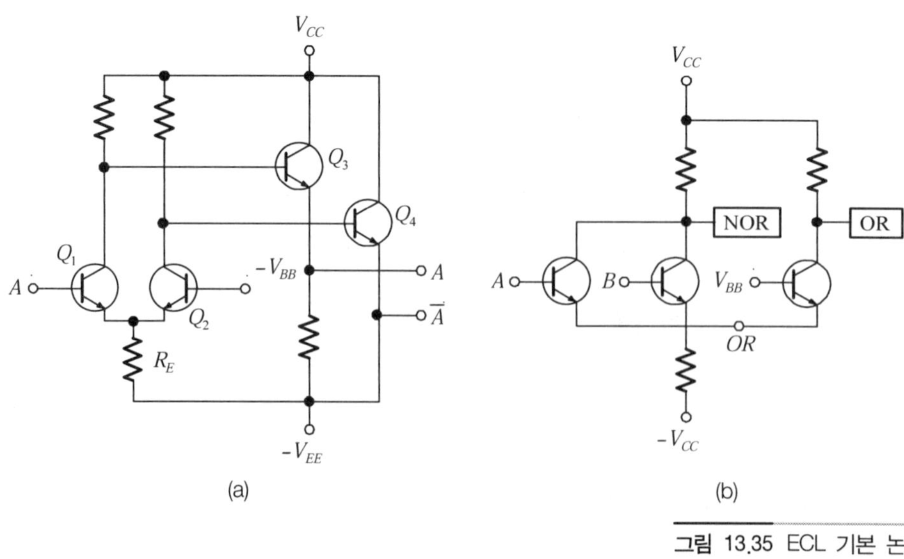

그림 13.35 ECL 기본 논리 게이트

- 비 포화형이므로 동작 속도가 논리 게이트 중에서 가장 빠르다.
- 서로 상보 관계가 있는 출력을 얻을 수 있다.
- 기본 동작은 OR/NOR로 구성되며, 외부 잡음 여유도가 크다.
- 소비 전력이 크고, 출력 임피던스가 낮고 팬 아웃은 큰 편이다.
- 차동 증폭기로 구성되어 있어 0.1[V]의 차이만 생겨도 동작하게 된다.

▶▶▶ 연습문제

01 다음과 같은 논리 회로의 출력은?

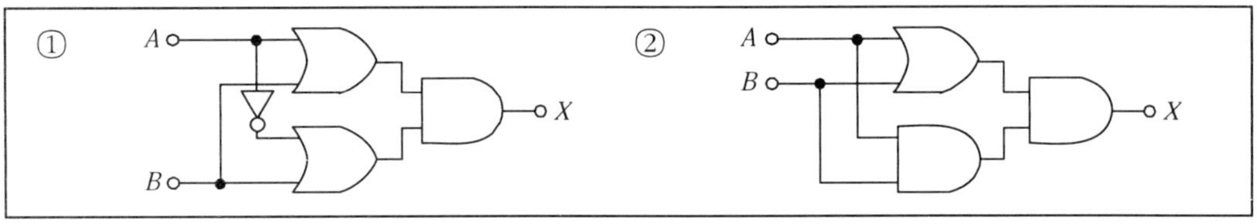

① $X=B$ ② $Y=(A+B)(\overline{A}+\overline{B})$

02 P-MOS을 이용한 게이트 회로이다. 이 회로를 통해서 얻게 되는 논리식은? (단, 부논리이다.)

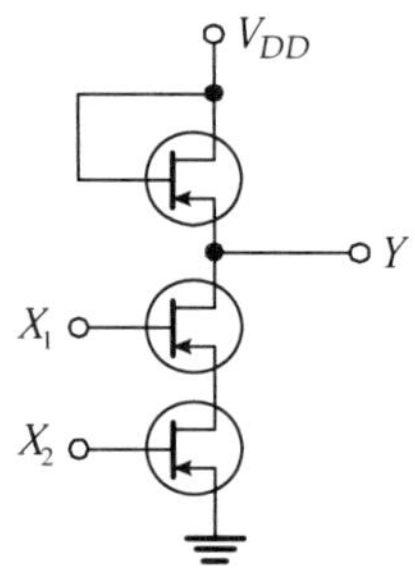

2개의 입력 MOS가 동시에 모두 on이 되기 전에는 출력 v_0는 항상 논리 1의 전압 레벨에 있다. 즉, X_1과 X_2가 1일 때에만 v_0가 0이 된다. 따라서 출력은 $Y=\overline{X_1+X_2}$가 된다.

03 다음과 같이 표현되는 경우에 올바른 논리식은?

	$\overline{C}\,\overline{D}$	$\overline{C}D$	CD	$C\overline{D}$
$\overline{A}\,\overline{B}$	0	0	0	0
$\overline{A}B$	0	0	0	0
AB	1	1	1	1
$A\overline{B}$	1	1	1	1

8개의 1을 한 꺼번에 묶으면 논리식의 결과는 A가 된다.

04 순서 논리 회로에 대해서 간단히 설명하여라.

논리 회로는 조합 논리와 순서 논리로 구분 되는데 순서 논리의 경우에는 출력을 입력으로 하기 위해 기억 소자를 필요로 한다.

- 순서 논리 회로는 조합 논리 회로를 포함한다.
- 입력 신호와 레지스터의 상태에 따라서 출력이 결정된다.
- 이 회로의 한 예로 카운터를 들 수 있다.

05 다음과 같은 플립플롭의 입력 신호의 주파수가 2[MHz]일 때 출력 신호의 주파수는?

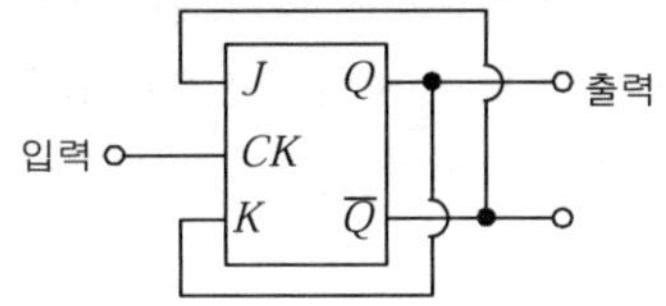

JK 플립플롭에서 $J=K=1$ 일 때 $Q_{n+1}=\overline{Q_n}$ 이 되어 클록 펄스가 들어올 때 마다 상태 반전하므로 1 → 0 → 1 → 1 → ……이 되는데 이를 Toggle이라고 한다. 이런 플립플롭이 T형 플립플롭이다. 즉, JK 플립플롭을 하나의 입력으로 결선한 경우로 T형 플립플롭가 된다.

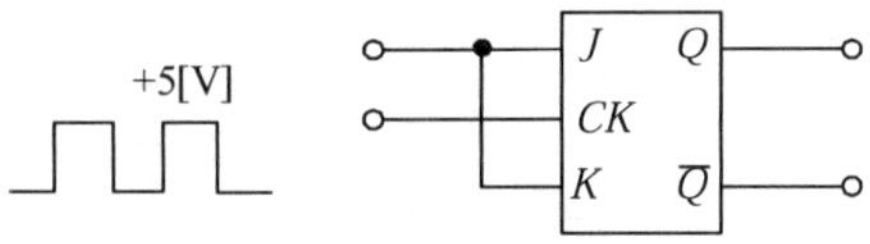

JK 플립플롭에 대해서 하나의 입력으로 하고 클록 펄스가 인가 될 때마다 출력 값이 반전되는 토글링(Toggling) 현상이 나타나게 된다.
문제의 플립플롭은 JK플립플롭을 이용한 T플립플롭으로 입력 신호 주파수를 분주하는 분주기로 동작을 한다. 따라서 2[MHz]에 대해서 1/2 분주된 1[MHz]가 된다.

06 JK 플립플롭의 입력 J 단자와 K 단자에 대한 출력 단자의 상태에 대해서 간단히 설명하여라.

JK 플립플롭의 입출력 관계를 고려하면 다음과 같다.

- $J=0$, $K=0$일 때 : 현재 상태 $Q(t)$ 유지
- $J=0$, $K=1$일 때 : 리세트 $Q(t+1)=0$
- $J=0$, $K=0$일 때 : 반전 $Q(t+1)=1$
- $J=0$, $K=1$일 때 : 반전 $Q(t+1)=\overline{Q}(t)$ 즉, $J=1$, $K=1$인 경우 클록이 가해지면 출력은 토글링(toggling)이 일어난다.

07 다음은 SR 플립플롭이다. 입력 S, R에 대한 출력 변화에 대해서 간단히 설명하여라.

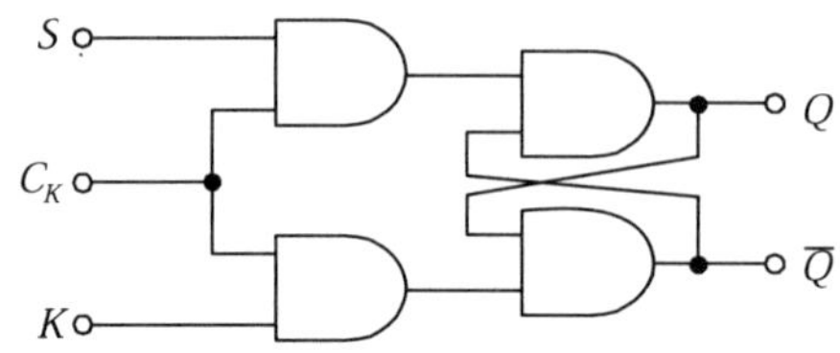

Sn	Rn	Qn+1
0	0	Q(t) 불변
1	0	1
0	1	0
1	1	? 부정

입력 S=R=0이면 출력 혹은 다음 상태는 불변(전 출력을 유지한다.)이다.
S=1,R=0이면 출력 Q는 1로 set로 된다.
R=1,S=0이면 출력 Q는 0으로 reset(clear)된다.
R=S=1이면 출력은 부정(?)이라고 한다.

08 다음과 같은 회로는 어떤 게이트 회로인가? (단, 정 논리를 기준으로 한다.)

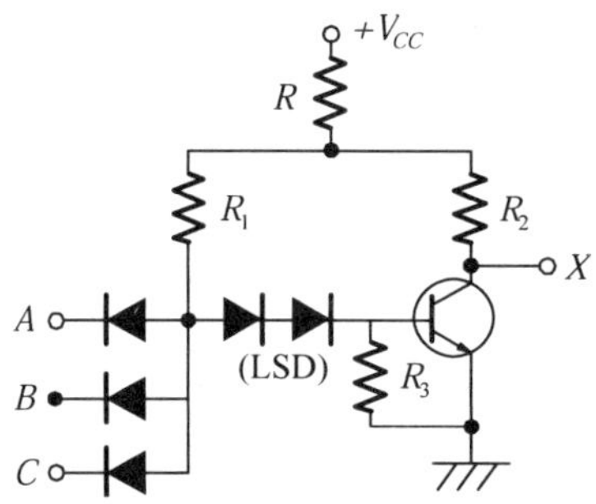

LSD는 Level-Shift Diode를 나타내며, 다이오드 A, B, C는 AND 회로 역할을 하며, 트랜지스터는 NOT 회로를 능력을 보인다. 따라서 이들 상호간의 종합적인 능력으로 NAND 게이트로 동작을 하게 된다.

전자회로

초판 인쇄 2013년 2월 28일
초판 발행 2013년 3월 1일

저 자 정 현 기

발행인 임 영 철

발행처 도서출판 신화전산기획
주소 / 서울특별시 성동구 행당동 19-55
전화 / (02) 833-5145~6
팩스 / (02) 848-2498
등록 / 301-2010-034
홈페이지 / www.shj.co.kr

값 23,000원 ISBN 978-89-5534-143-0 93560